Elektrische Energietechnik

Richard Marenbach · Johann Jäger ·
Dieter Nelles

Elektrische Energietechnik

Grundlagen, Energieversorgung, Antriebe
und Leistungselektronik

3., aktualisierte Auflage

Richard Marenbach
Erlangen, Deutschland

Dieter Nelles
Kronberg, Deutschland

Johann Jäger
Lehrstuhl für Elektrische Energiesysteme
Friedrich-Alexander-Universität
Erlangen, Deutschland

ISBN 978-3-658-29491-5   ISBN 978-3-658-29492-2   (eBook)
https://doi.org/10.1007/978-3-658-29492-2

Die Deutsche Nationalbibliothek verzeichnet diese Publikation in der Deutschen Nationalbibliografie; detaillierte bibliografische Daten sind im Internet über http://dnb.d-nb.de abrufbar.

Die 1. Auflage ist erschienen unter dem Titel: Nelles/Tuttas, Elektrische Energietechnik, in der Reihe „Leitfaden der Elektrotechnik".
Die 2. Auflage ist erschienen unter dem Titel: Marenbach/Nelles/Tuttas, Elektrische Energietechnik.
© Springer Fachmedien Wiesbaden GmbH, ein Teil von Springer Nature 1998, 2013, 2020

Planung/Lektorat: Reinhard Dapper
Springer Vieweg ist ein Imprint der eingetragenen Gesellschaft Springer Fachmedien Wiesbaden GmbH und ist ein Teil von Springer Nature.
Die Anschrift der Gesellschaft ist: Abraham-Lincoln-Str. 46, 65189 Wiesbaden, Germany

Vorwort zur 3. Auflage

Seit dem Jahr 2013 – dem Erscheinungsjahr der 2. Auflage – haben sich auf dem Gebiet der elektrischen Energietechnik insbesondere der Energieversorgung zahlreiche Veränderungen ergeben. So wurden in der Zwischenzeit im Rahmen des deutschen Kernenergieausstiegs zahlreiche Kernkraftwerke stillgelegt. Auch ist in naher Zukunft mit dem Abschalten von Kohlekraftwerken zu rechnen, weil im Zuge der CO_2-Diskussion der Einsatz von diesen Kraftwerkstypen vermindert werden soll. Regenerative Energieerzeuger haben nochmals stark zugelegt. Das Problem der Speicherung elektrischer Energie ist heute noch nicht zufriedenstellend gelöst. Ende 2019 hat die Diskussion über CO_2 und die Erderwärmung stark zugenommen. Obwohl die Zusammenhänge weitgehend akzeptiert werden, spielt die Ideologie eine große Rolle. Diese Thematik soll ausführlich behandelt werden.

Weiterhin wurden für die 3. Auflage einige Veränderungen vorgenommen. Zunächst wurden die Zahlenwerte und Preise auf den aktuellen Stand gebracht. Das Abschn. 9.1 (Traktion) der alten Auflage mit den Teilen Elektrolokomotiven, Straßenbahnen, Elektroauto und Elektromobilität wurde in das Kap. 2 (Elektrische Maschinen) integriert. Die Unterkapitel 9.2 (Lichttechnik) und 9.3 (Elektrowärme) wurden nicht weiter fortgeführt, weil sich insbesondere im Bereich der Lichttechnik und der breiten Einführung der LED-Technik so große Änderungen ergeben haben, dass sie den Inhalt dieses Buches sprengen würden. Deshalb wird zur weiteren Vertiefung auf [1] hingewiesen.

Die Autoren möchten sich herzlich bei Priv. Doz. Dr.-Ing. habil. Christian Tuttas für die Mitarbeit bei den ersten beiden Auflagen als Autor bedanken. Leider war Herr Tuttas aufgrund einer Krankheit nicht mehr in der Lage bei der 3. Auflage mitzuwirken und ist in der Zwischenzeit verstorben. Wir werden uns gerne an ihn als hoch kompetenten Kollegen erinnern.

Als neuer Autor ist Prof. Dr.-Ing. Johann Jäger hinzugekommen. Er ist Professor für Elektrische Energieversorgung an der Friedrich-Alexander-Universität Erlangen-Nürnberg und kann so aktuelle Aspekte aus der aktiven Lehre mit einbringen.

Wir möchten uns bei den Lesenden dieses Buches für einige interessante Anregungen und Verbesserungsvorschläge bedanken. Deshalb bieten wir auch bei der 3. Auflage die Möglichkeit an, über die Mailadresse elektrische.energietechnik@gmx.de mit uns in Kontakt zu treten.

Die Autoren bedanken sich für die kritische Durchsicht einzelner Textpassagen bei den Herren Rainer Luxenburger, Prof. Dr.-Ing. Michael Mann und Dr. Michael Krüger. Auch die angenehme Zusammenarbeit mit dem Verlag soll nicht unerwähnt bleiben. Besonderer Dank gilt hier Frau Andrea Broßler und Herrn Reinhard Dapper.

Erlangen und Kronberg im Taunus   Richard Marenbach
Februar 2020   Johann Jäger
                                                            Dieter Nelles

Literatur

[1] Baer, R., Seifert, D., Barfuß, M.: Beleuchtungstechnik – Grundlagen. VDE-Verlag (2016)

Vorwort zur 2. Auflage

Die Entwicklung auf dem Gebiet der elektrischen Energietechnik ist nicht so stürmisch wie in der Informationstechnik. Trotzdem haben sich in den letzten 15 Jahren einige Neuerungen ergeben. Dies gilt insbesondere für die Energieerzeugung und Übertragung, die stark von der „Energiewende" betroffen sind. Auch hat sich die Struktur der Energieversorgungsunternehmen sehr stark geändert. Im Bereich der Anwendung wurden die Abschnitte Elektromobilität und Beleuchtung überarbeitet. Selbstverständlich wurden die genannten Preise und Kosten aktualisiert.

Voraussetzung für das Verständnis des vorliegenden Buches sind die Kenntnisse der Grundlagen der Elektrotechnik. Zur Vorbereitung und als begleitende Literatur werden [1, 2, 3] empfohlen. Etwas anspruchsvoller ist [4]. Die Gegenstände dieses Buches werden in ähnlicher Weise bei [5] und [6] behandelt. Ein breites Teilgebiet der elektrischen Energietechnik ist die Energieversorgung, die in den Kap. 1, 4, 5, 6, 7 und 8 behandelt wird. Hierzu kann als weiterführende Literatur [7, 8] dienen. Als Nachschlagewerk für Begrifflichkeiten sei auf [9] verwiesen.

Die Autoren begrüßen es ausdrücklich, dass sich unter den Studierenden immer mehr Frauen für das Fachgebiet der elektrischen Energietechnik interessieren und auch den Beruf der Elektroingenieurin ergreifen wollen. Trotzdem wurden aus Gründen der besseren Lesbarkeit die männlichen Bezeichnungen – wie z. B. der Ingenieur – beibehalten. Stattdessen sprechen wir von der Mathematikerin und der Planerin. Die Lesenden sollten aber wissen, dass die Autoren dabei stets beide Genera gleichermaßen ansprechen.

Die Autoren interessieren sich sehr für die Meinung der Lesenden. Deshalb freuen sich die Autoren über Lob und Kritik, denn nur so kann dieses Werk – bei einer eventuellen nächsten Auflage – weiter entwickelt werden. Wer auch immer sich mit seiner Meinung an die Autoren wenden möge, möge eine Email an die Adresse elektrische.energietechnik@gmx.de senden. Wir antworten garantiert.

Die zweite Auflage dieses Buches wäre ohne Unterstützung nicht möglich gewesen. Die Autoren danken Herrn Markus Drescher für das Konvertieren der alten Dateien aus der ersten Auflage in die neue Druckvorlage. Des Weiteren wurden von ihm alle Bilder überarbeitet bzw. neue hinzugefügt. Der Dank gilt auch der Firma OMICRON electronics Deutschland GmbH, die die Autoren mit materiellen und immateriellen Ressourcen unterstützt hat. Schließlich möchten wir uns für die aktive Zusammenarbeit mit dem Springer-Vieweg Verlag bedanken, insbesondere bei Frau Andrea Broßler, Frau Walburga Himmel und Herrn Reinhard Dapper.

Kaiserslautern und Erlangen   Richard Marenbach
Juli 2013   Dieter Nelles
                                                                               Christian Tuttas

Literatur

[1] Frohne, H., Löcherer, K.-H., Müller, H., Harriehausen, T, Shwarzenau, D.: Möller Grundlagen der Elektrotechnik, 22. Aufl. Vieweg + Teubner-Verlag (2011)
[2] Nelles, D.: Grundlagen der Elektrotechnik zum Selbststudium. VDE-Verlag (2002)
[3] Fischer, R., Linse, H.: Elektrotechnik für Maschinenbauer. Vieweg und Teubner 14 (2012)
[4] Küpfmüller, K., Mathis, W., Reibiger, A.: Theoretische Elektrotechnik. Springer (2008)
[5] Schufft, W.: „Taschenbuch der elektrischen Energietechnik." Fachbuchverlag Carl Hanser, Leipzig (2007)
[6] Schwab, A.J.: Elektroenergiesysteme: Erzeugung, Übertragung und Verteilung elektrischer Energie. Springer-Verlag (2017)
[7] Heuck, K., Dettmann, K.-D.: Elektrische Energieversorgung. Springer-Verlag (2013)
[8] Flosdorff, R., Hilgarth, G.: Elektrische Energieverteilung. Springer-Verlag (2013)
[9] Schaefer, H. (Hrsg.): VDI-Lexikon Energietechnik. Springer-Verlag (2013)

Vorwort zur 1. Auflage

Die elektrische Energietechnik ist ein sehr breites Wissensgebiet, das sich mit der Erzeugung, Übertragung und Anwendung der Elektroenergie befasst. Die einzelnen Teilaspekte werden eingehend in der Literatur behandelt. Das vorliegende Buch bringt eine zusammenhängende Darstellung der energietechnischen Grundlagen und geht auf die wichtigsten Betriebsmittel, ihren konstruktiven Aufbau, aber vor allem ihr Klemmenverhalten ein. Dabei soll dem Leser – sei er Anlagenplaner oder Automatisierungstechniker – das Verständnis für das Zusammenwirken der verschiedenen Komponenten nahegebracht werden.

Das Buch eignet sich im Grundstudium der Elektrotechnik als Einführung in die Energietechnik. Im Hauptstudium der Energie- und Automatisierungstechnik stellt es die Verbindung zwischen den Teilgebieten her. Daneben sind Studierende mit anderen Schwerpunkten angesprochen, die sich über die grundlegenden Zusammenhänge der elektrischen Energietechnik informieren wollen.

Es werden lediglich elektrotechnische Grundkenntnisse vorausgesetzt. Theoretisch anspruchsvollere Passagen sind so gestaltet, dass der übrige Inhalt auch ohne deren Verständnis zu erarbeiten ist. Die einzelnen, in sich verständlichen Kapitel erlauben es insbesondere Ingenieuren der Praxis, die sie interessierenden Sachverhalte gezielt nachzulesen, ohne das Buch von Anfang an durchzuarbeiten.

Wenn die Thematik eines so breiten Gebietes wie der elektrischen Energietechnik behandelt werden soll, stellt sich die Frage der Gliederung. Man kann den Weg der Energie von der Kohle bis zum Staubsauger gehen, nach den klassischen Fachgebieten gliedern oder nach Betriebsmitteln ordnen. Im vorliegenden Buch wurde ein Zwischenweg beschritten. Die Autoren waren bemüht, die Dinge, die vom Verständnis miteinander verknüpft sind, zusammenzufassen. Dadurch werden die Lehrgebiete teilweise gemischt, sodass aus Seitenumfang und Kapitelüberschriften nicht auf die Bedeutung und Wertigkeit der Teilgebiete geschlossen werden kann.

Es ist selbstverständlich, dass die verwendeten Begriffe entsprechend der Norm gewählt wurden. Dies gilt auch für Formel- und Schaltzeichen. Probleme ergeben sich bei den drei Leitern des Drehstromsystems. Die Normbezeichnungen L1, L2, L3 werden nicht einheitlich beibehalten. Insbesondere bei Indizes haben die veralteten

Bezeichnungen RST Vorteile. Deshalb wird in diesem Punkt die Einfachheit über die Normtreue gestellt. Auch bei der Bezeichnung der symmetrischen Komponenten gibt es eine kleine Abweichung von der Norm.

In der elektrischen Energietechnik werden physikalische Größen beispielsweise in Volt und bezogene Größen in Prozent oder p.u. verwendet. Außerdem ist zwischen konstanten und zeitlich variablen Größen zu unterscheiden. In dem Buch sind konstante Größen mit großen und Zeitfunktionen mit kleinen Buchstaben bezeichnet. Physikalische Größen und p.u.-Größen tragen dementsprechend große oder kleine Buchstaben, ihre unterschiedliche Bedeutung geht aus dem Kontext hervor. Lediglich an den Stellen, an denen zwischen beiden zu unterscheiden ist, sind die bezogenen Größen durch kleine Buchstaben gekennzeichnet.

Die beiden Autoren haben sich die Bearbeitung der Abschnitte aufgeteilt. Die Abschn. 2.8.4, Kap. 3 und 9 stammen aus der Feder von C. Tuttas, der übrige Text wurde von D. Nelles erarbeitet.

Das Buch wäre ohne die Hilfe der Mitarbeiter des Lehrstuhls nicht möglich gewesen. Die Autoren danken den wissenschaftlichen Assistenten R. Christmann, R. Dilger, R. Huwer, H. Jelonnek und G. Schneider für die Durchsicht des Manuskripts und für wertvolle Anregungen. Des Weiteren sei den Herren Fehrenz, Hoffmann und Protzner für das Zeichnen der Bilder sowie den Herren Burkhard, Christmann, Fehrenz und Jelonnek für die Ausgestaltung der Druckvorlage gedankt. Unser Dank gilt auch Frau Klein, die das Manuskript erstellt hat. Schließlich möchten wir die vertrauensvolle Zusammenarbeit mit dem Teubner Verlag hervorheben, insbesondere mit Herrn Dr. Schlembach und Frau Rodeit.

Kaiserslautern   Dieter Nelles
Dezember 1997   Christian Tuttas

Inhaltsverzeichnis

Grundbegriffe der Energietechnik

Die elektrische Energietechnik befasst sich mit der Wandlung und dem Transport von Energie. So wird im Kraftwerk die Bindungsenthalpie der Kohle in elektrische Energie umgewandelt. Diesen Prozess nennt man nicht ganz korrekt Energieerzeugung. Beim Verbraucher entsteht aus der elektrischen Energie Wärme oder mechanische Arbeit. Dieser Vorgang wird ebenfalls nicht ganz korrekt als Energieverbrauch bezeichnet. Auf dem Weg vom Erzeuger zum Verbraucher kann außerdem die Umwandlung von einer elektrischen Energieform in eine andere erfolgen, z. B. durch Gleichrichtung. Weiterhin ist eine Transformation zwischen Netzen gleicher Frequenz, aber unterschiedlicher Spannungsebenen möglich. Neben den Betriebsmitteln zur Umwandlung und Transformation dienen Leitungen und Kabel, die als Übertragungsbetriebsmittel bezeichnet werden, dem Energietransport.

Die Verknüpfung der einzelnen Betriebsmittel wird als Elektroenergiesystem bezeichnet. Ein Teil des Elektroenergiesystems ist das elektrische Versorgungsnetz oder kurz ‚Netz‘ mit Schnittstellen zu den Erzeuger- und Verbrauchereinheiten. Es besteht im Wesentlichen aus Leitungen, Transformatoren und Schaltanlagen, wobei eine Schaltanlage wieder eine Vielzahl von Betriebsmitteln enthält. Im Folgenden werden die mathematischen Grundlagen zur Beschreibung der Netze und Betriebsmittel angegeben.

1.1 Grundeinheiten

Es soll eine Vorstellung darüber vermittelt werden, wie groß der Energie- bzw. Leistungsumsatz bei verschiedenen Vorgängen des täglichen Lebens ist.

Die elektrische Leistung P wird im privaten Haushalt üblicherweise in W oder kW angegeben. In der Industrie und in der Energieversorgung denkt man in MW und GW. Die Energie wird je nach Lebensbereich in J (Ws), kWh, GWh (10^6 kWh), TWh

(10^9 kWh) und SKE gemessen. Als Steinkohleneinheit SKE bezeichnet man den Energieinhalt, der in einer t bzw. in einem kg Steinkohle enthalten ist.

Neben der Leistung und der Energie ist es noch üblich, den jährlichen Energieverbrauch anzugeben. Diese beispielsweise in kWh/a (a ≙ 1 Jahr) angegebene Größe ist zwar von der Dimension her eine Leistung, wird aber im allgemeinen Sprachgebrauch als Energieverbrauch bezeichnet. Die im Folgenden genannten Zahlenwerte sollen einen groben Anhaltspunkt für die umgesetzten Energien bzw. Leistungen geben.

Umrechnungsfaktoren und Konstanten

1 Ws	$= 1$ J	$= 1$ Nm
1 kWh	$= 3600$ kJ	$= 860$ kcal

1 kg Steinkohle hat 7000 kcal	≈ 8 kWh
1 t SKE	$= 8140$ kWh
1 l Heizöl hat 10 000 kcal	≈ 12 kWh
1 toe (Öleinheit)	$\approx 11\,630$ kWh
1 m³ Erdgas hat 9000 kcal	≈ 10 kWh

1 kg Natururan liefert an elektrischer Energie im

Leichtwasserreaktor 130×106 kcal	$\approx 0{,}15 \times 106$ kWh
Schneller Brutreaktor 8000×106 kcal	$\approx 9 \times 106$ kWh

Setzt ein Betriebsmittel die Leistung von 1 kW (kleiner Heizlüfter) um und bleibt ein Jahr ständig eingeschaltet, so ist sein Energieverbrauch

$$E = 1\,\text{kW} \cdot 8760\,\text{h/a} = 8760\,\text{kWh/a}$$
$$1\,\text{a} = 24 \cdot 365\,\text{h} = 8760\,\text{h}$$

Bei einem Strompreis von $k_V = 0{,}2$ €/kWh betragen die jährlichen Energiekosten

$$K_E = E \cdot k_V = 8760\,\text{kWh} \cdot 0{,}2\,\text{€/kWh} = 1750\,\text{€}$$

Dieses Beispiel zeigt bereits, dass beim jährlichen Energiebedarf sehr große Zahlenwerte auftreten. Es ist deshalb zweckmäßig, anstelle der Energie mit der mittleren Leistung zu arbeiten, insbesondere wenn man sich typische Eckwerte merken will. Hierzu sollen einige Beispiele gegeben werden.

Beispiel 1.1: Leistung des Menschen

Ein Mensch steigt 1000 m hoch. Bei einer Masse von 75 kg ergibt sich der Energie-gewinn zu (Vereinfachung 1 kg ≈ 10 N)

$$E = 750\,\text{N} \cdot 1\,000\,\text{m} = 750 \cdot 10^3\,\text{Ws} = 0{,}2\,\text{kWh}$$

Der Gegenwert an elektrischer Energie beträgt

$$E_\text{W} = 0{,}2\,\text{kWh} \cdot 0{,}2\,\text{€/kWh} = 0{,}04\,\text{€}$$

Diese Energie kann ein Mensch in drei Stunden erbringen. Dies entspricht einer Leistung von

$$P = 0{,}2\,\text{kWh}/3\,\text{h} = 70\,\text{W}$$

Der Grundumsatz (Nahrungsarbeit) während dieser drei Stunden beträgt 4000 kJ ≈ 1 kWh. Daraus ergibt sich ein Wirkungsgrad von

$$\eta = 0{,}2\,\text{kWh}\big/\,1\,\text{kWh} = 0{,}2 \cong 20\,\%$$

Personen, die keine körperliche Leistung vollbringen, geben etwa 100 W in Form von Wärme ab. Geistige Anstrengung, aber insbesondere körperliche, erhöht diesen Wert, der z. B. bei der Auslegung von Klimaanlagen zugrunde gelegt wird. ◄

Beispiel 1.2: Anheben eines Schiffs

Wird ein 100 000-t-Tanker 1 m hoch angehoben (Vereinfachung 1 kg ≈ 10 N), so benötigt man

$$E = 10^9\,\text{N} \cdot 1\,\text{m} = 300\,\text{kWh}$$

Das entspricht einem Wert von 60 € bei einem Haushaltskundentarif von 0,2 €/kWh. Die Großhandelspreise, d. h. die Preise, mit denen die Kraftwerksbetreiber den Strom abgeben, liegen wesentlich darunter z. B. 0,05 €/kWh. Mit diesem Wert wird im Folgenden gerechnet. Damit ergibt sich

$$60\,\text{€} \cdot 0{,}05/0{,}2 = 15\,\text{€} \quad ◄$$

Beispiel 1.3: Energieinhalt eines Blitzes

Bei einer Spannung von 50 MV und einem Strom von 50 kA hat der Blitz die beacht-liche Spitzenleistung von

$$P = 50 \cdot 10^6\,\text{V} \cdot 50 \cdot 10^3\,\text{A} = 2{,}5 \cdot 10^6\,\text{MW}$$

Der Strom nimmt exponentiell mit der Halbwertzeit von $t_\text{B} = 50\,\mu\text{s}$ bei nahezu konstanter Spannung ab. Daraus ergibt sich die Energie

$$E = P \cdot t_\text{B}/2 = 2{,}5 \cdot 10^{12}\,\text{W} \cdot 50 \cdot 10^{-6}\,\text{s}/2$$

$$E = 63 \cdot 10^6 \, \text{Ws} = 17 \, \text{kWh} \cong 0,85 \, \text{€} \blacktriangleleft$$

Beispiel 1.4: Energieinhalt des Windes

Ein Luftzylinder ($\rho = 1,3$ kg/m^3) mit dem Durchmesser $D = 100$ m und der Länge x, der mit der Geschwindigkeit $v = 10$ m/s ein Windrad durchdringt, besitzt den Energieinhalt

$$E = \frac{1}{2} \cdot \frac{\pi}{4} D^2 \cdot x \cdot \rho \cdot v^2$$

Die Windleistung ergibt sich durch Differenziation nach der Zeit.

$$P = \dot{E} = \frac{\pi}{8} D^2 \cdot \dot{x} \cdot \rho \cdot v^2 = \frac{\pi}{8} D^2 \cdot v \cdot \rho \cdot v^2$$

$$P = \frac{\pi}{8} D^2 \cdot \rho \cdot v3 = \frac{\pi}{8} 100^2 \, \text{m}^2 \cdot 1,3 \frac{\text{kg}}{\text{m}^3} \cdot 10^3 \frac{\text{m}^3}{\text{s}^3} = 0,51 \cdot 10^7 \frac{\text{m}^2\text{kg}}{\text{s}^3} = 5,1 \, \text{MW}$$

Bei einem Ausnutzungsgrad $m_\text{B} = 0,25$ ergibt sich die Jahresenergie zu
$E = P \cdot m_\text{B} \cdot 8760 \, \text{h} = 5,1 \cdot 10^3 \, \text{kW} \cdot 0,25 \cdot 8760 \, \text{h} = 11 \cdot 10^6 \, \text{kWh} \cong 550 \cdot 10^3 \, \text{€} \blacktriangleleft$

Beispiel 1.5: Leistung der Sonne

In Deutschland beträgt die maximale Leistung der Sonne 1 kW/m^2. Wird das Dach eines 10×15 m^2 großen Einfamilienhauses zur Hälfte mit Solarzellen belegt, so ergibt sich bei einem Wirkungsgrad von 15 % die elektrische Spitzenleistung

$$P = \frac{1}{2} \cdot 10 \cdot 15 \, \text{m}^2 \cdot 1 \, \text{kW/m}^2 \cdot 0,15 = 11 \, \text{kW}$$

Bei einer mittleren Ausnutzung über das Jahr von 10 % entspricht dies einer Leistung von 1,1 kW. ◀

Beispiel 1.6: Last eines Stadtwerkes

Die Last einer Stadt mit ca. 100 000 Einwohnern schwankt im Laufe eines Jahres im Bereich $P = 20$ MW (Sommertal) bis $P = 80$ MW (Winterspitze). Im Mittel liegt sie bei $P = 45$ MW. Daraus ergibt sich ein Belastungsgrad m und ein jährlicher Energiebedarf E von

$$m = \text{mittlere Last/Spitzenlast} = 45 \, \text{MW}/80 \, \text{MW} = 0,56$$

$$E = 45 \, \text{MW} \cdot 8760 \, \text{h} = 400 \cdot 10^6 \, \text{kWh}$$

Dies entspricht einem Wert k von

$$k = 400 \cdot 10^6 \, \text{kWh} \cdot 0{,}05\,€/\text{kWh} = 20 \cdot 10^6\,€ \blacktriangleleft$$

Beispiel 1.7: Leistung eines Kernkraftwerkes

Ein Kernkraftwerk hat eine Leistung von 1400 MW. Bei einem Ausnutzungsgrad von $m_\text{B} = 0{,}7$ ergibt sich eine Jahresenergieerzeugung

$$E = 1400\,\text{MW} \cdot 8760\,\text{h} \cdot 0{,}7 = 9 \cdot 10^9 \, \text{kWh} \,\widehat{=}\, 450 \cdot 10^6 \,€ \blacktriangleleft$$

Beispiel 1.8: Jahresverbrauch in Deutschland

Die maximale Last im öffentlichen Netz Deutschlands beträgt etwa

$$P = 100 \cdot 10^3 \, \text{MW}$$

Mit einem Belastungsgrad von $m = 0{,}7$ ergibt sich ein Jahresverbrauch von

$$E = P \cdot m = 100 \cdot 10^6 \cdot 8760 \cdot 0{,}7 \, \text{k.Wh} = 620 \cdot 10^9 \, \text{kWh}$$

Dies entspricht einem jährlichen Wert K für den Endverbraucher von

$$K = 620 \cdot 10^9 \cdot 0{,}2 \,€ = 125 \cdot 10^9 \,€$$

Bezieht man die Jahresspitzenleistung auf die Leistung eines Kernkraftwerks, ergibt sich

$$n = 100 \cdot 10^3 \, \text{MW} \,/\, 1400\,\text{MW} = 71$$

Bezogen auf die Leistung eines Windkraftwerks von 5 MW erhält man

$$n = 100 \cdot \frac{10^3}{5} = 20\,000 \blacktriangleleft$$

1.2 Drehstromsysteme

In der Regel lässt sich kein exakter historischer Zeitpunkt angeben, zu dem eine bestimmte Technik erstmalig eingesetzt wird. So kann man den Anfang der Gleichstromtechnik mit der Erfindung der Volta-Säule auf 1800 festlegen. Zur Erzeugung großer Leistungen waren aber elektrische Maschinen notwendig. Deren Geschichte begann 1832 mit dem Bau einer Gleichstrommaschine durch Salvatore dal Negro und einer Wechselstrommaschine durch A. H. Prixii.

Die Erfindung des elektrodynamischen Prinzips 1866 durch Werner von Siemens öffnete den Weg für den Bau großer Maschinen. Dabei wurden die Gleich- und Wechselstromtechnik etwa zeitgleich vorangetrieben. Den ersten größeren Drehstromgenerator baute 1887 Haselwander. 1888 erfolgte die erste Drehstromübertragung durch Tesla in

den USA und 1891 durch Oskar von Miller in Frankfurt/Main. Sie stand in Zusammenhang mit der ersten großen elektrotechnischen Ausstellung und führte zum Durchbruch
der Drehstromtechnik.

Der Kampf zwischen den Vorteilen der Gleichstrom-, Wechselstrom- und Drehstromtechnik wurde sehr heftig geführt, in den USA zwischen Edison (General Electric)
und Tesla (Westinghouse). Beispielsweise haben die Vertreter der Gleichstromtechnik
den elektrischen Stuhl erfunden, um die Schädlichkeit des Wechselstroms nachzuweisen. Dass der Wechselstrom sich gegenüber dem Gleichstrom durchgesetzt hat,
liegt in der Transformierbarkeit der Wechselspannung. So kann man relativ einfach die
Spannung den Bedürfnissen der Konstruktion von Betriebsmitteln anpassen. Eine hohe
Spannung erfordert hohen Isolationsaufwand, verursacht aber bei gleicher Leistung
niedrigere Verluste $R \cdot I^2$. Eine Optimierung führt dazu, dass elektrische Maschinen
zweckmäßigerweise bei niedrigen Spannungen arbeiten, während der Energietransport
über Leitungen besser bei hohen Spannungen durchgeführt wird.

Die Drehstromtechnik hat sich gegenüber der Wechselstromtechnik auch durchgesetzt, weil mit ihr in elektrischen Maschinen ein Drehfeld erzeugt werden kann, das
wirkungsvoll Drehmomente bildet. (Die hier und in den folgenden Kapiteln angegebenen
historischen Daten wurden [1, 2, 3] entnommen.).

1.2.1 Drehfeld

Es gibt eine Reihe von Möglichkeiten, Drehstromsysteme aufzubauen. So bilden zwei
um 90° phasenverschobene Wechselstromsysteme zusammen ein Drehstromsystem.
Dabei kann man jeweils einen Leiter der beiden Wechselstromsysteme gemeinsam
nutzen, sodass ein Dreileiter-Drehstromsystem mit einem Neutralleiter N und den
beiden Außenleitern α und β entsteht. In Abb. 1.1a und b wird an zwei um 90 räumlich
versetzte Wicklungen ein solches System angelegt. Die Ströme i_α und i_β lassen sich als
Zeitfunktionen (Abb. 1.1c) oder als komplexe Zeiger $\underline{I}_\alpha$ und $\underline{I}_\alpha$ (Abb. 1.1d) darstellen.

Die Zeitfunktionen sind wiederum durch komplexe Drehzeiger zu beschreiben, die den
Betrag $\hat{i}/2$. haben und sich mit ωt nach rechts bzw. links drehen.

$$i_\alpha = i \cos \omega t = \hat{i}/2 \cdot \left(e^{j\omega t} + e^{-j\omega t} \right) \tag{1.1}$$

$$i_\beta = i \sin \omega t = -j\,\hat{i}/2 \cdot \left(e^{j\omega t} - e^{-j\omega t} \right) \tag{1.2}$$

Werden zwei Wicklungen α und β entsprechend Abb. 1.1 angeordnet, so erzeugen
sie Flüsse, die räumlich senkrecht zueinander stehen und einen gemeinsamen Fluss Φ
bilden. Dieser nimmt nun in einer räumlichen, komplexen Ebene einen komplexen Wert
$\underline{\Phi}$ an. Werden die Wicklungen von den Strömen i_α und i_β durchflossen, so ergibt sich bei
gleich aufgebauten Wicklungen

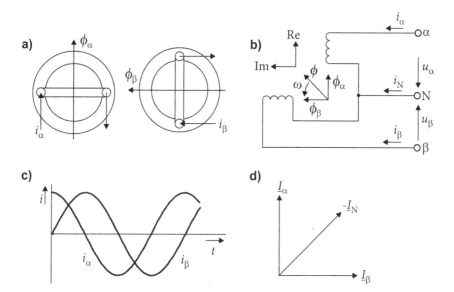

Abb. 1.1 Drehstromsystem, bestehend aus zwei Wechselstromsystemen. **a** Anordnung der Wicklungen im Ständer; **b** Darstellung der Wicklungen; **c** Zeitverlauf der Ströme; **d** Zeigerdiagramm der Ströme. (Eigene Darstellung)

$$\underline{\Phi} = \Phi_\alpha + j\,\Phi_\beta = \left(L_\alpha i_\alpha + j L_\beta i_\beta\right)$$

Sind beide Induktivitäten gleich $L_\alpha = L_\beta = L$, so folgt

$$\underline{\Phi} = L \cdot \hat{i}/2 \cdot \left(e^{j\omega t} + e^{-j\omega t} + e^{j\omega t} - e^{-j\omega t}\right) = L \cdot \hat{i} \cdot e^{j\omega t} = \Phi \cdot e^{j\omega t} \qquad (1.3)$$

Der Fluss liegt damit zum Zeitpunkt $t=0$ in der reellen Achse und dreht sich mit konstantem Betrag und der Kreisfrequenz ω entgegen dem Uhrzeigersinn. Aus dieser Eigenschaft wird der Begriff Drehstromsystem abgeleitet.

Ist die Spannung der beiden Wechselstromsysteme α und β betragsmäßig gleich, so ergibt sich zwischen den Außenleitern die Spannung

$$\hat{u}_\alpha = \hat{u}_\beta = \hat{u} \qquad (1.4)$$

$$\hat{u}_{\alpha\beta} = \left|\hat{u}_\alpha - j\hat{u}_\beta\right| = \sqrt{2} \cdot \hat{u} \qquad (1.5)$$

Die Ströme in den Außenleitern α und β sind ebenfalls betragsmäßig gleich, aber der Neutralleiter N führt einen größeren Strom

$$\hat{i}_\alpha = \hat{i}_\beta = \hat{i} \qquad (1.6)$$

$$i_N = -\left(i_\alpha + i_\beta\right) = -\hat{i} \cdot (\cos \omega t + \sin \omega t) = -\hat{i} \cdot \sqrt{2} \sin(\omega t + 45°) \qquad (1.7)$$

Das Dreileitersystem in Abb. 1.1 ist bezüglich der Leiter nicht symmetrisch aufgebaut. Dieser Mangel wird durch ein Drehstromsystem Abb. 1.2 behoben. Es besteht aus drei Wechselstromsystemen, von denen jeweils ein Leiter zu einem gemeinsamen Neutralleiter N zusammengefasst wird. Die drei Außenleiter sind in der Norm mit L1, L2, L3 und im angelsächsischen Raum m a, b, c bezeichnet, sollen aber hier die früher üblichen Buchstaben RST tragen, damit man sie einfacher als Indizes verwenden kann. Ihre Spannungen gegenüber dem Neutralleiter N sind betragsmäßig gleich und um 120° gegeneinander verschoben. Das Gleiche gilt auch für die Ströme

$$i_R = \hat{i}\cos\omega t = \hat{i}/2\left[e^{j\omega t} + e^{-j\omega t}\right] \tag{1.8}$$

$$i_S = \hat{i}\cos(\omega t - \alpha) = \hat{i}/2\left[e^{j(\omega t - \alpha)} + e^{-j(\omega t - \alpha)}\right] \tag{1.9}$$

$$i_T = \hat{i}\cos(\omega t + \alpha) = \hat{i}/2\left[e^{j(\omega t + \alpha)} + e^{-j(\omega t + \alpha)}\right] \tag{1.10}$$

$$\alpha = 120° \tag{1.11}$$

Dieses System ist bezüglich der Außenleiter symmetrisch. Führt man die komplexe Rechnung ein, so ergibt sich für die Effektivwerte

$$\underline{I}_R = I \qquad \underline{I}_S = \underline{a}^2 \cdot \underline{I} \qquad \underline{I}_T = \underline{a} \cdot \underline{I} \tag{1.12}$$

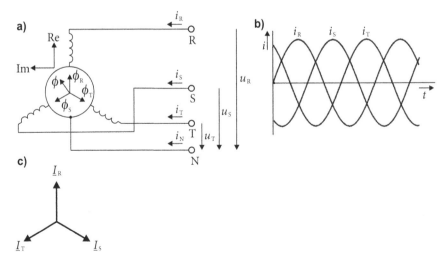

Abb. 1.2 Symmetrisches Drehstromsystem. **a** Ersatzschaltung; **b** Zeitfunktionen der Ströme; **c** Zeigerdiagramm der Ströme. (Eigene Darstellung)

$$\underline{a} = e^{j\alpha} = e^{j120°} \qquad \underline{a}^2 = a^* \qquad \underline{a}^3 = 1 \tag{1.13}$$

Die Addition der Ströme i_R, i_S, i_T in den Gl. 1.8 bis Gl. 1.10 liefert $i_N = 0$. Durch Addition der drei Ströme I_R, I_S, I_T aus Gl. 1.12 erhält man

$$1 + \underline{a} + \underline{a}^2 = 1 + e^{j\alpha} + e^{-j\alpha} = 0 \tag{1.14}$$

Genügen die Spannungen und Ströme den o. a. Bedingungen, so spricht man von symmetrischem Betrieb.

▶ Bei symmetrischem Betrieb sind die drei Außenleiterspannungen gleich groß und um 120° verschoben. Gleiches gilt für die Ströme. Der Strom durch den Neutralleiter ist null. Außer im Niederspannungsnetz werden elektrische Anlagen fast ausschließlich symmetrisch betrieben, sodass auf die Ausführung des Neutralleiters verzichtet werden kann.

Legt man nun ein Drehstromsystem an drei räumlich um 120° versetzte Wicklungen an, so bildet sich analog zu Gl. 1.3 ein Drehfeld aus. In der räumlich komplexen Ebene gilt

$$\underline{\Phi} = \Phi_R + \underline{a}\,\Phi_S + \underline{a}^2\,\Phi_T = L_R i_R + L_S \underline{a}\, i_S + L_T \underline{a}^2\, i_T \tag{1.15}$$

Bei symmetrischem Aufbau der Maschine sind die drei Wicklungsinduktivitäten gleich $L_R = L_S = L_T = L$. Unter Berücksichtigung der Gl. 1.8 bis Gl. 1.10 sowie Gl. 1.13 ergibt sich

$$\underline{\Phi} = L \cdot \hat{i}/2 \cdot \left[e^{j\omega t} + e^{-j\omega t} + \underline{a}e^{j(\omega t - \alpha)} + \underline{a}e^{-j(\omega t - \alpha)} + \underline{a}^2 e^{j(\omega t + \alpha)} + \underline{a}^2 e^{-j(\omega t + \alpha)} \right]$$

$$\underline{\Phi} = L \cdot \hat{i}/2 \cdot \left[e^{j\omega t} + e^{-j\omega t} + \underline{a} \cdot \underline{a}^2 e^{j\omega t} + \underline{a} \cdot \underline{a}e^{-j\omega t} + \underline{a}^2 \cdot \underline{a}e^{j\omega t} + \underline{a}^2 \cdot \underline{a}^2 e^{-j\omega t} \right] \tag{1.16}$$

$$\underline{\Phi} = L \cdot \hat{i}/2 \cdot \left[3 \cdot e^{j\omega t} \right]$$

In der Fähigkeit, Drehfelder zu bilden, sind die Systeme nach Abb. 1.1 und 1.2 gleich. In dem Aufwand, der bei der Energieübertragung anfällt, ist das symmetrische Drehstromsystem dem unsymmetrischen überlegen. Deshalb hat sich das System nach Abb. 1.2 durchgesetzt. Da beim Bau von Maschinen das unsymmetrische System nur zwei Wicklungen benötigt, wird es gelegentlich in geregelten Antrieben eingesetzt, wenn leistungselektronische Schaltungen die Spannung u_α und u_β erzeugen.

1.2.2 Symmetrischer Betrieb

Für den symmetrischen Betrieb ergeben sich im Drehstromsystem ebenso einfache Rechenregeln wie für ein Wechselstromsystem. Dies soll an dem Netz in Abb. 1.3 gezeigt werden.

Eine symmetrische Spannungsquelle mit den Klemmen R_1, S_1, T_1 speist über die Impedanzen $\underline{Z}_a$ einen Verbraucher mit den Klemmen R_2, S_2, T_2. Die Impedanzen $\underline{Z}_b$ dieses symmetrischen Verbrauchers sind in Stern geschaltet und mit dem Neutralleiter N verbunden. Für die drei Leiterschleifen gelten dann die Beziehungen

$$
\begin{aligned}
\underline{U}_{R1} &= \underline{Z}_a \cdot \underline{I}_R + \underline{U}_{R2} & \underline{U}_{R2} &= \underline{Z}_b \cdot \underline{I}_R \\
\underline{U}_{S1} &= \underline{Z}_a \cdot \underline{I}_S + \underline{U}_{S2} & \underline{U}_{S2} &= \underline{Z}_b \cdot \underline{I}_S \\
\underline{U}_{T1} &= \underline{Z}_a \cdot \underline{I}_T + \underline{U}_{T2} & \underline{U}_{T2} &= \underline{Z}_b \cdot \underline{I}_T
\end{aligned}
\tag{1.17}
$$

In Matrix-Schreibweise lauten diese Gleichungen

$$
\underline{u}_1 = \underline{Z}_a \cdot \underline{i} + \underline{u}_2 \qquad \underline{u}_2 = \underline{Z}_b \cdot \underline{i}
\tag{1.18}
$$

$$
\underline{u}_1 = \left[\underline{Z}_a + \underline{Z}_b \right] \cdot \underline{i}
\tag{1.19}
$$

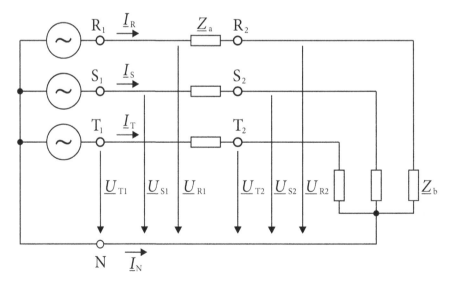

Abb. 1.3 Drehstromnetz. (Eigene Darstellung)

Sollen die Gl. 1.17 nach den Strömen aufgelöst werden, so ergibt sich

$$\underline{I}_R = \frac{\underline{U}_{R1}}{\underline{Z}_a + \underline{Z}_b} \quad \underline{I}_S = \frac{\underline{U}_{S1}}{\underline{Z}_a + \underline{Z}_b} \quad \underline{I}_T = \frac{\underline{U}_{T1}}{\underline{Z}_a + \underline{Z}_b} \tag{1.20}$$

Man sieht, dass für alle drei Gleichungen analoge Ausdrücke auftreten. Es genügt deshalb, die Gleichung der Schleife R zu lösen. Für die Scheinleistung, die die Spannungsquelle abgibt, gilt

$$\underline{S} = \underline{U}_{R1} \cdot \underline{I}_R^* + \underline{U}_{S1} \cdot \underline{I}_S^* + \underline{U}_{T1} \cdot \underline{I}_T^*$$

$$\underline{S} = \frac{\underline{U}_{R1} \cdot \underline{I}_R^* + \underline{U}_{S1} \cdot \underline{I}_S^* + \underline{U}_{T1} \cdot \underline{I}_T^*}{\left(\underline{Z}_a + \underline{Z}_b\right)^*} = \frac{\underline{U}_{R1}^2 + \underline{U}_{S1}^2 + \underline{U}_{T1}^2}{\left(\underline{Z}_a + \underline{Z}_b\right)^*} \tag{1.21}$$

$$\underline{S} = \frac{3 \cdot U_{R1}^2}{\left(\underline{Z}_a + \underline{Z}_b\right)^*}$$

Hier tritt der konjugiert komplexe Strom $\underline{I}^*$ auf. Dazu sei auf die [1] und [2] des Vorworts der 2. Auflage verwiesen.

1.2.3 Stern- und Dreieckschaltung

Die drei Wicklungen in Abb. 1.2, die im Elektromaschinenbau Stränge genannt werden, wurden in „Stern" geschaltet. Ebenso sind die Spannungsquellen und die Verbraucherwiderstände in Abb. 1.3 auf einer Seite zu einem Sternpunkt zusammengefasst. Es gibt insgesamt drei Möglichkeiten, die drei Stränge eines Drehstrombetriebsmittels an die vier Leiter des Netzes anzuschließen.

In Abb. 1.4 sind diese Möglichkeiten dargestellt, wobei die Strangimpedanzen $\underline{Z}_R$, $\underline{Z}_S$, $\underline{Z}_T$ zunächst unterschiedlich angenommen werden. Die Schaltungen a und b werden Sternschaltungen mit dem Kurzzeichen Y und die Schaltung c wird Dreieckschaltung mit dem Kurzzeichen D oder Δ genannt. Da die Schaltungen b und c keine Verbindung mit dem Neutralleiter N haben, können sie diesem auch keinen Strom entnehmen. Es gilt somit für b und c

$$\underline{I}_R + \underline{I}_S + \underline{I}_T = 0 \tag{1.22}$$

Beide Schaltungen sind äquivalent, d. h. sie lassen sich ineinander umrechnen.

$$\underline{Z}_{RS} = \frac{\underline{Z}_R \cdot \underline{Z}_S}{\underline{Z}_1} \quad \underline{Z}_{ST} = \frac{\underline{Z}_S \cdot \underline{Z}_T}{\underline{Z}_1} \quad \underline{Z}_{TR} = \frac{\underline{Z}_T \cdot \underline{Z}_R}{\underline{Z}_1}$$

$$\text{mit} \, \underline{Z}_1 = \frac{1}{1/\underline{Z}_R + 1/\underline{Z}_S + 1/\underline{Z}_T} \tag{1.23}$$

$$\underline{Z}_R = \frac{\underline{Z}_{RS} \cdot \underline{Z}_{TR}}{\underline{Z}_2} \quad \underline{Z}_S = \frac{\underline{Z}_{RS} \cdot \underline{Z}_{ST}}{\underline{Z}_2} \quad \underline{Z}_T = \frac{\underline{Z}_{TR} \cdot \underline{Z}_{ST}}{\underline{Z}_2} \qquad (1.24)$$
$$\text{mit } \underline{Z}_2 = \underline{Z}_{RS} + \underline{Z}_{ST} + \underline{Z}_{TR}$$

Diese Dreieck-Stern-Umrechnung ist nur bei drei Anschlussknoten möglich. Für vier und mehr Knoten kann zwar die Sternschaltung in eine Polygonschaltung (*n*-Eckschaltung) umgewandelt werden. Dabei wird jeder Leiter mit jedem über eine Impedanz verknüpft. Die Umkehrung ist jedoch nicht möglich.

In der Schaltung a (Abb. 1.4) führt der Neutralleiter einen Strom

$$\underline{I}_N = -\left(\underline{I}_R + \underline{I}_S + \underline{I}_T\right) \qquad (1.25)$$

Dieser Strom wird im symmetrischen Fall, also wenn Netz, Spannungsquelle und Verbraucher symmetrisch sind, zu null. Ein weiterer Sonderfall ergibt sich für $\underline{Z}_N \to \infty$. Dann geht in Abb. 1.4 Schaltung a in Schaltung b über.

Die Umwandlung der Schaltung a in eine „Vieleckschaltung", bei der alle vier Leiter verknüpft sind, ist – wie oben erklärt – möglich, bringt aber keinerlei Vorteile. Die Problematik unsymmetrisch aufgebauter Netze wird in Abschn. 1.4 behandelt. Hier ist der symmetrische Fall noch etwas zu vertiefen.

Symmetrische Spannungen und Ströme lassen sich entsprechend Gl. 1.12 durch jeweils eine komplexe Größe beschreiben.

$$\begin{array}{lll} \underline{I}_R = \underline{I} & \underline{I}_S = \underline{a}^2 \cdot \underline{I} & \underline{I}_T = \underline{a} \cdot \underline{I} \\ \underline{U}_R = \underline{U} & \underline{U}_S = \underline{a}^2 \cdot \underline{U} & \underline{U}_T = \underline{a} \cdot \underline{U} \end{array} \qquad (1.26)$$

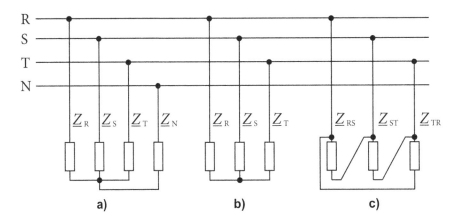

Abb. 1.4 Drehstromverbraucher. **a** Sternschaltung mit angeschlossenem Neutralleiter; **b** Sternschaltung ohne angeschlossenen Neutralleiter; **c** Dreieckschaltung. (Eigene Darstellung)

Dabei handelt es sich um Ströme in den Außenleitern des Netzes und Spannungen zwischen den Außenleitern und dem Neutralleiter. Die Spannungen zwischen den Leitern ergeben sich zu

$$\underline{U}_{RS} = \underline{U}_R - \underline{U}_S = \underline{U}_{RN} - \underline{U}_{SN} = \underline{U}(1 - \cos 120° + j \sin 120°) = \underline{U} \cdot \sqrt{3} e^{j30°}$$
$$\underline{U}_{ST} = \underline{U} \cdot \sqrt{3} e^{-j90°} \tag{1.27}$$
$$\underline{U}_{TR} = \underline{U} \cdot \sqrt{3} e^{j150°}$$

Diese Zeiger sind in Abb. 1.5 dargestellt.

▶ **Wichtig** Die Außenleiterspannung, früher verkettete Spannung genannt, ist $\sqrt{3}$-mal so groß wie die Leiter-Erd-Spannung, früher Phasenspannung genannt.

$$U_D = \sqrt{3} \cdot U_Y \tag{1.28}$$

In der Energietechnik ist es üblich, als Nennspannung von Netzen U_n und als Bemessungsspannung von Betriebsmitteln U_r stets die verkettete Spannung anzugeben. Lediglich im Elektromaschinenbau arbeitet man mit der Strangspannung, die dann je nach Schaltung der Stränge die Außenleiter- oder Leiter-Erd-Spannung sein kann.

Die Stern-Dreieck-Umrechnung mit den Gl. 1.23 und 1.24 vereinfacht sich bei Symmetrie (Abb. 1.6).

Abb. 1.5 Spannungszeiger im Drehstromsystem. (Eigene Darstellung)

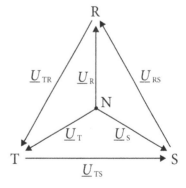

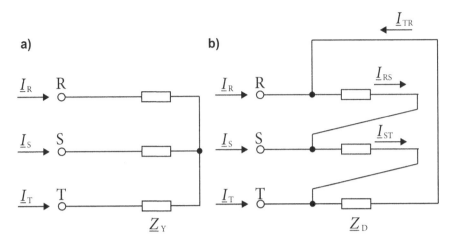

Abb. 1.6 Stern-Dreieck-Schaltung. **a** Sternschaltung; **b** Dreieckhaltung. (Eigene Darstellung)

$$Z_R = \underline{Z}_S = \underline{Z}_T = \underline{Z}_Y$$
$$\underline{Z}_{RS} = \underline{Z}_{ST} = \underline{Z}_{TR} = \underline{Z}_D \qquad (1.29)$$
$$\underline{Z}_D = 3 \cdot \underline{Z}_Y \underline{Z}_Y = 1/3 \cdot \underline{Z}_D$$

Die Leistung errechnet sich aus der Sternschaltung

$$\underline{S} = 3 \cdot \underline{U}_Y \cdot \underline{I}^* = 3 \cdot U_Y^2 \cdot \underline{Z}_Y^* = 3 \cdot \underline{Z}_Y^* \cdot I^2$$
$$\underline{S} = 3 \cdot \left(\underline{U}_D/\sqrt{3}\right) \cdot \underline{I}^* = \sqrt{3} \cdot \underline{U}_D \cdot \underline{I}^* = \sqrt{3} \cdot \underline{U} \cdot \underline{I}^* \qquad (1.30)$$

Zu beachten ist dabei, dass $\underline{U}$ die Außenleiterspannung und $\underline{I}$ der Außenleiterstrom sind. Für die Dreieckschaltung errechnet sich die Leistung wie folgt

$$\underline{S} = 3 \cdot \underline{U}_D \cdot \underline{I}_D^* = 3 \cdot \underline{U}_D \cdot \underline{I}^*/U_Y^2 \cdot \sqrt{3} = \sqrt{3} \cdot \underline{U}_D \cdot \underline{I}^* = \sqrt{3} \cdot \underline{U} \cdot \underline{I}^* \qquad (1.31)$$

Selbstverständlich führen beide Ableitungen zum gleichen Ergebnis. Die Zusammenhänge zwischen der Stern- und Dreieckschaltung wurden sehr ausführlich beschrieben, da insbesondere mit dem Faktor $\sqrt{3}$ häufig Fehler gemacht werden.

Beispiel 1.9: Leistung bei Stern- und Dreieckschaltung

Drei Widerstände von jeweils 10 Ω werden in Stern- und in Dreieckschaltung an eine Drehstromspannung von $U = 400$ V gelegt. Welche Ströme und Leistungen ergeben sich?

Bei der Sternschaltung liegt an den Widerständen die Spannung $U_Y = 400\,\text{V}/\sqrt{3} = 230\,\text{V}$. Daraus ergeben sich die Ströme und die Leistung zu

$$I = \frac{U_Y}{R} = \frac{230\,\text{V}}{10\,\Omega}10\,\Omega = 23\,\text{A}$$

$$S = 3 \cdot U_Y \cdot I = 3 \cdot 230\,\text{V} \cdot 23\,\text{A} = 16\,\text{kW}$$

Bei der Dreieckschaltung liegen die Widerstände zwischen den Außenleitern an der Spannung $U = 400$ V. Für die Ströme und die Leistung erhält man dann

$$I_D = U/R = 400\,\text{V}/10\,\Omega = 40\,\text{A}$$

$$I = \sqrt{3}I_D = 70\,\text{A}$$

$$S = 3 \cdot U \cdot I_D = 3 \cdot 400\,\text{V} \cdot 40\,\text{A} = 3 \cdot 16\,\text{kW} = 48\,\text{kW} \blacktriangleleft$$

1.3 Bezogene Größen

Es ist üblich, in SI-Einheiten und den daraus abgeleiteten Einheiten zu rechnen. Dies wird auch hier empfohlen, d. h. Widerstände sollten in Ohm, Spannungen in Volt usw. angegeben werden. Das Rechnen in diesen physikalischen Größen birgt die geringsten Fehlermöglichkeiten. Es ist jedoch insbesondere bei Betriebsmitteln üblich, die Kenngrößen durch Bezugswerte zu teilen. Man kommt dann zu den bezogenen Größen (p.u. = per unit), die für den mit dieser Technik Vertrauten Vorteile bieten. Ein Ingenieur, der nur gelegentlich energietechnische Probleme löst, sollte die bezogenen Größen auf die Grundeinheiten umrechnen und in diesem System weiterarbeiten.

1.3.1 Grundsysteme

Das Rechnen in Ω, V und A ist aus den Grundlagen der Elektrotechnik bekannt. Hier soll es am Beispiel eines Energieversorgungsnetzes noch einmal vorgeführt werden, um einen Referenzfall für die Anwendung der bezogenen Größen zu erhalten. Das Netz in Abb. 1.7a zeigt einen Generator G, der über einen Blocktransformator Tr und eine Leitung L ein Versorgungsgebiet V speist. Die Kenngrößen der Betriebsmittel sind in Tab. 1.1 in der üblichen Form angegeben. Dabei werden die ohmschen Widerstände vernachlässigt. Aus den Kenngrößen lässt sich mithilfe der im nächsten Abschnitt angegebenen Rechenregeln die Transformatorreaktanz $X_{TR} = 0{,}11\,\Omega$ bestimmen. Die Ersatzschaltung für das einfache Netz ist in Abb. 1.7b dargestellt.

Bei ihm ist die Transformatorreaktanz wie üblich auf die nicht stellbare Seite bezogen. Aus den gegebenen Daten lässt sich die Generatorspannung errechnen.

$$I_V = Q_V / \left(\sqrt{3} \cdot U_V \right) = 600\,\mathrm{MVA} / \left(\sqrt{3} \cdot 380\,\mathrm{kV} \right) = 0{,}91\,\mathrm{kA}$$

$$U_L = X_L \cdot \sqrt{3} \cdot I_V + U_V = 26\,\Omega \cdot \sqrt{3} \cdot 0{,}91\,\mathrm{kA} + 380\,\mathrm{kV} = 420\,\mathrm{kV}$$

$$U_L' = \frac{U_L}{\ddot{u}} = \frac{420\,\mathrm{kV}}{420\,\mathrm{kV}/27\,\mathrm{kV}} = \frac{420\,\mathrm{kV}}{15{,}6} = 27\,\mathrm{kV} \tag{1.32}$$

$$I_G = I_V \cdot \ddot{u} = 0{,}91\,\mathrm{kA} \cdot 420\,\mathrm{kV}/27\,\mathrm{kV} = 14\,\mathrm{kA} \tag{1.33}$$

$$U_G = X_{TR} \cdot \sqrt{3} \cdot I_G + U_L' = 0{,}11\,\Omega \cdot \sqrt{3} \cdot 14\,\mathrm{kA} + 27\,\mathrm{kV} = 30\,\mathrm{kV} \tag{1.34}$$

Auf die Netzseite umgerechnet ergibt sich

$$U_G' = 30\,\mathrm{kV} \cdot 420\,\mathrm{kV}/27\,\mathrm{kV} = 30\,\mathrm{kV} \cdot 15{,}6 = 467\,\mathrm{kV}$$

Übersichtlich wird die Berechnung, wenn mit dem Übersetzungsverhältnis $\ddot{u}$ des Transformators alle Reaktanzen auf die Oberspannungsseite umgerechnet werden (Abb. 1.7c, Tab. 1.1). Die Reaktanzen X_{TR}' und X_L können dann zusammengefasst werden. Die Generatorspannung ergibt sich nun in einem Rechengang, wobei allerdings abschließend

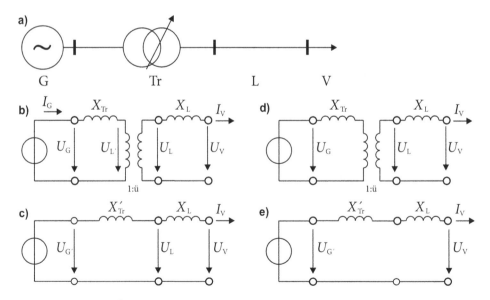

Abb. 1.7 Einfaches Übertragungsnetz. **a** Netzschaltplan; **b** Ersatznetz in Ω; **c** Ersatznetz in Ω, auf die Verbraucherseite bezogen; **d** Ersatznetz in p.u.; **e** Ersatznetz in p.u., auf die Verbraucherseite bezogen. (Eigene Darstellung)

die berechnete Spannung noch mit dem Übersetzungsverhältnis $\ddot{u} = 15{,}6$ umzurechnen ist, um den realen Wert zu erhalten. Es sei noch erwähnt, dass der Strich bei einer Leitungsreaktanz X_L' auf einen Wert pro km hinweist und nichts mit den Bezugsgrößen zu tun hat. Man spricht dann vom Leitungsbelag bzw. Leitungsreaktanzbelag. Der Strich bei X_{TR}' bedeutet einen auf ein anderes Spannungsniveau umgerechneten Wert.

1.3.2 per-unit-System

Früher gab man für jedes Betriebsmittel Nenngrößen (Index n oder N) an, nach denen sie benannt und i. Allg. auch dimensioniert wurden (z. B. 110-kV-Schalter, 600-MVA-Generator). Heute ist es üblich, Bemessungswerte (Index r von rated) anzugeben. Lediglich in Netzebenen, in denen viele Betriebsmittel zusammengefasst sind, gibt es noch Nennspannungen, z. B. 110-kV-Netz, 380-kV-Schaltanlagen.

Die Bemessungs- oder Nennwerte bilden i. Allg. die Bezugswerte für Kenngrößen von Betriebsmitteln.

S_r Bemessungsscheinleistung
U_r Bemessungsspannung
I_r Bemessungsstrom
f_r Bemessungsfrequenz
Z_r Bezugsimpedanz oder BemessungsimpedanzImpedanz

$$Z_r = \frac{U_r/\sqrt{3}}{I_r} = \frac{U_r/\sqrt{3}}{S_r/\sqrt{3} \cdot U_r} = \frac{U_r^2}{S_r} \tag{1.35}$$

Die Streureaktanz eines Transformators X_σ in Ω lässt sich nun auf die Bemessungsimpedanz Z_r beziehen. Man erhält dann den bezogenen Wert der Streureaktanz

$$x_\sigma = X_\sigma / Z_r \tag{1.36}$$

Für Strom, Spannung und Leistung gilt entsprechend

$$i = I/I_r \cdot u = U/U_r \cdot s = S/S_r \tag{1.37}$$

Daraus folgt für den Bemessungspunkt

$$i = u = s = 1 \tag{1.38}$$

Schließt man einen Transformator sekundärseitig kurz und legt an die Primärwicklung eine Spannung u an, die so groß ist, dass gerade der Bemessungsstrom $i = 1$ fließt, so nennt man diese Spannung Kurzschlussspannung u_k.

$$u_k = x_\sigma \cdot 1 = x_\sigma$$

Tab. 1.1 Rechnen mit bezogenen Größen

Transformator	Leitung		Verbraucher
$S_{TR}=1000$ MVA	$X_L'=0,26\,\Omega$/km		$Q_V=600$ MVA
$\ddot{u}_{TR}=420$ kV/27 kV	$l=100$ km		$P_V=0$
$u_k=15\,\%$			$U_V=380$ kV
Bezugssystem Netz		Bezugssystem Generator	
$S_r=1000$ MVA	$I_r=1,5$ kA	$S_r=1000$ MVA	$I_r=21$ kA
$U_n=380$ kV	$Z_n=140\,\Omega$	$U_n=27$ kV	$Z_n=0,73\,\Omega$

Abb.	X_{TR}	X_L	$\ddot{u}$	U_V	U_G	I_V
1.7b	$0,11\,\Omega$	$26\,\Omega$	15,6	380 kV	30 kV	0,91 kA
1.7c	$27\,\Omega$	$26\,\Omega$	1	380 kV	467 kV	0,91 kA
1.7d	0,15	0,18	1,1	1	1,1	0,6
1.7e	0,18	0,18	1	1	1,2	0,6

Sie liegt für alle Transformatorleistungen in der Größenordnung $u_k=0,05\ldots 0,2$ und wird i. Allg. in % angegeben ($u_k=5\ldots 20\,\%$). Da die bezogenen Kenngrößen eines Betriebsmittels für alle Leistungsgrößen etwa gleich sind, ergeben sich beim Rechnen im p.u.-System stets ähnliche Werte. Die Betriebsgrößen liegen annähernd im Bereich von $i, u, s=0\ldots 1$. Dies fördert die Übersichtlichkeit. Da die Dimensionen fehlen, braucht man zur Benutzung auch eine gewisse Übung. Man möge zur Not mit der Bezugs-impedanz $1\,\Omega$ arbeiten, dann sind die p.u.-Werte und die physikalischen Größen – abgesehen von dem Faktor $\sqrt{3}$ – gleich.

Für die in Abb. 1.7a dargestellten Betriebsmittel sollen nun die Gl. 1.35 und 1.36 zur Berechnung der p.u.-Größen angewendet werden.

Für den Transformator gilt:

$$Z_r = (27\,\text{kV})^2/1000\,\text{MVA} = 0,73\,\Omega$$

$$x_{Tr} = u_k = X_{Tr}/Z_r = 0,11\,\Omega/0,73\,\Omega = 0,15 \cong 15\,\% \qquad (1.39)$$

Die Leitungsimpedanzen werden üblicherweise in Ω angegeben. Sie sollen auf die Nenn-spannung $U_n=380$ kV und die Bemessungsleistung des Transformators $S_r=1000$ MVA bezogen werden.

$$Z_n = U_n^2/S_r = 380^2\,\text{kV}^2/1000\,\text{MVA} = 140\,\Omega$$

$$x_L = X_L/Z_n = 26\,\Omega/140\,\Omega = 0,18 \qquad (1.40)$$

Im p.u.-System ergibt sich die in Abb. 1.7d dargestellte Ersatzschaltung mit den in Tab. 1.1 angegebenen Werten. Das Übersetzungsverhältnis des Transformators ist hier von 1 verschieden, weil seine Oberspannung mit $U_r = 420\,\text{kV}$ und die Netznennspannung mit $U_n = 380\,\text{kV}$ festgelegt sind.

$$\ddot{u} = 420\,\text{kV}/380\,\text{kV} = 1{,}1 \tag{1.41}$$

Für die Leistung und den Strom des Verbrauchers ergibt sich

$$q_V = Q_V/S_r = 600\,\text{MVA}/1000\,\text{MVA} = 0{,}6$$

$$i_V = \frac{I_V}{I_r} = \frac{I_V}{S_r/\left(\sqrt{3} \cdot U_n\right)} = \frac{0{,}91\,\text{kA}}{1000\,\text{MVA}/\left(\sqrt{3} \cdot 380\,\text{kV}\right)} = \frac{0{,}91}{1{,}5} = 0{,}6 \tag{1.42}$$

Beide Werte sind gleich, weil an dem Verbraucher die Nennspannung anliegt

$$\frac{I_V}{I_r} = \frac{Q_V/\left(\sqrt{3} \cdot U_n\right)}{S_r/\left(\sqrt{3} \cdot U_n\right)} = \frac{Q_V}{S_r} = 0{,}6$$

Um einfach rechnen zu können, werden die Transformatorwerte mit dem Übersetzungsverhältnis $1/\ddot{u}$ umgerechnet. Es ergibt sich dann der Fall entsprechend Abb. 1.7e mit der Spannung $u'_G = 1{,}2$, die noch auf den wahren p.u.-Wert umgerechnet werden muss.

$$u_G = u'_G/\ddot{u} = 1{,}1$$

Mit der Bezugsspannung $U_r = 27\,\text{kV}$ ist anschließend die Klemmenspannung zu bestimmen.

$$U_G = u_G \cdot U_r = 1{,}1 \cdot 27\,\text{kV} = 30\,\text{kV} \tag{1.43}$$

Die vorgestellte Rechnung ist umständlich. Deshalb eignet sich das Verfahren der p.u.-Werte für die Berechnung von Netzen weniger. In vielen Fällen können jedoch zur Durchführung von Überschlagsrechnungen die Nennspannungen der Netze und die Bemessungsspannungen der Betriebsmittel gleichgesetzt und die Stufenstellung der Transformatoren vernachlässigt werden. Dies gilt insbesondere bei Kurzschlussstromberechnungen. In solchen Fällen ist das Rechnen in p.u. sehr einfach, wie sich in den folgenden Kapiteln zeigen wird. Es ist üblich, bezogene Größen mit kleinen und physikalische Größen mit großen Buchstaben anzugeben. Dies ist in dem vorangegangenen Abschnitt geschehen. Da in dem vorliegenden Buch jedoch konstante Größen groß und Zeitfunktionen klein geschrieben werden, wird vom Abschn. 1.4 an auf eine unterschiedliche Bezeichnung zwischen p.u.-Werten und Absolutgrößen verzichtet. Lediglich an den Stellen, an denen es notwendig oder sinnvoll ist, werden die bezogenen Größen klein geschrieben.

1.3.3 %/MVA-System

Speziell für die Berechnung von Kurzschlussströmen wurde ein Verfahren entwickelt, bei dem die Spannungen in % der Bezugsspannung angegeben werden, z. B. ergibt sich für die Spannung $U = 400$ kV im 380-kV-Netz

$$u = 100\,\% \cdot U/U_n = 100\,\% \cdot 400\,\text{kV}/380\,\text{kV} = 105\,\% \tag{1.44}$$

Die Ströme werden mit der Nennspannung und dem Faktor $\sqrt{3}$ multipliziert, sodass sie die Dimension einer Leistung erhalten.

Für den Strom $I = 1$ kA ergibt sich im 380-kV-Netz

$$i = I \cdot \sqrt{3} \cdot U = 1\,\text{kA} \cdot \sqrt{3} \cdot 380\,\text{MVA} = 658\,\text{MVA} \tag{1.45}$$

Das Ohmsche Gesetz liefert dann die Reaktanz

$$x = u/i = 105\,\%/658\,\text{MVA} = 0{,}16\,\%/\text{MVA} \tag{1.46}$$

Das Verfahren hat keine große Bedeutung erlangt. Es wurde hier nur kurz dargestellt, weil es gelegentlich in der Literatur zu finden ist [4].

1.4 Transformationen

Aus der Geometrie ist die Koordinatentransformation bekannt, bei der Punkte aus einem Originalsystem (x,y) in ein Bildsystem (ξ,η) transformiert werden. Eine solche Transformation ist sinnvoll, wenn die mathematischen Beziehungen zwischen den Punkten im Bildsystem eine einfachere Gestalt haben als im Originalsystem. Wie in Abschn. 1.2 dargestellt, sind die Zusammenhänge zwischen Strömen und Spannungen in Drehstromsystemen mit den Koordinaten RST komplexer Natur [5, 6, 7]. Für die Schaltung a in Abb. 1.4 ergibt sich bei rein ohmscher, symmetrischer Last $R_R = R_S = R_T$

$$U_R = R_R \cdot I_R + R_N(I_R + I_S + I_T) = (R_R + R_N)I_R + R_N \cdot I_S + R_N \cdot I_T \tag{1.47}$$

Mit $R_R + R_N = R_A$ erhält man

$$\begin{pmatrix} U_R \\ U_S \\ U_T \end{pmatrix} = \begin{pmatrix} R_A & R_N & R_N \\ R_N & R_A & R_N \\ R_N & R_N & R_A \end{pmatrix} \begin{pmatrix} I_R \\ I_S \\ I_T \end{pmatrix} \tag{1.48}$$

$$\boldsymbol{u} = \boldsymbol{R} \cdot \boldsymbol{i}$$

Werden nun bei bekannten Spannungen $\boldsymbol{u}$ die Ströme $\boldsymbol{i}$ gesucht, so muss die Matrix $\boldsymbol{R}$ invertiert werden. Dies ist für den Sonderfall $R_N = 0$ leicht möglich. Dann sind nämlich die Gleichungen für R, S und T voneinander entkoppelt.

$$\begin{pmatrix} U_R \\ U_S \\ U_T \end{pmatrix} = \begin{pmatrix} R_A & 0 & 0 \\ 0 & R_A & 0 \\ 0 & 0 & R_A \end{pmatrix} \begin{pmatrix} I_R \\ I_S \\ I_T \end{pmatrix} \tag{1.49}$$

Gelingt es, die Ströme und Spannungen von den RST-Komponenten in ein anderes System R'S'T' zu transformieren, sodass Gl. 1.48 die Gestalt der Gl. 1.49 annimmt, wird das Arbeiten im Bildsystem einfach. Eine Transformation, die dies leistet, muss die voll besetzte Originalmatrix $\mathbf{R}$ in eine Diagonalmatrix $\mathbf{R}'$ überführen [6, 7].

1.4.1 Diagonaltransformation

Werden Ströme und Spannungen in Gl. 1.48 mit der Transformationsmatrix $\mathbf{T}$ umgerechnet, so ergibt sich in dem mit einem ' gekennzeichneten Bildsystem

$$\mathbf{i} = \mathbf{T}\,\mathbf{i}' \qquad \mathbf{u} = \mathbf{T}\,\mathbf{u}' \tag{1.50}$$

$$\mathbf{u} = \mathbf{R}\,\mathbf{i} = \mathbf{T}\,\mathbf{u}' = \mathbf{R}\,\mathbf{T}\,\mathbf{i}'$$

$$\mathbf{u}' = \mathbf{T}^{-1}\mathbf{R}\,\mathbf{T}\,\mathbf{i}' = \mathbf{R}'\mathbf{i}' \tag{1.51}$$

$$\mathbf{R}' = \mathbf{T}^{-1}\mathbf{R}\,\mathbf{T} \tag{1.52}$$

Die Transformationsmatrix $\mathbf{T}$ mit ihren 9 Elementen t_{ik} muss – wie oben vorgegeben – so aufgebaut sein, dass $\mathbf{R}'$ Diagonalgestalt besitzt. Durch Ausmultiplikation der rechten Seite von Gl. 1.52 ergibt sich für jedes der 9 Elemente r'_{ik} eine Gleichung. Dabei müssen die Nichtdiagonalen $r'_{ik}(i \neq k)$ den Wert null annehmen, um die Diagonalgestalt sicherzustellen. Es gibt also 6 Gleichungen zur Berechnung der 9 Elemente t_{ik}. Diese große Freiheit in der Konstruktion der Transformationsmatrix $\mathbf{T}$ wird jedoch durch den Wunsch nach einfacher Handhabbarkeit eingeschränkt.

Es bestehen folgende Forderungen, die teils zweckmäßig und teils zwingend sind:

- Für Ströme und Spannungen wird die gleiche Transformationsmatrix gewählt; dies vereinfacht die Anwendung des Verfahrens und wurde bereits in Gl. 1.50 eingeführt.
- Es muss möglich sein, die Ströme und Spannungen aus dem Bildsystem in das Originalsystem zurück zu transformieren. Diese Umkehrbarkeit erfordert die Existenz der Inversen $\mathbf{T}^{-1}$.
- Die Koppelmatrix zwischen Strom und Spannung – dies entspricht dem Ohmschen Gesetz – muss durch die Transformation auf Diagonalform gebracht werden. Dies liefert die oben erwähnten 6 Gleichungen für t_{ik}.
- Die Matrix $\mathbf{T}$ darf nicht die Komponenten der Widerstandsmatrix $\mathbf{R}$ enthalten, d. h. die Transformation ist für alle Betriebsmittel gleich.
- Bei der Transformation soll sich die Leistung nicht ändern.

$$U_R I_R + U_S I_S + U_T I_T = U_R' I_R' + U_S' I_S' + U_T' I_T' \tag{1.53}$$

Die letzte Forderung der Leistungsinvarianz führt zu einer orthonormalen Transformation mit der Bedingung

$$T^{-1} = T^T$$

oder in komplexer Form

$$\underline{T}^{-1} = (\underline{T}^T)^* \tag{1.54}$$

Besteht zwischen den Leistungen in Original- und Bildsystem ein Maßstabsfaktor, so nennt man die Transformation orthogonal.

$$\underline{T} = K(\underline{T}^T)^* \tag{1.55}$$

Dabei ist K eine Diagonalmatrix. Die Leistung im Bildsystem unterscheidet sich dann von der im Originalsystem.

1.4.2   Transformationsmatrix

Wenn die Transformationsmatrix T in Gl. 1.50 aus den Eigenvektoren der Matrix R besteht, so wird die Matrix R zu einer Diagonalmatrix mit den Eigenwerten der Matrix R als Elemente.

Für eine allgemein aufgebaute reguläre Matrix R, bei der alle Elemente r_{ik}' voneinander verschieden sind, lässt sich keine Transformationsmatrix T finden, die unabhängig von diesen Elementen r_{ik}' ist. Der Sonderfall einer zyklisch-symmetrischen Matrix, die bei symmetrisch aufgebauten rotierenden Maschinen auftritt, liefert Eigenwerte, die die Elemente r_{ik} nicht enthalten. Dies ist wichtig für rotierende elektrische Maschinen.

$$R = \begin{pmatrix} A & B & C \\ C & A & B \\ B & C & A \end{pmatrix} \tag{1.56}$$

$$\underline{R}_R' = A + B + C \qquad \underline{R}_S' = A + \underline{a}^2 B + \underline{a} C \qquad \underline{R}_T' = A + \underline{a} B + \underline{a}^2 C \tag{1.57}$$

mit $\underline{a} = e^{j120°}$

Hierzu gehören die Eigenvektoren

$$\underline{T} = \begin{pmatrix} 1 & 1 & 1 \\ 1 & \underline{a}^2 & \underline{a} \\ 1 & \underline{a} & \underline{a}^2 \end{pmatrix} \begin{pmatrix} k_1 \\ k_2 \\ k_3 \end{pmatrix} \tag{1.58}$$

Dabei kann der Vektor $\boldsymbol{k}$ beliebige Elemente enthalten [8].

Bei symmetrisch aufgebauten nicht rotierenden Maschinen – wie z. B. Freileitungen, Kabel und Transformatoren - vereinfacht sich Gl. 1.57 zu $(B = C)$

$$\underline{R}'_R = A + 2B \qquad \underline{R}'_S = \underline{R}'_T = A - B \tag{1.59}$$

1.4.3 Symmetrische Komponenten

Der Vorteil der komplexen Transformation mit der Matrix $\underline{T}$ nach Gl. 1.58 wurde von G. Hommel 1910 erkannt und von C. L. Fortescue 1918 mit Erfolg ausgenutzt [9, 10]. Er hat in Gl. 1.58 den Wert $k = 1$ eingefügt und so die folgende Transformation erhalten.

$$\begin{pmatrix} \underline{U}_R \\ \underline{U}_S \\ \underline{U}_T \end{pmatrix} = \begin{pmatrix} 1 & 1 & 1 \\ 1 & \underline{a}^2 & \underline{a} \\ 1 & \underline{a} & \underline{a}^2 \end{pmatrix} \begin{pmatrix} \underline{U}_h \\ \underline{U}_m \\ \underline{U}_g \end{pmatrix} \tag{1.60}$$

$$\underline{u} = \underline{T}\,\underline{u}'$$

$$\begin{pmatrix} \underline{U}_h \\ \underline{U}_m \\ \underline{U}_g \end{pmatrix} = \frac{1}{3} \begin{pmatrix} 1 & 1 & 1 \\ 1 & \underline{a} & \underline{a}^2 \\ 1 & \underline{a}^2 & \underline{a} \end{pmatrix} = \begin{pmatrix} \underline{U}_R \\ \underline{U}_S \\ \underline{U}_T \end{pmatrix} \tag{1.61}$$

$$\underline{u}' = \underline{T}^{-1}\underline{u}$$

Die Transformationsgleichungen für die Ströme lauten entsprechend.

Wendet man diese Transformationsmatrix mit der Rechenvorschrift Gl. 1.52 auf Gl. 1.48 an, so ergibt sich für die Last nach Abb. 1.4a

$$\boldsymbol{R}' = \begin{pmatrix} R_h & 0 & 0 \\ 0 & R_m & 0 \\ 0 & 0 & R_g \end{pmatrix} \tag{1.62}$$

$$R_h = R_A + 2R_N \qquad R_m = R_g = R_A - R_N = R_R$$

Eine symmetrische, positiv – d. h. entgegen dem Uhrzeigersinn – drehende Spannung, in Gl. 1.61 eingesetzt, liefert

$$\begin{array}{lll} \underline{U}_R = U & \underline{U}_S = \underline{a}^2 U & \underline{U}_T = \underline{a} U \\ \underline{U}_h = 0 & \underline{U}_m = 1 & \underline{U}_g = 0 \end{array} \tag{1.63}$$

Durch Vertauschen der Leiter S und T entsteht eine negativ drehende Spannung

$$\begin{array}{lll} \underline{U}_R = U & \underline{U}_S = \underline{a} U & \underline{U}_T = \underline{a}^2 U \\ \underline{U}_h = 0 & \underline{U}_m = 0 & \underline{U}_g = 1 \end{array} \tag{1.64}$$

Schließlich liefert eine Nullspannung

$$\begin{array}{ccc} \underline{U}_R = U & \underline{U}_S = U & \underline{U}_T = U \\ \underline{U}_h = 1 & \underline{U}_m = 0 & \underline{U}_g = 0 \end{array} \tag{1.65}$$

Ein beliebiges unsymmetrisches Drehspannungssystem lässt sich demnach in Mit-, Gegen- und Nullspannungen zerlegen.

Wird die Last entsprechend Abb. 1.4a bzw. Abb. 1.8a an eine Spannungsquelle gelegt, so ergibt sich die Komponentenersatzschaltung nach Abb. 1.8b. Hierbei ist zu beachten, dass bei symmetrischen Spannungsquellen keine Spannungen und somit auch keine Ströme im Gegen- und Null-System auftreten.

Bei symmetrischen Fällen kann man sich deshalb auf die Behandlung des positiv drehenden Systems beschränken. Dies ist eine Rechtfertigung für die in Abschn. 1.3.1 eingeführte einphasige Ersatzschaltung, wie sie in Abb. 1.7 dargestellt wurde.

Für die drei Komponentensysteme der Symmetrischen Komponenten (diese werden auch als Fortescue-Komponenten bezeichnet) werden in der Literatur sehr unterschiedliche Namen gewählt, was nicht zur Übersichtlichkeit beiträgt.

Homopolar	Positiv drehend	Negativ drehend	hpn
Nullsystem	Mitsystem	Gegensystem	0 mg oder 012
Nullsystem	Mitsystem	Inverssystem	0mi

Aus Strom und Spannung lässt sich die Leistung berechnen

$$\underline{S}_{RST} = \underline{\boldsymbol{u}}^T \boldsymbol{i}^* = \underline{U}_R \underline{I}_R^* + \underline{U}_S \underline{I}_S^* + \underline{U}_T \underline{I}_T^* \tag{1.66}$$

$$\underline{S}_{RST} = \left[\underline{\boldsymbol{T}}\,\underline{\boldsymbol{u}}'\right]^T \left[\underline{\boldsymbol{T}}\,\underline{i}'\right]^* = \underline{\boldsymbol{u}}'^T \underline{\boldsymbol{T}}^T \underline{\boldsymbol{T}}^* \underline{i}'^* = 3 \cdot \underline{\boldsymbol{u}}'^T \underline{i}'^* = 3\left(\underline{U}_h \underline{I}_h^* + \underline{U}_m \underline{I}_m^* + \underline{U}_g \underline{I}_g^*\right) \tag{1.67}$$

$$\underline{S}_{RST} = 3 \cdot \underline{S}_{hmg}$$

Die Leistung im Bildsystem unterscheidet sich damit von der Leistung im Originalsystem um den Faktor 3. Die Transformationsmatrix ist deshalb nicht orthonormal entsprechend der Bedingung aus Gl. 1.54, sondern nur orthogonal entsprechend Gl. 1.55. Dieser Makel lässt sich beseitigen. In DIN EN 62428 [11] wird die Transformation in symmetrischen Komponenten orthonormal angegeben und mit hpn bezeichnet. Die Transformationsmatrizen lauten dann im Gegensatz zu Gl. 1.60 und 1.56

$$\underline{\boldsymbol{T}} = \frac{1}{\sqrt{3}}\begin{pmatrix} 1 & 1 & 1 \\ 1 & \underline{a}^2 & \underline{a} \\ 1 & \underline{a} & \underline{a}^2 \end{pmatrix} \quad \underline{\boldsymbol{T}}^{-1} = (\underline{\boldsymbol{T}}^T)^* = \frac{1}{\sqrt{3}}\begin{pmatrix} 1 & 1 & 1 \\ 1 & \underline{a} & \underline{a}^2 \\ 1 & \underline{a}^2 & \underline{a} \end{pmatrix} \tag{1.68}$$

Trotz Normung hat diese Form jedoch keine große Verbreitung gefunden. Vorteil der ursprünglichen Definition ist, dass symmetrische Spannungen und Ströme durch die Transformationen nach den Gl. 1.60 und 1.61 in ihrer Größe erhalten bleiben. Hierfür sind in der Norm die Bezeichnungen „012" festgelegt. Dies führt zu Problemen, weil die Ziffern 012 als Index für viele andere Zwecke verwendet werden. In dem vorliegenden Buch wird die Form nach Gl. 1.50 und 1.61 mit hmg verwendet. Die o. g. Bezeichnungen, z. B. positiv drehendes System und Mitsystem, werden gleichberechtigt benutzt.

Die Anwendung der symmetrischen Komponenten ist insbesondere bei der Netzberechnung von Vorteil, wenn mehrere symmetrische Betriebsmittel zusammenwirken und nur eine oder zwei Unsymmetriestellen auftreten. Deshalb wird in Abschn. 8.3.3 ein Beispiel für den Umgang mit diesem Verfahren gegeben. Um die Bedeutung der Komponenten für die in den folgenden Abschnitten behandelten Betriebsmittel darzulegen, soll ein einpoliger Kurzschluss zwischen den Leitern R und N in der Komponentenschaltung behandelt werden. Hierzu dient in Abb. 1.9a eine symmetrische Spannungsquelle mit der inneren Spannung $\underline{U}_Q$ der Innenimpedanz $\underline{Z}_Q$ und der Sternpunktimpedanz $\underline{Z}_N$.

Die Komponentenschaltungen nach Abb. 1.8b sind zunächst voneinander entkoppelt. Der Kurzschluss R-N in Abb. 1.9a lässt sich im RST-System durch folgende Bedingungen beschreiben.

$$\underline{U}_R = 0 \qquad \underline{I}_S = \underline{I}_T = 0 \tag{1.69}$$

Die Transformationsgleichungen Gl. 1.60 und 1.61 liefern

$$\underline{U}_R = \underline{U}_h + \underline{U}_m + \underline{U}_g = 0 \tag{1.70}$$

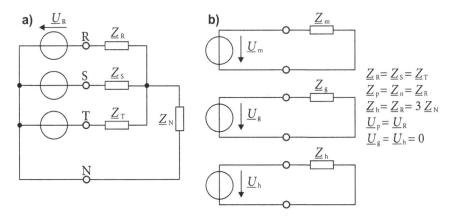

Abb. 1.8 Symmetrisches Netz. **a** Originalschaltung; **b** Komponentenschaltung. (Eigene Darstellung)

$$\underline{I}_\mathrm{h} = \underline{I}_\mathrm{m} = \underline{I}_\mathrm{g} = 1/3 \cdot \underline{I}_\mathrm{R} = 0 \tag{1.71}$$

In den Komponentenschaltungen sind die Knotenpunkte an der Unsymmetriestelle nun so zu verknüpfen, dass die Gl. 1.70 und 1.71 erfüllt werden. Dies ist in Abb. 1.9b geschehen.

Die Transformation (Gl. 1.50–1.52) mit den Matrizen Gl. 1.60 und 1.61 liefert

$$\underline{Z}_\mathrm{m} = \underline{Z}_\mathrm{g} = \underline{Z}_\mathrm{Q} \qquad \underline{Z}_\mathrm{h} = \underline{Z}_\mathrm{Q} + 3\underline{Z}_\mathrm{N} \tag{1.72}$$

$$\underline{U}_\mathrm{Qm} = \underline{U}_\mathrm{QR} \tag{1.73}$$

Aus Abb. 1.9b lässt sich damit der Strom an der Fehlerstelle berechnen.

$$\underline{I}_\mathrm{m} = \underline{I}_\mathrm{g} = \underline{I}_\mathrm{h} = \frac{U_\mathrm{Qm}}{\underline{Z}_\mathrm{m} + \underline{Z}_\mathrm{g} + \underline{Z}_\mathrm{h}} \tag{1.74}$$

Nun ist mit Gl. 1.59 der Strom im Originalsystem zu ermitteln.

$$\underline{I}_\mathrm{R} = \underline{I}_\mathrm{m} + \underline{I}_\mathrm{g} + \underline{I}_\mathrm{h} = \frac{3\underline{U}_\mathrm{Qm}}{\underline{Z}_\mathrm{m} + \underline{Z}_\mathrm{g} + \underline{Z}_\mathrm{h}} \tag{1.75}$$

$$\underline{I}_\mathrm{R} = \frac{3\underline{U}_\mathrm{QR}}{\underline{Z}_\mathrm{Q} + \underline{Z}_\mathrm{Q} + \underline{Z}_\mathrm{Q} + 3\underline{Z}_\mathrm{N}} = \frac{U_\mathrm{QR}}{\underline{Z}_\mathrm{Q} + \underline{Z}_\mathrm{N}} \tag{1.76}$$

In dem einfachen Beispiel ist dieses Ergebnis auch direkt aus Abb. 1.9a zu erkennen.

Ein Sonderfall ergibt sich für $\underline{Z}_\mathrm{N} = 0$

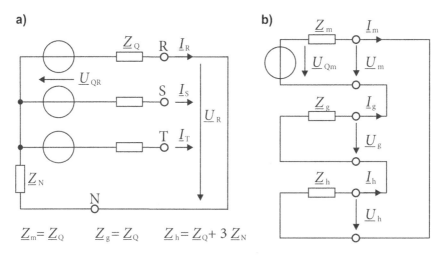

Abb. 1.9 Spannungsquelle mit Erdkurzschluss. **a** RST-System; **b** hmg-System. (Eigene Darstellung)

$$\underline{I}_R = \frac{\underline{U}_{QR}}{\underline{Z}_Q} \tag{1.77}$$

Dies ist der gleiche Wert, der sich auch bei einem dreipoligen Kurzschluss ergibt. Ähnlich wie der einpolige Erdkurzschluss lassen sich auch andere unsymmetrische Fehlerfälle in symmetrischen Komponenten darstellen. Die Abb. 1.10 und 1.11 zeigen einige Beispiele. Dabei sind die Neutralleiter der drei Systeme N_m, N_g, N_h, voneinander getrennt. Der dreipolige Kurzschluss mit Erdberührung ist nicht von Bedeutung, denn durch die symmetrische Spannung im RST-System werden Gegen- und Homopolarspannung zu null. Es bleibt – wie oben erläutert – lediglich das Mitsystem erhalten. Im Falle des einpoligen Erdkurzschlusses sind gemäß der obigen Ableitung die drei Systeme in Reihe geschaltet. Dies geschieht bei einem Kurzschluss in R entsprechend der Schaltung b direkt und bei einem Kurzschluss in S entsprechend Schaltung c über Anpasstransformatoren mit komplexem Übersetzungsverhältnis $\underline{a}$ bzw. $\underline{a}^2$. Da in einem symmetrischen Netz ein Fehler in R oder S zu gleichen Kurzschlussströmen führt, ist die aufwändige Schaltung c hier nicht von Bedeutung. Bei einem zweipoligen Kurzschluss der Leiter S und T mit Erdberührung ergibt sich die Ersatzschaltung nach Abb. 1.11a. Sie gilt auch für den zweipoligen Kurzschluss ohne Erdberührung, wenn $\underline{Z}_2 \rightarrow \infty$ gesetzt wird. Dann werden Mit- und Gegensystem parallel geschaltet und das Nullsystem hat keinen Einfluss. Die Schaltung Abb. 1.11b bildet für $\underline{Z}_2 \rightarrow \infty$ eine einpolige Leiterunterbrechung nach. Dieser Betriebsfall ist als Kurzunterbrechung zur Löschung von einpoligen Lichtbogenfehlern auf Freileitungen von Bedeutung. Schließlich wird in der Schaltung Abb. 1.11c ein Doppelerdschluss nachgebildet. Solche Fehler entstehen, wenn in einem Netz an der Stelle 1 ein einpoliger Erdkurzschluss im Leiter R auftritt und dadurch Leiter-Erd-Spannungen der beiden anderen Leiter ansteigen. Als Folge kann an irgendeiner Stelle im Netz ein zweiter Erdkurzschluss in dem Leiter S auftreten (Abschn. 8.3.3). An der Stelle 1 ist dann die Verknüpfung entsprechend Schaltung Abb. 1.10b vorzunehmen, an der Fehlerstelle 2 muss die Ersatzschaltung Abb. 1.10c realisiert werden.

Selbstverständlich können in allen Schaltungen an die Stelle der Fehlerwiderstände $\underline{Z}_1$ und $\underline{Z}_2$ auch Lastwiderstände treten, sodass unsymmetrische Belastungen ebenfalls mit Abb. 1.10 und 1.11 zu behandeln sind.

Aus den Erklärungen mit dem einfachen Netz wird der Vorteil der Symmetrischen Komponenten nicht deutlich. Wenn aber große Netze mit nur ein oder zwei Fehlerstellen zu behandeln sind ist die Behandlung mit den Komponenten deutlich einfacher.

▶   Die komplexe Transformation der Symmetrischen Komponenten ist für die Berechnung von symmetrischen Netzen mit ein oder zwei Unsymmetriestellen unter Benutzung der komplexen Rechnung geeignet.

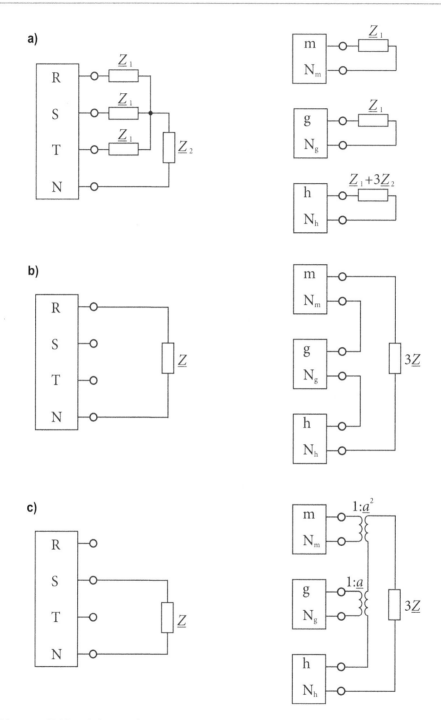

Abb. 1.10 Fehlerschaltungen in symmetrischen Komponenten I. **a** dreipoliger Kurzschluss; **b** einpoliger Kurzschluss in R; **c** einpoliger Kurzschluss in S. (Eigene Darstellung)

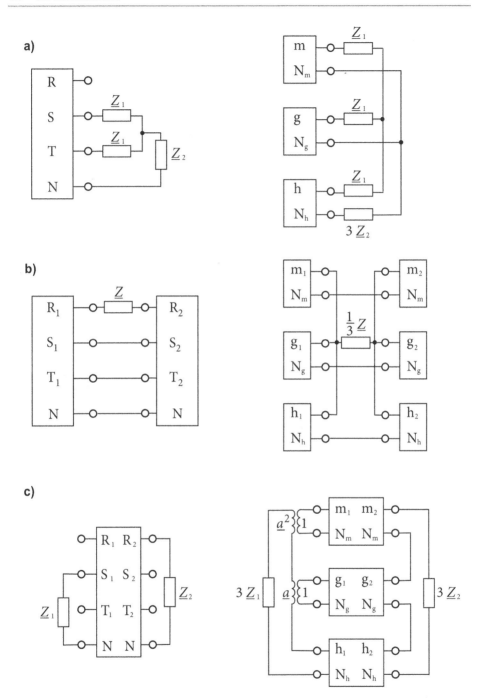

Abb. 1.11 Fehlerschaltungen in symmetrischen Komponenten II. **a** zweipoliger Kurzschluss mit Erdberührung; **b** Leiterunterbrechung; **c** Doppelerdschluss in R und S. (Eigene Darstellung)

Beispiel 1.10: Symmetrische Komponenten

Ein unsymmetrisches Spannungssystem $\underline{U}_R = -\underline{U}_S = -\underline{U}_T = U$ soll in symmetrische Komponenten zerlegt werden. Gl. 1.61 liefert

$$\underline{U}_h = \frac{1}{3}\left(\underline{U}_R + \underline{U}_S + \underline{U}_T\right) = -\frac{1}{3}U$$

$$\underline{U}_m = \frac{1}{3}\left(\underline{U}_R + \underline{a}\underline{U}_S + \underline{a}^2\underline{U}_T\right) = \frac{1}{3}\left(1 - \underline{a} - \underline{a}^2\right)U = \frac{2}{3}U$$

$$\underline{U}_g = \frac{1}{3}\left(\underline{U}_R + \underline{a}^2\underline{U}_S + \underline{a}\underline{U}_T\right) = \frac{1}{3}\left(1 - \underline{a}^2 - \underline{a}\right)U = \frac{2}{3}U$$

Da Mit- und Gegen-System gleich groß sind, wird sich in einer Drehstrommaschine bei dieser Spannung kein Drehfeld entwickeln. Dies ist auch verständlich, denn die Spannung $\underline{U}_R - \underline{U}_S = \underline{U}_R - \underline{U}_T = 2U$ ist eine Wechselspannung. ◄

1.4.4 Diagonalkomponenten

Für die Behandlung von Zeitfunktionen und die Lösung von Differenzialgleichungen sind die symmetrischen Komponenten nur mit Schwierigkeiten einsetzbar, denn aus reellen Funktionen und Gleichungen entstehen komplexe. 1948 schlug die Professorin Edith Clarke die von ihr so genannten Diagonalkomponenten (Clarke-Komponenten) vor [12]. Dieser Name hat sich jedoch nicht durchgesetzt. Man nennt sie schlicht 0αβ-Komponenten oder hαβ-Komponenten. Sie lassen sich anwenden, wenn in der Systemmatrix Gl. 1.56 die Elemente B und C gleich sind. Auch sie werden in orthogonaler und orthonormaler Form verwendet [11]

$$\boldsymbol{u} = \boldsymbol{T}\,\boldsymbol{u}' \tag{1.78}$$

orthogonal

$$\boldsymbol{T} = \begin{pmatrix} 1 & 1 & 0 \\ 1 & -1/2 & \sqrt{3}/2 \\ 1 & -1/2 & -\sqrt{3}/2 \end{pmatrix} \qquad \boldsymbol{T}^{-1} = \frac{1}{3}\begin{pmatrix} 1 & 1 & 1 \\ 2 & -1 & -1 \\ 0 & \sqrt{3} & -\sqrt{3} \end{pmatrix} \tag{1.79}$$

orthonormal

$$\boldsymbol{T} = \sqrt{\frac{2}{3}}\begin{pmatrix} 1/\sqrt{2} & 1/\sqrt{2} & 0 \\ 1/\sqrt{2} & -1/\sqrt{2} & \sqrt{3}/2 \\ 1/\sqrt{2} & -1/\sqrt{2} & -\sqrt{3}/2 \end{pmatrix} \qquad \boldsymbol{T}^{-1} = \boldsymbol{T}^T \tag{1.80}$$

Bei den Symmetrischen Komponenten werden die Orthogonalkomponenten mit hmg und die Orthonormalkomponenten mit hpn bezeichnet. Bei Clarke-Komponenten gilt für beide Typen die gleiche Bezeichnung hαβ. Wir arbeiten mit der orthogonalen Form. Das ist etwas verwirrend aber einfacher zu merken.

▶ Bei der orthonormalen Transformation tritt vor der Matrix der Faktor $\sqrt{2/3}$ auf.

Die reelle Transformation Gl. 1.78 lässt sich ebenso wie die Symmetrischen Komponenten auf stationäre komplexe Ausdrücke anwenden $u \to \underline{u}$. Aber es ist auch möglich, Zeitfunktionen zu behandeln $u \to u(t)$.

Führt man mit der Matrix Gl. 1.79 die Transformation Gl. 1.52 durch und verwendet dabei die Widerstandsmatrix aus Gl. 1.48, so ergibt sich

$$\boldsymbol{R'} = \begin{pmatrix} R_h & 0 & 0 \\ 0 & R_\alpha & 0 \\ 0 & 0 & R_\beta \end{pmatrix} \tag{1.81}$$

$$R_h = R_A + 2R_N \qquad R_\alpha = R_\beta = R_A - R_N = R_R$$

Das Ergebnis stimmt mit dem Ergebnis für die symmetrischen Komponenten in Gl. 1.62 überein.

$$R_\alpha = R_\beta = R_m = R_g = R_R$$

$$R_{h(hmg)} = R_{h(h\alpha\beta)} = R_R + 3R_N \tag{1.82}$$

Dies ist auch verständlich, denn die Diagonalelemente der Matrix $\boldsymbol{R'}$ sind die Eigenwerte der Matrix $\boldsymbol{R}$, und zwar unabhängig davon, welche Transformationsmatrix angewendet wird. Man hätte das Ergebnis auch aus Gl. 1.59 entnehmen können.

$$A = R_A B = C = R_N$$
$$R'_R = R_A + 2R_N = R_h$$
$$R'_S = R_A \left(\underline{a}^2 + \underline{a}\right) R_N = R_A - R_N = R_\alpha$$
$$R'_T = R_A + \left(\underline{a} + \underline{a}^2\right) R_N = R_A - R_N = R_\beta = R_\alpha$$

In ähnlicher Weise lassen sich die reellen Transformationsmatrizen Gl. 1.79 für den Fall B = C aus den komplexen Eigenvektoren in Gl. 1.60 ableiten.

Werden Mit-, Gegen- und Nullsystemspannung transformiert, so erhält man.

Mitsystem:

$$\underline{U}_R = U \quad \underline{U}_S = \underline{a}^2 U \quad \underline{U}_T = \underline{a}U$$
$$\underline{U}_h = 0 \quad \underline{U}_\alpha = U \quad \underline{U}_\beta = -jU \tag{1.83}$$

Gegensystem:

$$\underline{U}_R = U \quad \underline{U}_S = \underline{a}U \quad \underline{U}_T = \underline{a}^2 U$$
$$\underline{U}_h = 0 \quad \underline{U}_\alpha = U \quad \underline{U}_\beta = j\,U \tag{1.84}$$

Nullsystem:

$$\underline{U}_R = U \quad \underline{U}_S = U \quad \underline{U}_T = U$$
$$\underline{U}_h = U \quad \underline{U}_\alpha = 0 \quad \underline{U}_\beta = 0 \tag{1.85}$$

Während eine symmetrische Spannung bei den Symmetrischen Komponenten nur zu einer Mitsystemspannung $\underline{U}_m$ führt, entstehen bei den hαβ-Komponenten eine α- und eine β-Spannung, die betragsmäßig gleich groß und um 90° gegeneinander verschoben sind. Es genügt deshalb im Bildsystem nur eine der beiden Komponentenschaltungen zu berechnen.

In Analogie zu den symmetrischen Komponenten gibt es auch bei den hαβ-Komponenten für die einzelnen Fehlerfälle Koppelschaltungen, auf deren vollständige Darstellung verzichtet werden soll. Der einpolige Kurzschluss in Abb. 1.12 mag hier als Beispiel genügen.

Bei der Berechnung unsymmetrischer, stationärer Vorgänge mit Hilfe der komplexen Rechnung können die hαβ-Komponenten weniger vorteilhaft eingesetzt werden als die hmg-Komponenten. Treten Fehler in zwei unterschiedlichen Leitern z. B. R und S auf, führen die Symmetrischen Komponenten entsprechend Abb. 1.11c zu Komponentenschaltungen mit komplexen Übertragern. Diese führten früher bei der Durchführung von Studien an Hardwaremodellen - den sogenannten Netzmodellen - zu Problemen. Deshalb wurden dann hαβ-Komponenten eingesetzt. Softwareprogramme, die die Netzmodelle verdrängt haben, und ohnedies komplex rechnen, haben mit komplexen Übersetzungsverhältnissen keine Schwierigkeit.

▶   Die hαβ-Transformation dient in Drehstromnetzen vornehmlich der Berechnung unsymmetrischer Ausgleichsvorgänge, die mit Zeitfunktionen beschrieben werden.

Abb. 1.12 Einpoliger Kurzschluss in hαβ-Komponenten. **a** Originalsystem; **b** Bildsystem. (Eigene Darstellung)

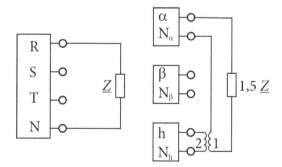

1.4.5 Park-Komponenten

Die Transformationen hmg und hαβ sind zeitinvariant. Transformiert man eine Zeit-funktion, z. B. $u = \hat{u} \sin \omega t$ in hmg-Komponenten, so ergeben sich komplexe Zeit-funktionen $\underline{u}_h(t)$, $\underline{u}_m(t)$, $\underline{u}_g(t)$, mit derselben Kreisfrequenz ω. Die hαβ -Transformation liefert reelle Zeitfunktionen mit der Kreisfrequenz ω. Bei einer Drehfeldmaschine ist es nun sinnvoll, die Zeitfunktion der Flüsse in den Ständerwicklungen auf ein Koordinaten-system zu transformieren, das mit dem Läufer rotiert. Dies hat R. H. Park 1929 vorgeschlagen [13]. Zunächst wird das Drehstromsystem RST (Abb. 1.13a) in ein ortho-gonales hαβ -System transformiert (Abb. 1.13b). Es ergeben sich dann zwei senkrecht zueinander stehende Wicklungen α und β. Die dritte Wicklung h, die hierzu senkrecht steht, hat eine untergeordnete Bedeutung. Die beiden Ständerwicklungen α und β lassen sich dann auf den Rotor projizieren, sodass entsprechend Abb. 1.13c zwei Wicklungen d und q entstehen, die sich mit dem Winkel $\vartheta = \omega_0 t + \vartheta_0$ drehen. Die Wicklung q eilt dabei um 90° gegenüber der Wicklung d vor. In der Literatur ist die Anordnung der Wicklungen d und q zueinander gelegentlich anders, sodass unterschiedliche Vorzeichen in den Transformationsgleichungen entstehen [7, 14, 15].

Die Transformation (Gl. 1.78 und 1.79) liefert in hαβ –Komponenten

$$u_{h\alpha\beta} = T_{h\alpha\beta}^{-1} \cdot u_{RST} = \frac{1}{3} \begin{pmatrix} 1 & 1 & 1 \\ 2 & -1 & -1 \\ 0 & \sqrt{3} & -\sqrt{3} \end{pmatrix} \begin{pmatrix} u_R \\ u_S \\ u_T \end{pmatrix} \tag{1.86}$$

Aus Abb. 1.13 lässt sich die Projektion der Wicklungen α und β auf die rotierenden Wicklungen d und q ableiten, die homopolare Komponente h bleibt dabei erhalten.

$$u_{h\alpha\beta} = H \cdot u_{hdq} = \begin{pmatrix} 1 & 0 & 0 \\ 0 & \cos \vartheta & -\sin \vartheta \\ 0 & \sin \vartheta & \cos \vartheta \end{pmatrix} \begin{pmatrix} u_h \\ u_d \\ u_q \end{pmatrix} \tag{1.87}$$

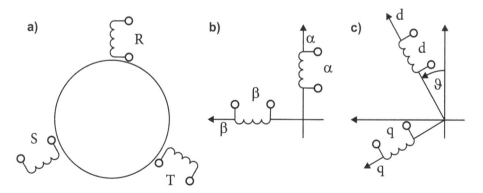

Abb. 1.13 Ableitung der Park-Komponenten. **a** Originalsystem RST; **b** Diagonalsystem αβ; **c** Parksystem dq. (Eigene Darstellung)

Die Transformation mit der Matrix H ist orthonormal.

$$H^{-1} = H^T = \begin{pmatrix} 1 & 0 & 0 \\ 0 & \cos\vartheta & \sin\vartheta \\ 0 & -\sin\vartheta & \cos\vartheta \end{pmatrix} \quad \vartheta = \omega_0 t + \vartheta_0 \tag{1.88}$$

Durch die Zusammenfassung der Gl. 1.86 und 1.88 ergibt sich

$$u_{\text{RST}} = T_{h\alpha\beta} \cdot H \cdot u_{\text{hdq}} = T_{\text{hdq}} \cdot u_{\text{hdq}}$$

$$T_{\text{hdq}} = \begin{pmatrix} 1 & \cos\vartheta & -\sin\vartheta \\ 1 & \cos(\vartheta - \alpha) & -\sin(\vartheta - \alpha) \\ 1 & \cos(\vartheta + \alpha) & -\sin(\vartheta + \alpha) \end{pmatrix}$$

$$T_{\text{hdq}}^{-1} = \frac{2}{3} \begin{pmatrix} 1/2 & 1/2 & 1/2 \\ \cos\vartheta & \cos(\vartheta - \alpha) & \cos(\vartheta + \alpha) \\ -\sin\vartheta & -\sin(\vartheta - \alpha) & -\sin(\vartheta + \alpha) \end{pmatrix} \tag{1.89}$$

$$\alpha = 120°$$

Dies ist die orthogonale Form, die weiter verwendet werden soll. Auch hier wurde in der Norm eine orthonormale Form definiert, die ebenfalls keine andere Bezeichnung erhielt. Da der Winkel ϑ zeitabhängig ist, handelt es sich bei der Park-Transformation um eine zeitvariante Transformation. Am Beispiel der Zeitfunktion einer Drehspannung soll der Ablauf der Transformation erläutert werden.

$$\begin{aligned} u_{\text{R}} &= -\hat{u}\sin(\omega t + \varphi) \\ u_{\text{S}} &= -\hat{u}\sin(\omega t + \varphi - \alpha) \\ u_{\text{T}} &= -\hat{u}\sin(\omega t + \varphi + \alpha) \end{aligned} \tag{1.90}$$

$$\begin{aligned} u_{\text{h}} &= 0 \\ u_{\alpha} &= -\hat{u}\sin(\omega t + \varphi) \\ u_{\beta} &= \hat{u}\cos(\omega t + \varphi) \end{aligned}$$

$$\begin{aligned} u_{\text{d}} &= \hat{u}\sin(\vartheta - \omega t - \varphi) = \hat{u}\sin[(\omega_0 - \omega)t - \varphi + \vartheta_0] \\ u_{\text{q}} &= \hat{u}\cos(\vartheta - \omega t - \varphi) = \hat{u}\cos[(\omega_0 - \omega)t - \varphi + \vartheta_0] \end{aligned} \tag{1.91}$$

Dreht sich der Rotor mit der Kreisfrequenz ω_0 und wird an die Wicklung eine Spannung mit der Kreisfrequenz ω angelegt, so sieht der rotierende Läufer eine Schwebung, die bei Asynchronmaschinen Schlupf genannt wird. Wählt man für den stationären Betrieb $\omega_0 = \omega$, vereinfacht sich die Gl. 1.91 zu

$$u_d = \hat{u} \sin{(\vartheta_0 - \varphi)} = \hat{u} \sin{\delta}$$
$$u_q = \hat{u} \cos{(\vartheta_0 - \varphi)} = \hat{u} \cos{\delta} \tag{1.92}$$

Der Winkel δ gibt die Lage des Läufers gegenüber der Spannung u_R an und wird deshalb als Polradwinkel bezeichnet. Aus den Wechselspannungen an der Ständerwicklung wurde durch die Park-Transformation ein Gleichspannungssystem erzeugt.

▶ Die Park-Transformation ist insbesondere für die Behandlung von Drehfeldmaschinen geeignet, um die netzfrequenten Ständergrößen auf das rotierende Polrad zu transformieren.

Beispiel 1.11: Spannungskomponenten im Läufer einer Maschine

An einer Maschine, die sich mit der Kreisfrequenz ω dreht, wird eine Wechselspannung angelegt.

$$u_R = -u_S = -u_T = \hat{u} \sin{(\omega t)}$$

Welche Komponenten ergeben sich im Läufer?

Gl. 1.89 liefert mit

$$\boldsymbol{u}_{hdq} = \boldsymbol{T}_{hdq}^{-1} \cdot \boldsymbol{u}_{RST}$$
$$u_h = \frac{2}{3} \left[\frac{1}{2} u_R + \frac{1}{2} u_S + \frac{1}{2} u_T \right]$$
$$u_d = \frac{2}{3} [u_R \cos\vartheta + u_S \cos(\vartheta - \alpha) + u_T \cos(\vartheta + \alpha)]$$
$$u_q = \frac{2}{3} [-u_R \sin\vartheta - u_S \sin(\vartheta - \alpha) - u_T \sin(\vartheta + \alpha)]$$
$$\vartheta_0 = 0 \qquad \vartheta = \omega t \qquad u_h = -\frac{1}{3} \hat{u} \sin{\omega t}$$
$$u_d = \frac{2}{3} \hat{u} \sin{2\omega t} \qquad u_q = -\frac{2}{3} \hat{u} + \frac{2}{3} \hat{u} \cos{2\omega t}$$

Es entsteht ein homopolares Wechselfeld mit Netzfrequenz, ein mit dem Läufer synchrones Feld der Amplitude $(2/3)\hat{u}$ sowie ein Feld, das mit der doppelten Netzfrequenz gegenüber dem Läufer umläuft. Dies ist gut zu erkennen, wenn die Komponenten von u_d und u_q zu einem komplexen Zeiger $\underline{u}$ zusammengefasst werden.

$$\underline{u} = u_d + ju_q = -j\frac{2}{3}\hat{u} + \frac{2}{3}\hat{u}(\sin{2\omega t} + j\cos{2\omega t}) = -j\frac{2}{3}\hat{u} + j\frac{2}{3}\hat{u}e^{-j2\omega t} \quad ◀$$

1.4.6 Raumzeiger

Wie in Abschn. 1.2 anhand von Abb. 1.1 gezeigt wurde, lässt sich der Fluss einer Dreh-feldmaschine durch einen räumlich komplexen Zeiger darstellen. Von dieser Vorstellung ausgehend, hat K. P. Kovacs 1960 [16] die Raumzeigerkomponenten abgeleitet. Dabei bleibt das Nullsystem erhalten und die Komponenten α und β werden zusammengefasst.

$$\underline{u}_{s0} = u_\alpha + ju_\beta \tag{1.93}$$

Man vereinigt zwei reelle Größen zu einer komplexen und halbiert so die Anzahl der Gleichungen. Die Transformation bleibt dadurch eindeutig. Zur Umkehrung ist es aber einfacher, auch den konjugiert komplexen Wert als Komponente zu behandeln, ohne dass dadurch ein zusätzlicher Freiheitsgrad entsteht.

$$\underline{u}_{z0} = \underline{u}_{s0}^* = u_\alpha - ju_\beta \tag{1.94}$$

Mit den Gl. 1.91 und 1.93 ergibt sich

$$\underline{u}_{s0} = -\hat{u}\sin\left(\omega t + \varphi\right) + j\hat{u}\cos\left(\omega t + \varphi\right) = j\hat{u}e^{j(\omega t + \varphi)} \tag{1.95}$$

Analog zum Übergang von h$\alpha\beta$ auf 0dq kann man eine Zeittransformation durchführen Gl. 1.87.

$$\underline{u}_s = e^{-j\vartheta} \cdot \underline{u}_{s0} = e^{-j(\omega_0 t + \vartheta_0)} \cdot j\hat{u}e^{j(\omega t + \varphi)} \tag{1.96}$$

$$\underline{u}_s = j\hat{u}e^{-j[(\omega_0 - \omega)t + \vartheta_0 - \varphi]}$$

Zerlegt man diesen Ausdruck in Real- und Imaginärteil, so ergeben sich die Park-Komponenten u_d und u_q nach Gl. 1.91.

In Ständerkoordinaten rotiert der Raumzeiger mit der Kreisfrequenz ω des Netzes wie der räumliche Vektor des Flusses in einer Drehstrommaschine. Durch Transformation mit der Kreisfrequenz ω_0 dreht sich der Flussvektor mit der Schlupfkreisfrequenz $\omega_0 - \omega$. Bei synchronem Lauf ($\omega_0 = \omega$) entsteht ein konstanter Zeiger. Die Raumzeiger-theorie lässt sich gut auf Asynchronmaschinen anwenden, die rotationssymmetrisch aufgebaut sind. Die zwei Differenzialgleichungen erster Ordnung, die dabei die Ständer-wicklungen beschreiben (Abschn. 2.7.2), reduzieren sich auf eine Differenzialgleichung erster Ordnung im Komplexen. Es entsteht so ein Verzögerungsglied erster Ordnung mit einer komplexen Zeitkonstanten.

▶   Der Vorteil der Raumzeiger kommt im Elektromaschinenbau zum
      Tragen, wenn Spannungen unterschiedlicher Frequenz, z. B. die
      Nutoberschwingungen, miteinander verknüpft werden sollen.

Literatur

1. Johannsen, H.R.: Eine Chronologie der Entdeckungen und Erfindungen vom Bernstein zum Mikroprozessor, Bd. 3. VDE-Verlag, Berlin (1986)
2. Wessel, H.A. (Hrsg.): Moderne Energie für eine neue Zeit: Siebtes VDE-Kolloquium am 3. und 4. September 1991 anlässlich der VDE-Jubiläumsveranstaltung „100 Jahre Drehstrom" in Frankfurt am Main. VDE-Verlag, Berlin (1991)
3. Varchmin, J., Radkau, J.: Kraft, Energie und Arbeit: Energie und Gesellschaft. Rowohlt, Berlin (1981)
4. Oeding, D., Oswald, B.R.: Elektrische Kraftwerke und Netze. Springer Vieweg, Berlin (2016)
5. Herold, G.: Grundlagen der elektrischen Energieversorgung. Springer, Berlin (2013)
6. Oeding, D., Oswald, B.R.: Elektrische Kraftwerke und Netze. Springer, Berlin (2013)
7. Nelles, D.: Netzdynamik: Elektromechanische Ausgleichvorgänge in elektrischen Energieversorgungsnetzen. VDE-Verlag, Berlin (2009)
8. Hosemann, G., Boeck, W.: Grundlagen der elektrischen Energietechnik: Versorgung, Betriebsmittel, Netzbetrieb, Überspannungen und Isolation, Sicherheit. Springer, Berlin (2013)
9. Hosemann, G.: Elektrische Energietechnik. Springer, Berlin (2013)
10. Hochrainer, A.: Symmetrische Komponenten in Drehstromsystemen. Springer, Berlin (2013)
11. DIN EN 62428: Modale Komponenten
12. Clarke, E.: Circuit analysis of A-C power systems; Symmetrical and related components, Bd. 1. Wiley, New York (1943)
13. Park, R.H.: Two-reaction theory of synchronous machines generalized method of analysis-part I. Transactions of the American Institute of Electrical Engineers **48**(3), 716–727 (1929)
14. Vaske, P.: Symmetrische Komponenten. Teubner, Stuttgart (2013)
15. Bonfert, K.: Betriebsverhalten der Synchronmaschine. Springer, Berlin (1962)
16. Kovács, K.P., István, R.: Transiente vorgänge in Wechselstrommaschinen, Bd. 1. Verlag der ungarischen Akademie der Wissenschaften, Budapest (1959)

Elektrische Maschinen

2

Die Klasse der Betriebsmittel, die zu den elektrischen Maschinen gezählt werden, ist von den jeweiligen Autoren abhängig. Hier sollen unter dem Begriff „elektrische Maschinen" diejenigen Betriebsmittel verstanden werden, die Energie mittels eines Magnetfeldes wandeln. Man kann unterscheiden zwischen

- ruhenden Maschinen (Transformatoren, Drosselspulen, Strom- und Spannungswandler)
- rotierenden Maschinen (Gleich- und Wechselstrommotoren bzw. -generatoren)
- translatorischen Maschinen (Linearmotoren und Hubmagnete).

Als mit dem Quecksilberdampfgleichrichter die Zeit der Leistungselektronik begann, wurde auch diese als Zweig der elektrischen Maschinen betrachtet. Sie hat sich jedoch aufgrund ihrer stürmischen Entwicklung sehr schnell zu einem eigenen Fachgebiet abgespalten (Kap. 3). In Erweiterung zu der oben angegebenen Definition tritt bei der Energiewandlung gelegentlich das elektrische Feld an die Stelle des Magnetfeldes. Maschinen, die die Kräfte des elektrischen Feldes nutzen, um Drehbewegungen zu erzeugen, werden als elektrostatische Maschinen bezeichnet, spielen aber nur eine untergeordnete Rolle.

Das Gebiet der elektrischen Maschinen ist so umfassend, dass es in eigenen, teilweise mehrbändigen Werken behandelt wird [1, 2, 3, 4]. Im Rahmen der Energietechnik spielen die Maschinen i. Allg. nur als Teil eines Systems eine Rolle. Deshalb wird hier ihrem Betriebsverhalten eine größere Bedeutung zugemessen als ihrer Konstruktion.

© Springer Fachmedien Wiesbaden GmbH, ein Teil von Springer Nature 2020
R. Marenbach et al., *Elektrische Energietechnik,*
https://doi.org/10.1007/978-3-658-29492-2_2

2.1   Transformatoren

Transformatoren haben normalerweise die Aufgabe, Netze unterschiedlicher Spannungsebenen miteinander zu verbinden [5]. Zu diesem Zweck transformieren sie eine Spannung U_1 in eine Spannung U_2. In Sonderfällen können beide Spannungen gleich sein. Dann besteht der Sinn des Transformators darin, zwei Netze galvanisch voneinander zu trennen. Beispiele hierfür sind die Schutztransformatoren der Rasierer-Steckdosen in Bädern. Steht bei der Spannungsübersetzung nicht der Energietransport, sondern die Spannung als Information im Mittelpunkt, so spricht man in der Messtechnik von Wandlern und in der Nachrichtentechnik von Übertragern.

Bei vielen Transformatoren steht die Richtung des Leistungstransports fest, z. B. beim Blocktransformator eines Kraftwerksgenerators, der in ein Netz speist oder beim Klingeltransformator. Auch die Ortsnetztransformatoren [6] die das 400-V-Netz versorgen war bisher die Leistungsrichtung gleich. Durch die Einspeisung von PV-Anlagen auf den Dächern von Privathaushalten oder von großen Windparks kann sich diese aber umkehren. Wenn die Leistungsrichtung feststeht unterscheidet man zwischen der Primärwicklung, der die Leistung zugeführt wird, und der Sekundärwicklung, die die Leistung weiterleitet. Bei Transformatoren in einem vermaschten Netz kann sich jedoch die Leistungsrichtung während des Betriebs umkehren, sodass man sinnvollerweise von Oberspannungsseite und Unterspannungsseite spricht.

Für die Bemessungen des Transformators sind die Ströme und Spannungen maßgebend und nicht die Wirkleistung. Damit ist für die Baugröße die Scheinleistung entscheidend, die auch als Typenbezeichnung verwendet wird. Das Prinzip der Transformatoren wurde 1831 von Michael Faraday entdeckt. Im Laufe der Zeit baute man immer größere Einheiten. Ebenso stiegen die Spannungsniveaus mit der Einführung der entsprechenden Netze an (Tab. 2.1).

Tab. 2.1 Entwicklung der Leistung von Großtransformatoren

Jahr	Spannungsebene	Leistung
1891	15 kV	120 kVA
1912	110 kV	8 MVA
1929	220 kV	50 MVA
1957	380 kV	660 MVA in drei Einheiten
1995	420 kV/220 kV 420 kV/27 kV	600 MVA 1020 MVA
2018	1100 kV für HGÜ	586 MVA

2.1.1 Aufbau eines Zweiwicklungstransformators

Abb. 2.1 zeigt den prinzipiellen Aufbau eines Transformators, bestehend aus zwei Wicklungen mit den Windungszahlen w_1 und w_2, die durch einen Eisenkern magnetisch gekoppelt sind. Der Strom i_1 erzeugt in dem Eisenkreis mit dem magnetischen Leitwert Λ_h einen Fluss Φ_h, der beide Wicklungen durchströmt. Neben diesem Hauptfluss gibt es noch einen Streufluss $\Phi_{\sigma 1}$, der nur die Wicklung 1 umschließt. Ihm ist der magnetische Leitwert $\Lambda_{\sigma 1}$ zugeordnet. Eine Änderung des Stromes führt in beiden Wicklungen zu Spannungen. Demnach lassen sich folgende Gleichungen aufstellen:

$$\Phi_h = \Lambda_h \cdot w_1 i_1 \quad \Phi_{\sigma 1} = \Lambda_{\sigma 1} \cdot w_1 i_1 \tag{2.1}$$

$$\Phi_1 = \Phi_h + \Phi_{\sigma 1} \tag{2.2}$$

$$u_1 = w_1 \frac{d\Phi_1}{dt} + R_1\, i_1 = w_1^2\, \Lambda_h \frac{di_1}{dt} + w_1^2\, \Lambda_{\sigma 1}\frac{di_1}{dt} + R_1\, i_1 = L_h \frac{di_1}{dt} + L_{\sigma 1}\frac{di_1}{dt} + R_1\, i_1 \tag{2.3}$$

$$u_2 = w_2 \frac{d\Phi_1}{dt} = w_1\, w_2\, \Lambda_h\, \frac{di_1}{dt} = L_h\, \frac{w_2}{w_1}\frac{di_1}{dt} \tag{2.4}$$

Es sei darauf hingewiesen, dass die elektrischen und magnetischen Größen i, u und Φ Zeitfunktionen sind. Während die elektrischen Zeitfunktionen allgemein mit Kleinbuchstaben bezeichnet werden, verwendet man für die magnetischen Größen stets Großbuchstaben.

Bei der Ableitung der Gl. 2.1–2.4 wurde angenommen, dass die Wicklung 1 vom Strom durchflossen wird, während die Wicklung 2 offen ist ($i_2 = 0$). Analoge Gleichungen gelten für den umgekehrten Fall. Durch Überlagerung beider Fälle erhält man die Beschreibungsgleichungen eines Transformators in allgemeiner Form.

$$u_1 = L_h \left(\frac{di_1}{dt} + \frac{w_2}{w_1}\frac{di_2}{dt} \right) + L_{\sigma 1}\frac{di_1}{dt} + R_1\, i_1 \tag{2.5}$$

$$u_2 = L_h \left(\frac{w_2}{w_1} \right)^2 \left(\frac{di_2}{dt} + \frac{w_1}{w_2}\frac{di_1}{dt} \right) + L_{\sigma 2}\frac{di_2}{dt} + R_2\, i_2$$

Abb. 2.1 Modell eines leerlaufenden Transformators. (Eigene Darstellung)

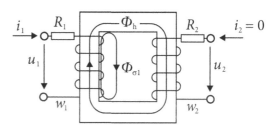

Es ist üblich, die Ströme und Spannungen der Wicklung 2 mit dem Übersetzungsverhältnis $\ddot{u}$ auf die Seite 1 umzurechnen und sie mit einem Strich zu kennzeichnen. Dieser wird allerdings bei Netzberechnungen, bei denen fast alle Größen umgerechnet sind, weggelassen.

$$
\begin{aligned}
&\ddot{u} = w_1/w_2 \qquad i_2' = i_2/\ddot{u} \qquad u_2' = \ddot{u}\,u_2 \\
&L_{\sigma 2}' = \ddot{u}^2\,L_{\sigma 2} \qquad R_2' = \ddot{u}^2\,R_2
\end{aligned}
\tag{2.6}
$$

$$
\begin{aligned}
u_1 &= L_{\mathrm{h}}\frac{\mathrm{d}i_{\mathrm{h}}}{\mathrm{d}t} + L_{\sigma 1}\frac{\mathrm{d}i_1}{\mathrm{d}t} + R_1\,i_1 \\
u_2' &= L_{\mathrm{h}}\frac{\mathrm{d}i_{\mathrm{h}}}{\mathrm{d}t} + L_{\sigma 2}'\frac{\mathrm{d}i_2}{\mathrm{d}t} + R_2'\,i_2'
\end{aligned}
\tag{2.7}
$$

mit

$$
i_{\mathrm{h}} = i_1 + i_2'
$$

Diese Gleichungen lassen sich in der Ersatzschaltung Abb. 2.2 darstellen. Dabei ist der Magnetisierungsstrom i_{h} des leerlaufenden Transformators $(i_2 = 0)$ mit dem Strom i_1 in den Gl. 2.1–2.4 identisch. Er baut den Fluss Φ_{h} auf. Beim üblichen Betrieb des Transformators ist der Magnetisierungsstrom i_{h} klein, sodass die beiden Ströme i_1 und i_2' nahezu entgegengesetzt gleich groß sind $(i_1 \approx -i_2')$. Da die Spannungsabfälle über die Elemente $R_1, L_{\sigma 1}, L_{\sigma 2}'$ und R_2' relativ klein sind, gilt zudem $u_2' \approx u_1$

Für stationäre Betrachtungen ist es üblich, anstelle der Zeitfunktionen die komplexe Rechnung zu verwenden. Abb. 2.2 geht dann in Abb. 2.3 über, die Gl. 2.7 werden zu

$$
\underline{U}_1 = (R_{\mathrm{Fe}} \,||\, jX_{\mathrm{h}})\,\underline{I}_{\mathrm{h}} + (R_1 + jX_{\sigma 1})\,\underline{I}_1
$$

$$
\underline{U}_2' = (R_{\mathrm{Fe}} \,||\, jX_{\mathrm{h}})\,\underline{I}_{\mathrm{h}} + \left(R_2' + jX_{\sigma 2}'\right)\,\underline{I}_2'
\tag{2.8}
$$

mit

$$
\underline{I}_{\mathrm{h}} = \underline{I}_1 + \underline{I}_2'
$$

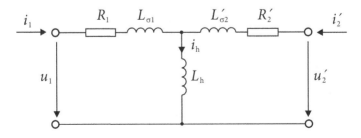

Abb. 2.2 Vereinfachte Ersatzschaltung eines Transformators. (Eigene Darstellung)

Dabei wurde eine Modellerweiterung vorgenommen. Der Eisenwiderstand R_{Fe} bildet die Hystereseverluste und Wirbelstromverluste im Eisenkern nach. Während die Hystereseverluste proportional zu der Fläche der Hystereseschleife und der Frequenz sind, wachsen die Wirbelstromverluste quadratisch mit der Frequenz an. Um die Ausbildung dieser Wirbelströme im Eisen zu vermeiden, wird der Eisenkern aus ca. 0,3 mm dicken Blechen aufgebaut, die gegeneinander isoliert sind. Man spricht von lamellierten Blechen.

Weiterhin ist in Abb. 2.3 an der Hauptreaktanz der Eisenkern angedeutet, der eine Sättigungscharakteristik entsprechend Abb. 2.4a aufweist. Um den Magnetisierungsaufwand in Grenzen zu halten, darf die Induktion B des Eisens den Sättigungspunkt S nicht nennenswert überschreiten. Damit liegt die maximale Betriebsspannung des Transformators fest. Durch den Einsatz von speziell legiertem Stahl, der in einer Vorzugsrichtung derart kaltgewalzt wird, dass eine Kornorientierung der Kristalle entsteht, ist es möglich, den Sättigungspunkt anzuheben. Dies hat jedoch eine Abflachung der Kurve oberhalb des Sättigungsknicks zur Folge. Dadurch führen auch geringe Spannungs- bzw. Flusserhöhungen zu extrem großen Magnetisierungsströmen. So kann bei 30 % Überspannung der Magnetisierungsstrom bereits den Bemessungsstrom des Transformators erreichen. Die Kennlinie in Abb. 2.4a gilt für Augenblicks- und damit auch für Spitzenwerte. Diese Kennlinie wird auch Magnetisierungskennlinie genannt. Die Nichtlinearität führt bei sinusförmigen Spannungen zu nichtsinusförmigen Strömen,

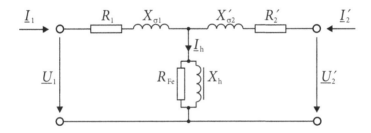

Abb. 2.3 Ersatzschaltung eines Transformators für den stationären Betrieb. (Eigene Darstellung)

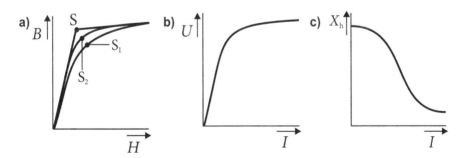

Abb. 2.4 Sättigung eines Transformators. **a** Magnetisierungskennlinie; S_1 normales Blech; S_2 kaltgewalztes Blech; S vereinfachte Kennlinie; **b** Sättigungskennlinie (Effektivwerte); **c** Sättigung der Hauptreaktanz. (Eigene Darstellung)

sodass sich die Sättigungskurve für Effektivwerte etwas abflacht (Abb. 2.4b). Aus der Strom-Spannungs-Kennlinie lässt sich leicht die Hauptreaktanz bestimmen (Abb. 2.4c).

Bei einem Transformator mit dem Übersetzungsverhältnis $\ddot{u} = w_1/w_2$ uterscheidet sich die Oberspannungswicklung von der Unterspannungswicklung näherungsweise wie folgt:

Daraus folgt näherungsweise: $R_1 = R_2'$ und $X_{\sigma 1} = X_{\sigma 2}'$

Weiterhin ist zu beachten, dass der Eisenwiderstand R_{Fe} und die Hauptreaktanz X_h im Verhältnis zu den Wicklungswiderständen und den Streureaktanzen groß sind. In vielen Fällen kann deshalb die Ersatzschaltung Abb. 2.3 vereinfacht werden

$$X_h \to \infty \qquad R_{Fe} \to \infty$$
$$R_k = R_1 + R_2' \qquad X_k = X_{\sigma 1} + X_{\sigma 2}' \qquad \underline{Z}_k = R_k + jX_k \tag{2.9}$$

Wird die Wicklung 2 kurzgeschlossen und die Spannung U_1 so gewählt, dass gerade der Bemessungsstrom I_r fließt, so ist die in Gl. 2.9 angegebene Kurzschlussimpedanz zu messen

$$Z_k = U_1/I_r = U_k/I_r$$

Die Kurzschlussspannung U_k wird üblicherweise auf die Bemessungsspannung U_r bezogen und in % angegeben. (Nach Abschn. 1.3.2 werden bezogene Größen mit kleinen Buchstaben gekennzeichnet, nicht zu verwechseln mit Augenblickswerten.)

$$u_k = U_k/I_r = Z_k I_r/U_r = Z_k/Z_r = z_k \tag{2.10}$$

Neben der bezogenen Kurzschlussspannung u_k sind die Bemessungsspannungen U_{r1}, U_{r2} und die Bemessungsscheinleistung S_r die wichtigsten Kenngrößen eines Transformators. Zum Übersetzungsverhältnis bleibt anzumerken, dass es für das Verhältnis der Windungszahlen, d. h. näherungsweise für den Leerlauf, definiert ist. Wenn der Bemessungsstrom fließt, stellt sich durch den Spannungsabfall an der Kurzschlussimpedanz ein etwas anderes Verhältnis U_1/U_2 ein.

Der Strom legt bei gegebenen Kühlungsverhältnissen den Kupferquerschnitt A_{Cu} fest, und die Spannung bestimmt bei gegebener Sättigungsinduktion den Eisenquerschnitt A_{Fe} Somit ist die Bauleistung S_r vom Bauvolumen V abhängig. K_1, K_2, K_3 sind dabei Konstanten.

$$S_r = K_1 \cdot A_{Fe} \cdot A_{Cu} = K_2 \cdot I^4 = K_3 \cdot \sqrt[3]{V^4}$$

Die Bemessungsscheinleistung wächst demnach mit der vierten Potenz der Abmessungen. Eine Verdoppelung des Volumens V liefert ungefähr die 2,5-fache Bauleistung. Dieser als Wachstumsgesetz bezeichnete Zusammenhang beherrscht den gesamten Maschinenbau und zeigt, dass der Preis pro kW installierter Leistung mit zunehmender Bauleistung der Betriebsmittel sinkt. Ähnliche Betrachtungen [4] liefern sinkende spezifische Verluste mit wachsender Leistung, d. h. je größer eine Einheit, umso besser ist ihr Wirkungsgrad. Da aber die Oberfläche – bezogen auf das Volumen – mit wachsender Leistung abnimmt, treten zwei gegenläufige Effekte ein. Insgesamt führt dies dazu, dass mit wachsender Leistung die Kühlungsprobleme zunehmen. Während bei kleinen Transformatoren die Luftkühlung ausreicht, muss bei großen Transformatoren von einigen 100 kW eine forcierte Kühlung, z. B. durch Öl, erfolgen. Da Öl leicht brennbar ist, wurde es insbesondere bei Anwendung in der Nähe von Plätzen mit starkem Publikumsverkehr durch synthetische Öle, wie Askarel bzw. Clophen ersetzt. Diese enthalten PCB, das bei Schwelbränden hochgiftiges Dioxin bildet (Abschn. 6.4.3). Deshalb ist heute die Verwendung von PCB-haltigen Isolier- und Kühlstoffen verboten. Sinnvolle Alternativöle haben erhebliche Nachteile, sodass jetzt auch in größeren Leistungsbereichen bis 50 kVA gießharzisolierte, luftgekühlte Transformatoren eingesetzt werden. Dies gilt zumindest für die Ortsnetztransformatoren, die auf 400 V umformen. Netztransformatoren zwischen den 380-kV-, 110-kV- und 10-kV-Ebenen sind nach wie vor mit Öl gekühlt. Beispiele für einen Öl- und einen Gießharztransformator sind in den Abb. 2.5 und 2.6 gegeben.

Abb. 2.5 Maschinentransformator 415/27 kV, 850 MVA (OMICRON electronics GmbH)

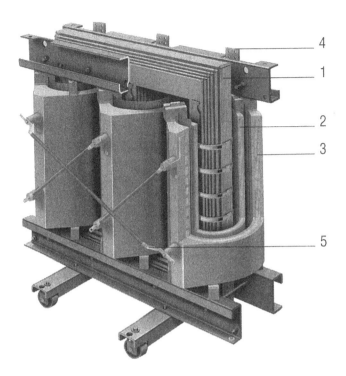

Abb. 2.6 Gießharztransformator 20 kV/400 V; 630 kVA. 1: Eisenkern; 2: Unterspannungswicklung; 3: Oberspannungswicklung; 4: Unterspannungsanschlüsse; 5: Oberspannungsanschlüsse (Siemens AG)

Beispiel 2.1: Verlustkosten eines Transformators

Der Einspeisetransformator einer Stadt hat die Daten

$$S_r = 30 \text{ MVA}, \ U_r = \frac{110 \text{ kV}}{20 \text{ kV}}, \ u_k = 12\%, \ \frac{R}{X_\sigma} = 0{,}04, \ P_{Fe} = 0{,}2\%, \ I_h = 0{,}5\%.$$

Es sind die Widerstände der Ersatzschaltung, die jährlichen Verluste unter der Voraussetzung halber Last, die Verlustkosten (0,05 €/kWh) sowie die Spannungen auf der Unterspannungsseite bei Bemessungsleistung ($\cos\varphi = 0{,}8$) und Speisung mit 110 kV zu bestimmen.

$$I_{1r} = S_r / \left(U_{1r}\sqrt{3} \right) = 30 \text{ MVA} / \left(110 \text{ kV}\sqrt{3} \right) = 0{,}157 \text{ kA}$$

$$I_{2r} = (U_{1r}/U_{2r}) I_{1r} = (110 \text{ kV}/20 \text{ kV}) \cdot 0{,}157 \text{ kA} = 0{,}866 \text{ kA}$$

$$Z_r = U_{1r}^2 / S_r = 110^2 \text{ kV}^2 / 30 \text{ MVA} = 403 \ \Omega$$

$$Z_k = u_k \cdot Z_r = 0,12 \cdot 403\ \Omega = 48,36\ \Omega$$

$$X_\sigma = Z_k/\sqrt{1 + (R/X_\sigma)^2} = 48,36\ \Omega/\sqrt{1 + 0,04^2} = 48,32\ \Omega \qquad R = 1,93\ \Omega$$

$$X_{\sigma1} = X'_{\sigma2} \approx 0,5\,X_\sigma = 24,2\ \Omega \qquad R_1 \approx R'_2 \approx 0,5\,R = 0,96\ \Omega$$

$$X_{\sigma2} = X'_{\sigma2}/\ddot{u}^2 = 24,2\ \Omega \left(\frac{20\,\text{kV}}{110\,\text{kV}}\right)^2 = 0,80\ \Omega$$

$$R_{Fe} = U_{1r}^2/(P_{Fe} \cdot S_r) = Z_r/P_{Fe} = 403\ \Omega/0,002 = 200\ \text{k}\Omega$$

$$X_h = Z_r/I_h = 403\ \Omega/0,005 = 80\ \text{k}\Omega$$

Wenn der Transformator mit dem halben Bemessungsstrom belastet wird, ergeben sich die Kupferverluste der Wicklung zu

$$P_{Cu} = u_k \cdot R/X_\sigma \cdot (I/I_r)^2 \cdot S_r = 0,12 \cdot 0,04 \cdot (1/2)^2 \cdot 30\,\text{MW} = 36\,\text{kW}$$

Zusammen mit den Eisenverlusten erhält man

$$P_V = P_{Cu} + P_{Fe} \cdot S_r = 36\,\text{kW} + 0,002 \cdot 30\,\text{MW} = (36 + 60)\,\text{kW} = 96\,\text{kW}$$

Die Optimierung von Transformatoren führt i. Allg. zu gleich großen Kupfer- und Eisenverlusten.

Für ein Jahr belaufen sich die Verluste auf

$$E_V = P_V \cdot T = 96 \cdot 8760\,\text{h} = 840 \cdot 10^3\,\text{kWh}$$

$$K_V = 0,05\,\text{€/kWh} \cdot 840 \cdot 10^3\,\text{kWh} = 42.000\,\text{€}$$

Die Spannung $\underline{U}_2$ bezogen auf die Oberspannungsseite berechnet sich zu

$$\underline{U}_2 = U_1 - \sqrt{3}\,(R + j\,X_\sigma) \cdot \underline{S}_r^2/\left(\sqrt{3} \cdot U_r\right)$$

$$= 110\,\text{kV} - \sqrt{3}\,(1,93\ \Omega + j\,48,32\ \Omega) \cdot 30\,\text{MVA} \cdot (0,8 + j\,0,6)/\left(\sqrt{3} \cdot 110\,\text{kV}\right)$$

$$= 110\,\text{kV} - 0,273 \cdot (30,5 + j\,37,5)\,\text{kV} = (101,7 - j\,10,2)\,\text{kV}$$
$$U_2 = 102,2\,\text{kV}$$

Bezogen auf die Unterspannungsseite erhalten wir

$$U_2 = \frac{20\,\text{kV}}{110\,\text{kV}} \cdot 102,2\,\text{kV} = 18,6\,\text{kV} \blacktriangleleft$$

2.1.2 Drehstromtransformator

Drei Zweiwicklungstransformatoren, die man auch als Einphaseneinheiten bezeichnet, können zu einer Drehstromeinheit zusammengeschaltet werden [7]. In den meisten Fällen ist es jedoch wirtschaftlicher, eine kompakte Drehstromeinheit zu bauen. Hier unterscheidet man zwischen Drei- und Fünfschenkelkernen (Abb. 2.7). Bei Fünf-schenkelkernen kann das Joch, d. h. die Verbindung zwischen den Schenkeln, mit geringen Eisenquerschnitten ausgeführt werden. Dies reduziert die Bauhöhe, die wichtig für den Bahntransport ist. Die Schaltung der Wicklungen kann prinzipiell in Stern oder Dreieck erfolgen. Da bei der Stern-Schaltung die Strangspannung gegen-über der Dreieckspannung um den Faktor $\sqrt{3}$ kleiner ist, wird vorzugsweise die Oberspannungswicklung in Stern und die Unterspannungswicklung in Dreieck geschaltet. Der wesentliche Gesichtspunkt für die Wahl der Schaltung ist jedoch das gewünschte Verhalten bei Erdfehlern und einphasiger Belastung (Abschn. 8.3.3). Die wichtigsten Schaltgruppen sind in Abb. 2.8 zusammengestellt.

Zur Verdeutlichung der Zusammenhänge wird in Abb. 2.9 die Schaltgruppe Dyn5 herangezogen. Dabei bezeichnen U1, V1, W1 die Anfänge und U2, V2, W2 die Enden der Stränge. Die Oberspannungsseite wird durch eine 1 vor der Strangbezeichnung gekennzeichnet. Sie ist in Dreieck geschaltet. Die Anfänge der Wicklung sind zu den Anschlussklemmen geführt. Bei der Unterspannungsseite, die durch eine 2 vor der Strangbezeichnung gekennzeichnet ist, sind die Enden der Wicklungen zu den Anschlussklemmen geführt und die Anfänge zu einem Sternpunkt 2 N verbunden, der herausgeführt ist. Die Spannungen der auf einem Schenkel liegenden Wicklungen 1U und 2U sind in Phase. Die Spannung U_{2U2-2N} eilt gegenüber der Spannung U_{1U1-1N} um 150° nach. Dabei ist zu beachten, dass auf der Seite 1 der Mittelpunkt Mp bzw. Neutral-punkt 1 N wegen der Dreieckschaltung nicht vorhanden ist.

Schließt man nun die Klemmen 1U1 des Transformators an den oberspannungsseitigen Leiter R und die Klemme 2U2 an den unterspannungsseitigen Leiter R an, so haben beide eine Phasenverschiebung von $5 \cdot 30° = 150°$. Die Ziffer 5 in der Schaltgruppen-bezeichnung gibt das Vielfache der Verschiebung von 30° an. Außerdem wird bei den Wicklungen, deren Sternpunkt an die Klemmen des Transformators geführt ist, ein N bzw. n angegeben. Die Schaltung des Transformators in Abb. 2.9 lautet dann Dyn5. Im Gegen-satz dazu ist bei der Schaltgruppe Dy5 in Abb. 2.8 der Sternpunkt nicht herausgeführt.

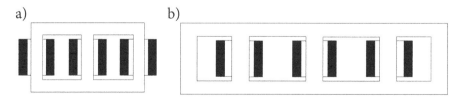

Abb. 2.7 Drehstromtransformator. **a** Dreischenkelkern; **b** Fünfschenkelkern. (Eigene Darstellung)

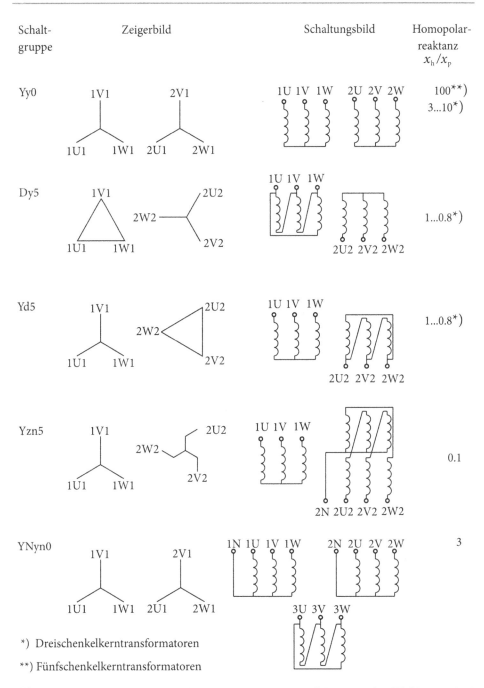

Schalt-gruppe	Zeigerbild	Schaltungsbild	Homopolar-reaktanz x_h/x_p
Yy0			$100^{**})$ $3...10^*)$
Dy5			$1...0.8^*)$
Yd5			$1...0.8^*)$
Yzn5			0.1
YNyn0			3

*) Dreischenkelkerntransformatoren

**) Fünfschenkelkerntransformatoren

Abb. 2.8 Schaltgruppen von Transformatoren (Anmerkung: Wenn nur das Wicklungsende 1 herausgeführt ist, wird im Schaltbild anstelle der Bezeichnung 1U1 nur 1U geschrieben.). (Eigene Darstellung)

Abb. 2.9 Erklärung der
Schaltgruppe Dyn5. (Eigene
Darstellung)

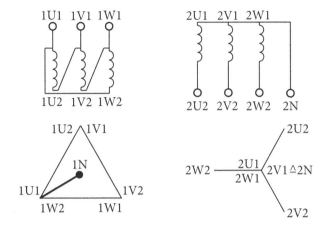

Die Kenngrößen, wie Übersetzungsverhältnis, Bemessungsspannung, Bemessungsleistung und Kurzschlussspannung, sind bei Drehstromtransformatoren analog zu den
Einphaseneinheiten definiert. Die Kurzschlussspannung u_k gilt für einen dreipoligen
Kurzschluss bei symmetrischen Spannungssystemen und ist als normierte Mitimpedanz
z_m festgelegt.

$$z_m = u_k = z_k \tag{2.11}$$

Legt man an einen Transformator eine negativ drehende Spannung (z. B. durch Vertauschen der beiden Phasen R und S), ändern sich die Verhältnisse nicht. Die Gegenimpedanz z_g ist damit gleich der Mitimpedanz.

$$z_m = z_g \tag{2.12}$$

Es ist lediglich zu beachten, dass bei „drehenden" Schaltgruppen das Übersetzungsverhältnis den konjugiert komplexen Wert annimmt.

$$\underline{U}_{2m}/\underline{U}_{1m} = U_{2m}/U_{1m}\,e^{j150°}$$

$$\underline{U}_{2g}/\underline{U}_{1g} = U_{2m}/U_{1m}\,e^{-j150°} \tag{2.13}$$

Problcmc gibt cs bci dcr Ermittlung dcr Nullimpedanz, da diese entscheidend durch die
Schaltgruppe bestimmt wird. In Abb. 2.10 ist die Messschaltung zur Bestimmung der
Nullimpedanz für einen Transformator der Schaltgruppe Dyn5 dargestellt. Danach wird
an alle drei Wicklungen die gleiche Spannung U_h angelegt. Sie hat einen Strom I_h in allen
drei Strängen der Sternseite zur Folge, der durch einen gleich großen Strom in allen drei
Strängen der Dreieckseite kompensiert wird. Dabei ist es unerheblich, ob letztere kurzgeschlossen ist oder nicht. Die Verhältnisse in den drei Kernen des Transformators

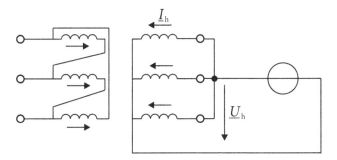

Abb. 2.10 Bestimmung der Nullimpedanz. (Eigene Darstellung)

unterscheiden sich bei einer Nullsystembelastung nicht von einer Mitsystembelastung. Deshalb ist die Nullimpedanz gleich der Mitimpedanz ($z_h = z_m$). Dies gilt für drei zusammengeschaltete Einphasentransformatoren und einen Fünfschenkelkern-Transformator, bei dem sich der gleichsinnige Fluss über das Joch und die beiden äußeren Kerne schließen kann (Abb. 2.7). In Dreischenkelkern-Transformatoren muss sich der in allen drei Kernen gleichgerichtete Fluss über die Luft und die Metallkonstruktion des Kühlkessels schließen. Der geringe magnetische Leitwert dieses Weges führt zu einer kleineren Nullreaktanz ($x_h \approx 0,8\,x_m$).

Bei Yzn5-Transformatoren bestehen die Stränge der Unterspannungsseite aus zwei Teilen, die auf verschiedenen Kernen sitzen. Dabei sind die jeweils auf einem Eisenkern untergebrachten z-Wicklungen so eng gekoppelt, dass im Nullsystem fast keine Streuung auftritt. So entsteht eine sehr kleine Nullreaktanz. Dies ist in Niederspannungsnetzen von Bedeutung. Hier soll bei einem Erdkurzschluss ein so großer Strom fliesen, dass die Sicherung abschaltet.

Bei der Stern-Stern-Schaltung kann das Amperewindungsgleichgewicht ($I_1 \cdot w_1 = I_2 \cdot w_2$) zwischen Ober- und Unterspannungsseite nur erhalten bleiben, wenn beide Sternpunkte geerdet sind. Ist ein Sternpunkt offen, so erfasst die Messschaltung wie bei einem leerlaufenden Transformator nur die Hauptimpedanz. Nennenswerte Nullsystemströme können also nicht fließen. Sind jedoch beide Sternpunkte geerdet, so wird ein Nullsystemstrom von der einen Spannungsebene in die andere übertragen. Dies ist wegen der negativen Folgen für den Netzbetrieb unerwünscht (Abschn. 8.2). Ein Transformator, der in beiden Sternpunkten belastbar sein soll, muss eine dritte Wicklung erhalten, wie es bei der unteren Schaltung in Abb. 2.8 dargestellt ist.

Die in Dreieck geschaltete Wicklung kann das Amperewindungsgleichgewicht für die beiden anderen in Stern geschalteten Wicklungen aufbringen. Es gelten somit die bei den Dyn5-Transformatoren angestellten Betrachtungen. Aus wirtschaftlichen Gründen wird die Dreieckswicklung i. Allg. mit 1/3 der Leistung der beiden Hauptwicklungen ausgelegt, sodass die Nullreaktanz des Dreiwicklungstransformators dreimal so groß ist wie die des Dyn5-Transformators.

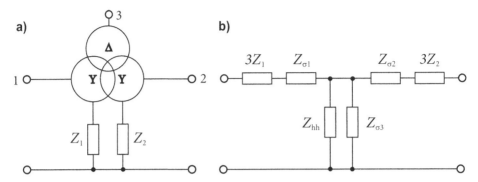

Abb. 2.11 Dreiwicklungstransformator. **a** Schaltbild; **b** Ersatzschaltbild für das Nullsystem. (Eigene Darstellung)

Ohne nähere Ableitung wird in Abb. 2.11 die Ersatzschaltung des Nullsystems für einen Transformator mit zwei herausgeführten Sternpunkten angegeben. In ihr verwundert die Anordnung der Sternpunktimpedanzen Z_1 und Z_2. Der Schaltplan repräsentiert lediglich die Beschreibungsgleichungen und ist nicht aus dem physikalischen Modell des Transformators hervorgegangen. Der Fall, dass ein Sternpunkt nicht geerdet ist, lässt sich durch eine unendliche Sternpunktimpedanz nachbilden. Als Hauptimpedanz im Nullsystem eines Yy-Zweiwicklungstransformators tritt die Impedanz Z_{hh} auf, die annähernd gleich der Hauptimpedanz im Mitsystem Z_{hm} ist. Bei Dreiwicklungstransformatoren liegt parallel hierzu noch die Streuimpedanz der Dreieckswicklung.

Die prinzipiellen Bauformen der Transformatoren haben sich in den letzten Jahrzehnten nicht geändert. Die Ausnutzung und damit das Preis-Leistungs-Verhältnis wurden jedoch durch Fortschritte in der Kühlung und Blechbehandlung verbessert. Der Einsatz supraleitender Spulen könnte einen Technologiesprung bringen. Derartige Transformatoren sind seit langem im Gespräch. Marktfähige Ausführungen zeichnen sich jedoch noch nicht ab.

Beispiel 2.2: Kurzschlussströme eines Transformators

Es sollen die drei- und einpoligen Kurzschlussströme für Transformatoren mit den Schaltgruppen Yzn5 ($Z_h = 0{,}1 \cdot Z_m$) und Yyn0 ($Z_h = 100 \cdot Z_m$) bestimmt werden. Hierzu werden folgende Transformatordaten angenommen:

$$u_k = 10\,\%, \ U_r = 400\,\text{V und } S_r = 1\,\text{MVA}$$

Mit der Netznennspannung $U_n = 400\,\text{V}$ ergibt sich der dreipolige Kurzschlussstrom zu

$$I_{3pol} = \frac{U_n/\sqrt{3}}{Z_k} = \frac{U_n/\sqrt{3}}{u_k \cdot U_r^2/S_r} = \frac{0{,}4\,\text{kV}/\sqrt{3}}{0{,}1 \cdot 0{,}4^2\,\text{kV}^2/1\,\text{MVA}} = 14\,\text{kA}$$

Bei einem einpoligen Kurzschluss an den Klemmen eines Yzn5-Transformators mit
der Nullimpedanz $Z_h = 0{,}1 \cdot Z_m$ erhält man nach Gl. 1.74

$$I_{1\text{pol}} = \frac{3 \cdot U_n/\sqrt{3}}{Z_m + Z_g + Z_h} = \frac{3 \cdot U_n/\sqrt{3}}{(1 + 1 + 0{,}1)Z_k} = 1{,}4 \cdot I_{3\text{pol}} = 20 \text{ kA}$$

Die Werte sind für ein Niederspannungsnetz relativ groß, da eine starre Spannung an
der Oberspannungsseite des Transformators unterstellt wurde.

Ein Transformator mit der Schaltgruppe Yyn0 liefert bei der Nullimpedanz
$Z_h = 100 \cdot Z_m$

$$I_{3\text{pol}} = 14 \text{ kA} \qquad I_{1\text{pol}} = \frac{3 \cdot U_n/\sqrt{3}}{(1 + 1 + 100)Z_k} = 0{,}03 \cdot I_{3\text{pol}} = 0{,}4 \text{ kA}$$

Dieser Wert ist mit dem Bemessungswert zu vergleichen.

$$I_r = S_r / \left(\sqrt{3}\, U_r \right) = 1 \text{ MVA} / \left(\sqrt{3} \cdot 400 \right) \text{ A} = 1443 \text{ A}$$

Da der Bemessungsstrom der Sicherung über dem Bemessungsstrom des Transformators liegen muss, würde bei einem Erdkurzschluss die Sicherung nicht
ansprechen. ◀

2.1.3 Dreiwicklungstransformatoren

Auf die Bedeutung des Transformators mit drei Drehstromwicklungen wurde schon im
letzten Abschnitt hingewiesen. In Analogie zu der Ersatzschaltung des Zweiwicklungstransformators (Abb. 2.3) hat jede der drei Wicklungen eine Streuimpedanz, die zu einer
gemeinsamen Hauptimpedanz führt. Es ist nicht üblich, die Streuimpedanz der Sternschaltung nach Abb. 2.12 anzugeben, sondern die jeweils zwischen zwei Wicklungen
wirksamen Kurzschlussspannungen bzw. Kurzschlussreaktanzen

$$\begin{aligned}
x_{\sigma 12} &= x_{\sigma 1} + x_{\sigma 2} \\
x_{\sigma 13} &= x_{\sigma 1} + x_{\sigma 3} \\
x_{\sigma 23} &= x_{\sigma 2} + x_{\sigma 3}
\end{aligned} \tag{2.14}$$

Daraus folgt für die Sternschaltung

$$\begin{aligned}
x_{\sigma 1} &= \frac{1}{2}(x_{\sigma 12} + x_{\sigma 13} - x_{\sigma 23}) \\
x_{\sigma 2} &= \frac{1}{2}(x_{\sigma 12} - x_{\sigma 13} + x_{\sigma 23}) \\
x_{\sigma 3} &= \frac{1}{2}(-x_{\sigma 12} + x_{\sigma 13} + x_{\sigma 23})
\end{aligned} \tag{2.15}$$

Abb. 2.12 Ersatzschaltung eines
Dreiwicklungstransformators.
(Eigene Darstellung)

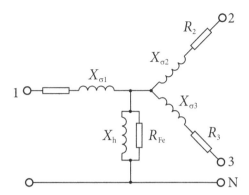

Dabei kann es vorkommen, dass eine der Streureaktanzen in der Sternschaltung negativ wird. Dies lässt sich aus dem Aufbau der Streuflüsse zwischen den drei Wicklungen eines Kerns erklären. Tritt ein Energiefluss von der geometrisch mittleren zur inneren Wicklung auf, so kann sich der Fluss – und damit die Spannung der äußeren Wicklung – gegenüber dem Leerlauffall erhöhen. Dieser Effekt ist in Netzen mit schwankenden Lasten auszunutzen, wie Abb. 2.13 zeigt. Dort speist ein Netz über die mittlere Wicklung 1 einen Lichtbogenofen und ein Lichtnetz. Stromschwankungen im unruhigen Verbraucher erzeugen keine Spannungsschwankungen im Lichtnetz, wenn die Transformatorreaktanz $X_{\sigma 1}$ die Netzreaktanz X_Q kompensiert $(X_{\sigma 1} = -X_Q)$.

Ein weiterer Anwendungsfall für Dreiwicklungstransformatoren ist die Speisung von Industrienetzen mit zwei Spannungsebenen. So kann z. B. ein Transformator aus dem 110-kV-Netz ein 6-kV-Netz und ein 10-kV-Netz speisen. Sinn eines Betriebes mit zwei Spannungsebenen ist die Anpassung von großen Motoren, die in Abhängigkeit von der Leistung für unterschiedliche Spannungen optimal zu bauen sind. Im öffentlichen Versorgungsnetz werden Dreiwicklungstransformatoren zur Vermeidung der Nullsystemkopplungen eingesetzt (Abschn. 2.1.2). Die dritte Wicklung wird gelegentlich zum Anschluss von Kompensationsmitteln, wie Kondensatoren oder Drosselspulen, verwendet.

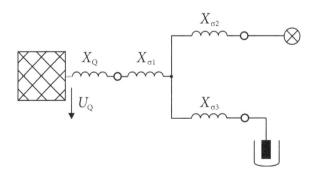

Abb. 2.13 Anwendungsbeispiel eines Dreiwicklungstransformators. (Eigene Darstellung)

2.1.4 Stufenstellung

Das Übersetzungsverhältnis von Transformatoren entspricht in erster Näherung dem Verhältnis der Nennspannungen der beiden Netze, die sie koppeln. Wenn die Leistungsrichtung feststeht, kennt man den üblichen Spannungsabfall, den der Strom im Transformator hervorruft. Dieser ist bei einer Kurzschlussspannung von $u_k = 10\,\%$, etwa $5\,\%$ der Netznennspannung. Um ihn zu kompensieren, wird das Übersetzungsverhältnis etwas abweichend vom Verhältnis der Netznennspannungen gewählt. Ein Netztransformator, der beispielsweise aus der 110-kV-Ebene ein 20-kV-Stadtnetz speist, erhält die Bemessungsspannungen $U_{1r}/U_{2r} = 123\,\text{kV}/24\,\text{kV} = 5{,}1$ ($110/20 = 5{,}5$). Um einen Transformator den betrieblichen Bedingungen anpassen zu können, baut man Stufenschalter ein, die zwischen einzelnen Anzapfungen des Transformators umschalten können. Bei einfachen Ausführungen, wie sie in Ortsnetztransformatoren für 400 V eingesetzt werden, ist diese Umschaltung nur im spannungslosen Zustand möglich [4]. Hier kann man im Abstand von Jahren die lastbedingte Erhöhung des Spannungsabfalls kompensieren. Bei Netztransformatoren in höheren Spannungsebenen wird die Umschaltung im Laufe des Tages mehrfach durchgeführt. Sie muss unterbrechungsfrei erfolgen. Dies bedingt, dass während des Umschaltvorgangs zeitweise zwei Wicklungsanzapfungen kurzgeschlossen werden. Die zwangsläufig auftretenden Kreisströme kann man entsprechend Abb. 2.14 durch Widerstände begrenzen. Trotzdem darf dieser Zustand nur während der Umschaltung kurzfristig auftreten. Die Anzapfungen sind aus Gründen der Isolation in der Nähe des Sternpunkts angeordnet.

Ein Stufensteller ist nicht nur zur Spannungshaltung, sondern auch zur Steuerung des Leistungsflusses im Netz einzusetzen, wie Abb. 2.15 zeigt. Sind die beiden Spannungen $\underline{U}_1$ und $\underline{U}_2$ gleich, so werden bei $X_1 = X_2$ auch die Ströme I_1 und I_2 gleich sein. Durch Erhöhung der Spannung $\underline{U}_1$ mittels Stufensteller um $\Delta \underline{U}$ wird den Strömen $\underline{I}_1$ und $\underline{I}_2$ in Kreisstrom $\Delta \underline{I}_1$überlagert, der den Strom $\underline{I}_1$ erhöht und den Strom $\underline{I}_2$ verringert. Da die Zusatzspannung durch die Reaktanz einen induktiven Strom treibt, wird der Blindleistungstransport von einer Leitung auf die andere verlagert.

▶   **Wichtig**
    Durch die Stufenstellung in Längsrichtung ist eine Verlagerung des Blindleistungsflusses möglich. Eine Zusatzspannung, die senkrecht zu der Transformatorspannung steht, verlagert den Wirkleistungstransport.

Abb. 2.14 Stufenschalter.
(Eigene Darstellung)

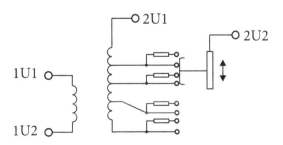

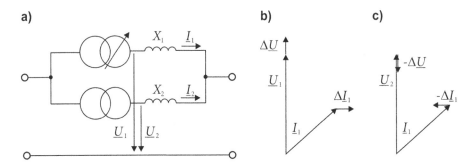

Abb. 2.15 Lastflusssteuerung mit Stelltransformatoren. **a** Ersatzschaltung; **b** positiver Zusatz-strom; **c** negativer Zusatzstrom. (Eigene Darstellung)

Ein solcher quergeregelter Transformator kann den Leistungstransport beliebig steuern, ist aber nur mit großem Aufwand herstellbar. So setzt man häufig schräg-geregelte Transformatoren (Schrägregler) ein. Man verwendet den Begriff Regler obwohl es sich im regelungstechnischen Sinne um einen Steller handelt. Bei diesen wird der Wicklung im Strang U eine Zusatzspannung aus dem Strang V hinzugefügt. Dadurch ergibt sich bei richtiger Polung eine Stellmöglichkeit mit dem Winkel 60°, die es erlaubt, den Wirk- und Blindfluss zu steuern.

Der durch den starken Ausbau der erneuerbaren Energien bedingte veränderte Leistungs-fluss in den Höchstspannungsnetzen (Abschn. 7.2.2) führt mittlerweile dazu, dass in den unterlagerten Netzen unerwünschte Lastflüsse auftreten können. So ist es möglich, dass bei ungünstiger Netztopologie der Transport der Leistung im Höchstspannungs-netz teilweise auch über das unterlagerte 110-kV-Netz geschieht. Die Betreiber des 110-kV-Netzes sehen das natürlich nicht gerne, da dieser Leistungstransit das eigene Netz belastet und somit weniger Kapazität für den eigenen Leistungstransport zur Ver-fügung steht. Man denkt hier in zunehmendem Maße über den Einsatz von Querreglern nach, um für den Transit eine höhere Netzimpedanz darzustellen und diesen Leistungs-fluss aus dem eigenen Netz zu drängen.

Querregler erzeugen eine um 90° verdrehte Spannung und stellen somit die Wirk-leistung. Sie erfordern jeweils Zusatzstränge auf den anderen beiden Kernen und sind deshalb teurer in der Anschaffung.

2.1.5 Sonderbauformen

Transformatoren werden häufig nach ihrem Einsatzgebiet bezeichnet.

- **Blocktransformatoren** sind in einem Kraftwerksblock direkt mit dem Generator gekoppelt und speisen in das Verbundnetz.

- **Kuppeltransformatoren** verbinden in vermaschten Netzen die verschiedenen Netzebenen, z. B. 380 und 220 kV.
- **Netztransformatoren**, zu denen auch die Kuppeltransformatoren zählen, speisen von Übertragungsnetzen, z. B. dem 110-kV-Netz, in Verteilernetze, z. B. 20 kV.
- **Ofentransformatoren** sind speziell für die Speisung von Lichtbogenöfen, die starke Stromschwankungen bis in den Überlastbereich hervorrufen, ausgelegt.
- **Stromrichtertransformatoren** besitzen eine sehr kleine Streureaktanz, um die Kommutierung (Abschn. 3.2.1.1) zu erleichtern und liefern oft ein mehrphasiges System mit um 30° versetzten Spannungen zur Reduktion der Oberschwingungen.

Eine spezielle Bauform ist der Spartransformator. Er hat nur eine Wicklung mit Anzapfung, wie Abb. 2.16 zeigt. Der Vorteil dieses Transformators ist die geringe Bauleistung. Der untere Wicklungsteil muss für $U_2 \cdot (I_2 - I_1)$ und der obere für $I_1 \cdot (U_1 - U_2)$ (dimensioniert werden. Damit ist seine Bauleistung S_S festgelegt. Verglichen mit der Bauleistung eines normalen Zweiwicklungstransformators S_D ergibt sich mit $U_1 \cdot I_1 = U_2 \cdot I_2$

$$\frac{S_S}{S_D} = \frac{U_2(I_2 - I_1) + (U_1 - U_2)I_1}{(U_2 I_2 + U_1 I_1)} = 1 - \frac{U_2}{U_1} \tag{2.16}$$

mit $U_2 < U_1$

Für $U_2 = U_1$ degeneriert der Spartransformator zu einer reinen Drossel. Seine Bauleistung ist null, wenn man die Magnetisierungsleistung vernachlässigt. Wird das Übersetzungsverhältnis groß ($U_2/U_1 \rightarrow 0$), geht die Bauleistung in die des Zweiwicklers über. Der Spartransformator wird im Netz als Kuppeltransformator, z. B. 220 kV/110 kV, eingesetzt. Auch im Labor werden Spartransformatoren mit einem Schleifkontakt an der Anzapfung 2U als stufenlos regelbare Einheiten verwendet. Man muss hier beachten, dass auf keinen Fall die Leitungen zwischen dem Transformator und den Klemmen 1 N und 2 N unterbrochen werden, denn dies bewirkt die Anhebung der Spannung U_2 auf das Niveau von U_1.

Abb. 2.16 Spartransformator.
(Eigene Darstellung)

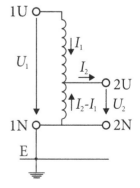

Ein weiterer Sonderfall des Transformators ist der Sternpunktbildner. Wird in der Schaltung Yzn5 entsprechend Abb. 2.8 die Sternwicklung Y weggelassen, so entsteht eine Einheit mit großer Hauptreaktanz im Mitsystem und kleiner Nullreaktanz. Dies bedeutet, dass für den symmetrischen Betrieb der Sternpunktbildner praktisch unwirksam ist, aber bei einem einpoligen Erdkurzschluss ein großer Strom fließen kann. Sternpunktbildner werden in Netzen eingesetzt, in denen die Sternpunkte der Transformatoren, z. B. wegen der Dreieckschaltungen der Wicklungen, nicht geerdet sind, man aber ein geerdetes Netz betreiben will.

2.1.6 Schutz von Transformatoren

Transformatoren sind hochwertige und teure Betriebsmittel. So kostet ein Transformator 380/110 kV, 400 MVA etwa 5,3 Mio. € und ein Transformator 110/20 kV, 40 MVA etwa 0,7 Mio. € ohne Kosten für Transport und Montage. Reparaturen sind allein wegen der Ölfüllung sehr zeitaufwändig. Aus Gründen der Wirtschaftlichkeit und Zuverlässigkeit ist es deshalb geboten, dem Schutz der Transformatoren besondere Aufmerksamkeit zu schenken. Man unterscheidet zwischen dem Überspannungs- und Überstromschutz.

Der Überspannungsschutz von Transformatoren erfolgt durch Überspannungsableiter (Abschn. 5.1.5), die kurzzeitig auftretende nicht netzfrequente Spannungen wie Blitzwanderwellen auf ein zulässiges Maß begrenzen. Die Ableiter werden möglichst nahe an den Klemmen des Transformators zwischen die Außenleiter sowie zwischen Außenleiter und Erde geschaltet. Für einen Drehstrom-Zweiwicklungstransformator benötigt man deshalb 12 Ableiter. Durch die Ableiter werden die Spannungen hauptsächlich an den Klemmen dieses Betriebsmittels begrenzt. Innerhalb eines Transformators kann es jedoch zu örtlichen Spannungsüberhöhungen kommen, wenn an den Klemmen höherfrequente Anteile auftreten. Bei einem Spannungssprung teilt sich beispielsweise die Spannung auf die einzelnen Wicklungsteile nicht entsprechend der Induktivität wie bei 50 Hz, sondern entsprechend den Streukapazitäten auf. Das in Abb. 2.17a dargestellte LC-Netzwerk ist eine einfache Transformatorersatzschaltung für die Primärwicklung bei höherfrequenten Ausgleichsvorgängen. Im Fall einer steilen Wanderwelle baut sich die Spannung über die Wicklung nicht linear ab (Abb. 2.17b), sondern es werden die klemmenseitigen Wicklungen mit erheblich stärkeren Spannungen beansprucht als im stationären Betrieb.

Wanderwellen bei Blitzeinschlägen und höherfrequente Ausgleichsvorgänge bei Schalthandlungen lassen sich durch Ableiter zwar reduzieren, aber nicht vermeiden. Deshalb muss ein Transformator hierfür bemessen werden.

Beim Überstrom- bzw. Überlastschutz von Transformatoren unterscheidet man zwischen internen und externen Schutzeinrichtungen. Interne Schutzeinrichtungen sind Messfühler, die an bestimmten Stellen der Wicklung die Temperatur messen und Meldungen oder Schutzauslösungen veranlassen. Als klassisches Verfahren ist der

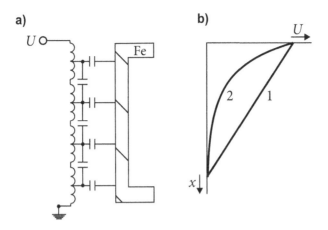

Abb. 2.17 Spannungsbeanspruchung eines Transformators. 1: 50-Hz-Verteilung; 2: Verteilung bei steilem Spannungsanstieg; **a** Ersatzschaltung; **b** Spannungsverteilung. (Eigene Darstellung)

Buchholzschutz zu nennen. Alterung, die beispielsweise durch längere Überlast oder häufige Überspannungsbeanspruchung beschleunigt wird, hat eine Verminderung der Isolationsfähigkeit zur Folge. Es entstehen dann Teilentladungen (Abschn. 6.4.1), die im Isolationsmittel, insbesondere im Öl, zur Gasbildung führen. Dieses Gas wird im Ölausdehnungsgefäß aufgefangen. Beim Überschreiten eines Grenzwertes erfolgt eine Meldung. Ein spontaner Isolationszusammenbruch führt zu einer starken Gasbildung, die eine sofortige Abschaltung bewirkt. Da der Buchholzschutz auf Isolationsschwäche und nicht auf Übertemperatur anspricht, kann man ihn auch als Überspannungsschutz bezeichnen. Auch Alltagssituationen können neue Ideen hervorbringen. So erzählt man sich, dass das Funktionsprinzip dieses Schutzgerätes von Herrn Buchholz in der Badewanne ausgedacht worden sei.

Als äußerer Schutz dient neben dem Überstromzeitschutz vor allem der Differenzialschutz (Abschn. 8.8.4.2). Aus der leiterselektiven Differenz zwischen den Strömen am Anfang und Ende (Differenzialstrom) eines Betriebsmittels kann man auf einen inneren Fehler schließen. Es werden die Ströme an den Klemmen gemessen, in Betrag und Phasenlage entsprechend der Schaltgruppe und Übersetzung des Transformators angepasst und verglichen. Übersteigt die Stromdifferenz einen bestimmten Wert, so wird auf einen inneren Fehler geschlossen und abgeschaltet.

Beim Einschalten des Transformators entstehen wie beim Einschalten einer jeden Induktivität Gleichstromglieder, die zur Sättigung des Eisens führen können. Dies hat eine Verringerung der Hauptinduktivität und damit einen großen Einschaltstrom, der Einschaltrush genannt wird, zur Folge. Um eine Auslösung beim Einschalten zu verhindern, muss der Schutz verzögert oder mit einer Sperre versehen werden, die diese Sättigung erkennt. Dass eine solche Detektion möglich ist, soll anhand von Abb. 2.18 erläutert werden.

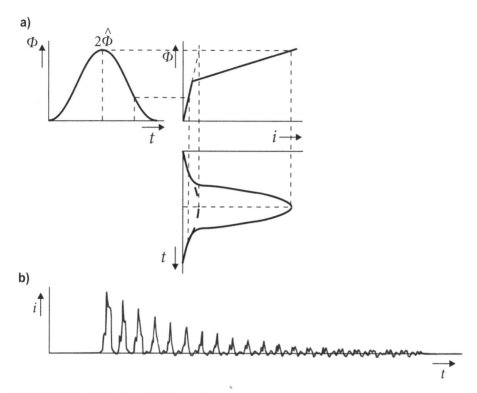

Abb. 2.18 Einschaltrush. **a** Ableitung der Kurvenform; **b** gemessener Stromverlauf nach [6]. (Eigene Darstellung)

Die in ihrem Nulldurchgang zugeschaltete Spannung ruft eine Flussänderung mit Gleichstromglied hervor.

$$u = \hat{u} \sin \omega t = K \dot{\Phi}$$

$$\Phi = \frac{1}{K} \int_0^t \hat{u} \sin \omega t \, \mathrm{d}t = C - \frac{\hat{u}}{K\omega} \cos \omega t = \hat{\Phi}(1 - \cos \omega t) \qquad (2.17)$$

Der Fluss steigt demnach bei ungünstigem Schaltaugenblick auf seinen doppelten Spitzenwert an (Abb. 2.18a). Hierbei ist das Abklingen des Gleichgliedes vernachlässigt. Abb. 2.18b zeigt einen solchen Rushstrom, der bei großen Transformatoren aufgrund des niedrigen Wicklungswiderstands und der großen Hauptinduktivität bis zu einer Minute anstehen kann. Spiegelt man den Fluss nach Gl. 2.17 an der idealisierten Magnetisierungskennlinie, so ergibt sich ein Strom mit hohen Spitzen. Dieser Effekt wird bei Remanenz verstärkt. Der Strom ist unsymmetrisch und enthält deshalb die zweite Harmonische, die ansonsten in Energieversorgungsnetzen nicht vorkommt. Sie kann herausgefiltert und als Blockiersignal für den Differenzialschutz verwendet werden.

2.2 Drosselspulen

Drosselspulen sind wie Transformatoren mit nur einer Wicklung aufgebaut. Sie ähneln damit den Sternpunktbildnern, die auch nur an eine Netzspannungsebene angeschlossen werden, aber zwei Wicklungen besitzen, und den Spartransformatoren, die nur eine Wicklung haben, aber über Abgriffe an zwei Netze angeschlossen sind. Drosselspulen werden mit und ohne Eisenkern ausgeführt, wobei die Eisenkerne in der Regel einen Luftspalt enthalten, um die Reaktanz zu verringern. Durch mechanische Verstellung des Luftspaltes erhält man eine steuerbare Drosselspule. Da bei Luftdrosseln der Eisenkern als „Kanal" für den magnetischen Fluss fehlt, sind die Flüsse auch außerhalb der Wicklung erheblich. Man muss deshalb in der Umgebung einer solchen Drossel mit Wirbelströmen in Metallteilen rechnen.

Drosselspulen liefern Blindleistung, die zur Kompensation von Hochspannungs-Kabelnetzen in Städten benötigt wird. Insbesondere nachts in Schwachlastzeiten fehlen dort die meist induktiven Verbraucher, sodass die große Kabelkapazität überwiegt [8]. In leistungsstarken Netzen werden Drosselspulen gelegentlich zur Begrenzung der Kurzschlussströme installiert. Dies bringt erhebliche wirtschaftliche Vorteile bei der Auslegung von Schaltanlagen. In den Sternpunkten der Transformatoren kompensieren Drosselspulen im Fall eines einpoligen Erdschlusses den kapazitiven Erdschlussstrom (Abschn. 8.2.3). Weiterhin dienen Drosselspulen als Glättungsdrosselspulen zur Elimination von Oberschwingungen in Gleichrichterschaltungen (Abschn. 3.2.2.3) und bilden in Verbindung mit Kondensatoren Filterkreise (Abschn. 2.3).

In der Entwicklung befinden sich supraleitende Spulen als Energiespeicher. Bei ihnen wird ein Niedertemperatur-Supraleiter auf die Verdampfungstemperatur von Helium bei 4 K oder ein Hochtemperatur-Supraleiter auf die Verdampfungstemperatur des Stickstoffs bei 77 K gekühlt, sodass er widerstandslos wird. Über leistungselektronische Stellglieder kann dann der Strom in den Spulen gesteuert werden. Der Energieinhalt $L I^2/2$ solcher Spulen reicht vom kWs- bis in den GWh-Bereich, wobei die kleineren Einheiten bereits am Markt erhältlich sind. Sie werden als Alternative zu Batteriespeichern in unterbrechungsfreien Stromversorgungseinheiten eingesetzt. Geplant ist auch deren Einsatz zur Bereitstellung von Wirkleistungs-Sekundenreserve im Kraftwerksbereich (Abschn. 7.7).

Beispiel 2.3: Dimensionierung einer Ladestromspule

Für ein Stadtnetz mit 120 km 110-kV-Kabeln soll eine Ladestromspule dimensioniert werden, die die Kabelkapazität von $C' = 200$ nF/km kompensiert.

Die Ladeleistung der Kabel beträgt

$$Q_\mathrm{C} = 1 \cdot \omega\, C' U^2 = 120\ \mathrm{km} \cdot 314\,\mathrm{s}^{-1} \cdot 0{,}2 \cdot 10^{-6}\ \mathrm{F/km}\ \cdot 110^2\ \mathrm{kV}^2 = 91\ \mathrm{MVAr}$$

$$X_\mathrm{L} = U^2/Q_\mathrm{C} = 110^2\ \mathrm{kV}^2/91\ \mathrm{MVAr} = 133\ \Omega \blacktriangleleft$$

2.3   Kondensatoren und Filter

In der Energietechnik haben Kondensatoren die Aufgabe, Blindleistung bereitzustellen und
Oberschwingungen aufzunehmen. In Hochspannungskompensationsanlagen werden sie
entsprechend Abb. 2.19 in Reihe und parallel geschaltet. Defekte Kondensatoren bilden
einen Kurzschluss, der bei Leistungskondensatoren von integrierten Sicherungen eliminiert
wird. Dadurch entsteht eine Unsymmetrie in der Kondensatorbatterie, die zu Ausgleichs-
strömen zwischen den parallelen Zweigen führt und ausgefallene Kondensatoren anzeigt.
Grundsätzlich werden Kondensatorbatterien überdimensioniert, sodass sie auch bei
defekten Kondensatoren bis zum nächsten Wartungstermin weiter betrieben werden können.

   Kompensationskondensatoren zur Regelung der Blindleistung in einem Netz werden
i. Allg. mehrmals täglich geschaltet. Dabei entstehen Ausgleichsvorgänge zwischen der
Netzinduktivität L_Q und der Kondensatorkapazität C, deren Eigenfrequenz f_ν im Bereich von
einigen hundert bis tausend Hz liegt. Die Schwingimpedanz dieses Kreises ergibt sich zu

$$\omega_\nu = \frac{1}{\sqrt{L_Q C}} \qquad Z_0 = \sqrt{\frac{L_Q}{C}} = \frac{1}{\omega_\nu C} = \frac{\omega_n}{\omega_\nu} \cdot Z_C \qquad (2.18)$$

Da die Resonanzimpedanz Z_0 für die Eigenfrequenz f_ν erheblich kleiner ist als die
Kondensatorimpedanz Z_C für $f_n = 50\,\mathrm{Hz}$, liegen die Ausgleichsströme weit über den
Bemessungsströmen. Dies führt neben einer Gefährdung der Kondensatoren zu Rück-
wirkungen auf das Netz. Um den Schaltstoß zu verringern, wird häufig in Reihe zu der
Kondensatorbatterie noch eine Drosselspule L_ν geschaltet, die in Gl. 2.18 die Induktivität
L_Q und damit auch die Resonanzimpedanz vergrößert.

   Insbesondere Stromrichterschaltungen verursachen Oberschwingungen im Netz.
Diese werden durch die Kondensatoren verstärkt aufgenommen. Stimmt man die oben
erwähnte Induktivität L_ν so ab, dass ein Resonanzkreis für die Harmonische ν entsteht,
erhält man einen Saugkreis. In Drehstromnetzen treten neben der Grundschwingung
bevorzugt Harmonische der Ordnungen 5, 7, 11, 13, 17, 19 usw. auf (Abschn. 3.2.2.1).
Um sie zu eliminieren, baut man Saugkreise für jeweils eine der Harmonischen
(Abb. 2.20a). Zur Begrenzung des Aufwands werden die Harmonischen höherer

Abb. 2.19 Schaltung einer
Kondensatorbatterie. (Eigene
Darstellung)

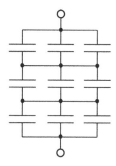

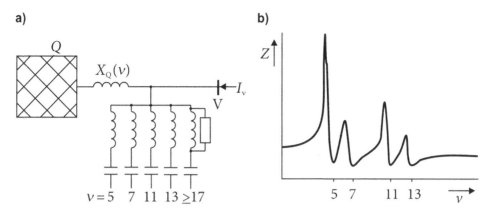

Abb. 2.20 Filterschaltung. **a** Aufbau der Filterkreise; **b** Impedanzkurve. (Eigene Darstellung)

Ordnung gemeinsam durch einen Hochpass abgesaugt. Dieser besteht aus einem Saug-kreis für die Grenzfrequenz und einem Widerstand parallel zur Drosselspule. Abb. 2.20b zeigt den frequenzabhängigen Verlauf der Netzimpedanz vom Filteranschlusspunkt V aus betrachtet. Sie erhält bei der Frequenz der Harmonischen sehr geringe Werte, die nur durch die Verlustwiderstände der Drosselspulen und des Netzes bedingt sind. Zwischen zwei Minima liegt stets ein Maximum, das von der Parallelresonanz zwischen den Filter-kreisen und der Netzinduktivität hervorgerufen wird. Für diese Frequenz bildet das Filter einen Sperrkreis. Wenn der Verbraucher zwischenharmonische Ströme mit dieser Frequenz erzeugt, treten am Einspeisepunkt V erhöhte Spannungen dieser Frequenz auf. Die Betrachtungen zeigen, dass Filterschaltungen sorgfältig und problemangepasst aus-gelegt werden müssen.

Durch den Einsatz leistungselektronischer Schaltungen lassen sich aktive Filter bauen, die erhebliche technische Vorteile gegenüber den LC-Kreisen besitzen, aber auch teuer sind und deshalb nur zögerlich eingesetzt werden [15].

2.4 Messwandler

Messwandler sind Transformatoren, bei denen nicht die Energie-, sondern die Informationsübertragung im Vordergrund steht. Deshalb soll der Zeitverlauf der zu messenden Spannung bzw. des zu messenden Stroms mit einem gewünschten Maßstabsfaktor möglichst exakt abgebildet werden. Eine weitere Aufgabe der Wandler ist die galvanische Trennung von Primär- und Sekundärkreis, sodass die hohen Spannungen von den Messeinrichtungen ferngehalten und die Potenzialfreiheit des Messkreises sichergestellt werden. Entsprechend der Messgröße unterscheidet man zwischen Spannungs- und Stromwandler. Früher mussten die Wandler so viel Leistung

bereitstellen, dass die angeschlossenen elektromechanischen Schutzeinrichtungen ohne
Hilfsenergie arbeiten konnten. Dies gilt heute noch für alte Anlagen.

2.4.1 Spannungswandler

Spannungswandler sind Transformatoren mit einer Leistung bis 50 VA. Sie übersetzen
die Primärspannung in eine genormte Messkreisspannung (Sekundärspannung) von
z. B. 100 V zwischen den Außenleitern. Grundsätzlich werden Spannungswandler entsprechend Abb. 2.21 in Stern geschaltet. Um bei Fehlern in Messkreisen Schäden zu
verhindern, sind Sicherungen im Oberspannungskreis und gelegentlich auch im Unter-
spannungskreis vorgesehen. Aus Gründen des Personenschutzes ist die Erdung des
sekundären Sternpunkts vorgeschrieben. Der primärseitige Sternpunkt muss aus betrieblichen Gründen geerdet werden, andernfalls wird die Nullspannung des Primärsystems
im Messkreis nicht erfasst.

Spannungswandler haben einen Eisenkern mit getrennten Sekundärwicklungen für
Messen, Schutz und Zählung. Dadurch wirkt sich die Überbürdung eines Messkreises
nicht auf den anderen aus.

Die Genauigkeit der Übersetzung sinkt wegen der parasitären Kapazitäten bei
höheren Frequenzen deutlich ab. Während Mittelspannungswandler einige kHz noch
abbildungstreu übertragen, liegt die Grenze der 380-kV-Wandler bei 500 Hz. Deshalb werden transiente Vorgänge, z. B. hochfrequente Überspannungen, häufig nicht
richtig wiedergegeben. Dies ist beispielsweise bei der Auswertung von Störschreiber-
aufzeichnungen zu beachten. Abb. 2.21 zeigt eine dritte Wicklung mit den Klemmen da
und dn. Diese in Dreieck geschaltete Wicklung liefert in einem symmetrisch betriebenen
Netz stets die Spannung $U_{da\text{-}dn} = 0$ da $\underline{U}_R + \underline{U}_S + \underline{U}_T = 0$ ist. Bei Erdunsymmetrien, z. B.
einem Erdschluss, addieren sich die Spannungen der drei Wicklungen zur Nullsystem-
spannung. Sie signalisiert somit einen Erdschluss im Netz. Neben dieser wichtigen

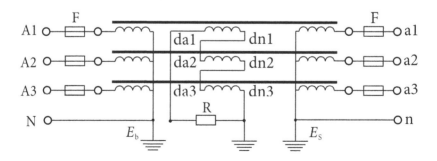

Abb. 2.21 Induktiver Spannungswandler. E_b: Betriebserde; E_s: Schutzerde. (Eigene Darstellung)

Aufgabe bietet die Zusatzwicklung durch Belastung mit einem Widerstand die Möglichkeit, in den Nullsystemkreis eine Bürde einzuschleifen, die in isolierten Netzen Kippschwingungen vermeidet [9]. Solche Kippschwingungen entstehen, wenn durch die
Parallelschaltung von Erdkapazitäten und Hauptinduktivitäten der Spannungswandler
eine Resonanz mit der Frequenz νf_n ($\nu = 1/3$, $1/2$, 1, 2, 3) entsteht und das Eisen des
Wandlers in die Sättigung geht.

Spannungen lassen sich auch durch Spannungsteiler herabsetzen. Ohmsche
Spannungsteiler führen zu großen Verlusten und werden nur in Gleichstromanlagen
verwendet. Kapazitive Spannungsteiler sind kostengünstiger als induktive Spannungswandler, haben aber den Nachteil, dass sie kaum belastbar sind. Deshalb werden
sie vornehmlich in Hochspannungslaboratorien zusammen mit einem hochohmigen
Oszillografen eingesetzt. Da kapazitive Spannungsteiler nahezu frequenzunabhängig
sind, bilden sie auch hochfrequente Vorgänge gut ab. Dies ist wichtig für die rasch
ablaufenden Blitz- und Schaltvorgänge, die in der Hochspannungstechnik untersucht
werden. Bei vollisolierten Schaltanlagen (Abschn. 5.1.1) ist es leicht möglich, kapazitive
Teiler in die Konstruktion zu integrieren, wie Abb. 2.22a zeigt. Sie benötigen allerdings
am Ausgang einen Verstärker.

Den Nachteil der geringen Belastbarkeit von kapazitiven Teilern kann man entsprechend Abb. 2.22b dadurch umgehen, dass man in dem Messkreis eine Drosselspule
X_D anordnet, die bei 50 Hz eine Resonanz mit den Kapazitäten C_1 und C_2 herstellt. Ein
induktiver Wandler, z. B. 10 kV/100 V, koppelt dann den Teiler mit dem Messkreis.
Dieser kapazitive Wandler ist sehr frequenzabhängig und für Schutzzwecke schlecht
geeignet. Es ist aber möglich, über ihn eine hochfrequente Spannung U_{TF} einzukoppeln.
Moduliert man auf diesen Träger ein Informationssignal, so können die Freileitungen
des Netzes zur Trägerfreqnzübertragung auf Hochspannungsleitungen (TFH) eingesetzt
werden (Abschn. 8.7.1). Erstaunlicherweise funktioniert dieses Verfahren auch noch
bei einem Kurzschluss auf der übertragenen Leitung, dann ist allerdings die Bandbreite begrenzt. Sie reicht aber aus, um binäre Schutzsignale, z. B. eine Schalterstellung,

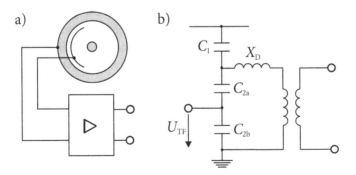

Abb. 2.22 Kapazitiver Spannungsteiler. **a** Integration in vollisolierten Schaltanlagen; **b** Kombination
mit einem kapazitiven Wandler; U_{TF}: Trägerfrequenzspannung. (Eigene Darstellung)

zwischen den Stationen zu übermitteln. Mit der Einführung der Glasfaserübertragung und anderer Kommunikationsmöglichkeiten verliert diese Technik jedoch an Bedeutung.

2.4.2 Stromwandler

Der Stromwandler ist ein kurzgeschlossener Transformator. Seine Primärwicklung besteht häufig aus einer einzigen Windung, z. B. einer Kupferschiene, während die Sekundärwicklung eine hohe Windungszahl hat. Dies bedeutet, dass bei Leerlauf die Hochspannung des Primärkreises auf eine noch höhere Spannung transformiert würde. In der Realität wird bei offener Sekundärwicklung an der Primärwicklung aber nur eine sehr kleine Spannung abfallen, die jedoch ausreicht, um den Eisenkern extrem zu sättigen. Es entstehen Remanenz, Eisenbrand in den lamellierten Kernblechen und Spannungsdurchschläge in der Sekundärwicklung. Die hohen Spannungen auf der Messleitung führen außerdem zur Personengefährdung.

▶   Stromwandler dürfen nie mit offenen Sekundärkreisen betrieben werden. Die Bürde, d. h. der Widerstand im Messkreis, darf einen zulässigen Wert nicht übersteigen.

Der Primärstrom bleibt unabhängig von der Schaltung der Sekundärwicklung konstant. Deshalb kann man in Abb. 2.3 bei vorgegebenem Strom I_1 die Streuimpedanz $R_1 + jX_{\sigma 1}$ vernachlässigen. Der Primärstrom teilt sich dann in den Sekundärstrom I_2' und den Strom I_h durch die Hauptinduktivität auf. Ist letztere sehr hochohmig, so gilt $I_2 = I_1(w_1/w_2)$. Werden nun der Strom I_2 oder die Bürdenimpedanz Z_B zu groß, steigt die Spannung an der Hauptreaktanz X_h bis zum Sättigungspunkt des Eisens an (Abb. 2.4). Dadurch sinkt der Wert der Hauptreaktanz X_h ab und ein großer Teil des Stromes I_1 fließt über X_h an der Bürde vorbei. Somit entstehen Messfehler.

Bei der Schaltung eines Stromwandlers entsprechend Abb. 2.23 wird die sekundäre Klemme S1 geerdet. Dies ist eine Maßnahme zum Personenschutz und führt gelegentlich zu Problemen mit der elektromagnetischen Beeinflussung (Abschn. 4.4.2). Denn vom Gesichtspunkt der Elektronik aus sollten Nachrichtenkabel nur einseitig und zudem am Knoten der Informationsverarbeitung geerdet werden. Ähnlich wie bei Spannungswandlern müssen auch bei Stromwandlern die Sekundärwicklungen für Messung, Schutz

Abb. 2.23 Stromwandler.
(Eigene Darstellung)

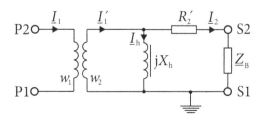

und Zählung getrennt sein. Darüber hinaus ist für jede Wicklung ein getrennter Eisenkern vorhanden, denn bei gemeinsamen Wicklungen auf einem Kern beeinflussen sich die Sekundärströme. So könnte eine zu große Bürde im Messkreis den Eisenkern in die Sättigung treiben und damit den Strom im Zählkreis verringern.

Strom- und Spannungswandler im Bereich der Energieübertragung sind technisch aufwändig, da das Messsignal häufig aus einem Kreis mit hoher Spannung ausgekoppelt werden muss. Bei Spannungswandlern ist deshalb – wie oben beschrieben – ein Trend in Richtung kapazitive Teiler mit anschließenden Verstärkern zu erkennen. Auch denkt man darüber nach, den Pockels-Effekt auszunutzen. Dieser besteht darin, dass piezoelektrische Kristalle ihren Brechungsindex proportional zum angelegten elektrischen Feld verändern.

Nicht-konventionelle Stromwandler sind bereits am Markt erhältlich. Bei ihnen wird polarisiertes Licht in einem Lichtleiter um den Primärleiter geführt. Das Magnetfeld verdreht aufgrund des Faraday-Effekts die Polarisationsebenen des Lichts in der Glasfaser. Durch ein Polarisationsfilter kommt nur die nichtverdrehte Komponente zum Messgerät. Deren Größe ist ein Maß für den Strom. Ein Problem bereitet immer noch der Einsatz von solchen Wandlern, weil sie nicht Nennströme von 1 A oder 5 A auf ihrer Sekundärseite ausgeben, sondern Kleinsignalspannungen von wenigen Volt.

Eine weitere Art von Stromwandlern ist die Rogowski-Spule. Sie besteht aus einer Luftspule ohne Eisenkern und weist so keine Sättigung auf. Die Spule ist über den ganzen Messbereich linear. Das Ausgangssignal ist eine Spannung, welche proportional zum Stromwert ist. Diese Spannung wird digital integriert und ergibt so ein dem gemessenen Strom äquivalentes Signal.

Ausgangsignale von nicht-konventionellen Wandlern sind meist nicht die Standardsignale wie man sie von konventionellen Wandlern – 1 A oder 5 A – gewohnt ist. Solche Signale sind aber für die Messeinrichtungen in einem Umspannwerk oder Schaltanlage nicht ohne weiteres zu gebrauchen und müssen erst umgewandelt werden.

Hier kann die Einführung der Kommunikationsnorm IEC 61850 (Abschn. 5.2.5) deutliche Vorteile bieten. Anstelle von konventionellen Wandlern messen sogenannte Merging Units die Spannungen und Ströme und speisen die Messergebnisse als digitalen Datenstrom (Sampled Values) in ein Datennetzwerk ein. Messgeräte und Schutzrelais sind an das Datennetzwerk angeschlossen und können die Daten digital lesen, ohne sie nochmals von analog nach digital wandeln zu müssen.

2.5 Grundprinzipien der rotierenden elektrischen Maschinen

Die bisher betrachteten Geräte sind statische Betriebsmittel. Nun sollen die rotierenden Maschinen behandelt werden [1, 2, 10]. Sie wandeln elektrische in mechanische Energie oder umgekehrt. Entsprechend der Leistungsrichtung spricht man von Motoren oder Generatoren. Ihr Aufbau ist bei den meisten Typen ähnlich. Größere Unterschiede bestehen zwischen Gleichstrom- und Wechsel- bzw. Drehstrommaschinen. Trotzdem haben auch diese viele Gemeinsamkeiten, weshalb in den meisten Lehrbüchern die Theorie der rotierenden Maschinen in einem einheitlichen Kapitel ausführlich behandelt wird. Hier soll dieser Teil kurz gehalten werden.

Die erste rotierende Maschine war ein Motor, der auf der Coulomb-Kraft, d. h. der Anziehung zwischen ungleichen elektrischen Ladungen, beruhte. Gordon baute 1773 einen Metallstern, der sich bei Entladungen drehte. Die Kombination zwischen Dauermagnet und Kupferwicklung, von Michael Faraday als magneto-elektrische Induktion bezeichnet, wurde 1823 vorgestellt. Obwohl die Geschichte der Maschinen mit dem elektrostatischen Motor begann, konnte sich dieses Prinzip nicht durchsetzen, denn die mit technischen Mitteln erreichbare magnetische Energiedichte liegt einige Zehnerpotenzen über der erreichbaren elektrostatischen Energiedichte. Trotzdem hat in jüngerer Zeit der elektrostatische Antrieb in mikroelektrischen Schaltungen Einzug gehalten. Hier sind wegen der extrem kleinen Abstände große Feldstärken und damit hohe elektrostatische Energiedichten möglich. Die in Ätztechnik hergestellten Motoren werden z. B. in der Medizintechnik eingesetzt.

Das Grundprinzip des Elektromotors beruht auf der Kraftwirkung zwischen zwei Magnetfeldern, wobei eines der beiden in seiner Polarität umgekehrt werden muss, um die Drehbewegung zu erreichen. Eine andere Darstellung geht von der Wechselwirkung zwischen einem Magnetfeld und einem stromdurchflossenen Leiter aus. Beide Betrachtungsweisen sind gleichwertig.

Um ein Magnetfeld mit wechselnden Richtungen zu erzeugen, ist ein Wechselstrom notwendig, der z. B. durch Umschaltungen aus einem Gleichstrom entsteht. Diesem Gedanken folgend gibt es keine Gleichstrommaschinen, sondern nur Wechselstrommaschinen. Der Faraday-Effekt soll an der Maschine in Abb. 2.24a erläutert werden. Ein zeitlich konstantes Magnetfeld, das von einem Dauermagneten oder einer Erreger- bzw. Feldwicklung aufgebaut wird, durchdringt eine sich drehende Wicklung, den Anker, den man auch Läufer bzw. Rotor nennt. In ihm wird eine Spannung induziert.

$$u = -w \cdot B \cdot 2l \cdot v = w \cdot B \cdot 2l \cdot \omega \cdot R \cdot \sin \omega t \tag{2.19}$$

Oder

$$u = -w \cdot \mathrm{d}\Phi/\mathrm{d}t = -w \cdot B \cdot 2\,R \cdot l \cdot \mathrm{d}(\cos \omega t)/\mathrm{d}t$$

Um in dem großen Luftspalt d eine nennenswerte Induktion B zu erzeugen, muss ein Magnet mit großer magnetischer Spannung ($V = H \cdot d$) eingesetzt werden. Mit einer kleineren magnetischen Spannung kommt man aus, wenn die rotierende Wicklung auf einem Eisenzylinder entsprechend Abb. 2.24b angeordnet ist ($V = H \cdot 2\delta$). Diese Maschine erzeugt eine nahezu rechteckförmige Wechselspannung. Die erzeugte Wechselspannung fällt im rotierenden Teil an und muss deshalb über Schleifringe zum stationären Teil übertragen werden.

Das beschriebene Generatorprinzip lässt sich auch umkehren. Eine Spannung an den Klemmen hat einen Strom zur Folge, der mit dem Magnetfeld eine Kraft und damit ein Drehmoment bildet. Die Maschine kann demnach als Motor oder Generator betrieben

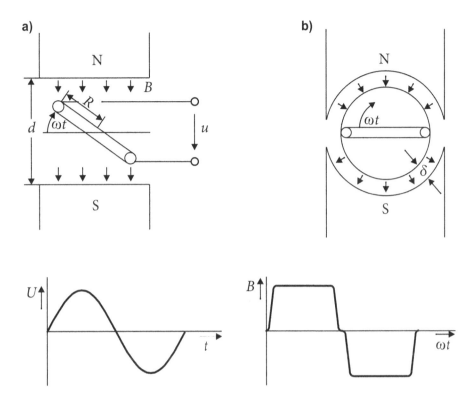

Abb. 2.24 Prinzip der elektrischen Maschine. **a** Anordnung mit Luftanker; **b** Anordnung mit Eisenanker. (Eigene Darstellung)

werden. Verbindet man die Klemmen von zwei derartigen Maschinen miteinander und treibt die eine an, so dreht sich die andere mit der gleichen Drehzahl, also synchron. Mechanische Energie wird dann in dem Generator in elektrische umgewandelt, durch die Leitungen übertragen und in Motoren wieder in mechanische Energie zurückgeführt. Eine solche Einrichtung bezeichnet man als elektrische Welle. Sie findet z. B. Anwendung bei dem Laufwerk eines Portalkrans, das gleiche Wege beim Fahren des Portals zurücklegen muss, um ein Verkanten der Konstruktion zu verhindern.

2.6   Gleichstrommaschinen

Die in Abb. 2.24 dargestellte Wechselstrommaschine wird zur Gleichstrommaschine, wenn die Klemmen im Takt der Umdrehungen umgepolt werden [11, 12, 13]. Diese Umpolung bzw. Kommutierung kann mechanisch oder elektrisch erfolgen. Nur bei mechanischer Umschaltung spricht man von einer Gleichstrommaschine. Obwohl die Bedeutung der Gleichstrommaschinen seit der ersten Auflage des Buches zurückgegangen ist und weiter zurückgeht, wird sie im Folgenden behandelt. Sie ist einfacher zu verstehen und an ihr sind die Vorgänge in den Wechselstrommaschinen besser zu erklären. Darüber hinaus gibt man den Drehzahlreglern der Wechselstrommaschinen mit Hilfe der Leistungselektronik ein Verhalten das der Gleichstrommaschine entspricht.

2.6.1 Aufbau der Gleichstrommaschine

Mit dem Vordringen der Leistungselektronik nimmt die Bedeutung der Gleichstrommaschine immer mehr ab (Marktanteil unter 2 %).

Die mechanische Umschaltung zur Umwandlung von Gleich- in Wechselspannung oder umgekehrt erfolgt in einem direkt auf der Welle angeordneten Kommutator bzw. Kollektor. Er besteht aus Kupferlamellen, die mit Glimmer gegeneinander isoliert sind. Abb. 2.25 zeigt den Kollektor einer 1150-kW-Maschine. Jedes Ende der Ankerwicklung ist mit einer dieser Lamellen verbunden. Fest angeordnete Stromabnehmer, die Bürsten, sind meist aus einem Kohlestoffgemisch gesintert. Die Kombination Kohle-Kupfer zeichnet sich durch geringe Funkenbildung bei der Kommutierung und ruhigen Lauf aus.

Es bietet sich an, nicht nur eine, sondern mehrere Wicklungen am Umfang des Eisenzylinders in Abb. 2.24b anzuordnen. Entsprechend besteht der Kollektor dann aus einer Vielzahl von Lamellen. Abb. 2.26 zeigt einen 9-teiligen Kollektor. Die Wicklung beginnt an der Lamelle 1 mit der Windung 1a, die durch die Nut 1 hin- und die Nut 6 zurückgeführt wird und an der Lamelle 2 endet. Von dort startet die Windung 2a, die über die Nuten 2 und 7 geführt wird und an der Lamelle 3 endet. Dies setzt sich fort bis zur Windung 9, die von Lamelle 9 nach 1 führt. Die Summe der Windungsspannung U_1 bis U_9 ist zwischen den beiden Bürsten A1 und A2 abzugreifen. Eine derartige Wicklung, in der die Spannungen der Teilwicklungen aufaddiert werden, nennt man Wellen- oder Reihenwicklung. Sie wird verwendet, wenn die Maschinenspannung in Bezug auf die Leistung groß ist. Analog hierzu lassen sich auch Schleifen- oder Parallelwicklungen bauen.

Von dem sich drehenden Kollektor geben immer andere Lamellen den Strom an die Bürsten A1 und A2 ab. Die Lage der Bürsten wird so gewählt, dass die maximal mögliche Spannung entsteht. In Abb. 2.26 führen gerade die Lamellen 6 und 1 mit 2 den Strom. Dabei schließt die Bürste A1 die Lamellen 1 und 2 und damit die Windung 1 kurz. Diese liegt zwischen den Polen, sodass in ihr keine Spannung erzeugt wird und im Idealfall kein Kurzschlussstrom fließt. Durch Verschieben der Bürsten gegenüber den Polen ist es möglich, die Spannung im Generatorbetrieb zu reduzieren oder die Drehzahl im Motorbetrieb zu beeinflussen. Die Bürsten kommen dann aber in eine Stellung, bei der zwischen kommutierenden Lamellen eine Spannung auftritt. Deshalb wird diese Regelungsmethode nicht mehr eingesetzt.

Die Maschinen in den Abb. 2.24 und 2.26 hatten zwei Pole, d. h. ein Polpaar ($p = 1$). Man kann aber auch vier- und mehrpolige Maschinen bauen (Abb. 2.27). Während einer Periode des Wechselstroms dreht sich der Läufer einer zweipoligen Maschine um 360°,

Abb. 2.25 Anker einer Gleichstrommaschine mit Kollektor und Bürsten 730 V; 1 150 kW; 168/210 min^{-1} (Lloyd Dynamowerke GmbH)

bei einer vierpoligen Maschine nur um 180°. Mehrpolige Maschinen benötigen selbstverständlich auch mehrere Bürsten. Die Bürstenpaare werden parallelgeschaltet und zu den Klemmen A1 und A2 geführt. Dadurch ist es möglich, mehr Strom in den Anker zu übertragen, der notwendig ist, um ein großes Drehmoment zu erzielen. Maschinen mit niedriger Drehzahl werden deshalb vorzugsweise hochpolig ausgelegt. Einen festen

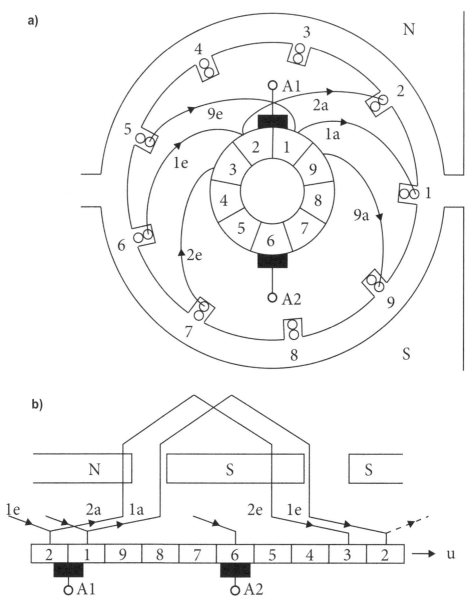

Abb. 2.26 Wicklung einer Gleichstrommaschine. **a** Querschnitt durch die Maschine; **b** Wicklungs-plan. (Eigene Darstellung)

Zusammenhang zwischen Polpaaren und Drehzahl – wie bei Drehstrommaschinen – gibt es bei den Gleichstrommaschinen jedoch nicht. Es ist sogar möglich, Gleichstrom-maschinen für Drehzahlen über 50 Hz (3000 min^{-1}) zu bauen.

Abb. 2.27 Schnittzeichnung einer vierpoligen Gleichstrommaschine. a: Ankerjoch; j: Joch; p: Pol mit Polschuh; δ: Luftspalt; z: Läuferzähne. (Eigene Darstellung)

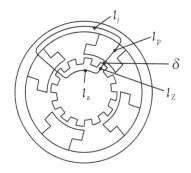

Die Schnittzeichnung in Abb. 2.27 zeigt den zylindrischen Läufer mit Zähnen, die zur Aufnahme der Wicklung gedacht sind. Da der Läufer von kommutiertem Gleichstrom, also Wechselstrom, durchflossen wird, muss sein Eisenkern ähnlich dem Transformatorkern aus gegeneinander isolierten Blechen aufgebaut werden, um die Wirbelströme klein zu halten. Das Magnetfeld wird durch eine Erreger- oder Feldwicklung erzeugt, die auf den Polen untergebracht ist. Die Polschuhe, die unmittelbar am Luftspalt dem Läufer gegenüberliegen, werden teilweise dessen Wechselfeld ausgesetzt. Bei großen Maschinen sind sie deshalb ebenso lamelliert wie der Läufer. Nach Abb. 2.27 schließt sich der magnetische Kreis über den Weg l_j, l_p, δ, l_z, l_a, l_z, δ, l_p. Insbesondere an den Zähnen ist der Eisenquerschnitt jedoch reduziert, sodass hier mit starken Sättigungserscheinungen zu rechnen ist.

Die Durchflutung zur Erzeugung der Luftspaltinduktion kann in den Polen mit einem kleinen Strom und vielen Windungen oder mit einem großen Strom und wenigen Windungen erzeugt werden. Liegt die Erregerwicklung E an einer hohen Spannung (fremderregt nach Abb. 2.28) oder parallel zum Anker A an der gleichen Spannung (Nebenschluss), so strebt man einen möglichst kleinen Strom und damit einen großen Feldwiderstand an, um Verluste zu vermeiden. Dies führt zu vielen Windungen mit dünnem Draht, die das erforderliche Magnetfeld aufbringen. Liegt die Erregerwicklung, die dann mit D bezeichnet wird, in Reihe zum Anker A (Reihenschlussmaschine), so ist ihr Strom vorgegeben. Man möchte nun einen möglichst geringen Spannungsabfall haben, der mit wenigen Windungen und dickem Draht erreicht wird.

Wie bei der Beschreibung der Wicklung in Abb. 2.26 erwähnt, werden die Windungen zeitweise durch die Bürsten kurzgeschlossen. Dabei kehrt der Windungsstrom seine Richtung um. Diese Stromänderungen erzeugen in der kurzgeschlossenen Windung eine Spannung $L \cdot di/dt$, die zu Bürstenfeuer führt. Um es zu unterdrücken, ordnet man in den Lücken zwischen den Hauptpolen Wendepole B an, deren Wicklung vom Ankerstrom durchflossen wird. Der Ankerstrom erzeugt auch ein Gegenfeld in den Polschuhen. Dieses verursacht eine Feldverzerrung, die zur Sättigung und damit zur Schwächung des Hauptfeldes führt. Kompensationswicklungen in den Polschuhen zur Unterdrückung dieses Ankerrückwirkungsfeldes werden bei großen Maschinen vorgesehen. Sie liegen ebenso wie die Wendepole in Reihe zum Anker [1].

Abb. 2.28 Fremderregter
Gleichstrommotor. (Eigene
Darstellung)

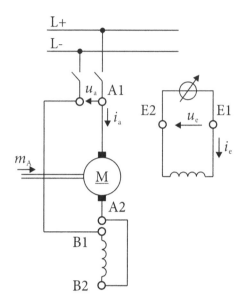

2.6.2 Modell der Gleichstrommaschine

Für das physikalische Modell der Gleichstrommaschine nach Abb. 2.24 lassen sich mit
der Vorzeichenfestlegung eines Motors nach Abb. 2.28 die Beschreibungsgleichungen
Gl. 2.20a–2.25a, Tab. 2.1, linke Spalte) aufstellen. Dabei wird anstelle des Flusses Φ
die Flussverkettung ψ eingeführt. Beide sind identisch, wenn alle Windungen einer
Wicklung von den gleichen Feldlinien durchdrungen werden. Dies ist allerdings insbesondere bei elektrischen Maschinen nicht der Fall, sodass stets mit der Flussverkettung
zu arbeiten ist. Für die Anschauung genügt jedoch die Vorstellung eines Flusses.

Durch die Sättigung des magnetischen Kreises ist der Zusammenhang Gl. 2.20a
zwischen Erregerstrom i_e und Erregerfeld ψ_e nichtlinear. Häufig wird er aber als linear
angenommen. Es ist dann möglich, die Erregerflussverkettung durch die Induktivität L_e und den Strom i_e zu ersetzen, sodass in den Beschreibungsgleichungen nur noch
Ströme und Spannungen auftreten. Die Erregerwicklung (Index e) und die Ankerwicklung (Index a) werden durch die Differenzialgleichungen Gl. 2.21a und 2.23a
beschrieben. Gl. 2.22a liefert die innere Ankerspannung e aus Drehzahl und Flussverkettung. Diese muss von der angelegten Ankerspannung u_a überwunden werden, wobei
entsprechend Gl. 2.23 noch zusätzlich der ohmsche und induktive Spannungsabfall an
der Ankerwicklung aufgebracht werden muss. Das Drehmoment in Gl. 2.24a bildet sich
aus Ankerstrom und Fluss bzw. Erregerstrom. Besteht eine Differenz zwischen dem
elektrischen Drehmoment m_{el} und dem Gegenmoment der Arbeitsmaschine m_A, so entsteht entsprechend Gl. 2.25a eine Beschleunigung, die durch das Trägheitsmoment J
bestimmt ist.

Die in den Gleichungen auftretenden Konstanten k lassen sich entsprechend
Abschn. 1.3.2 durch Einführung von Bezugsgrößen (Index b) eliminieren. Üblicherweise

werden die Bemessungswerte (Index r) als Bezugsgrößen gewählt [14]. Dies erweist sich bei der Gleichstrommaschine jedoch nicht immer als sinnvoll. Hier sind die üblichen Bezugswerte:

U_{eb}: **Bezugswert der Erregerspannung**. Er wird gleich dem Bemessungswert U_{er} gewählt. Liegt die Bemessungsspannung an dem Erregerwiderstand R_e an, so fließt der Bemessungsstrom I_{er}

ψ_{eb}: **Bezugswert der Erregerflussverkettung**. Er stellt sich ein, wenn die Spannung U_{eb} anliegt, und ist deshalb gleich ihrem Bemessungswert.

n_b: **Bezugsdrehzahl**. Sie ist gleich der Bemessungsdrehzahl n_r, die sich für die Bemessungsspannungen U_{ar}, U_{er} und das Bemessungsmoment M_{Ar} einstellt. Im Feldschwächbereich, der im nächsten Abschnitt erklärt wird, kann die Maschine eine höhere Drehzahl als n_b annehmen, für die sie auch ausgelegt sein muss.

ω_b: **Bemessungskreisfrequenz**. Für sie gilt $\omega_b = 2\pi\, n_b$

U_{ab}: **Bezugswert der Ankerspannung**. Sie stellt sich an den Klemmen der Ankerwicklung ein, wenn sich die Maschine im Leerlauf ($i_a = 0$) mit der Bezugsdrehzahl n_b dreht und die Erregerspannung U_{eb} anliegt. Der Spannungsabfall am Ankerwiderstand führt dazu, dass beim Motor die Bemessungsspannung U_{ar} etwas über der Bezugsspannung U_{ab} liegt.

Mit diesen Bezugsgrößen lassen sich die Originalgrößen auf bezogene Größen, die mit einem Strich gekennzeichnet werden, umrechnen (Gl. 2.26). Man erhält dann die in Tab. 2.2 angegebenen Gl. 2.20–2.25 der Gleichstrommaschine. In ihnen sind alle Größen außer der Zeit dimensionslos. Obwohl das gewählte Bezugssystem etwas unübersichtlich ist, lässt sich doch gut mit den bezogenen Größen arbeiten. Wird die Maschine im Bemessungspunkt betrieben, liegen fast alle Werte bei 1. Der Ankerstrom i_a' entspricht dann dem Spannungsabfall im Ankerwiderstand und ist entsprechend klein, z. B. $I_a' = 0{,}1$. Daraus liefert Gl. 2.23 für den stationären Zustand $\left(\mathrm{d}I_a'/\mathrm{d}t\right) = 0$; $U_a' = 1 + 0{,}1 = 1{,}1$. Die Anlaufzeitkonstante τ_A nach Gl. 2.26 ist eine reine Rechengröße, sie unterscheidet sich von der Hochlaufzeit t_H, die im Folgenden berechnet werden soll. Dabei wird angenommen, dass die Ankerzeitkonstante τ_a sehr klein ist ($\tau_a = 0$). An den Motor werden die Bemessungsspannungen angelegt ($U_e = 1$, $U_a = 1{,}1$). Das Antriebsmoment sei null ($m_A = 0$). Die Gl. 2.22–2.25 liefern dann:

$$e = I_e\,\omega = \omega$$

$$u_a = U_a = e + i_a = 1{,}1$$

$$m_{el} = i_a\,I_e = i_e = 1{,}1 - \omega = \tau_a \cdot \frac{\mathrm{d}\omega}{\mathrm{d}t}$$

$$\omega_\infty = 1{,}1$$

$$\omega = \omega_\infty\left(1 - \mathrm{e}^{-t/\tau_a}\right)$$

Tab. 2.2 Beschreibungsgleichungen der Gleichstrommaschine (Im stationären Motorbetrieb sind alle Größen positiv. Das Zeichen $\hat{=}$ gilt für den Fall ohne Eisensättigung.)

Originalgrößen		Bezogene Größen	
$\psi_e = f(i_e) \hat{=} L_e\, i_e$	Gl. 2.20a	$\psi_e' = f'(i_e') \hat{=} i_e'$	Gl. 2.20
$u_e = R_e\, i_e + \dfrac{d\psi_e}{dt} \hat{=} R_e\, i_e + L_e \dfrac{di_e}{dt}$	Gl. 2.21a	$u_e' = i_e' + \tau_e \dfrac{d\psi_e'}{dt} \hat{=} i_e' + \tau_e \dfrac{di_e'}{dt}$	Gl. 2.21
$e = k_1\, \omega\, \psi_e \hat{=} k_2\, \omega\, i_e$	Gl. 2.22a	$e' = \omega'\, \psi_e' \hat{=} \omega'\, i_e'$	Gl. 2.22
$u_a = e + R_a\, i_a + L_a \dfrac{di_a}{dt}$	Gl. 2.23a	$u_a' = e' + i_a' + \tau_a \dfrac{di_a'}{dt}$	Gl. 2.23
$m_{el} = k_3\, i_a\, \psi_e \hat{=} k_4\, i_a\, i_e$	Gl. 2.24a	$m_{el}' = i_a'\, \psi_e' \hat{=} i_a'\, i_e'$	Gl. 2.24
$J \dfrac{d\omega}{dt} = m_{el} - m_A$	Gl. 2.25a	$\tau_A \dfrac{d\omega'}{dt} = m_{el}' - m_A'$	Gl. 2.25
Bezugsgrößen			
$u_e' = \dfrac{u_e}{u_{eb}}$	$\psi_e' = \dfrac{\psi_e}{\psi_{eb}}$	$\omega_b = 2\pi\, n_r$	Gl. 2.26
$i_e' = \dfrac{i_e}{i_{eb}} = \dfrac{i_e}{U_{eb}/R_e}$	$\psi_{eb} = \tau_e\, U_{eb}$	$\omega' = \dfrac{\omega}{\omega_b} = n' = \dfrac{n}{n_b}$	
$u_a' = \dfrac{u_a}{u_{ab}}$	$m_{el}' = \dfrac{m_{el}}{M_b}$	$\tau_A = J \dfrac{\omega_b}{M_b}$	
$i_a' = \dfrac{i_a}{i_{ab}} = \dfrac{i_a}{U_{ab}/R_a}$	$m_A' = \dfrac{m_A}{M_b}$	$\tau_e = \dfrac{L_e}{R_e}$	
	$M_b = \dfrac{U_{ab} \cdot I_{ab}}{\omega_b}$	$\tau_a = \dfrac{L_a}{R_a}$	
Bemessungspunkte (Beispiel $I_a' = 0,1$):			
$\omega' = n' = U_e' = I_e' = E' = 1$	$I_a' = M_{el}' = M_A' = 0,1$	$U_a' = 1 + I_a' = 1,1$	

$$1 = \omega_\infty \left(1 - e^{-t_H/\tau_a}\right)$$

$$t_H = -\tau_a \ln\left(1 - 1/\omega_\infty\right) = 2,4\,\tau_a \tag{2.27}$$

Die Verknüpfung der einzelnen Gleichungen geht aus Blockschaltbild Abb. 2.29 hervor. Hier sind jedoch – wie im Folgenden – die Striche zur Kennzeichnung der bezogenen Größen wieder weggelassen. Die bezogenen Größen liegen für alle Bauleistungen in der gleichen Größenordnung. Dabei ist es jedoch wichtig zu wissen, dass wie oben erwähnt im Bemessungspunkt nicht alle Größen den Wert 1 annehmen. Von besonderer Bedeutung für die Dynamik der Maschine ist die Anlaufzeitkonstante τ_A. Sie wird benötigt, um die Maschine mit dem Bezugsmoment, vom Stillstand auf die Bemessungsdrehzahl zu beschleunigen. Dabei wird das Gegenmoment der angetriebenen Maschine zu 0 angesetzt. Die Anwendung dieses Modells auf regelungstechnische Probleme wird in [12, 13, 14] gezeigt.

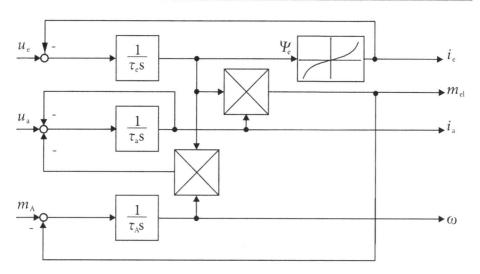

Abb. 2.29 Blockschaltplan der fremderregten Gleichstrommaschine. Vorzeichen der Zustandsgröße im Motorbetrieb positiv. (Eigene Darstellung)

Beispiel 2.4: Ermittlung von p.u.-Werten

Aus den gegebenen Motordaten sollen die p.u.-Größen bestimmt werden, sodass Simulationsrechnungen mit dem Blockschaltplan in Abb. 2.29 möglich sind

$$P_r = 30 \text{ kW} \quad U_{er} = 200 \text{ V} \quad U_{ar} = 250 \text{ V} \quad \eta = 86 \text{ \%} \quad n_r = 1000 \text{ min}^{-1}$$

$$P_{ve} = 600 \text{ W} \quad L_e = 10 \text{ H} \quad L_a = 0{,}004 \text{ H} \quad J = 2 \text{ Nms}^2$$

Zunächst werden die Größen der Erregerwicklung bestimmt

$$I_{er} = P_{ve}/U_{er} = 600 \text{ W}/200 \text{ V} = 3 \text{ A}$$

$$R_e = U_{er}/I_{er} = 200 \text{ V}/3 \text{ A} = 67 \ \Omega$$

$$\tau_e = L_e/R_e = 10 \text{ H}/67 \ \Omega = 0{,}15 \text{ s}$$

Für den Ankerkreis ergibt sich aus der zugeführten Leistung P_r/η und den Verlusten in der Erregerwicklung P_{ve}

$$P_{va} = P_r/\eta - P_r - P_{ve} = 30 \text{ kW}/0{,}86 - 30 \text{ kW} - 600 \text{ W} = 4280 \text{ W}$$

$$I_{ar} = (P_r/\eta - P_{ve})/U_{ar} = (30 \text{ kW}/0{,}86 - 600 \text{ W})/250 \text{ V} = 137 \text{ A}$$

$$R_a = P_{va}/I_{ar}^2 = 4280 \text{ W}/137^2 \text{ A}^2 = 0{,}228 \ \Omega$$

$$\tau_a = L_a/R_a = 0{,}004 \text{ H}/0{,}228 \ \Omega = 0{,}018 \text{ s}$$

$$M_r = \frac{P_r}{\omega_r} = \frac{30 \text{ kW}}{2 \cdot \pi \cdot 1000/60 \text{ min}} = 286 \text{ Nm}$$

Als Bezugsgrößen folgen daraus

$$I_{eb} = I_{er} = 3 \text{ A} \quad U_{eb} = U_{er} = 200 \text{ V}$$

$$U_{ab} = U_{ar} - R_a \cdot I_{ar} = 250 \text{ V} - 0{,}228 \ \Omega \cdot 137 \text{ A} = 219 \text{ V}$$

$$I_{ab} = U_{ab}/R_a = 219 \text{ V}/0{,}228 \ \Omega = 960 \text{ A}$$

$$\omega_b = 2\pi n_r = 2\pi \cdot 1000/60 \text{ min} = 105 \text{ s}^{-1}$$

$$M_b = \frac{U_{ab} \cdot I_{ab}}{\omega_b} = \frac{219 \text{ V} \cdot 960 \text{ A}}{105 \text{ s}^{-1}} = 2000 \text{ Nm}$$

$$\tau_a = \frac{J\omega_b}{M_b} = \frac{2 \text{ Nms}^2 \cdot 105 \text{ s}^{-1}}{2000 \text{ Nm}} = 0{,}105 \text{ s}$$

Bei Vernachlässigung der Sättigung wird die nichtlineare Kennlinie in Abb. 2.29 zu $i_e = \psi_e$. Für den Bemessungspunkt erhält man

$$U'_e = I'_e = 1 \quad \omega' = 105 \text{ s}^{-1}$$

$$U'_a = U_{ar}/U_{ab} = 250 \text{ V}/219 \text{ V} = 1{,}14$$

$$I'_a = I_{ar}/I_{ab} = 137 \text{ A}/960 \text{ A} = 0{,}14$$

$$M'_a = M_r/M_b = 286 \text{ Nm}/2000 \text{ Nm} = 0{,}14 \blacktriangleleft$$

2.6.3 Kennlinien der Gleichstrommaschine

Für den stationären Betrieb vereinfachen sich die Beschreibungsgleichungen Gl. 2.20–2.25.

$$U_e = I_e$$

$$E = \omega I_e = n I_e$$

$$U_a = E + I_a$$

$$M = M_A = M_{el} = I_a \, I_e \tag{2.28}$$

Daraus folgt:

$$U_a = nI_e + I_a = nI_e + M/I_e \qquad (2.29)$$

$$n = \frac{U_a - M/I_e}{I_e}$$

Zur anschaulichen Darstellung kann man eine Zustandsgröße als Funktion einer zweiten grafisch auftragen, wobei eine dritte Zustandsgröße als Parameter zu Kurvenscharen führt. Von besonderer Bedeutung sind die Lastkennlinien und Steuerkennlinien. Für den Generator wird dabei die Klemmenspannung U_a als Funktion des Laststroms I_a bzw. des Erregerstroms I_e dargestellt (Gl. 2.29). Dabei ergeben sich im Normalbetrieb negative Ströme und Drehmomente. Im Gegensatz hierzu ist in Abb. 2.30 der Strom so orientiert, dass er im Generatorbetrieb positiv wird.

Die Klemmenspannung sinkt durch den Spannungsabfall am Ankerwiderstand ab. Beim Bemessungsstrom erreicht der Spannungsabfall einen Wert, der gleich dem

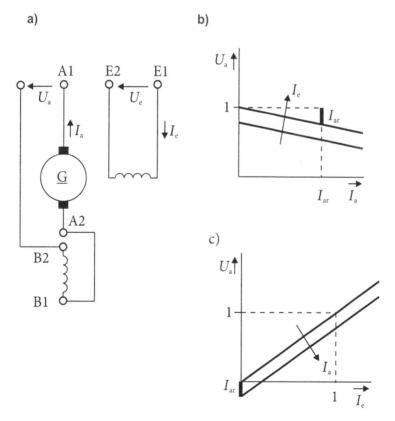

Abb. 2.30 Fremderregter Generator. **a** Schaltplan; **b** Lastkennlinie; **c** Steuerkennlinie. (Eigene Darstellung)

Bemessungsstrom I_{ar} ist, wenn in bezogenen dimensionslosen Größen gearbeitet wird. Die Spannung U_a ist mithilfe des Erregerstroms I_e zu steuern. Die Drehzahl der Antriebsmaschine wird im Generatorbetrieb als konstant angenommen.

Im Motorbetrieb Abb. 2.31a ist die Drehzahl von zentraler Bedeutung. Sie sinkt entsprechend Gl. 2.29 und Abb. 2.31b bei zunehmender Last ab und lässt sich mit der Ankerspannung und dem Erregerstrom steuern. Eine Erhöhung der Ankerspannung (Abb. 2.31c) führt zu einem größeren Ankerstrom, einem größeren Drehmoment und somit einer höheren Drehzahl. Die Erhöhung des Erregerstroms hat ein größeres Erregerfeld und entsprechend Gl. 2.29 eine niedrigere Drehzahl zur Folge (Abb. 2.31d).

Durch Schwächung des Feldes kann also die Drehzahl gesteigert werden. Dies ist jedoch mit einer Reduktion des Drehmoments verbunden. Im unteren Drehzahlbereich wird die Ankerspannung zur Steuerung eingesetzt, weil sonst der Feldstrom über dem Bemessungswert liegen müsste. Erst wenn die Ankerspannung ihren Bemessungswert erreicht hat, steigert man die Drehzahl durch Feldschwächung. Dies ist in Abb. 2.31e

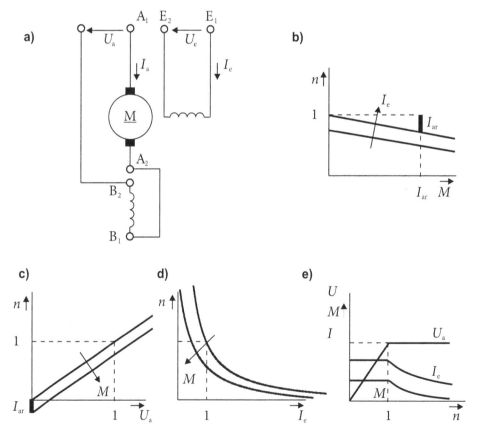

Abb. 2.31 Fremderregter Motor. **a** Schaltplan; **b** Lastkennlinie; **c** Steuerkennlinie; **d** Steuerkennlinie im Feldschwächbereich; **e** Verlauf der Steuergrößen. (Eigene Darstellung)

dargestellt. Eine Steuerung der Ankerspannung hat im dynamischen Bereich einen weiteren Vorteil. Die Ankerzeitkonstante τ_a ist mit 20 ms geringer als die Erregerzeitkonstante τ_e mit ca. 200 ms, sodass sich durch den Einsatz eines PID-Reglers Stellzeiten von einigen ms erreichen lassen.

Bei der Beschreibung des Gleichstromgenerators wurde von einer getrennten Versorgung der Erregerwicklung ausgegangen. Will man sie von den Ankerklemmen der Maschine selbst speisen, ist zu beachten, dass beim Anfahren zunächst nur eine kleine Spannung zur Verfügung steht, die durch Remanenz erzeugt wird. Der Erregerkreis muss dabei so ausgelegt werden, dass die Remanenzspannung ausreicht, um einen Erregerstrom zu ermöglichen, der die Spannung wiederum steigert, bis sich bei der Betriebsspannung ein stabiler Punkt einstellt. Dieser Selbstverstärkungseffekt wurde von Werner von Siemens 1866 als dynamoelektrisches Prinzip veröffentlicht und war Voraussetzung für den Bau großer Generatoren. Im Gegensatz zur fremderregten Maschine werden die Maschinen mit klemmengespeister Erregerwicklung als Nebenschlussmaschinen bezeichnet. In Analogie hierzu gibt es auch Reihenschlussmaschinen, bei denen entsprechend Abb. 2.32 die Feldwicklung in Reihe zum Anker liegt. Diese Schaltung hat im

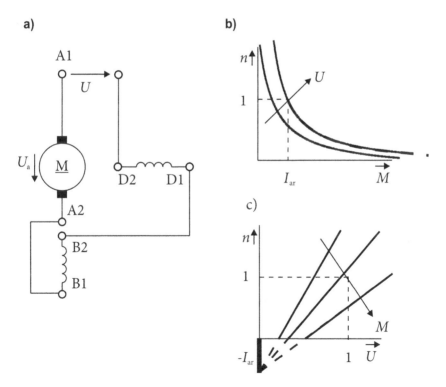

Abb. 2.32 Reihenschlussmotor. **a** Schaltplan; **b** Lastkennlinie; **c** Steuerkennlinie. (Eigene Darstellung)

Motorbetrieb den Vorteil, dass das Drehmoment quadratisch mit dem Strom wächst und so beispielsweise ein Fahrzeug mit hohem Drehmoment anfährt.

Eine Mischung zwischen Neben- und Reihenschlussmaschine stellt die Doppel-schlussmaschine dar, die eine Reihen- und eine Nebenschluss-Erregerwicklung besitzt. Wird die Reihenschlusswicklung gerade so ausgelegt, dass sie das Feld entsprechend dem Spannungsabfall $R_a \cdot I_a$ korrigiert, hängt die Spannung des Generators nicht mehr vom Laststrom ab. Beim Motor wird so die Drehzahl vom Lastmoment unabhängig. Man spricht hier von Compoundierung. Durch Gegencompoundierung ist es möglich, einen Motor „weicher" zu machen, sodass er bei Lastsprüngen in der Drehzahl nachgibt.

2.6.4 Sonderbauformen der Gleichstrommaschine

Die Ansteuerung der Gleichstrommaschine erfolgt heute nahezu ausschließlich über leistungselektronische Schaltungen. Während die Generatoren fast vollständig durch netzgespeiste statische Stromrichter abgelöst wurden, kommt den fremderregten Motoren wegen der idealen Regeleigenschaften und ihrer Laufruhe noch eine größere Bedeutung zu. Maschinen mit mehreren Ankerwicklungen und Bürstensätzen wurden gebaut, um spezielle Kennlinien zu erzeugen und die Steuerleistung gering zu halten.

Wird ein Gleichstrommotor, z. B. im Reihenschluss, an eine niederfrequente Wechsel-spannung gelegt, ändern sich im Takt der Spannung der Ankerstrom und das Feld; das Drehmoment behält seine Richtung bei

$$m(t) = k\,I_a(t)I_e(t) = k_1\,\hat{i}_a^2 \sin^2\omega t = k_1\,\hat{i}_a^2/2(1 - \cos 2\omega t) \tag{2.30}$$

Der doppelfrequente Momentenanteil muss von der rotierenden Masse des Ankers ausgeglichen werden, sodass er sich in der Drehzahl nicht bemerkbar macht. Solche Wechselstromkommutatormaschinen unterscheiden sich von der Gleichstrommaschine in der Konstruktion des Eisenkreises, der zur Reduktion der Wirbelstromverluste auch im Bereich der Pole aus lamellierten Blechen aufgebaut werden muss. Man verwendet derartige Antriebe bei Haushaltgeräten und Elektrowerkzeugen, wie Staubsauger, Haar-trockner und Bohrmaschine, sowie als Bahnmotoren (Abschn. 2.10.1). Der Umsatz von Kleinmaschinen (zu denen auch die kleinen Asynchronmotoren gehören) z. B. in Haus-haltsgeräten, ist etwa genauso groß wie der von Großmaschinen.

Vorteilhaft sind hier das große Anzugsmoment und die hohe Drehzahl, die im Gegensatz zu den Drehfeldmaschinen (Abschn. 2.7) bei über 3000 min^{-1} liegen kann. Das Wechsel-feld erzeugt in den durch die Bürsten kurzgeschlossenen Spulen frequenzproportionale Spannungen, die am Kommutator zu Bürstenfeuer führen. Dadurch wird die Bauleistung der Wechselstromkommutatormaschinen begrenzt. Um Bahnantriebe mit dieser Technik noch realisieren zu können, wurde die Frequenz der Spannung des deutschen Bahnnetzes auf 16 2/3 Hz festgelegt, sodass es getrennt vom öffentlichen Netz aufgebaut werden musste und eine Kopplung nur über Umformer möglich ist. Früher bestand dieser aus einem, 6-poligen Drehstrommotor und einem 2-poligen Wechselstromgenerator. Heute verwendet man leistungselektronische Umformer. Dies ist der Fluch der früh eingeführten Elektrifizierung in Deutschland, denn heute sind die Bahnmotoren stromrichtergespeiste Drehstrommotoren. Sie können aus dem öffentlichen 50- bzw. 60-Hz-Netz gespeist werden. Einen Vorteil hat die niedrigere Frequenz aber noch. Die induktiven Spannungsabfälle auf dem Fahrdraht sind wegen der niedrigen Frequenz kleiner.

Bei dem beschriebenen Reihenschlussmotor handelt es sich um eine Wechselstrommaschine. Sie wurde in diesem Kapitel behandelt, da sie in ihrer Wirkungsweise der Gleichstrommaschine sehr ähnlich ist.

2.6.5 Gleichstromantriebe

Unter einem Antrieb versteht man den Motor, den meist leistungselektronischen Steller und den Regler als Einheit. Er ist häufig auf spezielle Arbeitsmaschinen und damit Antriebsaufgaben zugeschnitten. Gleichstromantriebe setzt man heute nur noch für anspruchsvolle Regelaufgaben ein. Aber auch in diesem Marktsegment werden sie zunehmend von Drehstrommaschinen abgelöst. Trotz der zurückgehenden Bedeutung soll das Regelkonzept der Gleichstrommaschine etwas ausführlicher erläutert werden, denn es ist typisch für die gesamte Antriebstechnik und einfacher zu verstehen als die Regelung der Drehstrommaschine (Abschn. 2.8.4).

Abb. 2.33 zeigt das Beispiel der Niveauregelung eines Oberwasserbeckens mit Hilfe eines thyristorgespeisten Gleichstrommotors und einer Pumpe. Der Pegelstand h wird von einem Sensor erfasst und dem Regler R zugeführt. Nach dem Vergleich mit der Führungsgröße h_w bildet das Steuergerät S die Zündimpulse, die über den Transistorbzw. Thyristorsatz die Ankerspannung u_a festlegen. Bei einer großen Abweichung zwischen Istwert h und Führungsgröße h_w sorgt eine große Spannung u_a für eine hohe Drehzahl und damit eine große Förderleistung $\dot{Q}$ der Pumpe. Erreicht die Regelgröße ihren Führungswert, wird die Spannung null und die Pumpe bleibt stehen. Gegebenenfalls kann durch den Übergang in den Wechselrichterbetrieb die Drehrichtung des Motors und damit die Leistungsrichtung umgekehrt werden. In diesem Fall wirkt die Pumpe als Turbine und der Motor als Generator. Der Niveauregelkreis in Abb. 2.33 wird i. Allg. durch eine Reglerkaskade realisiert. Hierzu baut man einen Drehzahlregelkreis mit dem Regler R_n auf, dessen Dynamik nur durch Motor, Pumpe und Stromrichter bestimmt ist, und überlagert diesem den Niveauregelkreis mit dem Regler R_h, der der Hydraulik Rechnung trägt und den Drehzahlsollwert n_w vorgibt (Abb. 2.33b) [11].

Der leistungselektronische Anteil des Antriebs wird in Abschn. 3.2.2.1 beschrieben. Für die Dynamik des Regelkreises kann i. Allg. angenommen werden, dass ein Sprung am Eingang des Steuergeräts zu einem Sprung in der Motorspannung führt. Bei genauer Modellierung werden Verzögerungs- bzw. Totzeiten von 3–5 ms angesetzt. Der Motor lässt sich durch das Blockschaltbild Abb. 2.29 oder die Gl. 2.20–2.25 beschreiben. Eingangsgrößen sind die Spannungen u_a und u_e sowie das Drehmoment der Arbeitsmaschine m_A. Ausgangsgröße ist die Drehzahl n bzw. die Kreisfrequenz ω (Abb. 2.34).

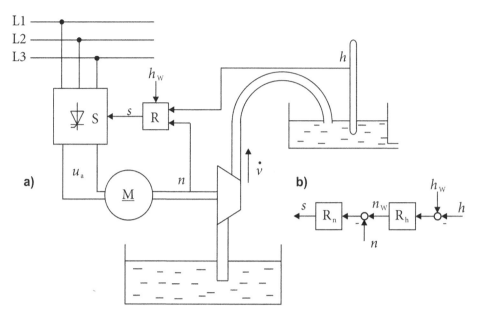

Abb. 2.33 Antriebsaufgabe. **a** Geräteschaltbild; **b** Kaskadenregler. (Eigene Darstellung)

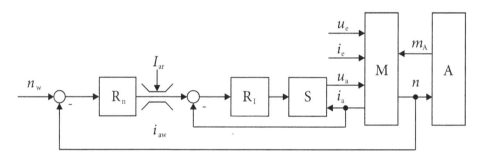

Abb. 2.34 Drehzahlregelkreis mit unterlagerter Stromregelung. R_n: Drehzahlregler; R_I: Strom-regler; S: Steller; M: Motor; A: Arbeitsmaschine. (Eigene Darstellung)

Beschränkt man sich auf die Stellung der Ankerspannung und hält das Feld auf seinem Bemessungswert, so lässt sich für $u_e = i_e = \psi_e = 1$ aus den Gl. 2.20–2.25 die Übertragungsfunktion des Motors ableiten.

$$n = \frac{U_a - (1 + \tau_a s)\, m_A}{1 + \tau_A s + \tau_A \tau_a s^2} \tag{2.31}$$

Dieses System ist für kleine Anlaufzeitkonstanten τ_a schwingungsfähig.

$$\tau_A < 4\,\tau_a \tag{2.32}$$

Da in der Anlaufzeitkonstanten die rotierenden Massen von Motor und Arbeitsmaschine zusammengefasst sind und die Ankerzeitkonstante τ_a klein ist, wird die Bedingung (2.32) nur selten erfüllt. Für einfache Betrachtungen kann die kleine Ankerzeitkonstante τ_a vernachlässigt werden. Gl. 2.31 vereinfacht sich dann zu

$$n = \frac{U_a - m_A}{1 + \tau_A s} \qquad (2.33)$$

Um die Drehzahl n der Führungsgröße n_w folgen zu lassen, verändert der Regler die Ankerspannung oder im Feldschwächbereich die Erregerspannung. Ein Regelkreis für die Ankerspannung ist in Abb. 2.34 dargestellt. Er besteht aus einem PID-Regler R_n, der die Führungsgröße für einen unterlagerten Ankerstromregelkreis vorgibt. Durch Begrenzung des Reglerausgangs i_{aw} ist es möglich, den Ankerstrom im Bemessungsbereich zu halten und so eine Überlastung zu vermeiden. Der Ausgang des Stromreglers R_I führt zu dem Steuergerät des Leistungsstellers S, der die Ankerspannung u_a an den Motorklemmen erzeugt. Auf der mechanischen Seite tritt der Motor mit der Arbeitsmaschine in Wechselwirkung, wobei er systemtheoretisch die Drehzahl vorgibt und mit dem Drehmoment belastet wird. Die Arbeitsmaschine ist dann mathematisch durch ihre Drehzahl am Eingang und ihr Drehmoment am Ausgang zu beschreiben, wobei die rotierenden Massen und damit die Bewegungsgleichung im Motormodell mit enthalten sind [11].

Das dynamische Verhalten des Drehzahlregelkreises ist in Abb. 2.35 dargestellt. Ein Sprung in der Drehzahlführungsgröße n_w führt zu einer Drehzahlabweichung. Die

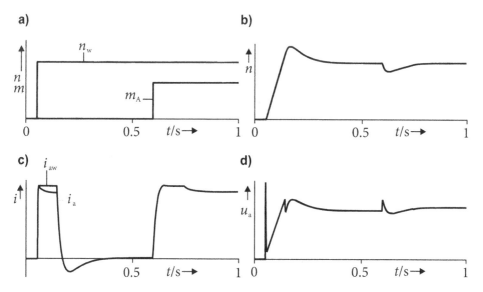

Abb. 2.35 Zeitfunktionen *(t)* bei einem Führungsgrößen- und Lastsprung. **a** Drehzahlsollwert n_w und Drehmoment m_a; **b** Drehzahl n; **c** Ankerstrom i_a; **d** Ankerspannung u_a. (Eigene Darstellung)

Ankerspannung u_a steigt sofort auf ihren Maximalwert und zieht den Ankerstrom i_a rasch nach. Ist der zulässige Grenzstrom I_{ar} erreicht, wird die Spannung u_a sofort zurückgenommen. Danach steigt sie wieder an, um die drehzahlproportionale innere Spannung des Motors zu kompensieren. Bei genügend hoher Drehzahl verlässt der Stromsollwert seinen Anschlag. Nun verhält sich der Regelkreis linear. Nachdem die Drehzahl ihren vorgegebenen Wert erreicht hat, tritt in Abb. 2.35 ein Drehmomentensprung auf. Der dadurch hervorgerufene Drehzahleinbruch wird nach kurzer Zeit ausgeregelt. Der Regelkreis ist so eingestellt, dass die Drehzahl überschwingt. Dies kann in der angetriebenen Maschine zu Problemen, z. B. einem Flattern der Zahnräder, führen.

2.7   Synchronmaschinen

Zur Erklärung der rotierenden elektrischen Maschinen wurde in Abb. 2.24 bereits eine Synchronmaschine verwendet. Wird ihr Läufer mit der Frequenz f gedreht, so erzeugt sie als Generator in der Wicklung eine Spannung mit der gleichen Frequenz f. Legt man umgekehrt eine Spannung mit der Frequenz f an die Wicklung, so dreht sich die Maschine als Motor mit der Drehzahl n. Bei der Netzfrequenz $f = 50$ Hz ergibt sich damit die Drehzahl

$$n = 50 \text{ s}^{-1} = 3000 \text{ min}^{-1}$$

Eine höhere Drehzahl als die Netzfrequenz ist bei Synchronmaschinen nicht möglich. Ordnet man jedoch nicht ein Polpaar, sondern $p = 2$ Polpaare am Umfang an, so wird während einer vollen Periode der Netzspannung nur eine halbe Umdrehung erreicht. Es gilt

$$n = f/p \tag{2.34}$$

Die Darstellung in Abb. 2.24 zeigt eine Außenpolmaschine, bei der die gesamte elektrische Energie von der rotierenden Wicklung über Schleifringe mit Bürsten auf den ruhenden Teil übertragen werden muss. Diese Technik ist aufwändig, störanfällig und bei Leistungen ab 20 MW kaum zu realisieren. Üblicherweise verwendet man deshalb Innenpolmaschinen, bei denen lediglich die Erregerleistung von Schleifringen übertragen werden muss. Die Ankerwicklung, in der die gesamte Maschinenleistung umgesetzt wird, ist dann im Ständer untergebracht. Derartige Wechselspannungsgeneratoren werden z. B. zur Bahnstromversorgung eingesetzt. Ordnet man im Ständer drei räumlich um 120° versetzte Wicklungen an, so ergibt sich ein Drehstromsystem, wie es bereits in Abschn. 1.2.1 beschrieben wurde. Derartige Drehstrommaschinen übernehmen als Generatoren nahezu die gesamte Stromversorgung.

Als Motoren werden sie im oberen Leistungsbereich ab 10 MW eingesetzt. Synchronmotoren kleiner Leistung von einigen Watt und weniger finden auch in Uhren Verwendung, welche die Konstanz der Netzfrequenz zur Zeitmessung ausnutzen. Im Leistungsbereich bis zu einigen kW gewinnen die Synchronmotoren mit Permanentmagnetpolen als Elektronikmaschine zunehmend an Bedeutung (Abschn. 2.9.4). Die ersten Drehstrom-Synchrongeneratoren wurden 1887 gebaut. 1891 erreichten solche Generatoren eine Leistung von 200 kW. 1955 betrug die größte Leistung 150 MVA. Heute gibt es 1600-MVA-Maschinen. Als Bemessungsleistung wird die Scheinleistung gewählt, weil Strom und Spannung die für die Beanspruchung maßgebenden Größen sind. Die Wirkleistung ist lediglich für die mechanische Belastung der Welle von Interesse.

2.7.1 Aufbau der Synchronmaschine

Kennzeichnend für die Synchronmaschine sind – wie beschrieben – ein zeitlich konstantes Magnetfeld und in der Regel drei Wechselstrom-Wicklungen. Das Magnetfeld wird bei Maschinen großer Leistung durch eine Erregerwicklung erzeugt, die bei den Innenpolmaschinen auf dem Läufer untergebracht ist. Dabei unterscheidet man Schenkelpolläufer mit ausgeprägten Polen und Volltrommelläufer bzw. Turboläufer, die zur Aufnahme der Erregerwicklung Nuten erhalten (Abb. 2.36 und 2.37). Bei mehrpoligen Maschinen erstreckt sich ein Pol nur über einen Bruchteil des Umfangs, sodass sich konstruktiv die Schenkelpolform anbietet. Für Maschinen mit bis zu zwei Polpaaren eignet sich hingegen der Volltrommelläufer (Turboläufer) besser. Die Bauform des Läufers ist damit von der Drehzahl der Antriebsmaschine abhängig.

Die Optimierung von Dampf- und Gasturbinen führt zu hohen Drehzahlen. Somit liegt die optimale Drehzahl der Turbosätze bei 3000 min^{-1}. Die Drehzahl von Wasserkraftmaschinen wird wesentlich durch die Fallhöhe bestimmt und liegt i. Allg. unter 500 min^{-1} (Abschn. 7.3.2). Daraus ergibt sich:

▶ Schenkelpolmaschinen mit hohen Polpaarzahlen werden in Wasserkraftwerken und Turbogeneratoren mit niedrigen Polpaarzahlen werden in Dampfkraftwerken eingesetzt.

Die in Abb. 2.24a skizzierte Maschine gibt eine sinusförmige Spannung ab, zeichnet sich aber durch einen sehr großen Luftspalt und damit einen hohen Erregeraufwand aus. Bei den Lösungen in Abb. 2.24b und 2.36 lässt sich der Luftspalt minimieren, die Spannung wird jedoch rechteckförmig. Um die gewünschte sinusförmige Spannung zu erhalten, muss der Flussverlauf ψ im Luftspalt sinusförmig sein (u = dψ/dt). Dies ist bei der Schenkelpolmaschine durch eine Abflachung der Pole zu den Rändern hin erreichbar, wie Abb. 2.36a zeigt. Beim Turboläufer (Abb. 2.36b und 2.37b) muss die Erregerwicklung in ihrer Verteilung auf die Nuten so gestaltet werden, dass ein sinusförmiges Feld entsteht. Wegen der Nutung ist jedoch nur eine treppenförmige Annäherung möglich, die Oberschwingungen in der Spannung zur Folge haben.

Die Maschinen in Abb. 2.36 bestehen aus den drei Ständerwicklungen U, V, W, deren Enden 1 und 2 herausgeführt sind, sowie der Erregerwicklung E, die auf dem

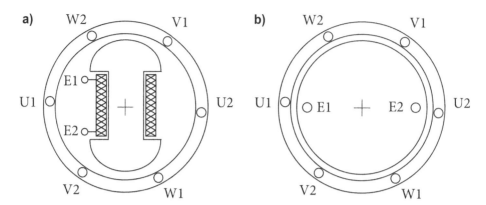

Abb. 2.36 Synchronmaschine. **a** Schenkelpolläufer; **b** Turboläufer. (Eigene Darstellung)

Läufer untergebracht ist. Im Gegensatz zu Abb. 2.24 handelt es sich hierbei um eine Innenpolmaschine, deren Wicklungen U, V, W um 120° versetzte Spannungen erzeugen.

Die Wicklung im Ständer erstreckt sich bei einer zweipoligen Maschine auf 180°. Dadurch wird die maximal mögliche Spannung erzeugt. Bei einer realen Maschine ist die Wicklung aus mehreren Windungen zusammengesetzt, die über verschiedene Nuten verteilt liegen. So entstehen in den Windungen Spannungen, die zueinander phasenverschoben sind und sich geometrisch zu der Wicklungsspannung addieren. Außerdem werden die Wicklungen häufig nicht über eine ganze Polteilung geführt, um die oben erwähnten Nutoberwellen zu kompensieren. Diese Sehnung bewirkt eine weitere Reduktion der realen gegenüber der theoretisch möglichen Spannung.

Die Nutung in Ständer und Läufer verringert den Eisenquerschnitt in den „Zähnen", die eine Schwachstelle im magnetischen Kreis bilden und besonders stark gesättigt werden. Man bemüht sich deshalb, die Nuten möglichst schmal und dafür tief zu gestalten.

Die Ausnutzung der Maschine ist durch den Strom pro Nut festgelegt. Für diesen „Strombelag" lassen sich Werte von mehr als 1 kA pro cm Umfang erreichen, wenn die Verlustwärme durch intensive Kühlung, z. B. Wasser in den Leiterstäben, abgeführt wird. Um Isolation zu sparen, wird die Spannung der Maschine möglichst niedrig gehalten. Trotzdem ergeben sich bei Grenzleistungsmaschinen Windungsspannungen von 2 kV, die durch Reihenschaltung mehrerer Windungen zu Bemessungsspannungen von 30 kV führen.

Neben der Anker- und Erregerwicklung besitzt die Synchronmaschine häufig noch eine Dämpferwicklung, die dem Läuferkäfig einer Asynchronmaschine (Abschn. 2.8) vergleichbar ist und möglichst nahe am Luftspalt untergebracht wird. Sie hat die Aufgabe, die nicht synchron umlaufenden Felder zu dämpfen, die durch Oberschwingungen, unsymmetrische Belastungen und Gleichstromglieder im Netzstrom hervorgerufen

a)

b)

Abb. 2.37 Läufer von Synchronmaschinen. **a** Schenkelpolläufer 3,4 MVA; 11,5 kV; 1 000 min^{-1} mit Anker einer rotierenden Erregereinrichtung; **b** Turboläufer (**a** A. v. Kaick, **b** Siemens AG)

werden. Unsymmetrische Lastströme verursachen entsprechend Abschn. 1.4.3 positiv und negativ drehende Felder. Diese erzeugen in dem Dämpferkäfig Ströme und führen zu Gegenfeldern, die die nichtsynchronen Felder von der Erregerwicklung fernhalten.

Die Dämpferwicklung wirkt auf alle nicht-netzfrequenten Spannungen und Gegensystemspannungen wie die kurzgeschlossene Wicklung eines Transformators, sodass diese an den Generatorklemmen eine niedrige Impedanz vorfinden.

▶   Für alle netzfrequenten Vorgänge ist die Synchronmaschine eine Spannungsquelle mit einer hohen Innenreaktanz die der Hauptreaktanz eines Transformators entspricht. Für alle nicht-netzfrequenten Vorgänge, zu denen auch negativ drehende Spannungssysteme zählen, hat die Synchronmaschine eine kleine Innenreaktanz, die der Streureaktanz eines Transformators entspricht.

Der Dämpferkäfig ermöglicht einen asynchronen Hochlauf der Synchronmaschine, allerdings nur mit geringem Drehmoment. Sie verhält sich dabei wie eine Asynchronmaschine (Abschn. 2.8). Den Hochlauf nutzt man beispielsweise bei Pumpspeicherkraftwerken (Abschn. 7.3.1) aus, wenn der Generator als Motor zum Antrieb der Pumpe eingesetzt werden soll. Pendelvorgänge im Netz (Abschn. 8.5.2.2) werden durch die in den Dämpferstäben umgesetzte Leistung gedämpft. Ähnlich wie die Dämpferströme wirken auch die Wirbelströme im Eisen des Läufers, sodass die beschriebenen Effekte auch bei Maschinen ohne Dämpferwicklung auftreten, allerdings in abgeschwächter Form.

Aus Gründen der Wirtschaftlichkeit ist man bestrebt, eine Maschine bei gegebener Leistung möglichst klein zu bauen. Dies erfordert kleine Eisen- und Kupferquerschnitte und damit erhöhte Verluste bei gleichzeitig verringerter Oberfläche. Die notwendige Intensivierung der Kühlung kann man durch forcierten Luftstrom, Wasserstoff oder Wasser erreichen. Wasserstoff hat gegenüber Luft den Vorteil der geringeren Reibungsverluste, bezogen auf die Zahl der Moleküle, die für die Wärmekapazität maßgebend ist. Wasser besitzt eine wesentlich größere Wärmekapazität, erfordert aber erheblichen technischen Aufwand. Es muss entionisiertes Wasser (Deionat) verwendet werden, um eine geringe elektrische Leitfähigkeit sicherzustellen.

Abb. 2.38 zeigt einen wassergekühlten Generator in einer Schnittzeichnung. Wicklung und Lüftungskanäle sind deutlich zu sehen. Die Verluste von Synchronmaschinen teilen sich jeweils zu 1/3 auf die Ständerwicklung, den Eisenkreis und die Erregung auf. Obwohl sie nur wenige Prozent der Bemessungsleistung betragen, ergibt sich bei einer 1500-MVA-Maschine eine Erregerleistung von mehr als 10 MW. Diese kann ein „Wellengenerator", der mit der Welle der Hauptmaschine verbunden ist aufbringen. Man kann die Erregerleistung aber auch den Klemmen des Generators über Stromrichter entnehmen.

Der Wellengenerator ist in der Regel eine Außenpol-Synchronmaschine, deren rotierende Drehstromwicklung über Dioden direkt mit der Erregerwicklung der Hauptmaschine verbunden ist. Durch diese Lösung mit rotierenden Dioden lassen sich Schleifringe für die Übertragung der Erregerleistung vermeiden. Der in Abb. 2.37a gezeigte Läufer trägt am rechten Ende die Drehstromwicklung einer Außenpolmaschine mit Dioden. Die Steuerung der Erregerspannung erfolgt durch das Feld der Erregermaschine.

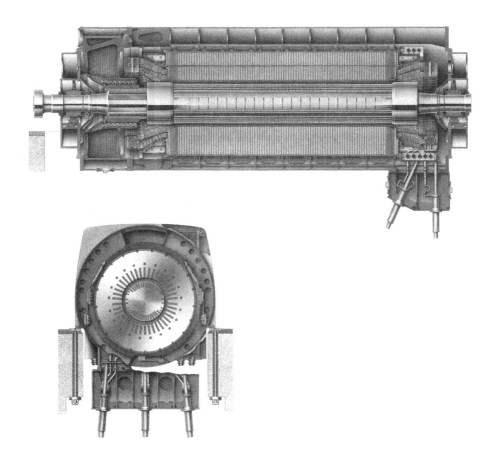

Abb. 2.38 Schnittzeichnung eines Drehstromturbogenerators (Siemens AG)

Dies hat wegen der Induktivität ihrer Erregerwicklung eine Verzögerungszeit von ca. $\tau_e = 200$ ms zur Folge. Man kann die Erregerleistung auch direkt von dem Generator entnehmen. Sie wird dann von den Klemmen des Hauptgenerators über Transformator, Thyristorsatz und Schleifringe zu der Erregerwicklung geführt. Damit ist die Erregerspannung praktisch verzögerungsfrei zu stellen ($\tau_t = 3{,}3$ ms). Der speisende Generator muss jedoch die gesamte Erregerleistung mit aufbringen und dementsprechend größer ausgelegt werden. Außerdem geht bei einem Spannungseinbruch an den Klemmen die Erregerspannung zurück. Dies ist bei der Auslegung zu berücksichtigen.

Bei einem Sprung in der Erregerspannung der Erregermaschine folgen Erregerstrom und Klemmenspannung der Hauptmaschine mit einer Zeitkonstanten τ_d' bzw. τ_{d0}', die im Bereich von 1–10 s liegt (Abschn. 2.7.4). Zur Spannungsregelung wird ein PID-Regler eingesetzt, dem eine Blindstromstatik X_s aufgeschaltet ist. Durch sie verhält sich der Generator bei Laständerungen wie eine Spannungsquelle mit konstanter innerer Spannung und der Innenreaktanz X_s.

2.7.2 Modell der Synchronmaschine

Abb. 2.39a zeigt die Wicklungen einer Synchronmaschine. Neben den drei Ständerwicklungen U, V, W sind auf dem Läufer die Erregerwicklung f und die beiden
Dämpferwicklungen D, Q angeordnet [15, 16] Dabei ist es üblich, die Klemmen der
Erregerwicklung entsprechend Abb. 2.36 mit E1 und E2 zu bezeichnen und im Modell
den Buchstaben f für Feld zu verwenden. Die Wicklungen D und Q repräsentieren
nicht nur den Dämpferkäfig, sondern auch die Wirkung des Rotoreisens. Mit Hilfe der
Park-Transformation nach Abschn. 1.4.5 ist es möglich, die drei Ständerwicklungen
in zwei senkrecht zueinander stehende Wicklungen d, q zu transformieren, die sich
mit dem Polrad drehen. So entsteht das transformierte Modell in Abb. 2.39b. Die
Park-Transformation liefert neben den Wicklungen d, q noch eine Homopolarwicklung

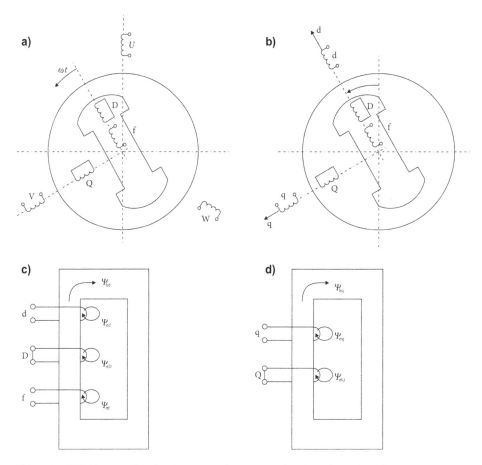

Abb. 2.39 Wicklungen der Synchronmaschine. **a** vor der Transformation; **b** nach der Transformation; **c** Flussverkettung in der Längs- und Querachse. (Eigene Darstellung)

h. Sie ist stromlos – wenn der Sternpunkt der Synchronmaschine wie üblich nicht geerdet wird – und kann deshalb hier unberücksichtigt bleiben.

Jede der Wicklungen lässt sich durch eine Differenzialgleichung beschreiben. Für die Ständerwicklungen U, V, W gilt

$$
\begin{aligned}
u_{\mathrm{u}} &= -\dot{\Psi}_{\mathrm{u}} - R_{\mathrm{a}}\,i_{\mathrm{u}} \\
u_{\mathrm{v}} &= -\dot{\Psi}_{\mathrm{v}} - R_{\mathrm{a}}\,i_{\mathrm{v}} \\
u_{\mathrm{w}} &= -\dot{\Psi}_{\mathrm{w}} - R_{\mathrm{a}}\,i_{\mathrm{w}}
\end{aligned}
\tag{2.35}
$$

Wendet man hierauf die Park-Transformation (1.88) an, so ergibt sich für die d- bzw. q-Komponente der Steuerspannung

$$
\begin{aligned}
u_{\mathrm{d}} &= \omega\,\Psi_{\mathrm{q}} - \dot{\Psi}_{\mathrm{d}} - R_{\mathrm{a}}\,i_{\mathrm{d}} \\
u_{\mathrm{q}} &= -\omega\,\Psi_{\mathrm{d}} - \dot{\Psi}_{\mathrm{q}} - R_{\mathrm{a}}\,i_{\mathrm{q}}
\end{aligned}
\tag{2.36}
$$

Die Terme $\omega\Psi_{\mathrm{q}}$ und $\omega\Psi_{\mathrm{d}}$ entstehen durch die Differenziation der zeitvarianten Transformationsmatrix T. Sie bewirken eine Kopplung zwischen den Achsen d und q. Im Leerlauf der Maschine erzeugt die Flussverkettung ψ_{d} die Ständerspannung u_{q}, die proportional zur Drehzahl ist. Neben dieser rotatorischen Spannung bewirken Feldänderungen in der Maschine auch transformatorische Spannungen $\dot{\psi}_{\mathrm{d}}$ und $\dot{\psi}_{\mathrm{q}}$.

In Tab. 2.3 sind die transformierten Spannungsgleichungen des Ständers (2.36) sowie die Spannungsgleichungen der Erregerwicklungen f und der Dämpferwicklungen D, Q zusammengestellt (Gl. 2.37–2.41). Dabei werden bezogene Größen gewählt. Die Bezugsgrößen sind: Bemessungsdrehzahl, Bemessungsscheinleistung, Bemessungsspannung, Bemessungsstrom und Leerlauferregerstrom, wobei letzterer noch auf die Hauptinduktivität zu beziehen ist. Im Leerlauf ergibt dann der Strom $i_{\mathrm{f}} = 1/L_{\mathrm{hd}}$ die Klemmenspannung u. Die Zeit ist nicht normiert. Deshalb tritt in Gl. 2.51 die Kreisfrequenz ω_{b} auf. Sie bildet aus der bezogenen Größe ω eine absolute Kreisfrequenz, sodass sich die Zeit in s und die Winkel ϑ und δ in rad ergeben.

Der magnetische Fluss innerhalb der Maschine lässt sich in seine beiden senkrechten Komponenten d und q zerlegen. In der Längsachse sind die Wicklungen d, f, D und in der Querachse die Wicklungen q, Q miteinander gekoppelt (Abb. 2.39c). Analog zum Transformator gelten dann zwischen Strömen und Flüssen die in Tab. 2.3 angegebenen Beziehungen (Gl. 2.42–2.48). Dabei wird die den Wicklungen einer Achse gemeinsame Flussverkettung zu einer Hauptflussverkettung ψ_{h} zusammengefasst. Die gesamte Flussverkettung einer Wicklung ergibt sich aus der Hauptflussverkettung ψ_{h} und den Streuflussverkettungen ψ_{σ}, z. B. $\psi_{\mathrm{d}} = \psi_{\mathrm{hd}} + \psi_{\sigma\mathrm{d}}$. Die Streuflussverkettungen zwischen zwei Wicklungen in der Längsachse werden vernachlässigt. Da die Ankerstreuinduktivitäten in beiden Achsen gleich sind, werden sie mit dem gleichen Index bezeichnet $\left(L_{\sigma\mathrm{d}} = L_{\sigma\mathrm{q}} = L_{\sigma\mathrm{a}}\right)$. Bei Turboläufermaschinen ist die Nachbildung des Läufereisens durch eine Wicklung Q in der Querachse häufig nicht genau genug. Man fügt dann

Tab. 2.3 Parksche Gleichungen in bezogener Form [15, 17]

$u_d = \omega\,\psi_q - \dot\psi_d - R_a\,i_d$	Gl. 2.37
$u_q = -\omega\,\psi_d - \dot\psi_q - R_a\,i_q$	Gl. 2.38
$u_f = -\dot\psi_f - R_f\,i_f$	Gl. 2.39
$u_D = -\dot\psi_D - R_D\,i_D = 0$	Gl. 2.40
$u_Q = -\dot\psi_Q - R_Q\,i_Q = 0$	Gl. 2.41
$\psi_{hd} = L_{hd}(i_d + i_f + i_D)$	Gl. 2.42
$\psi_d = L_{\sigma a}\,i_d + \psi_{hd}$	Gl. 2.43
$\psi_f = L_{\sigma f}\,i_f + \psi_{hd}$	Gl. 2.44
$\psi_D = L_{\sigma D}\,i_D + \psi_{hd}$	Gl. 2.45
$\psi_{hq} = L_{hq}(i_q + i_Q)$	Gl. 2.46
$\psi_q = L_{\sigma a}\,i_q + \psi_{hq}$	Gl. 2.47
$\psi_Q = L_{\sigma Q}\,i_q + \psi_{hq}$	Gl. 2.48
$m_{el} = \psi_q\,i_d - \psi_d\,i_q$	Gl. 2.49
$\dot\omega = \frac{1}{\tau_A}(m_A - m_{el})$	Gl. 2.50
$\dot\vartheta = \omega\cdot\omega_b \qquad\qquad \dot\delta = (\omega - 1)\omega_b \text{ mit } \omega_b = 314\text{ s}^{-1}$	Gl. 2.51
$u_d = u\sin\delta$	Gl. 2.52
$u_q = u\cos\delta$	Gl. 2.53

Anmerkung: Alle Größen sind dimensionslos. Lediglich die Gl. 2.50 und 2.51 haben die Einheit s^{-1}. Es wird empfohlen diese Beschreibungsgleichengen der Synchronmaschinen mit denen der Gleichstrommaschine (Tab. 2.2) zu vergleichen

noch eine zweite Wicklung G hinzu. Diese wirkt im Modell wie eine kurzgeschlossene Erregerwicklung in der Querachse.

Die Gl. 2.37–2.48 reichen aus, um das dynamische Verhalten der Synchronmaschine bei konstanter Drehzahl zu beschreiben. Aus ihnen wird z. B. der Verlauf des Kurzschlussstroms berechnet.

Für die Leistungsabgabe der Maschine gilt

$$p = u_d\,i_d + u_q\,i_q \tag{2.54}$$

Dabei ist zu beachten, dass durch die Verwendung des p.u.-Systems (Abschn. 1.3.2) die Leistungsvarianz der Park-Transformation (Abschn. 1.4.1) eliminiert wird.

Mit den Gl. 2.37 und 2.38 folgt

$$p = -R_a\,i_d^2 - R_a\,i_q^2 - \dot\psi_q\,i_q - \dot\psi_d\,i_d + \omega\,\psi_q\,i_d - \omega\,\psi_d\,i_q \tag{2.55}$$

In dieser Gleichung treten drei Anteile auf:

$R_a \left(i_d^2 + i_q^2 \right)$ Verlust im Ständerwiderstand

$-\dot{\psi}_q \, i_q - \dot{\psi}_d \, i_d$ Transformatorisch freigesetzte Leistung durch Änderung des Magnetfeldes

$\omega \, \psi_q \, i_d - \omega \, \psi_d \, i_q$ Rotatorisch im Luftspalt übertragene Leistung

Der rotatorische Anteil bildet das Drehmoment $m_{el} = p/\omega$, das in Gl. 2.49 wiedergegeben ist.

Ist das in der Maschine gebildete elektrische Moment m_{el} nicht gleich dem Antriebsmoment m_A, so entsteht eine Beschleunigung $\dot{\omega}$ entsprechend Gl. 2.50. Darin repräsentiert die Anlaufzeitkonstante τ_A die Massenträgheit des Wellenstranges. Sie ist auf die Bemessungsscheinleistung bezogen, sodass bei $m_{el} = 0$ und $m_A = 1$ nach der Zeit $t = \tau_A$ die Drehzahl der Maschine von null auf $n = \omega = 1$ hochgelaufen ist. In der Norm wurde anstelle der Anlaufzeitkonstante τ_A die Bemessungsanlaufzeitkonstante τ_J festgelegt, die auf die Wirkleistung bezogen ist ($\tau_A = \tau_J \cos \varphi_r$). In der angelsächsischen Literatur benutzt man die Trägheitszeitkonstante $H = 2\,\tau_A$.

Die Kreisfrequenz ω ergibt sich aus der Änderung des Winkels ϑ, mit dem das Polrad umläuft. Dabei ist zu beachten, dass ω eine bezogene Größe ist, sodass in Gl. 2.51 noch die Bezugskreisfrequenz ω_b (z. B. 314 s^{-1}) auftritt. Während der Winkel ϑ die Lage des Polrades im Raum angibt, ist δ die relative Lage des Polrades zu der Klemmenspannung. Im synchronen Betrieb ist demnach δ konstant und ϑ wächst mit der Zeit an.

$$\vartheta = \int \omega \, \omega_b \, dt + \vartheta_0 = \omega_b \, t + \delta \tag{2.56}$$

ϑ_0 ist die Lage des Polrads zum Zeitpunkt $t = 0$ und δ die Abweichung des Polrads von einem mit der festen Kreisfrequenz ω_b drehenden Bezugszeiger. Als Bezugssystem wird häufig eine starre Netzspannung gewählt, an die die Maschine angeschlossen ist. Schließlich liefert in Abschn. 1.4.5 die Transformation der Klemmenspannung auf das rotierende Polrad die Gl. 1.91, die als Gl. 2.52 und 2.53 übernommen wurde. Durch Differenziation der Gl. 2.56 ergibt sich Gl. 2.51.

Das nichtlineare Differenzialgleichungssystem der Synchronmaschine nach Tab. 2.3 ist nicht geschlossen zu lösen. Will man es numerisch für einen konkreten Fall integrieren, so treten als Eingangsgrößen die Netzspannung u bzw. u_d, u_q, die Erregerspannung u_f und das Antriebsmoment m_A auf. Dieses Vorgehen ist notwendig, um eine numerische Differenziation zu vermeiden. Das Modell liefert als Ausgangsgrößen die Ständerströme i_d, i_q, den Erregerstrom i_f, die Drehzahl n bzw. Kreisfrequenz ω und den Polradwinkel δ. Komponenten, die mit der Synchronmaschine gekoppelt werden sollen, z. B. das Versorgungsnetz, die Erregereinrichtung und die Antriebs- bzw. Arbeitsmaschine, sind so zu modellieren, dass diesen Gegebenheiten Rechnung getragen wird. Dies ist insbesondere bei der Modellierung des Netzes nicht ganz einfach.

Die Parkschen Gleichungen nach Tab. 2.3 beschreiben das Klemmenverhalten der Synchronmaschine für die meisten Anwendungsfälle hinreichend genau. Eine Auslegung der Maschine erfordert eingehendere Betrachtungen. Insbesondere ist zu beachten, dass die Läuferströme i_f, i_D, i_Q Ersatzgrößen für Ströme in den Wicklungen und Wirbelströme in Eisen sind.

Die Parkschen Gleichungen gelten auch für die in Abschn. 2.8 zu behandelnde Asynchronmaschine. Diese ist in beiden Achsen symmetrisch aufgebaut, sodass die Wicklungen D und Q gleich sind und die Wicklung f entfällt. Um das Verhalten des Dämpferkäfigs für Asynchronmaschinen genauer nachzubilden, wird er häufig durch zwei Ersatzwicklungen je Achse nachgebildet. Zu diesem Zweck ist im Modell der Synchronmaschine die Erregerwicklung f kurzgeschlossen und in der Querachse eine zweite Wicklung G eingeführt. Eine ausführliche Betrachtung der dynamischen Beschreibungsgleichungen sind [16, 18] zu entnehmen.

2.7.3 Synchronmaschine im stationären Betrieb

Für den stationären Betrieb werden sämtliche Ableitungen nach der Zeit in den Gl. 2.37–2.53 zu null gesetzt. Damit ergibt sich u. a. $i_D = i_Q = 0$. Weiterhin sind nun alle Betriebsgrößen zeitlich konstant und demzufolge mit großen Buchstaben bezeichnet. Berücksichtigt man noch, dass im stationären Betrieb ($\omega = 1$) die bezogenen Größen für die Induktivität L und die Reaktanz X gleich sind, so ergibt sich

$$U_d = X_{\sigma a} I_q + X_{hq} I_q - R_a I_d = U \sin \delta$$
$$U_q = -X_{\sigma a} I_d - X_{hd}(I_d + I_f) - R_a I_q = U \cos \delta \qquad (2.57)$$

Die Hauptreaktanzen in Längs- und Querachse unterscheiden sich nicht sehr stark. Zur Vereinfachung werden sie deshalb gleichgesetzt $(X_{hd} = X_{hq})$ und mit der Streureaktanz $X_{\sigma a}$ zur Synchronreaktanz X_d usammengefasst. Außerdem wird die erregerstromabhängige Spannung $-X_{hd} I_f$ als Polradspannung U_p ezeichnet. Die Gl. 2.57 ergeben sich dann zu

$$U_d = X_d I_q - R_a I_d = U \sin \delta$$
$$U_q = -X_d I_d - R_a I_q + U_p = U \cos \delta \qquad (2.58)$$

Der Übergang in die komplexe Darstellung liefert

$$\underline{U} = U_d + j U_q \qquad \underline{I} = I_d + j I_q \qquad \underline{U}_p = j U_p.$$

$$\underline{U} = \left(-jX_d \cdot jI_q - R_a I_d\right) + \left(-jX_d \cdot I_d - R_a jI_q + jU_p\right) = U(\sin \delta + j\cos \delta) \quad (2.59)$$

$$\underline{U}_P = -(R_a + jX_d)\underline{I} = jUe^{-j\delta}$$

Diese Gleichung lässt sich im Zeigerdiagramm Abb. 2.40 zusammenfassen. Danach ist die Synchronmaschine eine Spannungsquelle mit der inneren Spannung U_p und der inneren Impedanz $Z_d = R_a + jX_d$, wobei der ohmsche Widerstand R_a i. Allg. vernachlässigt wird. Die Synchronreaktanz X_d ist dagegen sehr groß. Sie kann

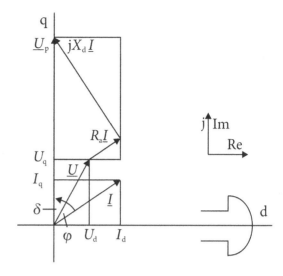

Abb. 2.40 Zeigerdiagramm der Turboläufermaschine. (Eigene Darstellung)

mit der Leerlaufreaktanz eines Transformators verglichen werden und liegt in der Größenordnung von 2, d. h. beim Bemessungsstrom fällt die doppelte Bemessungsspannung an ihr ab. Die innere Spannung U_p ist demnach sehr groß. Bei ihr handelt es sich jedoch um eine fiktive Größe, die sich an den Klemmen ergeben würde, wenn der Erregerstrom im Leerlauf ($i_a = 0$) auf seinen Bemessungswert eingestellt wird. Im Bemessungsbetrieb baut der Ständerstrom aber ein Gegenfeld auf, das das Erregerfeld teilweise kompensiert. Würde man im Leerlauf die Erregerspannung auf die Bemessungsspannung der Erregung erhöhen, käme nicht eine entsprechend hohe Spannung an den Klemmen an, weil das Eisen in die Sättigung ginge.

Das einfache Modell der Synchronmaschine nach Gl. 2.59 lässt sich in ein Energieversorgungsnetz integrieren. Abb. 2.41 zeigt hierzu die Kopplung eines Generators über einen Transformator mit einem Netz, dessen Spannung $\underline{U}_Q$ starr sei. Bei dem maßstäblichen Zeigerdiagramm sieht man deutlich den großen inneren Spannungsabfall $X_d \cdot I$.

Wird der Transformator vernachlässigt ($X_{Tr} = 0$), geht die Netzspannung U_Q in die Klemmenspannung $\underline{U}$ über. Zur Berechnung der Leistungsabgabe wird – anders als in Abb. 2.40 dargestellt – die Generatorspannung U in die reelle Achse gelegt.

$$\underline{U} = U \qquad \underline{U}_p = U_p\, e^{j\delta} \qquad \underline{S} = \underline{U}\,\underline{I}^* = U \left[\frac{\underline{U}_p - U}{jX_d} \right]^*$$

$$P = \mathrm{Re}(\underline{S}) = \frac{U\,U_p}{X_d}\sin\delta \qquad\qquad (2.60)$$

$$Q = \mathrm{Im}(\underline{S}) = \frac{U\,U_p}{X_d}\cos\delta - \frac{U^2}{X_d} \qquad\qquad (2.61)$$

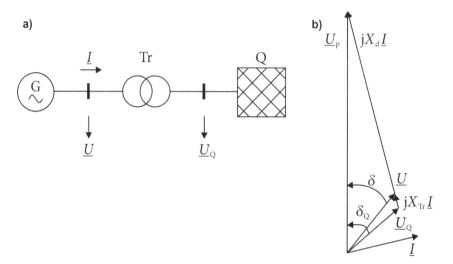

Abb. 2.41 Generatoreinbindung. $X_d = 2{,}5$; $X_{Tr} = 0{,}2$; $U = 1$; $P = 0{,}8$; $Q = 0{,}6$. **a** Schaltplan; **b** Zeigerdiagramm. (Eigene Darstellung)

Der Zusammenhang zwischen Leistungsabgabe P, Q und Polradwinkel δ ist in Abb. 2.42a für den Fall $U = U_p = 1$ dargestellt.

Beim Winkel $\delta = 0$ ergibt sich der Leerlaufpunkt $P = 0$, $Q = 0$. Wird die Leistung durch die Turbine erhöht, so steigt der Polradwinkel an. Dies bedingt eine negative Blindleistung. Der Generator nimmt also induktive Blindleistung auf, d. h. er wirkt wie eine Drosselspule. Dem kann man durch Erhöhen der Erregerspannung entgegenwirken. Abb. 2.42a geht dann in Abb. 2.42b über. Aus dem beschriebenen Vorgang wird verständlich:

▶   Bei einem Generator im Verbund mit dem Netz wird die Wirkleistungs-
     abgabe durch die Turbine bedingt und die Blindleistungsabgabe durch die
     Erregerspannung eingestellt.

▶   Eine Steigerung der Erregerspannung führt zu einer Erhöhung der induktiven
     Blindleistungsabgabe. Ein Generator, der induktive Blindleistung abgibt, wird
     übererregt betrieben (Abb. 2.41). Ein Generator, der induktive Blindleistung auf-
     nimmt, befindet sich im untererregten Zustand.

Die Leistungsabgabe des Generators kann bis zu dem Winkel $\delta = 90°$ gesteigert werden. Erhöht man die Turbinenleistung weiter, folgt die Leistungsabgabe nicht mehr. Das Polrad beschleunigt sich, die Drehzahl steigt an, der Generator fällt außer Tritt und wird instabil.

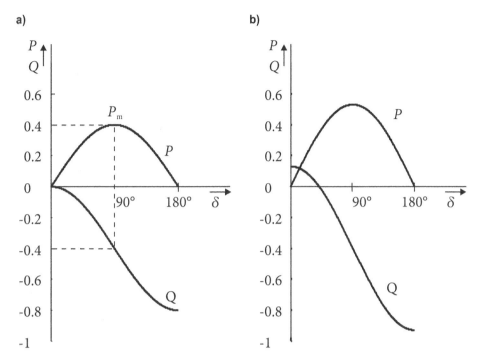

Abb. 2.42 Leistungsabgabe eines Generators. **a** Leistungssteigerung aus dem Leerlauf $U_p = 1$; **b** Leistungssteigerung aus dem Schwachlastbereich $P = 0,2$; $Q = 0,1$; $U_p = 1,35$. (Eigene Darstellung)

▶ Um einen statisch stabilen Betrieb zu gewährleisten, muss der Polradwinkel,
  d. h. der Winkel zwischen der Polradspannung und der Netzspannung kleiner
  als 90° gehalten werden.

Neben dieser statischen Stabilität gibt es noch eine transiente Stabilität, auf die in Abschn. 8.5.2.3 eingegangen wird.

2.7.4 Die Synchronmaschine im Kurzschluss

Dieser Betriebsfall ist für die Auslegung der elektrischen Energieversorgungsnetze wichtig [19, 20].

Für den Kurzschlussfall wird in Gl. 2.59 die Netzspannung U zu null gesetzt. Bei Vernachlässigung des ohmschen Widerstands R_a ergibt sich dann der Kurzschlussstrom

$$I_k = U_p/X_d \tag{2.62}$$

Im Leerlauffall gilt $U = U_p = 1$, im Bemessungsbetrieb ergibt sich mit $X_d = 2,5$ aus Abb. 2.41 $U_p = 3,2$.

Leerlauf als Vorbelastung:

$$I_k = 1/2,5 = 0,4$$

Bemessungsbetrieb als Vorlastfall:

$$I_k = 3,2 \,/\, 2,5 = 1,28$$

Diese Aussage verwundert, denn sie widerspricht den Erfahrungen mit Kurzschlüssen. Sie gilt auch nur für den Klemmenkurzschluss eines Generators. Bei einem Kurzschluss im Netz speisen viele Generatoren auf die Fehlerstelle, sodass nicht die Generatorreaktanz, sondern die Netzimpedanz den Kurzschlussstrom bestimmt. Darüber hinaus gelten die obigen Aussagen nur für den stationären Kurzschluss. Bei der Einleitung des Fehlers entsteht jedoch ein Ausgleichsvorgang, der zu erheblich höheren Strömen führt. Im ersten Augenblick nach der Einleitung des Kurzschlusses bleiben sämtliche Flussverkettungen durch Gegenströme in Dämpfer- und Erregerwicklung erhalten. Von den Klemmen des Generators aus gesehen liegen dann die Streureaktanzen der Dämpfer- und Erregerwicklungen parallel zur Hauptreaktanz. Es bildet sich die Subtransientreaktanz X_d'', wie Abb. 2.43a zeigt. Nach kurzer Zeit klingen die Dämpferströme ab, während der Erregerstrom und damit die Flussverkettung der Erregerwicklung wegen des sehr kleinen Widerstands R_f annähernd erhalten bleibt. Für diesen Zustand gilt die resultierende Transientreaktanz X_d' (Abb. 2.43b).

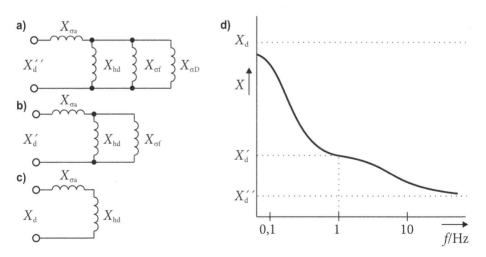

Abb. 2.43 Frequenzabhängigkeit der Innenreaktanz einer Synchronmaschine. **a** subtransienter Fall; **b** transienter Fall; **c** synchroner Fall; **d** Übergangsverhalten der wirksamen Reaktanz. (Eigene Darstellung)

Abb. 2.44 Bestimmung der inneren Spannungen. $X_d = 2,5$; $X'_d = 0,4$; $X''_d = 0,25$; $U = 1$; $P = 0,8$; $Q = 0,6$. (Eigene Darstellung)

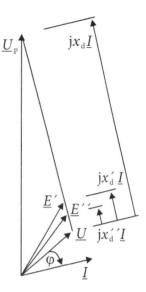

Schließlich klingt auch der Erregerstrom ab. Damit geht Abb. 2.43b in Abb. 2.43c über. Wirksam ist nun nur noch die Synchronreaktanz $X_d = X_{\sigma a} + X_{hd}$, die in Gl. 2.62 verwendet wurde.

Die innere Reaktanz des Generators – von den Klemmen aus gesehen – nimmt für Vorgänge oberhalb von 10 Hz den Wert X''_d an. Im Bereich 2–0,5 Hz gilt der Wert X'_d, unterhalb von 0,1 Hz kann mit der Synchronreaktanz X_d gerechnet werden.

Abb. 2.43d zeigt die Innenreaktanz X als Funktion der Frequenz. Man kann nun für den Vorbelastungsfall fiktive Spannungen hinter jeder der erwähnten Reaktanzen bestimmen. Abb. 2.44 liefert für den Bemessungspunkt nach Abb. 2.41.

$$U_p = 3,2 \qquad E' = 1,28 \qquad E'' = 1,17$$

Damit lassen sich die Kurzschlussströme – ausgehend vom Bemessungsbetrieb – im Übergangsbereich berechnen

$$I''_k = E''/X''_d = 1,17/0,25 = 4,68$$
$$I'_k = E'/X'_d = 1,28/0,4 = 3,2 \tag{2.63}$$
$$I_k = U_p/X_d = 3,2/2,5 = 1,28$$

Da der Kurzschlussstrom I'_k nur vorübergehend fließt, wurde er transienter Kurzschlussstrom genannt. Später erkannte man bei Messungen auch den sehr kurz anstehenden Strom I''_k, der deshalb als subtransienter Kurzschlussstrom bezeichnet wurde.

▶ **Wichtig**

Wird ein Kurzschluss aus dem Leerlauf heraus eingeleitet, entsteht ein
Dauerkurzschlussstrom, der unter dem Bemessungsstrom liegt. Bei einem
Fehler aus dem Bemessungsbetrieb heraus wird der Dauerkurzschlussstrom
geringfügig über dem Bemessungsstrom liegen.

Bei einem Kurzschluss tritt zunächst der subtransiente Kurzschlussstrom I_k''
auf. Mit der Zeitkonstante τ_d'' klingen die Ströme in der Dämpferwicklung ab.
Danach stellt sich der transiente Kurzschlussstrom I_k' ein. Das Abklingen des
Erregerstroms mit der Zeitkonstante τ_d' bewirkt den Übergang auf den Dauerkurzschlussstrom I_k. Neben den abklingenden Wechselstromanteilen tritt noch
– wie in jedem induktiven Kreis – ein Gleichstromglied auf, welches mit der
Zeitkonstante τ_g abklingt.

Der beschriebene Ausgleichsvorgang ist in Abb. 2.45 dargestellt. Er genügt der Gleichung

$$i_k = I_g\, e^{-t/\tau_g} - \left(\hat{I}_k'' - \hat{I}_k'\right) e^{-t/\tau_g''} \cos\left(\omega t + \alpha\right) - \left(\hat{I}_k' - \hat{I}_k\right) e^{-t/\tau_g'} \cos\left(\omega t + \alpha\right) - \hat{I}_k \cos\left(\omega t + \alpha\right)$$

$$(2.64)$$

Da sich in dem induktiven Kurzschlusskreis der Strom nicht sprunghaft ändern kann,
muss für den Schaltaugenblick $t = 0$ der Kurzschlussstrom genau so groß sein wie der
Strom vor Einleitung des Kurzschlusses.

$$i_v = \hat{I}_v \sin\left(\omega t + \varphi\right) \qquad\qquad (2.65)$$

$$t = 0$$

$$-\hat{I}_v \sin\varphi = i_k(0) = I_g - I_k'' \cos\alpha \qquad\qquad (2.66)$$

Ist der Vorbelastungsstrom rein ohmsch ($\varphi = 0$) oder null, so ergibt sich bei dem Schalt-
winkel $\alpha = 0$ das Gleichstromglied zu

$$I_g = I_k'' \qquad\qquad (2.67)$$

Etwas größere Werte entstehen bei kapazitiver Vorbelastung. Trotzdem wird Gl. 2.67 als
ungünstigster Fall für die Dimensionierung von Betriebsmitteln unterstellt.

Das Gleichstromglied bildet sich durch die Park-Transformation (Abschn. 1.4.5)
in den Läuferkoordinaten als netzfrequenter Strom (50 Hz) aus, der mit der Gleichstromzeitkonstante τ_g abnimmt. Dieser 50-Hz-Strom führt mit den Gleichflüssen des
Läufers entsprechend Gl. 2.49 zu 50-Hz-Drehmomenten, deren Amplitude erheblich
über dem Bemessungsmoment liegt. Zweipolige Kurzschlüsse erzeugen entsprechend
den symmetrischen Komponenten (Abschn. 1.4.3) positiv und negativ drehende
Systeme. Das negativ drehende Stromsystem führt zu einem 100-Hz-Moment. Durch
diese 50- und 100-Hz-Drehmomente können in den Arbeits- bzw. Antriebsmaschinen

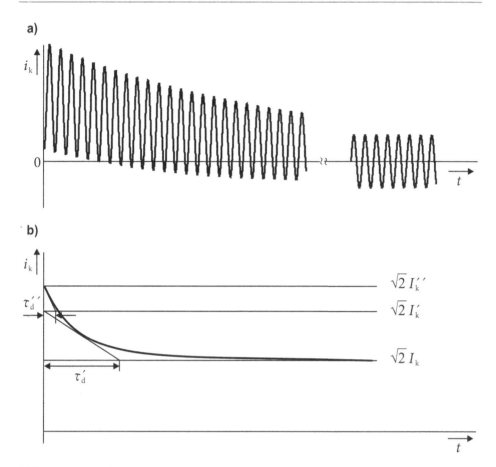

Abb. 2.45 Verlauf eines Kurzschlussstromes. **a** Stromverlauf; **b** Hüllkurven ohne Gleichstromglied. (Eigene Darstellung)

Resonanzfrequenzen angeregt werden. Deshalb ist ihnen bei der Dimensionierung besondere Aufmerksamkeit zu schenken.

Wie am Beispiel des Kurzschlusses gezeigt, lässt sich die Synchronmaschine bei Schaltvorgängen durch drei quasistationäre Zustände beschreiben: subtransient, transient, synchron. Entsprechend wirken die inneren Spannungen E'', E', U_p, und die inneren Reaktanzen X_d'', X_d', X_d. Die Übergänge zwischen diesen Zuständen verlaufen mit den Kurzschlusszeitkonstanten τ_d'', τ_d'. Sie lassen sich aus den Ersatzschaltungen in Abb. 2.43a und 2.43b wie folgt gewinnen. In Reihe zu der Dämpferstreureaktanz $X_{\sigma\mathrm{D}}$ werden der Dämpferwiderstand R_D geschaltet und die Klemmen kurzgeschlossen. Aus der Reihenparallelschaltung der Reaktanzen und dem Widerstand ist die Zeitkonstante τ_d'' zu bestimmen. Zur Bestimmung der transienten Kurzschlusszeitkonstante τ_d' legt man in Reihe zur Erregerstreureaktanz $X_{\sigma\mathrm{f}}$ (Abb. 2.43b) den Erregerwiderstand R_f und schließt die Klemmen kurz.

Die gleichen Verhältnisse wie beim Kurzschluss ergeben sich auch bei einer Maschine, die starr mit dem Netz gekoppelt ist. Für Leerlauf und näherungsweise auch für die Belastung mit Impedanzen, also den Inselbetrieb, bleiben die Klemmen in den Abbildungen a und b zur Bestimmung der Leerlaufzeitkonstanten τ_{d0}'', τ_{d0}' offen. Aus den Betrachtungen folgt auch, dass bei einem Sprung in der Erregerspannung des leerlaufenden Generators der Erregerstrom und die Klemmenspannung mit der Zeitkonstante τ_{d0}' anwachsen.

Belastungs- und Koppelimpedanzen zwischen Generator und Netz führen zu Lastzeitkonstanten, die zwischen den Leerlauf- und Kurzschlusszeitkonstanten liegen [15, 17].

$$\tau_d' < \tau_{dL}' < \tau_{d0}' \qquad \tau_d'' < \tau_{dL}'' < \tau_{d0}''$$

Beispiel 2.5: Berechnung einer Synchronmaschine

Eine Synchronmaschine mit den Daten nach Abb. 2.44 wird aus dem Leerlauf heraus mit einem Blindstrom von 20 % der Bemessungsleistung belastet. Die Erregerspannung bleibt konstant. Welche subtransienten und transienten Spannungssprünge entstehen? Welcher stationäre Endwert stellt sich ein? Mit welchen Zeitkonstanten laufen die Übergänge ab, wenn für den Klemmenkurzschluss $\tau_d'' = 0{,}01$ s; $\tau_d' = 1$ gilt? Der Spannungsregler versucht, über eine Erhöhung des Erregerstromes den Spannungseinbruch auszugleichen, er ist jedoch auf eine Blindstromstatik $X_s = 5\,\%$ eingestellt. Welcher stationäre Wert stellt sich bei aktiven Spannungsreglern ein?

Die sprungartige Änderung des Belastungsstromes führt zu einem Spannungssprung

$$\Delta U'' = X_d'' \cdot \Delta I = 0{,}25 \cdot 0{,}2 = 0{,}05$$

Nach Abklingen der Dämpferströme mit der Zeitkonstante τ_{d0}'' stellt sich der transiente Spannungssprung ein

$$\Delta U' = X_d' \cdot \Delta I = 0{,}4 \cdot 0{,}2 = 0{,}08$$

Nun klingt der Strom in der Erregerwicklung mit der Zeitkonstante τ_{d0}' auf den stationären Wert ab

$$\Delta U = X_d \cdot \Delta I = 2{,}5 \cdot 0{,}2 = 0{,}5$$

Dies bedeutet, dass ohne Eingriff des Reglers die Spannung auf den halben Bemessungswert einbrechen würde. Durch die Spannungsregelung stellt sich jedoch ein Spannungseinbruch entsprechend der Statik ein

$$\Delta U_s = X_s \cdot \Delta I = 0{,}05 \cdot 0{,}2 = 0{,}01$$

Die Statik wirkt wie eine zusätzliche Reaktanz X_s und ist erwünscht, um einen Generator in Parallelbetrieb mit dem Netz bei Spannungsschwankungen nicht zu stark mit Blindleistung zu beaufschlagen. Wirkleistungssprünge verursachen an der Reaktanz kaum Spannungseinbrüche. Die Zeitkonstanten τ_{d0}'' und τ_d' gelten für den Leerlauf, also für den Fall, dass die Klemmen der Ersatzschaltung in Abb. 2.43a und 2.43b offen sind. Bei Belastung mit der Bemessungsimpedanz können die Leerlaufzeitkonstanten näherungsweise ebenfalls angesetzt werden. Im Kurzschlussfall oder bei der Verbindung zu einem starren Netz ergeben sich die Kurzschlusszeitkonstanten τ_d'' und τ_{d0}'. Zur Bestimmung der transienten Zeitkonstanten wird in Abb. 2.43b der Widerstand der Erregerwicklung R_f in Reihe zur Streureaktanz der Erregerwicklung angesetzt

$$\tau_{d0}' = (X_{\sigma f} + X_{hd})/\omega_b R_f$$
$$\tau_d' = (X_{\sigma f} + X_{hd} \,||\, X_{\sigma a})/\omega_b R_f$$
$$\frac{\tau_d'}{\tau_{d0}'} = \frac{X_{\sigma f}X_{\sigma a} + X_{\sigma f}X_{hd} + X_{\sigma a}X_{hd}}{(X_{\sigma a} + X_{hd})(X_{\sigma f} + X_{hd})} = \frac{X_{\sigma a} + X_{\sigma f} \,||\, X_{hd}}{X_{\sigma a} + X_{hd}} = \frac{X_d'}{X_d} = \frac{0,4}{2,5} = 0,16$$
$$\tau_{d0}' = \tau_d'/0,16 = 6,25 \text{ s}$$

Zur Bestimmung der subtransienten Leerlaufzeitkonstante τ_{d0}'' wird in Abb. 2.43a der Dämpferwiderstand R_D in Reihe zu der Streureaktanz $x_{\sigma D}$ gelegt. Daraus folgt nach längerer Rechnung

$$\tau_{d0}'' = \tau_d'' \cdot \frac{X_d'}{X_d''} = 0,01 \cdot \frac{0,4}{0,25} = 0,016 \text{ s}$$

Die Zeitkonstante τ_{d0}'', mit der sich der transiente Spannungssprung $\Delta U'$ einstellt, ist so klein, dass der Spannungsregler ihn nicht ausregeln kann. Hingegen ist die transiente Zeitkonstante so groß, dass der Spannungsregler einen Übergang zum stationären Spannungseinbruch ΔU verhindert. Man kann deshalb mit guter Näherung annehmen, dass nach einem Lastsprung der transiente Spannungssprung auftritt, der dann ausgeregelt wird.

Anmerkung: Die vorangegangene Berechnung ist etwas wirklichkeitsfremd, weil der Strom während des Ausgleichsvorganges als konstant und die Zeitkonstanten für die unbelastete Maschine angenommen wurden. Bei realistischen Annahmen wäre die Berechnung aufwändiger und würde zu etwas anderen Zahlenwerten führen. ◀

2.8 Asynchronmaschine

Die Asynchronmaschine ist mit der Synchronmaschine verwandt. Im Ständer sind beide gleich aufgebaut; im Läufer trägt die Asynchronmaschine anstelle der Erregerwicklung eine symmetrisch aufgebaute Mehrphasenwicklung, die in der Regel kurzgeschlossen ist. Abb. 2.46 zeigt einen solchen Kurzschlussläufer.

Die Asynchronmaschine wird hauptsächlich als Motor verwendet, lässt sich aber auch als Generator im Verbund mit einem Netz betreiben, das die Frequenz f_1 vorgibt.

Abb. 2.46 Käfigläufer einer Drehstromasynchronmaschine 6 kV; 1300 kW; 1494 min^{-1} (Schorch Elektrische Maschinen und Antriebe GmbH)

Die Ständerwicklung erzeugt wie bei Synchronmaschinen ein Drehfeld, das bei zweipoligen Maschinen mit der Netzfrequenz f_1 umläuft. Bei einer Maschine mit p Polpaaren beträgt die Drehzahl des Drehfelds

$$n_1 = f_1/p \qquad\qquad (2.68)$$

Dreht sich der Läufer mit dieser Drehzahl, so wird er von einem konstanten Magnetfeld durchströmt, das in den Läuferstäben keine Spannung induziert. Somit entsteht in ihnen kein Strom und es bildet sich kein Drehmoment. Im Normalbetrieb liegt die Drehzahl n etwas unter der Synchrondrehzahl n_1

$$n = n_1(1-s) = f_1(1-s)/p = (f_1 - f_2)/p \qquad\qquad (2.69)$$

Der Schlupf s zwischen synchroner und realer Drehzahl beträgt nur wenige Prozent.

Die im Läufer induzierte Spannung mit der Frequenz $f_2 = s \cdot f_1$ führt zu Strömen, die mit dem Drehfeld ein Moment bilden. Bereits 1891 hat Michail von Dolivo-Dobrowolski einen 70-kW-Motor gebaut, der nach diesem Prinzip arbeitete.

Neben dem weitverbreiteten Käfigläufermotor gibt es Asynchronmotoren mit einer Drehstromwicklung im Läufer, die über Schleifringe auf den Stator geführt wird. Legt man an diese Wicklung eine Spannung mit vorgegebener Frequenz f_2, so entsteht ein Läuferstrom, der dem Erregerstrom einer Synchronmaschine vergleichbar ist. Durch

Speisung von Ständer und Läufer mit den Frequenzen f_1 und f_2 kann man nach Gl. 2.69 die „doppelt gespeiste" Asynchronmaschine zu einer Drehzahl n zwingen.

Das dynamische Verhalten der Asynchronmaschine lässt sich mit den Gleichungen der Synchronmaschine in Tab. 2.3 behandeln. Für die dort unsymmetrisch aufgebauten Längs- und Querachsen gelten bei der Asynchronmaschine jedoch gleiche Werte. Man kann demnach die Asynchronmaschine als Sonderfall der Synchronmaschine ansehen, wobei allerdings im stationären Betrieb die Läuferfrequenz der Synchronmaschine null ist und die Läuferfrequenz der Asynchronmaschine einen kleinen Wert annimmt.

2.8.1 Stationäres Modell der Asynchronmaschine

Ständer und Läufer der stillstehenden Asynchronmaschine sind wie beim Transformator über einen Eisenkreis magnetisch gekoppelt. Demnach kann das Ersatzschaltbild aus Abb. 2.3 übernommen werden. Vernachlässigt man den Ständerwiderstand R_1 und den Eisenverlustwiderstand R_{Fe}, so ergibt sich Abb. 2.47a. Darin ist der Widerstand des kurzgeschlossenen Läufers R_2 als Last eingezeichnet.

▶ Der stillstehende Asynchronmotor wirkt wie ein kurzgeschlossener Transformator.

Liegt an dem Motor eine Spannung mit der Frequenz f_1 und dreht er sich mit der Drehzahl n entsprechend der Frequenz $f = f_1(1 - s)$, so wird im Läufer eine Spannung mit der Frequenz $f_2 = s \cdot f_1$ erzeugt, deren Größe proportional zum Schlupf ist ($s \cdot U_h$).

Dieser Zusammenhang ist in Abb. 2.47b dargestellt, wobei der „Übertrager" zwischen Primär- und Sekundärseite nicht nur die Spannung, sondern auch die Frequenz transformiert. Im Stillstand ($s = 1$) ist die Sekundärspannung $s \cdot U_h$ gleich der Hauptfeldspannung U_h. Für diesen Sonderfall geht Abb. 2.47b in Abb. 2.47a über.

Da die Streuinduktivität im Läufer von einem schlupffrequenten Strom durchflossen wird, ergibt sich ihre Reaktanz zu

$$s \cdot \omega_1 \cdot L_{\sigma2} = s \cdot X_{\sigma2} \tag{2.70}$$

Dabei ist $X_{\sigma2}$ die Streureaktanz bei Netzfrequenz f. Teilt man die Spannung $s \cdot U_h$, die Reaktanz $s \cdot X_{\sigma2}$ und den Widerstand R_2 des Läuferkreises durch den Schlupf s, so kann der „Frequenz-Übertrager" in Abb. 2.47b entfallen. Es entsteht Abb. 2.47c.

Der Spannungsabfall über die Ständer-Streureaktanz $X_{\sigma1}$ ist im Normalbetrieb sehr klein, sodass mit guter Näherung die Hauptreaktanz X_h an den Klemmen der Maschine angesetzt werden kann und die beiden Streureaktanzen sich zu X_σ zusammenfassen lassen. Die Ersatzschaltung vereinfacht sich dann zu Abb. 2.47d. Wegen des Luftspaltes zwischen Ständer und Läufer ist die Hauptreaktanz X_h der Asynchronmaschine nennenswert größer als die des Transformators.

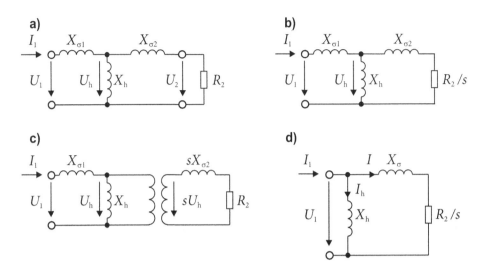

Abb. 2.47 Ersatzschaltbild eines Asynchronmotors. **a** Asynchronmaschine im Stillstand; **b** Ersatzschaltung für Asynchronbetrieb; **c** umgeformte Ersatzschaltung; **d** vereinfachte Ersatzschaltung. (Eigene Darstellung)

Für die folgenden Betrachtungen wird der Strom I in Abb. 2.47d zugrunde gelegt. Der gesamte Motorstrom I_1 ist um den Anteil I_h größer. Die Ersatzschaltung liefert dann

$$\underline{I} = \frac{U_1}{R_2/s + jX_\sigma} \tag{2.71}$$

$$I = \frac{U_1}{\sqrt{(R_2/s)^2 + X_\sigma^2}} = \frac{U_1/X_\sigma}{\sqrt{1 + (s_k/s)^2}} \tag{2.72}$$

mit $s_k = R_2/X_\sigma$

Aus dem Strom I lässt sich die zugeführte Leistung P_{zu} bestimmen. Zieht man von ihr die im Läuferwiderstand verbrauchte Leistung I^2R_2 ab, so ergibt sich die mechanisch abgegebene Leistung P_A und damit das Drehmoment M.

$$P_{zu} = I^2 R_2/s$$

$$P_A = \frac{I^2 R_2}{s} - I^2 R_2 = \frac{I^2 R_2}{s} \cdot (1-s) = P_{zu}(1-s) \tag{2.73}$$

$$M = \frac{P_A \cdot p}{(1-s) \cdot \omega_1} = \frac{P_{zu} \cdot p}{\omega_1} \tag{2.74}$$

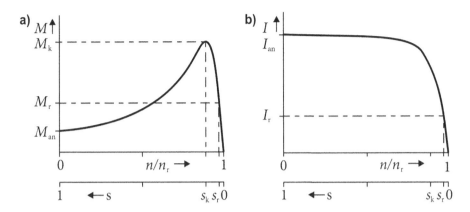

Abb. 2.48 Betriebsverhalten der Asynchronmaschine. **a** Drehmomentenkennlinie; **b** Stromaufnahme. (Eigene Darstellung)

Wenn das Drehmoment M ebenso wie die Leistung P_{zu} in p.u.-Größen angesetzt werden, entfällt die Polpaarzahl p und die Kreisfrequenz wird $\omega_1 = 1$ ($P = M$). Mit Gl. 2.72 und 2.73 ergibt sich für das Drehmoment M

$$M = \frac{2 \cdot M_k}{s/s_k + s_k/s} \qquad \text{mit } M_k = \frac{U_1^2/X_\sigma}{2} \tag{2.75}$$

Diese Gleichung wird als Kloss'sche Formel bezeichnet.

Für $s = s_k$ nimmt in Gl. 2.75 das Moment seinen Maximalwert M_k an. Übersteigt das Lastmoment diesen Wert, kann die Maschine die Drehzahl nicht mehr halten, sie kippt. Dementsprechend wird M_k als Kippmoment und der zugehörige Schlupf s_k als Kippschlupf bezeichnet. Der drehzahlabhängige Verlauf von Drehmoment und Strom ist in Abb. 2.48 dargestellt.

Bezugsgrößen bei der Asynchronmaschine sind Bemessungsspannung, Bemessungsstrom und Bemessungsscheinleistung, Synchrondrehzahl und ein daraus abgeleitetes Bezugsmoment.

$$M_b = \frac{s_r \cdot p}{\omega_1} \tag{2.76}$$

Dieses liegt über dem Bemessungsmoment M_r, das aus der Bemessungswirkleistung P_r und Bemessungskreisfrequenz $\omega_r = (1 - s_r)\omega_1$ berechnet wird.

2.8.2 Betriebsverhalten der Asynchronmaschine

Als Beispiel für das Betriebsverhalten wird eine Maschine mit der typischen Reaktanz $X_\sigma = 0,2$ und den zwei extremen Läuferwiderständen $R_2 = 0,02$ $(0,004)$

bei Bemessungsspannung untersucht. (Die Werte für den kleinen Widerstand stehen in Klammern.) Für den Stillstand ($s = 1$) geht Gl. 2.72 über in

$$I = \frac{U_1/X_\sigma}{\sqrt{1 + s_k^2}} \approx U_1/X_\sigma = 1/0{,}2 = 5 \tag{2.77}$$

Der Anlaufstrom ist damit fünfmal so groß wie der Bemessungsstrom. Da er durch eine Reaktanz bestimmt wird, handelt es sich um einen fast reinen Blindstrom. Er bleibt während des Hochlaufs sehr lang erhalten. Bei Erreichen des Kippschlupfs s_k sinkt der Strom I auf $5/\sqrt{2} = 3{,}5$ ab. Im Leerlauf wird der Strom I zu null und der Motorstrom I_1 zu U_1/X_h. Für den Kippschlupf ergibt sich

$$s_k = R_2/X_\sigma = 0{,}02/0{,}2 = 0{,}1 \quad (0{,}02) \tag{2.78}$$

Damit liegen alle Größen für die Drehmomentgleichung Gl. 2.75 fest.

$$M = \frac{1/0{,}2}{s/0{,}1 + 0{,}1/s} \qquad \left(\frac{1/0{,}2}{s/0{,}02 + 0{,}02/s}\right) \tag{2.79}$$

$$
\begin{aligned}
s &= 1 & M_{an} &= 0{,}495 & (0{,}1) \\
s &= s_k & M_k &= 2{,}5 & (2{,}5) \\
s &= 0 & M_L &= 0 & (0)
\end{aligned}
$$

Das Bemessungsmoment liegt wegen Gl. 2.76 unter $M = 1$ z. B. bei $M_r = 0{,}8$.

Aus Gl. 2.79 lässt sich damit der Bemessungsschlupf bestimmen.

$$s_r = 0{,}016 \quad (0{,}0033)$$

Die Drehmoment-Drehzahlkennlinien beider Motoren sind in Abb. 2.49a (Kurven I und II) dargestellt.

Das Anlaufmoment der im Beispiel gewählten Motoren liegt weit unter dem Bemessungswert, sodass sie nur mit geringer Last anlaufen können. Um ein großes Anlaufmoment zu erhalten, müsste der Läuferwiderstand R_2 – und damit der Kippschlupf s_k – sehr groß sein. Dies bedeutet jedoch im Normalbetrieb erhebliche Verluste, die mit einem variablen Widerstand zu vermeiden sind. Bei Motoren mit Schleifringen wurde früher ein Stellwiderstand als Anfahrhilfe verwendet. Bei Käfigläufermotoren nutzt man den Stromverdrängungseffekt. Dieser ist durch zwei Kurzschlusswicklungen auf dem Läufer zu erreichen (Abb. 2.49c). Die Wicklung I mit dem hohen Widerstand wird durch einen kleinen Leiterquerschnitt und die Wicklung II durch einen großen Leiterquerschnitt realisiert. Überlagert man die Wirkungen beider Leiter, so ergibt sich die Drehmomentenkennlinie DL (Doppelstabläufer). Sie würde durch die Kopplung von zwei Motoren mit unterschiedlichem Kippschlupf entstehen. Bei realen Lösungen werden die beiden Käfige jedoch gemeinsam auf einem Läufer untergebracht. Im niedrigen Drehzahlbereich ist die Läuferfrequenz hoch (50 Hz im Stillstand) und die Stromverdrängung bewirkt eine Verlagerung des Stroms in die obere Schleife I, sodass sich der Motor entsprechend Kurve I verhält. In der Nähe der Bemessungsdrehzahl ist die Läuferfrequenz

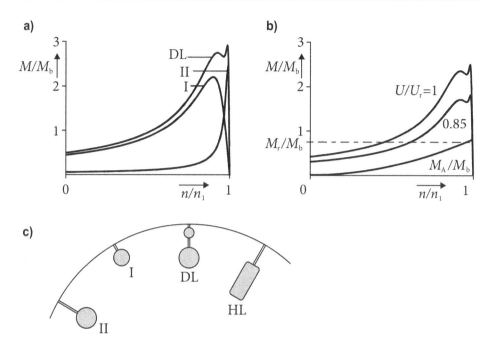

Abb. 2.49 Drehmomentenkennlinien von Asynchronmaschinen. **a** Bildung der Drehmomenten-kennlinie; **b** Hochlauf bei unterschiedlicher Spannung; **c** Anordnung der Dämpferstäbe; DL: Doppelstabläufer; HL: Hochstabläufer. (eigene Darstellung)

sehr klein, sodass der gesamte Querschnitt wirksam ist und sich der Motor entsprechend Kurve II verhält. So entsteht die Kennlinie DL eines Stromverdrängungsläufermotors. Für das Verhalten des Motors ist es nicht wesentlich, dass der Läufer zwei getrennte Wicklungen trägt. Ein Läufer mit einer Hochstabwicklung HL erfüllt denselben Zweck. Durch geeignete Formgebung der Läuferstäbe ist es sogar möglich, das Anlaufmoment auf das Bemessungsmoment anzuheben [15].

Um den Anlauf eines Asynchronmotors sicherzustellen, muss für jede Drehzahl das Motormoment M über dem Moment der Arbeitsmaschine M_A liegen, wie es in Abb. 2.49b für $U_1 = 1$ dargestellt ist. Die Differenz zwischen beiden Momenten führt zur Beschleunigung

$$\frac{\mathrm{d}n}{\mathrm{d}t} = \frac{1}{\tau_A}(M - M_A) \qquad (2.80)$$

Die Integration dieser Gleichung liefert das Drehzahlverhalten beim Hochlauf und damit die Hochlaufzeit. Sie liegt bei kleinen Maschinen unter einer Sekunde und kann bei großen Motoren, die gegen ein großes Drehmoment hochlaufen müssen, Minuten andauern. Über diese Zeit fließt dann entsprechend Abb. 2.48b der Anlaufstrom. Er ver-ursacht als Blindstrom über die Netzreaktanzen einen Spannungsabfall. Man muss mit Spannungseinbrüchen von 10 % und in der chemischen Industrie, die besonders große

Abb. 2.50 Dynamische
Drehmomentenkennlinie beim
Hochlauf eines unbelasteten
Motors. (Eigene Darstellung)

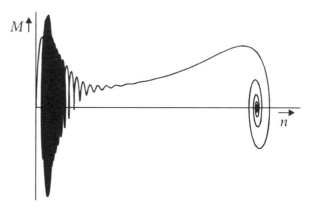

Motoren einsetzt, von 15 % rechnen (Abschn. 8.3.1.1), die über Gl. 2.75 zu einer
quadratischen Reduktion des Drehmoments führen. So zeigt Abb. 2.49b einen Fall für
$U_1 = 0{,}85$.

Wird der Hochlaufvorgang einer Asynchronmaschine dynamisch, z. B. mit den
Gleichungen nach Tab. 2.3, simuliert, so ergibt sich eine dynamische Drehmoment-
kennlinie entsprechend Abb. 2.50. Sie unterscheidet sich von der statischen Kennlinie (Abb. 2.49) in drei Punkten. Das Gleichstromglied beim Einschalten verursacht
50-Hz-Momente. Das Kippmoment ist nicht so stark ausgeprägt, da der Kipppunkt rasch
durchfahren wird. Beim Übergang in den Leerlauf treten in der Drehzahl gedämpfte
Schwingungen auf. Sie können zu einem Flattern der Zahnräder von Getrieben und
damit zum Bruch der Zähne führen.

Beispiel 2.6: Berechnung eines Asynchronmotors

Ein Motor $P_r = 1$ MW; $\eta = 0{,}9$; $\cos \varphi = 0{,}85$ mit dem Anlaufstrom $I_{an} = 5 \cdot I_r$ und
dem Kippmoment $M_k = 2{,}5 \cdot M_r$ wird von einem Transformator $S_{Tr} = 2$ MWA,
$u_k = 10$ % gespeist. Welcher Anlaufstrom entsteht? Wie groß ist das Kippmoment?

Der Anlaufstrom ist ein fast reiner Blindstrom. Bezogen auf die Motorelemente
ergibt sich dann (kleine Buchstaben bezeichnen p.u.-Werte)

$$x_{an} = I_r / I_{an} = I_r / 5 I_r = 0{,}2$$

$$x_{Tr} = u_k \cdot \frac{S_{Motor}}{S_{Tr}} = 0{,}1 \cdot \frac{1\,\text{MW}/(0{,}9 \cdot 0{,}85)}{2\,\text{MVA}} = 0{,}1 \cdot \frac{1{,}3}{2} = 0{,}065$$

$$\frac{U_{an}}{U_r} = \frac{x_{an}}{x_{an} + x_{Tr}} \cdot \frac{U_Q}{U_r} = \frac{0{,}2}{0{,}2 + 0{,}065} \cdot 1 = 0{,}75$$

$$\frac{I_{an}}{I_r} = \frac{U_Q/U_r}{x_{an} + x_{Tr}} = \frac{1}{0{,}2 + 0{,}065} = 3{,}77$$

$$\frac{M_k}{M_r} = \left(\frac{U_{an}}{U_r}\right)^2 \cdot \frac{M_k}{M_r}\bigg|_{U=U_r} = 0{,}75^2 \cdot 2{,}5 = 1{,}41 \blacktriangleleft$$

2.8.3 Wechselstrommaschine

Der Ständer der Asynchronmaschine besteht üblicherweise aus drei räumlich versetzten Wicklungen, die von drei zeitlich verschobenen Wechselspannungen gespeist werden. Dadurch bildet sich entsprechend Abschn. 1.2 ein Drehfeld aus. Wird in einer Maschine mit nur einer Wicklung ein Wechselfeld erzeugt, so entsteht im Stillstand kein Drehmoment. Man kann das Wechselfeld auch in ein positiv und ein negativ drehendes Feld zerlegen. Beide Felder rufen Drehmomente in entgegengesetzter Richtung hervor, die sich aufheben. Wird die Maschine jedoch in Bewegung gesetzt, so bilden sich entsprechend der Momentenkennlinie in Abb. 2.49b zwei unterschiedlich große Momente aus. Bei der Bemessungsdrehzahl ist der Schlupf des positiv drehenden Feldes sehr klein ($s = s_r$) und damit das Drehmoment groß. Im negativ drehenden Feld ist der Schlupf groß ($s \approx 2$) und damit das Drehmoment klein, sodass sich in Drehrichtung ein resultierendes Drehmoment entwickelt.

Wechselstrommaschinen benötigen eine Anfahrhilfe. Diese kann mit einer zweiten Wicklung erfolgen, die von einem zeitlich verschobenen Strom durchflossen ist. Die nötige Phasenverschiebung wird beispielsweise durch die Reihenschaltung der Hilfswicklung mit einem Kondensator erreicht. Das in einer solchen Maschine entstehende Drehfeld ist elliptisch, d. h. die Amplitude des Drehfeldes ist nicht konstant, weil die Hilfswicklung kleiner als die Hauptwicklung ausgelegt ist und die Phasenverschiebung zwischen den Strömen beider Wicklungen i. Allg. nicht 90° erreicht. Ein elliptisches Drehfeld ist auch durch eine Störung des Hauptfeldes zu erzielen. Wird auf der rechten Hälfte des Pols im Ständereisen eine Kurzschlusswicklung untergebracht, so verzögert diese das Feld zeitlich (Spaltpolmotor). Der Maximalwert des Feldes wandert damit von links nach rechts und erzeugt so eine Drehbewegung des Läufers.

Die Wechselstrommaschine mit Käfigläufer ist einfach aufgebaut und robust. Sie wird im Leistungsbereich bis zu einigen kW eingesetzt, wenn die geforderte Drehzahl unter 3000 min^{-1} liegt und eine Regelung nicht notwendig ist. Beispiele für die Anwendung sind Spül- und Waschmaschinen.

Ein gutes Anlaufverhalten haben die Wechselstrom-Kommutatormaschinen. Wegen ihrer Ähnlichkeit mit Gleichstrommaschinen wurden sie bereits in Abschn. 2.6.4 behandelt (siehe auch Abschn. 2.10.1).

2.8.4 Feldorientierte Regelung

Bei der fremderregten Gleichstrommaschine (Abschn. 2.6.3) wird das Feld über die Erregerspannung konstant gehalten und der Läuferstrom so vorgegeben, dass sich das gewünschte Drehmoment bzw. die gewünschte Drehzahl ergibt [14]. Feld und Moment einer Asynchronmaschine lassen sich ebenfalls unabhängig voneinander einstellen. Die Speisung erfolgt dann durch eine Drehspannungsquelle mit variabler Amplitude, Frequenz und Phasenlage. Der Aufbau ist entsprechend aufwändiger. Die im Regelkonzept verwendeten Gleichgrößen müssen mit einem Koordinatenwandler in Drehstromgrößen umgerechnet werden. Anschließend ist aus den Drehstromgrößen ein Gleichfluss zu ermitteln.

Um ein möglichst großes Drehmoment zu erhalten wird, wie bei der Gleichstrommaschine, das Feld auf dem zulässigen Höchstwert konstant gehalten. Man spricht deshalb von feldorientierter Regelung [11, 12, 13, 14]. Der Zusammenhang zwischen Feld und Drehmoment lässt sich aus Gl. 2.73 berechnen, wenn die Spannung U_2 an dem fiktiven Läuferwiderstand R_2/s eingeführt wird:

$$P_A = \frac{I_2^2 R_2}{s}(1-s) = \frac{U_2^2}{R_2/s} \cdot (1-s) \qquad (2.81)$$

Mit den Beziehungen $p = 1$; $U_2 = \omega_1 \Phi_2$; $s = \omega_2/\omega_1$ und $\omega = \omega_1 - \omega_2$ ergibt sich aus den Gl. 2.74 und 2.81

$$M = \frac{P_A}{\omega} = \frac{\Phi_2^2 \omega_2}{R_2} \qquad (2.82)$$

Danach lässt sich das Moment eines Asynchronmotors über die Rotorflussamplitude $\sqrt{2}\,\Phi_2$ und die Schlupfkreisfrequenz ω_2 einstellen.

Zur Beschreibung des gewünschten Rotorflusses $\varphi_2(t)$ wird ein Hilfswinkel β_2 eingeführt

$$\varphi_2(t) = \sqrt{2}\,\Phi_2 \cdot \sin\beta_2$$

$$\beta_2 = \int \omega_2(t)\mathrm{d}t \qquad (2.83)$$

Im stationären Betrieb sind die Parameter Φ_2 und ω_2 konstant, während sie sich bei Übergangsvorgängen ändern können. Ziel der feldorientierten Regelung ist es, die Flussamplitude $\sqrt{2}\,\Phi_2$ konstant zu halten und das Moment allein durch die Schlupfkreisfrequenz ω_2 zu beeinflussen.

Ein sinusförmiger Rotorfluss φ_2 nach Gl. 2.83 lässt sich durch einen eingeprägten Ständerstrom i_1 erzwingen, der zunächst als Strom i_1' in Läuferkoordinaten beschrieben wird. Aus der Ersatzschaltung (Abb. 2.51) erhält man

$$u_2 = \frac{\mathrm{d}\varphi_2}{\mathrm{d}t} = R_2\, i_2 \qquad (2.84)$$

Abb. 2.51 Einphasiges
Ersatzschaltbild des
Läuferkreises einer
Asynchronmaschine in
Läuferkoordinaten (siehe
auch Abb. 2.47). (Eigene
Darstellung)

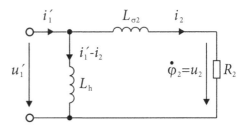

$$\varphi_2 = L_h\left(i_1' - i_2\right) - L_{\sigma 2}\, i_2 \tag{2.85}$$

$$i_1' = \frac{1}{L_h}\left[\tau_2 \frac{d\varphi_2}{dt} + \varphi_2\right] \tag{2.86}$$

$$\text{mit } \tau_2 = L_2/R_2 = (L_h + L_{\sigma 2})/R_2$$

Setzt man Gl. 2.83 in Gl. 2.86 ein, ergibt sich

$$i_1' = i_d \cdot \sin \beta_2 + i_q \cdot \cos \beta_2 \tag{2.87}$$

$$i_d = \frac{\sqrt{2}}{L_h}\left[\tau_2 \frac{d\varphi_2}{dt} + \varphi_2\right] \tag{2.88}$$

$$i_q = \frac{\sqrt{2}}{L_h}\omega_2\, \tau_2\, \Phi_2 \tag{2.89}$$

Der Ständerstrom i_1' besitzt eine Komponente, die in Phase mit dem Rotorfluss liegt ($i_d \cdot \sin \beta_2$), und eine, die gegenüber dem Rotorfluss um 90° voreilt ($i_q \cdot \cos \beta_2$). Bei einer sprungartigen Veränderung des Stromes i_d kann die Rotorflussamplitude Φ_2 nach Gl. 2.88 nur zeitverzögert folgen.

$$\Phi_2 = \frac{L_h}{\sqrt{2}} \cdot \frac{1}{1 + \tau_2 s} \cdot i_d \tag{2.90}$$

Im eingeschwungenen Zustand ist die Flussamplitude allerdings proportional zum Strom i_d. Deshalb wird er auch als feldbildender Strom bezeichnet.

Setzt man Gl. 2.89 in Gl. 2.82 ein, ergibt sich

$$M = \frac{L_h}{\sqrt{2}L_2} \cdot \Phi_2 \cdot i_q \tag{2.91}$$

Das Maschinenmoment M ist bei konstanter Rotorflussamplitude $\sqrt{2}\,\Phi_2$ proportional zum Strom i_q, den man daher als momentbildenden Strom bezeichnet.

Wird Gl. 2.87 in Ständerkoordinaten umgerechnet, ergibt sich mit dem Feldwinkel β_1

$$i_1 = i_d \cdot \sin \beta_1 + i_q \cdot \cos \beta_1$$

$$\beta_1 = \int \omega_1(t)\, dt = \int (\omega + \omega_2)\, dt \tag{2.92}$$

Im Gegensatz zum Strom i_1' aus Gl. 2.87, der die Schlupfkreisfrequenz annimmt, besitzt der Strom i_1 die Ständerfrequenz. Der zeitliche Verlauf des Stromes i_1 muss von einer Schaltung vorgegeben werden, deren Aufbau in Abb. 2.52 dargestellt ist.

Der Drehzahlregler R_n liefert die Führungsgröße i_{qw} des momentbildenden Ständerstroms. Aus der Führungsgröße Φ_{2w} der Rotorflussamplitude wird nach Gl. 2.90 die feldbildende Stromkomponente i_{dw} für konstanten Fluss ermittelt

$$i_{dw} = \frac{\sqrt{2}}{L_h} \Phi_{2w} \tag{2.93}$$

Mit den Größen i_{dw}, i_{qw} und β_1 lässt sich nach Gl. 2.92 die Ständerstromführungsgröße i_{1w} berechnen. Sie ist auf den Strang U bezogen. Für die drei Stränge der Maschine gilt dann:

$$\begin{bmatrix} i_{Uw} \\ i_{Ww} \end{bmatrix} = \begin{bmatrix} \sin \beta_1 & \cos \beta_1 \\ \sin(\beta_1 + 120°) & \cos(\beta_1 + 120°) \end{bmatrix} \cdot \begin{bmatrix} i_{dw} \\ i_{qw} \end{bmatrix} \tag{2.94}$$

$$i_{Vw} = -i_{Uw} - i_{Ww}$$

Diese Gleichung beschreibt den Aufbau des Koordinatenwandlers KW. Der Stromregler R_I vergleicht die Führungsgrößen mit den gemessenen Ständerströmen und wirkt auf die Drehspannungsquelle P, die als Pulsumrichter realisiert ist (Abschn. 3.2.4.2).

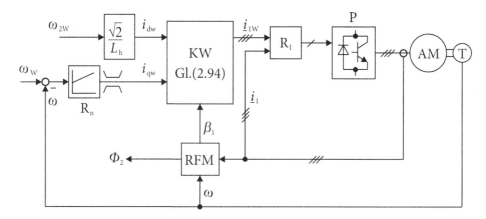

Abb. 2.52 Feldorientiertes Ständerstromregelkonzept (KW: Koordinatenwandler; R_n: Drehzahlregler; R_I: Stromregler; P: Pulsumrichter; RFM: Rotorflussmodell). (Eigene Darstellung)

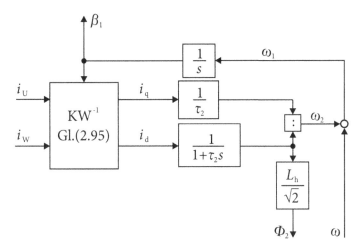

Abb. 2.53 Rotorflussmodell RFM (KW^{-1} inverser Koordinatenwandler). (Eigene Darstellung)

Zur Berechnung der Ständerstromführungsgrößen nach Gl. 2.94 wird der Feldwinkel β_1 benötigt. Er lässt sich über ein Rotorflussmodell RFM aus den gemessenen Ständerströmen und der gemessenen Drehkreisfrequenz ω ermitteln. Der Aufbau des Rotorflussmodells ist in Abb. 2.53 dargestellt. Zunächst werden die feld- und momentbildenden Stromamplituden i_d und i_q durch Inversion der Gl. 2.94) bestimmt:

$$\begin{bmatrix} i_d \\ i_q \end{bmatrix} = \begin{bmatrix} \sin\beta_1 & \cos\beta_1 \\ \sin(\beta_1 + 120°) & \cos(\beta_1 + 120°) \end{bmatrix}^{-1} \begin{bmatrix} i_U \\ i_W \end{bmatrix} \tag{2.95}$$

So entsteht ein inverser Koordinatenwandler KW^{-1}. Die Schlupfkreisfrequenz ω_2 ergibt sich mit den Gl. (2.89) und (2.90) zu

$$\omega_2 = \frac{\dfrac{1}{\tau_2} i_q}{\dfrac{1}{1 + \tau_2 s} i_d} \tag{2.96}$$

Hieraus erhält man mit der gemessenen Drehkreisfrequenz ω über Gl. 2.92 den Feldwinkel β_1.

Mit Hilfe der feldorientierten Regelung gelingt es, das Rotorfeld und das Maschinenmoment unabhängig voneinander zu beeinflussen. So ist es möglich, mit maximalem Fluss – und damit maximalem Drehmoment – eine vorgegebene Führungsgröße der Drehzahl nachzufahren. Die Asynchronmaschine verhält sich dann regelungstechnisch wie eine fremderregte Gleichstrommaschine. Abb. 2.54 gibt einen Einblick in das dynamische Verhalten des Regelkreises.

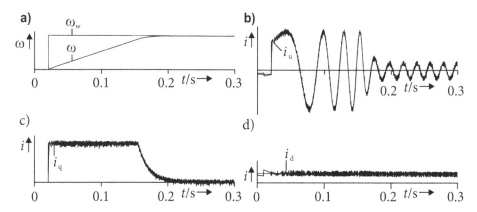

Abb. 2.54 Hochlauf einer feldorientiert geregelten Asynchronmaschine. **a** Kreisfrequenz der Drehzahl; **b** Ständerstrom; **c** momentbildende Ständerstromkomponente; **d** feldbildende Ständerstromkomponente. (Eigene Darstellung)

Die Führungsgröße ω_w der Drehkreisfrequenz wird sprungartig verändert. Die stillstehende, unbelastete Asynchronmaschine läuft unter dem Einfluss der momentbildenden Ständerstromkomponente i_q auf die gewünschte Drehkreisfrequenz hoch. Während des Hochlaufs bleibt die feldbildende Ständerstromkomponente i_d konstant. Die Regelung der Ständerströme i_1 erfolgt im betrachteten Beispiel durch Zweipunktschalter [11]. Zugegeben, die Zusammenhänge sind schwierig zu verstehen. Sie stellen nichts Anderes dar als die Regelung einer Drehstrommaschine nach dem Prinzip eines Gleichstrommotors. Diese Regelmethode ist heute üblich.

2.9 Sondermaschinen

Die Prinzipien der rotierenden elektrischen Maschinen wurden in den Kapiteln über Gleichstrom-, Synchron- und Asynchronmaschinen beschrieben. Mischformen, abgewandelte Bauformen und spezielle Ansteuerverfahren, die wiederum einen Einfluss auf die Bauart haben, sollen in den folgenden Abschnitten behandelt werden.

2.9.1 Linearmotor

Wickelt man Ständer und Läufer einer Asynchronmaschine zu einer ebenen Fläche ab, geht die Drehbewegung in eine Linearbewegung über [21]. Wird der Läufer fest montiert und der Ständer auf Räder gestellt, so entsteht ein Fahrzeug. Der Läufer muss dann als Schienenstrang über die zu fahrende Strecke fortgesetzt werden. Das Fahrzeug erhält auf seiner Unterseite eine Wicklung, deren Magnetfeld von vorn nach hinten läuft und dann wieder von vorn beginnt. In den Aluminiumschienen werden dadurch wie bei einem Kurzschlussläufer-Motor Ströme induziert, die mit dem Wanderfeld eine Schubkraft bilden. Diese Kraft wird null, wenn sich das Fahrzeug mit der Feldgeschwindigkeit bewegt. Der Betrieb ist demnach asynchron [22].

Die Stromzufuhr muss – wie bei der schienengebundenen Bahn – über Stromabnehmer erfolgen. Wird der Linearmotor nur für kurze Strecken eingesetzt, z. B. zur Bewegung des Schlittens einer Werkzeugmaschine, verwendet man zur Stromzufuhr bewegliche Kabel. Bei festem Antriebsteil und einer Flüssigkeit anstelle der Schienen entsteht eine Pumpe ohne bewegte Teile. Statt der Aluminiumschienen kann man auch Dauermagnete aufbringen und so eine Synchronmaschine als Linearmotor bauen. Ähnlich wie Dauermagnete verhält sich eine Zahnstange. In ihr wird durch den Ständer ein inhomogenes Feld erzeugt, das an den Stellen größer ist, an denen die Zähne in den Laufspalt hineinragen. Man spricht dann von einem Reluktanzmotor (Abschn. 2.9.2). Synchronmotoren sind genauer zu positionieren als Asynchronmotoren und entwickeln auch im Stillstand eine Kraft, wenn sie mit der Frequenz Null erregt werden. Man kann also den Synchronlinearmotor in eine bestimmte Position fahren und dort fixieren.

Bei dem Synchronlinearmotor lässt sich die Funktion von Schiene und Fahrzeug vertauschen. Das Fahrzeug trägt dann Magnete, die ein konstantes Feld erzeugen. In der Schiene wird eine Wicklung untergebracht, die allerdings über die gesamte Fahrstrecke verlaufen muss und ein Wanderfeld erzeugt. Diese Lösung wurde bei dem Hochgeschwindigkeitszug Transrapid gewählt [23] (Abb. 2.55). Dort hat man zur Vermeidung der Rad-Schiene-Probleme wegen der hohen Geschwindigkeiten eine Magnetschwebetechnik eingesetzt. Im Gegensatz zum Asynchronlinearmotor muss beim Transrapid nicht

Abb. 2.55 Shanghai-Transrapid (Viking GmbH)

die Antriebsleistung, sondern nur der Verbrauch der Tragmagnete und der Sekundär-anlagen übertragen werden. Dies ist mit Induktionsschleifen nach dem Transformator-prinzip kontaktfrei möglich.

Der Vorteil des Transrapid liegt in der hohen Geschwindigkeit (bis 1000 km/h) und der Laufruhe, der Nachteil in der aufwändigen Fahrstrecke. Außerdem ist kein Über-gang zu konventionellen Zugstrecken möglich. Eine Teststrecke im Emsland wurde nach einem schweren Unfall im Jahr 2006 stillgelegt. Eine kommerzielle 30 km lange Strecke in Shanghai zwischen Flughafen und Innenstadt ist seit 2002 ohne Probleme in Betrieb. Wegen der geringen Entfernungen zwischen den Haltepunkten liegt die Maximal-geschwindigkeit unter 500 km. Der Energieverbrauch bei gleicher Geschwindigkeit weist Vorteile gegenüber dem Rad-Schiene-System auf, der aber verloren geht wenn das höhere Geschwindigkeitspotential ausgenutzt wird [23]. In China wird eine 1000 km lange Strecke geplant. Es ergeben sich aber viele Probleme, sodass sich über die Zukunftsaussichten dieser Technik nichts konkretes sagen lässt.

2.9.2 Reluktanzmotor

Wird eine Schenkelpolsynchronmaschine nach Abb. 2.36a in einer Ständerwicklung mit Gleichstrom beaufschlagt, so bildet sich im Luftspalt ein stehendes Gleichfeld, in dem sich der erregte Läufer ausrichtet. Diese Ausrichtung erfolgt auch, wenn das Polrad nicht erregt ist, denn das Ständerfeld zieht die ausgeprägten Pole des Läufers an. Wird nun die Bestromung von der ersten auf die zweite Wicklung geschaltet, richtet sich das Polrad nach dieser Wicklung aus. Dies gilt für Polräder mit und ohne Dauermagnete. Ein Drehfeld führt deshalb sowohl den erregten als auch den unerregten Läufer mit. Das Drehmoment, das sich bei unerregtem Polrad entwickelt, wird Reluktanzmoment genannt. Es spielt bei normalen Synchronmaschinen eine geringe Rolle. Bei kleinen Motoren nutzt man es jedoch aus und verzichtet auf den Einbau von Dauermagneten oder gar einer Erregerwicklung. Der synchrone Lauf eines kleinen Reluktanzmotors kann z. B. in Uhren eingesetzt werden, um die Netz-frequenz als Zeitnormal zu nutzen. Sie werden auch als Schrittmotoren eingesetzt. Ihr Vorteil liegt in dem einfachen Aufbau, denn im Rotor wird keine Energie umgesetzt. Deshalb ist er kostengünstig. Von Nachteil ist sein großes Bauvolumen. Bauleistungen von bis zu 400 kW ermöglichen den Einsatz in Hybridautos, obwohl sich auch hier die Permanentpole durchsetzen.

2.9.3 Schrittmotoren

Der Schrittmotor ist eine Synchronmaschine, die Permanentmagnetpole enthält oder das Reluktanzprinzip nutzt [24]. Abb. 2.56 zeigt einen dreisträngigen Reluktanz-Schrittmotor mit zwei Polen im Ständer und vier Polen im Läufer. Zunächst wird die Wicklung

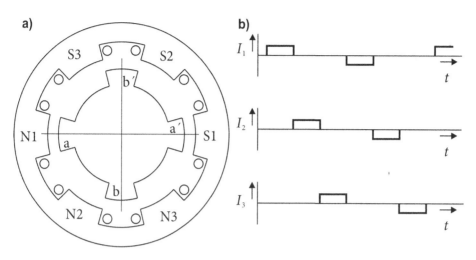

Abb. 2.56 Reluktanz-Schrittmotor. **a** Querschnitt; **b** Ansteuerung. (Eigene Darstellung)

1 mit I_1 bestromt. Die Magnetpole N_1 und S_1 ziehen die Läuferzähne a und a' in die gezeichnete Stellung. Durch den Wechsel der Bestromung auf die Wicklung 2 werden N_2 und b sowie S_2 und b' gegenübergestellt. Der Läufer dreht sich dadurch um 30°. Dieses Verfahren ist fortzusetzen, bis nach einer Periode die Bestromung wieder N_1 und S_1 aufbaut. Dann stehen sich N_1 – a' und S_1 – a gegenüber.

Der Läufer hat sich um $6 \cdot 30° = 180°$ gedreht. So werden bei mehr Polen bis zu 300 Schritte pro Umdrehung erreicht. Ein Schrittmotor kann vielpolig aufgebaut oder in Verbindung mit einem Getriebe als hochauflösendes Stellorgan genutzt werden. Da die Anzahl der Ansteuerimpulse die Position des Motors festlegt, benötigt man keine Lagemessung. Eine Überwachung des gesteuerten Systems ist aber trotzdem notwendig, da z. B. durch kurzzeitig erhöhte Reibung im mechanischen Aufbau, der Motor durchschlüpfen kann. In diesem Fall stimmt die räumliche Lage nicht mehr mit der aus der Zählung des Steuerimpulses errechneten überein. Um die gewünschte Lage sicher zu stellen kann man pro Umdrehung einmal die Lage bestimmen und das Schrittmuster der folgenden Umdrehung korrigieren. Um den Reluktanzschrittmotor in einer bestimmten Position zu halten, muss seine Wicklung ständig bestromt werden. Sind auf dem Läufer Dauermagnete aufgebaut, so ziehen sie sich in eine fixierte Lage gegenüber den Ständerpolen. Dieses Rastmoment erübrigt die Bestromung in der Ruhelage. Derartige Motoren werden nicht nur dazu verwendet die angetriebene Maschine schrittweise zu drehen oder vorwärts zu bewegen, sondern auch als sich kontinuierlich drehende Antriebe [24]. Der Unterschied zum Schrittmotor liegt nur in der Ansteuerung. Man spricht dann von Elektronikmaschinen.

2.9.4 Elektronikmaschine

Die klassische Synchronmaschine wird aus einem Netz mit sinusförmiger Spannung von konstanter Amplitude und Frequenz versorgt. Man kann die Amplitude und die Frequenz aber auch über leistungselektronische Steller variieren [11, 24, 25]. Auf diese Art ist eine Drehzahlregelung möglich. Erfasst man nun die Lage des Rotors und steuert davon abhängig die Transistoren eines Wechselrichters, so schaltet die Drehbewegung wie beim Kommutator der Gleichstrommaschine von einer Wicklung auf die nächste. Die Maschine verhält sich dadurch wie eine fremderregte Gleichstrommaschine, wobei die Erregung nicht durch eine Erregerwicklung aufgebracht wird, sondern von Dauermagneten, die zudem nicht im Ständer, sondern auf dem Läufer angeordnet sind. Demnach ist die Elektronikmaschine eine Innenpolmaschine. Durch die Drehung entsteht wie bei der Gleichstrommaschine eine innere Spannung, sodass bei steigender Drehzahl und fester Klemmenspannung das Drehmoment abnimmt und sich ein stabiler Betrieb einstellt. Um ein konstantes Drehmoment zu erhalten, wird der Ständerstrom über einen Wechselrichter in die Maschine eingeprägt (Abschn. 2.6.5 und 2.8.4). Man spricht deshalb von Bestromung.

Der Begriff Elektronikmaschine hat sich eingebürgert. Korrekterweise müsste man von einer elektronisch kommutierten Maschine sprechen. Da sie vornehmlich als Motor eingesetzt wird, nennt man sie auch EK-Motor oder Bürstenloser Antrieb (BL) [25], denn wegen der Permanenterregung benötigt sie keine Stromübertragung zu dem Rotor. Ist das Feld des Läufers sinusförmig und erfolgt die Bestromung ebenfalls sinusförmig, so bildet sich wie bei der Synchronmaschine ein konstantes Drehmoment aus. Der sinusförmige Strom wird nicht durch eine modulierende Ansteuerung der Transistoren wie bei Verstärkern erzeugt - dies würde zu hohe Verluste erzeugen -, sondern durch hochfrequente Taktung (Abschn. 3.2.4.2). Die Leistungstransistoren sind dabei voll gesperrt oder voll durchgeschaltet. Um die sinusförmige Steuerung zu ermöglichen, muss die Polradlage sehr genau erfasst werden. Dieser Aufwand ist zu umgehen, wenn das Feld der Dauermagnete trapezförmig verläuft und die Bestromung blockförmig erfolgt. Auch so entsteht ein konstantes Drehmoment. Insgesamt wird dadurch die Maschine jedoch etwas ungünstiger ausgenutzt und somit bei gleichem Drehmoment größer. Die blockförmigen Ströme erzeugt man durch Pulsen des Wechselrichters. Hierzu wird die Gleichspannung U_d mit einer Pulsfrequenz von z. B. 5 kHz an die Wicklung gelegt. Wegen der glättenden Wirkung der Ständerinduktivität erscheint diese Pulsfrequenz im Strom fast nicht mehr. Bei positivem Strom schwankt so die Spannung zwischen U_d und 0 bzw. bei negativem Strom zwischen $-U_d$ und 0. Das Verhältnis der Taktzeit bestimmt dabei die Stromamplitude.

Bei hochdynamischen Antrieben muss der Motor auch bremsen können, sodass über den Wechselrichter Energie in das Gleichstromnetz zurückfließt [14]. Wenn das Gleichstromnetz über eine Diodenbrücke versorgt wird und dadurch nicht rückspeisefähig ist, wird über Transistoren ein Lastwiderstand geschaltet, um die Bremsenergie zu vernichten. Anstelle des Diodengleichrichters kann man auch einen Pulsumrichter (Abschn. 3.2.4.2) einsetzen und so eine Rückspeisung ermöglichen.

Elektronikmaschinen werden i. Allg. dreiphasig ausgeführt und im Leistungsbereich bis 50 kW eingesetzt, wenn hohe Dynamik und damit geringe Trägheit der rotierenden Massen mit rascher Änderung des Drehmoments gefordert sind. Ein Anwendungsgebiet sind Roboterantriebe.

Von großer Bedeutung sind diese Maschinen bei Elektrofahrzeugen und zwar sowohl bei Hybridantrieben als auch bei vollelektrischen Autos. Die Maschinen mit Permanent-magneten haben eine stürmische Entwicklung genommen. Die Magnete wurden so stark, dass die Felder genau so groß sind wie die in Synchronmaschinen mit Erregerwicklung. Die Größe des Feldes wird damit durch die Sättigung des Eisens im Magnetkreis bestimmt. Die lange Zeit als Alternative gehandelte Asynchronmaschine ist zwar billiger aber schwerer und wird deshalb bei mobilen Antrieben kaum noch genutzt. Ein Nach-teil der Permanentpolmaschinen besteht in dem Material für die Magnete. Hier werden Metalle der Seltenen Erden benutzt, die nur an wenigen Stellen der Erde gefunden wurden. Man baut sie vornehmlich in China und neuerdings in der Mongolei ab.

Die Elektronikmaschine ist ein Schrittmotor mit Steuerelektronik und verhält sich wie eine bürstenlose Gleichstrommaschine. Sie ist damit ein Antrieb. Die Reluktanzmaschine kann als unerregte Schenkelpolmaschine oder als Schrittmotor ohne Permanentpole angesehen werden.

2.10 Traktion

Die Traktion ist ein wichtiges Anwendungsgebiet der Antriebstechnik. In ihm werden alle bisher besprochenen Maschinenarten angewendet. Man versteht darunter alle Arten der Kraftübertragung zur Fortbewegung von Triebfahrzeugen. Die elektrische Traktion kommt bei Bahnen sowie Elektroautos zum Einsatz. Konventionelle Bahnsysteme (Eisenbahnen, Straßenbahnen) benötigen für die Spurhaltung ein Schienennetz, wobei die Energie zur Bewegung der Züge über eine Fahrleitung zugeführt werden muss. Zu diesem Zweck ist die Strecke zu elektrifizieren. Elektroautos entnehmen die notwendige Energie zur Fortbewegung einem Batteriespeicher.

2.10.1 Elektrolokomotiven

Eine Elektrolokomotive (Abb. 2.57) besitzt in der Regel mehrere Fahrmotoren, die die erforderliche Zugkraft aufbringen.

Dabei werden üblicherweise die einzelnen Achsen getrennt angetrieben. Abb. 2.58 zeigt den prinzipiellen Aufbau eines Einachsenantriebes am Beispiel des Hoch-geschwindigkeitszuges ICE.

Abb. 2.57 Triebkopf des ICE 4 der Deutschen Bahn (Baureihe 412). (Eigene Darstellung)

Abb. 2.58 Achsantrieb des
Hochgeschwindigkeitszuges
ICE. M: Asynchronmotor; Z:
Zahnrad; H: Kardanhohlwelle;
G: Gummigelenke; R1:
direkt angetriebenes Rad;
R2: indirekt angetriebenes
Rad; A: Radachse. (Eigene
Darstellung)

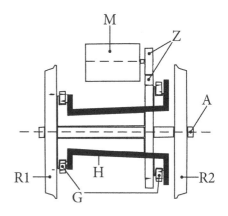

Der Fahrmotor M überträgt zunächst sein Drehmoment auf ein einstufiges, doppelt
schräg verzahntes Stirnradgetriebe. Das Großrad Z ist über elastische Elemente
(Gummigelenke G) mit dem Gabelstern einer Kardanhohlwelle H verbunden.
Diese besitzt auf der gegenüberliegenden Seite einen weiteren Gabelstern, an dem
wiederum elastische Gelenke für die Momenteinleitung in den Radsatz sorgen. Der
Gummigelenk-Kardanhohlwellenantrieb verleiht der Elektrolokomotive im gesamten
Geschwindigkeitsbereich gute Laufeigenschaften.

Abb. 2.59 Zugkraft-
Geschwindigkeits-Diagramm
einer Elektrolokomotive
(BR 120). F_Z: Zugkraft; F_B:
Bremskraft (Netzbremse).
(Eigene Darstellung)

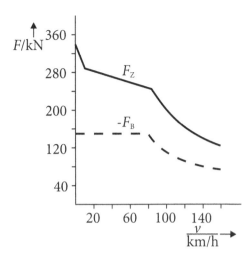

Das Drehmoment des elektrischen Fahrmotors muss steuerbar sein, um die verlangte Zugkraft bei verschiedenen Fahrgeschwindigkeiten zu erreichen. In der Regel kann jeder Fahrmotor auch mit negativem Drehmoment, d. h. im Generatorbetrieb, arbeiten.

Damit lässt sich die Bewegungsenergie des Zuges in elektrische Energie umwandeln (elektrische Bremse). Diese wird zweckmäßigerweise in das Versorgungsnetz zurückgespeist (Netzbremse). Andernfalls ist nur die Umsetzung in Wärme möglich (Widerstandsbremse). Abb. 2.59 zeigt das Zugkraft-Geschwindigkeits-Diagramm (F/v-Diagramm) einer Elektrolokomotive (Baureihe 120 der DB). Im Anfahrbereich ist die höchste Zugkraft erforderlich. Sie nimmt bei etwa konstanter Leistungsaufnahme des Fahrmotors mit zunehmender Geschwindigkeit ab. Die Bremskraft fällt (typisch für Elektroloks) immer erheblich kleiner aus als die entsprechende Zugkraft.

Die Energieversorgungssysteme elektrischer Bahnen entwickelten sich in Europa seit Beginn des 20. Jahrhunderts völlig unkoordiniert. Heute sind vier Stromsysteme anzutreffen [26, 27]:

- Gleichstrom 1,5 kV (Niederlande, Südfrankreich, Südengland)
- Gleichstrom 3 kV (Belgien, Italien, Spanien, Polen, Tschechien)
- Einphasenwechselstrom 16,7 Hz, 15 kV (Deutschland, Österreich, Schweiz, Norwegen, Schweden)
- Einphasenwechselstrom 50 Hz, 25 kV (Großbritannien, Irland, Nordfrankreich, Ungarn, Rumänien, Portugal)

Elektrolokomotiven wurden in der Vergangenheit bevorzugt durch Kommutatormotoren mit Reihenschlusserregung angetrieben. Diese waren als Gleichstrommotoren (bei Gleichstromspeisung) oder Wechselstrommotoren (bei Speisung mit Einphasenwechselstrom) ausgelegt (Abschn. 2.6.3 und 2.6.4). Reihenschlussmaschinen besitzen eine Drehmoment-Drehzahl-Kennlinie (Abb. 2.32), die den Bahnanforderungen (Abb. 2.59) weitgehend entspricht. Das Drehmoment lässt sich zudem auf einfache Weise durch die Klemmenspannung verändern.

Aufgrund der Fortschritte in der Leistungselektronik hat heute die Kommutator-Reihenschlussmaschine ihre bevorzugte Stellung verloren. Bei neu entwickelten Elektrolokomotiven dominiert als Fahrmotor die Asynchronmaschine (Abschn. 2.8), die ohne Kommutator auskommt. Abb. 2.60 gibt einen Überblick über den gegenwärtigen Stand der Technik bei Bahnantrieben. Die elektrische Ausrüstung hängt vom Stromversorgungsnetz ab. Man unterscheidet zwischen Gleichstromlokomotiven (Abb. 2.60a) und

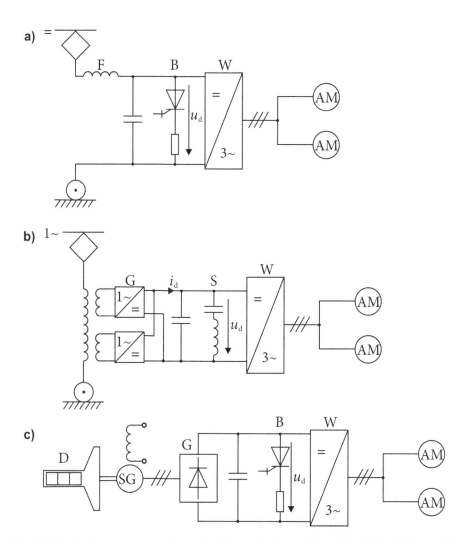

Abb. 2.60 Technik bei Bahnantrieben. F: Filter; G: Gleichrichter; W: Wechselrichter; AM: Asynchronmotor; SG: Synchronmotor; D: Dieselmotor; B: Bremswiderstand; S: Saugkreis; **a** Gleichstromlokomotiven; **b** Wechselstromlokomotiven; **c** dieselelektrische Lokomotiven. (Eigene Darstellung)

Wechselstromlokomotiven (Abb. 2.60b). Bei Letzteren wurden die Kommutatormotoren durch Asynchronmaschinen und neuerdings permanenterregte Synchronmotoren ersetzt. Auf nicht elektrifizierten Strecken fahren dieselelektrische Loks (Abb. 2.60c).

Die Asynchronmotoren werden von U-Pulsumrichtern W mit GTOs und IGBTs versorgt. Die grundsätzliche Wirkungsweise einer solchen Schaltung ist in Abschn. 3.2.4.2 beschrieben. Die Beeinflussung des Drehmomentes kann nach dem Prinzip der feldorientierten Regelung erfolgen (Abschn. 2.8.4). Bei Gleichstrombahnen wird der Gleichspannungszwischenkreis über ein Filter F direkt aus der Fahrdrahtleitung gespeist (Abb. 2.60a). Wechselstrombahnen sind mit einem Anpasstransformator und selbstgeführten Gleichrichtern G ausgestattet (Abb. 2.60b). Diese entnehmen dem speisenden Netz bei geeigneter Aussteuerung nur sinusförmige Wirkströme (Abb. 3.37). Für die aufgenommene Leistung gilt dann (siehe auch Gl. 2.30)

$$p = u \cdot i = \hat{u} \sin \omega t \cdot \hat{i} \sin \omega t = \frac{1}{2} \hat{u}\hat{i} \left(1 - \cos 2\omega t\right) \qquad (2.97)$$

Bei verlustfreiem Gleichrichter und konstanter Zwischenkreisspannung $U_d = u_d$ beträgt die Leistung p_d auf der Gleichspannungsseite

$$p_d = U_d \cdot i_d = p = \frac{1}{2} \hat{u}\hat{i}(1 - \cos 2\omega t) \qquad (2.98)$$

$$i_d = \frac{1}{2} \cdot \frac{\hat{u}}{U_d} \cdot \hat{i} \cdot (1 - \cos 2\omega t) \qquad (2.99)$$

Der Zwischenkreisstrom enthält somit neben einer Gleich- noch eine Wechselkomponente von doppelter Netzfrequenz. Diese wird von einem Saugkreis S aufgenommen. Das durch die pulsierende Leistung verursachte Drehmoment wird von der rotierenden Masse der Räder ausgeglichen.

Bei der dieselelektrischen Lokomotive (Abb. 2.60c) treibt ein Dieselmotor D einen Synchrongenerator SG an, der den Gleichspannungszwischenkreis über einen ungesteuerten Gleichrichter G versorgt. Der restliche Teil ist mit Abb. 2.60a identisch. An Stelle des Dieselmotors mit Generator kann natürlich auch eine Batterie angeordnet werden. Solch Systeme sind nur sinnvoll, wenn sich wegen der geringen Auslastung einer Strecke die Elektrifizierung nicht lohnt.

Gleichstromlokomotiven und dieselelektrische Loks sind mit Bremswiderständen B im Gleichspannungskreis auszustatten (Widerstandsbremse). Wechselstromlokomotiven besitzen dagegen im ungestörten Betrieb immer die Fähigkeit, Energie in das speisende Netz zurückzuliefern (Netzbremse).

Elektrische Hochleistungslokomotiven sind heute auf jeder Achse mit einem Asynchronmotor bis 1,6 MW Leistung ausgerüstet. Für eine vierachsige Lokomotive der Baureihe 120 ergibt sich dann eine Gesamtantriebsleistung von 6,4 MW. Dabei ist zu beachten, dass die Zugkraft durch die Haftreibung der Räder begrenzt ist. Deshalb werden bei S-Bahnen an Stelle einer Lok alle Wagen angetrieben.

Fahrgeschwindigkeiten bis 200 km/h gelten in vielen Fällen als Standard. Heute werden Geschwindigkeiten bis 300 km/h problemlos erreicht. Es ist auch möglich, Bahnantriebe für mehrere Stromsysteme auszulegen. So kann die Lokomotive der Baureihe 181 im 15-kV-16,7-Hz-Netz der Deutschen Bahn und im 25-kV-50-Hz-Netz der französischen Bahn betrieben werden. Für höhere Geschwindigkeiten sind Linearmotoren mit Magnetschwebetechnik in Entwicklung (Abschn. 2.9.1). Ein Beispiel hierfür ist der Transrapid.

2.10.2 Straßenbahnen

Straßenbahnen werden überwiegend im innerstädtischen Nahverkehr eingesetzt. Zu ihrer Versorgung dient gewöhnlich eine 600-V- oder 750-V-Gleichspannung. Die elektrische Ausrüstung entspricht daher dem Schema aus Abb. 2.60a. Aufgrund der niedrigen Versorgungsspannung und des geringeren Leistungsbedarfs werden zur Speisung der Asynchronmotoren IGBT-Transistor-Pulswechselrichter eingesetzt. Die Bemessungsleistung P_r der verwendeten Fahrmotoren liegt in der Größenordnung von ≤ 100 kW. Die Antriebsleistung eines gewöhnlichen Straßenbahnzuges beträgt ca. 300–500 kW. In Abb. 2.61 sind die Zug- und Bremskräfte über der Geschwindigkeit aufgetragen. Aus Sicherheitsgründen müssen bei Straßenbahnen die Bremskräfte vom Betrag her immer über den Zugkräften liegen.

Bei Triebwagen des städtischen Nahverkehrs ist seit 1989 eine deutliche Hinwendung zur Niederflurtechnik zu erkennen (Abb. 2.62). Sie bietet optimale Einsteigeverhältnisse und wird daher bei Neuanschaffungen von Straßenbahnen bevorzugt. Ferner wurden Hybridfahrzeuge entwickelt, die den Übergang vom innerstädtischen Gleichstromnetz auf das Wechselstromnetz der Deutschen Bahn gestatten. Problematisch bei Gleichstrombahnen ist der Rückstrom über die Schienen. Parallel zu diesen liegt das Erdreich. In ihm liegende Metallteile werden ebenfalls von Teilströmen durchflossen und tragen so an den Übergangsstellen galvanisch Material ab. Dies kann z. B. undichten Wasserleitungen führen.

Abb. 2.61 Zug/Bremskraft-Geschwindigkeits-Diagramm einer Straßenbahn. F_Z: Zugkraft; F_{B1}: Normalbremskraft; F_{B2}: Notbremskraft. (Eigene Darstellung)

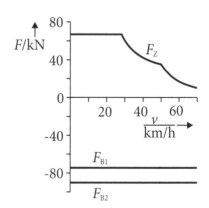

Abb. 2.62 Niederflur-Straßenbahn (ABB AG)

2.10.3 Elektroauto

Im Automobilbau hat sich nach 1900 der Verbrennungsmotor als Antriebsmaschine durchgesetzt. Für diese Entwicklung waren der große Aktionsradius und die guten Fahrleistungen von Otto- und Dieselmotoren ausschlaggebend. Der Elektroantrieb wurde seither nur in Sonderfahrzeugen (z. B. bereits 1930 LKW zur Paketzustellung, in Fabrikhallen und im Bergbau) verwendet. Erst die Ölkrise in den 70er Jahren und das vermehrte Umweltbewusstsein haben das Elektroauto wieder in das Blickfeld der Öffentlichkeit gerückt. Die Vorteile sind neben der Einsparung von Erdöl vor allem in den verringerten Geräusch- und Abgasemissionen zu sehen. Der einfache Aufbau des Antriebsstranges lässt eine erhebliche Kostenreduktion in der Fertigungung erwarten. So wird kein Schaltgetriebe benötigt und ein Elektromotor ist einfacher aufgebaut als ein Verbrennungsmotor. Dem steht die teure Batterie gegenüber. Da ihre Kosten nur wenig mit dem Standard des Fahrzeuges steigen, fallen sie bei Kleinwagen besonders stark ins Gewicht. Deshalb neigen die Hersteller eher dazu, Elektroautos im oberen Preissegment anzubieten. Deren elektrische Leistung liegt dann in der Größenordnung von Fahrzeugen mit Verbrennungsmoto.

Spätestens seit 2019 wird das Thema von dem Treibhauseffekt und dem ihn verursachenden CO_2 -Ausstoß beherrscht. Weitgehend besteht Konsens darüber, dass dies eine Überlebensfrage der Menschheit ist. (Siehe Abschn. 7.9).

Zum Antrieb elektrischer Straßenfahrzeuge eignen sich grundsätzlich die fremderregte Gleichstrommaschine (Abschn. 2.6), die Synchronmaschine (Abschn. 2.7) und
die Asynchronmaschine (Abschn. 2.8). Die ersten Elektroautos waren mit der leicht
regelbaren Gleichstrommaschine ausgerüstet [2, 28]. Heute überwiegt der Antrieb mit
permanenterregten Drehstromsynchronmotoren (Abschn. 2.6.1 und 2.9.4). Die dabei verwendeten Magnete bestehen aus seltenen Erden, die, wie es der Name sagt, auf der Erde
nur selten vorkommen und zudem aufwändig gewonnen werden. Da dies vorwiegend in
Entwicklungsländern geschieht, gibt es politische Diskussionen. Sollten die verwendeten
seltenen Erden zur Neige gehen, können selbstverständlich auch klassische Synchron–
oder Asynchronmaschinen eingesetzt werden [29, 30].

Das Elektroauto wird auf dem Markt nur dann akzeptiert, wenn es neben einer
Mindestreichweite auch günstige Fahreigenschaften aufweist. Ein 1,5-t-Pkw benötigt
hierzu eine Antriebsdauerleistung von mindestens 30 kW. Die grundsätzliche
Problematik des Elektrofahrzeugs liegt jedoch nicht in der Ausführung des Antriebs,
sondern in der Energieversorgung [31]. Eine Fahrdrahtspeisung wie bei der Bahn steht
der Forderung nach flexiblem Individualverkehr entgegen. Batteriespeicher (z. B. Blei-
akkumulatoren) sind bei gleicher Fahrarbeit 50–100 mal schwerer als Flüssigkeitskraft-
speicher. Erst die Einführung der Lithium–Ionen-Batterie, die für Handys und andere
mobilen Kleigeräten entwickelt wurden, hat vertretbare Fahreigenschaften ermöglicht.

Untersuchungen haben ergeben, dass ein herkömmliches Automobil bei 80 %
aller Fahrten nur 40 % seiner Leistung einsetzt. In der Stadt sind es sogar nur 25 %.
Diese Erkenntnis führte zum Hybridantrieb mit konventionellem Verbrennungsmotor und schwächer ausgelegtem Elektroantrieb. So können beispielsweise ein
35-kW-Verbrennungsmotor (Hubraum: 750 ccm) auf die Vorderräder und zwei 7 kW
starke Elektromotoren auf die Hinterräder einwirken. Abhängig von der Verkehrslage
stimmt ein Mikrorechner die beiden Motorsysteme aufeinander ab. Beim Anfahren und
bei Geschwindigkeiten bis 40 km/h sorgen die Batterien für die notwendige Antriebs-
energie. Anschließend übernimmt der klassische Verbrennungsmotor den Antrieb und
lädt gleichzeitig die Batterien wieder auf. Große Leistungen und damit Beschleunigungs-
momente sind zu erreichen, wenn Elektro-und Verbrennungsmotor gleichzeitig ihre volle
Leistung abgeben. Reduziert der Fahrende die Geschwindigkeit, dienen die Elektromotoren als zusätzliche Bremse und speisen in die Batterien zurück (Rekuperation).

Hybridantriebe kombinieren die Vorteile herkömmlicher Fahrzeugantriebe (großer
Aktionsradius, gute Fahrleistungen) mit denen des reinen Elektroantriebs (niedrige
Geräusch- und Abgaswerte, hohes Anfahrdrehmoment, Einsparung von Erdöl). Sie
stellen in energetischer Hinsicht und bezüglich der Umweltbelastung einen guten
Kompromiss dar. Die Einsparung an Benzin ist stark von der Betriebsweise abhängig.
Während bei Überlandfahrten praktisch keine Einsparung möglich ist, kann der Benzin-
verbrauch in der Stadt nach Herstellerangaben halbiert werden. Wichtig ist die Kapazi-
tät der Batterie, damit die Zyklen „Stadt–Land" ausgenutzt werden können. Mit einem
„Plug-in–Betrieb" ist es möglich, die Pufferbatterie zuhause aufzuladen und so die Vor-

teile eines Elektroautos zu nutzen. Die Umweltverträglichkeit der Elektroautos wird jedoch häufig überschätzt.

Die Vorteile des Elektroantriebes lässt sich mit einem Oberleitungsbus (O–Bus) nutzen. Dabei hat der Bus zwei Stromabnehmer, denn die Schiene als Rückleiter steht nicht zur Verfügung. Solche O-Busse sind gegenüber der Bahn flexibler, können zum Beispiel andere Fahrzeuge überholen, haben aber Schwierigkeiten mit dem Stromabnehmer, wenn man sich zu weit vom Fahrdraht entfernt. Sie sind ökologisch mit Schienenfahrzeugen vergleichbar haben aber wegen der Gummireifen einen etwas höheren Rollwiderstand und können weniger Personen transportieren. O-Busse sind lange bekannt und werden in vielen Städten eingesetzt. Sind aber in ihrer Bedeutung zurückgegangen. Neu sind LKW mit Oberleitungen. Bei Teststrecken von z. B. 5 km wird während der Fahrt die Batterie des Fahrzeuges aufgeladen, sodass es anschließend z. B. 10 km ohne Oberleitung fahren kann.

2.10.4 Elektromobilität

Die kritischen Fragestellungen der elektrischen Energietechnik bezüglich der Umwelt werden in Abschn. 7.9 behandelt. Weil die Elektromobilität als Teil der Antriebstechnik, mit hoher Emotion diskutiert wird, soll hier auf die Umweltprobleme, die die Elektromobilität betreffen, gesondert eingegangen werden [32, 33]. Wir beschränken uns dabei auf das Elektroauto.

Eines ist klar: Irgendwann wird die gesamte Energie, die auf der Erde eingesetzt wird, regenerativ erzeugt werden, spätestens, wenn die Vorräte an fossilen Rohstoffen aufgebraucht sind. Bis dahin sollte man überlegen für welche Anwendungen die noch vorhandenen Rohstoffe einzusetzen sind. Hier kommen wir zum Auto. Dieses ist auf sehr verschiedene Art zu betreiben. In den Mittelpunkt der Betrachtungen rückt der Tankinhalt als Energiespeicher. Er soll leicht sein, eine genügende Reichweite ermöglichen, schnell aufzufüllen sein und, das ist wichtig, das System soll sicher sein. Hinzu kommt, dass es genügend Stellen gibt, an denen man ihn nachfüllen kann. Schließlich soll die eingesetzte Energie kostengünstig und ökologisch hergestellt werden. Die Auswahl an möglichen Varianten ist groß. Es bleibt offen, welche sich irgendwann durchsetzen wird. So kann beispielsweise eine Variante aus heutiger Sicht optimal sein und in 20 Jahren verworfen werden. Die Frage ist auch, ob es in 50 Jahren einen oder viele Fahrzeugtypen geben wird. Im Augenblick (2020) denkt man weitgehend an den batteriebetriebenen Elektromotor. Beginnen wir mit dem heutigen Zustand.

Ein Diesel- bzw. Benzinmotor benötigt einen Stahltank von 50–100 l Fassungsvermögen. Damit lassen sich Reichweiten bis 1000 km erreichen. Der Primärenergiebedarf und damit auch der CO_2-Ausstoß ist beim Dieselmotor 10–20 % günstiger als beim Ottomotor. Nachteilig beim Diesel ist der Feinstaub und das NO_x im Abgas. Beides kann mit zum Teil erheblichen Aufwand reduziert werden. Die dazu notwendige Energie reduziert jedoch den Wirkungsgrad. Bei Vergleichsrechnungen ist außerdem zu beachten, dass aufgrund des höheren spezifischen Gewichts 1 l Diesel 14 % mehr CO_2 erzeugt als 1 l Benzin. Für alle anderen Antriebsarten sind die Speicher erheblich schwerer und teurer. Der Wirkungsgrad eines Verbrennungsmotors liegt bei bis zu 40 %. Dies sagt nichts über den Treibstoffverbrauch des Fahrzeuges aus. Ein Wirkungsgrad für das Auto ist nicht angebbar, weil ein Auto, das in der Ebene fährt, keine Energie abgibt. Je nach Fahrzeugtyp rechnet man bei einem PKW mit einem Bedarf von 5–10 l/100 km.

Bei Gasautos wird Erdgas oder Autogas verwendet. Erdgas (Compressed Natural Gas = CNG) kann dem öffentlichen Gasnetz entnommen werden. An der Tankstelle wird es auf 200 bar komprimiert und in den Stahltank des Autos gefüllt, der 40 kg schwerer und 1000 EUR teurer als ein Benzintank ist. Über ein Dekompressionsventil gelangt es mit 7 bar zu einem Ottomotor. Diese Zahlenangaben sind sehr grob und werden sich im Laufe der Zeit mit der technischen Entwicklung ändern! Ein Gasauto kann auch mit Benzin betrieben werden, wenn ein zweiter Tank eingebaut ist. Gegenüber Benzin stößt ein Erdgasauto 25 % weniger CO_2 aus. Mit ihm lässt sich wie beim Benzinmotor eine Reichweite von 1000 km erreichen. Das Autogas (Liquified Petroleum Gas = LPG) ist ein speziell für Mobilität hergestelltes Gas, das hauptsächlich aus Butan und Propan besteht und schon lange bei Campingkochern usw. eingesetzt wird. Wirtschaftlich und ökologisch besteht zwischen beiden Gasarten kein großer Unterschied. Der wirtschaftliche Nutzen gegenüber Benzin und Diesel liegt für den Verbraucher in der Steuerbegünstigung, der ökologische Nutzen im geringeren Schadstoffausstoß.

Schließlich lässt sich Wasserstoff als Treibstoff verwenden. Dieser wird wirtschaftlich aus Erdgas und ökologisch aus Solarstrom hergestellt. Problematisch ist die Speicherung. Da die H_2-Moleküle sehr klein sind, ist die Verhinderung von Leckagen aufwändig. Der Tank für Wasserstoffgas eines PKW wiegt 100 kg mehr als ein Benzintank weil er einen Druck von 700 bar aushalten muss. Der Energieaufwand für die Kompression beträgt 12 %. Eine Alternative zum Drucktank stellt der Absorptionsspeicher mit Metallhydrid dar. Bei ihm wird der Wasserstoff in hochporösen Stoffen gespeichert. Schließlich gibt es Kryospeicher (LH_2-Speicher) bei denen der Wasserstoff auf 20° K herabgekühlt und damit verflüssigt wird. Hierzu ist etwa 30–40 % der gespeicherten Energie notwendig. Außerdem ist die Wärmeisolation aufwändig. Ein großes Problem bei der Wasserstofftechnik ist die Gefahr der Knallgasbildung. Als Antriebsmaschine dient ein Ottomotor der auch mit Benzin betrieben werden kann. Im Wirkungsgrad unterscheidet sich dieser Antrieb kaum vom Benzinmotor. Es ist aber zu beachten, dass bei der Wasserstoffelektrolyse 20 % Energie verbraucht wird. Der zur Elektrolyse notwendige Strom kann aber regenerativ erzeugt werden. Diese Lösung ist vollständig schadstofffrei, wenn man den Bau des Autos vernachlässigt. Aus dem Wasserstoff kann auch mithilfe einer Brennstoffzelle Strom erzeugt werden, der über eine Pufferbatterie einen oder mehrere Elektromotoren antreibt. In der Kette Solarstrom → Wasserstoff (Wirkungsgrad 80 %) → Transport (80 %) → Wasserstoff → Strom (80 %) → Elektromotor → Räder (90 %) erreicht man dann ein Gesamtwirkungsgrad von

$$0{,}8 \times 0{,}8 \times 0{,}8 \times 0{,}9 = 0{,}46 \mathrel{\hat{=}} 46\,\%$$

Dies ist nahezu von Dieselmotoren zu erreichen. Daraus folgt: Die Wasserstofftechnik macht nur Sinn, wenn der Wasserstoff aus regenerativen Quellen erzeugt wird.

Zum Schluss kommt immer das Beste! Aus heutiger Sicht (2020) ist der Tank als Batterie – die mit regenerativ erzeugtem Strom geladen wird – die überzeugendste Lösung. Als Akkumulator dient eine Lithium–Ionen–Batterie. Sie wurde 1991 erfunden und trat ihren Siegeszug bei den elektronischen Kleingeräten wie Handys an. Bezogen auf das Gewicht ist ihre Kapazität etwa fünfmal so groß wie die des Bleiakkumulators und liegt bei 100–200 Wh/kg. Das macht bei 40 kWh die zu einer Reichweite von etwa 200 km führen ein Gewicht von 300 kg. Zum Vergleich hat Benzin einen Energieinhalt von 1100 Wh/kg. Hinzu kommt noch das Gewicht der Tanks. Allerdings ist die Effektivität der elektrischen Energie um den Faktor 2 – 3 höher als der von Benzin, sodass ein Elektroauto etwa 20 kWh/100 km benötigt. Die angegebenen Zahlenwerte können je nach Herstellung und der ideologischen Einstellung des Autors um den Faktor 2 oder mehr voneinander abweichen. Problematisch ist die Energie, die zur Herstellung der Batterie aufzuwenden ist. Es wird angegeben, dass mit einem CO_2-Ausstoß von 75 kg gerechnet wird. Das entspricht 1000 l Öl bzw. 20.000 km Fahrt mit einem Dieselauto. Andere Rechnungen gehen davon aus, dass bis zu 80.000 km mit dem Elektroauto gefahren werden muss, bis der Energieverbrauch zur Herstellung der Batterie ausgeglichen ist. Dabei ist allerdings zu beachten, dass in Zukunft durch Recycling der Rohstoffverbrauch und damit die benötigte Energie wesentlich zu reduzieren ist. Da die Technik der Elektromobilität noch sehr am Anfang ihrer Entwicklung steht, ist in Zukunft mit günstigeren Werten zu rechnen [33].

Der Halter eines Elektroautos muss mit einigen Nachteilen rechnen: Die Kapazität der Batterie hängt von der Außentemperatur ab. So kann sie im Winter auf die Hälfte absinken. Bedingt durch Gewicht und Preis ist die Reichweite begrenzt, man ist deshalb auf ein dichtes Netz von Ladestationen angewiesen. Die Ladezeit ist erheblich. Beim Tanken mit Benzin werden etwa 30 MW übertragen. Das entspricht der natürlichen Leistung einer 110-kV-Leitung (Abschn. 4.2.2). Wollte man so schnell das Auto laden, wären wegen der größeren Effektivität des Stromes 10 MW notwendig, entsprechend dem Strombedarf einer Stadt mit 10.000 Einwohnern. Das ist eine Extrembetrachtung. Von den Herstellern wird eine „flache Ladung", das ist eine Ladung über mehrere Stunden, empfohlen. „Schnellladungen" über ein bis zwei Stunden beeinträchtigen die Lebensbauer der Batterie, die mit 10 Jahren der eines normalen PKW entspricht. Weiterhin entstehen bei der Schnellladung Verluste, die über die 5 bis 10 % für einen normalen „Lade–Entlade–Zyklus" hinausgehen. In Zukunft könnte man darüber nachdenken die Lebensdauer der Batterie von der des Fahrzeugs zu trennen, d. h. man kauft das Auto ohne Batterie und verwendet seine alte weiter und umgekehrt. Diskutiert wird auch, wenn im Laufe der Zeit die Kapazität der Batterie abgesunken ist, sie nach dem Ausbau aus dem Fahrzeug an das Hausnetz anzuschließen und dem EVU als Speicher zur Verfügung zu stellen. In diesem Zusammenhang sei auch der Vorschlag erwähnt, das Auto für die Zeit, die es in der Garage steht, als Puffer für das Netz zu verwenden. Dabei ist zu beachten, dass durch die zusätzlichen Pufferzyklen die Lebensdauer verringert wird und die Verfügbarkeit des Fahrzeugs abnimmt. Wenn man das Auto abstellt, muss man dem EVU signalisieren, wann man es wieder benötigt, z. B. am nächsten Morgen. Ruft nun am Abend die Oma an und bittet um einen Besuch, so freut sich der Taxifahrer.

Bisher war von Ökologie und Klima noch nicht die Rede. Wird ein mit fossiler Energie betriebenes Auto (Benzin, Diesel, Erdgas) gegen eines ausgetauscht, das regenerativ (Wasserstoff, Strom) angetrieben wird, spart man 10–20 kg CO_2/100 km, ganz zu schweigen von den anderen Schadstoffen die bei der Verbrennung freigesetzt werden. Die Betrachtung stimmt natürlich nur, wenn der Wasserstoff und der Strom regenerativ erzeugt werden. Ist das heute (2020) der Fall? Der gesamte regenerativ erzeugte Strom – auf diesen wollen wir uns im Folgenden beschränken – wird von den an das Netz angeschlossenen Verbrauchern verbraucht. In seltenen Fällen übersteigt er die Nachfrage. In der Regel muss zusätzlich benötigter Strom mit Kernkraft, Steinkohle, Braunkohle oder Erdgas erzeugt werden. Wird nun ein Erdgasauto durch ein Elektroauto ersetzt, wird zusätzlich Strom aus dem Netz entnommen. Dieser soll aus einem Gaskraftwerk stammen. Die Energiebilanz sieht dann folgendermaßen aus: In dem Gaskraftwerk wird der Strom erzeugt (Wirkungsgrad 60 %), zur Ladestation übertragen (90 %), in der Batterie geladen und entladen (90 %) und im Elektromotor verbraucht (90 %). So ergibt sich ein Gesamtwirkungsgrad $(0,6 \times 0,9 \times 0,9 \times 0,9 = 0,47)$ von 47 %. Der Wirkungsgrad eines Ottomotors liegt etwas über 40 %. Beide Lösungen sind damit etwa gleichwertig. Wird der Strom dagegen in einem Kohlekraftwerk erzeugt liegt der CO_2-Ausstoß doppelt so hoch. Damit kann man sagen: „Durch Elektroautos wird der CO_2-Ausstoß erhöht." Häufig verwendet man zum Vergleich den Energiemix in Deutschland. Dies setzt aber voraus, dass beim Laden mehr Sonne scheint und mehr Wind weht. Nun ganz so schlimm ist es doch nicht. Der Elektromotor ist besser zu steuern als ein Verbrennungsmotor. Das macht sich insbesondere im Teillastbereich (Stadtverkehr) bemerkbar. Außerdem gibt es die Rückspeisung beim Bremsen (siehe oben). Gegenüber der obigen Rechnung wäre also ein fiktiver Wirkungsgrad von 20 % angemessen.

Wenn mit dem Zubau regenerativer Erzeuger deren Erzeugung längere Zeit im Jahr über dem Verbrauch liegt, muss die Überschussenergie gespeichert werden. Diese wird dann „entladen" und ins Netz zurückgespeist, bis schließlich keine elektrische Energie mehr fossil erzeugt wird. Dabei kommt es auf den Speicher an. Ist dieser eine Batterie, stimmen die obigen Überlegungen. Wird jedoch, wie in letzter Zeit diskutiert, der Überschussstrom nach dem „Power-to-Gas"–Verfahren in Methan oder Wasserstoff gespeichert, kann man dieses zurück in Strom wandeln und ins Netz einspeisen oder nach klassischer Technik in Verbrennungsmotoren nutzen [34]. In diesem Fall würde in Zeiten der Stromspeicherung im Netz die Ladung der Autobatterie direkt mit regenerativer Energie erfolgen. Zu Zeiten der Ausspeicherung im Netz erfolgte dann die Ladung der Autobatterie mit Strom der vorher im Netz zwischengespeichert wurde, z. B. in Form von Gas. In allen Varianten fahren die Autos schadstofffrei. Ob sie mit Verbrennungsmotor, Elektromotor mit Batterie oder Elektromotor mit Brennstoffzelle fahren ist dabei gleichgültig und nur eine Frage der Wirtschaftlichkeit, die sich erst in einigen Jahren klären wird.

Noch etwas ist zu bedenken. Die Raumheizung erfolgt in Deutschland weitgehend mit Öl und Gas. Man könnte die Räume elektrisch heizen und das freiwerdende Öl und Gas zur Mobilität nutzen. Das würde den Zeitpunkt zu dem der Einsatz von Elektroautos ökologisch sinnvoll wäre, weiter hinausschieben.

Schließlich noch eine Bemerkung: Wenn die gesamte verwendete Energie regenerativ erzeugt wird, spielt, abgesehen von den Rohstoffen zur Produktion der Geräte, die Ökologie keine Rolle mehr [35]. Die Kosten für den Brennstoff und das Fahrzeug sind also nur noch in der Summe von Bedeutung.

Literatur

1. Bolte, E.: Elektrische Maschinen: Grundlagen Magnetfelder Erwärmung Funktionsprinzipien Betriebsarten Einsatz Entwurf Wirtschaftlichkeit. Springer-Verlag, Berlin (2018)
2. Müller, G., Ponick, B.: Theorie elektrischer Maschinen. Bd. 3. Wiley-VCH (2009)
3. Doppelbauer, M. (Hrsg.): Drehende elektrische Maschinen: Erläuterungen zu DIN EN 60034 (VDE 0530). VDE Verlag, Berlin (2011)
4. Binder, A.: „Elektrische Maschinen und Antriebe." Springer-Verlag, Heidelberg, Berlin (2012)
5. Janus, R., Nagel, N.: Transformatoren. VDE-Verlag, Berlin (2005)
6. Abs, H.J.: Verteiltransformatoren; Distribution Transformer. VDE-Verlag, Berlin (2017)
7. Baier, Peter: Dreiphasen-Leistungstransformatoren. VDE-Verlag, Berlin (2010)
8. Cichowski, R., et al.: Blindleistungskompensation und Energieversorgungsqualität. VDE-Verlag, Berlin (2017)
9. Minkner, R., et al.: Ferroresonace Oscillations in Substations. VDE-Verlag, Berlin (2018)
10. Bödefeld, T., Sequenz, H.: „Elektrische Maschinen: eine Einführung in die Grundlagen." Springer Verlag, Wien (1965)
11. Schröder, D.: Elektrische Antriebe-Regelung von Antriebssystemen. Springer Vieweg, Berlin, Heidelberg (2015)
12. Weidauer, J.: Elektrische Antriebstechnik: Grundlagen, Auslegung, Anwendungen, Lösungen. Publicis Publishing, Erlangen (2013)
13. Riefenstahl, U.: Elektrische Antriebstechnik. Springer, Wiesbaden (2013)
14. Nuß, U.: Hochdynamische Maschinen und Antriebe. VDE-Verlag, Berlin (2017)
15. Nelles, D.: Netzdynamik: Elektromechanische Ausgleichvorgänge in elektrischen Energieversorgungsnetzen. VDE-Verlag, Berlin (2009)
16. Bonfert, Kurt: Betriebsverhalten der Synchronmaschine, Bd. 122. Springer, Berlin (1962)
17. DIN 40200:1981-10 Nennwert, Grenzwert, Bemessungswert, Bemessungsdaten, Begriffe
18. VDI/VDE 3680:2002-10 Regelung von Synchronmaschinen
19. Balzer, G., Nelles, D., Tuttas, C.: Kurzschlussstromberechnung nach VDE 0102. VDE-Verlag, Berlin (2001)
20. Cichowski, R., et al.: Kurzschlussstromberechnung. VDE-Verlag, Berlin (2014)
21. Steimel, A.: Elektrische Triebfahrzeuge und ihre Energieversorgung: Grundlagen und Praxis. Oldenbourg Industrieverlag, München (2006)
22. Luda, G.: Drehstrom-Asynchron-Linearantriebe: Grundlagen u. prakt. Anwendungen für industrielle Zwecke. Vogel, Würzburg (1981)
23. Schach, R., Jehle, P., Naumann, R.: Transrapid und Rad – Schiene – Hochgeschwindigkeitsbahn. Springer Verlag, Berlin, Heidelberg (2006)

24. Probst, Uwe: Servoantriebe in der Automatisierungstechnik. Vieweg+Teubner, Wiesbaden (2011)
25. Kenjo, T., Nagamori, S.: Permanent-Magnet and Brushless DC Motors, Monographs in Electrical and Electronic Engineering 18. Oxford University Press (1985)
26. Filipović, Ž.: „Energieversorgung elektrischer Bahnen". Elektrische Bahnen, S. 257–272. Springer Vieweg, Berlin (2015)
27. Babiel, G.: Elektrische Antriebe in der Fahrzeugtechnik. Springer Vieweg, Wiesbaden (2009)
28. Kreyenberg, D.: „Fahrzeugantriebe für die Elektromobilität." Total Cost of Ownership, Energieeffizienz, CO_2-Emissionen und Kundennutzen. Springer Vieweg, Wiesbaden (2016)
29. Hofer, K.: E-Mobility, Elektromobilität. VDE Verlag GmbH, Berlin (2015)
30. Hofer, K.: Drive Control – Regelung elektrischer Antriebe. VDE-Verlag, Berlin (2017)
31. Kußel, A.: Technische Potenzialanalyse der Elektromobilität. Springer Verlag, Berlin, Heidelberg (2017)
32. Tober, W., Lenz, H.P.: Praxisbericht Elektromobilität und Verbrennungsmotor. Springer Fachmedien Wiesbaden, Wiesbaden (2016)
33. Zapf, M.: "Stromspeicher und Power-to-Gas im deutschen Energiesystem." Stromspeicher und Power-to-Gas im deutschen Energiesystem, ISBN 978–3-658-15072-3. Springer Fachmedien, Wiesbaden (2017)
34. Mayer, C., Tröschel, M., Uslar, M. (Hrsg.): Elektromobilität: Geschäftsmodelle, Kommunikation und Steuerung. VDE Verlag, Berlin (2012)
35. Veit, J., Staudacher, F.: WissensFächer Elektromobilität. VDE-Verlag, Berlin (2017)

Leistungselektronik

3

Die Elektronik befasst sich mit der Steuerung des Stromes mittels elektronischer Bauteile. Das sind passive Bauelemente wie Widerstände, Kondensatoren und Spulen sowie aktiven Elementen wie Dioden und Transistoren. Früher verwendete man ausschließlich mechanische Schalter und sprach von elektrischen Schaltungen. Die Elektronenröhren sind fast vollständig von den Halbleiterbauelementen abgelöst.

Man unterscheidet zwischen analogen und digitalen Schaltkreisen entsprechend den verarbeiteten Signalformen. Im Vordergrund steht der Informationsgehalt der Signale.

Ein Spezialgebiet der Elektronik ist die Leistungselektronik (früher Stromrichtertechnik genannt) [1]. Sie befasst sich mit elektronischen Stellgliedern, die zwischen elektrischer Energiequelle und Verbraucher angeordnet sind und eine möglichst verlustarme Umformung und Steuerung der elektrischen Energie gestatten. Dadurch wird in vielen Fällen eine effektive Energieanwendung erst möglich.

Schaltungen der Leistungselektronik sind durch einen komplexen Aufbau gekennzeichnet. Sie bestehen aus einem Leistungsteil, einem Steuer- und Regelungsteil sowie Zusatzeinrichtungen. Der Leistungsteil wird auch als Stromrichter bezeichnet. Er enthält elektronische Schalter (Dioden, Thyristoren, Leistungstransistoren), welche die Umformung und Steuerung des elektrischen Energieflusses durchführen. In diesem Kapitel werden schwerpunktmäßig dreiphasige Stromrichter betrachtet. Zum grundsätzlichen Verständnis genügt es, die Halbleiter als ideale Schalter anzusehen.

Steuer- und Regelungsteil sorgen für ein ordnungsgemäßes Funktionieren des Stromrichters. Sie koordinieren und überwachen seine Schalthandlungen. Daneben werden noch zahlreiche zusätzliche Einrichtungen benötigt. Diese dienen beispielsweise zum Schutz und zur Kühlung der Halbleiterventile.

Die Leistungselektronik im heutigen Sinn wurde 1958 durch die Erfindung des Thyristors bei General Electric (USA) eingeleitet. Aber bereits 1902 gab es leistungsstarke Quecksilberdampfventile zur Umformung und Steuerung der elektrischen Energie.

© Springer Fachmedien Wiesbaden GmbH, ein Teil von Springer Nature 2020   137
R. Marenbach et al., *Elektrische Energietechnik*,
https://doi.org/10.1007/978-3-658-29492-2_3

Die Thyristortechnik verdrängte sie innerhalb eines Jahrzehnts vollständig. Ihre Vorteile bezüglich der spezifischen Schaltleistung, des Wirkungsgrades, der Zuverlässigkeit und des dynamischen Schaltverhaltens waren offensichtlich. In den 1980er Jahren brachte die Entwicklung leistungsstarker Transistoren und abschaltbarer Thyristoren (GTOs) neue Impulse. Beim Steuer- und Regelungsteil ist heute der Übergang von der Analog- zur Digitaltechnik vollzogen.

3.1   Grundlagen der Stromrichter

Das Gebiet der Leistungselektronik lässt sich kaum noch in allen Einzelheiten über- blicken. Deshalb wird zunächst eine kurze Einführung in die grundsätzliche Arbeits- weise von Stromrichterschaltungen gegeben.

3.1.1   Grundfunktionen von Stromrichterschaltungen

Die vier Grundfunktionen der Leistungselektronik sind (Abb. 3.1):

- Gleichrichten
- Wechselrichten
- Gleichstromumrichten und
- Wechselstromumrichten

Ein Gleichrichter verbindet ein Wechsel- oder Drehstromnetz mit einem Gleich- stromnetz. Dabei fließt Energie in das Gleichstromsystem. Fließt die Energie in der umgekehrten Richtung, spricht man von einem Wechselrichter. Viele Stromrichter- schaltungen können abhängig von der Ansteuerung als Gleich- und Wechselrichter wirken [1].

Abb. 3.1 Energieumformung durch die Leistungselektronik. (Eigene Darstellung)

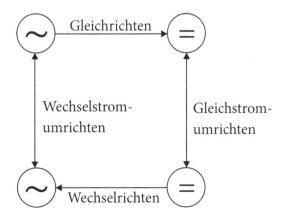

Ein Gleichstromumrichter kann zwei Gleichstromsysteme unterschiedlicher Spannung und Polarität miteinander verbinden. Dabei ist ein Energiefluss in beide Richtungen möglich. Ein Wechselstromumrichter verknüpft zwei Wechsel- oder Drehstromsysteme unterschiedlicher Spannung und Frequenz miteinander. Auch hier kann der Energieaustausch in beide Richtungen erfolgen.

Mit Stromrichterschaltungen ist es möglich, nahezu beliebige Spannungs- und Stromverläufe zu erzeugen. Auf diese Weise kann jedem Betriebsmittel die elektrische Energie in der gewünschten Form bereitgestellt werden. Zur Realisierung der vier Grundfunktionen (Abb. 3.1) lassen sich eine Vielzahl von Stromrichterschaltungen einsetzen, die mit unterschiedlichen Leistungshalbleitern arbeiten. Die gewählte Ausführungsform hängt maßgebend von wirtschaftlichen Faktoren ab. Zunehmend spielt auch die Frage der Netzrückwirkungen (Abschn. 8.4) eine wichtige Rolle.

3.1.2 Leistungshalbleiter

Grundbaustoff von elektronischen Bauelementen ist in den meisten Fällen hochreines Silizium in Kristallform welches das Germanium abgelöst hat. Es gehört zur 4. Gruppe des Periodensystems. Wird ein solcher Kristall an einer Fläche mit wenigen Atomen eines Elementes der Gruppe 5, z. B. Phosphor, verunreinigt (dotiert), so nehmen dessen Atome im Kristallgitter den Platz eines Siliziumatoms ein und geben ein Elektron ab das sich frei bewegen kann. Wir sprechen von n-Leitung. Bei Dotierung mit einem 3-wertigen Atom z. B. Gallium, bleibt eine Lücke, in die ein Elektron hineinspringen kann. Wir sprechen von p-Leitung. Werden ein p-leitendes und ein n-leitendes Kristall zusammengebracht, so entsteht an der Grenzschicht eine Raumladung. Wird eine Spannung angelegt, kann je nach Polarität ein Strom fließen oder nicht. So entsteht eine Diode, die zur Gleichrichtung verwendet werden kann (Abb. 3.2). Werden drei unterschiedlich dotierte Kristalle z. B. in der Reihenfolge NPN zusammengebracht, wobei die mittlere Schicht so dünn ist, sodass die Raumladungsschichten ineinander übergehen, entsteht ein Transistor. Dieser kann durch Ansteuerung der mittleren Schicht, die Basis

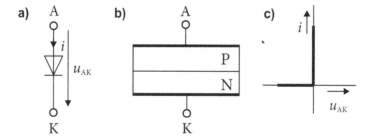

Abb. 3.2 Diode. **a** Schaltzeichen; A: Anode; K: Kathode; **b** schematischer Aufbau; **c** ideale Kennlinie. (Eigene Darstellung)

genannt wird, der Strom durch die beiden äußeren gesteuert werden kann. So erhalten wir ein steuerbares elektronisches Bauelement. Die beiden äußeren Schichten werden Kollektor C und Emitter E genannt.

In der Leistungselektronik kommen Dioden, Thyristoren und Transistoren als Halbleiterschalter zum Einsatz. Diese Bauelemente werden nachfolgend kurz vorgestellt, ohne auf den Leitungsmechanismus im Halbleiterkristall näher einzugehen.

Eine oben erwähnte Diode ist in Abb. 3.2a und b dargestellt.

Abb. 3.2c zeigt die idealisierte Kennlinie. Ein Stromfluss ist nur in positiver Richtung möglich. Bei negativem Anodenpotenzial ($u_{AK} < 0$) werden die Ladungsträger aus der PN-Grenzschicht abgezogen. Die Diode sperrt und lässt keinen Stromfluss zu.

Mit idealisierten Halbleiterkennlinien lässt sich das Klemmenverhalten von Stromrichterschaltungen hinreichend genau beschreiben. Daher wird auf die realen Kennlinienverläufe erst später (Abschn. 3.3.4) eingegangen. Genauere Modelle berücksichtigen auch dynamische Vorgänge innerhalb des Halbleiterkristalls. So kann eine Diode aufgrund der Trägheit von Ladungsträgern in der PN-Grenzschicht nicht in beliebig kurzer Zeit vom leitenden in den sperrenden Zustand überwechseln. Dynamische Halbleitermodelle werden in diesem Buch nicht behandelt.

Ein Thyristor (Abb. 3.3a) besteht aus vier unterschiedlich dotierten Siliziumschichten der Reihenfolge PNPN (Abb. 3.3b). Das Bauelement wirkt wie eine einschaltbare Diode. Ein positiver Strompuls i_G an der Steuerelektrode G führt zu einem Umklappen der Thyristorkennlinie (Abb. 3.3c). Die Leitfähigkeit des Halbleiters erlischt im natürlichen Nulldurchgang des Laststromes ($i = 0$) der ggf. durch eine äußere Beschaltung erzwungen werden kann.

Der Abschaltthyristor, auch Gate-Turn-Off-Thyristor oder kurz GTO genannt (Abb. 3.4a) verhält sich wie eine ein- und ausschaltbare Diode (Abb. 3.4c). Dies wird

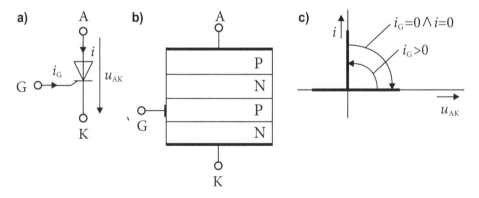

Abb. 3.3 Thyristor. **a** Schaltzeichen; A: Anode; K: Kathode; G: Gate; **b** schematischer Aufbau; **c** ideale Kennlinie. (Eigene Darstellung)

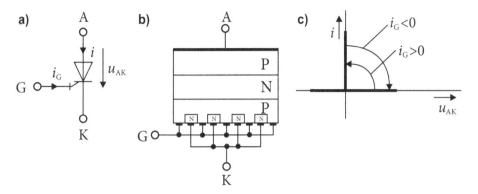

Abb. 3.4 Abschaltbarer Thyristor (GTO). **a** Schaltzeichen; A: Anode; K: Kathode; G: Gate; **b** schematischer Aufbau; **c** ideale Kennlinie. (Eigene Darstellung)

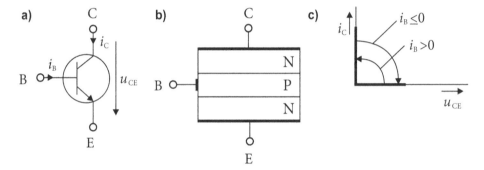

Abb. 3.5 Bipolarer Leistungstransistor. **a** Schaltbild; B: Basis; C: Kollektor; E: Emitter; **b** schematischer Aufbau; **c** ideale Kennlinie. (Eigene Darstellung)

u. a. durch eine fingerförmige Verzahnung von Steuerelektrode G und Kathode K erreicht (Abb. 3.4b). Zur Unterbrechung des Laststromes i ist aber ein recht hoher negativer Löschimpuls i_G notwendig ($i_G \approx -0{,}2 \ldots - 0{,}3\,i$).

Ein bipolarer Transistor (Abb. 3.5a) enthält drei unterschiedlich dotierte Silizium-schichten in der Reihenfolge NPN (Abb. 3.5b). Die Kollektor-Emitter-Strecke lässt sich über einen Basisstrom $i_B > 0$ einschalten. Abb. 3.5c zeigt die idealisierte Transistorkenn-linie. Das Halbleiterventil kann nur positive Lastströme führen und positive Schalter-spannungen sperren. Während normale Transistoren als Verstärker auch im Bereich zwischen sperrend und leitend betrieben werden und dabei große Verlustleistungen umsetzen, dürfen Leistungstransistoren als Schalter nur den EIN- oder AUS-Zustand annehmen. Kollektor und Emitter sind unterschiedlich stark dotiert. Deshalb können Transistoren, ebenso wie die Thyristoren, den Strom nur in eine Richtung leiten. Abhilfe bietet ein zweiter Transistor in Antiparallelschaltung. Neben dem NPN-Aufbau gibt es

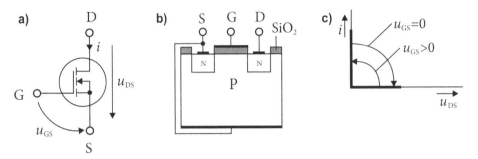

Abb. 3.6 Feldeffekttransistor. **a** Schaltbild; G: Gate; D: Drain; S: Source; **b** schematischer Aufbau; **c** ideale Kennlinie. (Eigene Darstellung)

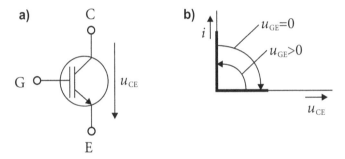

Abb. 3.7 Bipolarer Transistor mit isoliertem Steueranschluss (IGBT). **a** Schaltbild; C: Kollektor; E: Emitter; G: Gate; **b** ideale Kennlinie. (Eigene Darstellung)

noch den PNP-Transistor, der bei Studierenden wegen des PNP-Schnitzels in der Mensa bekannt ist (Paniermehl-Nichts-Paniermehl).

Die in der Leistungselektronik eingesetzten Feldeffekttransistoren (Abb. 3.6a) sind auch unter der Bezeichnung MOS-FET (Metal Oxide Semiconductor-Field Effect Transistor) bekannt. Ihr Aufbau ist in Abb. 3.6b dargestellt. Eine positive Steuerspannung an der isoliert angebrachten Steuerelektrode G($u_{GS} > 0$) bewirkt ein Einschalten der Drain-Source-Strecke. Die idealisierte Schalterkennlinie ist in Abb. 3.6c angegeben.

Die Spannungssteuerung des MOS-FET hat Vorteile gegenüber der Stromsteuerung des Bipolartransistors. Dies führte zur Entwicklung des spannungsgesteuerten Bipolartransistors, der auch als IGBT (Insulated Gate Bipolar Transistor) bezeichnet wird (Abb. 3.7a). Seine idealisierte Kennlinie ist in Abb. 3.7b dargestellt.

Neben den bisher erwähnten Bauelementen sind in der Leistungselektronik noch weitere Halbleiterventile im Einsatz, z. B. Triac, rückwärtsleitender Thyristor und Static-Induction-Transistor [3].

3.1.3 Eigenschaften von Stromrichterschaltungen

Die Eigenschaften von Stromrichterschaltungen hängen entscheidend von den eingesetzten Leistungshalbleitern ab [3]. So lassen sich mit Dioden nur ungesteuerte
Gleichrichter realisieren (Tab. 3.1). Der Einsatz von Thyristoren erlaubt den Bau von
gesteuerten Gleich- und Wechselrichtern sowie Wechselstromumrichtern.

Mit abschaltbaren Halbleiterventilen (GTO, Bipolartransistor, IGBT, MOS-FET)
lassen sich sämtliche Stromrichter-Grundfunktionen (Abschn. 3.1.1) verwirklichen. Anstelle der abschaltbaren Ventile können auch Thyristoren mit
Kondensator-Löscheinrichtungen eingesetzt werden. Diese Schaltungen haben aber
heute an Bedeutung verloren.

Stromrichter mit Dioden und Thyristoren gelten als fremdgeführt [2]. Die Halbleiterschalter können nur mit Netzfrequenz (50 Hz bzw. 60 Hz) schalten. Daher weichen die
netzseitigen Ströme fremdgeführter Stromrichter stark von der Sinusform ab. Selbstgeführte Stromrichter sind mit abschaltbaren Halbleiterventilen ausgestattet, die eine
beliebige Einstellung der Schaltzeitpunkte gestatten. Bei hohen Schaltfrequenzen lassen
sich netzseitige Ströme erzeugen, die mit guter Näherung sinusförmig sind.

Die Auswahl der Leistungshalbleiter hängt im Wesentlichen von der geforderten
Schaltleistung S sowie der benötigten Schaltfrequenz f ab. Die Schaltleistung ist
bestimmt durch die maximale Sperrspannung U der Ventile im nichtleitenden Zustand
und den maximalen Ventilstrom I im leitenden Zustand

$$S = U \cdot I$$

Mit Thyristoren können nach [2] höhere Schaltleistungen (mehrere MVA) als mit
Transistoren erzielt werden. Dafür sind Transistoren für höhere Schaltfrequenzen
($f > 1$ kHz) besser geeignet als Thyristoren ($f < 1$ kHz).

Tab. 3.1 Eigenschaften von Stromrichterschaltungen (X realisierbar, – nicht realisierbar)

Funktion	Bauelemente			
	Dioden	Thyristoren	Thyristoren mit Löscheinrichtung	Abschaltbare Halbleiter
Gleichrichter	X	X	X	X
Wechselrichter	–	X	X	X
Wechselstrom-umrichter	–	X	X	X
Gleichstrom-umrichter	–	–	X	X
	Ungesteuert	Gesteuert		
	Fremdgeführt		Selbstgeführt	

3.2   Stromrichter

Es sollen nur die für Anwender wichtigen dreiphasigen Schaltungen betrachtet werden [4]. Der Schwerpunkt der Betrachtungen liegt auf der Erläuterung des Schaltverhaltens sowie der dabei auftretenden Effekte.

3.2.1   Stromrichter mit Dioden

Schaltungen mit Dioden wirken als ungesteuerte Gleichrichter (Tab. 3.1). Ihre praktische Bedeutung ist heute eher gering. Der ungesteuerte Gleichrichter soll dennoch näher betrachtet werden, da er einen guten Einblick in die Arbeitsweise einer leistungselektronischen Schaltung gibt.

3.2.1.1 Sechspuls-Diodenbrücke mit RL-Last

Abb. 3.8a zeigt den Aufbau eines sechspulsigen Gleichrichters mit ohmsch induktiver Last (R_d, L_d). Diese Schaltung wird auch als Drehstrombrücke oder B6-Schaltung bezeichnet. Das Energieversorgungsnetz ist vereinfacht als starre Drehspannungsquelle ohne Innenwiderstand dargestellt. Neben der Brückenschaltung gibt es noch die Mittelpunktschaltung (M3-Schaltung). Bei ihr wird in jeden Außenleiter eine Diode geschaltet. Der Rückleiter führt zum Sternpunkt des Transformators. So werden an Stelle der 6 nur 3 Dioden benötigt, aber als niedrigste Oberschwingung tritt die 3. Harmonische auf. Da der Preis der Dioden stark gesunken ist, hat diese Schaltung nur noch eine geringe Bedeutung. Der Anschluss des Gleichrichters erfolgt über eine dreiphasige Kommutierungsdrossel (R_K, L_K), deren Aufgabe auch von der Impedanz eines Transformators übernommen werden kann.

Im Normalbetrieb ist der ohmsche Lastwiderstand R_d. groß gegenüber der Kommutierungsimpedanz Z_K

$$R_d \gg Z_K = \sqrt{R_K^2 + X_K^2} \qquad (3.1)$$

Die Sechspulsbrücke durchläuft dann während einer Netzperiode zyklisch 12 Schaltzustände (Abb. 3.8b). Diese lassen sich einteilen in

- 6 Leitzustände (Zustände 1–6) und
- 6 Kommutierungszustände (Zustände 7–12).

Ein Leitzustand ist durch jeweils eine stromführende Diode im oberen und unteren Brückenzweig gekennzeichnet. So sind im Zustand 1 die Dioden D1 und D2 durchgeschaltet (Abb. 3.8a) und verbinden die Last mit den Klemmen R und T der Drehspannungsquelle. Zwischen zwei Leitzuständen tritt immer ein Kommutierungszustand auf. Es beteiligen sich dann drei Dioden gleichzeitig an der Stromführung. Im Zustand

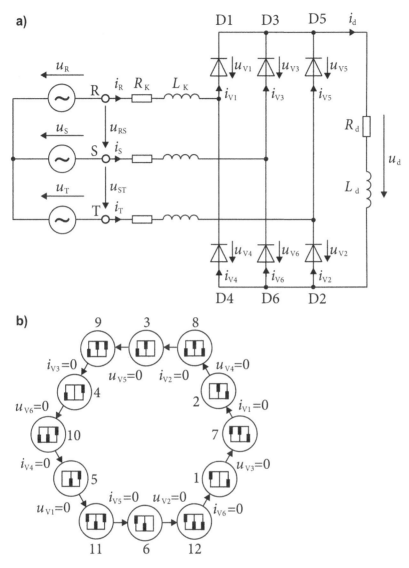

Abb. 3.8 Sechspuls-Diodenbrücke mit RL-Last. **a** Schaltung; **b** Schaltzustandsdiagramm; *(dünner senkrechter Strich)* nichtleitende Diode; *(dicker senkrechter Block)* leitende Diode. (Eigene Darstellung)

7 sind beispielsweise die Dioden D1, D2 und D3 durchgeschaltet. Dadurch entsteht im oberen Brückenzweig ein Kurzschluss zwischen den Leitern R und S. Dieser Effekt der Kommutierung wird etwas später noch genauer betrachtet.

Die Ventilspannungen u_{v1} bis u_{v6} und die Ventilströme i_{v1} bis i_{v6} (Abb. 3.8a) können aufgrund der Diodenkennlinie (Abb. 3.2c) keine negative Polarität annehmen. Jede

Diode beginnt im Nulldurchgang ihrer Ventilspannung zu leiten und im Nulldurchgang ihres Ventilstromes zu sperren. Unter dem Einfluss der speisenden Drehspannung treten die Nulldurchgänge der einzelnen Diodenspannungen und -ströme zeitlich nacheinander auf. Dadurch entsteht die in Abb. 3.8b dargestellte Schaltfolge, die in jeder Netzperiode einmal durchlaufen wird.

Abb. 3.9 zeigt das Verhalten der Sechspulsbrücke im Zeitbereich. Die Netzströme i_R, i_S und i_T weichen von der Sinusform ab und enthalten Stromoberschwingungen mit den Ordnungszahlen

$$v = 6k \pm 1 \qquad k = 1, 2, 3, \ldots \tag{3.2}$$

Die Oberschwingungsamplituden i_v lassen sich einfach abschätzen, wenn die Stromkurvenform durch Rechteckblöcke von 120° Länge approximiert wird (Abb. 3.11). Bezogen auf die Grundschwingungsamplitude i ergibt sich dann

$$\frac{\hat{i}_v}{\hat{i}_1} = \frac{1}{v} \tag{3.3}$$

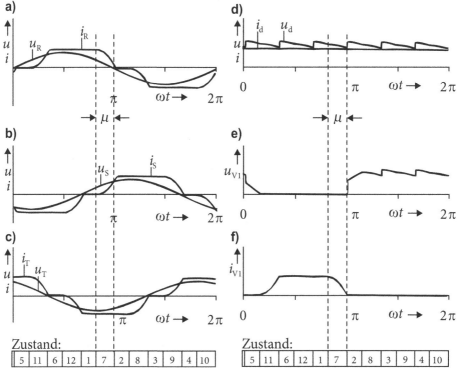

Abb. 3.9 Spannungen und Ströme einer Sechspulsbrücke mit RL-Last. **a–c** Netzspannungen und -ströme in den Phasen R, S und T; **d** Gleichspannung und -strom; **e** Spannung an Diode D1; **f** Strom durch Diode D1. (Eigene Darstellung)

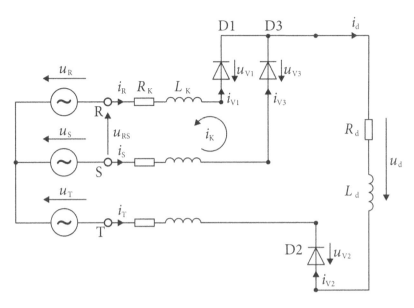

Abb. 3.10 Sechspulsbrücke im Schaltzustand 7. (Eigene Darstellung)

Die Amplituden der Stromharmonischen nehmen demnach mit zunehmender Ordnungszahl ab.

Aus dem Verlauf der Ventilspannung u_{V1} (Abb. 3.9) wird deutlich, dass die Dioden in Sperrrichtung mit der verketteten Netzspannung beansprucht werden.

Bei jedem Kommutierungsvorgang tritt – wie oben erwähnt – ein Kurzschluss auf. So ergibt sich im Schaltzustand 7 (Abb. 3.8b) das in Abb. 3.10 dargestellte Netzwerk. Die Dioden D1 und D3 schließen die Klemmen R und S der Drehspannungsquelle über die Kommutierungsdrosseln kurz. Infolge der negativen Polarität der Spannung u_{RS} ist der Kurzschlussstrom i_k so gerichtet, dass er den Netzstrom $i_S = i_{v3}$ vergrößert und den Netzstrom $i_R = i_{v1}$ verkleinert. Nach Erreichen des Winkels μ ist im Nulldurchgang des Netzstromes i_R der Kommutierungsvorgang mit dem Sperren der Diode D1 beendet (Abb. 3.9).

Die Auswirkungen der Kommutierung werden deutlich, wenn man das Verhalten der Sechspulsbrücke ohne Kommutierungsdrosseln ($R_K = L_K = 0$) betrachtet. Abb. 3.11 zeigt die sich einstellenden Strom- und Spannungsverläufe sowie Schaltzustände. Die Kommutierung läuft jetzt in unendlich kurzer Zeit ab, d. h. die Schaltzustände 7–12 (Abb. 3.8b) entfallen. Der Netzstrom i_R kann sprungartig ansteigen und abfallen. Die Gleichspannung u_d folgt den Kuppen der gleichgerichteten Netzspannungen u_{RS}, u_{ST} und u_{TR}.

Der Kommutierungsvorgang wirkt sich nach den Abb. 3.9 und 3.11 auf die Gleichspannung u_d und den Netzstromverlauf aus. Die maximal mögliche Gleichspannung

Abb. 3.11 Spannungen und Ströme einer Sechspulsbrücke mit RL-Last ohne Kommutierungsdrossel ($R_K = L_K = 0$). **a** Netzspannung und -strom in Phase R; **b** Gleichspannung und -strom. (Eigene Darstellung)

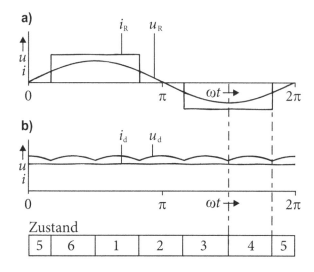

ergibt sich ohne Kommutierungsdrosseln. Ihr Mittelwert ist dem Effektivwert U der verketteten Netzspannung proportional und wird als ideelle Gleichspannung U_{di} bezeichnet

$$U_{di} = \frac{3}{\pi}\sqrt{2}\,U = \frac{3}{\pi}\hat{u} \tag{3.4}$$

Durch die Kommutierung sinkt der Mittelwert der Ausgangsspannung des Gleichrichters ab. Er lässt sich demnach als Gleichspannungsquelle mit der inneren Spannung U_{di} und dem Innenwiderstand R_i beschreiben (Abb. 3.12)

$$U_d = U_{di} - R_i \cdot I_d \tag{3.5}$$

Der Innenwiderstand R_i ist eine Ersatzgröße, die den Verlustwiderstand R_K und den durch die Kommutierung verursachten Spannungsabfall an der Drossel nachbildet [2].

$$R_i = 2\,R_K + \frac{3}{\pi}\,X_K \tag{3.6}$$

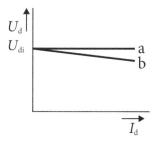

Abb. 3.12 Belastungskennlinie der Sechspulsbrücke. mit RL-Last ohne Kommutierungsdrosseln (**a**) und mit Kommutierungsdrosseln (**b**). (Eigene Darstellung)

Der durch die Reaktanz X_K hervorgerufene Anteil wird induktiver Gleichspannungsabfall genannt.

Die Kommutierungsdrosseln begrenzen die Anstiegsgeschwindigkeit di/dt der Netzströme. Dadurch werden die Dioden vor Zerstörung geschützt. Ferner bewirkt der Kommutierungsvorgang eine Phasenverschiebung der Netzstromgrundschwingung. Sie erhält dadurch einen induktiven Anteil, den sog. Kommutierungsblindstrom.

Ungesteuerte Sechspuls-Brückengleichrichter mit RL-Last werden in der Praxis nur selten eingesetzt. Weit verbreitet ist dagegen die gesteuerte Ausführung, die Abschn. 3.2.2.1 behandelt.

3.2.1.2 Sechspuls-Diodenbrücke mit RC-Last

Der Brückengleichrichter aus Abb. 3.8a verändert sein Schaltverhalten bei ohmsch-kapazitiver Last (Abb. 3.13). Neben den in Abb. 3.8b dargestellten Zuständen können weitere Zustände auftreten, in denen der Stromrichter sperrt. Die Last R_d wird dann alleine aus dem Kondensator C_d gespeist. Sperrzustände stellen sich nur bei hochohmiger Last R_d, d. h. bei geringem Energieverbrauch, ein. Im Extremfall wird der Kondensator nur in der Umgebung des Spannungsmaximums kurzzeitig aufgeladen und behält in der restlichen Zeit seine Spannung bei. Diese Spitzengleichrichtung liefert eine glatte Gleichspannung und wird bei elektronischen Geräten eingesetzt. Wegen der kurzen Ladezeiten besteht der Netzstrom aus Stromspitzen.

Ungesteuerte Sechspuls-Brückengleichrichter mit RC-Lastverhalten kommen auch in U-Pulsumrichtern zum Einsatz, die in Abschn. 3.2.4.2 behandelt werden.

3.2.2 Stromrichter mit Thyristoren

Stromrichter mit Thyristoren können nach Tab. 3.1 als Gleich- und Wechselrichter sowie Wechselstromumrichter aufgebaut sein. Sie lassen sich kostengünstig herstellen und werden in großem Umfang eingesetzt.

3.2.2.1 Sechspuls-Thyristorbrücke mit RL-Last

Abb. 3.14a zeigt eine steuerbare Sechspulsbrücke mit RL-Last. Sie kann als Glcichrichter und kurzzeitig auch als Wechselrichter wirken. Das Schaltverhalten der Thyristorbrücke (Abb. 3.14b) ist komplizierter als das der Diodenbrücke (Abb. 3.8b). Neben den

Abb. 3.13 RC-Last. (Eigene Darstellung)

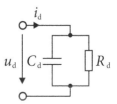

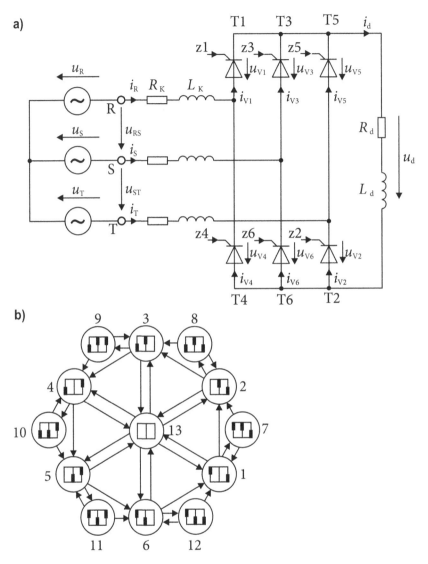

Abb. 3.14 Sechspuls-Thyristorbrücke mit RL-Last. **a** Schaltung; **b** Schaltzustandsdiagramm; *(dicker senkrechter Block)* leitender Thyristor; *(dünner senkrechter Strich)* nichtleitender Thyristor. (Eigene Darstellung)

schon bekannten Schaltzuständen 1–12 tritt ein neuer Zustand 13 auf. Dieser zeichnet sich dadurch aus, dass alle Ventile sperren.

Tab. 3.2 beschreibt die Schaltbedingungen, die zum Zustand 1 hinführen bzw. von dort wieder wegführen. Durch ähnliche Überlegungen lassen sich die anderen Schaltbedingungen bestimmen.

Tab. 3.2 Schaltbedingungen für einige Zustandsübergänge in Abb. 3.14b

Übergang		Schaltbedingungen	Betriebsbereich
Von	Nach		
12	1	$i_{v6} = 0$	Normalbetrieb
1	7	$(u_{v3} \leq 0) \wedge z3 \wedge z2$	
13	1	$(u_{TR} \leq 0) \wedge z2 \wedge z1$	Lückbetrieb
1	13	$(i_{v1} = 0) \wedge (i_{v2} = 0)$	
6	1	$(i_{v6} = 0) \wedge z2 \wedge z1 \wedge (u_{v2} \leq 0)$	Lückgrenze
1	2	$(i_{v1} = 0) \wedge z3 \wedge z2 \wedge (u_{v3} \leq 0)$	
7	1	$i_{v3} = 0$	Kippen

($\wedge$ = logisches UND)

Im Unterschied zu Dioden nehmen ungezündete Thyristoren auch Spannungen in Durchlassrichtung auf (Abb. 3.3c). Daher muss der Stromfluss nicht zwangsläufig im Nulldurchgang der Ventilspannung beginnen, sondern kann auch zeitverzögert bei schon negativer Ventilspannung einsetzen. So wird beispielsweise der Übergang vom Zustand 1 in den Zustand 7 durch die Zündimpulse z3 und z2 an den Gateelektroden der Thyristoren T3 und T2 ausgelöst. Dies ist aber nach Tab. 3.2 nur möglich, wenn gleichzeitig die äußeren Randbedingungen stimmen (Ventilspannung $u_{v3} \leq 0$ und Gleichstrom $i_d > 0$).

Auf die Erzeugung der Zündimpulse wird in Abschn. 3.3.1.1 näher eingegangen. Durch das verzögerte Einschalten des Thyristors (Phasenanschnittsteuerung) lässt sich die Lastgleichspannung u_d stufenlos verstellen. Der maximale Zeitverzug beträgt eine halbe Netzperiode $(T/2) = 10$ ms. Danach ist eine Stromführung nicht mehr möglich, da die Ventilspannung wieder ein positives Vorzeichen annimmt.

Üblicherweise wird nicht mit der Verzögerungszeit t_v, sondern mit dem Zündwinkel α gerechnet:

$$\alpha = \frac{2\,\pi}{T}\,t_v \tag{3.7}$$

$$0 \leq \alpha \leq \pi \qquad (0° \leq \alpha \leq 180°) \tag{3.8}$$

Beispiel 3.1: Sechspuls-Thyristorbrücke

Die Sechspuls-Thyristorbrücke aus Abb. 3.14 durchläuft 6 Kommutierungszustände (Schaltzustände 7–12). Wie lange dauert der Kommutierungsvorgang bei einem Zündwinkel von $\alpha = 0°$ und $\alpha = 30°$?

$$U = 230\,\text{V}; \quad I_d = 30\,\text{A}; \quad R_K = 0{,}01\,\Omega; \quad X_K = \omega L_K = 0{,}1\,\Omega$$

Im Schaltzustand 7 (Abb. 3.10) muss die Kommutierungsspannung $u_K = -u_{RS}$ positiv sein:

$$u_K = -u_{RS} = \sqrt{2}\, U \sin \omega t \qquad 0 \le \omega t \le \pi$$

Der Kommutierungsstrom $i_K = i_S$ ergibt sich dann bei Vernachlässigung des Drosselwiderstandes $R_K (R_K \ll X_K)$ zu

$$i_K = i_S = \frac{1}{2\,L_K} \int_{\alpha/\omega}^{\alpha/\omega+t} u_K \, \mathrm{d}t = \frac{1}{2L_K} \int_{\alpha/\omega}^{\alpha/\omega+t} \sqrt{2}\, U \sin \omega t \, \mathrm{d}t$$

$$i_K = \frac{\sqrt{2}U}{2\omega L_K}[\cos \alpha - \cos (\omega t + \alpha)]$$

Der Kommutierungsvorgang ist beendet, wenn der Gleichstrom I_d erreicht ist

$$i_K(t = t_K) = I_d$$

$$I_d = \frac{U}{\sqrt{2}\, X_K}[\cos \alpha - \cos (\omega t_K + \alpha)]$$

$$t_K = \frac{1}{\omega} \left\{ \arccos \left[\cos \alpha - \cos \frac{\sqrt{2}\, X_K}{U} I_d \right] - \alpha \right\}$$

$$\alpha = 0^\circ: \quad t_K = \frac{1}{100\,\mathrm{s}^{-1}\,\pi} \left\{ \arccos \left[1 - \frac{\sqrt{2} \cdot 0{,}1\,\Omega \cdot 30\,\mathrm{A}}{230\,\mathrm{V}} \right] \right\} = 0{,}61\,\mathrm{ms}$$

$$\alpha = 30^\circ: \quad t_K = \frac{1}{100\,\mathrm{s}^{-1}\pi} \left\{ \arccos \left[\frac{\sqrt{3}}{2} - \frac{\sqrt{2} \cdot 0{,}1\Omega \cdot 30\,\mathrm{A}}{230\,\mathrm{V}} \right] - \frac{\pi}{6} \right\} = 0{,}11\,\mathrm{ms}$$

Bei einem Zündwinkel $\alpha = 0^\circ$ läuft der Kommutierungsvorgang relativ langsam ab, weil die Kommutierungsspannung u_K klein ist. Sie steigt mit zunehmendem Zündwinkel α an und erreicht bei $\alpha = 90^\circ$ ihren maximalen Wert. ◄

Die in Abb. 3.14a gezeigte Thyristorbrücke kann vier unterschiedliche Betriebszustände einnehmen:

- Normalbetrieb (Blockbetrieb)
- Lückbetrieb
- Sperrbetrieb
- Wechselrichterkippen

Im Normalbetrieb werden analog zur Diodenbrücke (Abb. 3.8b) die Schaltzustände 1–7–2–8–3–9–4–10–5–11–6–12–1 durchlaufen. Dies ist bei kleinen Zündwinkeln α der Fall.

$$0 \leq \alpha \leq \alpha_g \qquad \alpha_g = 60° \ldots 90° \tag{3.9}$$

Die Obergrenze α_g hängt von den Schaltungselementen R_K, L_K, R_d, L_d (und damit von der Kommutierungsdauer) ab.

Der Gleichstrom ist im Normalbetrieb stets von null verschieden ($i_d > 0$). Die Netzströme weisen die bekannte Blockform (Abb. 3.9) auf.

Bei Steigerung des Zündwinkels α geht die Thyristorbrücke in den Lückbetrieb über. Jetzt tritt die Schaltfolge 1–13–2–13–3–13–4–13–5–13–6–13–1 (Abb. 3.14b) auf. Der Gleichstrom i_d nimmt zeitweilig den Wert null an ($i_d = 0$). Dieser Effekt ist im oberen Zündwinkelbereich zu erwarten.

$$\alpha_g \leq \alpha \leq 120° \tag{3.10}$$

An der Lückgrenze $(\alpha = \alpha_g)$ treten weder Kommutierungszeiten auf, noch wird der Zustand 13 durchlaufen. Es liegt dann die Schaltfolge 1–2–3–4–5–6–1 vor.

Die Thyristorbrücke kann bei großen Zündwinkeln stationär keinen Strom mehr führen und befindet sich im Sperrbetrieb (Schaltzustand 13)

$$120° \leq \alpha \leq 180° \tag{3.11}$$

Abb. 3.15 zeigt das Verhalten der Thyristorbrücke im Zeitbereich. Der Zündwinkel α wird treppenförmig verändert. Dadurch gelangt die Schaltung vom Normalbetrieb ($\alpha = 0° \ldots 60°$). über den Lückbetrieb ($\alpha = 60° \ldots 90°$) in den Sperrzustand. Der Mittelwert der Gleichspannung u_d ist stets positiv ($U_d \geq 0$), d. h. der Stromrichter arbeitet als Gleichrichter.

Die Thyristorbrücke lässt sich dynamisch auch mit Zündwinkeln $\alpha > 120°$ betreiben. Abb. 3.16a zeigt das Verhalten bei einer sprunghaften Veränderung des Zündwinkels von $\alpha = 0°$ auf $\alpha = 150°$. Gegenüber Abb. 3.15 wurde die Lastinduktivität L_d um den Faktor 10 vergrößert. Die Gleichspannung u_d wechselt ihre Polarität, d. h. der Stromrichter arbeitet kurzzeitig als Wechselrichter. Mit Erreichen des Gleichstromes $i_d = 0$ geht die Schaltung in den Sperrbetrieb über. Während des Übergangszustandes wird die in der Induktivität gespeicherte Energie in das Netz zurückgespeist.

Die Zustandsübergänge 7–1, 8–2, 9–3, 10–4, 11–5 und 12–6 beschreiben das Wechselrichterkippen (Abb. 3.16b). Dieser Effekt ist bei großen Zündwinkeln ($\alpha > 150°$) zu erwarten. An der Stellbereichsgrenze $\alpha = 180°$ ändert sich das Vorzeichen der Kommutierungsspannung. Ist der Kommutierungsvorgang bis zu diesem Zeitpunkt nicht abgeschlossen, kippt die Schaltung wieder in den ursprünglichen Schaltzustand zurück. Zur näheren Erläuterung dient Abb. 3.10. Dabei wird angenommen, dass die Dioden durch Thyristoren ersetzt sind. An der Stellbereichsgrenze ändert der Kurzschlussstrom i_K seine Richtung. Er baut den Netzstrom i_R wieder auf und verkleinert den Netzstrom i_S. Im Nulldurchgang des Stromes i_S sperrt der Thyristor T3 und

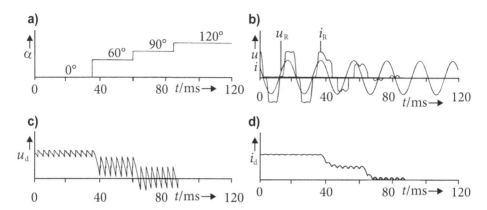

Abb. 3.15 Thyristorbrücke aus Abb. 3.14a im Gleichrichterbetrieb. **a** Zündwinkel; **b** Netz-spannung und -strom in Phase R; **c** Gleichspannung; **d** Gleichstrom. (Eigene Darstellung)

die Schaltung erreicht wieder den Schaltzustand vor der Kommutierung. Das Kippen ist somit auf einen misslungenen Kommutierungsversuch zurückzuführen. Die Schaltfolge in Abb. 3.14b gilt unter der Voraussetzung, dass nach dem Kippen fünf Zündimpulspaare unterdrückt werden.

Abb. 3.16b zeigt das Verhalten der Thyristorbrücke bei einer sprunghaften Verstellung des Zündwinkels von $\alpha = 0°$ auf $\alpha = 165°$. Im Wechselrichterbetrieb misslingt der Kommutierungsversuch zweimal. Der Stromrichter kippt und ändert zwischenzeitlich die Polarität der Gleichspannung. Erst beim dritten Versuch gelingt die Kommutierung, da der Gleichstrom i_d mittlerweile stark abgenommen hat. Der Wechselrichter arbeitet jetzt bis zum Übergang in den Sperrbetrieb stabil. Um ein Kippen zu verhindern, muss der Zündwinkel α unter der Löschgrenze $180° - \gamma$ gehalten werden. Der Löschwinkel γ wächst mit der Kommutierungsimpedanz.

Die Thyristorbrücke nach Abb. 3.14a ist eine steuerbare Gleichspannungsquelle. Die Ausgangsspannung U_d lässt sich über den Zündwinkel α mit hoher Dynamik ver-stellen. Abb. 3.17 zeigt die Steuerkennlinie ohne Kommutierungsdrosseln. Der Gleich-spannungsmittelwert U_d ergibt sich zu

$$U_d = U_{di} \cdot \cos\alpha \qquad (3.12)$$

Der Zündwinkel α beeinflusst neben der Wirk- auch die Blindleistungsaufnahme der Schaltung. Besonders einfache Verhältnisse ergeben sich wiederum bei Vernachlässigung der Kommutierungsdrosseln. Die Leistung auf der Gleichstromseite beträgt

$$P_d = U_d \cdot I_d = U_{di} \cdot I_d \cdot \cos\alpha \qquad (3.13)$$

Wechselstromseitig erhält man für die Wirkleistung P den gleichen Wert. Zusätzlich ergibt sich eine Grundschwingungsblindleistung Q_1

$$P = P_d = U_{di} \cdot I_d \cdot \cos\alpha \qquad (3.14)$$

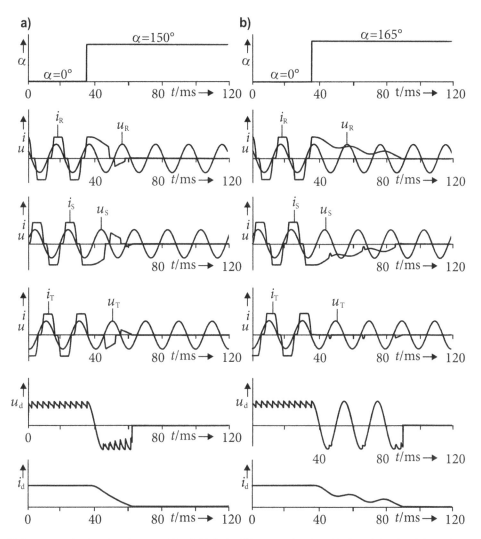

Abb. 3.16 Thyristorbrücke aus Abb. 3.14 beim Übergang in den Wechselrichterbetrieb. **a** ohne Kippen; **b** mit Kippen. (Eigene Darstellung)

$$Q_1 = U_{di} \cdot I_d \cdot \sin \alpha \tag{3.15}$$

Der Ausdruck Q_1 wird auch als Steuerblindleistung bezeichnet und erreicht bei einem Zündwinkel von $\alpha = 90°$ seinen maximalen Wert. Da der Strom auf der Wechselstromseite den gleichen Betrag hat wie der Gleichstrom, bleibt er bei Verringerung des Steuerungswinkels erhalten und ändert nur seine Phasenlage.

Die Thyristorbrücke (Abb. 3.14a) wird in großem Umfang zur Speisung drehzahlvariabler Gleichstrommaschinen (Abschn. 2.6.5) eingesetzt. Dabei wirkt die

Abb. 3.17 Ideale
Steuerkennlinie der
Thyristorbrücke; K:
Kippgrenze. (Eigene
Darstellung)

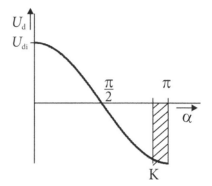

Feldwicklung als RL-Last. Die Ankerwicklung enthält zusätzlich eine in Reihe liegende Gleichspannungsquelle (URL-Last), die das Schaltverhalten des Stromrichters aber nicht ändert.

3.2.2.2 Direktumrichter

Beim Direktumrichter werden zwei Sechspuls-Thyristorbrücken gegenparallel geschaltet (Abb. 3.18). Um Kurzschlüsse zu vermeiden, darf nur einer der beiden Stromrichter SRI oder SRII in Betrieb sein. Durch geeignete Ansteuerung der Thystoren gelingt es, auf der Lastseite Wechselspannungen und -ströme mit stetig vorgebbarer Frequenz, Amplitude und Phasenlage zu erzeugen. Die Schaltung wirkt somit als Wechselstromumrichter (Abschn. 3.1.1).

Abb. 3.19 zeigt den zeitlichen Verlauf der Ströme und Spannungen. Die positive Halbschwingung des Laststromes i_d wird vom Stromrichter SRI geliefert. Dieser arbeitet zunächst im Gleichrichter-, später im Wechselrichterbetrieb. Im Nulldurchgang des Laststromes wird der Stromrichter SRI gesperrt. Nach Ablauf einer kurzen Sicherheitszeit erzeugt die Brücke SRII die negative Halbschwingung des Laststromes.

Die Ausgangsspannung u_d folgt mit guter Näherung der sinusförmigen Führungsgröße u_{dw} (Abb. 3.19a). Sie setzt sich abschnittsweise aus den Netzspannungen zusammen. Daher kann die Frequenz auf der Lastseite nicht über die halbe Netzfrequenz hinaus gesteigert werden ($f_{max} \approx 25\,Hz$). Der Netzstrom i_R enthält starke vom Laststrom i_d verursachte Schwebungen.

Mit dem Direktumrichter aus Abb. 3.18 lassen sich auch veränderbare Gleichspannungen mit positiver und negativer Polarität erzeugen. Man spricht in diesem Fall von einem Umkehrstromrichter. Dieser ermöglicht Gleichstromantriebe mit hochdynamischer Drehrichtungsumkehr. Dabei muss ein Wechselrichterkippen unbedingt vermieden werden, denn sonst wird aufgrund der inneren Maschinenspannung (anders als in Abb. 3.16b) ein kurzschlussartiger Gleichstrom hervorgerufen, der nur von Schaltern oder Sicherungen zu unterbrechen ist.

Drei Direktumrichter mit einphasiger Ausgangsspannung sind in der Lage, Drehspannungen von variabler Amplitude, Frequenz und Phasenlage zu erzeugen. Solche

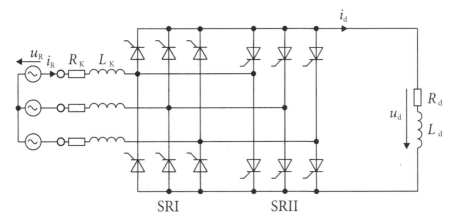

Abb. 3.18 Direktumrichter zur Erzeugung einer Einphasen-Wechselspannung. (Eigene Darstellung)

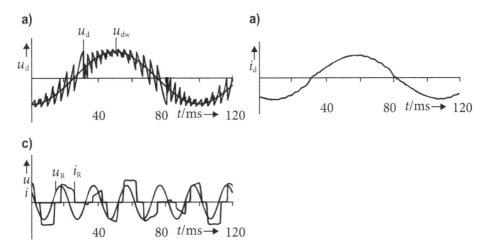

Abb. 3.19 Spannungs- und Stromverläufe beim Direktumrichter (Systemgrößen: siehe Abb. 3.18). **a** Lastspannung; **b** Laststrom; **c** Netzspannung und -strom im Leiter R. (Eigene Darstellung)

Ausführungen dienen vor allem zur Speisung langsam laufender, drehzahlvariabler Asynchron- und Synchronmaschinen (Abb. 3.20).

Eine Drehfeldmaschine wirkt wie eine dreiphasige RL-Last mit innerer Drehspannungsquelle (Abb. 3.21). Beim Synchronmotor lassen sich die inneren Spannungen über die Erregerwicklung beeinflussen. Der Maschinenstrom kann daher auch kapazitiv werden. Beim Asynchronmotor stellen sich die inneren Spannungen so ein, dass seine Ströme stets induktiv sind.

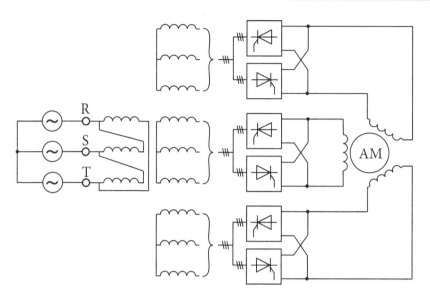

Abb. 3.20 Speisung eines Asynchronmotors mit Direktumrichter. (Eigene Darstellung)

Abb. 3.21 Drehfeldmaschine
als RL-Last mit innerer
Drehspannungsquelle ($x_d \approx x_q$).
(Eigene Darstellung)

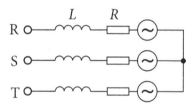

Der Bau eines dreiphasigen Direktumrichters ist sehr aufwändig. Es werden insgesamt $3 \times 12 = 36$ Thyristorventile benötigt. Das Hauptanwendungsgebiet des Direktumrichters liegt bei der Speisung von langsam laufenden Drehfeldmaschinen hoher Leistung ($> 1\,\text{MW}$).

3.2.2.3 Gleichstrom-Zwischenkreisumrichter

Der Gleichstrom-Zwischenkreisumrichter (Abb. 3.22) ist einfacher aufgebaut als ein vergleichbarer Direktumrichter (Abb. 3.20). Zwei sechspulsige Thyristorbrücken sind gleichstromseitig in Reihe geschaltet und arbeiten auf eine Drosselspule (R_d, L_d). Diese Drossel darf hier aber nicht als Last angesehen werden. Sie wirkt als Energiespeicher und dient zur Glättung des Gleichstromes i_d im Zwischenkreis. Ein Energieaustausch zwischen den Drehspannungsquellen QI und QII ist immer dann möglich, wenn ein Stromrichter als Gleich- und der andere als Wechselrichter betrieben wird. Die Schaltung arbeitet als Wechselstromumrichter (Abschn. 3.1.1) und verbindet Netze unterschiedlicher Frequenz miteinander.

In Abb. 3.23 sind die Strom- und Spannungsverläufe für die Energieübertragung aus einem 50-Hz-Netz QI in ein 16 2/3-Hz-Netz QII dargestellt. Der Stromrichter SRI wirkt als Gleich-, der Stromrichter SRII als Wechselrichter. Diese Einrichtung wird eingesetzt um aus dem öffentlichen in das Bahnnetz zu speisen.

Die Schaltung aus Abb. 3.22 ist je nach Anwendungsfall auch unter anderen Bezeichnungen bekannt:

- **HGÜ**. Bei den Spannungsquellen QI und QII handelt es sich um elektrische Drehstrom-Versorgungsnetze, die über eine Gleichstromleitung R_d, L_d gekoppelt sind. Da eine Gleichstromleitung billiger und verlustärmer als eine Drehstromleitung ist, ergeben sich wirtschaftliche Vorteile bei großen Übertragungsentfernungen, z. B. über 500 km. Darüber hinaus ist es möglich, Netze unterschiedlicher Frequenz zu koppeln. Als Beispiele seien das 50-Hz- und 60-Hz-Netz in Japan oder auch asynchrone Netze wie das west- und osteuropäische Verbundnetz genannt. Liegt zwischen beiden Stationen keine Leitung, sondern nur eine Glättungsdrossel, spricht man von einer Kurzkupplung. Vor der Wende gab es dies zwischen BRD und DDR, heute zwischen Westeuropa und Russland.
- **Stromrichtermotor.** Die Spannungsquelle QI beschreibt ein Energieversorgungsnetz, das einen drehzahlvariablen Synchronmotor (Spannungsquelle QII) speist. Der Synchronmotor kann induktive Blindleistung abgeben und somit die Steuer- und Kommutierungsblindleistung für die Thyristorbrücke SRII bereitstellen. Das Hauptanwendungsgebiet für Stromrichtermotoren sind schnelllaufende Antriebe großer Leistungen (>1 MW). Windkraftgeneratoren (Abschn. 7.6.4) lassen sich auf diese Weise in ihrer Drehzahl der Windgeschwindigkeit anpassen. Ebenso werden in letzter Zeit Wasserkraftgeneratoren der jahreszeitlich schwankenden Stauhöhe nachgefahren (Abschn. 7.3.1).

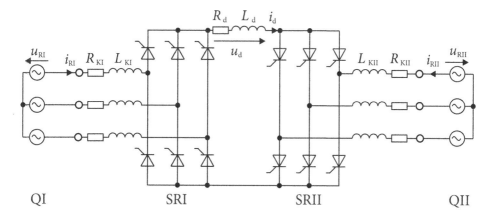

Abb. 3.22 Gleichstrom-Zwischenkreisumrichter. (Eigene Darstellung)

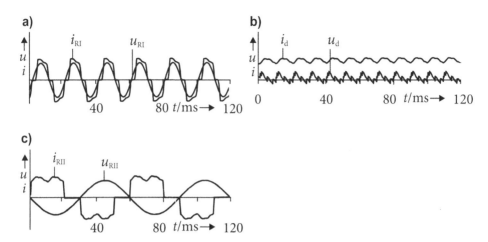

Abb. 3.23 Spannungs- und Stromverläufe eines Gleichstrom-Zwischenkreisumrichters. **a** Spannung und Strom im Netz QI; **b** Spannung und Strom im Zwischenkreis; **c** Spannung und Strom im Netz QII. (Eigene Darstellung)

- **Untersynchrone Stromrichterkaskade.** Die Spannungsquelle QI wird von den induzierten Rotorspannungen eines Schleifringläufer-Asynchronmotors gebildet. Der Stromrichter SRI ist als ungesteuerter Diodengleichrichter (Abschn. 3.2.1.1) ausgelegt und speist die Energie des Rotorkreises über einen Gleichstrom-Zwischenkreis und den Wechselrichter in das Energieversorgungsnetz (Spannungsquelle QII). Auf diese Weise lässt sich die Drehzahl eines Schleifringläufer-Asynchronmotors zwischen 50 % und 100 % der Nenndrehzahl einstellen. Untersynchrone Stromrichterkaskaden werden bei Antrieben großer Leistung eingesetzt (0,3 ... 20 MW). Je größer der Drehzahlbereich ist desto teurer wird die Einrichtung. Deshalb beschränkt man sich häufig nur auf wenige Prozent. Diese Methode wird bei Windkraftwerken (Abschn. 7.6.4) eingesetzt, verliert aber an Bedeutung.

3.2.2.4 Wechselstrom- und Drehstromsteller

Als Wechselstromsteller bezeichnet man die Reihenschaltung einer RL-Last mit zwei gegenparallel angeordneten Thyristoren (Abb. 3.24a). Durch eine Phasenanschnittsteuerung der Halbleiter gelingt es, den Effektivwert des Laststromes i stufenlos zu steuern. Die Schaltung wirkt als Wechselstromumrichter (Abschn. 3.1.1). Sie wandelt die Netzspannung u in eine Lastspannung u_L mit gleicher Grundfrequenz, aber stufenlos einstellbarem Effektivwert um.

Abb. 3.24b zeigt das Schaltzustandsdiagramm. Der Thyristor T1 kann nur bei positiver, der Thyristor T2 bei negativer Ventilspannung u_V gezündet werden (Schaltzustände 1 und 3). Im Nulldurchgang der Ventilströme i_{V1} bzw. i_{V2} sperren beide Halbleiter (Schaltzustände 2 und 4).

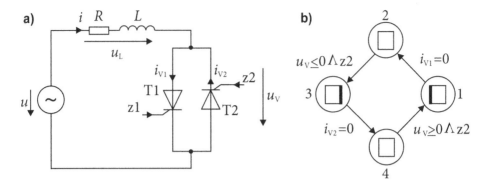

Abb. 3.24 Wechselstromsteller. **a** Schaltbild; **b** Schaltzustandsdiagramm; *(dicker senkrechter Block)* leitendes Ventil; *(dünner senkrechter Strich)* nichtleitendes Ventil. (Eigene Darstellung)

Der Zündwinkel α eines Wechselstromstellers wird stets vom Nulldurchgang der Netzspannung u aus gerechnet (Abschn. 3.3.1). Dabei hängt der zulässige Stellbereich von den Lastparametern ab:

$$\alpha_0 = \arctan\frac{\omega L}{R} < \alpha < 180° \tag{3.16}$$

Abb. 3.25 zeigt die Spannungs- und Stromverläufe bei induktiver Last (R $\to$ 0). sowie ohmscher Last (L $\to$ 0) und verschiedenen Zündwinkeln α. Der Netzstrom i enthält ungeradzahlige Oberschwingungen mit den Ordnungszahlen $v = 2k + 1 (k = 1, 2, 3, \ldots)$. Beim Erreichen des minimalen Zündwinkels α_0 wird der Laststrom i sinusförmig.

Dreiphasige Wechselstromsteller sind auch unter der Bezeichnung Drehstromsteller bekannt. Sie werden zusammen mit der Last in Dreieck geschaltet (Abb. 3.26). Dies erweist sich bezüglich der Thyristorbeanspruchung am günstigsten. Bei symmetrischer Ansteuerung der Halbleiterventile können in den Netzströmen i_R, i_S und i_T keine durch 3 teilbaren Stromoberschwingungen auftreten (Abb. 3.27).

Wechselstromsteller und Drehstromsteller mit induktiver Last werden auch als TCR (Thyristor Controlled Reactor) bezeichnet und dienen zur Steuerung der Blindleistung in Energieversorgungsnetzen (Abschn. 8.4.5).

3.2.3 Thyristorschaltungen mit Löscheinrichtung

Konventionelle Thyristoren können Ströme nur im natürlichen Nulldurchgang unterbrechen (Abschn. 3.1.2). Der Betrieb selbstgeführter Stromrichter verlangt jedoch ein- und ausschaltbare Halbleiterventile (Abschn. 3.1.3). Dadurch kann man z. B. aus einem Gleichstrom-Notstromnetz ein Drehstromnetz speisen. Mit spezielle Löschschaltungen

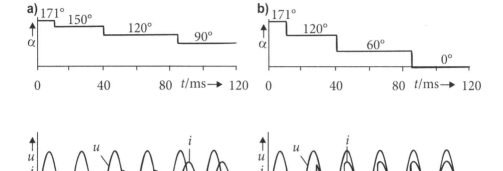

Abb. 3.25 Spannungs- und Stromverläufe eines Wechselstromstellers. **a** induktive Last ($R \rightarrow 0$); **b** ohmsche Last ($L \rightarrow 0$).

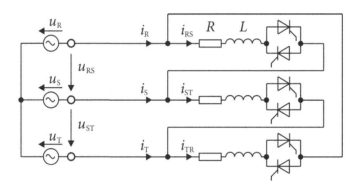

Abb. 3.26 Spannungs- und Stromverläufe eines Wechselstromstellers. **a** induktive Last ($R \rightarrow 0$); **b** ohmsche Last ($L \rightarrow 0$). (Eigene Darstellung)

gelingt es, den Stromfluss auch in konventionellen Thyristoren zu unterbrechen. Die Wirkungsweise einer Löscheinrichtung soll am Beispiel des Gleichstromstellers erläutert werden.

3.2.3.1 Gleichstromsteller

Der in Abb. 3.28a dargestellte Gleichstromsteller versorgt eine ohmsch induktive Last (R_d, L_d) mit einer einstellbaren Gleichspannung u_d, die aus einer Konstantspannungsquelle U_d gewonnen wird. Der Gleichstromsteller wirkt somit als Gleichstromumrichter (Abschn. 3.1.1).

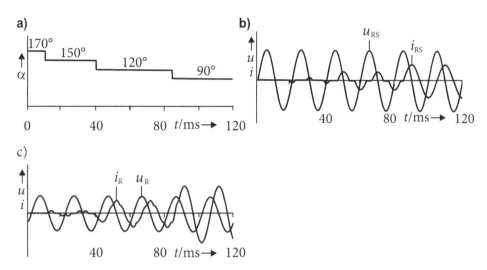

Abb. 3.27 Spannungen und Ströme beim Drehstromsteller. **a** Zündwinkel; **b** Spannung u_{RS} und Strom i_{RS}; **c** Spannung u_R und Strom i_R. (Eigene Darstellung)

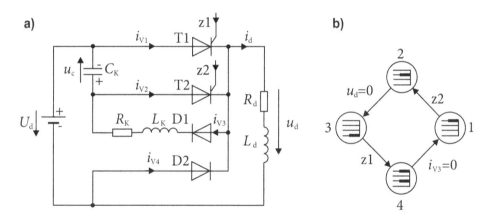

Abb. 3.28 Gleichstromsteller mit zwangsgelöschtem Thyristor. **a** Schaltung; **b** Schaltzustandsdiagramm; *(dicker waagerechter Block)* leitendes Ventil; *(dünner waagerechter Strich)* nichtleitendes Ventil. (Eigene Darstellung)

Abb. 3.28b zeigt das Schaltzustandsdiagramm, Abb. 3.29 die sich ergebenden Spannungs- und Stromverläufe im stationären Betrieb. Bei gezündetem Hauptthyristor T1 liegt die Batteriespannung U_d an der Last (Schaltzustand 1). Das Einschalten des Löschthyristors T2 hat einen Kurzschluss des Kondensators C_K zur Folge, der so aufgeladen ist, dass der Strom i_{V1} sofort null wird und der Hauptthyristor T1 erlischt (Schaltzustand 2). Der Laststrom i_d fließt nun über den Kondensator C_K und den Thyristor T2. Dadurch wird der Kondensator umgeladen.

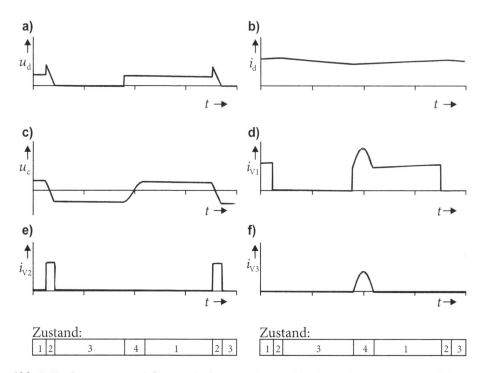

Abb. 3.29 Spannungs- und Stromverläufe im stationären Betrieb. **a** Lastspannung u_d; **b** Last-strom i_d; **c** Kondensatorspannung u_c; **d** Ventilstrom i_{v1}; **e** Ventilstrom i_{v2}; **f** Ventilstrom i_{v3}. (Eigene Darstellung)

Im Nulldurchgang der Lastspannung $u_d = U_d + u_c = 0$ erfolgt der Übergang in den Schaltzustand 3. Die Freilaufdiode D2 übernimmt jetzt den Strom i_d und schließt die Last kurz ($u_d = 0$). Dadurch klingt der Strom i_d mit der Zeitkonstanten L_d/R_d ab.

Beim Einschalten des Hauptthyristors T1 wird die RL-Last wieder mit der Gleich-spannungsquelle U_d verbunden. Gleichzeitig findet über die Ventile T1 und D1 sowie die Umschwingdrossel (R_K, L_K) ein Zurückschwingen der Kondensatorspannung in die Ausgangslage statt (Schaltzustand 4). Dieser Vorgang ist mit dem Nulldurchgang des Ventilstromes i_{v3} abgeschlossen. Durch Verändern der Einschaltzeitpunkte von Haupt- und Löschthyristor lässt sich der Mittelwert der Gleichspannung u_d und damit des Last-stromes i_d steuern (Abb. 3.30).

Der betrachtete Gleichstromsteller hat einen entscheidenden Nachteil. Im Schalt-zustand 2 erfolgt die Umladung des Löschkondensators C_K durch den Laststrom i_d. Dies bedeutet, dass ein ordnungsgemäßes Funktionieren der Schaltung stets einen Mindest-laststrom voraussetzt.

3.2.3.2 Weitere Schaltungen mit Löscheinrichtung
Neben dem Gleichstromsteller (Abb. 3.28) wurde eine Vielzahl weiterer Thyristor-schaltungen mit Löscheinrichtung entwickelt. Sie haben aber ihre ursprüngliche

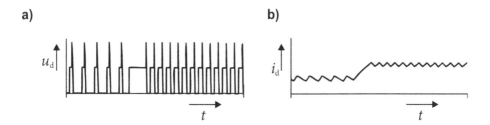

Abb. 3.30 Dynamisches Verhalten des Gleichstromstellers. **a** Lastspannung u_d; **b** Laststrom i_d. (Eigene Darstellung)

Bedeutung mit dem Aufkommen leistungsstarker, abschaltbarer Halbleiterventile (Abschn. 3.1.2) verloren. Auf die Behandlung zusätzlicher Schaltungen mit zwangs-gelöschten Thyristoren wird daher verzichtet.

3.2.4 Schaltungen mit abschaltbaren Halbleitern

Selbstgeführte Stromrichter sind heute üblicherweise mit abschaltbaren Halbleiter-ventilen ausgeführt. Bei den nachfolgend beschriebenen Schaltungen werden IGBTs ein-gesetzt [5, 6].

3.2.4.1 Gleichstromumrichter
Der Aufbau des in Abb. 3.28a dargestellten Gleichstromstellers lässt sich durch den Ein-satz eines abschaltbaren Halbleiterventils (IGBT) wesentlich vereinfachen (Abb. 3.31a). Die Schaltung kann jetzt nur noch zwei Zustände einnehmen (Abb. 3.31b). Bei ein-geschaltetem Transistor liegt die Gleichspannung U_d an der Last (Schaltzustand 1). Die Freilaufdiode D sorgt dafür, dass bei sperrendem Transistor der Laststrom i_d nicht unter-brochen wird (Schaltzustand 2).

Durch zyklisches Ein- und Ausschalten des Transistors lässt sich der Mittelwert $\bar{u}_d$ der Lastgleichspannung einstellen. Bei gegebener Einschaltdauer T_e und Ausschaltdauer T_a des Transistors erhält man

$$\bar{u}_d = U_d \cdot \frac{T_e}{T_e + T_a} \tag{3.17}$$

Nach Gl. (3.17) ist nur eine Absenkung der Spannung möglich ($\bar{u}_d \leq U_d$). Deshalb wird diese Schaltung auch als Tiefsetzsteller bezeichnet. Abb. 3.31c und d zeigt die zeitlichen Verläufe von Lastspannung und -strom.

Mit einem Hochsetzsteller (Abb. 3.32) können auch Lastspannungen erzeugt werden, die größer sind als die Speisegleichspannung U_d

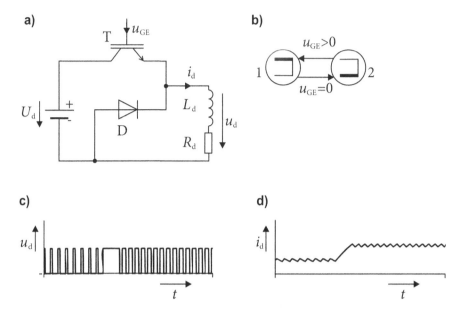

Abb. 3.31 Gleichstromsteller mit Transistor (Tiefsetzsteller). **a** Schaltung; **b** Schaltzustandsdiagramm; *(dicker waagerechter Block)* leitendes Ventil; *(dünner waagerechter Strich)* nichtleitendes Ventil; **c** Lastspannung u_d; **d** Laststrom i_d. (Eigene Darstellung)

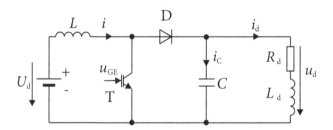

Abb. 3.32 Hochsetzsteller. (Eigene Darstellung)

$$\bar{u}_\mathrm{d} = U_\mathrm{d} \cdot \frac{T_\mathrm{e} + T_\mathrm{a}}{T_\mathrm{e}} \qquad\qquad (3.18)$$

Abb. 3.33 gibt einen Einblick in das stationäre Verhalten der Schaltung. Bei eingeschaltetem Transistor T liegt die Speisespannung U_d an der Drosselspule L. Dies führt zu einem Anstieg des Drosselstromes i. Die Diode D verhindert dabei einen Kurzschluss des Kondensators C. Bei ausgeschaltetem Transistor wird der Drosselstrom i über die Diode D in den Lastkreis eingeprägt. Da die Kondensatorspannung u_d größer als die

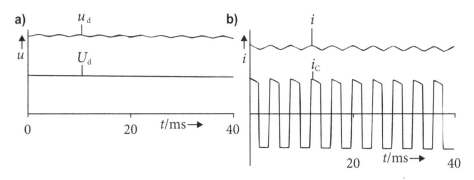

Abb. 3.33 Spannungs- und Stromverläufe beim Hochsetzsteller. **a** Spannungen u_d und U_d; **b** Ströme i und i_c. (Eigene Darstellung)

Einspeisespannung U_d ist, fällt der Drosselstrom wieder ab. Durch Kombination der beiden Schaltungen zum Hochsetz-Tiefsetzsteller wird die Rückspeisung von Gleichstrommaschinen im Bremsbetrieb möglich.

Die Gleichstromumrichter der Abb. 3.31 und 3.32 sind lediglich als Ausführungsbeispiele anzusehen. Daneben gibt es noch eine Vielzahl weiterer Schaltungen, auf die hier nicht näher eingegangen werden kann.

3.2.4.2 U-Pulsumrichter

Es gibt verschiedene Möglichkeiten, die in Abschn. 3.1.1 beschriebenen Wechselstromumrichter mit abschaltbaren Leistungshalbleitern aufzubauen [3]. Von großer Bedeutung ist der U-Pulsumrichter. Er besteht im einfachsten Fall aus einem ungesteuerten Diodengleichrichter auf der Netzseite, einem Gleichspannungs-Zwischenkreis mit Kondensator sowie einem Transistorwechselrichter auf der Lastseite (Abb. 3.34). Für den Gleichrichter (SRI) ist der Zwischenkreis eine RC-Last. Am Zwischenkreiskondensator C_d stellt sich die näherungsweise konstante Spannung u_d ein. Diese wird vom Transistorwechselrichter (SRII) in eine Folge von Spannungsimpulsen an den Klemmen der RL-Last umgewandelt.

Der Widerstand R_0 sei zunächst unwirksam (Transistor T0 abgeschaltet). Seine Wirkungsweise wird später erklärt.

Das Schaltverhalten des Stromrichters SRI ist aus Abschn. 3.2.1.2 bekannt. Der Stromrichter SRII enthält in den Brückenzweigen Transistoren T1–T6 mit antiparallel geschalteten Dioden. Bei eingeschaltetem Transistor können somit im Brückenzweig positive und negative Ströme fließen. Die sechs abschaltbaren Halbleiterventile ermöglichen $2^6 = 64$ Schaltkombinationen. Diese sind aber nicht alle zulässig. Es darf weder zu einem Kurzschluss des Kondensators C_d noch zu einer Unterbrechung der Lastströme kommen. Damit verbleiben 8 erlaubte Schaltzustände, die in Abb. 3.35 angegeben sind. Sie lassen sich durch die Zündsignale z_i $(i = 1 \ldots 6)$ an den Gate-Anschlüssen

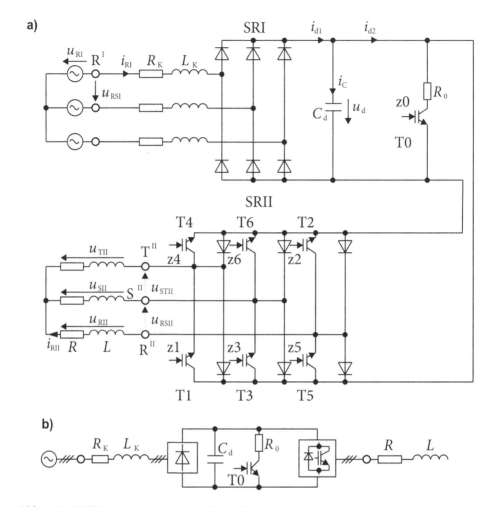

Abb. 3.34 U-Pulsumrichter mit netzgeführter Einspeisung. **a** Schaltung; **b** vereinfachtes Schaltbild. (Eigene Darstellung)

der Transistoren einstellen (Abb. 3.34a). Um eine vorgegebene Spannung zu erzeugen, ist eine Vielzahl unterschiedlicher Schaltfolgen möglich. Somit besitzt ein Transistorwechselrichter kein verbindliches Schaltzustandsdiagramm. Man ist jedoch bestrebt, die Schaltfrequenz der Halbleiterventile niedrig zu halten. Daher sollte pro Zustandsänderung nur ein Transistor aus- und ein anderer eingeschaltet werden. Man erhält dann das in Abb. 3.35 dargestellte Schaltzustandsdiagramm mit den Zuständen 1–8. Die Schaltbedingungen $Zi (i = 1 \ldots 8)$ ergeben sich aus den Zündsignalen $zi (i = 1 \ldots 6)$ durch die folgenden logischen Verknüpfungen.

Abb. 3.35 Angestrebtes Schaltzustandsdiagramm bei einem Transistorwechselrichter Zi: Schaltbedingungen; *(dicker senkrechter Block)* leitender Brückenzweig; *(dünner senkrechter Strich)* nichtleitender Brückenzweig. (Eigene Darstellung)

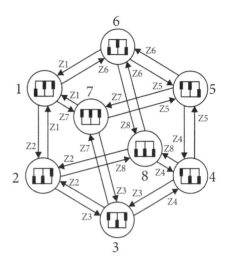

$$Z1 = z6 \wedge z1 \wedge z2$$
$$Z2 = z1 \wedge z2 \wedge z3$$
$$Z3 = z2 \wedge z3 \wedge z4$$
$$Z4 = z3 \wedge z4 \wedge z5$$
$$Z5 = z4 \wedge z5 \wedge z6$$
$$Z6 = z5 \wedge z6 \wedge z1$$
$$Z7 = z2 \wedge z4 \wedge z6$$
$$Z8 = z1 \wedge z3 \wedge z5$$

Abhängig von den Schaltzuständen 1–8 zeigt Tab. 3.3 die an den Klemmen des Transistorwechselrichters erzeugten verketteten Lastspannungen. Sie können nur die Werte u_d, 0 und $-u_d$ annehmen.

Im Betrieb des Pulswechselrichters SRII wird zweckmäßigerweise nur zwischen benachbarten Schaltzuständen (entsprechend Abb. 3.35) geschaltet. Diese Strategie lässt sich auf einfache Weise durch das Unterschwingungsverfahren realisieren (Abschn. 3.3.1.2). Abb. 3.36 zeigt die Spannungs- und Stromverläufe auf der Netz-, Zwischenkreis- und Lastseite. Der U-Pulsumrichter versorgt dabei aus dem 50-Hz-Netz einen RL-Verbraucher, der mit einer Frequenz von 20 Hz betrieben wird. Die gewünschte sinusförmige Lastspannung U_{RSwII} lässt sich durch eine Folge von Spannungspulsen mit etwa konstanter Amplitude und variabler Breite approximieren. Dieser Vorgang wird auch als Pulsweitenmodulation (PWM) bezeichnet (Abschn. 3.3.1.2). Der Laststrom i_{RII} folgt mit guter Näherung der sinusförmigen Führungsgröße i_{RwII}. Im Netzstrom i_{RI} treten jedoch wegen der Spitzengleichrichtung erhebliche Oberschwingungen auf.

Tab. 3.3 Ausgangs-
spannungen des Transistorwechselrichters

Schaltzustand	Wechselrichterspannung	
Nr.	U_{RSII}	U_{STII}
1	U_d	0
2	0	u_d
3	$-u_d$	u_d
4	$-u_d$	0
5	0	$-u_d$
6	u_d	$-u_d$
7	0	0
8	0	0

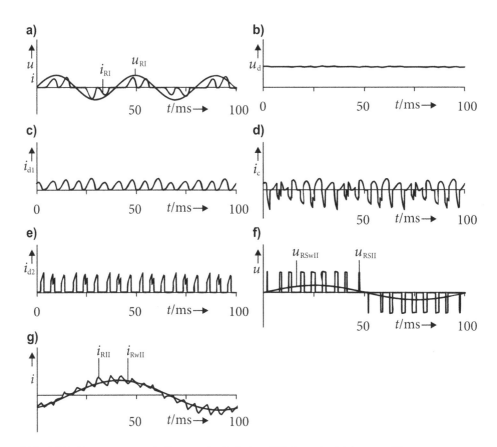

Abb. 3.36 Spannungs- und Stromverläufe beim U-Pulswechselrichter. **a** Netzspannung u_{RI}
und Netzstrom i_{RI}; **b** Zwischenkreisspannung u_d; **c** Zwischenkreisstrom i_{d1}; **d** Kondensatorstrom
i_c; **e** Zwischenkreisstrom i_{d2}; **f** Lastspannung u_{RSII} mit Führungsgröße i_{RSwII}; **g** Laststrom i_{RII} mit
Führungsgröße I_{RwII}. (Eigene Darstellung)

Der Widerstand R_0 (Abb. 3.34) wird nur im Gleichrichterbetrieb des Stromrichters SRII (über den Transistor T0) eingeschaltet. Er setzt die von der Last in den Zwischenkreis zurückgespeiste Energie in Wärme um und begrenzt den Anstieg der Zwischenkreisspannung u_d.

Der U-Pulsumrichter aus Abb. 3.34 belastet das Netz erheblich mit Stromoberschwingungen. Außerdem ist eine Energierückspeisung vom Zwischenkreis in das Netz nicht möglich. Beide Nachteile lassen sich durch den Einsatz eines selbstgeführten Gleichrichters (Abb. 3.37a) beheben. Bei geeigneter Ansteuerung entnimmt diese Schaltung dem Netz näherungsweise sinusförmige Wirkströme (Abb. 3.37b).

3.2.4.3 Stromrichter in Multilevel-Technik

Stromrichter in Multilevel-Technik sind selbstgeführt und können direkt an ein Hochspannungsnetz geschaltet werden. Als besonders vorteilhaft hat sich dabei der Modular-Multilevel-Converter (MMC) erwiesen. Er wird in diesem Buch ausschließlich betrachtet.

Der MMC ist in Brückenschaltung ausgeführt und kommt bei der Hochspannungs-Gleichstrom-Übertragung (HGÜ) zum Einsatz, wo er ein Wechsel- und ein Gleichspannungsnetz miteinander verbindet (Abb. 3.38a). Jeder Brückenzweig enthält eine Glättungsdrosselspule und einen zeitvarianten Kondensator. Er wirkt als steuerbare elektronische Hochspannungsquelle und besteht aus n Kondensatoren, die alle auf dieselbe Gleichspannung $u_{d1} = u_{d2} = \ldots = u_{dn} = U_d$ aufgeladen sind (Abb. 3.38b). Mit Hilfe von IGBTs und Dioden ist es möglich, die Kondensatorspannungen in beliebiger Reihenfolge zu addieren und auf die Ausgangsklemmen der Hochspannungsquelle zu

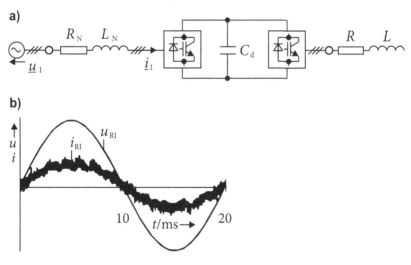

Abb. 3.37 U-Pulsumrichter mit selbstgeführter Einspeisung. **a** Schaltung; **b** Verlauf von Netzspannung und -strom. (Eigene Darstellung)

Abb. 3.38 Modular-Multilevel-Converter (MMC). **a** prinzipieller Aufbau; **b** Realisierung der Hochspannungsquelle in den Brückenzweigen. (Eigene Darstellung)

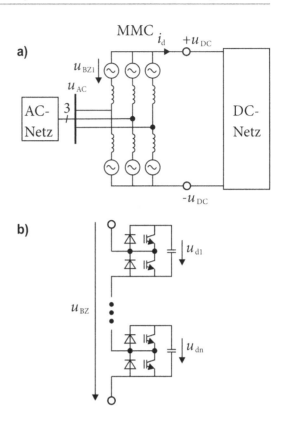

schalten. Auf diese Weise lassen sich in den Brückenzweigen durch zeitversetztes Zu- und Abschalten einzelner Kondensatoren vorgegebene Spannungsverläufe erzeugen.

Die Hochspannungsquellen befinden sich an den Nahtstellen von AC- und DC-Netz und müssen daher beide Netzspannungen aufnehmen. Somit ergibt sich beispielsweise für die Brückenzweigspannung u_{BZ1}.

$$u_{BZ1} = U_{DC} - \sqrt{\frac{2}{3}}\, U_{AC}\, \sin(\omega t - \varphi) > 0 \qquad (3.19)$$

Es ist zu beachten, dass die Hochspannungsquellen nur positive Ausgangsspannungen liefern können. Ohne weitere Maßnahmen würden im praktischen Betrieb des MMC die Kondensatorgleichspannungen wegdriften. Dies lässt sich durch eine Regelung verhindern, die gleichzeitig auch die Spannungsbeanspruchung der Halbleiterschalter beeinflusst.

Abb. 3.39 vermittelt einen Einblick in die Strom- und Spannungsverläufe eines MMC bei einer sprunghaften Änderung des Gleichstromsollwertes. Bei der Simulation wurde von Hochspannungsquellen mit jeweils $n = 14$ Kondensatorstufen ausgegangen.

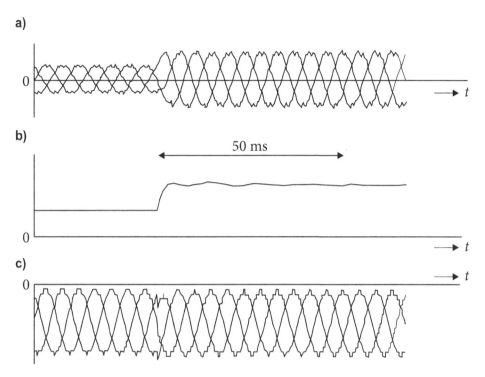

Abb. 3.39 Strom- und Spannungsverläufe eines MMC bei Veränderung des Gleichstromes.
a Ströme auf der Drehstromseite; **b** Gleichstrom; **c** obere Brückenzweigspannungen (negativ).
(Eigene Darstellung)

Die Ströme auf der Drehstromseite sind mit guter Näherung sinusförmig
(Abb. 3.39a). Der Gleichstrom lässt sich hochdynamisch verstellen und erreicht nach
einer halben Netzperiode seinen neuen Wert (Abb. 3.39b). Die oberen Brückenzweigspannungen sind in Abb. 3.39c mit negativem Vorzeichen dargestellt. Sie zeigen einen
treppenförmigen Verlauf, der typisch ist für einen Multilevel-Konverter. In realen
HGÜ-Anlagen beträgt die Anzahl der Kondensatoren pro Brückenzweig mehr als 200
(Abb. 3.40). Auf der Drehstromseite des MMC stellen sich dann praktisch sinusförmige
Ströme und Spannungen ein. Dabei lässt sich die Schaltfrequenz der Halbleiterschalter
auf $f = 150$ Hz begrenzen.

Wie beschrieben bestehen die Leistungshalbleiter aus der Zusammenfügung
von einigen PN-Schichten, die von elektronischen Schaltungen angesteuert werden
(Abschn. 3.3). Es ist aber auch möglich, die Steuerungsschaltung direkt in den
Leistungshalbleiter zu integrieren. So erhält man ein einfach zu montierendes Bau-
element. An dem Verhalten ändert sich prinzipiell nichts, lediglich an den Kosten und der
Zuverlässigkeit.

Abb. 3.40 Bau einer Kondensatorbank für eine 750-kV-HGÜ-Anlage (Stenner)

Zu erwähnen ist der lichtgesteuerte Thyristor. Er wird in Hochspannungsanlagen z. B. HGÜ bei der Reihenschalung von Bauelementen eingesetzt. Um die Steuersignale von Erdpotential auf das Niveau des zu steuernden Bauelementes zu bringen, waren aufwändige isolierte Übertrager notwendig. Mithilfe eines Lichtleiters, der bekanntlich elektrisch isolierend ist, kann das Steuersignal direkt an die PN-Schicht gebracht werden und die ansteuern.

3.3 Steuerteil und Zusatzeinrichtungen

Ein Stromrichter benötigt zur ordnungsgemäßen Funktion einen Regler, ein Steuerteil sowie Zusatzeinrichtungen [4]. Das Steuergerät wandelt die Ausgangssignale des Reglers in die Zündsignale für die Leistungshalbleiter um. Es besteht aus zwei Komponenten, einem Zündgerät für die Erzeugung der Steuerimpulse und einer Ansteuerschaltung zur Pegelanpassung der Zündsignale. Der Aufbau und die Parameter des Reglers hängen vom Anwendungsfall ab. Beispiele von Stromrichterregelkreisen sind in den Abschn. 2.6.5 und 2.8.4 angegeben. Die Zusatzeinrichtungen dienen zum Schutz der Halbleiterventile in Form von Beschaltungsnetzwerken und Sicherungen sowie zur Kühlung.

3.3.1 Zündgerät

Das Zündgerät berechnet bei fremdgeführten Stromrichtern die Einschaltzeitpunkte, bei selbstgeführten Stromrichtern die Ein- und Ausschaltzeitpunkte der Leistungshalbleiter. Sein Aufbau hängt vom eingesetzten Steuerverfahren ab. Fremdgeführte Stromrichter werden üblicherweise mit Phasenanschnittsteuerung betrieben (Abschn. 3.2.2.1). Für selbstgeführte Stromrichter wird die Pulsweitenmodulation (PWM) bevorzugt (Abschn. 3.2.4.2). Die Festlegung der Schaltzeitpunkte erfolgt durch binäre Signale.

3.3.1.1 Phasenanschnittsteuerung

Die Phasenanschnittsteuerung wird am Beispiel des Wechselstromstellers (Abb. 3.24a) erklärt. Das Zündgerät besteht nach Abb. 3.41a aus einem Sägezahngenerator SZ, einem Hystereseschalter H und einem Logikteil L. Der Sägezahngenerator SZ ist auf die Nulldurchgänge der Netzspannung getriggert und steuert mit seiner Ausgangsgröße u_{sz} einen Hystereseschalter H mit vorgebbarer Breite ε. Dieser erzeugt das binäre Schaltsignal s (Abb. 3.41b). Die Binärgrößen $s_1 = s$ und $s_2 = \bar{s}$ am Ausgang des Logikbausteins L beschreiben mit ihren ansteigenden Flanken die Einschaltzeitpunkte der Thyristoren T1 und T2. Eine Ansteuerschaltung (Abschn. 3.3.2) leitet daraus die Zündimpulse z1 und z2 (Abb. 3.41b) ab. Der Phasenanschnittwinkel α lässt sich über die Breite $\varepsilon = \alpha$ des Hystereseschalters einstellen. Es ergibt sich ein maximaler Stellbereich von $0 < \alpha < \pi$.

Die sechspulsige Thyristorbrücke aus Abb. 3.14a benötigt ein dreiphasiges Zündgerät mit drei Sägezahngeneratoren und Hystereseschaltern. Zur Triggerung dienen die Nulldurchgänge der verketteten Spannungen. Drei Logikbausteine bestimmen aus den Signalen der Hystereseschalter die Einschaltzeitpunkte der Thyristoren T1–T6.

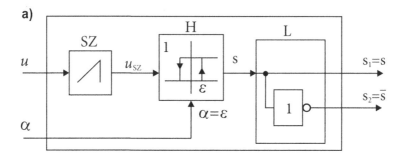

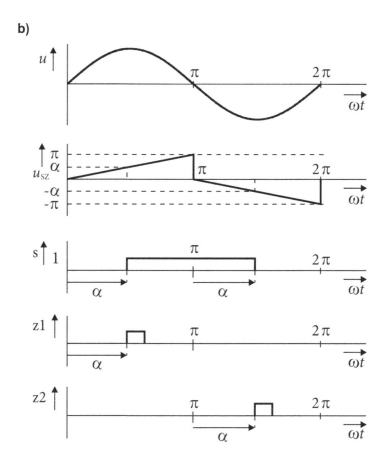

Abb. 3.41 Bestimmung der Zündzeitpunkte beim Wechselstromsteller (SZ: Sägezahngenerator, H: Hystereseschalter, L: Logik). **a** Aufbau des Zündgerätes; **b** Signalverläufe. (Eigene Darstellung)

3.3.1.2 Pulsweitenmodulation (PWM)

Bei der Phasenanschnittsteuerung ist das Schalten der Halbleiterventile an den Takt der Netzfrequenz gebunden. Die Pulsweitenmodulation ermöglicht es dagegen, von der

Netzfrequenz unabhängige Schaltstrategien zu realisieren. Es gibt verschiedene Möglichkeiten, selbstgeführte Stromrichter pulsweitenmoduliert zu betreiben. Nachfolgend wird nur das Unterschwingungsverfahren behandelt. Dieses erlaubt eine einfache Steuerung selbstgeführter Stromrichter und wird am Beispiel des Transistorwechselrichters aus Abb. 3.34a erläutert. Dabei genügt es, die Schaltsignalerzeugung in einer Phase zu betrachten.

Abb. 3.42a zeigt den grundsätzlichen Aufbau des Zündgerätes für die Transistoren T1 und T4. Die gewünschte – z. B. sinusförmige – Lastspannung u_{TwII} wird mit einer höherfrequenten Dreieckspannung u_h verglichen. Ein Zweipunktschalter bildet das binäre Signal s_1 ($s_1 = 1$ für $u_{TwII} > u_h$). Dieses legt die Einschaltdauer des Transistors T1 ($s_1 = 1$) fest. Das inverse Signal $s_4 = \bar{s}$ gibt die Einschaltdauer des Transistors T4 an.

Die Zündgeräte für die Transistoren T3 und T6 bzw. T5 und T2 funktionieren nach denselben Grundsätzen. Dabei ist die Eingangsgröße u_{TwII} durch die gewünschten Lastspannungen u_{SwII} bzw. u_{RwII} zu ersetzen. Bei konstanter Zwischenkreisspannung $u_d = U_d$ hat die Dreieckspannung u_h den in Abb. 3.42b dargestellten Zeitverlauf. Ihre Grundschwingungsfrequenz $f_h = 1/T_h$ sollte einem ganzzahligen Vielfachen der Lastfrequenz f_L entsprechen, um Schwebungen in der Ausgangsspannung des Transistorwechselrichters zu vermeiden:

$$f_h = \nu \cdot f_L$$

$$\nu = 3, 9, 15, \dots \tag{3.20}$$

Durch die Wahl des Proportionalitätsfaktors ν als ungeradzahlige, durch drei teilbare Zahl lassen sich bestimmte Spannungsoberschwingungen unterdrücken.

Abb. 3.42c und d gibt einen Einblick in die Pulsmustererzeugung mit dem Unterschwingungsverfahren. Die Frequenz des Schaltsignals s_1 (Schaltfrequenz des Transistors T1) ist gleich der Grundfrequenz der Dreieckschwingung f_h.

3.3.2 Ansteuerung der Halbleiterventile

Zum sicheren Ein- und Ausschalten müssen die Zündsignale der Leistungshalbleiter bestimmte Kurvenformen und Pegel aufweisen. Diese Aufgabe übernehmen spezielle Ansteuerschaltungen. Ihr grundsätzlicher Aufbau ist in Abb. 3.43 am Beispiel eines Thyristors gezeigt.

Das binäre Schaltsignal s_i (Abschn. 3.3.1) wird vom Impulsformer IF auf die gewünschte Kurvenform gebracht und im Endverstärker EV angepasst. Die Potenzialfreiheit kann über Zündimpulsübertrager (Abb. 3.43a) oder einen entsprechend aufgebauten Endverstärker (Abb. 3.43b) erfolgen.

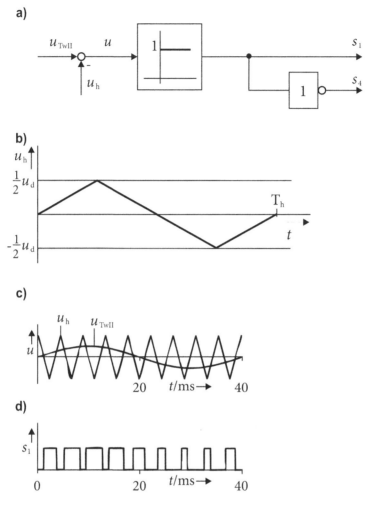

Abb. 3.42 Pulsmustererzeugung nach dem Unterschwingungsverfahren. **a** Zündgerät für die Phase T; **b** Vergleichsspannung u_h; **c** Führungsgröße u_{TwII} der Lastspannung mit Vergleichs-spannung u_h; **d** Schaltsignal s_1. (Eigene Darstellung)

3.3.3 Schutz

Ein Stromrichter arbeitet nur dann zuverlässig, wenn seine Leistungshalbleiter im Normalbetrieb und Fehlerfall geschützt sind [5].

Im Normalbetrieb darf die Steilheit der Ventilströme und -spannungen nicht zu groß werden. Der Stromanstieg lässt sich durch eine Reiheninduktivität begrenzen. So verhindern die Kommutierungsdrosseln in Abb. 3.8a eine sprunghafte Veränderung des Diodenstromes bei der Stromablösung zwischen zwei Ventilen. Der Spannungsanstieg

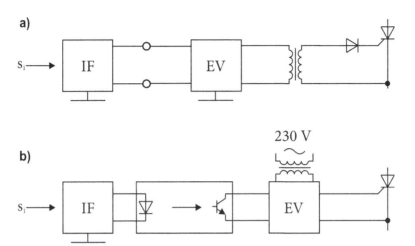

Abb. 3.43 Ansteuerung eines Thyristors (IF: Impulsformer, EV: Endverstärker). **a** magnetische Einkopplung des Zündsignals; **b** potenzialfreier Endverstärker. (Eigene Darstellung)

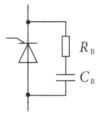

Abb. 3.44 Thyristorbeschaltung. (Eigene Darstellung)

kann durch ein RC-Netzwerk parallel zum Halbleiterschalter gesteuert werden. Abb. 3.44 zeigt eine typische Thyristorbeschaltung, die allerdings die Systemverluste vergrößert. Für Dioden und Transistoren gelten ähnliche Überlegungen.

Fehler können außerhalb des Stromrichters (Kurzschlüsse auf Netz- und Lastseite) auftreten oder im Stromrichter selbst, z. B. durch Ausfall von Komponenten und Fehlzündungen, entstehen. Zum Schutz gegen Überströme werden Sicherungen eingesetzt. Varistoren und Zenerdioden dienen zur Begrenzung von Überspannungen.

3.3.4 Kühlung

Die Leistungshalbleiter wurden bisher als verlustfrei arbeitende Bauelemente angesehen Abb. 3.2. Dies ist in Wirklichkeit nicht der Fall. Die auftretenden Verluste lassen sich aus den realen Halbleiterkennlinien erklären [5]. In Abb. 3.45 sind

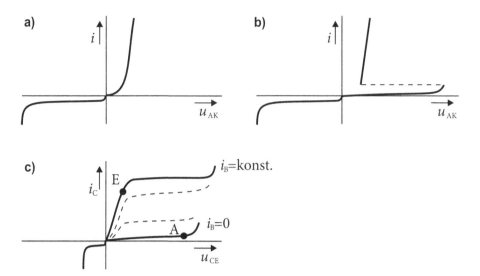

Abb. 3.45 Reale Strom-Spannungskennlinien von Leistungshalbleitern. **a** Diode; **b** Thyristor; **c** Bipolartransistor (A: Aus, E: Ein). (Eigene Darstellung)

Abb. 3.46 Thyristorkennlinie im Durchlassbereich (Ersatzwiderstand $r_T = \Delta u/\Delta i$). (Eigene Darstellung)

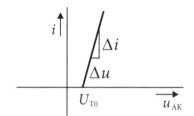

die Strom-Spannungs-Verläufe von Diode, Thyristor und Bipolartransistor dargestellt. In keinem Fall werden die idealisierten Kennlinien aus Abschn. 3.1.2 erreicht. Das Produkt aus Ventilspannung und -strom liefert für jeden Augenblick die statischen Verluste. Zu ihnen kommen die dynamischen Verluste beim Schalten hinzu. Sie sind bei 50 Hz zu vernachlässigen, spielen aber bei hochfrequenter Taktung eine entscheidende Rolle.

Bei netzgeführten Stromrichtern mit Thyristoren überwiegen die Verluste im leitenden Zustand (Durchgangsverluste). Approximiert man die Thyristorkennlinie in diesem Bereich durch eine Gerade mit der Steigung $1/r_T$ sowie eine Schleusenspannung U_{T0} (Abb. 3.46), erhält man die Beziehung

$$u = U_{T0} + r_T \cdot i \tag{3.21}$$

Die mittlere Durchgangsverlustleistung ergibt sich dann zu

$$P_D = \frac{1}{T} \int_0^T u \cdot i \, dt = U_{T0} \cdot \frac{1}{T} \int_0^T i \, dt + r_T \cdot \frac{1}{T} \int_0^T i^2 \, dt$$

$$P_D = U_{T0} \cdot \bar{i} + r_T \cdot I^2 \tag{3.22}$$

Die Durchgangsverluste hängen demnach sowohl vom Mittelwert als auch vom Effektivwert I des Ventilstromes ab.

Die im Halbleiter freigesetzte Wärme führt zu einem Anstieg der Temperatur in den PN-Grenzschichten. Beim Überschreiten einer zulässigen Grenze verliert das Halbleiterbauelement seine Funktionsfähigkeit. Daher sind besondere Maßnahmen zur Kühlung vorzusehen.

Bei Stromrichtern kleiner Leistung genügt Luftkühlung. Die Leistungshalbleiter übertragen die Verlustwärme auf speziell konstruierte metallische Kühlkörper. Von dort wird sie über Konvektion und Strahlung an die Umgebung abgegeben. Der Einsatz eines Gebläses kann für einen erhöhten Luftstrom und damit für eine vergrößerte Wärmeabfuhr sorgen.

Bei Stromrichtern größerer Leistung bevorzugt man die Flüssigkeitskühlung mit Wasser oder Öl. In Sonderfällen gelangt die Siedekühlung zum Einsatz. Hier wird die anfallende Wärme zur Verdampfung des Kühlmediums benutzt. Der Dampf kondensiert an einer anderen Stelle und gelangt in den Kühlkreislauf zurück.

Die Auswahl einer geeigneten Stromrichterschaltung hängt von vielen Einflussgrößen ab wie z. B. Leistung (Strom, Spannung), Oberschwingungen, Wirkungsgrad (Verlustbewertung), Regelverhalten, Kosten und EMV-Problematik. Die genannten Kriterien sind miteinander über ein komplexes Netz von Abhängigkeiten verknüpft. So kann beispielsweise ein U-Pulsumrichter auf der Netzseite mit einem fremd- oder selbstgeführten Gleichrichter ausgestattet werden (Abb. 3.34 und 3.37a). Die erste Variante ist kostengünstiger, belastet das Netz aber mit wesentlich höheren Stromoberschwingungen. In diesem Fall wird die Entscheidung für den einen oder anderen Stromrichter maßgeblich durch die technischen Anschlussbedingungen des Stromversorgungsunternehmens mitbestimmt. Der Anwender ist in der Regel nur dann bereit, die Mehrkosten für den netzfreundlichen U-Pulsumrichter aufzubringen, wenn er anders die gestellten Auflagen nicht erfüllen kann.

Beispiel 3.2: Drehstromsteller

Ein Drehstromsteller nach Abb. 3.26 wird als TCR in einem steuerbaren Blindleistungskompensator (Abschn. 8.4.5) eingesetzt und über einen Transformator mit dem Übersetzungsverhältnis $\ddot{u} = 20\,kV/2\,kV$ an ein 20-kV-Netz zugeschaltet. Die Bemessungsleistung beträgt $Q_r = 12\,MVAr$. Welche Durchgangs-Thyristorverluste treten im Bemessungspunkt auf ($U_{T0} = 1\,V$; $r_T = 0{,}23\,m\Omega$)? Welche Verlustenergie entsteht pro Jahr, wenn der TCR im Bemessungspunkt betrieben wird? Wie hoch sind die Kosten für diese Verlustenergie, wenn mit einem Strompreis von 0,2 €/kWh zu rechnen ist?

Bemessungsstrom des TCR:

$$I_r = \ddot{u} \cdot \frac{Q_r}{3 \cdot U_n} = \frac{20\,kV}{2\,kV} \cdot \frac{12\,MVAr}{3 \cdot 20\,kV} = 2000\,A$$

Arithmetischer Mittelwert des Thyristorstromes:

$$\bar{i}_T = \frac{1}{T} \int_0^{T/2} i(t)\,dt = \frac{1}{T} \int_0^{T/2} \sqrt{2} \cdot I_r \cdot \sin \omega t\,dt$$

$$\bar{i}_T = \frac{\sqrt{2}\,I_r}{\pi} = \frac{\sqrt{2} \cdot 2000\,A}{3,14} = 900\,A$$

Effektivwert des Thyristorstromes:

$$I_T = \sqrt{\frac{1}{T} \int_0^{T/2} i(t)^2 dt} = \sqrt{\frac{1}{T} \int_0^{T/2} 2 \cdot I_r^2 \cdot \sin^2 \omega t\,dt}$$

$$I_T = \frac{I_r}{\sqrt{2}} = \frac{2000\,A}{\sqrt{2}} = 1414\,A$$

Mit Gl. (3.21) erhält man für die Durchgangsverluste der 6 Thyristoren

$$P_D = 6 \cdot \left(U_{T0} \cdot \bar{i}_T + r_T \cdot I_T^2 \right)$$

$$P_D = 6 \cdot \left(1\,V \cdot 900\,A + 0,23 \cdot 10^{-3}\,\Omega \cdot 1414^2\,A^2 \right)$$

$$P_D = 6 \cdot (900\,W + 460\,W) = 8160\,W$$

Wird der TCR im Bemessungspunkt ein Jahr lang betrieben, entsteht eine Verlustenergie von

$$E_V = 8160\,W \cdot 8760\,h = 71\,482\;kWh$$

Für diese ist ein Preis von

$$K = 81\,482\,kWh \cdot 0,2\,€/kWh = 14\,300\,€$$

zu entrichten.

Bei der Anschaffung regelbarer Blindleistungskompensatoren ist es üblich, die Verluste bestimmter Betriebspunkte zu bewerten und den Investitionskosten zuzuschlagen. ◄

Literatur

1. Hering, E., Bressler, K., Gutekunst, J.: Elektronik für Ingenieure. Springer-Verlag, Berlin (2013)
2. Specovius, J.: Grundkurs Leistungselektronik: Bauelemente, Schaltungen und Systeme. Springer-Verlag, Wiesbaden (2018)
3. Zach, F.: Leistungselektronik: Ein Handbuch Band 1 und 2. Springer-Verlag, Wiesbaden (2015)
4. Jäger, R., Stein, E.: Übungen zur Leistungselektronik. VDE-Verlag, Berlin (2012)
5. Schröder, D.: Leistungselektronische Bauelemente. Springer-Verlag, Berlin (2008)
6. Schröder, D.: Leistungselektronische Schaltungen: Funktion, Auslegung und Anwendung. Springer-Verlag, Berlin (2012)

Leitungen

4

Der Transport elektrischer Energie erfolgt über Leitungen oder Kabel. Bei Leitungen unterscheidet man zwischen Freileitungen, die i. Allg. aus nicht isolierten Leitern aufgebaut sind, und isolierten Leitungen, die z. B. in der Hausinstallation auf, in oder unter Putz verlegt werden. Kabel liegen dagegen im Erdreich oder in Kabelschächten. Sonderformen sind Luft- oder Seekabel. In der Umgangssprache wird das Wort Leitungen häufig für Freileitungen und Kabel als Oberbegriff gewählt. Bei Freileitungen ist das Isolationsmedium zwischen den Leitern Luft; die Fixierung der Leiterseile erfolgt durch Masten in Abständen von bis zu 300 m. Zwischen den Leitern sind einige Meter Abstand zu halten, damit sie bei Wind nicht zusammenschlagen. Bei Leitungen und Kabeln wird als Isolationsmedium in der Regel Kunststoff oder getränktes Papier eingesetzt. Dadurch können die Leiterabstände in der gleichen Größenordnung wie die Leiterradien liegen.

Die Geschichte der Leitungen begann mit der Informationsübertragung. 1727 wurde eine 100 m lange Freileitung verlegt und an Bindfäden aufgehängt. 1774 gab es eine Energieübertragung mit isolierten Drähten. 1880 begann Edison mit der Kabelverlegung zur Versorgung von Glühlampen. Die erste Gleichstrom Fernübertragung von Miesbach nach München über 52 km fand 1882 statt. 1000 W wurden eingespeist, 300 W kamen an. Eine Leistungssteigerung wurde 1891 erreicht, als von Lauffen nach Frankfurt eine 175 km lange 15-kV-Drehstromleitung 150 kW mit einem Wirkungsgrad von 75 % übertrug.

4.1   Beschreibung der Leitungen

Kenngrößen der Leitungen, die aus mindestens einem Hin- und Rückleiter bestehen, sind die ohmschen Widerstände der Leiter, die Induktivitäten der Leiterschleifen und die Kapazitäten zwischen den Leitern einer Schleife. Ein Leiter kann dabei das Erdreich sein.

Bei mehrdrähtigen Leitungen, z. B. Drehstromleitungen, gibt es noch Koppelinduktivitäten und -kapazitäten. Dies gilt auch für parallel geführte Leitungen, die in Wechselwirkung treten. Zur Berechnung dieser Größen wird vereinfachend angenommen, dass
der Abstand zwischen den Leitern groß gegenüber den Leiterradien ist [1, 2, 3].

4.1.1 Leitungswiderstand

Als Leitermaterial wird Aluminium oder Kupfer verwendet. Bei gegebenem Querschnitt
lässt sich der Leitungswiderstand einfach berechnen. Für ein Freileitungsseil aus der
üblichen Aluminiumlegierung mit der elektrischen Leitfähigkeit $\kappa = 35\,\Omega^{-1}\,\mathrm{m/mm^2}$ und
dem Querschnitt A = 240 mm ergibt sich bei $\vartheta_1 = 20\,°\mathrm{C}$ ein Widerstandsbelag, d. h. ein
Widerstand, der auf die Länge bezogen ist

$$R'_{20} = \frac{R_{20}}{1} = \frac{1}{\kappa A} = \frac{\Omega \cdot \mathrm{mm^2}}{35\,\mathrm{m}\ \cdot 240\,\mathrm{mm^2}} = 0{,}12\,\Omega/\mathrm{km} \tag{4.1}$$

Bei einer Erwärmung auf $\vartheta_2 = 80\,°\mathrm{C}$ erhöht sich der Widerstand wegen des Temperatur-
koeffizienten α_{20}, der bei Aluminium $0{,}004\,\mathrm{K^{-1}}$ beträgt

$$\begin{aligned} R' &= R'_{20}[1+\alpha_{20}(\vartheta_2-\vartheta_1)] = 0{,}12\,\Omega/\mathrm{km}\left[1+0{,}004\,\mathrm{K^{-1}}(80\,°\mathrm{C} - 20\,°\mathrm{C})\right] \\ &= 0{,}12\,\Omega/\mathrm{km}\ \cdot 1{,}24 = 0{,}15\,\Omega/\mathrm{km} \end{aligned} \tag{4.2}$$

Durch den Skin-Effekt wird bei Wechselstrom der Leiterquerschnitt nicht gleichmäßig
vom Strom durchflossen. So entsteht eine querschnittsabhängige Widerstandserhöhung.
Neben dem Skin-Effekt, bei dem der Strom im Leiter von innen nach außen verdrängt
wird, ist bei Kabeln noch der Proximity-Effekt zu berücksichtigen, bei dem sich die
Ströme in Hin- und Rückleitern auf die einander zugewandte Seite verlagern. Skin- und
Proximity-Effekt erhöhen den Wechselstromwiderstand ab 300 mm^2 Querschnitt merk-
lich gegenüber dem Gleichstromwiderstand. Bei großen Kabelquerschnitten kann ein
Anstieg um bis zu 40 % auftreten [4].

4.1.2 Induktivitäten und Kopplungen

Bei der Anordnung in Abb. 4.1 erzeugt der Strom des Leiters 1 in der Leiterschleife
$2 - 2'$ den Fluss

$$\Phi_{\mathrm{L}12} = \int\limits_{a_{12}}^{a_{12'}} B\,l\,\mathrm{d}x = \int\limits_{a_{12}}^{a_{12'}} \mu\,H\,l\,\mathrm{d}x = \int\limits_{a_{12}}^{a_{12'}} \mu\frac{I}{2\pi x}\,l\,\mathrm{d}x = \frac{\mu\,l}{2\pi}I\ln\frac{a_{12'}}{a_{12}} \tag{4.3}$$

Der Strom im Leiter $1'$ erzeugt in der Schleife $2 - 2'$ einen Fluss $\Phi_{\mathrm{L}1'2}$ der sich entsprechend errechnet. Addiert man beide, so ergibt sich der Fluss in der Schleife 2,
erzeugt durch den Strom in der Schleife 1.

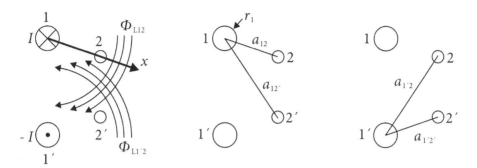

Abb. 4.1 Kopplung der Schleifen 1 und 2. (Eigene Darstellung)

$$\Phi_{12} = \Phi_{L12} + \Phi_{L1'2} = \frac{\mu l}{2\pi} I \ln \frac{a_{12'}}{a_{12}} + \frac{\mu l}{2\pi} (-I) \ln \frac{a_{1'2'}}{a_{1'2}} = \frac{\mu l}{2\pi} I \ln \frac{a_{12'} \cdot a_{1'2}}{a_{12} \cdot a_{1'2'}} \quad (4.4)$$

Damit ist eine Koppel- der Gegeninduktivität definiert, die gewöhnlich auf die Leiter-länge l bezogen ist und als Induktivitätsbelag bezeichnet wird.

$$L'_{12} = M'_{12} = \frac{L_{12}}{l} = \frac{\Phi_{12}}{l \cdot I} = \frac{\mu}{2\pi} \ln \frac{a_{12'} \cdot a_{1'2}}{a_{12} \cdot a_{1'2'}} \quad (4.5)$$

Dies ist eine wichtige Ausgangsgleichung zur Ermittlung der Selbst- und Gegen-induktivitäten verschiedener Leiteranordnungen. Tab. 4.1 zeigt die spezifischen Berechnungsgleichungen für verschiedene Anordnungen.

Die Modellierung des Erdreichs als „Rohr" ohne innere Induktivität widerspricht der Anschauung. Die abgeleiteten Gleichungen ergeben sich aus einer exakten Lösung nach [5] durch Lösung einer partiellen Differenzialgleichung, die zu Zylinderfunktionen führt. Bricht man deren Reihe nach dem ersten Glied ab, so ergeben sich die Gl. 4.9 und 4.10. Die Eindringtiefe δ wird dabei bestimmt durch

$$\delta = 1,85 \sqrt{\frac{\rho}{\mu_0 \omega}} \quad (4.11)$$

Für einen üblichen spezifischen Bodenwiderstand von $\rho = 100 \, \Omega m$ und die Netz-frequenz $f = 50 \, Hz$ ergibt sich $\delta = 931 \, m$. Demnach gilt Gl. 4.9 nur für Leiter, die einen Abstand a von weniger als ca. 500 m zueinander haben.

Die Eindringtiefe ist ein Maß für die Stromdichteverteilung im Erdreich. Direkt unter-halb des Hinleiters ist sie am größten und nimmt nach der Seite und ins Innere der Erde ab (Abb. 4.2). Dieses Phänomen tritt auch als Proximity-Effekt bei nahe beieinander-liegenden Leitern auf (Abschn. 4.1.1 und 4.1.8). Bei sehr hohen Frequenzen konzentriert sich der Rückstrom direkt unter dem Hinleiter, mit zunehmendem spezifischem Boden-widerstand verteilt er sich weiter im Erdreich. So ist zu erklären, dass der Erdwiderstand nicht von dem spezifischen Bodenwiderstand, sondern nur von der Frequenz abhängt.

Tab. 4.1 Ermittlung der Induktivitäten bei verschiedenen Anordnungen

Anordnung	Berechnung		
Unabhängige Schleifen	1 2 2′ 1′	$L'_{12} = \dfrac{\mu}{2\pi}\ln\dfrac{a_{12'} \cdot a_{1'2}}{a_{12} \cdot a_{1'2'}}$	Gl. 4.6
Schleife mit gemeinsamem Rückleiter	1 2 1′	$a_{1'2'} \to r_{1'}$ $L'_{12} = \dfrac{\mu}{2\pi}\left[\ln\dfrac{a_{11'} \cdot a_{1'2}}{a_{12} \cdot r_{1'}} + \dfrac{1}{4}\right]$ Der Summand 1/4 berücksichtigt die innere Induktivität des Leiters 1′. (Abschn. 4.1.8)	Gl. 4.7
Selbstinduktivität	1 1′	$a_{1'2'} \to r_{1'} \cdot a_{12} \to r_1 \cdot r = \sqrt{r_{1'} \cdot r_1} \cdot a_{11'} = a$ $L'_{12} = \dfrac{\mu}{2\pi}\left[\ln\left(\dfrac{a}{r}\right)^2 + 2 \cdot \dfrac{1}{4}\right]$ Der Summand $2 \cdot 1/4$ berücksichtigt die inneren Induktivitäten der Leiter 1 und 1′	Gl. 4.8
Koppelinduktivität mit Erde als Rückleiter	1 ◯ ◯ 2 δ E	$a_{12'} = a_{1'2} = \delta \gg a_{12} = a$ $L'_{12} = d\dfrac{\mu}{2\pi}\ln\dfrac{\delta}{a}$	Gl. 4.9
Selbstinduktivität eines Leiters mit Erdrückleitung	1 ◯ δ E	$a_{12'} = a_{1/2} = a_{1/2'} = \delta \gg a_{12} \to r$ $L'_{1E} = \dfrac{\mu}{2\pi}\left(\ln\dfrac{\delta}{r} + \dfrac{1}{4}\right)$ Der Summand 1/4 berücksichtigt die innere Induktivität des Leiters 1	Gl. 4.10

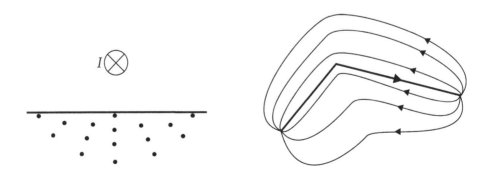

Abb. 4.2 Verlauf des Stromes im Erdreich. (Eigene Darstellung)

$$R'_E = (0,05\,\Omega/\text{m}) \cdot (f/50\,\text{Hz}) \tag{4.12}$$

Die Gl. 4.6–4.10 enthalten den gleichen Vorfaktor $\mu/2\pi = 0,2\,\text{mH/km}$ und einen Logarithmus, der das Argument mit der Leitungsgeometrie stark glättet. Deshalb liegen alle Selbst- und Gegeninduktivitäten von Freileitungen in der gleichen Größenordnung. Für eine Leiterschleife liefert Gl. 4.8 ($r = 1$ cm; $a = 1$ m)

$$L'_1 = 0,2\,\text{mH/km}\left(\ln 100^2 + 0,5\right) = 1,94\,\text{mH/km}$$

Die Kopplung zweier Leiter mit Erdrückleitung ergibt sich nach Gl. 4.9 ($a = 10$ m; $\delta = 1000$ m).

$$L'_{12} = 0,2\,\text{mH/km}\ln 100 = 0,92\,\text{mH/km}$$

Für die im Leitungsbau üblichen Anordnungen liegen die Selbst- und Gegeninduktivitäten im Bereich von 0,5–2 mH/km. Dies entspricht bei 50 Hz den Reaktanzen, genauer Reaktanzbelägen, 0,15–0,6 Ω/km. Sind – wie in Abb. 4.3 dargestellt – die Abstände zwischen beiden gekoppelten Schleifen sehr groß, so lässt sich nach Gl. 4.6 folgende Näherung durchführen.

$$L'_{12} = \frac{\mu}{2\pi}\ln\frac{D \cdot D}{(D+a)(D-a)} \approx \frac{\mu}{2\pi}\ln\left[1 + \left(\frac{a}{D}\right)^2\right] \approx \frac{\mu}{2\pi}\left(\frac{a}{D}\right)^2 \tag{4.13}$$

Im Gegensatz zu den vorhergehenden Beispielen nimmt die Kopplung der weit voneinander entfernt liegenden Leiterschleifen quadratisch mit deren Abstand zueinander ab. Dieser Zusammenhang ist für die Behandlung von Beeinflussungsproblemen wichtig und wird in Abschn. 4.4.2 wieder aufgegriffen.

4.1.3 Ersatzschaltung für gekoppelte Leiter

In Abb. 4.1 ist dargestellt, wie nach Gl. 4.5 ein Fluss Φ_{12} in der Schleife 2 durch den Strom i_1 in der Schleife 1 hervorgerufen wird. Fließt auch in der Schleife 2 ein Strom i_2, so entsteht in ihr ein zusätzlicher Fluss Φ_{22}, der sich mit Φ_{12} zu dem Gesamtfluss Φ_2 addiert. Stromänderungen führen zu induzierten Spannungen, die den treibenden Spannungen entgegenwirken. Für die Schleife 2 ergibt sich damit die Spannungsgleichung

$$u_2 = R_2 i_2 + \mathrm{d}\Phi_2/\mathrm{d}t = R_2 i_2 + \mathrm{d}(\Phi_{22} + \Phi_{21})/\mathrm{d}t$$

$$u_2 = R_2 i_2 + L_2 \mathrm{d}i_2/\mathrm{d}t + L_{21}\mathrm{d}i_1/\mathrm{d}t \tag{4.14}$$

Abb. 4.3 Kopplung zwischen weit voneinander entfernt liegenden Schleifen. (Eigene Darstellung)

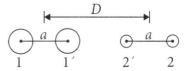

Analog hierzu lässt sich eine Spannungsgleichung für die Leiterschleife 1 aufstellen, wobei die Koppelinduktivitäten L_{12} und L_{21} wegen $a_{12} = a_{21}$ gleich sind.

Fasst man die Rückleiter $1'$ und $2'$ in Abb. 4.1 zur Erde zusammen, so werden die Selbst- und Gegeninduktivitäten in Gl. 4.14 durch die Gl. 4.10 bzw. Gl. 4.9 bestimmt. Auf diese Art ist es möglich, jedem Leiter eine eigene Selbstinduktivität gegen Erde zuzuordnen. Wird beispielsweise aus den Leitern 1 und 2 eine Schleife gebildet, so ergibt sich deren Spannungsgleichung zu

$$u = u_1 - u_2 \quad i = i_1 = -i_2 \quad R = R_1 = R_2$$

$$u = Ri + (L_1 - L_{21})\mathrm{d}i/\mathrm{d}t - [-Ri - (L_2 - L_{12})\mathrm{d}i/\mathrm{d}t]$$

$$u = 2Ri + 2\frac{\mu l}{2\pi}\left(\ln\frac{\delta}{r} + \frac{1}{4} - \ln\frac{\delta}{a}\right)\mathrm{d}i/\mathrm{d}t \qquad (4.15)$$

$$u = 2Ri + 2\frac{\mu l}{2\pi}\left(\ln\left(\frac{a}{r}\right)^2 + 2\frac{1}{4}\right)\mathrm{d}i/\mathrm{d}t$$

Aus den Selbst- und Koppelinduktivitäten der Leiter 1 und 2 gegen Erde wurde die Selbstinduktivität der Leiterschleife 1–2 nach Gl. 4.8 bestimmt. Der Einfluss der Erde mit der Eindringtiefe δ entfällt.

Gl. 4.14 lässt sich auf beliebig viele Leiter erweitern. Abb. 4.4 zeigt als Beispiel eine Anordnung mit drei Leitern und Erde, wobei die Selbst- und Koppelinduktivitäten mit den Gl. 4.9 und 4.10 zu bestimmen sind. Ist die Summe der Leiterströme null, so hebt sich beim Umformen der Gleichungen die Eindringtiefe δ heraus. Sie ist demnach eine Hilfsgröße, die beliebig, z. B. mit $\delta = 1000$ m, festgelegt werden kann. Lediglich in den Fällen, in denen Strom durch das Erdreich zurückfließt, muss die Eindringtiefe nach den tatsächlichen Gegebenheiten bestimmt werden.

Für stationäre Wechselgrößen kann man die Differenzialgleichungen des Zweileiter- systems (4.14) als komplexe Gleichungen schreiben.

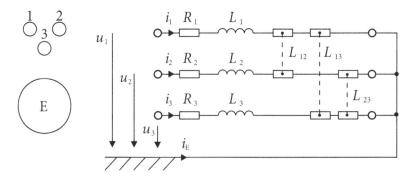

Abb. 4.4 Induktive Kopplung zwischen drei Leitern und gemeinsamer Erdrückleitung. (Eigene Darstellung)

$$\underline{Z}_2 = R_2 + j\omega L_2 \quad \underline{Z}_{12} = j\omega L_{12}$$

$$\underline{U}_2 = \underline{Z}_2\underline{I}_2 + \underline{Z}_{21}\underline{I}_1 \tag{4.16}$$

Eine Anordnung nach Abb. 4.4, erweitert auf n Leiter, wird beschrieben durch $(\underline{Z}_{ik} = \underline{Z}_{ki})$

$$\begin{bmatrix} \underline{U}_1 \\ \underline{U}_2 \\ \vdots \\ \underline{U}_n \end{bmatrix} = \begin{bmatrix} \underline{Z}_1 & \underline{Z}_{12} & \cdots & \underline{Z}_{1n} \\ \underline{Z}_{21} & \underline{Z}_2 & \cdots & \underline{Z}_{2n} \\ \vdots & \vdots & \cdots & \vdots \\ \underline{Z}_{n1} & \underline{Z}_{n2} & \cdots & \underline{Z}_{nn} \end{bmatrix} \begin{bmatrix} \underline{I}_1 \\ \underline{I}_2 \\ \vdots \\ \underline{I}_n \end{bmatrix} \tag{4.17}$$

$$\underline{Z}_i = R_i + j\omega\frac{\mu l}{2\pi}\left[\ln\frac{\delta}{r_i} + \frac{1}{4}\right] \quad \underline{Z}_{ik} = j\omega\frac{\mu l}{2\pi}\ln\frac{\delta}{a_{ik}} \tag{4.18}$$

Dabei sind $\underline{Z}_i$ die Selbstimpedanzen und $\underline{Z}_{ik}\,(i \neq k)$ die Koppelimpedanzen.

Für den Fall ohne Erdrückleitung gilt zusätzlich die Nebenbedingung

$$\underline{I}_E = -\sum_{i=1}^{n}\underline{I}_i = 0 \tag{4.19}$$

Sie stellt, wie oben ausgeführt, sicher, dass die Eindringtiefe δ aus Gl. 4.17 herausfällt.

Beispiel 4.1: Beeinflussung zweier Leiter

Zwei 10 km lange Leiter 1 und 2 mit den Radien $r = 1$ cm haben einen Abstand von $a_{12} = 1$ m zueinander. An dem Leiter 1 liegt eine Spannung von $U_1 = 10$ kV gegen Erde ($\delta = 1000$ m). Welcher Strom I_1 fließt und welche Spannung U_2 wird in dem einseitig geerdeten Leiter 2 induziert? Welcher Strom stellt sich ein, wenn der Leiter 2 beidseitig geerdet ist? Welcher Strom ergibt sich, wenn die Spannung $U_1 = 10$ kV zwischen den Leitern 1 und 2 liegt?

Die Selbstreaktanzen und Koppelreaktanzen werden aus Gl. 4.18 bestimmt

$$\underline{Z}_1 = j\omega\frac{\mu 1}{2\pi}\left[\ln\frac{\delta}{r} + \frac{1}{4}\right] = j\,314\,\mathrm{s}^{-1}\cdot0{,}2\frac{\mathrm{mH}}{\mathrm{km}}\cdot10\,\mathrm{km}\left[\ln\frac{1000\,\mathrm{m}}{0{,}01\,\mathrm{m}} + \frac{1}{4}\right] = j\,7{,}39\,\Omega$$

$$\underline{Z}_{12} = j\omega\frac{\mu 1}{2\pi}\left[\ln\frac{\delta}{a_{12}}\right] = j\,314\,\mathrm{s}^{-1}\cdot0{,}2\frac{\mathrm{mH}}{\mathrm{km}}\cdot10\,\mathrm{km}\,\ln\frac{1000\,\mathrm{m}}{1\,\mathrm{m}} = j\,4{,}34\,\Omega$$

$$\underline{I}_1 = U_1/\underline{Z}_1 = 10\,\mathrm{kV}/j\,7{,}39\,\Omega = -j\,1{,}35\,\mathrm{kA}$$

$$\underline{U}_2 = \underline{Z}_{12} \cdot \underline{I}_1 = \mathrm{j}\,4{,}34\,\Omega \cdot (-\mathrm{j}\,1{,}35\,\mathrm{kA}) = 5{,}86\,\mathrm{kV}$$

Diese Spannung führt mit $\underline{Z}_1 = \underline{Z}_2$ bei dem beidseitig geerdeten Leiter 2 zu dem Strom

$$\underline{I}_2 = \underline{U}_2/\underline{Z}_2 = 5{,}86\,\mathrm{kV}/\mathrm{j}\,7{,}39\,\Omega = -\mathrm{j}\,0{,}79\,\mathrm{kA}$$

Bei der Berechnung ist nicht berücksichtigt, dass der Strom I_2 auf den Leiter 1 zurückwirkt. Die exakte Lösung liefert nach Gl. 4.17

$$U_1 = \underline{Z}_1 \underline{I}_1 + \underline{Z}_{12} \underline{I}_2$$

$$\underline{U}_2 = \underline{Z}_{12} \underline{I}_1 + \underline{Z}_2 \underline{I}_2 = 0$$

mit $\underline{I}_2 = -\underline{Z}_{12}/\underline{Z}_2 \underline{I}_1$ $\qquad$ wird $U_1 = \left(\underline{Z}_1 - Z_{12}^2/\underline{Z}_2\right)\underline{I}_1 = \mathrm{j}\,4{,}84\,\Omega\,\underline{I}_1$

$$\underline{I}_1 = 10\,\mathrm{kV}/\mathrm{j}\,4{,}84\,\Omega = -\mathrm{j}\,2{,}07\,\mathrm{kA}$$

$$\underline{I}_2 = (-\,\mathrm{j}\,4{,}34\,\Omega/\mathrm{j}\,7{,}39\,\Omega)\cdot(-\mathrm{j}\,2{,}07\,\mathrm{kA}) = \mathrm{j}\,1{,}22\,\mathrm{kA}$$

Der Unterschied zwischen Näherungslösung und exakter Lösung ist beachtlich. Die Lösungen nähern sich mit wachsendem Abstand a_{12} einander an. Blitzschutzseile (Abschn. 1.2.3) bei Freileitungen oder Hüllrohre von Kabeln sind bei Kurzschluss-stromberechnungen zu berücksichtigen. Dies gilt für Fehler mit Erdbeteiligung durch die Nullimpedanz. Wasser- und Gasrohre, die in der Nähe von Freileitungen liegen, werden dagegen nicht berücksichtigt.

Für den Fall $\underline{I}_2 = -\underline{I}_1$ ergibt sich

$$U_1 = 2\left(\underline{Z}_1 - \underline{Z}_{12}\right)\underline{I}_1 = 2(\mathrm{j}\,7{,}39\,\Omega - \mathrm{j}\,4{,}34\,\Omega)\underline{I}_1 = \mathrm{j}\,6{,}1\,\Omega\,\underline{I}_1$$

$$\underline{I}_1 = U_1/\mathrm{j}\,6{,}1\,\Omega = 10\,\mathrm{kV}/\mathrm{j}\,6{,}1\,\Omega = -\mathrm{j}\,1{,}64\,\mathrm{kA}$$

Diese Lösung hätte man auch aus der Selbstinduktivität der Schleifen 1–2 bestimmen können. Gl. 4.8 liefert

$$\underline{Z} = \mathrm{j}\omega\frac{\mu l}{2\pi}\left[\ln\left(\frac{a}{r}\right)^2 + 2\,\frac{1}{4}\right] = \mathrm{j}\,314\,\mathrm{s}^{-1}\cdot 0{,}2\,\frac{\mathrm{mH}}{\mathrm{km}}\cdot 10\,\mathrm{km}\left[\ln\left(\frac{1\,\mathrm{m}}{0{,}01\,\mathrm{m}}\right)^2 + 0{,}5\right] = \mathrm{j}\,6{,}10\,\Omega$$

$$\underline{I}_1 = U_1/\mathrm{j}\,6{,}1\,\Omega = 10\,\mathrm{kV}/\mathrm{j}\,6{,}1\,\Omega = -\mathrm{j}\,1{,}64\,\mathrm{kA}$$

◀

4.1.4 Kapazitive Kopplung

Im vorangegangenen Abschnitt wurde gezeigt, dass die Anordnung der Leiter gegenüber der Erde keinen Einfluss auf die Selbst- und Gegeninduktivität hat, solange das Erdreich nicht an der Stromleitung beteiligt ist, da die relative Permeabilität des Bodens $\mu_r = 1$ ist. Die durch die endliche Leitfähigkeit ($\rho \neq \infty$) des Erdreiches entstehenden Wirbelströme sind bei 50 Hz vernachlässigbar.

Beim elektrischen Feld kann die Erde als ideal leitende Platte ($\rho = 0$) des Erdreiches angesehen werden. Dies führt dazu, dass die elektrischen Feldlinien aus der Luft senkrecht in die Erdoberfläche eintreten.

Das Feld eines Leiters 1 mit der Ladung Q_1 über Erde kann deshalb durch einen Spiegelleiter $1'$ mit der Ladung $Q_{1'} = -Q_1$ in der Erde modelliert werden (Abb. 4.5a). Verallgemeinert man diese Betrachtung, so müssen zu allen realen Leitern $1, 2, \ldots$ mit den Ladungen $Q_1, Q_2, \ldots$ Spiegelleiter $1', 2', \ldots$ mit den Ladungen $-Q_{1'}, -Q_{2'}, \ldots$ angeordnet werden, um den senkrechten Eintritt der Feldlinien in das Erdreich sicherzustellen. Zur Beschreibung des Feldes wird zunächst nur die Ladung Q_1 auf dem Leiter 1 betrachtet. Sie erzeugt im Abstand x vom Leiter eine Feldstärke (Abb. 4.5a)

$$E_1 = \frac{Q_1}{2\pi\varepsilon l} \cdot \frac{1}{x}$$

Das Potenzial eines Punktes P gegenüber einem konzentrischen Rohr mit dem Radius $R \to \infty$ ergibt sich durch Integration

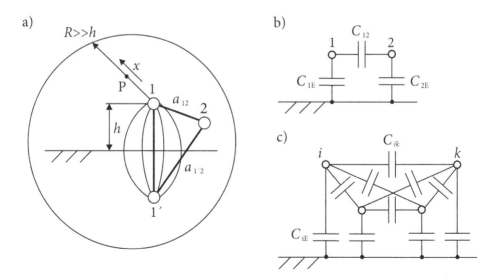

Abb. 4.5 Kapazitive Kopplung. **a** Beeinflussung eines Leiters; **b** Ersatzschaltung für zwei Leiter; **c** Ersatzschaltung für vier Leiter. (Eigene Darstellung)

$$\varphi_x = \int\limits_x^R E_1 dx = \frac{Q_1}{2\pi\varepsilon}\ln\frac{R}{x}$$

Wird der Punkt P auf den Rand des Leiters 1 mit dem Radius r_1 gelegt, so ist aus dem Potenzial φ_1 zwischen Leiter und Rohr die Kapazität eines Koaxialkabels zu bestimmen

$$\varphi_1 = \frac{Q_1}{2\pi\varepsilon l}\ln\frac{R}{r_1} \quad C_K = \frac{Q_1}{\varphi_1} = \frac{2\pi\varepsilon l}{\ln(R/r_1)} \qquad (4.20)$$

Das Potenzial des Leiters 2 ist durch Überlagerung der Felder, die von den Leitern 1 und 1' ausgehen, zu bestimmen $\left(Q_1' = -Q_1\right)$.

$$\varphi_2 = \frac{Q_1}{2\pi\varepsilon l}\ln\frac{R}{a_{12}} + \frac{-Q_1}{2\pi\varepsilon l}\ln\frac{R}{a_{1'2}} = \frac{Q_1}{2\pi\varepsilon l}\ln\frac{a_{1'2}}{a_{12}} \qquad (4.21)$$

Befindet sich der Leiter 2 auf der Erdoberfläche, so ergibt sich $\varphi_2 = 0(a_{1'2} = a_{12})$. Dies bedeutet, dass das Potenzial φ_2 eines Leiters oberhalb der Erde gleich seiner Leiter-Erd-Spannung ist.

Aus dem Potenzial des Leiters 1 gegen Erde ist die Leiter-Erd-Kapazität für den Leiter 1 zu bestimmen. Dabei wird der Leiter 2 nicht berücksichtigt.

$$a_{12} = r_1 \quad a_{1'2} = a_{1'1} = 2h$$

$$\varphi_1 = U_{1E} = \frac{Q_1}{2\pi\varepsilon l}\ln\frac{2h}{r_1} \quad C_{1E0} = \frac{Q_1}{U_{1E}} = \frac{2\pi\varepsilon l}{\ln(2h/r_1)} \qquad (4.22)$$

Aus der Gleichung für die Leiter-Erdkapazität ist auch die Kapazität zwischen den Leitern 1 und 1' abzuleiten.

$$C_{11'} = \frac{1}{2}C_{1E} = \frac{\pi\varepsilon l}{\ln(a_{11'}/r_1)} \qquad (4.23)$$

Für die Kapazität zwischen zwei Leitern 1 und 2 ergibt sich analog hierzu bei Vernachlässigung des Erdeinflusses

$$C_{1E0} = \frac{\pi\varepsilon l}{\ln(a_{12}/r_1)} \qquad (4.24)$$

Beispiel 4.2: Beeinflussung einer Fernmeldeleitung

Es soll berechnet werden, welche Spannung in einer Fernmeldeader 2 durch den Starkstromleiter 1 influenziert wird. Dabei sind folgende Daten gegeben

$$h_1 = h_2 = 10\,\text{m} \quad a_{12} = 20\,\text{m} \quad r = 1\,\text{cm} \quad U_{1E} = 220\,\text{kV}$$

Aus den Gl. 4.21 und 4.22 ist die Ladung Q_1 zu eliminieren.

$$\varphi_2 = U_{2E} = \frac{2\pi\varepsilon l}{\ln(2h/r_1)} \cdot \frac{U_{1E}}{2\pi\varepsilon l}\ln\frac{a_{1'2}}{a_{12}}$$

Die Entfernung $a_{1'2}$ ergibt sich zu

$$a_{1'2} = \sqrt{a_{11'}^2 + a_{12}^2} = \sqrt{(h_1 + h_1)^2 + a_{12}^2} = \sqrt{(10 + 10)^2 + 20^2}\, \text{m} = 28{,}28\,\text{m}$$

$$\varphi_2 = \frac{\ln(a_{1'2}/a_{12})}{\ln(2h/r_1)} \cdot U_{1E} = \frac{\ln(28{,}28/20)}{\ln(20/0{,}01)} \cdot 220\,\text{kV} = 10\,\text{kV}$$

◀

4.1.5 Ersatzschaltung für kapazitiv gekoppelte Leiter

Anhand der Abb. 4.5a wurde das Potenzial φ_2 des Leiters 2 bestimmt, das durch die Ladung Q_1 verursacht wird Gl. 4.21. Trägt der Leiter 2 selbst eine Ladung Q_2, so lässt sich dessen Beitrag zum Potenzial φ_2 mit Gl. 4.21 bestimmen, wenn dort die Indizes 1 und 2 vertauscht werden. Die Überlagerung liefert

$$\varphi_2 = \frac{Q_1}{2\pi\varepsilon l}\ln\frac{a_{1'2}}{a_{12}} + \frac{Q_2}{2\pi\varepsilon l}\ln\frac{2h}{r_2} \tag{4.25}$$

In analoger Weise lässt sich das Potenzial des Leiters 1 ermitteln. Verallgemeinert man Gl. 4.25 auf n Leiter, so treten zueinander ähnlich strukturierte Koeffizienten α auf. Mit ihnen ist der Zusammenhang zwischen den Ladungen Q_i und den Potenzialen φ_i anzugeben. Dabei ist zu beachten, dass die Potenziale φ_i gegenüber dem Rohr R auch die Leiter-Erdspannungen U_{iE} sind.

$$\alpha_{ii} = \frac{1}{2\pi\varepsilon l}\ln\frac{2h}{r_i} \quad \alpha_{ik} = \alpha_{ki} = \frac{1}{2\pi\varepsilon l}\ln\frac{a_{i'k}}{a_{ik}} \quad i,k = 1\ldots n$$

$$\begin{pmatrix} \varphi_1 \\ \vdots \\ \varphi_n \end{pmatrix} = \begin{pmatrix} \alpha_{11} & \cdots & \alpha_{1n} \\ \vdots & & \vdots \\ \alpha_{n1} & \cdots & \alpha_{nn} \end{pmatrix} \begin{pmatrix} Q_1 \\ \vdots \\ Q_n \end{pmatrix} \quad \boldsymbol{\varphi} = \boldsymbol{A} \cdot \boldsymbol{Q} \tag{4.26}$$

Die Inversion liefert

$$\boldsymbol{Q} = \boldsymbol{A}^{-1} \cdot \boldsymbol{\varphi} = \boldsymbol{K} \cdot \boldsymbol{\varphi}$$

Dabei ist $\boldsymbol{K}$ eine Kapazitätsmatrix, deren Komponenten sich in keiner Ersatzschaltung darstellen lassen.

$$Q_1 = K_{11}\varphi_1 + K_{12}\varphi_2 = C_{1E}\varphi_1 + C_{12}(\varphi_1 - \varphi_2) = (C_{1E} + C_{12})\varphi_1 - C_{12}\varphi_2$$

$$Q_2 = K_{21}\varphi_1 + K_{22}\varphi_2 = C_{2E}\varphi_2 + C_{12}(\varphi_2 - \varphi_1) = -C_{12}\varphi_1 + (C_{2E} + C_{12})\varphi_2$$

Während die Komponenten K_{ik} abstrakte mathematische Ausdrücke sind, können die Teilkapazitäten C_{ik} als konkrete Bauelemente in der Schaltung nach Abb. 4.5b dargestellt werden.

Es ist zu beachten, dass die Kapazität des Leiters 1 gegen Erde nicht C_{1E} ist, sondern

$$C_{1E0} = C_{1E} + C_{2E} \cdot C_{12}/(C_{2E} + C_{12})$$

Die Kapazität zwischen den Leitern 1 und 2 ergibt sich zu

$$C_{120} = C_{12} + C_{1E} \cdot C_{2E}/(C_{1E} + C_{2E})$$

Dabei stellt der Bruch den Beitrag der Erde dar. Er entfällt, wenn die Leiter hoch über der Erde aufgehängt sind.

Die Erweiterung auf n Leiter lässt sich leicht durchführen. Ein Koeffizientenvergleich liefert dann den Zusammenhang zwischen der Teilkapazität C_{ik} aus Abb. 4.5c mit den Elementen K_{ik} der Kapazitätsmatrix $\boldsymbol{K}$ $(i \neq k)$.

$$C_{ik} = -K_{ik} \quad C_{iE} = K_{ii} + \sum_n K_{ik} \tag{4.27}$$

Mit den Teilkapazitäten in Abb. 4.5b kann die in Gl. 4.24 berechnete Beeinflussungs-spannung ebenfalls bestimmt werden

$$U_2 = \frac{C_{12}}{C_{12} + C_{2E}} \cdot U_{1E}$$

Gl. 4.26 oder Abb. 4.5c mit Gl. 4.27 liefert den Zusammenhang zwischen Ladungen und Spannungen in einer beliebigen Anordnung parallel geführter Leiter. Die Ableitung wurde für zeitlich konstante Ladungen und Spannungen durchgeführt. Sie gilt ebenso für zeitlich veränderliche Zustände. Dann fließen allerdings Verschiebungsströme zwischen den Leitern.

$$i = \mathrm{d}q/\mathrm{d}t = C \cdot \mathrm{d}u/\mathrm{d}t \tag{4.28}$$

$$\underline{I} = \mathrm{j}\,\omega\,C\,\underline{U}$$

4.1.6 Leitungsersatzschaltung

Die Ersatzschaltungen für die induktiven Kopplungen nach Abb. 4.4 und die kapazitiven Kopplungen nach Abb. 4.5 sind in Abb. 4.6a für eine Drehstromleitung zusammen-gefasst. Dabei werden die Kapazitäten je zur Hälfte am Anfang und Ende angesetzt. Ist die Leitung symmetrisch aufgebaut, sodass die Kenngrößen der drei Leiter jeweils gleich sind, lässt sich die Ersatzschaltung in symmetrische Komponenten transformieren. Es ergibt sich dann die Schaltung in Abb. 4.6b. Durch die Diagonaltransformation sind die Koppelinduktivitäten L_{ik} und die Koppelkapazitäten C_{ik} entfallen.

Die Umrechnung der Kenngrößen aus dem RST-System in symmetrische Komponenten hmg kann mithilfe der Transformationsgleichungen Gl. 1.60 erfolgen. Hier sollen die Mit-, Gegen- und Nullimpedanzen jedoch direkt aus der Ersatzschaltung nach Abb. 4.4 bestimmt werden. Bei symmetrischer Anordnung $(\underline{Z}_{RS} = \underline{Z}_{ST} = \underline{Z}_{RT})$ liefert ein symmetrisches Stromsystem mit den Impedanzen nach Gl. 4.18

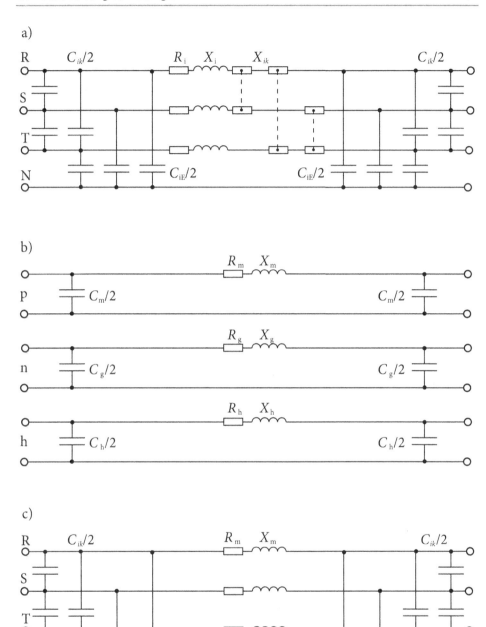

Abb. 4.6 π-Ersatzschaltung einer Leitung. **a** Originalsystem; **b** symmetrische Komponenten hpn; **c** Vierleiter-Ersatzschaltung $\underline{Z}_E = 1/3\,(\underline{Z}_h - \underline{Z}_m)$. (Eigene Darstellung)

$$\underline{I}_S = \underline{a}^2 I_R \quad \underline{I}_T = \underline{a} I_R \quad \underline{a} = e^{j120°}$$

$$\underline{U}_R = \underline{Z}_R \underline{I}_R + \underline{Z}_{RS} \underline{I}_S + \underline{Z}_{RT} \underline{I}_T = \left[\underline{Z}_R + \underline{a}^2 \underline{Z}_{RS} + \underline{a} \underline{Z}_{RT} \right] \underline{I}_R = \left[\underline{Z}_R - \underline{Z}_{RS} \right] \underline{I}_R$$

$$\underline{Z}_m = \underline{U}_R / \underline{I}_R = \underline{Z}_R - \underline{Z}_{RS} = R + j\omega \frac{\mu l}{2\pi} \left[\ln \frac{\delta}{r} + \frac{1}{4} \right] - j\omega \frac{\mu l}{2\pi} \ln \frac{\delta}{a}$$

$$\underline{Z}_m = \underline{Z}_b = R + j\omega \frac{\mu l}{2\pi} \left[\ln \frac{a}{r} + \frac{1}{4} \right] = \underline{Z}_g \qquad (4.29)$$

Für die Leiter S und T ergibt sich dieselbe Impedanz. Sie gilt für ein symmetrisches, positiv drehendes System (Mitsystem) und wird deshalb Mitimpedanz $\underline{Z}_m$ genannt. Da der angesetzte Betrieb gleichzeitig der Normalzustand eines Netzes ist, wird sie auch als Betriebsimpedanz $\underline{Z}_b$ bezeichnet.

Für ein negativ drehendes System erhält man denselben Ausdruck. Die Gegenimpedanz $\underline{Z}_g$ ist deshalb gleich der Mitimpedanz $\underline{Z}_m$.

Aus einem homopolaren System ergibt sich die Nullimpedanz zu

$$\underline{I}_S = \underline{I}_R \quad \underline{I}_T = \underline{I}_R$$

$$\underline{U}_R = (\underline{Z}_R + \underline{Z}_{RS} + \underline{Z}_{RT}) \underline{I}_R = (\underline{Z}_R + 2\underline{Z}_{RS}) \underline{I}_R$$

$$\underline{Z}_h = \underline{U}_R / \underline{I}_R = R + j\omega \frac{\mu l}{2\pi} \left[\ln \frac{\delta}{r} + \frac{1}{4} \right] + 2 \cdot j\omega \frac{\mu l}{2\pi} \ln \frac{\delta}{a} = R + j\omega \frac{3\mu l}{2\pi} \left[\ln \frac{\delta}{\sqrt[3]{ra^2}} + \frac{1}{3} \cdot \frac{1}{4} \right]$$
$$(4.30)$$

Der Ausdruck $\sqrt[3]{ra^2}$ wird als Ersatzradius r_L der drei Leiter RST bezeichnet und in Abschn. 4.1.7 näher behandelt.

Entsprechend kann man mit den Kapazitäten in Gl. 4.26 verfahren.

$$C_m = C_g = C_b = 3 \cdot C_{ik} + C_{iE} = \frac{2\pi \varepsilon l}{\ln(a/r)} \qquad (4.31)$$

$$C_h = C_{iE} = \frac{((2/3)\pi \varepsilon l)}{\ln \left(2h/\sqrt[3]{ra^2} \right)} = C_{ie} \qquad (4.32)$$

Es sei darauf hingewiesen, dass der Index e für Erde in Analogie zu m, g, h, b häufig kleingeschrieben wird.

Die Mitkapazität ist auch aus Abb. 4.6a zu gewinnen, wenn die Koppelkapazitäten C_{ik} in eine Sternschaltung umgewandelt und mit denv Erdkapazitäten C_{iE} zusammengefasst werden.

Die Nachbildung einer Leitung durch eine π-Ersatzschaltung führt zu Modellfehlern, denn die über die gesamte Leitung verteilten Induktivitäten und Kapazitäten werden in konzentrierten Elementen zusammengefasst. Sind bei 50 Hz die Leitungen länger als 100 km, so wird man sie aus mehreren π-Gliedern zusammensetzen oder das in Abschn. 4.2 behandelte Modell verwenden. Für höhere Frequenzen, z. B. Oberschwingungsbetrachtungen, ist eine entsprechend feinere Unterteilung in Leitungselemente notwendig.

Viele Untersuchungen, insbesondere die Kurzschlussstromberechnungen (Abschn. 8.3.2), erlauben die Vernachlässigung der Kapazitäten. In Hochspannungsfreileitungsnetzen ist darüber hinaus der ohmsche Widerstand gegenüber dem induktiven zu vernachlässigen, sodass sich das Leitungsmodell auf die Mit-, Gegen- und Nullreaktanz reduziert.

Auf die Transformation in die symmetrischen Komponenten kann man für einfache unsymmetrische Berechnungen verzichten und das Vierleitermodell nach Abb. 4.6c anwenden. Während die Kapazitäten aus dem RST-Modell übernommen werden, sind die induktiven Kopplungen in der Erdrückleitung berücksichtigt.

4.1.7 Ersatzleiter

In Abb. 4.7a ist eine Anordnung von drei Leitern 1, 2, 3 gegeben, die in dem Leiter F eine Spannung induzieren. Diese drei Leiter, die jeweils von dem Strom $I_{\mathrm{L}}/3$ durchflossen werden und den Abstand a zueinander haben, sollen zu einem Ersatzleiter L zusammengefasst werden, sodass die Anordnung in Abb. 4.7b entsteht.

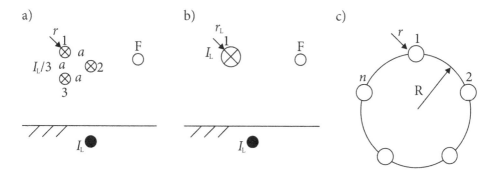

Abb. 4.7 Bildung von Ersatzleitern. **a** Originalanordnung; **b** Ersatzanordnung; **c** Teilleiteranordnung. (Eigene Darstellung)

Gesucht sind der Radius des Leiters L und sein Abstand zum Leiter F. Zur Bestimmung des Ersatzradius r_L wird die Selbstinduktivität der drei Leiter 1, 2, 3 mit Erdrückleitung berechnet. Hierzu dient die erste Zeile der Matrizengleichung Gl. 4.17 mit den Impedanzen nach den Gl. 4.18.

$$\underline{U}_1 = \underline{Z}_1\underline{I}_1 + \underline{Z}_{12}\underline{I}_2 + \underline{Z}_{13}\underline{I}_3 = (\underline{Z}_1 + 2\underline{Z}_{12})\underline{I}_L/3 \qquad (4.33)$$

Wegen der Symmetrie ($a_{12} = a_{13} = a_{23} = a$) gilt diese Gleichung für alle drei Leiter $(\underline{U}_1 = \underline{U}_2 = \underline{U}_3 = \underline{U}_L)$.

$$
\begin{aligned}
\underline{U}_1/\underline{I}_1 = \underline{Z}_1 &= \left[R_1 + j\omega\frac{\mu l}{2\pi}\left[\ln\frac{\delta}{r} + \frac{1}{4} \right] + 2 \cdot j\omega\frac{\mu l}{2\pi}\ln\frac{\delta}{a} \right] \cdot \frac{1}{3} \\
&= \frac{1}{3}R_1 + j\omega\frac{\mu l}{2\pi} \cdot \frac{1}{3}\left[\ln\frac{\delta^3}{ra^2} + \frac{1}{4} \right] = R_L + j\omega\frac{\mu l}{2\pi}\left[\ln\frac{\delta}{r_L} + \frac{1}{3} \cdot \frac{1}{4} \right]
\end{aligned}
\qquad (4.34)
$$

Dabei ist der Widerstand R_L des Ersatzleiters aus der Parallelschaltung der drei Teilleiter entstanden ($R_L = R_1/3$) und der Radius r_L des Ersatzleiters aus dem geometrischen Mittel der Leiterabstände a und Leiterradien r

$$r_L = \sqrt[3]{ra^2}$$

Dieser Ausdruck ist bereits bei der Ableitung der Gl. 4.30 und 4.32 entstanden.

Werden entsprechend Abb. 4.7c n Teilleiter am Umfang eines Kreises mit dem Radius R angeordnet, so ergibt sich deren Ersatzradius zu

$$r_L = r_{ers} = R^n\sqrt{n \cdot r/R} \qquad (4.35)$$

Der Grenzübergang $n \to \infty$ liefert den Radius $r_L = R$ für ein Rohr. Die innere Induktivität, die mit dem Summanden 1/4 in Gl. 4.34 eingeht, reduziert sich wie der ohmsche Widerstand durch die Parallelschaltung um den Faktor 1/3. Beim Grenzübergang zum Rohr entfällt sie ganz.

Die Spannung, die in dem Leiter F induziert wird, lässt sich ebenfalls aus Gl. 4.17 errechnen, wenn der Strom I_F null gesetzt wird.

$$\underline{U}_F = \underline{Z}_{1F}\underline{I}_1 + \underline{Z}_{2F}\underline{I}_2 + \underline{Z}_{3F}\underline{I}_3 = (\underline{Z}_{1F} + \underline{Z}_{2F} + \underline{Z}_{3F})\underline{I}_L/3$$

$$\frac{\underline{U}_F}{\underline{I}_L} = \underline{Z}_{LF} = j\omega\frac{\mu l}{2\pi}\left[\ln\frac{\delta}{a_{1F}} + \ln\frac{\delta}{a_{2F}} + \ln\frac{\delta}{a_{3F}} \right] \cdot \frac{1}{3}$$

$$\underline{Z}_{LF} = j\omega\frac{\mu l}{2\pi}\ln\frac{\delta}{a_{LF}} \qquad \text{mit} \quad a_{LF} = \sqrt[3]{a_{1F}a_{2F}a_{3F}} \qquad (4.36)$$

Der Ersatzabstand a_{LF} zwischen dem zusammengefassten Leiter L und dem beeinflussten Leiter F ergibt sich aus dem geometrischen Mittel der Teilleiterabstände.

Beispiel 4.3: Berechnung des Ersatzschaltbildes einer Leitung

Für eine 1 km lange 380-kV-Leitung sollen die Elemente der Ersatzschaltungen nach Abb. 4.6 berechnet werden. Die Leiter bestehen aus 4 Teilleitern mit Al/St 240/40 im Abstand $a_T = 40$ cm. Der Leiterabstand beträgt 9,5 m, die mittlere Aufhängehöhe sei $h = 30$ m. Das Erdseil (Blitzschutzseil) wird vernachlässigt.

Für den ohmschen Widerstand ergibt sich nach Gl. 4.2

$$R_i = 1/4 \cdot R'_T \cdot 1 = 1/4 \cdot 0{,}15\,\Omega/\text{km} \cdot 1\,\text{km} = 0{,}0375\,\Omega$$

Die Transformation in symmetrische Komponenten verändert diese Werte nicht

$$R_m = R_g = R_h = R_i = 0{,}0375\,\Omega$$

Die Vernachlässigung des Erdwiderstandes führt im Vierleiterersatzschaltbild zu $R_E = 0$. Die Selbst- und Koppelimpedanzen ergeben sich aus den Gl. 4.18 sowie Gl. 4.29 und 4.30.

Der Ersatzradius der Leiter lässt sich analog zu Gl. 4.30 oder nach Gl. 4.35 berechnen

$$r = \sqrt{q/\pi} = \sqrt{(240 + 40)\,\text{mm}^2/\pi} = 10\,\text{mm}$$

$$r_{\text{ers}} = \left(a_T/\sqrt{2}\right)\sqrt[4]{4r/\left(a_T/\sqrt{2}\right)} = 17\,\text{cm}$$

$$X_i = \omega\frac{\mu l}{2\pi}\left[\ln\frac{\delta}{r_{\text{ers}}} + \frac{1}{4}\right] = 314\,\text{s}^{-1} \cdot 0{,}2\frac{\text{mH}}{\text{km}}\left[\ln\frac{1000\,\text{m}}{0{,}17\,\text{m}} + \frac{1}{4}\right] = 0{,}56\,\Omega$$

$$X_{ik} = \omega\frac{\mu l}{2\pi}\ln\frac{\delta}{a} = 314\,\text{s}^{-1} \cdot 0{,}2\frac{\text{mH}}{\text{km}}\ln\frac{1000\,\text{m}}{9{,}5\,\text{m}} = 0{,}29\,\Omega$$

$$X_m = X_g = \omega\frac{\mu l}{2\pi}\left[\ln\frac{a}{r_{\text{ers}}} + \frac{1}{4}\right] = 314\,\text{s}^{-1} \cdot 0{,}2\frac{\text{mH}}{\text{km}}\left[\ln\frac{9{,}5\,\text{m}}{0{,}17\,\text{m}} + \frac{1}{4}\right] = 0{,}27\,\Omega$$

Derselbe Wert ergibt aus der Ableitung die zu Gl. 4.29 geführt hat

$$X_m = X_R - X_{RS} = X_i - X_{ik} = 0{,}56\,\Omega - 0{,}29\,\Omega = 0{,}27\,\Omega$$

$$X_h = \omega\frac{3\mu l}{2\pi}\left[\ln\frac{\delta}{\sqrt[3]{r_{\text{ers}}a^2}} + \frac{1}{3} \cdot \frac{1}{4}\right] = 314\,\text{s}^{-1} \cdot 3 \cdot 0{,}2\frac{\text{mH}}{\text{km}}\left[\ln\frac{1000\,\text{m}}{\sqrt[3]{0{,}17 \cdot 9{,}5^2}\,\text{m}} + \frac{1}{12}\right] = 1{,}15\,\Omega$$

Schließlich liefert die Anschauung (siehe auch Legende zu Abb. 4.6)

$$X_E = (X_h - X_m)/3 = (1{,}15\,\Omega - 0{,}27\,\Omega)/3 = 0{,}29\,\Omega$$

Bei den Kapazitäten wird zunächst die Leiter-Erd-Kapazität C_{iE} berechnet. Sie ist gleich der Nullkapazität C_h. Gl. 4.32 liefert

$$C_h = C_{iE} = \frac{(2/3)\pi\varepsilon l}{\ln\left(2h/\sqrt[3]{r_{ers}a^2}\right)} = \frac{(2/3)\pi \cdot 1/(36\pi) \cdot 10^{-6}}{\ln\left(2 \cdot 30\,\text{m}/\sqrt[3]{0{,}17\,\text{m} \cdot 9{,}5^2\text{m}^2}\right)} \frac{\text{As}}{\text{Vm}} = 5{,}8 \cdot 10^{-9}\,\text{F}$$

Die Betriebskapazität bzw. die Kapazität von Mit- und Gegensystem ergibt sich aus Gl. 4.31. Hieraus ist auch die Koppelkapazität zu berechnen

$$C_m = C_g = C_b = \frac{2\pi\varepsilon l}{\ln(a/r_{ers})} = \frac{2\pi \cdot (1/36\pi) \cdot 10^{-6}}{\ln(9{,}5\,\text{m}/0{,}17\,\text{m})} \frac{\text{As}}{\text{Vm}} = 13{,}8 \cdot 10^{-9}\,\text{F}$$

$$C_{ik} = (C_b - C_{iE})/3 = (13{,}8\,\text{F} - 5{,}8\,\text{F}) \cdot 10^{-9}/3 = 2{,}7 \cdot 10^{-9}\,\text{F}$$

◄

4.1.8 Mittlerer geometrischer Abstand

Bei der Ableitung der Koppelinduktivität in Abschn. 4.1.2 wurden die Abstände zwischen den Mittelpunkten der zylindrischen Leiter angesetzt. Dies ist zulässig, wenn der Strom über den Leiterquerschnitt gleichmäßig verteilt ist. Für Leiter beliebiger *MGA* Form lässt sich entsprechend Abb. 4.8 ein mittlerer geometrischer Abstand definieren.

$$MGA = a_{12} = \frac{1}{A_1 A_2} \int\limits_{A_1} 1 \int\limits_{A_2} a \, dA_1 dA_2 \tag{4.37}$$

Bei kreisförmigem Querschnitt führt die Lösung der Integrale mit der Bedingung $a \gg r$ zum Abstand der Kreismittelpunkte. Geht die Fläche A_2 in A_1 über, so erhält man den Abstand eines Leiters zu sich selbst. Das Integral in Gl. 4.37 liefert dann [6].

$$a_{11} = r\,e^{-1/4} \tag{4.38}$$

Mit diesem Ausdruck kann aus Gl. 4.6 für die Koppelinduktivität die Gl. 4.8 für die Selbstinduktivität bestimmt werden, wenn man $a_{12} = a_{1'2'} = a_{11}$ und $a_{12'} = a_{1'2} = a$ setzt. Damit ist die dort fehlende Ableitung der inneren Induktivität nachgeholt.

Gl. 4.37 zur Ermittlung der mittleren geometrischen Abstände gilt allgemein. Zur Berechnung der Induktivitäten kann sie aber nur herangezogen werden, wenn die Stromdichte in den einzelnen Leitern über den Querschnitt konstant ist. Dies gilt nicht, wenn bei Wechselstrom Skin-Effekte auftreten oder die Abstände a zwischen den Leitern in

Abb. 4.8 Mittlerer geometrischer Abstand *MGA*. (Eigene Darstellung)

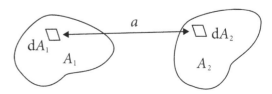

die Größenordnung der Leiterabmessungen kommen, sodass der Proximity-Effekt, z. B. bei Kabeln, auftritt. Das Verfahren der mittleren geometrischen Abstände kann trotzdem mit Erfolg bei Stromschienen oder Kabeln angewendet werden. Hierzu ist jeder Leiter in mehrere Teilleiter zu zerlegen, für die jeweils eine konstante Stromdichte angenommen werden kann. So zerlegt man eine Stromschiene in beispielsweise 50 Sektoren und berechnet die mittleren geometrischen Abstände und daraus die Koppelinduktivitäten. Da alle Sektoren parallel geschaltet sind, werden die Spannungen $\underline{U}_i$ in Gl. 4.17 gleich. So sind die Teilströme $\underline{I}_i$ zu berechnen. Auf diese Art ist es möglich, Proximity- und Skin-Effekt zu berücksichtigen.

4.2 Freileitungen

Die π-Ersatzschaltungen in Abb. 4.6 gelten nur für kurze Leitungen, wobei 50-Hz-Vorgänge auf Leitungen bis 100 km noch gut nachgebildet werden. Bei größeren Entfernungen oder höherfrequenten Vorgängen sind mehrere π-Elemente in Reihe zu schalten oder genauere Beschreibungsgleichungen anzusetzen, auf die nun eingegangen wird.

4.2.1 Leitungsgleichungen

In Abb. 4.9 ist ein differenzielles Leitungselement der Länge dx dargestellt. Es besteht aus den längenbezogenen Induktivitäten L' und Kapazitäten C' entsprechend den Abschn. 4.1.2 und 4.1.4 sowie den häufig vernachlässigten Widerständen R' nach Abschn. 4.1.1. Der Ableitwert G' spielt in der Regel keine Rolle. Er besteht aus dem Gleichstromableitwert, der Korona bei Freileitungen und den frequenzabhängigen Polarisationsverlusten bei Kabel [2]. Es gilt für eine Zweidrahtleitung oder das Mitsystem einer Drehstromleitung.

Aus ihm lässt sich eine partielle Differenzialgleichung zur Beschreibung der Leitung ableiten [7, 8, 9].

$$-\mathrm{d}i = G'\mathrm{d}x(u + \mathrm{d}u) + C'\mathrm{d}x\frac{\partial(u + \mathrm{d}u)}{\partial t} = G'\mathrm{d}xu + C'\mathrm{d}x\frac{\partial u}{\partial t}$$

$$-\mathrm{d}u = R'\mathrm{d}xi + L'\mathrm{d}x\frac{\partial i}{\partial t}$$

Abb. 4.9 Ersatzschaltung für ein Leitungselement. (Eigene Darstellung)

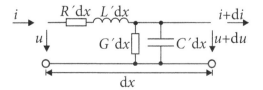

$$-\frac{\partial i}{\partial x} = G'u + C'\frac{\partial u}{\partial t} \quad -\frac{\partial u}{\partial x} = R'i + L'\frac{\partial i}{\partial t} \tag{4.39}$$

Für den verlustfreien Fall $\left(R' = G' = 0\right)$ folgt

$$\frac{\partial^2 i}{\partial x^2} = L'C'\frac{\partial^2 i}{\partial t^2} \quad \frac{\partial^2 u}{\partial x^2} = L'C'\frac{\partial^2 u}{\partial t^2} \tag{4.40}$$

Die Ansätze zur Lösung lauten

$$i = \mathrm{f}_i(x - vt) \quad u = \mathrm{f}_u(x - vt) \tag{4.41}$$

Diese Funktionen sind Wanderwellen, die mit der Geschwindigkeit v in x-Richtung laufen, denn bei $v = x/t$ bleibt die Gestalt der Funktionen f_i und f_u erhalten. Wird mit $\dot{\mathrm{f}}$ die Ableitung der Funktion f nach dem Argument $(x - vt)$ bezeichnet, so liefert die erste Gl. 4.39 für den verlustfreien Fall

$$\dot{\mathrm{f}}_i = C'\dot{\mathrm{f}}_u v$$

Aus der zweiten Gl. 4.39 folgt damit

$$\dot{\mathrm{f}}_u = L'\dot{\mathrm{f}}_i \cdot v = L'C'v^2\dot{\mathrm{f}}_u$$

$$v = \frac{\pm 1}{\sqrt{L'C'}} \quad \dot{\mathrm{f}}_u = L'v\dot{\mathrm{f}}_i = \sqrt{\frac{L'}{C'}} \cdot \dot{\mathrm{f}}_i \tag{4.42}$$

Durch Integration folgt daraus für die mit positiver Geschwindigkeit v nach „vorn" laufende Welle u_v, i_v

$$u_\mathrm{v} = Z_\mathrm{W}i_\mathrm{v} \quad \mathrm{mit}\, Z_\mathrm{w} = \sqrt{L'/C'} \tag{4.43}$$

Die beiden Funktionen f_u und f_i sind durch die Randbedingungen am Anfang und Ende der Leitung festgelegt. Wird beispielsweise am Anfang der Leitung eine Spannung mit der Kurvenform $u(t)$ nach Abb. 4.10a angelegt, so ergibt sich nach der Zeit $t_\mathrm{a} = x_\mathrm{a}/v$ ein Spannungsprofil entsprechend Abb. 4.10b.

Die Welle $u(x)$ läuft mit der Geschwindigkeit v auf das Ende der Leitung $x = l$ zu. Da der Widerstand Z_W in Gl. 4.43 den Zusammenhang zwischen Strom und Spannung der Welle herstellt, wird er Wellenwiderstand genannt. Die Geschwindigkeit v in Gl. 4.42 kann positiv und negativ sein. Demzufolge können vorwärts laufende Wellen $u_\mathrm{v}(x, t)$ und rückwärts laufende Wellen $u_\mathrm{r}(x, t)$ auftreten. Ihre Gestalt wird durch die Randbedingungen bei $x = 0$ und $x = l$ bestimmt. Ist die Leitung am Ende bei $x = l$ durch einen Widerstand R abgeschlossen, so gelten dort die Bedingungen

$$u = u_\mathrm{v} + u_\mathrm{r} \quad i = i_\mathrm{v} + i_\mathrm{r}$$

$$u_\mathrm{v} = Z_\mathrm{W}i_\mathrm{v} \quad u_\mathrm{r} = -Z_\mathrm{W}i_\mathrm{r} \quad u = R \cdot i \tag{4.44}$$

Hieraus ist der Zusammenhang zwischen vorwärts und rückwärts laufenden Wellen abzuleiten

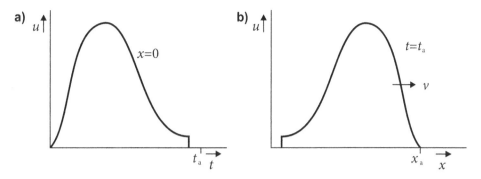

Abb. 4.10 Wanderwelle. **a** Zeitverlauf; **b** Spannungsprofil. (Eigene Darstellung)

$$u_r = r u_v \quad i_r = -r i_v \quad r = \frac{R - Z_W}{R + Z_W} \tag{4.45}$$

Dabei wird r als Reflexionsfaktor bezeichnet.

Beispiel 4.4: Zeitverläufe von Strom und Spannung einer Zweidraht-Leitung

Es sind die Zeitverläufe von Strom und Spannung am Ende einer 1,2 km langen Zweidraht-Leitung mit den geometrischen Daten $r = 1$ cm und $a = 1$ m für unterschiedliche Abschlusswiderstände $R = (Z_W, 0, \infty)$ zu bestimmen. Dabei wird zum Zeitpunkt $t_1 = 0$ am Anfang der Leitung $x = 0$ eine Gleichspannung $U_0 = 140$ kV angelegt.

Unter Vernachlässigung der inneren Induktivität ergibt sich aus den Gl. 4.8, 4.23, 4.42 und 4.43

$$L' = \frac{\mu}{\pi} \ln \frac{a}{r} \quad C' = \frac{\pi \varepsilon}{\ln(a/r)}$$

$$v = \frac{1}{\sqrt{\mu \varepsilon}} = \frac{1}{\sqrt{\mu_0 \varepsilon_0}} = c_0 = 300\,000 \text{ km/s}$$

$$Z_W = \sqrt{\frac{\mu}{\pi^2 \varepsilon} \left(\ln \frac{a}{r} \right)^2} = Z_F \frac{\ln(a/r)}{\pi} = 377\,\Omega \frac{\ln 100}{\pi} = 552\,\Omega$$

$$Z_F = \sqrt{\mu_0 / \varepsilon_0} = 120 \pi\,\Omega = 377\,\Omega \tag{4.46}$$

Der Feldwellenwiderstand Z_F verknüpft die elektrische und magnetische Feldstärke einer sich im Vakuum ausbreitenden Welle. Der zusätzliche Faktor in Gl. 4.46 tritt auf, weil die Welle leitungsgebunden ist.

Setzt man anstelle der Zweidrahtleitung die Betriebsinduktivität und -kapazität einer Drehstromleitung nach Abschn. 4.1.6 ein, so ergibt sich mit den Gl. 4.29 und 4.31

$$v = 300\,000 \,\text{km/s} \qquad Z_\text{W} = Z_\text{F}\frac{\ln(a/r)}{2\pi} = 280\,\Omega \tag{4.47}$$

Die Laufzeit der Wanderwelle über die 1,2 km lange Leitung errechnet sich zu

$$T = 1/v \;=\; \frac{1{,}2\,\text{km}}{300\,000\,\text{km/s}} = 4\,\mu\text{s} \tag{4.48}$$

Wird die Leitung mit dem Wellenwiderstand $R = Z_\text{W} = 280\,\Omega$ abgeschlossen, so erfolgt nach Gl. 4.45 keine Reflexion am Ende der Leitung $r = 0$. Nach der Laufzeit von 4 μs springt deshalb in Abb. 4.11a unten die Spannung auf den Wert $U_0 = 140\text{kV}$; es fließt ein Strom von

$$I_0 = U_0/R = 140\,\text{kV}/280\,\Omega = 0{,}5\,\text{kA} \tag{4.49}$$

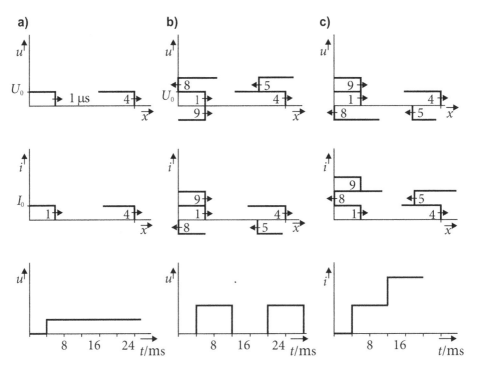

Abb. 4.11 Wanderwellenvorgänge; Strom- und Spannungsprofil über die Leitung; zeitlicher Verlauf von Spannung bzw. Strom am Ende der Leitung (die Zahlenwerte in den Diagrammen geben die Laufzeiten in μs an). **a** Abschluss der Leitung mit Wellenwiderstand $R = Z_\text{w}$; $r = 0$; **b** leerlaufende Leitung $R = \infty$; $r = 1$; **c** kurzgeschlossene Leitung $R = 0$; $r = -1$. (Eigene Darstellung)

Im Fall der leerlaufenden Leitung ($R = \infty$) ergibt sich nach Gl. 4.45 der Reflexionsfaktor $r = 1$. Dies bedeutet, dass zum Zeitpunkt $t = 4\,\mu s$ am Ende eine rücklaufende Welle startet, die sich der hinlaufenden überlagert und so zu einer Verdoppelung der Spannung führt ($u_2 = 2U_0$). Die Stromwelle wird negativ reflektiert und erzeugt den Strom $i_2 = 0$. Damit ist die Abschlussbedingung erfüllt. Die starre Spannung am Anfang der Leitung bedeutet für die rücklaufende Welle einen Kurzschluss $r = -1$. Somit startet am Anfang der Leitung zum Zeitpunkt $t = 8\,\mu s$ eine Welle mit $-U_0$, die nach $t = 12\,\mu s$ am Ende durch Reflexion die Spannung $u_2 = 0$ erzeugt (Abb. 4.11b).

Man erhält

$$f = \frac{1}{4T} = \frac{1}{4 \cdot 4\,\mu s} = 62{,}5\,\text{kHz} \tag{4.50}$$

Geht man vereinfachend von einer π-Ersatzschaltung aus, so ergibt sich anstelle der Rechteckspannung eine sinusförmige Spannung mit ebenfalls doppelter Amplitude und der Frequenz

$$f = \frac{1}{2\pi} \cdot \frac{1}{\sqrt{LC/2}} = \frac{\sqrt{2}}{2\pi} \cdot \frac{v}{l} = \frac{1}{4{,}4\,\text{T}} = 56\,\text{kHz} \tag{4.51}$$

◀

▶ Wird eine Gleichspannung auf eine leerlaufende Leitung geschaltet, so ergibt sich am Ende durch Reflexion eine doppelt so große rechteckförmige Spannung, deren Periodendauer die vierfache Laufzeit der Leitung beträgt.

Die ohmschen Widerstände, die innere Induktivität und das Erdreich führen zu einem Abklingen der Wanderwelle und zu frequenzabhängigen Wellengeschwindigkeiten $v < c$. Dies bewirkt ein Verschleifen der Rechteckform, sodass sich schließlich am Ende der leerlaufenden Leitung die konstante Spannung $u_2 = U_0$ einstellt.

Der Vorgang beim Einschalten einer kurzgeschlossenen Leitung ist in Abb. 4.11c dargestellt. Dabei ergibt sich die Spannung am Ende durch Überlagerung der vor- und rücklaufenden Wellen zu null. Der Strom steigt treppenförmig an. Im Mittel ergibt sich der für die Leitungsinduktivität zu erwartende Wert

$$di_2/dt = I_0/T = U_0/L \tag{4.52}$$

4.2.2 Stationärer Betrieb

Für den Betrieb mit sinusförmigen Größen lassen sich die Gl. 4.39 in die komplexe Form überführen. Aus den partiellen Differenzialgleichungen werden dann gewöhnliche lineare Differenzialgleichungen, die sich mit dem e-Ansatz lösen lassen. Für die Spannungen und Ströme am Anfang (Index 1) und Ende (Index 2) der Leitung gilt

$$\mathrm{d}\underline{I}/\mathrm{d}x = (G' + \mathrm{j}\omega C')\underline{U} \qquad -\mathrm{d}\underline{U}/\mathrm{d}x = (R' + \mathrm{j}\omega L')\underline{I}$$

$$\mathrm{d}\underline{I}/\mathrm{d}x = (G' + \mathrm{j}\omega C')\underline{U} \quad -\mathrm{d}\underline{U}/\mathrm{d}x = (R' + \mathrm{j}\omega L')\underline{I}\underline{U}_1 = \underline{U}_2\cosh(\underline{\gamma}l) + \underline{I}_2\underline{Z}_\mathrm{W}\sinh(\underline{\gamma}l)$$

$$\tag{4.53}$$

$$\underline{I}_1 = \underline{U}_2\frac{1}{\underline{Z}_\mathrm{W}}\sinh(\underline{\gamma}l) + \underline{I}_2\cosh(\underline{\gamma}l)$$

mit

$$\underline{\gamma} = \sqrt{(R' + \mathrm{j}\omega L')(G' + \mathrm{j}\omega C')} = \alpha + \mathrm{j}\beta \qquad \underline{Z}_\mathrm{W} = \sqrt{\frac{R' + \mathrm{j}\omega L'}{G' + \mathrm{j}\omega C'}} \tag{4.54}$$

Darin ist $\underline{\gamma}$ das Übertragungsmaß bzw. die Fortpflanzungskonstante mit der Dämpfungskonstanten α und der Phasenkonstanten β. Der Wellenwiderstand $\underline{Z}_\mathrm{W}$ stimmt für den verlustfreien Fall mit dem aus Gl. (4.43) überein.

Für kurze Leitungen gehen die Gl. 4.53 über in

$$\underline{U}_1 = \underline{U}_2 + \underline{I}_2(R' + \mathrm{j}\omega L')l$$
$$\underline{I}_1 = \underline{I}_2 + \underline{U}_2(G' + \mathrm{j}\omega C')l \tag{4.55}$$

Diese Gleichungen stimmen mit der Ersatzschaltung aus Abb. 4.9 für ein kurzes Leitungsstück überein.

Die Gl. 4.53 beschreiben den Vierpol nach Abb. 4.12, wenn man setzt [8]

$$\underline{A} = \underline{Z}_\mathrm{W}\sinh(\underline{\gamma}l) \qquad \underline{B} = \frac{\underline{Z}_\mathrm{W}\sinh(\underline{\gamma}l)}{\cosh(\underline{\gamma}l) - 1} \tag{4.56}$$

Werden die Verluste vernachlässigt, so vereinfachen sich die Gl. 4.54

$$\underline{\gamma} = \mathrm{j}\omega\sqrt{L'/C'} = \mathrm{j}\beta \qquad \underline{Z}_\mathrm{W} = \sqrt{L'/C'} = Z_\mathrm{W} \tag{4.57}$$

Dabei stimmt der Wellenwiderstand Z_W mit dem nach Gl. 4.43 überein.

Für die mit dem Wellenwiderstand abgeschlossene Leitung ist auch am Anfang der Wellenwiderstand wirksam ($Z_1 = Z_\mathrm{W}$). Die Länge hat dabei keinen Einfluss. Wird die

Abb. 4.12 Kettenvierpol für eine lange Leitung. (Eigene Darstellung)

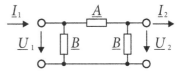

Leitung in diesem speziellen Zustand betrieben, so sind Strom- und Spannungs-Amplituden an allen Punkten der Leitung gleich. Lediglich der Winkel gegenüber den Größen an der Einspeisestelle wächst entsprechend dem Übertragungsmaß Gl. 4.57 mit $\beta \cdot x$ an. Dies bedeutet, dass die Spannung in dem Kapazitätsbelag genau so viel Blindleistung erzeugt, wie der Strom im Induktivitätsbelag $(\omega CU^2 = \omega LI^2)$. Die dabei übertragene Blindleistung ist null. Die übertragene Wirkleistung wird natürliche Leistung genannt.

$$P_{nat} = U^2/Z_W \qquad (4.58)$$

Für eine 380-kV-Leitung mit $Z_W = 240\,\Omega$ ergibt sich die natürliche Leistung zu $P_{nat} = 600\,MW$. Sie spielt bei der Fernübertragung eine wichtige Rolle. Bei kurzen Leitungen ist dagegen der thermisch zulässige Grenzstrom für die Übertragungskapazität maßgebend. Annähernd gilt für Freileitungen $P_{zul} = 2\ldots4\,P_{nat}$ und für Kabel $P_{zul} = 0{,}2\ldots0{,}5\,P_{nat}$.

Beispiel 4.5: Berechnung der Vierpolkonstanten einer Freileitung

Für das Mitsystem einer 200 km langen 380-kV-Leitung nach Beispiel 4.3 sind die Vierpolkonstanten A und B unter Vernachlässigung der ohmschen Widerstände zu berechnen und mit den Näherungswerten der π-Schaltung in Abb. 4.6 zu vergleichen. Welche Spannungserhöhung ergibt sich am Ende der leerlaufenden Leitung?

Die Gl. 4.54 und 4.56 liefern

$$L' = X'/\omega = \frac{0{,}27\,\Omega/km}{314\,s^{-1}} = 0{,}86\cdot10^{-3}\,H/km$$

$$\underline{\gamma} = j\omega\sqrt{L'/C'} = j314\,s^{-1}\sqrt{0{,}86\cdot10^{-3}\,H/km\,\cdot13{,}8\cdot10^{-9}\,F/km}$$
$$= j1{,}08\cdot10^{-3}\,km^{-1}$$

$$\underline{Z}_W = \sqrt{L'/C'} = 250\,\Omega$$

$$\underline{A} = \underline{Z}_W\sinh(\underline{\gamma}l) = 250\,\Omega\,\sinh(j1{,}08\cdot10^{-3}km^{-1}\cdot200\,km)$$
$$= 250\,\Omega\cdot j\sin0{,}216 = j53{,}6\,\Omega$$

$$\underline{B} = \frac{\underline{A}}{\cosh(\underline{\gamma}l)-1} = \frac{j53{,}6\,\Omega}{\cosh(j1{,}08\cdot10^{-3}km^{-1}\cdot200\,km)-1}$$
$$= \frac{j53{,}6\,\Omega}{\cos0{,}216-1} = -j2307\,\Omega$$

Die Werte für die π-Ersatzschaltung ergeben sich mit der Näherung

$$\sinh\alpha = \alpha\cosh\alpha = 1 + \alpha^2/2$$

$$\underline{A} = jX'l = j\,0{,}27\Omega/\text{km} \cdot 200\,\text{km} = 54{,}0\,\Omega$$

$$\underline{B} = \frac{2}{j\omega C'l} = -j\,\frac{2}{314\,\text{s}^{-1} \cdot 13{,}8 \cdot 10^{-9}\,\text{F/km} \cdot 200\,\text{km}} = -j\,2308\,\Omega$$

Die Spannungserhöhung, Ferranti-Effekt genannt, ist aus Abb. 4.12 abzuleiten

$$\underline{U}_2/\underline{U}_1 = \underline{B}/(\underline{A}+\underline{B}) = -j\,2308\,\Omega/(j\,53{,}8\,\Omega - j\,2308\,\Omega) = 1{,}024$$

Die Erhöhung um 2,4 % ist gering; bei einer Leitungslänge von 500 km würde sich ein höherer Wert ergeben

$$2{,}4\,\% \cdot (500\,\text{km}/200\,\text{km})^2 = 15\%$$

◀

4.2.3 Bau von Freileitungen

Eine Freileitung verbindet in der Regel zwei Schaltanlagen miteinander. Ihre Trasse wird durch die Topografie und genehmigungsrechtliche Randbedingungen, wie Besiedelung und Landbesitz, bestimmt. So kann die Leitungslänge die direkte Entfernung zwischen den Schaltanlagen erheblich übersteigen. Der Abstand zwischen den Masten liegt in 380-kV-Netzen bei ca. 300 m. Ihre Höhe von etwa 50 m wird durch den notwendigen Bodenabstand, z. B. 10 m, den Seilabstand, den Seildurchhang, die Mastspitze, die das Blitzschutzseil trägt, und den Landschaftsschutz bestimmt [3, 10]. Freileitungsmaste sind bei hohen Spannungsebenen als Stahlkonstruktion ausgeführt. An ihrem Schaft werden Traversen befestigt, die über Isolatoren die Leiterseile tragen. Die Isolatoren bestehen aus einzelnen Kettengliedern, die Porzellan-, Glas- oder Gießharzkappen verbinden (Abb. 4.13). Die eigenartige Formgebung der Kappen soll einen langen Kriechweg und gute Staubabspülung bei Regen sicherstellen. Für 110-kV-Leitungen reicht eine Isolatorkette aus. Typisch für 220 kV und 380 kV sind zwei und drei in Reihe liegende Ketten. Es gibt aber auch Langstabisolatoren, bei denen eine Kette für 220 kV oder 380 kV ausreicht.

Die Leiterseile bestehen meist aus einer Stahlseele zur Gewährleistung der mechanischen Belastbarkeit und darüber liegenden Aluminiumdrähten mit einem Querschnitt von beispielsweise 240 mm² zur Stromleitung. Um die Randfeldstärke herabzusetzen, werden bei 220 kV zwei und bei 380 kV drei oder vier Leiterseile zu einem Bündel zusammengefasst, wobei größere Leiterquerschnitte eine geringere Anzahl von Teilleitern erfordern [1].

Die Durchhangkurve des Leiterseils ist eine Kettenlinie, die durch eine Parabel anzunähern ist (Abb. 4.14).

$$y = \cosh\left(\frac{mg}{\sigma}x\right) - 1 \approx \frac{mg}{2\sigma}x^2 \tag{4.59}$$

Abb. 4.13 Freileitungsmaste. **a** Mast mit Drehstromsystemen $2 \times 220\,\mathrm{kV} + 2 \times 110\,\mathrm{kV}$; **b** Montage eines Mastes mit Zwei-Phasen-Bahnstromsystemen $2 \times 110\,\mathrm{kV}$ (Rollen zum Ziehen des Leiterseils noch aufgelegt). (Eigene Darstellung)

Abb. 4.14 Seildurchhang. (Eigene Darstellung)

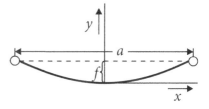

Für eine Seilzugspannung $\sigma = 40\,\mathrm{N/mm^2}$ und eine spezifische Leitermasse von $m = 0{,}0035\,\mathrm{kg/\left(m \cdot mm^2\right)}$ ergibt sich bei einer Spannweite $a = 300\,\mathrm{m}$

$$y = \frac{0{,}0035\,\mathrm{kg}}{\mathrm{m\,mm^2}} \cdot 9{,}81\frac{\mathrm{m}}{\mathrm{s^2}} \cdot \frac{\mathrm{s^2\,mm^2}}{2 \cdot 40\,\mathrm{kg\,m}} \cdot \mathrm{x^2} = 0{,}43 \cdot 10^{-3}\,\mathrm{x^2/m}$$

$$f = 0{,}43 \cdot 10^{-3}\frac{(a/2)^2}{\mathrm{m}} = 0{,}43 \cdot 10^{-3}\frac{(300\,\mathrm{m}/2)^2}{\mathrm{m}} = 10\,\mathrm{m}$$

Dies ist ein Wert, der sich im Sommer bei strombelasteten Seilen unter extremen Bedingungen wegen der Wärmedehnung einstellt. Im Winter kann sich in unbelastetem

Zustand die Seilzugspannung auf $\sigma = 200\,\text{N}/\text{mm}^2$ erhöhen. Der Seildurchhang reduziert sich dann auf $f = 2\,\text{m}$.

Die Investitionskosten einer Doppelleitung können nach [3] mit etwas veralteten Preisen durch eine Zahlenwertgleichung bestimmt werden.

$$K' = \left[60 + 0{,}4 U_n + 0{,}4\sqrt[4]{n_T} \cdot A\right]\,\text{T€}/\text{km} \tag{4.60}$$

Diese Gleichung liefert nur einen Anhaltspunkt.

Sie ist gültig für Nennspannungen von 110–380 kV. Dabei ergibt sich der Leiterquerschnitt A aus der Summe der n_T Teilleiter eines Bündelleiters. Gl. 4.60 ist nur ein Anhaltspunkt für die anfallenden Errichtungskosten. Aufwendungen für den Erwerb der Maststandorte und Überspannungsrechte sind in ihr nicht enthalten.

Beispiel 4.6: Investitionskosten einer Freileitung

Es sollen die Investitionskosten einer 380-kV-Doppelleitung ($n_S = 2$ Stromkreise) mit $n_T = 4$ Teilleitern und dem Seilquerschnitt Al/St 300/50 pro Teilleiter den Stromverlustkosten gegenübergestellt werden. Dabei sei die Leitung zur Hälfte der Zeit mit dem thermisch zulässigen Dauerstrom $I_d = 740\,\text{A}$ je Teilleiter belastet. Für die restliche Zeit wird der halbe Strom angenommen.

Die Investitionskosten ergeben sich nach Gl. 4.60

$$K' = 60 + 0{,}4 \cdot 380 + 0{,}4\sqrt[4]{4} \cdot 4 \cdot 300 = 60 + 150 + 680 = 890\,\text{T€}/\text{km} \tag{4.61}$$

Man kann davon ausgehen, dass heute ein Kilometer 380-kV-Leitung etwa 1 Mio. € kostet. Aufwendungen für den Kauf der Maststandorte und die Erlangung der Überspannrechte sowie optische Beeinträchtigung der Umgebung sind hierin nicht eingeschlossen.

Die maximal mögliche Transportleistung errechnet sich zu

$$S = n_s \cdot U_n \cdot \sqrt{3} \cdot I_d \cdot n_T = 2 \cdot 380\,\text{kV} \cdot \sqrt{3} \cdot 0{,}74\,\text{kA} \cdot 4 = 3900\,\text{MW}$$

Mit dem Seilwiderstand $R' = 0{,}1\,\Omega/\text{km}$ ergibt sich die Verlustleistung pro Längeneinheit

$$P'_V = P_V/l = (m \cdot I_d)^2 \cdot R' \cdot n_T \cdot 3 \cdot n_S = (0{,}8 \cdot 740\,\text{A})^2 \cdot 0{,}1\,\Omega/\text{km} \cdot 4 \cdot 3 \cdot 2 = 0{,}84\,\text{MW}/\text{km}$$

Der Verlustgrad m berücksichtigt die Auslastung der Leitungen und der Faktor 3 die drei Leiter je Stromkreis. Bei einem Strompreis von $k_E = 0{,}05\,€/\text{kWh}$ erhält man die jährlichen Verlustkosten pro Längeneinheit

$$\begin{aligned}
K'_V = K_V/l = E'_V \cdot k_E &= P'_V \cdot k_E \\
&= 0{,}8\,\text{MW}/\text{km} \cdot 0{,}05\,€/\text{kWh} \cdot 8760\,\text{h}/\text{a} = 350\,\text{T€}/(\text{km} \cdot \text{a})
\end{aligned} \tag{4.62}$$

Wird eine zweite parallele Leitung gebaut, so reduzieren sich die Verluste pro Leitung auf 1/4 und für die gesamte Übertragungsstrecke mit beiden parallelen Leitungen auf

1/2. Man spart demnach 175 T€/(km · a) ein, sodass sich die Investition nach ca. 4 Jahren amortisiert hat. Daraus folgt, dass lange vor Erreichen der thermischen Grenzleistungen der Bau einer neuen Leitung wirtschaftlich wird und auch ökologisch sinnvoll ist. ◄

Die Freileitung als Einrichtung zur Energieübertragung steht in Konkurrenz zu Transportmitteln für andere Energieträger. Eine direkte Gegenüberstellung der Kosten ist problematisch, da die Energieformen nicht ohne Weiteres ineinander umwandelbar und damit vergleichbar sind. Trotzdem seien hier einige Zahlen als Anhaltspunkte nach [3] genannt.

Pipeline Öl/Gas	2 €/(GWh · km)
Tanker Öl/Gas	0,3 €/(GWh · km)
Bahn (Kohle)	4 €/(GWh · km)
Strom (380 kV)	20 €/(GWh · km)
Fernwärme	500 €/(GWh · km)

Daraus erkennt man, dass es für die Stromerzeugung günstiger ist, die Kohle in das Verbraucherzentrum zu bringen, als das Kraftwerk in der Nähe der Zeche zu errichten. Entsprechendes gilt für Gas.

4.3 Kabel

Kabel unterscheiden sich von Freileitungen durch das Isolationsmedium und die Verlegungsart. Die mathematische Beschreibung von Freileitungen und Kabeln ist gleich. Die in Abschn. 4.1 angegebenen Gleichungen gelten jedoch für Kabel nur bedingt, denn der Abstand zwischen den Leitern wurde dort als groß gegenüber den Leiterradien angenommen ($a \gg r$). Kabeldaten lassen sich deshalb mit diesen einfachen Gleichungen nur näherungsweise berechnen, man ist für genaue Untersuchungen auf die Angaben der Hersteller angewiesen [11]. Wegen der geringen Abstände sind die Induktivitäten von Kabeln kleiner und die Kapazitäten größer als bei Freileitungen. Die Isolation führt zu einer schlechten Wärmeabgabe, sodass der Kabelquerschnitt nicht so stark belastet werden darf wie der Freileitungsquerschnitt [12, 13, 14].

Der Aufbau einiger Kabeltypen ist in Abb. 4.15 dargestellt. Die meist runden Leiter sind bei großen Querschnitten mehrdrahtig, um das Kabel zum Transport auf Kabeltrommeln und zur Verlegung besser biegen zu können. Als Leitermaterial wird häufig Aluminium verwendet, aber auch Kupfer, um die Verluste zu verringern, die über die Isolation abgeführt werden müssen. Bei Niederspannungskabeln gibt es außerdem sektorförmige Leiterquerschnitte, die den Isolieraufwand und damit den Kabeldurchmesser reduzieren.

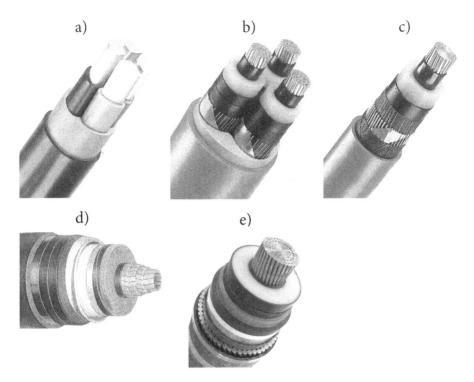

Abb. 4.15 Kabel. **a** Niederspannungskabel mit sektorförmigen Leitern; **b** Dreileiterkabel 10 kV; **c** Einleiterkabel 10 kV; **d** Einleiterkabel mit Hohlleiter für Ölkühlung 80 kV; **e** Gleichspannungskabel 400 kV (Kabel Rheydt AG, Siemens AG, Business Wire)

Höchstspannungskabel haben große Querschnitte, die häufig als Hohlleiter ausgeführt werden. Sie besitzen bei gleichem Querschnitt einen größeren Leiterradius und damit geringere Randfeldstärken. Die Röhren im Innern der Leiter können bei Innendruckkabeln von Öl durchströmt werden, das in die Aderisolation eindringt und so Hohlräume vermeidet. Die Aderisolation besteht aus getränktem Papier, das aber zunehmend durch vernetztes Polyäthylen (VPE) verdrängt wird. Dieses hat eine dreidimensionale Molekülstruktur und zeichnet sich durch höhere elektrische Festigkeit sowie bessere chemische Beständigkeit aus. Das mit Bitumen getränkte Papier als klassische Isolationsform hat heute immer noch einen hohen Stellenwert. Man muss bei diesen Massekabeln jedoch beachten, dass Höhenunterschiede zu einem Druck im Kabel führen. Um die Aderisolation wird eine Folie aus elektrisch leitendem Material, z. B. Aluminium, aufgebracht. Diese sog. Höchstätterfolie erzeugt in der Aderisolation ein radialhomogenes Feld. Außerhalb dieses Aderschirms ist kein elektrisches Feld vorhanden, sodass die Zwickelfüllung zwischen den Adern elektrisch nicht beansprucht wird. Naturgemäß kann bei Niederspannungskabeln auf den Aderschirm verzichtet werden. Eine Stahlflachdrahtbewehrung des gesamten Kabels sorgt für die mechanische Festigkeit. Ein darüber aufgebauter PE-Mantel gewährleistet die Korrosionsfestigkeit.

Gasaußendruckkabel, werden in einem Stahlrohr verlegt, das durch einen PE-Überzug gegen Korrosion geschützt ist.

Der Stickstoffdruck von beispielsweise 15 bar im Innern des Rohrs sorgt für Lunker-freiheit der Isolationsmasse. Dabei dient ein Bleimantel außerhalb des Aderschirms als Membrane. Eine erhebliche Steigerung der Übertragungsfähigkeit ist durch Wasser-kühlung im Inneren oder außerhalb der Leiter möglich.

Kabel von größerem Leiterquerschnitt sind schwieriger zu handhaben und nur in geringer Länge auf einer Kabeltrommel zu transportieren. Deshalb tendiert man bei Hochspannungskabeln zu einadrigen Ausführungen. Es sind dann allerdings für eine Drehstromverbindung drei Kabel parallel zu verlegen. Bei einadrigen Kabeln ist die Montage von Muffen und Endverschlüssen, die sehr sorgfältig unter extremen Reinheits-bedingungen erfolgen muss, einfacher als bei dreiadrigen.

Bei der Kabelinstallation ist weiterhin zu beachten, dass die Aderabschirmungen ein-seitig geerdet sind. So erreicht man ein definiertes Potenzial und verhindert induzierte Ströme. Durch Induktion baut sich jedoch am nicht geerdeten Ende der Schirme eine beträchtliche Spannung auf. Um sie zu reduzieren, werden bei langen Kabelstrecken die Schirme in Muffen zwischen den Leitern gekreuzt (Crossbonding). Die Bewehrung und ggf. das Stahlrohr sind bei dreiadrigen Kabeln beidseitig zu erden, denn die Summe der drei Leiterströme ist im Normalbetrieb null, sodass keine Kompensationsströme fließen (s. auch Abschn. 4.4.4). Bei einadrigen Kabeln muss allerdings mit erheblichen Induktionsspannungen in der einseitig geerdeten Bewehrung gerechnet werden.

Die Verlegung von Kabeln erfolgt frostfrei bei 60–100 cm Tiefe in einem Sandbett, das für eine homogene Wärmeabgabe sorgt. Über dem Kabel wird ein Warnband verlegt. Bei Kabeln für 110 kV und mehr erfolgt eine Betonabdeckung. Bodenaustrocknung führt zu einer Verschlechterung der Wärmeabgabe, sodass bei Kabelhäufungen die zulässige Strombelastbarkeit reduziert wird. Dies gilt auch für Kabel, die in Rohren – z. B. bei Straßenkreuzungen – eingezogen oder gar in Kabelschächten verlegt werden. Richtlinien zur Verlegung von Kabeln können [13] entnommen werden.

Die Verfügbarkeit von technischen Einrichtungen ergibt sich aus der Fehlerhäufigkeit und der Reparaturdauer (Abschn. 8.3.4). Während bei Freileitungen die Fehlerhäufig-keit größer ist, sind bei Kabeln die Reparaturzeiten länger. Eine grobe Abschätzung der Nichtverfügbarkeit ist in Tab. 4.2 gegeben.

Tab. 4.2 Nichtverfügbarkeit von Freileitung und Kabel für 380 kV [15]

	Freileitung	Kabel
Ausfallhäufigkeit λ	$0{,}00353/(\text{km} \cdot \text{a})$	$0{,}00657/(\text{km} \cdot \text{a})$
Ausfalldauer T	2,94 h	68,2 h
Nichtverfügbarkeit für 100 km	1,04 h/a	44,8 h/a

Die 380-kV-Daten sind mit Hilfe von 110-kV-Kabeldaten aus der VDN-Störungsstatistik abgeschätzt worden

Die Verlegung von Kabeln ist erheblich teurer als die Errichtung von Freileitungen. Für gleiche Übertragungskapazität ergeben sich die Faktoren 5 bei 110 kV und 10 bei 380 kV. Aus diesem Grund werden Kabellösungen nur im innerörtlichen Bereich angestrebt. Bei der heutzutage oft diskutierten Verkabelung von Höchstspannungstrassen muss beachtet werden, dass auch diese Trassen für Reparaturzwecke von Bewuchs frei-gehalten werden müssen und nicht überbaut werden können. Darüber hinaus machen es die maximalen Kabellängen von ca. 900 m notwendig, viele Verbindungsmuffen zu installieren, die dann in einem unterirdischen Gebäude in Größe eines Einfamilienhauses untergebracht werden müssen [15]. Bei Leitungslängen von über 20 km Länge bereitet die Ladeleistung der Höchstspannungskabel (380 kV) Probleme. Deshalb müssen Kompensationsanlagen errichtet werden.

Die Drehstromübertragung mittels Seekabel ist wegen der kapazitiven Lade-leistung auf wenige Kilometer begrenzt. Größere Entfernungen sind nur in Gleich-stromtechnik zu überbrücken. So werden in Skandinavien erschlossene Wasserkräfte mittels Hochspannungs-Gleichstrom-Übertragung (HGÜ) durch Nord- und Ost-see nach Deutschland übertragen. Die verwendeten einadrigen Kabel besitzen eine starke Bewehrung, werden aber trotzdem nach Möglichkeit in den Meeresgrund ein-geschlämmt. Wirtschaftlich sind derartige Übertragungen bis zu einer theoretischen Grenze von 2000 km. Dies gilt z. B., wenn der Strom in Wasserkraftwerken zu ver-nachlässigbaren Kosten erzeugt wird und stattdessen als Alternative Kohlekraftwerke in Deutschland gebaut werden müssten.

Zur Übertragung sehr großer Ströme bietet sich der Einsatz von supraleitenden Kabeln an [14]. Dabei wird ein Supraleiter mit flüssigem Helium auf 4 K gekühlt und somit widerstandslos gemacht. Das Helium ist von einer Vakuumisolation umgeben. Es folgen eine Kühlung mit flüssigem Stickstoff bei 77 K und eine weitere Vakuumiso-lation. Bei dem beträchtlichen Kühlaufwand fällt die Isolation gegen hohe Spannungen relativ wenig ins Gewicht, sodass der optimale Einsatz solcher Kabel bei hohem Strom und hoher Spannung liegt. Da zudem aus Zuverlässigkeitsgründen mehrere Kabel parallel betrieben werden müssten, ergeben sich wirtschaftliche Lösungen nur bei extrem großem Bedarf an Transportkapazität. Einen Entwicklungssprung bedeutet die Hochtemperatur-Supraleitung, bei der flüssiger Stickstoff zur Erreichung der Wider-standslosigkeit genügt. Im Zentrum eines Supraleiterkabels befindet sich der Vorlauf für den flüssigen Stickstoff. Die supraleitenden Bänder für die drei Phasen werden vom Neutralleiter aus Kupfer umhüllt. Von außen kühlt der Stickstoff-Rücklauf (Abb. 4.15e).

In Sonderfällen werden mit SF_6-Gas gefüllte Rohre zur Übertragung größerer Ströme eingesetzt (s. auch Abschn. 5.1.2).

Gleichstromleitungen können aus technischer Sicht als Seekabel im Wasser sowie an Land als Erdkabel oder als Freileitung gebaut werden. In skandinavischen Ländern und auch in Kanada, USA und Asien kommen sie als Freileitung schon seit Jahrzehnten zum Einsatz. In Deutschland wird HGÜ bei der Anbindung von Offshore-Windparks verwendet.

SuedLink besteht aus den zwei HGÜ-Verbindungen von Wilster in den Raum Grafen-rheinfeld sowie von Brunsbüttel nach Großgartach. Die beiden Verbindungen von

SuedLink sollen jeweils eine Übertragungskapazität von 2 Gigawatt haben, insgesamt also 4 Gigawatt. Dies entspricht etwa der Leistung von 4 Kernkraftwerken.

Drehstromfreileitungen von über 380 kV kommen wegen der Beeinflussungs-problematik (Abschn. 4.4.7) nicht infrage.

4.4 Beeinflussung und EMV

Wenn eine energietechnische Anlage Störungen aussendet und damit eine nachrichten-technische Anlage in ihrer Funktion beeinträchtigt, so spricht man von Beeinflussung. Elektromagnetische Verträglichkeit (EMV) herzustellen bedeutet, die Pegel der Stör-quellen auf die der Störsenken abzustimmen. Hierzu gibt es für alle möglichen Über-tragungswege Verträglichkeitspegel. Hersteller von Geräten, die Störungen aussenden, sind gehalten, die Störpegel unter das festgelegte Maß zu senken. Hersteller von Geräten, die auf Störungen empfindlich reagieren, müssen ihre Geräte entsprechend stör-unempfindlich bauen. Häufig sind die Störquellen die Primärstromkreise elektrischer Anlagen und die Störsenken elektronische Baugruppen. Aber ebenso gut können Quelle und Senke in zwei energietechnischen oder zwei informationstechnischen Geräten oder auch einem einzelnen Gerät liegen. Das Gebiet der EMV bzw. EMC (Electromagnetic Compatibility) ist sehr umfassend. Man unterscheidet nach dem Mechanismus der Über-tragung und nach dem Frequenzbereich [16]. Hier soll unterschieden werden zwischen der leitungsgebundenen ohmschen, induktiven und kapazitiven Beeinflussung und der hochfrequenten Übertragung mittels elektromagnetischer Wellen. Dabei besteht das begriffliche Problem, dass die kapazitive Beeinflussung über das elektrische Feld und die induktive Beeinflussung über das magnetische Feld ebenfalls als elektromagnetische Beeinflussung bezeichnet werden.

Neben der Kopplung zwischen Leitern bzw. Leiterschleifen gibt es noch die Rück-wirkung von nichtlinearen Verbrauchern, d. h. Geräten, die bei sinusförmigen Spannungen einen nichtsinusförmigen Strom aufnehmen, und unruhigen Verbrauchern, die in ihrer Stromaufnahme schwanken, wie Lichtbogenöfen oder Antriebe von Kolbenpumpen. Diese Rückwirkungen beeinträchtigen die Versorgungsspannung und können so andere Verbraucher stören. Sie werden in Abschn. 8.4.5 behandelt. Die beschriebene Beein-flussung zwischen technischen Geräten lässt sich auf den Menschen als Störsenke erweitern (EMVU, elektromagnetische Umweltverträglichkeit), wobei es hier natür-lich nicht darum gehen kann, den Menschen gegenüber Störungen unempfindlich zu machen, sondern Grenzwerte festzulegen, deren Beachtung eine Beeinträchtigung weit-gehend ausschließt [16]. Die Diskussion über die auch als Elektrosmog bezeichneten Störfelder wird sehr emotional geführt. Schließlich gibt es noch die direkte Strombeein-flussung des Menschen, z. B. beim Berühren spannungsführender Teile. Im Folgenden sollen die Ursachen und Mechanismen der Beeinflussung beschrieben werden. Auf Abhilfemaßnahmen wird hier nicht eingegangen. Diese sind in [17] ausführlich behandelt.

4.4.1 Ohmsche Beeinflussung

Abb. 4.16a zeigt links zwei Leiter L und F mit gemeinsamem Rückleiter E. Der Strom
in der Leiterschleife LE führt zu einer Beeinflussung der Spannung U_F. Dieser Effekt
tritt als Nebensprechen in Fernmeldeleitungen mit gemeinsamem Rückleiter auf
oder wenn der Strom aus Energieleitungen durch das Erdreich führt und so z. B. über
Erdungsanlagen teilweise in die Fernmeldeleitungen eingespeist wird (rechtes Bild). Die
ohmsche Beeinflussung ist vermeidbar, wenn Signalleitungen stets zweiadrig verlegt und
nur einseitig geerdet werden. Auf Potenzialanhebungen beider Signalleiter gemeinsam
gegen Erde wird im Zusammenhang mit Erdungsanlagen in Abschn. 4.4.5 eingegangen.

4.4.2 Induktive Beeinflussung

Die induktive Kopplung zwischen Leiterschleifen wurde bereits in Abschn. 4.1.2
behandelt. In Abb. 4.16b sind vier Beispiele angegeben. Wird die Erde als gemeinsamer
Rückleiter verwendet, sinkt die Kopplung nach Gl. 4.9 logarithmisch, d. h. langsam mit
dem Abstand der Leiter zueinander. Hat einer der beiden Leiter einen eigenen Rückleiter,
so sinkt die Kopplung proportional mit dem Abstand. Haben beide Leitungen einen
eigenen Rückleiter und der andere die Erde als Rückleiter, so sinkt die Kopplung entsprechend Gl. 4.13 quadratisch mit dem Abstand. Die Kopplung ist nahezu vollständig
aufgehoben, wenn störende und gestörte Leitung verdrillt sind oder als Koaxialkabel
ausgeführt werden. Die Spannungsdifferenz U_F stört das Nutzsignal und wird deshalb
als Störspannung bezeichnet. Die Spannungen der beeinflussten Leiter gegen Erde sind
i. Allg. höher als die Störspannung und können zu Gefährdungen führen. Sie werden deshalb Gefährdungsspannungen U_G genannt.

Die Anordnungen in Abb. 4.16b gehen von einer Parallelführung der störenden
und gestörten Leitungen aus. Bringt man ein Gerät in das magnetische Wechselfeld
einer Leitung oder einer Anlage, so ist für dessen Beanspruchung die magnetische
Feldstärke maßgebend. Sie führt in den elektronischen Schaltkreisen zu induzierten
Spannungen bzw. Strömen. Insbesondere bei Schalthandlungen im Primärkreis, die
zu hochfrequenten Ausgleichsvorgängen führen, entstehen wegen der frequenzabhängigen Koppelreaktanzen ($X = \omega L$) erhebliche Störspannungen. Eine Abschirmung
magnetischer Felder durch magnetisches Material ist sehr aufwändig. Kurzgeschlossene
Leiterschleifen als Kompensationsleiter nach Abschn. 4.4.4 sind nur bedingt wirksam.

Bei der induktiven Kopplung sind Stör- und Gefährdungsspannung proportional zur
Länge l der Leitungsannäherung

$$U_F = U_{ind} = I_L \cdot \omega M'_{LF} \cdot l \tag{4.63}$$

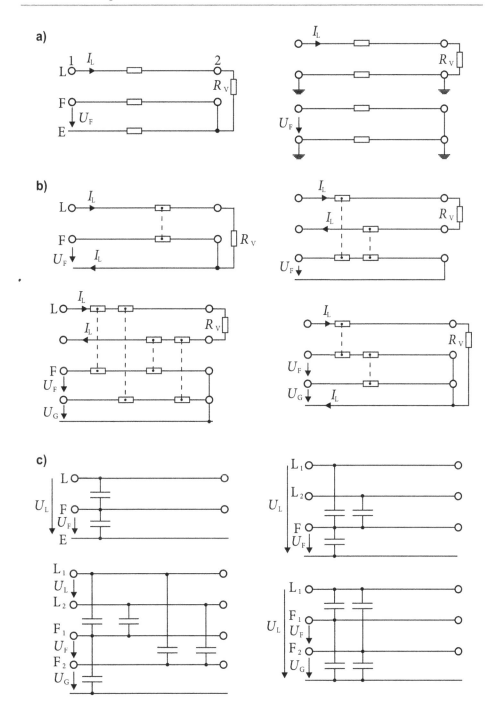

Abb. 4.16 Leitungsgebundene Beeinflussung (es sind nur die für die Beeinflussung maßgebenden Kopplungen eingetragen). **a** ohmsche Beeinflussung; **b** induktive Kopplung; **c** kapazitive Kopplung. (Eigene Darstellung)

4.4.3 Kapazitive Beeinflussung

In der Anordnung nach Abb. 4.16c influenziert die Spannung U_L des Leiters L über die Kapazitäten C_{LF} und C_{FE} im Leiter F die Spannung U_F. Nach den Gl. 4.22–Gl. 4.24 ist die Kopplung logarithmisch von den Abständen und Aufhängehöhen abhängig. Entsprechend zur induktiven Kopplung wird auch die kapazitive Kopplung reduziert, wenn die Leitungen L und F eigene Rückleiter besitzen und verdrillt sind.

Bei der kapazitiven Kopplung geht die Leitungslänge im Gegensatz zur induktiven Beeinflussung nicht in die influenzierte Spannung ein.

$$U_F = U_{ind} = U_L \frac{C'_{LF}}{C'_{FE} + C'_{LF}} \qquad (4.64)$$

Dieser Zusammenhang wurde bereits in den Abschn. 4.1.4 und Abschn. 4.1.5 behandelt.

Wenn allerdings der Leiter F über einen niederohmigen Widerstand R (z. B. einen menschlichen Körper) mit Erde verbunden wird, so kann die Kapazität C'_{FE} vernachlässigt werden. Es fließt der Strom

$$I = \frac{U_F}{\sqrt{R^2 + 1/\left(\omega C'_{LF} l\right)^2}} \approx U_F \cdot \omega C'_{LF} l \qquad (4.65)$$

Der Gefährdungsstrom, der durch den Widerstand R fließt, ist demnach proportional zur Länge l der Leitungsnäherung.

Gegenüber dem menschlichen Körperwiderstand ist die Spannungsquelle bei der magnetischen Kopplung niederohmig und bei der kapazitiven Kopplung hochohmig, sodass als Ersatzschaltung für die induktive Kopplung eine Spannungsquelle und für die kapazitive Kopplung eine Stromquelle anzusetzen ist.

4.4.4 Kompensationsleiter

Die Anordnung nach Abb. 4.17a zeigt einen stromdurchflossenen Leiter L, der in der Fernmeldeader F und dem Kompensationsleiter K eine Spannung induziert. Da der Kompensationsleiter kurzgeschlossen ist, bildet sich ein Strom I_K aus, der in der Fernmeldeader eine zusätzliche Spannung induziert.

Beispiel 4.7: Einfluss eines Blitzschutzseils

Es soll eine Freileitung mit Blitzschutzseil (Abschn. 4.2.3) betrachtet werden. Dabei wirkt das Blitzschutzseil als Kompensationsleiter K und reduziert den Einfluss des Kurzschlussstromes $\underline{I}_L$ auf den Fernmeldeleiter.

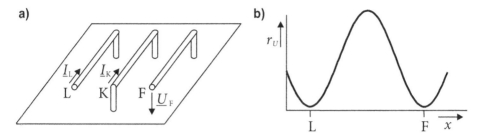

Abb. 4.17 Kompensationsleiter. **a** Leiteranordnung; **b** Reduktionsfaktor; L: Starkstromleiter; F: Fernmeldeleiter; K: Kompensationsleiter; *x:* Lage des Kompensationsleiters. (Eigene Darstellung)

Folgende Daten sind gegeben

$$\underline{I}_L = 1\,\text{kA} \quad l = 1\,\text{km} \quad a_{LK} = 5\,\text{m} \quad a_{LF} = 50\,\text{m} \quad a_{KF} = 45\,\text{m}$$

$$r_K = 0{,}01\,\text{m} \quad \delta = 1000\,\text{m} \quad \mu = 4 \cdot \pi \cdot 10^{-4}\,\text{H/km}$$

Die im Fernmeldeleiter mit und ohne Kompensationsleiter induzierte Spannung ist zu berechnen.

Die Ersatzschaltung in Abb. 4.4 wird sinngemäß angewendet.

$$\underline{U}_K = j\omega L_K \underline{I}_K + j\omega M_{LK} \underline{I}_L = 0$$

$$\underline{U}_F = j\omega M_{LF} \underline{I}_L + j\omega M_{KF} \underline{I}_K = 0$$

$$\underline{U}_F = j\omega \left[M_{LF} - \frac{M_{LK} M_{KF}}{L_K} \right] \underline{I}_L = 0 \tag{4.66}$$

Für die Selbst- und Koppelinduktivitäten gelten die Gl. 4.10 und 4.9.

$$L_K = \frac{\mu l}{2\pi} \left[\ln \frac{\delta}{r_K} + \frac{1}{4} \right] = 0{,}2\,\text{mH} \left[\ln \left(\frac{1000\,\text{m}}{0{,}01\,\text{m}} \right) + 0{,}25 \right] = 2{,}35\,\text{mH}$$

$$M_{LK} = \frac{\mu l}{2\pi} \ln \frac{\delta}{a_{LK}} = 0{,}2\,\text{mH} \ln (1000\,\text{m}/5\,\text{m}) = 1{,}06\,\text{mH}$$

$$M_{LF} = 0{,}60\,\text{mH} \quad M_{KF} = 0{,}62\,\text{mH}$$

$$\underline{U}_F = j314\,\text{s}^{-1} \left[0{,}6\,\text{mH} - \frac{1{,}06\,\text{mH} \cdot 0{,}62\,\text{mH}}{2{,}35\,\text{mH}} \right] \cdot 1\,\text{kA} = j100\,\text{V} \tag{4.67}$$

Ohne den Kompensationsleiter ($M_{KF} = M_{LK} = 0$) ergibt sich

$$\underline{U}_{F0} = j\omega M_{LF} \underline{I}_K = j314\,\text{s}^{-1} \cdot 0{,}6\,\text{mH} \cdot 1\,\text{kA} = j188\,\text{V} \tag{4.68}$$

Aus dem Verhältnis von induzierter Spannung mit Kompensationsleiter U_F zu induzierter Spannung ohne Kompensationsleiter U_{F0} lässt sich ein Spannungsreduktionsfaktor r_U bestimmen.

$$r_U = U_F/U_{F0} = 1 - \frac{M_{LK} \cdot M_{KF}}{L_K \cdot M_{LF}} = 1 - \frac{1{,}06\,\text{mH} \cdot 0{,}62\,\text{mH}}{2{,}35\,\text{mH} \cdot 0{,}6\,\text{mH}} = 0{,}53 \qquad (4.69)$$

◀

Der Reduktionsfaktor in Abhängigkeit von der Lage des Kompensationsleiters ist in Abb. 4.17b dargestellt. Um den ohmschen Widerstand des Kompensationsleiters zu berücksichtigen, werden statt der Induktivitäten in Gl. 4.69 die Impedanzen eingesetzt. Liegt der Leiter K in der Nähe der Leiter L oder F, so wird der Reduktionsfaktor sehr klein. Störend wirkt lediglich die innere Induktivität. Diese ist null, wenn der Kompensationsleiter ein Rohr in Form des Kabelmantels ist.

▶   Koaxiale Kabelmäntel verhindern eine induktive Beeinflussung, wenn sie widerstandslos sind. Auch die kapazitive Beeinflussung wird durch Koaxialkabel unterbunden.

Sollen mehrere Kompensationsleiter berücksichtigt werden, so ist die Ersatzschaltung in Abb. 4.4 sinngemäß anzuwenden, wobei für jeden Kompensationsleiter eine Gleichung aufzustellen ist. Die Lösung des Gleichungssystems kann man umgehen, wenn für jeden Kompensationsleiter ohne Berücksichtigung der anderen ein eigener Reduktionsfaktor nach Gl. 4.69 bestimmt wird. Das Produkt der errechneten Werte liefert näherungsweise den Reduktionsfaktor r_U für das Gesamtsystem [18]. Dies gilt allerdings nur, wenn die Wirkung der Kompensationsleiter nicht sehr groß ist.

Der Strom im Kompensationsleiter $\underline{I}_K$ wirkt dem Leiterstrom $\underline{I}_L$ entgegen ($\underline{I}_K$ in Abb. 4.17a ist negativ) und bildet einen Teil des Rückstroms, der die Erde entlastet. Diese reduzierte Wirkung lässt sich durch den Reduktionsfaktor r erfassen.

$$r = \underline{I}_E/\underline{I}_L = 1 - M_{LK}/L_K \qquad (4.70)$$

Gl. 4.70 ist zur Berücksichtigung der ohmschen Widerstände leicht auf Impedanzen zu erweitern. Die reduzierende Wirkung von Blitzschutzseilen und Kabelmänteln ist beträchtlich, sodass z. B. bei Erdkurzschlüssen im Netz die Erdungsanlagen der Freileitungsmaste und Schaltanlagen erheblich entlastet werden.

4.4.5 Erdungsanlagen

Wird eine Erdungsanlage, die im Fundament eines Freileitungsmastes untergebracht ist, als Halbkugel modelliert, so entsteht in ihrer Umgebung entsprechend Abb. 4.18a eine Stromdichte

$$S = \frac{I_E}{2\pi x^2} \tag{4.71}$$

Mit dem spezifischen Bodenwiderstand ρ ergibt sich eine Erderspannung

$$U_E = \int\limits_r^\infty E \mathrm{d}x = \int\limits_r^\infty \frac{I_E \rho}{2\pi x^2} \mathrm{d}x = \frac{I_E \rho}{2\pi r} \tag{4.72}$$

Daraus folgt der Ausbreitungswiderstand R_E einer Halbkugel mit dem Radius r

$$r = U_E / I_E = \frac{\rho}{2\pi r} \tag{4.73}$$

Für eine kreisförmige Platte mit dem Radius r erhält man [19].

$$R_E = \frac{\rho}{4r} \tag{4.74}$$

Der spezifische Bodenwiderstand in Mitteleuropa liegt in der Größenordnung von $\rho = 100\,\Omega\text{m}$, kann aber in trockenem Fels, Stein oder Sand auf $\rho = 10\,000\,\Omega\text{m}$ ansteigen.

Für den Fundamenterder eines Hauses $(10 \times 20\,\text{m}^2)$ errechnet man einen äquivalenten Radius $r = 8\,\text{m}$ und damit aus Gl. 4.74 den Ausbreitungswiderstand $(\rho = 100\,\Omega\text{m}, R_E = 3{,}1\,\Omega)$. Daraus ist bei einem einpoligen Erdkurzschluss der Kurzschlussstrom zu bestimmen, wenn kein Erdrückleiter und auch keine Gas- oder Wasserrohre das Haus verlassen.

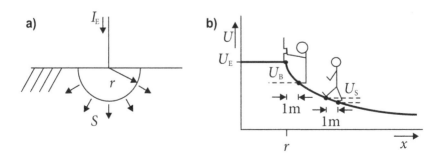

Abb. 4.18 Erdausbreitungswiderstand. **a** halbkugelförmiger Erder, **b** Spannungstrichter $U(x)$ mit Schrittspannung U_S und Berührungsspannung U_B. (Eigene Darstellung)

$$I_K = U_E/R_E = 230 \text{ V}/3{,}1 \text{ }\Omega = 73 \text{ A} \tag{4.75}$$

Dieser Wert reicht i. Allg. nicht aus, um Sicherungen genügend rasch ansprechen zu lassen (Abschn. 5.1.3).

Die Spannung an der Oberfläche des Erdbodens in der Nähe eines halbkugelförmigen Erders lässt sich aus Gl. 4.71 mit Gl. 4.73 berechnen.

$$U(x) = \int E \mathrm{d}x = \int \rho \cdot S \mathrm{d}x = U_E \cdot r/x \tag{4.76}$$

Dieser Zusammenhang ist in Abb. 4.18b dargestellt. Dort ist auch die Schrittspannung U_S, d. h. die Spannung zwischen zwei 1 m voneinander entfernten Punkten, eingetragen. Die maximale Schrittspannung ergibt sich als Berührungsspannung U_B am Rande der Anlage.

Die Spannungen U_E, U_S und U_B sind nach [20] für die Dimensionierung von Anlagen wesentlich. Kann die Erderspannung den Wert von $U_E = 125$ V nicht übersteigen, müssen keine Maßnahmen getroffen werden. Andernfalls ist nachzuweisen, dass die Schritt- und Berührungsspannungen den Grenzwert 75 V nicht übersteigen. Gelingt es durch einen geeigneten Netzschutz (Abschn. 8.8), Erdkurzschlussfehler rasch (z. B. innerhalb von 100 ms) abzuschalten, können auch höhere Spannungen zugelassen werden. Maßnahmen zur Begrenzung der Schritt- und Berührungsspannungen werden in [16] ausführlich behandelt. Besondere Beachtung ist isolierten Leitungen zu schenken, die zur Energie- oder Informationsübertragung in eine Anlage geführt werden, denn diese verschleppen das Potenzial von außerhalb in die Anlage hinein oder umgekehrt. Abhilfemaßnahmen sind Erdung, ggf. mittelbar durch Überspannungsableiter (varisoten), und Isoliertransformatoren bzw. Übertrager.

4.4.6 Hochfrequente Beeinflussung

In den vorangegangenen Abschnitten wurden Mechanismen erläutert, die einen Zusammenhang zwischen Strömen und Spannungen auf gekoppelten Leitungen über das elektrische oder magnetische Feld herstellen. Damit sind die Phänomene der niederfrequenten Beeinflussung beschrieben. Es gibt aber auch eine Reihe von hochfrequenten Vorgängen in der Energietechnik, die weniger energiereich als die netzfrequenten Vorgänge sind, aber trotzdem zu erheblichen Störungen oder Schädigungen führen können.

Bei den hochfrequenten Störern unterscheidet man nach der Herkunft [16]:

- natürliche Quellen
  - atmosphärische Entladungen (Blitz)
- funktionale Quellen
  - Kommunikationssender (Radio)
  - medizinische Geräte
  - Mikrowellenherde

- nichtfunktionale Quellen
  - Kfz-Zündanlagen (Unterbrecher)
  - Leuchtstofflampen (Starter)
  - Relais (Kontaktöffnung)
  - Stromrichter (Anschnittsteuerungen)
  - Hochspannungsschalter (Kontaktöffnungen)
  - Freileitungen (Korona)

Nach der Signalform ist zwischen schmalbandigen Signalen, z. B. bei Kommunikations-sendern, breitbandigen Signalen bei der Korona und transienten Vorgängen bei Schalt-handlungen zu unterscheiden.

Nichtfunktionale Quellen erzeugen störende Vorgänge, die nicht zur bestimmungsgemäßen Funktion notwendig sind, aber als Sekundäreffekte in Kauf genommen werden müssen. Es handelt sich fast ausschließlich um Schalthandlungen, die Ausgleichsvorgänge zwischen Induktivitäten und Kapazitäten mit sehr unterschiedlichen Frequenzen oder Frequenzgemischen hervorrufen. Dabei sind Ausschaltvorgänge häufig kritischer als Einschaltvorgänge (Abschn. 5.1.3).

Die hochfrequenten Vorgänge können nun in unterschiedlicher Weise auf informations- oder messtechnische Geräte übertragen werden. Die ohmschen, induktiven und kapazitiven Übertragungen sind genau so zu behandeln wie die niederfrequente Beeinflussung in den vorangegangenen Abschnitten. Wegen der hohen Frequenzen spielen dabei jedoch auch solche Induktivitäten und Kapazitäten eine Rolle, die bei niederfrequenten Vorgängen vernachlässigt werden. Insbesondere die Streukapazitäten in den Wicklungen von Transformatoren und Wandlern führen zu einem Übertragungsver-halten, das sich nennenswert vom Übersetzungsverhältnis bei Netzfrequenz unterscheidet. Für die hochfrequenten Vorgänge wirken kurze Leitungsstücke als Antennen, die elektro-magnetische Wellen im MHz-Bereich abstrahlen. Eine kritische Anordnung entsteht, wenn diese von Leitbahnen auf Platinen in elektronischen Geräten „empfangen" werden.

4.4.7 Beeinflussung des Menschen

Der menschliche Organismus wird von natürlichen Strömen, z. B. zur Reizleitung, durchflossen. Legt man an den Körper eine Spannung an, so fließt ein zusätz-licher Strom, der in Wechselwirkung mit den Körperorganen, z. B. dem Herzen, tritt. Während Ströme von weniger als 0,5 mA nicht wahrgenommen werden, treten bei 10 mA bereits Muskelverkrampfungen auf, die das Loslassen einer Elektrode unmög-lich machen [21]. Ströme bis 500 mA führen jedoch zu keinen bleibenden Schäden, wenn die Einwirkungsdauer auf weniger als 200 ms begrenzt wird. Bei einer Ein-wirkungsdauer von einer Sekunde und mehr können allerdings Ströme von 30 mA bereits zum Tode führen. Darüber hinaus ist mit Herzkammerflimmern zu rechnen, bei dem das Herz seine Pumptätigkeit einstellt. Wesentlich größere Ströme, im Bereich von einigen Ampere, verringern die Neigung zum Herzkammerflimmern, da nun das Herz von einem homogenen Strom durchflossen wird. Aus diesem Grund sind auch Hochspannungsunfälle nicht immer tödlich. Neben der Wirkung auf die Muskeln führen Körperströme zu einer Wärmeentfaltung, die Zerstörungen von Zellen zur Folge hat und beispielsweise nach mehreren Tagen zum Versagen der Nieren und damit zum Spättod führen können.

▶   Bei Stromunfällen, die größere Körperströme zur Folge hatten und insbesondere bei Hochspannungsunfällen, ist stets ein Arzt aufzusuchen.

In vielen Fällen sind Hochspannungsunfälle mit dem Auftreten von Lichtbögen verbunden, sodass neben der unmittelbaren Stromeinwirkung auch mit Verbrennungen zu rechnen ist.

Dank des hohen Sicherheitsstandards sind Elektrounfälle in Deutschland selten. Trotzdem werden nach [14] ca. 150 Stromtote jährlich registriert. Ein Großteil der Elektrounfälle ereignet sich im Haushalt, z. B. beim Heimwerken und Reparieren von Elektrogeräten. Häufige Ursache sind falsch angeschlossene Schutzkontakte eines Steckers oder der in die Badewanne gefallene Haartrockner. Schutzmaßnahmen gegen das Berühren von spannungsführenden Teilen werden in Abschn. 8.6.4.3 behandelt.

Neben der Höhe des Stromes ist auch dessen Weg durch den Körper für die Gefährlichkeit maßgebend. Besonders kritisch ist der Stromfluss von einem Arm über das Herz zum anderen Arm. Der Strom wird aus der angelegten Spannung und dem Körperwiderstand bestimmt. Letzterer ist sehr stark von der augenblicklichen Konstitution des betroffenen Menschen und den Unfallbedingungen abhängig. Großflächige Berührung, Schweiß und Nässe, z. B. in Badezimmern, setzen den Widerstand herab.

Als Richtwert für den Körperwiderstand sei 1 kΩ genannt. Er wird im Wesentlichen von der Haut bestimmt. Ist sie durch eine spitze Elektrode oder einen Spannungsdurchschlag verletzt, so kann der Körperwiderstand auf 100 Ω oder weniger zusammenbrechen. Die übliche Netzspannung von 230 V führt bei dem o. a. Körperwiderstand von 1 kΩ zu einem Strom von 230 mA. Dieser Wert kommt in die Nähe des Kurzzeit-Grenzwertes für Herzkammerflimmern von 500 mA, liegt aber erheblich über dem oben erwähnten Langzeitwert von 30 mA. Eine rasche Abschaltung ist deshalb unbedingt notwendig. Man geht davon aus, dass Spannungen unter 25 V zu keinerlei Gefährdungen führen.

Weiterhin ist auch die Frequenz für eine Gefährdung entscheidend. Bei Gleichspannung tritt Herzkammerflimmern praktisch nicht auf. Man lässt deshalb Gleichspannungen von 60 V zu. Höherfrequente Ströme ab 10 kHz verlagern sich aufgrund des Skin-Effekts auf die Körperoberfläche und reduzieren so das Risiko des Herzkammerflimmerns und der Muskelverkrampfung.

Wird ein Körper in ein 50-Hz-Magnetfeld gebracht, so entstehen in ihm Wirbelströme, die die gleiche Wirkung haben wie die von einer angelegten Spannung hervorgerufenen. Durch geeignete Modellierung des Körpers ist deshalb ein direkter Zusammenhang zwischen der zulässigen Stromdichte im Körper und dem Magnetfeld abzuleiten. Die internationale Strahlenschutzkommission (IRPA: International Radiation Protection Association), eine Unterabteilung der Weltgesundheitsorganisation (WHO) hat einen Wert von $B = 100\,\mu T$ bzw. $H = 80\,A/m$ als Grenzwert empfohlen. Kritisch sind Implantate im Körper. So können Herzschrittmacher außer Tritt gebracht werden. In metallenen Gelenken werden – wie im gesamten Körper – Wirbelströme erzeugt, die aber wegen der guten metallischen Leitfähigkeit größer sind und im Grenzbereich zum Körpergewebe Nervenreizungen hervorheben. Objektiv können Magnetfelder, die weit über den zulässigen Grenzwerten liegen in den Augen zu verzerrten Bildaufnahmen führen [22].

Die 26. Verordnung zur Durchführung des Bundes-Immissionsschutz-Gesetzes (Verordnung über elektromagnetische Felder) [23, 24] hat diesen Wert übernommen. Er wird bei der Planung von Anlagen zugrunde gelegt, wobei man für einige Stunden pro Tag auch höhere Werte zulässt.

Neben der mittelbaren Wirkung des Magnetfeldes über die Wirbelströme im Körper gibt es noch unmittelbare Wechselwirkungen, z. B. mit dem Spin der Atomkerne, die in der Medizintechnik bei den Kernspintomografen ausgenutzt werden. Weiterhin ist in der Diskussion, ob durch magnetische Felder im Körper die Ausschüttung von Melatonin, dem man eine krebshemmende Wirkung zuschreibt, verringert wird.

Während das Magnetfeld durch den menschlichen Körper praktisch nicht beeinflusst wird, stellt er für elektrische Felder im niederfrequenten Bereich einen fast idealen Leiter dar. Dadurch wird das Feld in der Umgebung eines Menschen verzerrt. Aus Modellrechnungen lässt sich nun ein Zusammenhang zwischen der ungestörten elektrischen Feldstärke und dem durch das Wechselfeld hervorgerufenen Strom im Körper bestimmen. So ist es möglich, analog zum magnetischen Feld auch Grenzwerte für das elektrische Feld zu berechnen. Nach IRPA und der oben erwähnten BImSchV gelten 5 kV/m als unbedenklich. Bei dieser Feldstärke ist durch Kraftwirkung auf die Körperhaare das Vorhandensein des Feldes allerdings u. U. zu bemerken. Dies hat zur Folge, dass bei Laborversuchen Menschen erkennen, wenn elektrische Felder eingeschaltet werden. Entsprechend klare Versuche mit Magnetfeldern gibt es nicht. So ist zu erklären, dass es kritischen Veröffentlichungen zunächst über elektrische Felder gab, während heute das Augenmerk mehr auf Magnetfelder gelegt wird [24]. Der Grenzwert von 5 kV/m führt dazu, dass bei steigendem Bedarf an Übertragungskapazität Leitungen mit Übertragungsspannungen von über 380 kV praktisch nicht gebaut werden können.

Hochfrequente Felder, wie sie beispielsweise von Mobiltelefonen ausgehen, führen entsprechend dem Prinzip des Mikrowellenherds zu örtlichen Temperaturerhöhungen im Körper, die bei hoher Sendeleistung zu gesundheitlichen Schäden führen können. Deshalb ist die Sendeleistung dieser Geräte auf 2 W begrenzt.

Objektive Grenzwerte für die Beurteilung des Wohlbefindens und der gesundheitlichen Beeinträchtigung lassen sich in naturwissenschaftlichem Sinn nur schwer finden. Insbesondere ist die Festlegung von Sicherheitszuschlägen eine Quelle ständiger Diskussion. Letztlich stellen solche Grenzwerte – unabhängig von ihrer Höhe – einen Kompromiss zwischen Sicherheitsdenken und wirtschaftlichem Handeln dar.

Literatur

1. Obermair, G.M., Jarass, L., Gröhn, D.: Hochspannungsleitungen: technische und wirtschaftliche Bewertung von Trassenführung und Verkabelung. Springer, Berlin, New York (1985)
2. Heuck, K., Dettmann, K.-D.: Elektrische Energieversorgung: Erzeugung, Transport und Verteilung Elektrischer Energie für Studium und Praxis. Springer, Wiesbaden (2013)
3. Kießling, F., Nefzger, P., Kaintzyk, U.: Freileitungen: Planung, Berechnung, Ausführung. Springer, Berlin (2011)
4. Fischer, R., Linse, H.: Elektrotechnik für Maschinenbauer. Vieweg und Teubner, Wiesbaden (2012)
5. Rüdenberg, R.: Elektrische Schaltvorgänge, 5. Aufl. Springer, Berlin (1974)
6. Oeding, D., Oswald, B.R.: Elektrische Kraftwerke und Netze. Springer Vieweg, Berlin (2016)
7. Wolff, I.: Maxwellsche theorie: Grundlagen und Anwendungen. Springer, Berlin (1997)
8. Georg, O.: „Elektromagnetische Wellen auf Leitungen." In Elektromagnetische Wellen. Springer, Berlin (1997)
9. Küpfmüller, K., Mathis, W., Reibiger, A.: Theoretische Elektrotechnik: Eine Einführung. Springer, Berlin (2013)
10. Speck, D.: Energiekabel im EVU: Entwicklung, Technik, Anwendung, Prüfung und Betriebserfahrung der Energiekabel vom Niederspannungs-bis zum Höchstspannungsnetz. expert verlag, Renningen-Malmsheim (1994)
11. Niemeyer, P., Grohs, A.: Freileitung. VDE-Verlag, Berlin (2008)
12. Schlabbach, J.: Elektroenergieversorgung: Betriebsmittel, Netze, Kennzahlen und Auswirkungen der elektrischen Energieversorgung. VDE-Verlag, Berlin (2003)
13. Heinhold, L.: Power cables and their application. Wiley-VCH, Weinheim (1990)
14. Kiwit, W., Wasser, G., Laarmann, W.: Hochspannungs- und Hochleistungskabel. VWEW-Verlag, Frankfurt (1985)
15. Hofmann, L.: Technische Randbedingungen beim Einsatz und Betrieb von Freileitungen und Erdkabeln. https://www.efzn.de/uploads/media/Vortrag_Hofmann.pdf. Zugegriffen: 3. Apr. 2020
16. Schwab, A.J., Krüner, W.W.: Elektromagnetische Verträglichkeit. Springer, Berlin (2011)
17. Gonschorek, K.H., Hermann, S. (Hrsg.): Elektromagnetische Verträglichkeit: Grundlagen, Analysen, Maßnahmen. BG Teubner, Wiesbaden (1992)
18. Constantinescu-Simon, L.: Handbuch Elektrische Energietechnik. Grundlagen, Anwendungen, Bd. 2. Vieweg, Braunschweig (1996)
19. Koch, W.: Erdungen in Wechselstromanlagen über 1 kV. Springer, Berlin (2013)
20. Niemand, T., Heinz, K.: Erdungsanlagen. VDE-Verlag, Berlin (1996)
21. Biegelmeier, G.: Wirkungen des elektrischen Stroms auf Menschen und Nutztiere: Lehrbuch der Elektropathologie. VDE-Verlag, Berlin (1986)
22. IRPA: (WHO). Health Phys. 58, 113–122 (1990)
23. Sechsundzwanzigste Verordnung zur Durchführung des Bundes-Immissionsschutzgesetzes (Verordnung über elektromagnetische Felder – 26. BImSchV) (1996)
24. Weiß, P., et al.: EMVU-Messtechnik: Messverfahren und -konzeption im Bereich der Elektromagnetischen Umweltverträglichkeit. Springer, Berlin (2013)

Schaltanlagen

5

Die Leitungen des Energieversorgungsnetzes müssen in geeigneter Weise miteinander verbunden werden. Dabei wäre es am einfachsten, sie an ihren Enden fest zu verknüpfen, wie es in den Abzweigdosen der Hausinstallation der Fall ist. Dies würde jedoch bei einem Kurzschluss zum Ausfall des gesamten Netzes führen. Außerdem ist es aus Gründen der Zuverlässigkeit nicht sinnvoll, alle in einem Ort zusammenlaufenden Leitungen auch miteinander zu verbinden. Es besteht deshalb die Aufgabe, Leitungen getrennt zu schalten und teilweise separate Knoten zu bilden. Hierzu verwendet man Schaltanlagen, die die freizügige Verbindung von Leitungen einer Spannungsebene gestatten. Schaltanlagen unterschiedlicher Spannungsebenen werden über Transformatoren bzw. „Umspanner" miteinander gekoppelt. Die Gesamtheit der Schaltanlagen mehrerer Spannungsebenen und der Transformatoren an einem Ort nennt man Umspannstationen oder bei kleineren Einheiten, z. B. 20/0,4-kV-Ortsnetzstationen.

5.1 Primärtechnik

Zum primärtechnischen Bereich oder kurz auch Primärtechnik einer Schaltanlage gehören alle Bereiche und Betriebsmittel wie z. B. Schalter oder Sammelschienen, die auf hohem Spannungspotenzial liegen bzw. von großen Strömen durchflossen werden können.

5.1.1 Aufbau von Schaltanlagen

In Abb. 5.1 ist der typische Aufbau einer Schaltanlage einphasig dargestellt [1]; in ihr wird die ankommende Leitung auf einen Erdungsschalter TE geführt, der nach dem Abschalten der Leitung die Spannungsfreiheit garantieren und induzierte bzw.

© Springer Fachmedien Wiesbaden GmbH, ein Teil von Springer Nature 2020
R. Marenbach et al., *Elektrische Energietechnik*,
https://doi.org/10.1007/978-3-658-29492-2_5

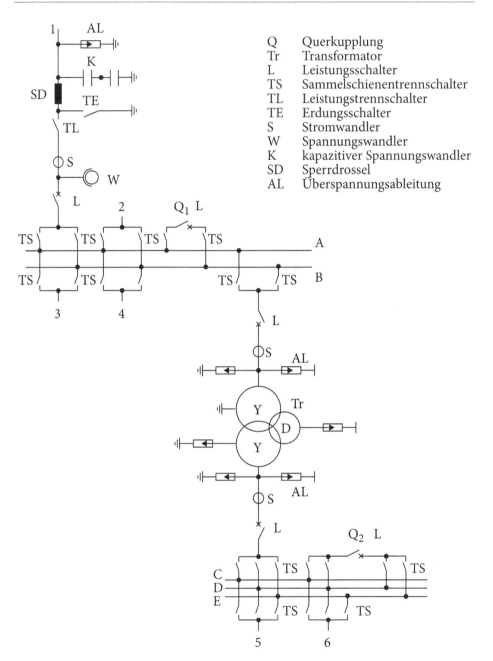

Abb. 5.1 Umspannanlagen. A, B: 380-kV-Doppelsammelschienen; C, D, E: 110-kV-Dreifach-sammelschienen; 1, 2, 3, 4: 380-kV-Abgänge; 5, 6: 110-kV-Abgänge. (Eigene Darstellung)

influenzierte Spannungen kurzschließen soll. Die Verbindung zur Schaltanlage stellt der anschließende Abgangstrennschalter TL her. Stromwandler S und Spannungswandler W dienen der Betriebsüberwachung und dem Schutz (Abschn. 8.8). Sie sind im Prinzip Transformatoren und wurden bereits in Abschn. 2.4 behandelt. Der Leistungsschalter L, auf den im Abschn. 5.1.3 eingegangen wird, stellt das eigentliche Steuerorgan der Schaltanlage dar. Er öffnet und schließt die Stromkreise des Netzes sowohl im Normalbetrieb als auch bei Kurzschlüssen. Die Sammelschienentrennschalter TS ordnen die Leitung einer der beiden Sammelschienen zu. Kommen in der Schaltanlage vier Leitungen an, so können beispielsweise die Leitungen 1 und 3 über die Sammelschiene A und die Leitungen 2 und 4 über die Sammelschiene B miteinander verbunden werden. Eine Verbindung beider Sammelschienen A und B ist über eine Querkupplung Q_1 möglich.

Bei großen Schaltanlagen werden Dreifachsammelschienen verwendet, die ggf. noch in Längsrichtung zu trennen sind, sodass sich insgesamt sechs Knoten ergeben. Um Wartungs- und Reparaturarbeiten an den Sammelschienen zu gestatten, erlauben Umgehungssammelschienen einen Notbetrieb mit eingeschränkten Schaltmöglichkeiten [2].

Schaltanlagen unterschiedlicher Spannungsebenen sind über Netztransformatoren Tr gekoppelt, die in Abschn. 2.1 behandelt wurden. Bei ihnen müssen auf beiden Seiten die Ströme gemessen werden, um einen zuverlässigen Schutz zu ermöglichen (Abschn. 8.8.4.2). Transformatoren sind das wertvollste Betriebsmittel einer Schaltanlage und in ihrer Wicklung besonders empfindlich gegen Überspannungen mit hoher Stirnsteilheit. Deshalb installiert man in der Nähe der Klemmen Überspannungsableiter AL. Um einen guten Schutz zu gewährleisten, muss man diese zwischen den Leitern und Erde, gelegentlich auch zwischen den einzelnen Leitern anordnen, sodass je Spannungsebene sechs Ableiter notwendig sind. Die Auswahl der Ableiter (Abschn. 5.1.5) erfolgt im Rahmen der Isolationskoordination (Abschn. 6.6). Ein allgemeineres Schutzkonzept sieht die Anordnung von Überspannungsableitern an jedem Leitungsabgang vor. Dadurch ist die gesamte Umspannanlage geschützt. Da aber die von den Ableitern durchgelassenen steilen Spannungsfronten an den induktiven Eingängen der Transformatoren wie bei leerlaufenden Leitungen reflektiert werden (Abschn. 4.2.1), treten erhebliche Beanspruchungen der Wicklungen auf, die sich nur durch die oben beschriebenen Ableiter an den Klemmen reduzieren lassen. Lediglich bei räumlich nicht sehr ausgedehnten Anlagen, z. B. den Ortsnetzstationen, erfolgt der Schutz am Leitungseingang, wobei die Ableiter der Transformatoren entfallen.

Die Schaltanlage nach Abb. 5.1 enthält am Leitungsabgang noch einen kapazitiven Spannungswandler K und eine Eingangsdrosselspule SD. Kapazitive Spannungswandler (Abschn. 2.4.1) sind eine Alternative zu den teureren induktiven Wandlern. Bei einer Schaltanlage wird selbstverständlich nur einer der beiden Spannungswandler K oder W eingesetzt. Kapazitive Wandler sind wegen ihres transienten Verhaltens für Schutzzwecke schlecht geeignet, erlauben aber die kapazitive Einkopplung von Informationssignalen auf die Leitungen (TFH). Diese in Abschn. 2.4.1 beschriebene Technik kann beispielsweise dazu verwendet werden, auf einem hochfrequenten Träger die Schutzsignale, aber auch Gespräche, von einem Ende der Leitung zum anderen zu übertragen.

Um ein Abfließen der Signalenergie in die Schaltanlage hinein zu verhindern, wird eine Drosselspule SD als TFH-Sperre eingesetzt. Meistens ist die Trägerfrequenzübertragung auf einen der drei Leiter beschränkt. Drosselspulen, die an einem Leiter angeordnet sind, können auch die Aufgabe haben, unsymmetrische Leitungsinduktivitäten auszugleichen, um symmetrische Kurzschlussströme und damit bessere Schutzverhältnisse zu erreichen.

5.1.2 Bauformen von Schaltanlagen

Freiluftschaltanlagen sind insbesondere im Einzugsbereich von Städten zu finden. Bei größeren Städten handelt es sich häufig um 380/110-kV- bzw. 220/110-kV-Umspannwerke, die das 110-kV-Verteilernetz speisen. In der Nähe kleinerer Städte sind die 110/20-kV- bzw. 110/10-kV-Umspannwerke ebenfalls im Freien errichtet, wobei die 20-kV- bzw. 10-kV-Seite in der Regel als Innenraumanlage ausgeführt wird.

Wenn es die Platzverhältnisse erlauben, baut man Schaltanlagen von 110 kV und darüber in Freiluftausführung. Für 20 kV und weniger sind dagegen Innenraumanlagen wirtschaftlich [3]. Beispiele für Schaltanlagen zeigen die Abb. 5.2, 5.3 und 5.4.

Innenraumschaltanlagen für hohe Spannungen werden in vollisolierter Form errichtet (VIS-Anlagen). Dabei sind sämtliche aktiv leitenden Teile mit einem Metallkörper umgeben (metallgekapselte Anlagen). Um die Isolationsabstände klein zu halten, dient SF_6 als Isoliergas, das gegenüber Luft (Abb. 6.9) eine etwa dreimal so hohe Durchschlagsfestigkeit aufweist (gasisolierte Schaltanlage, GIS).

Abb. 5.2 Freiluftschaltanlage 220 kV. Zweikammer-Leistungsschalter mit Steuerkondensatoren, Rohrsammelschienen im Hintergrund unten und Trennschalter im linken Hintergrund (Siemens AG)

Abb. 5.3 Geschottete
Mittelspannungsanlage
20 kV. Prüfung eines
Vakuumleistungsschalters
in Einschubtechnik auf
Montagewagen (OMICRON
electronics GmbH)

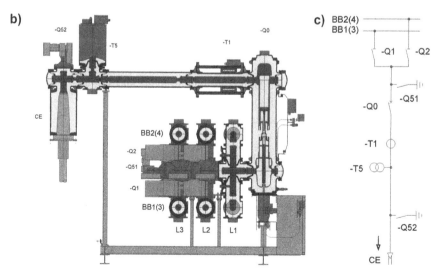

Abb. 5.4 Gasisolierte Schaltanlage 110 kV, 3 150 A Abschaltstrom; CE: Kabeleingang; Q52: Erdungsschalter; T5: Spannungswandler; T1: Stromwandler; Q0: Leistungsschalter; Q51: Erdungsschalter; Q1, Q2: Trennschalter; BB1, BB2: Sammelschienen. **a** Ansicht einer Schaltanlage; **b** Querschnitt durch einen Abzweig; **c** Schaltbild des Abzweigs nach **b** (AEG T&D)

Nach dem dielektrischen Aufbau unterscheidet man zwischen einphasig und dreiphasig gekapselten Anlagen. Bei der einphasigen Kapselung ist jeder Leiter in koaxialer Anordnung von einem Rohr umgeben, sodass im Isolationsraum ein radialsymmetrisches Feld entsteht. Außerhalb der Kapselung ist der Raum frei von elektrischen Feldern. Da die gesamte Kapselung elektrisch leitend miteinander verbunden ist, wirkt sie wie ein Kompensationsleiter (Abschn. 4.4.4). Zu einem Hinstrom des Innenleiters stellt sich somit in der zugehörigen Kapselung ein Rückstrom ein, der Verluste verursacht. Um diese gering zu halten, muss die Kapselung gut leitfähig sein, z. B. aus Aluminium. Damit kann sich der Kompensationsstrom voll ausprägen und verhindert die Ausbildung eines Magnetfeldes außerhalb der Kapselung.

Diese Aussage gilt für 50 Hz. Hochfrequente Vorgänge, die durch Öffnen von Trennschaltern oder interne Lichtbögen hervorgerufen werden, können über galvanische Trennstellen, z. B. an Gehäuseübergängen austreten und Störungen verursachen. Weiterhin ist zu beachten, dass bei den hohen Frequenzen das Erdungsnetz nicht ausreichend niederimpedant ist und somit Wanderwellenvorgänge das Potenzial der Kapselung erheblich anheben.

Bei der dreiphasigen Kapselung ist die symmetrische Dreileiteranordnung von einer gemeinsamen Metallkapselung umgeben. Da nun im symmetrischen Betrieb das magnetische Feld in der Metallkapselung gering ist, werden dort nur kleine Ströme induziert; es kann deshalb Eisen als Material verwendet werden. Vor- und Nachteile der ein- und dreiphasigen Kapselung gleichen sich weitgehend aus, sodass unterschiedliche Lösungen der Hersteller miteinander konkurrieren. Dreiphasige Kapselungen werden bis $U_m = 245$ kV eingesetzt.

Obwohl die Domäne der SF_6-gasisolierten Schaltanlagen im höheren Spannungsbereich liegt, setzen sie sich aber auch immer stärker im Mittelspannungsbereich bis hinab zu 10 kV durch.

Zur Orientierung seien noch einige Richtpreise für Schaltanlagen (inklusive Grundstück, Montage und Inbetriebnahme) für verschiedene Spannungsebenen genannt:

- Freileitungsabgangsfeld 400 kV mit Dreifachsammelschiene 800 Tsd. €
- Freileitungsabgangsfeld 110 kV mit Doppelsammelschiene 200 Tsd. €
- Kabelabgangsfeld 20 kV mit Einfachsammelschiene 40 Tsd. €

GIS-Anlagen sind technisch aufwändiger in der Herstellung, brauchen aber weniger Platz. Deshalb sind die Preise für GIS-Anlagen ungefähr 20–30 % höher als bei einer luftisolierten Ausführung. Dabei sind Grundstückpreise nicht berücksichtigt.

Eine typische Größe für Schaltanlagen ist die Kurzschlussleistung, die aus der Nennspannung des Netzes und dem Stoßkurzschlusswechselstrom I_k'' bestimmt ist (Abschn. 8.3.2).

$$S_k'' = \sqrt{3}\, U_n \cdot I_k'' \qquad\qquad \text{(Gl. 5.1)}$$

▶   In vollisolierten Schaltanlagen ist außerhalb der Kapselung der Raum weit-
     gehend frei von elektrischen und magnetischen Feldern.

5.1.3 Schalter

Schalter haben · die Aufgabe, Stromkreise zu schließen und zu unterbrechen. Beim
Schließen der Schalterkontakte wächst die Feldstärke so lange an, bis durch
Stoßionisation die Gasstrecke zwischen den Kontakten leitend wird und ein Strom fließt.
Diese Vorüberschläge führen zu einem Stromfluss, bevor sich die Kontakte berühren.
Bei langsamer Bewegung der Kontakte neigen Wechselspannungsschalter deshalb dazu,
im Spannungsmaximum zu schalten. Dies reduziert bei induktiven Kreisen das Gleich-
stromglied.

Beim Öffnen der Schalterkontakte fließt wegen der Induktivität im Kreis der Strom
über einen Lichtbogen weiter. Fehlen Schaltungskapazitäten, z. B. C_2 in Abb. 5.6,
muss bei Gleichstrom die gesamte Energie, die in den Induktivitäten des Kreises
gespeichert ist, im Schalterlichtbogen umgesetzt werden. Dagegen entstehen bei
50-Hz-Wechselströmen alle 10 ms Strom-Nulldurchgänge, in denen der Lichtbogen
löschen kann. Somit ist der maximale Ausschaltstrom von Gleichstromschaltern stark
begrenzt, da kein Nulldurchgang vorliegt. Neuere Entwicklungen lösen dieses Problem
durch eine Kombination von leistungselektronischen und mechanischen Bauelementen,
die sehr teuer sind.

Das Ein- und Ausschaltverhalten lässt sich durch eine rasche Kontaktbewegung verbessern. In den Schaltern der Hausinstallation wird deshalb während des Schaltvor-
gangs zunächst eine Feder gespannt, die nach Überschreiten eines Kipppunktes die
gespeicherte Energie sehr rasch in Bewegung der Kontakte umsetzt.

Normalerweise ist das Ausschalten großer induktiver Kurzschlussströme die stärkste
Beanspruchung für einen Schalter. Durch den großen Strom wird der Lichtbogenkanal
stark ionisiert, sodass die Verbindung zwischen den Schalterkontakten gut leitend ist
(Abschn. 6.4.1). Nach Verlöschen des Stromes im Nulldurchgang hat die treibende
Spannung aufgrund der 90°-Phasenverschiebung ihren Maximalwert, auf den sie –
bedingt durch die Kapazitäten – cosinusförmig einschwingt. Mit der wiederkehrenden
Spannung u_w (Abb. 5.5a), deren Frequenz im kHz-Bereich liegt, tritt die Wiederverfestigungsspannung u_f der Schaltstrecke in einen Wettlauf. Abb. 5.5a zeigt einen solchen
Vorgang mit verzerrtem Maßstab. Nach oben ist der Strom in kA aufgetragen, nach
unten in A. Zum Zeitpunkt des Stromnulldurchgangs geht der Zeitmaßstab von ms in μs
über. So ist es möglich, den negativen „Nachstrom" darzustellen und die hochfrequente
Wiederkehrspannung hinreichend aufzulösen. Das Produkt aus Wiederkehrspannung
und Nachstrom ist die Verlustleistung, die aus der Schaltstrecke abgeführt werden
muss. Bei dem Vorgang in Abb. 5.5a läuft die Abschaltung ohne eine Neuzündung
der Schaltstrecke ab. Dabei schwingt jedoch die Wiederkehrspannung mit einem
Überschwingfaktor γ ein; es bildet sich eine hohe Schaltüberspannung aus, die beim

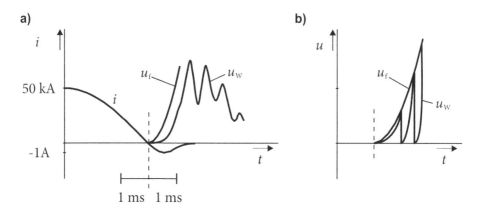

Abb. 5.5 Wiederverfestigung der Schaltstrecke. **a** Abschaltung ohne Wiederzündung; **b** Abschaltung mit Wiederzündung. (Eigene Darstellung)

einfachen LC-Kreis theoretisch den zweifachen Scheitelwert ($\gamma = 2$) der Netzspannung annehmen kann. In realen Anlagen ist mit einem Überschwingfaktor von $\gamma = 1,4 \ldots 1,8$ zu rechnen. Steigt die Wiederkehrspannung schneller an als die Wiederverfestigung, so kommt es, wie Abb. 5.5b zeigt, zu Neuzündungen, die Wiederzündungen genannt werden und durchaus erwünscht sind, weil sie den Anstieg der Wiederkehrspannung und damit die Höhe der Schaltüberspannung begrenzen. Nachteilig wirken sich die Wiederzündungen durch die hohe Spannungsänderungsgeschwindigkeit $\mathrm{d}u/\mathrm{d}t$ aus, die bei großen Spannungsamplituden zu hohen inneren Überspannungen an den Wicklungen von Transformatoren oder Motoren führen kann. Diese Gefahr besteht insbesondere bei Vakuumschaltern. Durch eine geeignete Dotierung der Kontaktmaterialien erreicht man, dass die Wiederverfestigungsspannung nicht zu steil ansteigt und somit die Amplitude der Spannungssprünge begrenzt bleibt [4, 5].

Beim Öffnen des Schalters S in Abb. 5.6 entsteht ein Lichtbogen zwischen den Kontakten, der erst im natürlichen Stromnulldurchgang löscht. Durch eine Wechselwirkung zwischen der thermischen Dynamik des Lichtbogens und den RLC-Kreisen (Abb. 5.6a) kann es aufgrund der negativen Lichtbogencharakteristik zu aufklingenden Schwingungen kommen, die einen künstlichen Stromnulldurchgang und somit ein Löschen des Lichtbogens vor den natürlichen Nulldurchgängen erzwingen (Abb. 5.6b). Dieser Vorgang wird als Chopping bezeichnet. Dadurch kommutiert der Strom von dem Schalter in die Kapazität C_2 und der Schwingkreis $L_2 - C_2$ wird angeregt. Im Fall der Kfz-Zündanlage ist die Kapazität der Zündkabel sehr gering, sodass ein hochfrequenter Ausgleichsvorgang mit großer Amplitude stattfindet. Das sonst unerwünschte Chopping wird hier ausgenutzt.

Wird eine kurze leerlaufende Leitung, z. B. die Sammelschiene einer Schaltanlage, abgeschaltet ($L_2 = R_2 \approx \infty$), so kann ein Vorgang entsprechend Abb. 5.6c entstehen. Der Strom i verlöscht in seinem Nulldurchgang, die Spannung des Kondensators C_2 bleibt

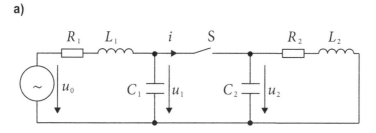

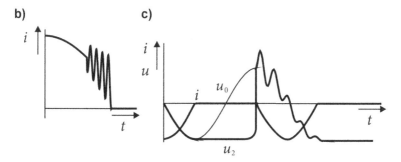

Abb. 5.6 Entstehung transienter Vorgänge. **a** Ersatzschaltung; **b** Chopping-Vorgang; **c** Rückzündung. (Eigene Darstellung)

auf ihrem Maximalwert, sodass nach einer halben Netzperiode an der Schaltstrecke die
doppelte Spannungsamplitude $2\,\hat{U}_0$ ansteht. Tritt nun eine Neuzündung des Schalterlichtbogens auf, die Rückzündung genannt wird, so entsteht ein Ausgleichsvorgang,
der wiederum zu Stromlöschungen führen kann. Neben den Gefahren für die Isolation
treten durch die hochfrequenten Vorgänge auch Auswirkungen in Sekundäranlagen auf
(Abschn. 4.4.6).

Die Wiederverfestigung der Schaltstrecke ist von verschiedenen Parametern des
Lichtbogens abhängig:

- Länge des Lichtbogens
- Kühlung des Lichtbogens
- Verhalten des Gases (Rekombination der Ionen)
- Verhalten der Schaltkontakte (Stoßionisation)

Als Löschmedium wird im einfachsten Fall Luft unter normalem Umgebungsdruck verwendet. Durch die Gestaltung des Schalters kann man erreichen, dass sich der Lichtbogen aufgrund der Thermik nach oben ausweitet (Abb. 5.7). Einen ähnlichen Effekt
liefert die magnetische Wirkung des Stromes. Die Magnetkräfte versuchen nämlich,

die Schleife eines fließenden Stromes auszuweiten. Dies führt bei geeignetem Verlegen der Anschlusskabel zu einer Vergrößerung des Lichtbogens. Ordnet man oberhalb der Schalterkontakte Bleche B an, so wird der Lichtbogen zwischen diese getrieben und unterteilt. Dadurch entstehen mehrere Anoden und Kathodenfälle (Abschn. 6.4.2), die insgesamt die Lichtbogenspannung erhöhen. Dies wirkt der treibenden Spannung entgegen und erleichtert so die Lichtbogenlöschung. Dies ist das Prinzip des Gleichstromschalters, das später noch aufgegriffen wird.

Eine typische Größe für Leistungsschalter ist die Abschaltleistung. In Analogie zu Gl.5.1 wird sie aus der Bemessungsspannung U_r, die etwas über der Netznennspannung U_n liegt, und dem Abschaltstrom I_a, der etwas kleiner als der Stoßkurzschlusswechselstrom I_k'' ist, bestimmt.

$$S_\mathrm{a} = \sqrt{3}\, U_\mathrm{r} \cdot I_\mathrm{a} \qquad\qquad (\text{Gl. 5.2})$$

Bei den Schaltertypen unterscheidet man nach dem Löschmedium und den Schalteranforderungen. Nach dem Löschmedium unterscheidet man:

- **Luft.** Für einfache Schaltaufgaben genügt Luft bei Umweltbedingungen.
- **Druckluft.** Hier wird die erhöhte dielektrische Festigkeit der unter Druck stehenden Luft (Abschn. 6.4.1) sowie die kühlende Wirkung der Strömung ausgenutzt.
- **Öl.** Neben den veralteten Ölkesselschaltern wird in den ölarmen Schaltern, die ebenfalls an Bedeutung verlieren, die gute Isolations- und Kühlfähigkeit des Öls ausgenutzt.
- **SF$_6$.** Anstelle von Druckluft wird heute bei hohen Schaltanforderungen das dielektrisch bessere SF$_6$-Gas verwendet. Die Moleküle sind elektronegativ, d. h. sie binden freie Elektronen an sich und tragen so zu einer raschen Wiederverfestigung der Schaltstrecke bei. SF$_6$ ist ein starkes Treibhausgas und ist wegen seiner Umweltschädlichkeit in Verruf gekommen.

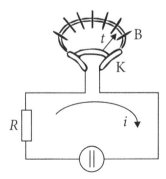

Abb. 5.7 Gleichstromschalter. Unterteilung eines Gleichstromlichtbogens mittels Löschkammerblechen. (Eigene Darstellung)

- **Hartgas**. Bei Schaltern mit nicht so häufigem Schaltwechsel wird in der Nähe der Kontakte ein Material angebracht, das bei Lichtbogenentwicklung lastabhängig vergast und dadurch gut kühlt und isoliert.

- **Vakuum**. Der ideale Isolator ist Vakuum [6]. Deshalb sind bei Vakuumschaltern nur sehr geringe Kontaktabstände – von z. B. 1 cm bei 10 kV – und damit kleine Antriebe erforderlich. Auf Spannungsgrenzen bei beliebigem Kontaktabstand stößt man durch die Feldemission, die an den Elektrodenoberflächen einzelne Ladungsträger freisetzt. Diese werden im Feld beschleunigt und erreichen wegen des Vakuums ungehindert die Gegenelektrode. Bei genügend hoher Spannung können sie aus der Elektrode neue Ionen ausschlagen und so lawinenartig ein leitendes Plasma schaffen. Da im Vakuum nicht die Feldstärke, sondern die durchlaufene Spannung für die Energie maßgebend ist, sind die Vakuumschalter auf Spannungen weit unter 110 kV beschränkt.

Nach den Schaltanforderungen unterscheidet man:

- **Trennschalter.** Trennschalter dienen zur Vorbereitung einer Leitungsbahn und dürfen nur in nahezu stromlosem Zustand geschaltet werden. Bereits leerlaufende Leitungen stellen für sie wegen der Leitungskapazitäten ein Problem dar. Eine Verriegelung stellt sicher, dass sie nur bei geöffnetem Leistungsschalter betätigt werden.

- **Lastschalter**. Die übliche Ein- und Ausschaltung von Betriebsmitteln oder Verbrauchern erfordert den Lastschalter. Der Lichtschalter in der Hausinstallation gehört beispielsweise in diese Gruppe. Lastschalter sind nicht in der Lage, Kurzschlussströme abzuschalten. Deshalb können sie nur in Verbindung mit Sicherungen eingesetzt werden.

- **Leistungsschalter.** Der Leistungsschalter übernimmt neben den Aufgaben des Lastschalters noch die Abschaltung von Kurzschlussströmen; er wird verwendet, wenn aus Gründen der Spannungshöhe oder der Stromstärke Sicherungen nicht einsetzbar sind.

- Den Kurzschlussschutz übernehmen Leistungsschalter im Zusammenwirken mit Schutzeinrichtungen. Vom Fehlereintritt über Messung durch die Schutzeinrichtung, Anregung der Auslösespule, Trennung der Schalterkontakte, Verlöschen des Lichtbogens vergeht eine Zeit von 60–100 ms. Über diese Zeit müssen Anlagen dem Kurzschlussstrom widerstehen. Als Löschmedium für Leistungsschalter wird heute fast ausschließlich SF_6 für Spannungen von 110 kV und darüber sowie Vakuum für Spannungen unter 110 kV eingesetzt (Abb. 5.8 und 5.9). In Niederspannungsnetzen, aber auch in der Mittelspannung, wird anstelle der Leistungsschalter die kostengünstigere Kombination Lastschalter mit Sicherungen eingesetzt.

- **Schaltschütze.** Schaltschütze sind Lastschalter, deren Kontakte durch Einschalten eines Magnets geschlossen werden. Deshalb eignen sie sich zur Fernsteuerung von Lasten. Üblicherweise verwendet man Luft als Löschmedium. Für große Leistungen sind Vakuumschütze sinnvoll. Bei kleinen Leistungen, verbunden mit hoher

Abb. 5.8 SF_6-Schalter.
(Eigene Darstellung)

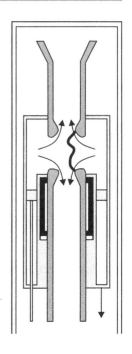

Abb. 5.9 Vakuumschalter.
(Eigene Darstellung)

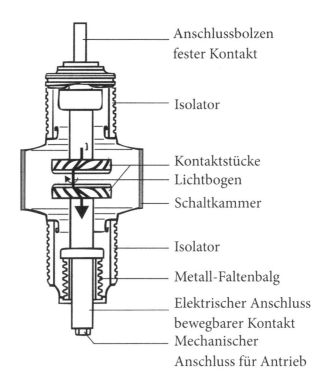

Anschlussbolzen
fester Kontakt

Isolator

Kontaktstücke
Lichtbogen
Schaltkammer

Isolator

Metall-Faltenbalg

Elektrischer Anschluss
bewegbarer Kontakt
Mechanischer
Anschluss für Antrieb

Schaltpräzision, z. B. am Ausgang von Schutzeinrichtungen, werden Kontakte in Vakuumröhren durch Magnete geschaltet (Reed-Relais). Neben den Kontakten zur Herstellung der primären Strombahn haben Schaltschütze häufig noch Hilfskontakte zur Verriegelung. Dabei unterscheidet man zwischen Öffnern und Schließern. So ist es beispielsweise möglich, die Einschaltung eines Schützes zu verhindern, wenn ein anderer schon angezogen hat. Durch die speicherprogrammierbaren Steuerungen (SPS) verlieren die Hilfskontakte zwar an Bedeutung, sie werden aber als letzte Schutzvorkehrung auch in Zukunft notwendig sein.

- **Sicherungen.** Sicherungen zählen nicht zu den Schaltern, sind aber in ihrem Ausschaltverhalten mit Gleichstromschaltern vergleichbar. Sie bestehen aus einem Sicherungsdraht zwischen den beiden Anschlusspunkten, der von Quarzsand umgeben ist.

- Nach ihrer Wirkung unterscheidet man die Kurzschlusszeitbegrenzung und die Kurzschlussstrombegrenzung. Wird der Strom langsam über den Ansprechstrom hinaus gesteigert, so entsteht in dem Sicherungsdraht eine stärkere Wärmeentwicklung und damit eine höhere Temperatur, bis der Draht schmilzt und den Stromfluss unterbricht. Auf diese Art begrenzen Sicherungen die Überlastung von Leitungen. Bei einem sehr großen Kurzschlussstrom reicht die Wärmeentwicklung in den ersten ein bis zwei Millisekunden bereits aus, um den Sicherungsdraht zu schmelzen. Quarzsand in der Umgebung der Schmelzstelle verdampft und baut so eine hohe Lichtbogenspannung auf. Ist sie größer als die treibende Netzspannung, verlöscht der Strom vor seinem natürlichen Nulldurchgang. Auf diese Art gelingt es, den Durchgangsstrom I_D der Sicherungen unter dem Spitzenwert I_P des Kurzschlussstroms zu halten (Abb. 5.10). Die Auslösecharakteristik S_i einer derartigen Schmelzsicherung ist in Abb. 5.11 dargestellt. Liegt der Durchlassstrom I_D über dem Stoßkurzschlussstrom, so erfolgt während der ersten Halbperiode keine Abschaltung. Der Strom wird also nicht in seiner Größe begrenzt, sondern nur in der Zeitdauer.

- **Schutzschalter.** Schutzschalter erfüllen die gleiche Aufgabe wie Sicherungen, sind aber nach der Auslösung wieder einschaltbar und in ihrem Auslöseverhalten präziser. Die Fehlerzeitbegrenzung wird durch ein Bi-Metall bewirkt, das sich bei erhöhtem Stromfluss biegt und eine gespannte Feder löst, die die Schaltkontakte öffnet. Bei großen Kurzschlussströmen bewegt ein Magnet einen Stahlklöppel, der die Federkraft zur Öffnung der Schaltkontakte freigibt. So wird die kurzschlussstrombegrenzende Wirkung entsprechend einem Gleichstromschalter nach Abb. 5.7 erreicht. In Abb. 5.11 ist die Auslösecharakteristik eines Leitungsschutzschalters Ls mit der einer Sicherung Si verglichen.

- Bei der Planung von Anlagen ist darauf zu achten, dass zwischen unter- und überlagerten Schutzorganen ein Kennlinienabstand A besteht, um die Abschaltung unnötig großer Netzbezirke zu vermeiden [7]. Die Form der Auslösecharakteristik wird mit Buchstaben gekennzeichnet, sie ist für das Einsatzgebiet entscheidend. Es werden verwendet B: Leitungsschutz, übliche Hausinstallation, C: Motor, Transformatoren, K: Transformatoren, Z: Halbleiterbauelemente

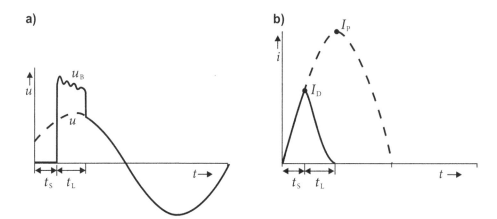

Abb. 5.10 Ausschaltverhalten der Sicherungen. **a** Spannungsverlauf; **b** Stromverlauf; *u:* Netzspannung; I_P: Stoßkurzschlussstrom; I_D: Durchlassstrom; t_S: Schmelzzeit; t_L: Löschzeit; u_B: Lichtbogenspannung. (Eigene Darstellung)

Abb. 5.11 Staffelung
von Sicherung und
Leitungsschutzschalter. a:
thermischer Überlastauslöser;
n: nichtverzögerter
Kurzschlussauslöser;
A: Kennlinienabstand;
Si: Sicherung; Ls:
Leitungsschutzschalter.
(Eigene Darstellung)

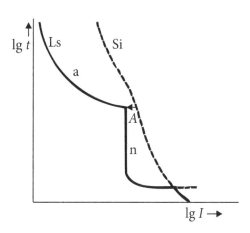

5.1.4 Sammelschienen

Sammelschienen bilden das Rückgrat der Schaltanlagen. In Freiluftschaltanlagen (Abb. 5.2) bestehen sie aus Stahl-Aluminium-Seilen, die an Isolatoren aufgehängt sind, bei größeren Strömen aus Aluminiumrohren. In Mittelspannungsschaltanlagen sind Platzbedarf und Kurzschlussfestigkeit von großer Bedeutung. Hier werden Flachschienen oder C-Profile meist aus Kupfer verwendet, die im Kurzschlussfall großen Kräften standhalten können.

Beispiel 5.1: Krafteinwirkung auf eine Sammelschiene

Es soll die Kraftwirkung eines Kurzschlussstroms auf eine Sammelschiene bestimmt werden. Der Abstand der Leiter sei $a = 30$cm, der zweipolige Kurzschlussstrom betrage $I_k'' = 50$ kA.

Der Kurzschlussstrom besteht aus einem Wechselstromanteil und einem Gleichstromglied, das mit der Zeitkonstanten τ_g abklingt.

$$i_k = \sqrt{2}I_k'' \left(e^{-t/\tau_g} - \cos\omega t \right) = \sqrt{2}I_k'' c(t) \qquad \text{(Gl. 5.3)}$$

Damit erhält man den Verlauf der Kraft

$$F = B \cdot i = \frac{\mu_0}{2\pi a} i_k^2 = \frac{4\pi \cdot 10^{-4}\text{H}/\text{km}}{2\pi \cdot 30\ \text{cm}} 2 \cdot \left(50 \cdot 10^3 A \right)^2 \cdot c^2(t)$$

$$F' = 3\ \text{kN}/\text{mkN} \cdot c^2(t) \qquad \text{(Gl. 5.4)}$$

Der Ausdruck $c^2(t)$ setzt sich aus mehreren Anteilen zusammen, einem exponentiell abklingenden, einem konstanten, einem mit doppelter Netzfrequenz und einem abklingenden mit Netzfrequenz. Für $\tau_g \to \infty$ ergibt sich der Spitzenwert $\hat{c}^2 = 4$, sodass bei der beschriebenen Anordnung mit Sammelschienenkräften von über $10\ \text{kN}/\text{m} \,\hat{=}\, 1\ \text{t}/\text{m}$ zu rechnen ist. Hierfür sind die Schienen und insbesondere die Isolatoren zu dimensionieren. ◄

5.1.5 Überspannungsableiter

Im Netz können kurzzeitige Spannungen auftreten, die die normalen Betriebswerte erheblich übersteigen. Man unterscheidet dabei zwischen äußeren Überspannungen, z. B. durch Blitzschlag, und inneren Überspannungen durch Schalthandlungen. Um die Überspannungen auf ein für die Betriebsmittel ungefährliches Maß zu begrenzen, werden Überspannungsableiter eingesetzt. Sie sollen bis zu der Ansprechspannung U_a keinen Strom führen und oberhalb dieses Wertes die Spannung auf einen möglichst niedrigen Restwert $U_r > U_a$ begrenzen. Beim Rückgang der Spannung unter die Löschgrenze $U_L < U_a$ wird der Ableiter wieder stromlos. Aufgabe der Isolationskoordination (Abschn. 6.6) ist es nun, die Löschspannung U_a über die höchstzulässige Betriebsspannung U_m zu legen und danach das notwendige Isolationsniveau der Betriebsmittel zu bestimmen. Da während der Ansprechzeit kurzschlussartige Ströme durch den Ableiter fließen, wird dieser thermisch stark belastet. Er ist nicht in der Lage, eine länger anstehende betriebsfrequente Spannung zu begrenzen. Liegt die Netzspannung aufgrund ungünstiger Netzverhältnisse auch nur kurzzeitig über den Löschspannungen, so wird der Überspannungsableiter im Fall des Ansprechens wahrscheinlich zerstört [8].

Die einfachste Form eines Überspannungsableiters sind Funkenhörner, die sich beispielsweise an den Isolatoren einer Freileitung befinden. Bei Überspannungen wird die Luftstrecke zwischen ihnen durchschlagen. Da die Restspannung und damit auch die

Löschspannung einer Luftstrecke sehr niedrig sind, werden solche Lichtbögen u. U. nicht von selbst löschen. Die in Schaltanlagen eingebauten Überspannungsableiter bestehen aus einem Leitermaterial, das extrem nichtlineares Verhalten aufweist. Heute ist es üblich, Zinkoxid zu verwenden. Solche Metalloxid-Ableiter haben für normale Betriebsspannungen geringe Leckströme, sodass die Verluste in Kauf genommen werden können. Früher verwendete man Siliziumcarbid. Bei diesem Material mussten Funkenstrecken in Reihe geschaltet werden, die einen Stromfluss erst nach Erreichen der Ansprechspannung gestatten.

Die Ansprechspannung eines Ableiters ist von der Steilheit des Spannungsanstiegs abhängig. Am höchsten liegt sie bei Blitzstoßspannungen (Index B), die i. Allg. zur Dimensionierung von Anlagen bis 220 kV maßgebend sind. In 380-kV-Anlagen ist dagegen die Schaltstoßspannung (Index S) kritisch. Für den quasistationären Betrieb, der z. B. bei einem Erdkurzschluss auftreten kann, ist die Ansprechwechselspannung (Index W) maßgeblich. Da die Ionisation der Luft langsamer abläuft als der Aufbau des Leitungsmechanismus in ZnO sind steile Überspannungen vorzugsweise mit Metalloxid-Ableitern zu beherrschen. Im Rahmen der elektromagnetischen Verträglichkeit werden deshalb derartige Ableiter eingesetzt und als Varistoren bezeichnet. Sie haben Ansprechzeiten in der Größenordnung von 10 ns.

5.2   Sekundärtechnik

Damit eine Schaltanlage überwachbar und steuerbar ist, müssen die hohen Spannungen und Ströme so umgewandelt werden, dass sie messtechnisch zu verarbeiten sind. Das geschieht durch Stromwandler (Abschn. 2.4.2) und Spannungswandler (Abschn. 2.4.1). Die Messtechnik ist auf der Sekundärseite dieser Wandler angeschlossen, weshalb dieser Anlagenbereich auch sekundärtechnischer Bereich oder kurz Sekundärtechnik genannt wird.

Die Aufgaben der Sekundärtechnik sind [3]:

- Melden
- Steuern
- Messen
- Zählen
- Verriegeln
- Schützen

Verriegelungen sowie die Netzschutztechnik dienen dem sicheren Netzbetrieb. Deshalb werden diese Elemente in Abschn. 8.7.1 und 8.8 betrachtet.

Um die Sekundärtechnik in einer Anlage ausfallsicher betreiben zu können, sind weitere Betriebsmittel wie z. B. eine Batterieanlage zur unabhängigen Versorgung der Geräte notwendig. Auch diese gehört zur Sekundärtechnik, sie wird aber in diesem Buch nicht weiter behandelt.

5.2.1 Meldung

Meldungen ermöglichen es dem EVU-Personal einen Überblick über Prozesszustände, Stellungen von Schaltgeräten oder Störungen zu haben.

Meldungen werden von Sensoren generiert, die in der Lage sind eine bestimmte Prozessgröße zu erfassen und beim Über- oder Unterschreiten eines vorher festgelegten Schwellwertes ein Signal zu erzeugen. So kann beim Überschreiten einer bestimmten Temperatur in einem Transformator der Zustand „Übertemperatur Transformator" erkannt werden. In diesem Fall gibt es nur zwei Zustände „Übertemperatur" oder „keine Übertemperatur".

Bei Schaltgeräten können auch Zwischenzustände existieren, da sich ein Leistungs-schalter beim Verfahren vom Schaltzustand „Ein" in den Schaltzustand „Aus" auch für eine kurze Zeit weder im Zustand „Ein" noch „Aus" befindet. Dies wird durch die gemäß ANSI/IEEE Standard C37.2 bezeichneten Leistungsschalterhilfskontakte 52a und 52b realisiert, wie in Abb. 5.12 zu erkennen ist. In der Schalterstellung „Ein" ist der Kontakt 52a (NO normally open) offen und der Kontakt 52b (NC normally closed) geschlossen. In der Schalterstellung „Aus" verhält es sich genau umgekehrt. Die Hilfs-kontakte sind so konstruiert, dass es beim Bewegen des Schalters keine Stellung der Hilfskontakte gibt, bei der beide geschlossen sind.

5.2.2 Steuerung

Die Steuerung hat die Aufgabe, die Schaltanlage von einem Zustand in einen anderen zu überführen. Mit dem Begriff Zustand ist in den meisten Fällen ein Schaltzustand

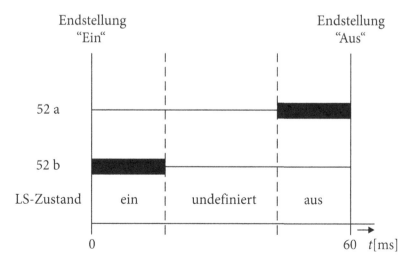

Abb. 5.12 Verhalten der Leistungsschalterhilfskontakte beim Schalten. (Eigene Darstellung)

gemeint. Die Steuerung löst den Befehl zum Schalten aus. Betrachtet man beispielsweise einen Leistungsschalter, so kann der Befehl direkt oder sehr nahe am Schalter ausgelöst werden (Nahsteuerung, Vor-Ort-Steuerung) oder auch von Ferne aus der Netzleitstelle kommen (Fernsteuerung).

Schaltanlagen sind heute meist nicht mehr mit Personal besetzt, sodass sie von Ferne gesteuert werden müssen. Lediglich im Notfall oder bei Wartungsarbeiten in der Anlage wird dann auf die Nahsteuerung zurückgegriffen.

Will man ein Leitungsfeld statt von einer Sammelschiene A von einer Sammelschiene B versorgen lassen, so sind eine ganze Reihe von Schaltbefehlen in der korrekten Reihenfolge notwendig. Jetzt müssen nicht nur Leistungsschalter, sondern auch noch die feldspezifischen Trennschalter bewegt werden. Weiterhin ist auf eine unterbrechungsfreie Versorgung des Abgangsfelds zu achten. Die Abfolge der Steuerbefehle kann deshalb schnell unübersichtlich werden. Es bietet sich deshalb an, automatisierte Schaltabfolgen oder Schaltprogramme zu verwenden. Diese Aufgaben werden heute meist von der Stationsleittechnik (Abschn. 5.2.5) übernommen.

5.2.3   Messung

Wie bereits im Eingang zu Abschn. 5.2 erwähnt wurde, sind die wesentlichen Elemente zum Messen der hohen Ströme und Spannungen die Strom- und Spannungswandler. Diese wandeln die Primärgrößen in niedrige, einfacher beherrschbare Sekundärgrößen von z. B. 100 V oder 1 A um. Aus diesen Sekundärgrößen lassen sich weitere Prozessgrößen gewinnen, die zum reibungslosen Betrieb notwendig sind.

Dazu müssen diese Messwerte so aufbereitet und normiert werden, dass Prozessrechner sie weiterverarbeiten können. Zu diesem Zweck werden Messumformer (auch Messwertumformer oder Transducer genannt) verwendet. Sie sind in der Lage eine physikalische Größe so umzuformen, dass sie an einer definierten Schnittstelle verstanden werden kann.

Messumformer gibt es für eine ganze Reihe von Prozessgrößen wie z. B.:

- Effektivwert der Spannung
- Effektivwert des Stroms
- Spannungsfrequenz
- Leistung (Schein-, Wirk- und Blindleistung)
- Leistungsfaktor cos φ
- Temperatur

Diese Größen werden auf definierte Ausgangssignale abgebildet. Übliche Wertebereiche sind:

- 0 … +20 mA
- −20 mA … +20 mA

- +4 mA … +20 mA
- 0 … +10 V

Der Zusammenhang zwischen Eingang- und Ausgangsgröße wird über die Messumformerkennlinie definiert. Diese kann linear oder exponentiell ausgeführt sein. Sie
kann einen oder mehrere Knickpunkte aufweisen, um Messbereiche zu dehnen oder zu
stauchen (Abb. 5.13).

So kann man beispielsweise einen Messumformer verwenden, der eine Spannung
im Bereich von 0–400 kV verarbeitet und ein Ausgangssignal von 4–20 mA zur Verfügung stellt. Auch wenn die Leitung abgeschaltet ist und die Spannung null beträgt, gibt
der Messumformer 4 mA aus. Ein Messumformer, der defekt ist und dessen Ausgabe-
wert null ist, kann so leicht entdeckt werden. Diese Funktion wird auch als „live-zero"
bezeichnet.

Der Messumformer kann die hohe Eingangsspannung natürlich nicht direkt verarbeiten, sondern muss zu diesem Zweck an die Sekundärseite eines Spannungswandlers
angeschlossen sein. In der Netzleitstelle kann dann durch Verarbeitung des Messsignals
von beispielsweise 19,0 mA und der Kenntnis der Messumformerkennlinie und des
Wandlerübersetzungsverhältnisses von 400 kV/100 V die tatsächliche Netzspannung von
380 kV angezeigt werden.

5.2.4 Zählung

Zähler werden eingesetzt um Energiemengen zu erfassen, die in eine bestimmte
Richtung fließen. Da Energieversorgungsunternehmen Geld damit verdienen, anderen
Unternehmen oder Privatpersonen Energie zu verkaufen, ist die Zählung der Energie mit
einer hohen Genauigkeit von Bedeutung. Die Energiemenge wird durch die Erfassung

Abb. 5.13 Ausführungen
einer Messumformerkennlinie;
1: linear; 2: linear mit live-
zero; 3: exponentiell; 4: linear
mit Sättigungsknickpunkt;
5: linear mit Spreizung des
Mittelbereiches. (Eigene
Darstellung)

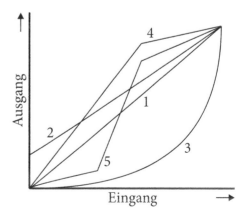

von Strom und Spannung gemessen. So können die Zähler die Richtung und die Art der Energiemenge (Wirk- oder Blindenergie) messen und aufaddieren.

Um die Energiemenge prozesstechnisch weiter verarbeiten zu können, sind die Zähler mit Impulsausgängen ausgerüstet. Die Zählerkonstante stellt den Zusammenhang zwischen Anzahl der Impulse und der gemessenen Energiemenge dar. Eine Zählerkonstante von 10.000 U/MWh bedeutet, dass nach Abgabe von 10 Impulsen eine elektrische Arbeit von 1 kWh gemessen worden ist.

Bis vor einigen Jahren basierten die Zähler für Wechsel- bzw. Drehstrom auf dem Ferraris-Prinzip (Ferraris-Zähler). Die Felder einer Strom- und einer Spannungsspule im Zähler sind so angeordnet, dass in einer drehbar gelagerten Aluminiumscheibe durch Wirbelströme ein Drehfeld erzeugt wird und die Scheibe in Bewegung versetzt wird. Der Drehwinkel der Scheibe ist dabei proportional zur durch den Zähler fließenden Energiemenge. Die Drehung wird über ein Getriebe auf ein Rollenzählwerk übertragen. Das Zählwerk erfasst somit die übertragene Energiemenge [9, 10].

Moderne Zähler besitzen keine wartungsintensiven beweglichen Teile mehr sondern basieren meist auf dem Prinzip des Hall-Effekts. Andere Namen für diese Zähler sind elektronischer Zähler oder statischer Zähler. Die Zähler sind mit Elektronik und Mikroprozessoren ausgerüstet, die eine ganze Reihe von weiteren Funktionen bereitstellen. So sind sie in der Lage die Messwerte über eine lange Zeit zu speichern und bei Bedarf anzuzeigen. Sie sind leicht von Ferne auszulesen und können eine beliebige Anzahl von elektronischen Zählwerken bereitstellen. In der Beschaffung sind sie aber teurer. Wird ein solcher Zähler im Privathaushalt eingesetzt, so macht sich dieser für den Kunden in dem höheren monatlichen Messpreis bemerkbar.

Die neueste Generation der elektronischen Zähler, sogenannte Smart Meter, sollen den Stromkunden noch mehr Information zur Verfügung stellen, wie z. B. den momentanen Strompreis. Sie sind auch vom Kunden von Ferne auslesbar, sodass man bequem vom Smartphone seinen Energieverbrauch im Blick hat [11].

5.2.5 Stationsleittechnik

Die in den vorangegangenen Abschnitten erläuterten Aufgaben der Sekundärtechnik sind sehr vielfältig und führen sehr schnell zu hoher Komplexität, sodass der Mensch nicht mehr in der Lage ist, alle Messwerte, Zählwerte, Stellungsmeldungen etc. zu überwachen und bei Störungen schnell reagieren zu können. Die Stationsleittechnik unterstützt das Bedienpersonal bei diesen Aufgaben.

Hauptaufgabe der Stationsleittechnik ist es, die Schaltanlage bedienbar bzw. kontrollierbar zu machen, Ereignisse wie z. B. Betriebsmeldungen oder Störfälle zu protokollieren und Daten zu archivieren. Dazu stellt die Stationsrechner ein Anlagenabbild auf dem Bildschirm bereit, welches einen schnellen Überblick bietet. Die Stationsleittechnik ist über geeignete Informationsmittel – wie z. B. die Fernwirktechnik – an die Netzleittechnik angebunden. Auf diese Weise ist man in der Lage abnormale

Betriebszustände sehr schnell zu erkennen und zu melden. Schaut man sich noch einmal den Leistungsschalter und seine Hilfskontakte aus Abschn. 5.2.1 und Abb. 5.12 an, so erkennt man, dass es im Normalbetrieb niemals zu einer Situation kommen kann, in der die Hilfskontakte 52a und 52b gleichzeitig geschlossen sind. Der Stationsleitrechner kann deshalb so programmiert werden, dass er nach Erkennen einer solchen unnormalen Hilfsschalterstellung noch 500 ms wartet und dann eine Alarmmeldung „Leistungsschalterstörung kommt" absetzt.

Es wäre jedoch aus sicherheitstechnischen Aspekten leichtsinnig, wenn alle Überwachungen und Verriegelungen nur durch den Stationsleitrechner realisiert würden. Im Falle eines Ausfalls dieses Rechners würden gleichzeitig sämtliche Sicherungsfunktionen ausfallen. Deshalb werden viele dieser Überwachungen durch speicherprogrammierbare Steuerungen (SPS) erledigt, die beispielsweise in den Feldleitgeräten enthalten sind. So bekommt man eine maximale Ausfallsicherheit.

Die Stationsleittechnik erfasst bei einem Ereignis die aktuelle Uhrzeit und generiert aus einer Änderung einer Melderstellung eine für das Bedienpersonal interpretierbare Information wie z. B.

„25.10.2012 15:16:20.221 Übertemperatur Transformator kommt" oder
„25.10.2012 15:20:37.431 Übertemperatur Transformator geht"

Die genaue Erfassung der Zeit ist wichtig bei der Aufklärung von Störfällen, wenn versucht wird, die Geschehnisse bei einem nicht geplanten Verhalten der Anlage chronologisch nachzuvollziehen. Nicht alle Geräte in der Anlage senden ihre Information in Echtzeit, sondern um wenige Millisekunden oder Sekunden verzögert. Deshalb entspricht der tatsächliche Eingang der Meldungen im Stationsleitrechner nicht unbedingt der zeitlichen Abfolge.

Darum müssen alle Geräteuhren an ein synchrones Zeitsignal angeschlossen sein. Dazu ist es auch heute meist üblich das Signal des Zeitsignalsenders DCF77 der Physikalisch-Technischen-Bundesanstalt, Braunschweig (PTB) in Mainflingen verwendet. Das Zeitsignal wird in der Schaltanlage verteilt, indem ein mal pro Minute ein drahtgebundener Zeitimpuls gesendet wird und das empfangende Gerät dann weiß, dass wieder eine Minute vergangen ist. In der Zeitspanne zwischen zwei Impulsen wird die Zeit vom empfangenden Gerät selbst generiert. Damit sind aber keine hochpräzisen Zeitinformationen verfügbar.

Neuere Anwendungen benutzen das Signal des Global Positioning Systems (GPS), das auch Zeitinformationen versendet. Die Zeitinformation kann anschließend in das Precision Time Protocol IEEE 1558 (PTP) umgesetzt und in das stationseigene Computernetzwerk eingespeist werden [12]. Alle Geräteuhren, die am Netzwerk angeschlossen sind, kommunizieren miteinander und sind in der Lage die Uhr mit der exaktesten Zeit herauszufinden. Diese Uhr wird automatisch zur Grandmaster Clock, alle anderen Uhren zu Slaves. Durch die Kommunikation mit der Grandmaster Clock können die Slaves die Verzögerungszeit zwischen Grandmaster und sich selbst berechnen und so die eigene Zeit korrigieren. Diese Zeit wird dann im Gerät für die Protokollierung von Ereignissen verwendet. Wird das Netzwerk beschädigt oder irrtümlicherweise aufgetrennt und die Grandmaster Clock hat keine Verbindung zu den Slaves mehr, so bildet sich eine neue Grandmaster Clock. Mithilfe dieses Standards sind hochpräzise Zeitinformationen in der gesamten Anlage verfügbar.

Neben Zeitinformationen gibt es viele andere Informationen, die in der Station ausgetauscht werden. Schutzgeräte und Geräte der Leittechnik kommunizieren ebenfalls miteinander. Die Norm IEC 60870 [13] beschreibt den offenen Kommunikationsstandard für die industrielle Automation. Die sehr allgemeine Beschreibung des Protokollstandards macht es notwendig, die Normenreihe IEC 60870–5 in einzelne Teile zu untergliedern, um eine Interoperabilität der miteinander kommunizierenden Geräte zu erreichen. Für Schaltanlagen gibt es einige wichtige Teile wie auch in Abb. 5.14 zu sehen ist:

- IEC 60870–5–101: Fernwirkgeräte verschiedener Hersteller kommunizieren über eine serielle Schnittstelle
- IEC 60870–5–102: serielle Übertragung von Zählerständen
- IEC 60870–5–103: Schutzdatenübertragung innerhalb einer Schaltanlage
- IEC 60870–5–104: Übertragung von Fernwirkdaten über TCP/IP-Protokoll, sodass Computernetzwerke (LAN, WLAN, …) zur Kommunikation genutzt werden können

Die neueste Entwicklung ist die weltweite Verbreitung der Norm IEC 61850 zur Schaltanlagenkommunikation [14]. Ist eine Schaltanlage komplett in IEC 61850-Technologie ausgerüstet, sind keine Punk-zu-Punkt-Verbindungen von Wandler zu Schutzgerät oder

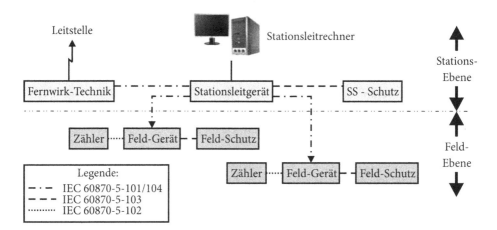

Abb. 5.14 Verwendung der verschiedenen Arten von Protokollen in der Schaltanlagenkommunikation. (Eigene Darstellung)

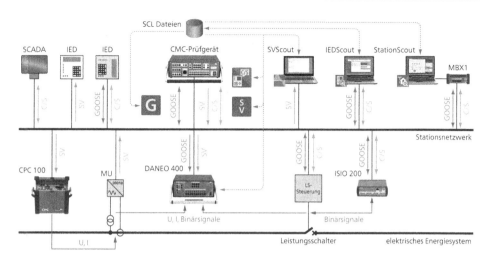

Abb. 5.15 Stationskommunikation nach IEC 61850 Standard. (Eigene Darstellung)

von Schutzgerät zu Leistungsschalter als Drahtverbindung mehr notwendig. Alle Geräte – sogenannte IEDs (Intelligent Electronic Devices) – sind an einen Ethernet-basierten Stationsnetzwerk angeschlossen. Wie aus Abb. 5.15 zu erkennen ist, sendet die Merging Unit MU ihre Strom- oder Spannungsmesswerte als Sampled Values SV zum Stationsnetzwerk (Abschn. 2.4.2). Die Schutzgeräte IED können die Messwerte auswerten. Erzeugt das Schutzgerät ein AUS-Kommando, so wird diese Nachricht als GOOSE Message (Generic Object Oriented Substation Event) über das Netzwerk gesendet. GOOSE Messages werden sehr schnell über den Bus transportiert und haben Vorrang vor anderen Nachrichten. Sie eignen sich deshalb bevorzugt für Anwendungen die zeitkritisch sind, wie z. B. das Ausschalten eines Leistungsschalters, Alarme und Meldungen. Auch Prüfgeräte können zum Testen der Anlage leicht an den Bus angeschlossen werden, diese können dann auch von Ferne bedient werden.

Durch den IEC 61850-Standard ergibt sich eine einfache Netzwerkstruktur in der Station. Aus Sicherheitsgründen werden vorwiegend Ringstrukturen als Busform eingesetzt. Gleichzeitig sinkt der herkömmliche Verkabelungsaufwand in den Schaltschränken erheblich. Die Verbindungen, die mit konventioneller Technik notwendig waren, sind nun zwischen den einzelnen Geräten durch Softwareparametrierung zu realisieren. Dazu wurde eine eigene Beschreibungssprache entwickelt. In der SCL-Datei (Substation Communication Language) wird beschrieben, welches Gerät die auf dem Bus verfügbaren Informationen empfängt (abonniert). Das sendende Gerät (IED) verbreitet ständig seine Information im Netzwerk, interessiert sich selbst aber nicht dafür, ob diese Information von jemand anderem gelesen wird. Dieses Prinzip entspricht der Funktionsweise eines Radiosenders der Musik sendet, aber nicht weiß, ob überhaupt

Radioempfänger eingeschaltet sind und das Programm gehört wird. Man bezeichnet diese Funktionsweise deshalb auch als Broadcast-Betrieb.

5.3   Arbeiten in elektrischen Anlagen

Elektrizität ist geschmack- und geruchlos und verursacht erst ab sehr hohen Spannungen Geräusche. Wenn man sie spürt, ist es zu spät. Wenn man mit elektrischen Geräten arbeitet, ist deshalb besondere Vorsicht geboten. Das Arbeiten an Geräten und in elektrischen Anlagen ist deshalb nur geschultem Personal erlaubt. Dieses Buch zu lesen genügt nicht, es sollte schon ein Facharbeiterbrief sein [15].

Beim Arbeiten an Schaltern ist darauf zu achten, dass nicht nur die Zuleitung zu erden ist, sondern auch der Abgang, wenn dessen Leitungen von der anderen Seite gespeist werden könnten. Dabei ist auch zu berücksichtigen, dass durch kapazitive oder induktive Kopplung von parallelen Leitungen Spannungen entstehen können. Bei der Sicherung gegen Wiedereinschalten ist auch an Kollegen zu denken, die nicht an Ihre Tätigkeit denken.

▶   Vor Beginn der Arbeiten in elektrischen Anlagen sind die fünf Sicherheits-
     regeln zu beachten:
     1. Freischalten
     2. Gegen Wiedereinschalten sichern
     3. Spannungsfreiheit feststellen
     4. Erden und Kurzschließen
     5. Benachbarte unter Spannung stehende Teile abdecken oder abschranken

Literatur

  1. Hütte: Elektrische Energietechnik, Netze. Springer, Berlin (1988)
  2. Oeding, D., Oswald, B.: Elektrische Kraftwerke und Netze. Springer, Heidelberg (2016)
  3. ABB AG, Gremmel, Hennig, Kopatsch, Gerald: Schaltanlagen Handbuch. Cornelsen Scriptor, Berlin (2006)
  4. Rüdenberg, R.: Elektrische Schaltvorgänge, 5. Aufl. Heidelberg, Berlin (1974)
  5. Herold, G.: Elektrische Energieversorgung IV. J. Schlembach-Fachverlag, Wilburgstetten (2003)
  6. Lippmann, H.J.: Schalten im Vakuum. VDE Verlag, Berlin (2003)
  7. Knies, W., Schierack, K.: Elektrische Anlagentechnik. Hauser-Verlag, München (2006)
  8. Schimanski, J.: Überspannungsschutz-Theorie und Praxis, 2., neu bearbeitete u. erweiterte Aufl. Hüthig, Heidelberg (2003)
  9. Lerch, R.: Elektrische Messtechnik: Analoge, digitale und computergestützte Verfahren. Springer-Verlag, Berlin (2007)

10. Pflier, P.M.: Vorschriften Elektrizitätszähler Tarifgeräte, Meßwandler, Schaltuhren, S. 349–356. Springer, Berlin (1954)
11. Schaloske, O.: Effiziente Architekturen und Technologien zur Realisierung von smart metering im Bereich der Fernübertragung. Grin Verlag, München (2010)
12. Eidson, J., Kang L. IEEE 1588 standard for a precision clock synchronization protocol for networked measurement and control systems. Sensors for Industry Conference, 2002. 2nd ISA/IEEE. Ieee, 2002
13. Clarke, G., Reynders, D., Wright, E.: Practical modern SCADA protocols: DNP3, 60870.5 and related systems. Newnes, London (2004)
14. The Institute of Electrical and Electronics Engineers, Inc. (Hrsg.): Communication networks and systems for power utility automation (IEC 61850), IEEE, 2016
15. NN: Gefahren des elektrischen Stromes. Berufsgenossenschaft der Feinmechanik und Elektrotechnik; Gustav-Heinemann-Ufer 130; 50000 Köln 51

Hochspannungstechnik

6

In der Natur treten hohe Spannungen zwischen den Wolken und der Erde auf. Reicht die Isolationsfähigkeit der Luft nicht mehr aus, entstehen Durchschläge, die in Form von Blitzen allgemein bekannt sind. Auch das Elmsfeuer (Sankt-Elms-Feuer, engl. St. Elmo's Fire) an den Mastspitzen von Segelschiffen ist eine Naturerscheinung. Dies hat nichts mit den Nordlichtern zu tun, die durch Partikelstrahlung von der Sonne verursacht werden.

In der Technik werden hohe Spannungen zur Übertragung von elektrischer Energie eingesetzt, um den Strom und damit die Übertragungsverluste gering zu halten. Für Drehstrom ergibt sich als Verlustleistung

$$P_\mathrm{v} = 3RI^2 = 3R\left(\frac{S}{\sqrt{3}U}\right)^2 = R\left(\frac{S}{U}\right)^2 \tag{6.1}$$

Dabei ist entsprechend Abschn. 1.2.3 die Außenleiterspannung einzusetzen. Durch Verdoppelung der Übertragungsspannung werden die Verluste auf ein Viertel reduziert. Deshalb ist die Hochspannungstechnik sehr stark mit der elektrischen Energieübertragung verbunden, bei der im Lauf der Zeit die Übertragungsspannungen immer weiter gesteigert wurden wie Tab. 6.1 zeigt.

Das erste Buch mit dem Titel Hochspannungstechnik gab 1911 W. Petersen heraus [1]. Hohe Spannungen werden auch genutzt, um geladene Teilchen zu beschleunigen. Beispiele hierfür sind die Elektronen in früheren Fernsehbildröhren oder die geladenen Staubteilchen, die in Rauchgasfiltern abgeschieden werden.

© Springer Fachmedien Wiesbaden GmbH, ein Teil von Springer Nature 2020
R. Marenbach et al., *Elektrische Energietechnik*,
https://doi.org/10.1007/978-3-658-29492-2_6

Tab. 6.1 Entwicklung der Spannungsebenen im Lauf der Zeit

Jahr	1882	1891	1921	1929	1952	1959	1965	1966	1990
Spannung [kV]	2	15	110	220	380	525	735	750	1150

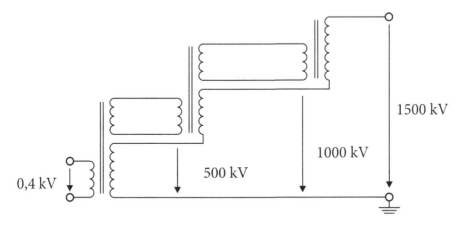

Abb. 6.1 Hochspannungs-Prüftransformator in Kaskadenschaltung. (Eigene Darstellung)

6.1   Erzeugung hoher Spannungen

In der technischen Anwendung erzeugt man hohe Spannungen fast ausschließlich mit Transformatoren (Abschn. 2.1). Dies gilt auch für die Gleichspannungserzeugung, bei der die Wechselspannung über Stromrichterbrücken gleichgerichtet wird. Die höchsten Spannungen benötigt man zur Überprüfung von Geräten auf Hochspannungsfestigkeit. Zu ihrer Erzeugung gibt es unterschiedliche Verfahren [2, 3, 4]:

- **Spannungswandler.** Wird beispielsweise ein Spannungswandler für 380 kV von der Unterspannungsseite mit 100 V gespeist, so kann man mit ihm ein 110-kV-Gerät auf Hochspannungsfestigkeit prüfen.
- **Transformatorkaskaden**. Zur Erzeugung sehr hoher Spannungen bis 2000 kV werden Transformatoren in Kaskadenschaltung entsprechend Abb. 6.1 geschaltet.
- **Resonanztransformator**. Die Oberspannungsseite von Prüftransformatoren hat wegen der zahlreichen Windungen eine große Streuinduktivität L_σ. Diese bildet mit der Wicklungskapazität C_2 einen Schwingkreis, sodass das Übersetzungsverhältnis größer als das Windungszahlverhältnis wird. Bei Einspeisung mit Resonanzfrequenz entsteht eine sehr hohe Spannung U_a (Abb. 6.2). Die Einstellung der Resonanzfrequenz kann mit einer Abschlusskapazität C_a oder einer zusätzlichen, einstellbaren Drosselspule in Reihe zur Streuinduktivität erfolgen.

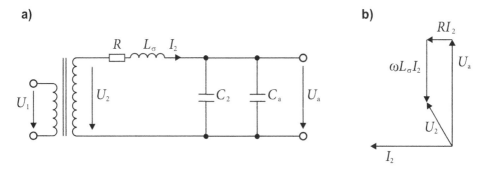

Abb. 6.2 Schaltung eines Resonanztransformators. **a** Schaltbild; **b** Zeigerbild. (Eigene Darstellung)

- **Tesla-Transformator**. In Erweiterung zum Resonanztransformator kann nach einem Vorschlag Teslas aus dem Jahr 1891 auch die Unterspannungsseite als Resonanzkreis ausgebildet und durch eine Funkenstrecke zu hochfrequenten Schwingungen angeregt werden.
- **Van-de-Graaff-Generator**. Die wohl älteste Methode zur Erzeugung hoher Spannungen ist die elektrostatische Aufladung, z. B. durch Reibungselektrizität. Van de Graaff nutzte dies 1931, indem er durch Stoßionisation erzeugte Ladungsträger auf ein schnell bewegtes isoliertes Band brachte und so die Ladungsträger weit voneinander entfernte ($U = Q/C$).
- **Greinacher-Kaskade**. Heute werden in den Prüffeldern die hohen Gleichspannungen in Spannungsvervielfacherschaltungen nach Abb. 6.3 erzeugt. Bei der positiven Spannungshalbwelle $\hat{U}_1$ lädt sich der Kondensator C_A, an Punkt c auf die Spannung $\hat{U}_1$ gegenüber dem Punkt a auf. Nimmt in der folgenden Halbwelle der Punkt a den positiven Wert $\hat{U}_1$ gegenüber b an, so hebt sich der Punkt c gegenüber b auf $2 \cdot \hat{U}_1$ an. Dadurch wird der Kondensator C_B auf $2 \cdot \hat{U}_1$ aufgeladen. Dieser Vorgang setzt sich fort, bis die Spannung $\hat{U}_1$ ein Vielfaches der Spannung $\hat{U}_1$ beträgt.
- **Stoßspannungsgenerator nach Marx**. Hohe Stoßspannungen lassen sich durch Kondensatoren erzeugen, die parallel aufgeladen und dann in Reihe geschaltet werden, wie es in Abb. 6.4a dargestellt ist. Über die Widerstände R_e und R_d einerseits und R_L anderseits liegen die Kondensatoren C_s für Gleichspannung parallel.

In aufgeladenem Zustand können sie durch Zünden der Funkenstrecken F in Reihe geschaltet werden. Die Zündung der untersten Funkenstrecke erfolgt getriggert durch UV-Licht. Dies führt zu höheren Spannungen an den restlichen Funkenstrecken, die daraufhin ebenfalls durchschlagen. So sind die Kapazitäten C_s mit den Widerständen R_d in Reihe geschaltet und laden den Kondensator C_b mit einer Zeitkonstanten τ_1 auf. Über die Widerstände R_d, R_L und R_e entladen sich die Kondensatoren C_s und C_b wieder mit der Zeitkonstanten $\tau_1 > \tau_2$ (Abb. 6.4b).

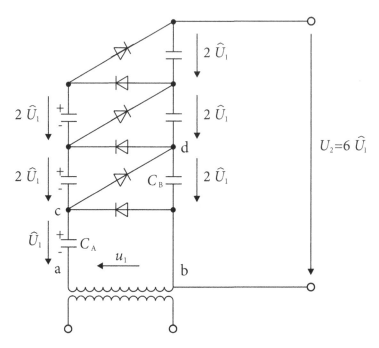

Abb. 6.3 Spannungsvervielfachungsschaltung nach Greinacher. (Eigene Darstellung)

Durch geeignete Dimensionierung der Schaltungselemente lassen sich die Zeitkonstanten τ_1 und τ_2 so festlegen, dass ein typischer Blitzstoßspannungsverlauf entsteht,
der entsprechend (Abb. 6.4c) mit $T_1 = 1{,}2\,\mu s$ Stirnzeit und $T_2 = 50\,\mu s$ Rückenhalbwertzeit festgelegt ist. Dabei ist zu beachten, dass sich die Halbwertzeit T_2 aus der Zeitkonstanten τ_2 der exponentiell abklingenden Exponentialfunktion bestimmen lässt.

$$T_2 = \tau_2 \ln 2 = 0{,}69\,\tau_2 \tag{6.2}$$

Da der beschriebene Spannungsverlauf auch für hochfrequente Schaltvorgänge angesetzt
werden kann, bezeichnet man ihn als rasch ansteigende Spannung. Die langsamer auf-
steigenden, durch Schalthandlungen im Netz hervorgerufenen Überspannungen sind
ebenfalls mit der Schaltung nach Abb. 6.4a zu erzeugen. Schaltstoßspannungen steigen
innerhalb von $T_1 = 0{,}25\,ms$ an und klingen mit der Halbwertzeit $T_2 = 2{,}5\,ms$ ab.

6.2 Hochspannungsmesstechnik

In der Anlagentechnik ist es üblich, mit induktiven Wandlern – seltener mit kapazitiven
Teilern und in Sonderfällen mit ohmschen Teilern – die hohen Spannungen auf ein
niedriges Niveau abzubilden. Diese Betriebsmittel wurden bereits in Abschn. 2.4.1

a)

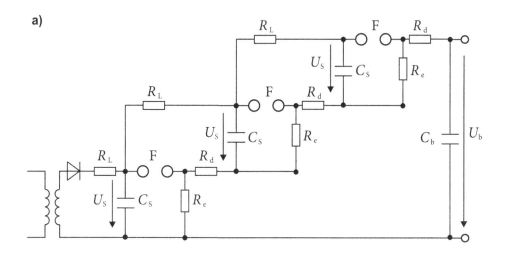

b)

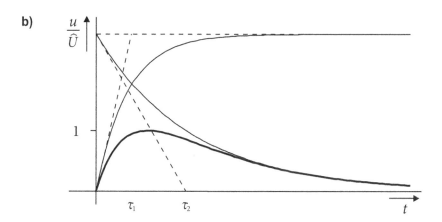

c)

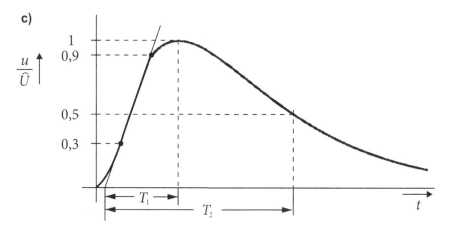

Abb. 6.4 Stoßspannungserzeugung. **a** Vervielfacherschaltung nach Marx; **b** Prüfspannungsverlauf; **c** Blitzstoßspannung; T: Stirnzeit 1,2 μs; T_2: Rückenhalbwertzeit 50 μs. (Eigene Darstellung)

behandelt, sodass wir uns hier auf die in Hochspannungslabors eingesetzten Messmittel beschränken können. Die heute übliche Messeinrichtung besteht aus einem kapazitiven Teiler mit hochohmigem Oszilloskop. Zur Eichung der Teiler ist es aber immer noch erforderlich, Referenzmessungen vorzunehmen. Hierzu dient eine Kugelfunkenstrecke, deren Durchschlagspannung bei definierten Luftverhältnissen nahezu proportional zur Schlagweite ist. Kommt die Schlagweite in die Größenordnung der Kugeldurchmesser, sind Eichkurven zu verwenden [6]. Da die Kapazität zwischen den Kugeln sehr klein ist, wirkt die Kugelfunkenstrecke nicht auf den Messkreis zurück. Übersteigt die Spannung einen der Schlagweite entsprechenden Wert, so entsteht ein Spannungsdurchschlag, der den Versuchsablauf beendet. Man kann also nur überprüfen, ob bei einem Ausgleichs- vorgang die eingestellte Spannung überschritten wurde. Die Genauigkeit derartiger Messungen liegt bei etwa 3 %, wobei zu einer Messung stets eine Serie von Messver- suchen gehört.

Naturgemäß ist mit Kugelfunkenstrecken nur eine Spitzenspannungsmessung mög- lich. Zur Messung des Effektivwertes kann die elektrostatische Kraft zwischen den Kugeln bestimmt werden. Abb. 6.5 zeigt eine etwas genauere Methode, die eben- falls elektrostatische Kräfte ausnutzt. Hierzu wird in einer Kondensatoranordnung eine bewegliche Platte über eine Feder befestigt, die sich aufgrund der statischen Kräfte bewegt und mittels eines Spiegels einen Lichtstrahl ablenkt. Diese zeigt auf einer Skala den Effektivwert der angelegten Spannung an [7].

6.3   Hochspannungsprüftechnik

Die Prüfung von Betriebsmitteln auf Hochspannungsfestigkeit erfordert die reproduzier- bare Erzeugung einer hohen Spannung mit vorgegebenem Zeitverlauf und deren genaue Messung [7]. Sie erfolgt i. Allg. in einem Prüffeld, das sich wegen der hohen Spannungen durch große Abmessungen auszeichnet. Elektroden müssen abgerundet sein, um Teilentladungen (Abschn. 6.4.1) zu vermeiden, und sind deshalb nach Möglichkeit

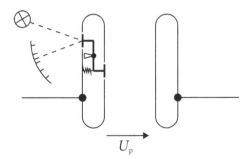

Abb. 6.5 Hochspannungsmessgerät zur Bestimmung des Effektivwertes. (Eigene Darstellung)

in Kugelgestalt ausgeführt, die bei hohen Spannungen aus Wirtschaftlichkeitsgründen durch Tellerelektroden angenähert wird (Abb. 6.6).

Eine erfolgreiche Prüfung benötigt relativ wenig Energie. Wird beispielsweise eine Blitzstoßspannung auf eine Transformatorwicklung gegeben, so sind beide Wicklungs-enden verbunden; es fließt nur ein Verschiebungsstrom durch die Isolation nach Erde. Versagt die Isolation beim Prüfvorgang, entsteht eine sehr niederohmige Verbindung gegen Erde, die die gesamte im Prüfkreis gespeicherte Energie abführt, sodass die Prüf-spannung zusammenbricht. Die Prüfbedingungen entsprechen demnach nur bis zum Zeitpunkt des Durchschlags der Realität. Nach dem Versagen der Isolationsstrecke ist das Verhalten des Betriebsmittels üblicherweise nicht mehr von Bedeutung, da dieses meist zerstört ist. Eine Ausnahme bildet die Schaltstrecke von Leistungsschaltern (Abschn. 5.1.3).

Dort fließt bis zum Löschen des Schalterlichtbogens ein großer Strom. Danach wird die Schaltstrecke von der Wiederkehrspannung beansprucht. Eine Prüfschaltung aufzu-bauen, die gleichzeitig den notwendigen Strom und die notwendige Spannung liefert,

Abb. 6.6 Hochspannungsprüffeld mit Greinacherkaskade *(links)* und Spannungsteiler *(rechts)*. (Haefely Trench AG, Basel)

ist wirtschaftlich kaum möglich. Deshalb haben Weil und Dobke eine synthetische Prüfschaltung entwickelt. Sie ist in Abb. 6.7 dargestellt und besteht aus einem Hochstrom-
kreis und einem Hochspannungskreis.

Der Kurzschlussgenerator G beaufschlagt nach dem Einschalten des Draufschalters
D über einen Prüftransformator T den zu prüfenden Schalter P mit dem Kurzschlussstrom i. Die Höhe des Kurzschlussstroms wird mit der Drossel L_k festgelegt. Zur
Erzeugung der hochfrequenten Wiederkehrspannung u dient ein LRC-Kreis, den der
geladene Stoßkondensator C_s nach Zünden der Funkenstrecke F speist. Die Ankopplung
des Spannungskreises an den Prüfling erfolgt über den Schalter W. Um ein Abfließen
der Prüfenergie in den Transformator T zu verhindern, muss der Schalter H synchron
mit dem Stromnulldurchgang im Schalter P geöffnet werden. Die fiktive Prüfleistung S_a
eines solchen synthetischen Prüfkreises ergibt sich aus dem Kurzschlussstrom i und der
Wiederkehrspannung u (s. auch Gl. 5.2) [8].

6.4   Hochspannungsfestigkeit

Die Fähigkeit eines Betriebsmittels, die Beanspruchung mit einer hohen Spannung ohne
Schaden und ohne Minderung der Funktionsfähigkeit zu überstehen, ist von den verwendeten Isolierstoffen und dem konstruktiven Aufbau abhängig. Feste, flüssige und
gasförmige Materialien verhalten sich im elektrischen Feld sehr unterschiedlich. Deshalb
sollen sie getrennt behandelt werden [7, 8, 9, 10, 11].

6.4.1   Gasförmige Isolierstoffe

Durch α-, β-, γ- und UV-Strahlung werden in einem Gasvolumen stets einzelne
Ladungsträger erzeugt. Legt man über Elektroden eine Spannung an, so fließt ein
Strom, der proportional zu der Spannung ist, bis alle erzeugten Ladungsträger durch den
Strom abgezogen werden; anschließend ist dieser konstant, d. h. spannungsunabhängig.
Wird die Feldstärke genügend groß, so beschleunigen sich die Ladungsträger bis zu

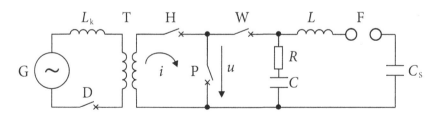

Abb. 6.7 Synthetische Schalterprüfung nach Weil-Dobke. G: Kurzschlussgenerator; T: Prüftransformator; D: Draufschalter; P: Prüfling; H: Hilfsschalter; L_k: Kurzschlussdrossel; C_s:
Stoßkondensator; W: Schalter für Wiederkehrspannung. (Eigene Darstellung)

einem Zusammenstoß mit Molekülen so stark, dass diese durch Stoßionisation in neue Ladungsträger aufgespaltet werden. Die Rekombination von positiven und negativen Ionen bzw. Elektronen führt zu einem Gleichgewicht. Überschreitet die Spannung einen kritischen Wert U_d, so überwiegt die Bildung neuer Ladungsträger; es entsteht ein gut leitender Entladungskanal, die Gasstrecke schlägt durch. Dieser Vorgang soll für eine Spitze-Platte-Anordnung entsprechend Abb. 6.8a genauer untersucht werden.

In dem Raum zwischen der spitzen Elektrode mit dem Radius r und der Gegenelektrode in dem Abstand s baut sich ein Feld auf, das näherungsweise in der Umgebung der Spitze mit folgender Beziehung zu beschreiben ist

$$E = E_0 \left(\frac{r}{x+r} \right)^2 = U_0 \frac{r}{(x+r)^2} \tag{6.3}$$

$$U = U_0 - \int_0^x E \mathrm{d}x = U_0 \frac{r}{x+r} \tag{6.4}$$

Die Feldstärke ist in der Umgebung der Spitze am größten, deshalb werden hier die Ionen am stärksten beschleunigt, sodass die meisten Stoßionisationen stattfinden. Bei negativ geladener Spitze wandern die positiven Ionen zu dieser hin, die negativen Ionen strömen zur Gegenelektrode. Da die negativen Ladungsträger meist Elektronen – und damit leicht – sind, werden sie rasch beschleunigt; es entsteht im Feldraum ein Übergewicht an positiven Ladungsträgern, die sich um die negative Elektrode konzentrieren. Als Folge baut sich in der Umgebung der Spitze eine erhöhte Feldstärke auf, die zu vermehrter Stoßionisation führt. Die restliche Gasstrecke wird entlastet. Am Kopf der positiven Raumladungswolke finden verstärkt Stoßionisation und Rekombination statt, die zur Aussendung von UV-Licht führen. Somit werden in der Nähe weitere Ladungsträger gebildet, von denen die Elektronen lawinenartig zu dem positiven Raumladungskopf geführt werden. Es entsteht ein vorgelagerter Kopf mit positiver Raumladungswolke. Der als Streamermechanismus bezeichnete Vorgang schiebt sich weiter in den Feldraum hinein. Dabei wandert er vorzugsweise zur Gegenelektrode, aber auch in andere Richtungen, weil die UV-Strahlung rundum ionisierend wirkt. Bei einem plötzlichen Spannungsanstieg bewegt sich deshalb der Streamer nicht auf dem kürzesten Weg zur Gegenelektrode. Ist die Spannung zu klein, um den Streamer bis zur Gegenseite zu treiben, findet stationär eine ständige Ionisation und Rekombination statt, ohne dass ein großer Strom zwischen den Elektroden fließt. Dieser Vorgang wird Teilentladung genannt. Reicht die Spannung aus, um den Streamer bis zur Gegenseite zu führen, kommt es zu einem Spannungsdurchschlag, der sich stationär als Lichtbogenkanal entwickelt. Durch Wärmeentwicklung entstehen zusätzliche Ionen, die zu immer niedrigeren Leitwerten der Strecke führen. Hieraus erklärt sich die negative Strom-Spannungs-Charakteristik eines Lichtbogens. Der Tendenz eines stationär brennenden Lichtbogens, die kürzeste Verbindung zwischen den Elektroden anzunehmen, wirken die oben erwähnte ionisierende

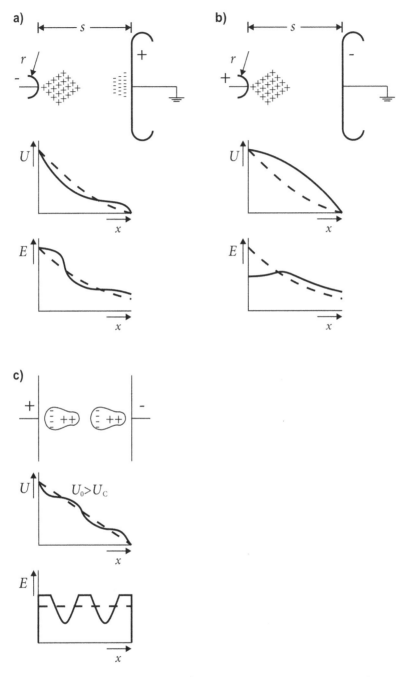

Abb. 6.8 Stromleitung in Gasen. **a** gekrümmte Elektrode, negativ geladen; **b** gekrümmte Elektrode, positiv geladen; **c** Platte-Platte-Anordnung; U: Spannung zwischen einem Punkt im Feld und der ebenen Elektrode; E: Feldstärke; $U = \int E dx$. (Eigene Darstellung)

UV-Strahlung, die thermische Bewegung des ionisierten Gases und magnetische Kräfte entgegen.

Abb. 6.8b zeigt die Verhältnisse bei positiv geladener Spitze. Hier werden die Elektronen sehr rasch abgezogen. Um die Spitze baut sich eine positive Raumladung auf, die den Radius der Elektrode elektrisch vergrößert. Dadurch homogenisiert sich die Feldstärke über die Strecke. Es entsteht ein relativ stabiler Zustand. Die Teilentladungen bei positiver Spitze sind deshalb ruhiger als bei negativer Spitze.

▶ Teilentladungen bei negativer Spitze entlasten den Feldraum im Bereich der ebenen Elektrode. Bei positiver Spitze wird dieser Bereich stärker belastet. Deshalb ist die Durchschlagspannung bei negativer Spitze höher als bei positiver.

Diese Aussage gilt für Luft. Bei den elektronegativen Gasen, z. B. SF_6, wird ein Großteil der Elektronen an den Molekülen angelagert, sodass die Beweglichkeit der negativen Ladungsträger gering wird. Dies kehrt den oben beschriebenen Effekt um.

Im homogenen Feld häufen sich an verschiedenen Stellen Ladungsträger an. So entstehen Elektronenlawinen entsprechend Abb. 6.8c. Die Trennung der Ladungsträger führt zur inhomogenen Feldverteilung und damit zu positiven Streamerköpfen, sodass sich ein ähnlicher Vorgang ausbildet wie bei Spitze-Platte-Anordnungen.

Die Bildung und Rekombination von Ionen führt zur Aussendung von Licht, insbesondere von UV-Licht. Dieser Effekt wurde schon früh bei Lichtbogenlampen ausgenutzt. Heute stellen Gasentladungslampen einen wichtigen Teil der Lichtquellen dar, werden aber zunehmend von LEDs abgelöst.

Teilentladungen sind an den Seilen oder Armaturen von Freileitungen, insbesondere bei feuchter, salzhaltiger Luft, zu beobachten. Diese als Korona bezeichnete Erscheinung führt neben der Lichtaussendung zur Geräuschentwicklung und zur Abstrahlung von elektromagnetischen Wellen, die den Rundfunkempfang stören können (Abschn. 4.4.6). Die Seefahrer beobachteten Teilentladungen an den Mastspitzen und bezeichneten sie als Elmsfeuer [5]. Dieselbe Erscheinung ist auch gelegentlich an den Tragflächen von Flugzeugen zu erkennen. Nadeln an exponierten Stellen sollen Ladungen abbauen und verhindern, dass das Flugzeug beim Landen hohe Spannungen gegen Erde annimmt.

Der beschriebene Streamermechanismus bestimmt das Durchschlagverhalten relativ kurzer Gasstrecken. Bei weiträumigen Anordnungen von mehr als 1 m, in denen die Ausbildung von Elektronenlawinen das Restfeld kaum beeinflusst, reicht die vom Streamer ausgehende UV-Strahlung nicht aus, um das Gleichgewicht zwischen Ionisation und Rekombination nachhaltig zu stören. Erst wenn die positive Raumladung im Kopf des Streamers so groß ist, dass in den Elektronenwolken sehr viele neue Stoßionisationen entstehen, die hohe Gastemperaturen und damit thermische Ionisation erzeugen, bildet sich ein Leaderkanal, der ruckartig voranschreitet. In den Haltepausen werden durch ihn Ladungsträger nachgeführt, bis an der Spitze eine hinreichende Konzentration von positiven Ionen entsteht, die genügend Ionisationen hervorrufen.

Der Streamer-Leader-Mechanismus läuft auch innerhalb von Blitzen ab. Bei dieser Naturerscheinung entladen sich unterschiedlich geladene Wolken gegeneinander oder gegen Erde. Man spricht davon, dass ein Blitz im Haltepunkt z. B. 20 m weit schauen kann und dabei entscheidet wohin er sich orientieren will.

Die in 100–150 km Höhe über der Erde liegende Kennelly-Heaviside-Schicht enthält positive Ionen, die durch aufsteigende Luftströme emporgetragen werden. So entsteht an der Erdoberfläche ein elektrisches Feld von 100–500 V/m. Begünstigt durch rasche Luftströmungen und große Temperaturunterschiede in wasserdampfhaltiger Luft findet eine Ladungstrennung und damit die Aufladung der Wolken statt, sodass meistens in den hohen Regionen die positiven und in Erdnähe die negativen Ladungsträger überwiegen. Als Folge entstehen erdnahe Felder von bis zu 10 kV/m, die weit unterhalb der Durchschlagfeldstärke der Luft (30 kV/cm) liegen. Innerhalb der Gewitterwolken können sich jedoch Feldstärken ausbilden, die über Stoßionisationen zu Raumladungen und damit zu starken Feldverzerrungen führen. Auf diese Weise entsteht der bereits beschriebene Streamer-Leader-Mechanismus, der die von Blitzen bekannten Verästelungen aufweist. Wenn sich ein 10–50 m langer Entladungsschlauch mit einer Geschwindigkeit von ca. 150 km/s der Erde nähert und einen Abstand von 10–50 m erreicht, bilden sich an der Erdoberfläche, insbesondere an leitenden Spitzen, so hohe Feldstärken, dass es dort zur Stoßionisation kommt [1]. Damit entstehen Entladungskanäle, die als Fangentladungen dem Blitz entgegenstreben und in dem vorbereiteten Kanal mit einer Geschwindigkeit von ca. 100 000 km/s ($= c/3$) nach oben wandern. Diese stromstarken Entladungen verursachen die bekannten Lichterscheinungen. Die Ladungspolarität der Wolken führt dazu, dass Blitze in der Regel negative Polarität haben und nur an einer Gewitterfront mit positiven Entladungen zu rechnen sind. Inhomogenitäten in der Atmosphäre führen zu Wolke-Wolke-Blitzen.

Zur Vermeidung von Blitzeinschlägen in Anlagen, vor allem Freileitungen, ordnet man Blitzschutzseile zwischen den Mastspitzen an (Abschn. 4.2.3), die auch Erdseile genannt werden weil sie an den Masten über die Masterder mit Erde verbunden sind. Maßnahmen zum Blitzschutz von Gebäuden und Menschen werden in Abschn. 6.7 behandelt.

Die Durchschlagfestigkeit von Gasen ist vom molekularen Aufbau, vom Druck, der Temperatur und evtl. vorhandenen Verunreinigungen abhängig. Diese Größen bedingen die Wahrscheinlichkeit einer Stoßionisation. Der Druck bestimmt die Teilchenkonzentration und damit die freie Weglänge, d. h. die Strecke, über die ein Ladungsträger im statistischen Mittel bis zu einem Zusammenstoß durch das Feld beschleunigt wird. Ist sie zu kurz, so reicht die gewonnene Energie nicht zur Ionisation aus. Bei doppeltem Druck p ist deshalb die Durchschlagfeldstärke E_d annähernd doppelt so groß. Mit dem Elektrodenabstand s ergibt sich damit für die Durchschlagspannung einer ebenen Anordnung das nach Paschen benannte Gesetz

$$U_d = E_d \cdot s = K \cdot p \cdot s \tag{6.5}$$

Dabei ist K von den restlichen Einflussgrößen abhängig.

Höhere Temperaturen vermindern die Dichte des Gases und setzen die notwendige Ionisationsenergie herab. Dadurch erhöht sich die Wahrscheinlichkeit der Stoßionisation und die Durchschlagfestigkeit sinkt.

$$U_{\mathrm{d}} = K_1 (p/T)^{0,8} \tag{6.6}$$

Der proportionale Zusammenhang in Gl. 6.5 gilt nur, wenn der Elektrodenabstand s groß gegenüber der freien Weglänge ist. Mit abnehmendem Druck steigt die Wahrscheinlichkeit, dass ein Ladungsträger auf seinem Weg von einer Elektrode zur anderen mit keinem Atom zusammentrifft. Eine ideale Isolation stellt demnach Vakuum dar. Wird allerdings die Spannung so groß, dass zufällig vorhandene Ladungsträger in den festen Elektroden Ionen ablösen, kann es zu einer Vervielfachung der Ladungsträger und damit zum Spannungsdurchschlag kommen. Für den Eintritt dieses Vorgangs ist nicht der Elektrodenabstand, sondern nur die Beschleunigungsspannung maßgebend. Vakuumschalter (Abschn. 5.1.3) lassen sich deshalb nur bis zu einer bestimmten Spannung bauen. Für den technisch interessanten Bereich ist die Durchschlagspannung von Luft und SF_6 in Abb. 6.9 als sogenannte Paschenkurve dargestellt.

Beispiel 6.1: Durchschlagfestigkeit einer Gasstrecke

Es soll die Durchschlagfestigkeit einer homogenen Gasstrecke zwischen zwei Elektroden im Abstand von 10 mm für Umweltdruck und 4 bar bestimmt werden.

Setzt man Umweltbedingungen voraus, so ergibt sich nach Abb. 6.9 für Luft 30 kV und für SF_6 100 kV. Bei 4 bar Druck steigt die Durchschlagspannung auf theoretisch 120 kV bzw. 400 kV an. ◀

6.4.2   Lichtbogen

Als Folge eines Spannungsdurchschlags in Gasen entsteht ein Lichtbogen, der nur aufrechterhalten wird, wenn die Spannungsquelle genügend Energie liefert, um das Plasma des Bogens so stark aufzuheizen, dass die thermische Ionisation bestehen bleibt. Der Innenwiderstand R_0 der Spannungsquelle muss also entsprechend niedrig sein (Abb. 6.10a).

Die dem Lichtbogen zugeführte Leistung $P_0 = U_{\mathrm{B}} \cdot I$ wird an die Umgebung als Wärme Q_{V} abgegeben. Bei annähernd konstanter Temperatur bedeutet dies konstante Leistung P_0 und damit sinkende Lichtbogenspannung mit steigendem Strom, steigender Ladungsträgerzahl und sinkendem Widerstand. Für sehr große Ströme nimmt der Lichtbogen allerdings das Verhalten eines ohmschen Widerstandes an. Zeichnet man die Funktion der Lichtbogenspannung mit der Gleichung für die Spannungsquelle $U = U_0 - R_0 I$ in Abb. 6.10b ein, so ergeben sich zwei Schnittpunkte, wobei in Punkt 2 ein stabiler Betrieb möglich ist. Die Lichtbogenkennlinie lässt sich durch eine Gleichung beschreiben, deren Parameter sehr stark von den Umgebungsbedingungen beeinflusst sind [12].

$$U_{\mathrm{B}} = a + b \cdot l + \frac{c + d \cdot l}{I^n} \tag{6.7}$$

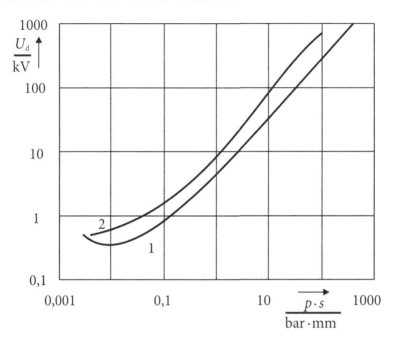

Abb. 6.9 Paschenkurve für Luft (1) und SF6 (2) nach [1] (anstelle von bar wird heute die Einheit Pa $= 10^{-5}$ bar verwendet.). (Eigene Darstellung)

l: Länge des Lichtbogens

$$a = 15 \ldots 40\,\text{V} \qquad b = 5 \ldots 20\,\text{V/cm}$$

$$c = 10 \ldots 100\,\text{VA} \qquad d = 1 \ldots 200\,\text{VA/cm} \qquad n = 0{,}3 \ldots 1$$

Die Bandbreite dieser Zahlenwerte zeigt, dass die Vorausberechnung von Lichtbögen sehr schwierig ist. Dabei ist weiter zu beachten, dass die Lichtbogenlänge l bis zum Dreifachen des Elektrodenabstands betragen kann. Für frei brennende Lichtbögen in elektrischen Anlagen oder auf Freileitungen wurde eine Näherungsform zur Bestimmung des Widerstands entwickelt [13]

$$R_{\text{B}} = \frac{28\,700\,\Omega/\text{m}}{(I/A)^{1,4}} \cdot l \tag{6.8}$$

Häufig setzt man anstelle des Bogenwiderstands R_{B} eine konstante Lichtbogenspannung U_{B} an, deren Vorzeichen dem des Stromes entspricht. Der Spannungsanstieg in der Umgebung der Stromnulldurchgänge entsteht durch eine Zünd- und eine Löschspitze (Abb. 6.10c), wobei die Zündspitze aufgrund der thermischen Trägheit etwas größer als die Löschspitze ist. Ein Rauschen, das sich diesem Vorgang überlagert, wurde nicht eingezeichnet.

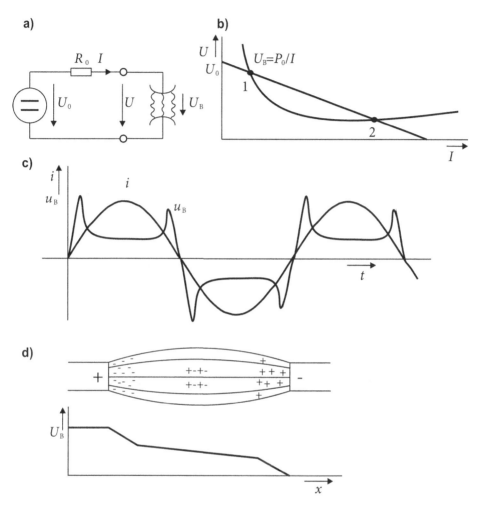

Abb. 6.10 Lichtbogen. **a** Schaltbild; **b** Kennlinie; **c** Lichtbogenspannung bei Wechselstrom; **d** Aufbau der Lichtbogenspannung. (Eigene Darstellung)

Die Lichtbogenspannung U_B besteht aus den Spannungsabfällen an der Kathode U_K und der Anode U_A (mit $U_K + U_A = 5 \dots 20$ V) sowie der Spannung der Lichtbogensäule $U_S = E_S \cdot l$ (Abb. 6.10d). Die Säulenfeldstärke E_S ist stark von der Kühlung des Lichtbogens abhängig. Für Luft gilt $E_S = 20$ V/cm ungekühlt im Freien und $E_S = 100$ V/cm gekühlt in Leistungsschaltern. Um Lichtbögen, die beim Unterbrechen in Schaltern entstehen, zu löschen, kann man die Bogenfeldstärke durch Kühlen erhöhen, die Bogenlänge durch Beblasen erweitern (Abb. 5.8) oder die Spannungsabfälle an Kathode und Anode vervielfachen, indem man die Lichtbogenstrecke mit Löschblechen unterteilt. Letztere Methode wird bei Gleichstromschaltern angewandt (Abb. 5.7).

6.4.3 Flüssige Isolierstoffe

Die Durchschlagfestigkeit von flüssigen Isolierstoffen, insbesondere Öl, hängt stark von einer Verunreinigung mit Wasser und Gasen ab. Hierin liegt auch die Ursache für die Bildung von Ionen und die Entstehung von Elektronenlawinen. Aber auch die Dissoziation (Zerfall) der Isolierflüssigkeit selbst führt zu Ionen. Aus den Elektroden können bei genügend hoher Feldstärke Ladungsträger emittiert werden. Alterungsprozesse des Öls und Verunreinigungen, die beispielsweise von der Wicklungsisolation in einem Transformator stammen, führen zu Fasern, die polarisiert werden und so Brücken bilden. Auf diese Art entstehen inhomogene Felder, die Stoßionisation und damit Teilentladungen zur Folge haben [2]. Diese können die Isolierflüssigkeit zersetzen und einen Durchschlag hervorrufen. Nach dem Abschalten eines Betriebsmittels, das flüssige Isolation enthält, kann sich durch Strömung die Fehlstelle u. U. selbst heilen und einen weiteren Betrieb ermöglichen.

Die wichtigsten flüssigen Isolierstoffe werden aus mineralischen Ölen gefertigt, weil sie eine gute elektrische Festigkeit besitzen. Für 50 Hz gilt:

Durchschlagfeldstärke	$E_d = 20\,\text{kV/cm}$
Dielektrizitätszahl	$\varepsilon_r = 2,2$
Verlustfaktoren	$\tan \delta = 10^{-3}$
spezifischer Widerstand	$\rho = 10^{14}\,\Omega\text{cm}$

Ein Nachteil des Öls ist seine Brennbarkeit. Deshalb entwickelte man synthetische Öle (Askarele mit dem Handelsnamen Clophen), die aber PCB (Polychlorierte Biphenyle) enthalten. Diese brennen zwar nicht, bilden aber bei Schwelbränden Dioxin und werden deshalb nicht mehr eingesetzt. Ersatzflüssigkeiten auf Silikonbasis werfen technische und wirtschaftliche Probleme auf. Darum verzichtet man in den Fällen, in denen Brandgefahr Öl verbietet, oft vollständig auf Flüssigkeitsisolation und nimmt eine größere Bauform in Kauf.

6.4.4 Feste Isolierstoffe

Bei festen Isolierstoffen kann man zwischen verschiedenen Durchschlagmechanismen unterscheiden [1, 8].

Der elektrische Durchschlag bei kurzzeitigen, hohen Spannungsbeanspruchungen beruht auf Stoßionisation und Elektronenlawinen. Er ist dem Durchschlagverhalten der Gase vergleichbar.

Der Wärmedurchschlag, der im Bereich von Sekunden bis Stunden abläuft, ist die Folge einer Instabilität des Wärmehaushalts im Isolierstoff. Mit steigender Spannung steigt der Strom durch den Isolierstoff an und erhöht die Verluste und damit auch die Temperatur. Bei höheren Temperaturen setzen aber die Isolierstoffe mehr Ladungsträger frei, sodass die Leitfähigkeit im Gegensatz zu Metallen ansteigt. Bei gleicher Spannung wächst damit der Strom. Die Wärmeabgabe ist proportional zur Temperaturdifferenz und wächst nicht in dem Maß an wie die Verluste. Chemische Prozesse in den Isolierstoffen, z. B. Verkohlung, führen zu einer weiteren Erhöhung der Leitfähigkeit und damit einer bleibenden Schädigung.

Der Erosionsdurchschlag beginnt mit Teilentladungen an Elektrodenspitzen oder Inhomogenitäten der Isolierstoffe. Er läuft langsam ab und wird deshalb als Alterung bezeichnet. Teilentladungen, beispielsweise an kleinen Luft- oder Wassereinschlüssen, führen zu chemischen Umwandlungen, die im Zeitraum von Tagen bis Jahren voranwachsen und sich ähnlich wie Blitze baumartig verästeln. Diese Watertrees sind bei Kabeln, deren Lebensdauer im ungeschädigten Zustand bei 50 Jahren liegen sollte, sehr gefürchtet.

Gebräuchliche Isolierstoffe sind

- **Quarz (SiO_2, Siliziumdioxid).** Für Hochtemperaturisolation und in Form von Quarzsand als Beimengungen zu Gießharzen.
- **Glimmer**. Mit Klebemittel, z. B. Schellack, als wenig elastische Nutisolation in elektrischen Maschinen.
- **Porzellan**. Zur Herstellung von Isolatoren, z. B. für Freileitungen.
- **Glas**. Neben Porzellan zum Bau von Isolatoren verwendet oder in Form von Glasfasern zur Verstärkung von Kunststoffen für die Bandagierung von Maschinenwicklungen oder Isolierplatten eingesetzt.
- **Papier**. In Verbindung mit Öl zur Leiterisolation in abgeschlossenen Maschinen oder Kabeln eingesetzt.
- **Polyäthylen (PE)**. Geeignet zur Isolation von Hochspannungskabeln. Durch zusätzliche Polymerisation werden die Moleküle vernetzt, sodass VPE entsteht.
- **Polyvinylchlorid (PVC)**. Preiswerte Isolation für Kabel. Da der Verlustfaktor $\tan \delta$ von PVC relativ hoch ist, wird es als Aderisolation nur bei Niederspannung eingesetzt, aber auch bei Hochspannungskabeln zur äußeren Ummantelung. Probleme mit PVC treten durch die chemischen Reaktionsprodukte, z. B. Salzsäure, bei einem Brand auf.
- **Epoxidharz (EP)**. Wegen der Verarbeitungsart auch als Gießharz bezeichnet. Dabei bringt man das zu isolierende Bauteil in eine Form ein, die mit EP gefüllt wird, das oft durch Magerstoffe angereichert ist. Nach dem Aushärten kann die Form wieder entfernt werden. Einsatzgebiete für EP sind Transformatoren kleiner bis mittlerer Leistung (hier verdrängt es immer mehr die Öl-Isolation), Wandler, Schalter und Isolatoren für SF_6-Anlagen.
- **Polyurethanharz (PUR)**. Ähnlich wie EP als Gießharz eingesetzt.

Für feste Isolierstoffe gelten die folgenden elektrischen Kenngrößen bei 50 Hz:

Durchschlagfeldstärke $E_d = 10 \ldots 100 \, \text{kV/mm}$
Dielektrizitätszahl $\varepsilon_r = 3 \ldots 6$

Verlustfaktor $\tan \delta = 10^{-3} \ldots 10^{-4}$
spezifischer Widerstand $\rho = 10^{12} \ldots 10^{17}\ \Omega\text{cm}$

6.5   Feldberechnung

Die Hochspannungsfestigkeit eines Gerätes ist von dem konstruktiven Aufbau und den verwendeten Isolierstoffen, aber auch der Sorgfalt bei der Fertigung abhängig. Während die Berechnung der Materialeigenschaften kaum möglich ist, lässt sich die Beanspruchung aufgrund der Feldausbildung für einfache Anordnungen explizit von Hand und in komplexeren Gebilden durch numerische Verfahren bestimmen. Trotzdem sind Tests bei der Entwicklung von hochspannungstechnischen Geräten auch heute noch das wichtigste Hilfsmittel [14, 15, 16].

In einem elektrischen Feld zwischen zwei Elektroden (Abb. 6.11) gilt für die Vektoren der Feldstärke $\vec{E}$ und der dielektrischen Verschiebung $\vec{D}$ die Materialgleichung

$$\vec{D} = \varepsilon_r\, \varepsilon_0\, \vec{E} \tag{6.9}$$

Die Spannung U zwischen den Elektroden bei $x = 0$ und $x = d$ wird durch das Integral über die Feldstärke bestimmt

$$U = \int_0^d \vec{E}\, \mathrm{d}\vec{l} \tag{6.10}$$

Für die Ladungen Q der Elektroden ergeben sich aus dem Integral über ihre Oberfläche

$$Q = \oint \vec{D}\mathrm{d}\vec{s} \tag{6.11}$$

An den Rändern des Feldes, d. h. an den Elektroden, die als beliebig gut leitend angenommen werden, gilt wegen deren Leitfähigkeit die physikalische Bedingung, dass die Feldlinien senkrecht eintreten müssen. Für eine Anordnung entsprechend Abb. 6.11a folgen daraus Randbedingungen.

$$x = 0:\ \partial \vec{E}/\partial y = 0\ \ \partial \vec{E}/\partial z = 0$$
$$x = d:\ \partial \vec{E}/\partial y = 0\ \ \partial \vec{E}/\partial z = 0 \tag{6.12}$$

Diese einfachen Bedingungen gelten auf den Metalloberflächen. In der gesamten Ebene gelten sie nur näherungsweise, wenn die Ausdehnung der Elektroden in y- und z-Richtung so groß ist, dass die Effekte an den Rändern zu vernachlässigen sind.

Bei der Feldberechnung sind die Materialgleichungen, die Integrale und die Randbedingungen in Einklang zu bringen. Es gilt, eine Lösung für den gesamten Feldraum außerhalb der Elektroden zu bestimmen, welche die obigen Beziehungen gleichermaßen erfüllt. Mit den Feldlinien, die in Richtung der maximalen Feldstärke verlaufen, bilden die Äquipotenziallinien als Linien gleichen Potenzials ein orthogonales Netz. In

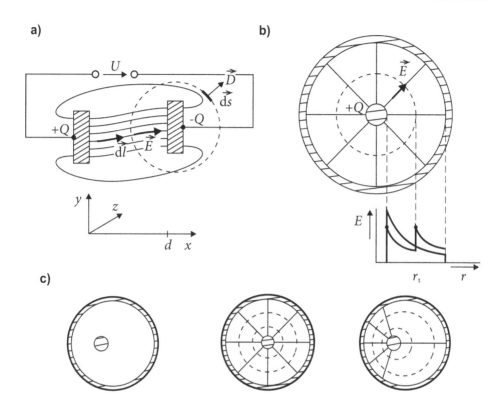

Abb. 6.11 Analytische Feldberechnung. **a** Plattenanordnung; **b** konzentrische Anordnung; **c** exzentrische Anordnung /// Elektroden, – Feldlinien, – Äquipotenziallinien. (Eigene Darstellung)

geschlossener Form können die Feldlinien nur für sehr einfache Anordnungen, wie ebene Platten oder konzentrische Kreise, entsprechend Abb. 6.11b angegeben werden.

$$\vec{E} = \frac{Q}{2\pi\varepsilon l} \cdot \frac{1}{r} \cdot \vec{e}_r = E\,\vec{e}_r \qquad (6.13)$$

Dabei ist $\vec{e}_r$ der Einheitsvektor in radialer Richtung.

Beispiel 6.2: Feldstärkeverlauf bei konzentrischen Elektroden

Für die Anordnung nach Abb. 6.11b soll der Feldstärkeverlauf bestimmt werden. In einem zweiten Fall wird bei dem Radius r_t eine Trennschicht vorgesehen, die das innere Dielektrikum ε_1 von dem äußeren Dielektrikum ε_2 abgrenzt. Durch Wahl eines geeigneten Verhältnisses $\nu_\varepsilon = \varepsilon_2/\varepsilon_1$ ist es dann möglich, die Feldstärke bei r_1 und r_t gleichzumachen und damit die Belastung erheblich zu reduzieren. Es sind folgende Daten zugrunde zu legen

$$r_1 = 10\,\text{mm} \qquad r_t = 20\,\text{mm} \qquad r_2 = 30\,\text{mm} \qquad U = 100\,\text{kV}$$

Die Feldlinien verlaufen radial von der inneren zur äußeren Elektrode, sodass der Einheitsvektor in Gl. 6.13 entfallen kann.

$$E = \frac{Q}{2\pi \varepsilon l} \cdot \frac{1}{r} \quad U = \int_{r_1}^{r_2} \vec{E} \, \mathrm{d}\vec{r} = \frac{Q}{2\pi \varepsilon l} \ln (r_2/r_1) \tag{6.14}$$

Daraus folgt

$$E = \frac{U}{\ln(r_2/r_1)} \cdot \frac{1}{r} \tag{6.15}$$

Die Feldstärke fällt entsprechend Gl. 6.15 zum Rand hin hyperbelartig ab.

$$r = r_1 : E_1 = 9\,\mathrm{kV/mm}$$
$$r = r_2 : E_2 = 3\,\mathrm{kV/mm}$$

Für den Fall mit den geschichteten Dielektrika ergibt sich aus Gl. 6.15 mit den Feldstärken E_{t-} und E_{t+} an der Trennschicht

$$U = U_{1t} + U_{t2} = E_{t-} \cdot r_t \cdot \ln(r_t/r_1) + E_{t+} \cdot r_t \cdot \ln(r_2/r_t) \tag{6.16}$$

An der Trennschicht gilt

$$D_{t-} = D_{t+} \quad \varepsilon_1 \cdot E_{t-} = \varepsilon_2 \cdot E_{t+} \tag{6.17}$$

Laut Aufgabenstellung sollen die Feldstärke E_{t+} und E_{t+} gleich sein

$$E_{t-} = E_1 \cdot r_1/r_t = \varepsilon_2/\varepsilon_1 \cdot E_{t+}$$
$$v_\varepsilon = \varepsilon_2/\varepsilon_1 = r_1/r_t = 0{,}5 \tag{6.18}$$

Hiermit folgt aus Gl. 6.16

$$\begin{aligned}
E_1 = E_{t+} &= \frac{U}{v_\varepsilon \cdot r_t \cdot \ln(r_t/r_1) + \cdot r_t \cdot \ln(r_2/r_t)} \\
&= \frac{100\,\mathrm{kV}/20\,\mathrm{mm}}{0{,}5\ln(20\,\mathrm{mm}/10\,\mathrm{mm}) + \ln(30\,\mathrm{mm}/20\,\mathrm{mm})} = 6{,}6\,\mathrm{kV/mm}
\end{aligned}$$

Die maximale Feldstärke wurde dadurch von 9 kV/mm auf 6,6 kV/mm gesenkt. ◄

Das beschriebene Verfahren ist nur anzuwenden, wenn zur Lösung des Integrals (Gl. 6.10) die Funktion $E(x)$ auf einem Integrationsweg von einer Elektrode zur anderen vorliegt. Bei der exzentrischen Anordnung nach Abb. 6.11c ist dies nicht unmittelbar der Fall.

Ein wirksames mathematisches Hilfsmittel zur analytischen Feldberechnung bieten hier die konformen Abbildungen, bei denen mithilfe der Funktionentheorie geometrische Anordnungen in solche transformiert werden können, deren Potenziale und Feldstärkeverläufe geschlossen beschreibbar sind [12]. Im Studium freut man sich; meist ist das die einzige Anwendung der im Grundstudium erlernten Funktionentheorie.

So kann man die exzentrischen Kreise nach Abb. 6.11c in konzentrische transformieren, für diese Anordnungen den Verlauf der Feldlinien und Äquipotenziallinien bestimmen und wieder zurücktransformieren.

Bei den in der Technik vorkommenden Elektrodenanordnungen lassen sich jedoch in der Regel keine geschlossenen Lösungen finden; man muss auf numerische Verfahren zurückgreifen. Hierzu sind theoretische Modelle aufzustellen, mit deren Hilfe der reale Feldverlauf angenähert wird.

Bei den Ersatzladungsverfahren werden im einfachsten Fall Punktladungen innerhalb oder jenseits der Elektrode angesetzt. Durch die Überlagerung der von den Punktladungen verursachten Felder entsteht ein Gesamtfeld, das an der Elektrode senkrecht austretende Feldlinien bewirkt. Bei translatorischen Anordnungen treten anstatt der Punktladungen Linienladungen und bei rotatorischen Anordnungen Ringladungen auf, die in der bildlichen Darstellung als Punkte erscheinen. Eine Ersatzlinienladung wurde in Abschn. 4.1.4 angesetzt, um die Erdkapazität einer Freileitung zu bestimmen. Der Spiegelleiter stellt dort sicher, dass die elektrischen Feldlinien senkrecht in die Erdoberfläche eintreten. Eine Vielzahl von Ringladungen ist notwendig, um das Feld einer sogenannten Rogowski-Elektrode nach Abb. 6.12a nachzubilden.

Werden zunächst die Ladungen $Q_1 Q_2 \ldots Q'_1 Q'_2$ als bekannt vorausgesetzt, so lassen sich mithilfe der Potenzialkoeffizienten α_{ik}, die bereits in Abschn. 4.1.5 (Gl. 4.26) beschrieben wurden, die Potenziale φ_i bestimmen [17].

$$\begin{pmatrix} \varphi_1 \\ \varphi_2 \\ \vdots \\ \varphi'_1 \\ \varphi'_2 \\ \vdots \end{pmatrix} = \boldsymbol{\alpha} \begin{pmatrix} Q_1 \\ Q_2 \\ \vdots \\ Q'_1 \\ Q'_2 \\ \vdots \end{pmatrix} = \begin{pmatrix} 1 \\ 1 \\ \vdots \\ -1 \\ -1 \\ \vdots \end{pmatrix} U \tag{6.19}$$

Legt man nun die Potenzialpunkte auf die Elektrodenoberfläche, müssen sie die angelegte Spannung annehmen.

Durch Inversion der Matrix $\boldsymbol{\alpha}$ in Gl. (6.19) wird es nun möglich, aus der Elektrodenspannung U die oben angesetzten Linienladungen Q_i zu bestimmen. Mithilfe der Gl. (6.19) und entsprechend bestimmter Potenzialkoeffizienten α_{ik} sind dann die Potenziale an beliebigen Punkten im Feldraum zu berechnen. Verbindet man die Punkte konstanter Potenziale, so entstehen Äquipotenziallinien und senkrecht hierzu die Feldlinien (Abb. 6.13). Am Rand des Plattenkondensators (Abb. 6.13a) liegen die Äquipotenziallinien sehr dicht beieinander. Dies bedeutet große Feldstärke. Bei der Rogowski-Elektrode (Abb. 6.13b) ist dies nicht der Fall. Hier sinkt die Feldstärke nach außen hin ab, sodass die Gefahr der Teilentladungen reduziert wird.

Das größte Problem bei den beschriebenen Ersatzladungsverfahren liegt in der optimalen Platzierung der Ladungspunkte. Werden die Konturen der Elektroden komplex, so steigt die Anzahl der notwendigen Teilladungen sehr stark an. Man geht

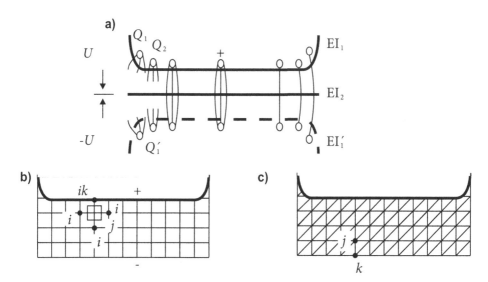

Abb. 6.12 Numerische Feldberechnung. **a** Punktladungen Rogowski-Elektrode über Platte *(durchgezogene Linien)* Elektroden, *(gestrichelt)* gespiegelte Elektrode, *(offener Kreis)* Punktladungen; **b** Gitternetz für Finite Differenzen; **c** Gitternetz für Finite Elemente. (Eigene Darstellung)

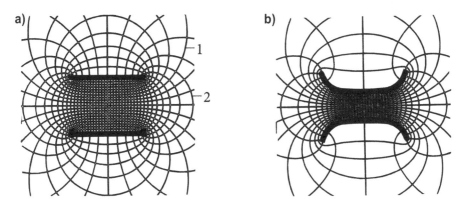

Abb. 6.13 Feldlinienbilder. **a** Plattenkondensator; **b** Rogowski-Elektrode; 1: Äquipotenziallinien; 2: Feldlinien. (Eigene Darstellung)

dann häufig zu den Finiten Elementen oder Finiten Differenzen über [2, 14]. Während der Feldraum außerhalb der Elektroden beim Ersatzladungsverfahren bis ins Unendliche ausgedehnt ist, muss er bei den Finiten Elementen und Differenzenverfahren abgeschlossen werden, wie die Abb. 6.12b und Abb. 6.12c zeigen.

Bei den Finiten Differenzen wird im einfachsten Fall der Raum zwischen den Elektroden mit einem regelmäßigen Gitternetz überzogen (Abb. 6.12b). Für jeden Knoten j wird nun ein Potenzial angesetzt, das sich aus dem Mittelwert der Nachbarpotenziale i ergibt. Man bekommt so für jeden Knoten des Gitters eine Gleichung. In dem Gleichungssystem sind nur die Potenziale φ_k auf den Elektroden bekannt. Die Potenziale der restlichen Knoten erhält man durch Lösung des Gleichungssystems. Dies kann iterativ erfolgen, indem zunächst alle unbekannten Potenziale zu null gesetzt werden. Der Knoten j in Abb. 6.12b würde dann im ersten Schritt 1/4 des Potenzials $\varphi_{ik} = U$ annehmen.

Bei dem ebenfalls häufig verwendeten Verfahren der Finiten Elemente geht man ebenfalls von einem Gitternetz aus (Abb. 6.12c). Gegenüber Abb. 6.12b ist jedoch eine Unterteilung in Dreiecke zweckmäßiger. Man setzt im einfachsten Fall für die Kanten zwischen den Gitterpunkten eine lineare Änderung des Potenzials an. Dies führt zu einer konstanten Feldstärke, die aus der Potenzialdifferenz bestimmt wird. So lässt sich ein Gleichungssystem aufstellen, das den Zusammenhang zwischen den Potenzialen in den Gitterpunkten φ im Feldbereich und den Potenzialen an den Elektrodenoberflächen φ_k herstellt. Dabei sind nur die Potenziale φ_k an den Elektroden bekannt. Die physikalische Bedingung, dass ein Feld stets seine möglichst niedrigste Energie annimmt, führt zu einer Zielfunktion, deren Minimierung eindeutig die Potenziale φ_j liefert.

$$J = \sum \varphi_j^2 \rightarrow \text{Min} \qquad (6.20)$$

Die Berechnungsverfahren wurden für ebene Anordnungen beschrieben. Sie lassen sich analog auf räumliche erweitern. Ebenso liefern sie neben den anschaulichen Feldlinienbildern die für eine Anlagenauslegung wichtigen Feldstärken und Kapazitäten.

Zur Behandlung von Magnetfeldern, die im Elektromaschinenbau von großer Bedeutung sind, können die gleichen Prinzipien angewandt werden wie bei den elektrischen Feldern. Beispiele für geschlossene Lösungen finden sich in der Berechnung der Induktivitäten von Freileitungen entsprechend Abschn. 4.1.2. Berechnet man Magnetfelder, so ergeben sich jedoch zusätzliche Schwierigkeiten. Die Elektroden bei Hochspannungsfeldern weisen sich durch eine vergleichsweise glatte Struktur aus, während die Wicklungsdrähte, die die Gestalt des Magnetfeldes bestimmen, komplexer angeordnet sind. Im Bereich der Netzfrequenzen können die Elektroden als ideal leitend angesehen werden. Das Feld tritt deshalb senkrecht in sie ein und ist innerhalb fast null. In den von Wechselstrom durchflossenen Wicklungsdrähten entstehen aber auch Magnetfelder, die eine Stromverdrängung hervorrufen und so eine mathematische Behandlung der Leiter notwendig machen. Schließlich ist die Dielektrizitätskonstante ε der Isolierstoffe nahezu feldunabhängig, während das Eisen als Material zur Kanalisierung des Magnetfeldes einen feldabhängigen Permeabilitätsfaktor μ besitzt und außerdem stromleitfähig ist, sodass sich in ihm bei Wechselfeldern Wirbelströme ausbilden können.

6.6   Isolationskoordination

Die im Normalbetrieb auftretenden betriebsfrequente Spannungen können bei Fehlern ansteigen. Schalthandlungen und Blitzeinschläge erzeugen höherfrequente Spannungen. Die Isolationsfestigkeit und die Ansprechspannung der Überspannungsableiter müssen hierauf abgestimmt werden. Dies wird als Isolationskoordination bezeichnet [18].

Im Rahmen der Netzplanung (Abschn. 8.6) wird sichergestellt, dass die Betriebsspannung eines Netzes U_b, z. B. nach Lastabwürfen, einen Höchstwert $U_{b\,max}$ nicht überschreiten kann. Die in dem Netz eingesetzten Betriebsmittel müssen dann für eine höchste Spannung $U_m > U_{b\,max}$ ausgelegt sein. Dabei wird U_m als Effektivwert der Leiter-Leiter-Spannungen angegeben. Die Beanspruchung der Leiter-Erd-Isolation kann im Erdschlussfall bei hochohmig geerdeten Transformatorsternpunkten den $\sqrt{3}$-fachen Wert, d. h. die Höhe der Leiter-Leiter-Spannung, annehmen.

Schaltvorgänge führen zu transienten Überspannungen. Hier ist die Wiederkehrspannung nach dem Abschalten von Kurzschlüssen von besonderer Bedeutung. Neben diesen inneren Überspannungen führen die äußeren Überspannungen in Form von Blitzen zu einem steilen Spannungsanstieg innerhalb von 1,2 µs (Abb. 6.4). Ein besonders steiler Anstieg entsteht durch rückwärtige Überschläge, bei denen der Blitz zunächst das Blitzschutzseil trifft, auf ihm in Form einer Wanderwelle zu einer Schaltanlage läuft, um dort an einer kritischen Isolationsstelle fast sprungartig auf das Leiterseil überzutreten. Auf diesem läuft die steile Wanderwelle zu den Geräten der Schaltanlage ohne nennenswerte Abflachung.

Den Betriebsmitteln lassen sich in Abhängigkeit von der höchsten Spannung U_m "Steh-Spannung" zuordnen, d. h. Spannungen, denen der Prüfling bei einer bestimmten Anzahl von Tests im statistischen Mittel widersteht [19]. Man unterscheidet

- **Bemessungs-Steh-Wechselspannung** U_{rW}. Eine 50-Hz-Überspannung, die kurzzeitig, z. B. 1 min lang, anstehen kann.
- **Bemessungs-Steh-Blitzstoßspannung** U_{rB}. Eine Stoßspannung, mit 1,2 µs Anstiegszeit und 50 µs Rückenhalbwertzeit entsprechend Abb. 6.4c.
- **Bemessungs-Steh-Schaltstoßspannung** U_{rS}. Eine Stoßspannung mit einer Anstiegszeit zum Maximalwert von 250 µs und einer Rückenhalbwertzeit von 2500 µs. Schaltspannungen sind nur in Netzen mit einer Nennspannung von 380 kV und darüber von Bedeutung. Für niedrige Spannungsebenen besteht bei Einhaltung der Blitzspannungspegel i. Allg. keine Gefahr durch Schaltüberspannungen.

Für ein Netz der Nennspannung $U_n = 110\,kV$ beträgt beispielsweise die höchste Spannung der Betriebsmittel $U_m = 123\,kV$ und die Bemessungs-Steh-Wechselspannung $U_{rW} = 185\,kV$ bzw. $U_{rW} = 230\,kV$. Dabei gilt der höhere Wert für Netze mit Sternpunkten, die nicht wirksam geerdet sind (Abschn. 8.2). Die Bemessungsblitz-Steh-Stoßspannung

$U_{rB} = 450\,kV$ bzw. $U_{rB} = 550\,kV$ wird im Gegensatz zu den Wechselspannungswerten als Spitzenwert angegeben.

Die Spannungsfestigkeit einer Isolation ist von der Einwirkungsdauer der Spannung abhängig. Dieser Zusammenhang wird in der Stoßspannungskennlinie nach Abb. 6.14 dargestellt. Ursache für die höhere Festigkeit bei kurzzeitigen Spannungsstößen ist die notwendige Aufbauzeit der Elektronenlawinen und Streamer, die einem Spannungsdurchbruch vorangehen. Dies gilt auch für Überspannungsableiter (Abschn. 5.1.5). Um einen vollständigen Schutz zu erreichen, muss die Stoßkennlinie der Ableiter stets unter derjenigen der Isolation liegen. Dadurch ergeben sich im Bereich steiler Stoßspannungen bei festen Isolierstoffen Schwierigkeiten, wenn SiC-Ableiter mit Funkenstrecken eingesetzt werden. Hier schaffen die heute fast ausschließlich eingesetzten Metalloxid-Ableiter Abhilfe [20].

Der Versuch, Betriebsmittel so zu dimensionieren, dass sie allen denkbaren Beanspruchungen standhalten, führt zu unwirtschaftlichen Auslegungen. Eine sinnvolle Isolationskoordination lässt gewisse Fehlerwahrscheinlichkeiten zu, die man bei wertvollen Betriebsmitteln wie Transformatoren allerdings sehr niedrig ansetzen wird.

6.7 Blitzschutz

Den Gefahren die von Blitzen ausgehen, sind sich die Menschen seit Langem bewusst. Bereits um 2000 v. Chr. traten in der Mythologie von Mesopotamien Blitzableiter auf. Aber erst 1745 schlägt Benjamin Franklin einen solchen als technische Einrichtung vor. Das Konstruktionsprinzip gilt noch heute.

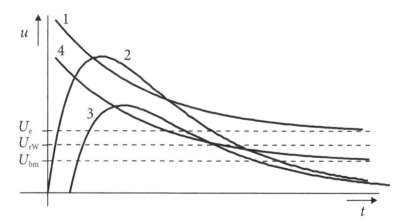

Abb. 6.14 Stoßspannungsfestigkeit einer Isolation. 1: Stoßspannungskennlinie des Betriebsmittels; 2: Stoßspannung, die zum Durchschlag führt; 3: Stoßspannung, die beherrscht wird; 4: Stoßspannungskennlinie des Überspannungsableiters; U_e: Einsatzspannung der Teilentladung; U_{rW}: Bemessungs-Steh-Wechselspannung; U_m: maximale Betriebsspannung. (Eigene Darstellung)

Beim Blitzschutz von baulichen Einrichtungen unterscheidet man zwischen Innen-
und Außenblitzschutz [21, 22, 23, 24, 25]. Der innere Blitzschutz erfordert den
Zusammenschluss aller metallischen Teile in einem Gebäude und soll sicherstellen, dass
zwischen leitfähigen Teilen im Gebäude keine großen Spannungsdifferenzen auftreten.
Dieser Potenzialausgleich ist auch aus Gründen des Berührungsschutzes vor Isolations-
fehlern in der Gebäudeinstallation notwendig (Abschn. 8.6.4). Der äußere Blitzschutz
soll verhindern, dass der Blitz in das Gebäude eindringt. Hierzu muss der zu schützende
Raum mit einem leitfähigen Netz, in der Regel Eisendrähten oder Flacheisen, umgeben
sein. Um die notwendige Maschenweite zu bestimmen, greift man auf das Verständnis
des Streamer-Leader-Mechanismus nach Abschn. 6.4.1 zurück. Danach wirkt an der
Spitze des Wolke-Erde-Blitzes eine erhöhte Feldstärke, die in einem bestimmten Abstand
r zu Fangentladungen führen kann. Dieser Abstand wächst annähernd proportional
mit dem Blitzstrom, sodass starke Blitze „weiter sehen" als schwache. Für normale
Anforderungen geht man von einem 10-kA-Blitz aus und setzt einen Radius von etwa
$r = 45$ m an. Folglich könnte der Blitz ein Netz von mehr als 90 m Maschenweite
passieren. Abb. 6.15 zeigt die Bestimmung des Schutzraums nach dem beschriebenen
Kugelmodell. Danach ist der Metallleiter 1 gefährdet, während der Leiter 2 ungefährdet
bleibt. Ein Blitz könnte trotz geerdeter Schlitzschutzanlage B durch das Dach D in den
Leiter 1 einschlagen, der den gesamten Strom ableiten müsste. Feuergefahr besteht dann
an der durchgeschlagenen Dachhaut oder in der Umgebung des Leiters, wenn dieser zu
heiß wird. Ist der Leiter nicht geerdet, ereignet sich der zweite Durchschlag an der Stelle,
an der er in die Nähe geerdeter Teile kommt.

Um den Blitz abzuleiten, sind möglichst geradlinige Ableitungen zur Erde wichtig.
Scharfe Knicke, beispielsweise an Dachüberständen bilden eine Induktivität und sind
unbedingt zu vermeiden.

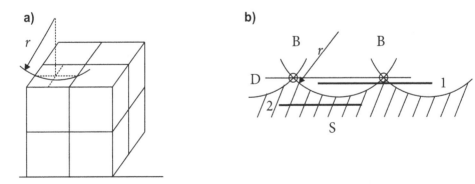

Abb. 6.15 Schutzraum gegen Blitzeinschlag. **a** räumliche Darstellung; **b** Schnitt durch eine
Ebene mit ungeschütztem (1) und geschütztem (2) Metallteil. (Eigene Darstellung)

Sachschäden nach Blitzeinschlag entstehen mittelbar insbesondere durch Brände (Sekundärwirkung). Aber auch unmittelbare Schäden an Elektrogeräten sind beim Blitzeinschlag in ein Gebäude zu beobachten, obwohl der größte Teil des Stromes über die ordnungsgemäß errichtete Blitzschutzanlage nach dem Faraday-Effekt außerhalb des Hauses abgeleitet wird.

Personen, die vom Blitz getroffen werden, haben eine geringe Überlebenschance. So sind in Deutschland etwa 10 Blitztote pro Jahr zu beklagen. Die hohen Spannungen, die über den Körper abfallen, führen zu Gleitentladungen an der Körperoberfläche. Überlebende Opfer haben deshalb häufig Verbrennungen. Schädigungen der inneren Organe durch Übererwärmung können zu langanhaltenden Leiden führen. Ebenso sind Schädigungen des Gehirns und des Nervensystems nicht auszuschließen (Abschn. 4.4.7). Paradoxerweise führen Erde-Wolke-Blitze, die insbesondere im Gebirge auftreten und relativ niedrige Stromstärken besitzen, aber länger als 100 ms andauern, häufiger zum Tod als die hochstromigen Wolke-Erde-Blitze. Die Erklärung dafür ist in der nicht auftretenden Gleitentladung, die den Körper entlastet, zu suchen. Bei Blitzopfern sind ebenso wie bei Opfern von Elektrounfällen die bekannten Erste-Hilfe-Maßnahmen, wie Beatmung und Herzmassage, anzuwenden.

Um sich vor einem Blitzschlag zu schützen, sollte man folgende Regeln beachten:

- Die Entfernung eines Gewitters ist aus der Schallgeschwindigkeit zu bestimmen. Beträgt der zeitliche Abstand zwischen Blitz und Donner 3 s, so ist das Gewitter ca. 1 km entfernt.
- Donner ist über Entfernungen von etwa 10 km gut zu hören. Nähert sich das Gewitter mit 60 km/h, so ist es nach 10 min am Ort des Betroffenen.
- Bergkuppen sollten gemieden, Mulden aufgesucht werden.
- Waldränder sind zu meiden. Innerhalb des Waldes ist ein Platz zwischen den Bäumen zu suchen.
- Alleinstehende Bäume sind besonders gefährdet. Unter ihnen sollte ein Abstand von 3 m zum Stamm eingenommen werden, um Überschläge vom Stamm in den eigenen Körper zu vermeiden.
- Im Gelände oder in Hütten ohne Blitzschutzeinrichtungen sollte man in die Hocke gehen.
- Beide Füße sind nebeneinanderzustellen, um Schrittspannungen zu vermeiden (Abb. 4.18b).
- Regenschirme oder sonstige spitze Metallgegenstände sollten in Bodennähe untergebracht werden.

Um die in ein Bauwerk einschlagenden Blitze gut abzuleiten, werden vornehmlich Staberder eingesetzt. Deren Ausbreitungswiderstand für 50 Hz ergibt sich zu (Abschn. 4.4.5)

$$R_E = \frac{\rho}{2\pi l} \ln \frac{2l}{r} \qquad (6.21)$$

Bei einem Blitz mit großer Stirnsteilheit wirkt zunächst der Wellenwiderstand Z_W, der bei den Leitungen (Abschn. 4.2.1) vorwiegend durch L' und C' bestimmt wird. Im Erdreich dagegen sind die Induktivität L' des Leiters und der Ableitwert G' maßgebend. Setzt man als Gegenelektrode zum Erder mit dem Radius r_E einen fiktiven Zylinder r_A an, so ergeben sich in Analogie zu den Abschn. 4.1.2 und Abschn. 4.1.4 für eine koaxiale Anordnung

$$L' = \frac{\mu_0}{2\pi} \ln(r_A/r_E) \qquad G' = \frac{2\pi}{\rho} \frac{1}{\ln(r_A/r_E)} \tag{6.22}$$

Problematisch ist die Wahl des Radius r_A. Hier kann man mit einiger Näherung die Stablänge l einsetzen [22].

Wellenwiderstand und Fortpflanzungsgeschwindigkeit sind frequenzabhängig

$$Z_W = \sqrt{\frac{\omega L'}{G'}} \qquad v = \sqrt{\frac{2\omega}{L'G'}} \tag{6.23}$$

Die Kurvenform der anliegenden Spannung bildet sich über den Wellenwiderstand auf den Strom verzerrt ab, da die Geschwindigkeit frequenzabhängig ist (Dispersion). Ist der Erder so kurz, dass die Laufzeit der Wellen klein gegenüber der Stirnzeit ist, bestimmt der Ausbreitungswiderstand R_E nach Gl. (6.21) den Zusammenhang zwischen Strom und Spannung. Bei räumlich weit ausgedehnten Erdern wirkt der Wellenwiderstand Z_W während des gesamten Anstiegs. Wie im ohmsch-induktiven Kreis erreicht die Spannung ihr Maximum vor dem Strom. Die Stirnsteilheit der Erderspannung ist demnach größer als die Stirnsteilheit des eingeprägten Stromes. Das Verhältnis der Maximalwerte liefert den Stoßwiderstand

$$R_{St} = u_{max}/i_{max} \tag{6.24}$$

Der Anstieg des Blitzstromes kann als Viertelperiode einer Schwingung angesetzt werden. Aus der Stirnsteilheit T_1 ergibt sich dann die dominante Frequenz $f = 1/(4T_1)$. Wenn eine Wanderwelle in den Erdleiter einläuft, am Ende reflektiert wird und nach der Zeit T_1 wieder den Eingang erreicht, bleibt der Anstieg unverfälscht. Die Länge l_{St} eines solchen Leiters ergibt sich zu

$$l_{St} = v \cdot T_1/2 = \sqrt{\frac{2,2\pi f}{L'G'}} \cdot \frac{T_1}{2} = \sqrt{\frac{2,2\pi/(4T_1)}{L'G'}} \cdot \frac{T_1}{2} = \sqrt{\frac{\pi T_1}{4L'G'}} \tag{6.25}$$

$$R_{St} = \frac{1}{G'l_{St}} \tag{6.26}$$

Ein längerer Erder bringt keine Verbesserung.

Literatur

1. Beyer, M., et al.: Hochspannungstechnik: theoretische und praktische Grundlagen. Springer-Verlag, Berlin (2013)
2. Küchler, A.: Hochspannungstechnik. Springer Verlag, Wien (2005)
3. Roth, A.: Hochspannungstechnik. Springer, Wien (1965)
4. Lesch, G.: Lehrbuch der Hochspannungstechnik. Springer, Berlin (1956)
5. Schwab, A.J.: Hochspannungsmesstechnik: Messgeräte und Messverfahren. Springer-Verlag, Berlin (2013)
6. Schon, K.: Hochspannungsmesstechnik: Grundlagen–Messgeräte-Messverfahren. Springer-Verlag, Wiesbaden (2017)
7. Kind, D.: Einführung in die Hochspannungs-Versuchstechnik: Lehrbuch für Elektrotechniker. Springer-Verlag, Wiesbaden (2013)
8. Schon, K.: Stoßspannungs- und Stoßstrommesstechnik: Grundlagen-Messgeräte-Messverfahren. Springer-Verlag, Heidelberg (2010)
9. Ivers-Tiffée, E., von Münch, W.: Werkstoffe der Elektrotechnik, Bd. 11. Springer-Verlag, Stuttgart (2007)
10. Brinkmann, C.: Die Isolierstoffe der Elektrotechnik. Springer, Berlin (1976)
11. Kind, D., Kärner, H.: Hochspannungs-Isoliertechnik für Elektrotechniker. Vieweg, Braunschweig (1982)
12. Philippow, E.: Taschenbuch Elektrotechnik. Bd. 2,: Starkstromtechnik. VEB Verlag Technik, Berlin (1965)
13. Van Warrington, ARc: Protective relays. Their theory and practice, Bd. 1. Chapman & Hall, Ltd., London (1968)
14. Prinz, H.R.: Hochspannungsfelder. Oldenbourg Verlag, München (1969)
15. Strassacker, G., Strassacker, P.: Analytische und numerische Methoden der Feldberechnung. Teubner, Stuttgart (1993)
16. Schwab, A.J.: Begriffswelt der Feldtheorie: Elektromagnetische Felder Maxwellsche Gleichungen grad, rot, div. etc. Finite Elemente Differenzverfahren Ersatzladungsverfahren Monte Carlo Methode. Springer-Verlag, Berlin (2013)
17. Marinescu, M.: Elektrische und magnetische Felder: Eine praxisorientierte Einführung, 3. Aufl. Springer, Berlin, Heidelberg (2012)
18. Stimper, K.: Isolationskoordination in Niederspannungsanlagen, Bd. 56. VDE-Schriftenreihe. VDE-Verlag, Berlin (2012)
19. Oeding, D., Oswald, B.R.: Elektrische Kraftwerke und Netze. Springer Vieweg, Berlin (2016)
20. Dorsch, H.: Überspannungen und Isolationsbemessung bei Drehstrom-Hochspannungsanlagen. Siemens-Aktien-Ges., München (1981)
21. Trommer, W., Hampe, E.: Blitzschutzanlagen. Hüthig-Verlag, Heidelberg (2004)
22. Hasse, P.: Blitzschutz. VDE-Verlag, Berlin (2007)
23. Hasse, P., Wiesinger, J., Zischank, W.: Handbuch für Blitzschutz und Erdung. VDE-Verlag, München (2006)
24. Kern, A., Wettingfeld, J.: Blitzschutzsysteme 1: allgemeine Grundsätze, Risikomanagement, Schutz von baulichen Anlagen und Personen; Erläuterungen zu den Normen DIN EN 62305-1 (VDE 0185-305-1): 2011-10, DIN EN 62305-2 (VDE 0185-305-2): 2013-02, DIN EN 62305-3 (VDE 0185-305-3): 2011-10.(VDE-Schriftenreihe Normen verständlich; 44). VDE-Verlag, Berlin (2014)
25. VDE-Fb. 74: 12. VDE/ABB-Blitzschutztagung, Beiträge der 12. VDE/ABB-Fachtagung 12. – 13. Oktober 2017, Aschaffenburg. VDE-Verlag, Berlin (2017)

Energieumwandlung

7

Der erste Hauptsatz der Thermodynamik beschreibt das Prinzip der Energieerhaltung. Demnach kann Energie weder erzeugt noch vernichtet werden. Unterschiedliche Energieformen können lediglich von der einen in die andere umgewandelt werden. In abgeschlossenen Systemen ist die Energie konstant. Die uns auf der Erde zur Verfügung stehende Energiemenge ist uns bei der Entstehung unseres Sonnensystems quasi mitgegeben worden. Sie liegt zu einem überwiegenden Teil in Form von Sonnenenergie vor. Die oft fälschlicherweise verwendeten Begriffe „Energieerzeugung", „Energieverbrauch", „Energieverluste" oder „Energieproblem" sind irreführend. Mit dem, was man weder erzeugen, verbrauchen noch verlieren kann, kann man kein „Problem" haben. Die eigentliche Problematik liegt in der Qualität der Energie, für die der zweite Hauptsatz der Thermodynamik mit der Einführung der Begriffe Entropie oder Exergie eine Antwort gibt. Aus dem „Energieproblem" wird so ein „Exergieproblem", das es zu lösen gilt. Unter der elektrischen Energieumwandlung werden all jene Vorgänge verstanden, die eine nichtelektrische Energieform in eine elektrische umformen. Hierzu ist auch der Begriff der „elektrischen Energieerzeugung" korrekt, da es sich hierbei um eine spezifische Energieform der Elektrizität handelt. Dieser Prozess erfolgt in verschiedenen Arten von Energieumwandlungsanlagen in Form von Kraftwerken. Die Primärenergieträger reichen hierbei von den fossilen (Energievorräte) bis zu den erneuerbaren Energieträgern (Energiequellen). Für die fossilen und damit nichterneuerbaren Energieträger ist insbesondere eine Folgenabschätzung wichtig, die den Energiebedarf den Energievorräten gegenüberzustellt, die Folgen für die Umwelt darlegt und die Kosten sowie Folgekosten abschätzt. Ökonomisch und ökologisch relevante Aussagen werden bei der Beschreibung der einzelnen Techniken, die den Hauptteil des Kapitels ausmachen, beschrieben, sowie in den Abschnitten Rationale Energieanwendung (Abschn. 7.8) und Technikfolgenabschätzung (Abschn. 7.9).

© Springer Fachmedien Wiesbaden GmbH, ein Teil von Springer Nature 2020   285
R. Marenbach et al., *Elektrische Energietechnik*,
https://doi.org/10.1007/978-3-658-29492-2_7

7.1   Energiebasis, Energiebereitstellung und Energiebedarf

Energie wird hauptsächlich in Form von Wärme und mechanischer Arbeit genutzt. Die ersten Menschen wandelten bereits beim „Feuer machen" mechanische Arbeit in Wärme um. Als Primärenergieträger nutzten sie Biomasse, also einen erneuerbaren Energieträger. Im Altertum gab es bereits Wasserräder zur Nutzung der ebenfalls erneuerbaren potentiellen Energie des Wassers. Auch die kinetische Energie des Windes wird seit dieser Zeit vornehmlich in der Schifffahrt und in Windmühlen genutzt. Die Umwandlung von Wärme in Arbeit war jedoch nicht möglich. Erst im 18. Jh. begann – mit den Erkenntnissen der Thermodynamik und den daraus entwickelten Fähigkeiten zur Umwandlung von Wärme in Arbeit in Form der ersten Dampfmaschinen – die Industrialisierung. Als Primärenergieträger für die Wärmeerzeugung löste die nichterneuerbare Kohle die Biomasse aufgrund ihrer höheren Energiedichte weitgehend ab. Später kamen dann noch das Erdöl und Erdgas dazu. Die Dampfmaschine hat gegenüber dem Wasserrad, der Windmühle und dem Segelschiff den Vorteil, dass sie an dem Ort installiert und zu der Zeit betrieben werden kann, wo und wann die Energie benötigt wird. Da der Mensch nur in sehr geringem Umfang mechanische Arbeit erbringen kann, ist der Einsatz einer Maschine auch bei extrem schlechtem Wirkungsgrad noch sinnvoll. Dies führte zur Mechanisierung und damit zu einem Anstieg des Primärenergieverbrauchs von 5–7 %/a, der bis in die 1970er Jahre anhielt [1].

Im Zeitalter der Mechanisierung, die die industrielle Revolution zur Folge hatte, wurden die Arbeitsmaschinen von Menschen gesteuert. Um die Steuerung auf Automaten zu übertragen, war es notwendig, Verstärker zu bauen, die zunächst hydraulisch und später elektronisch arbeiteten. In den 1950er Jahren wurde es durch den Einsatz wirkungsvoller Regler möglich, neben der Verrichtung der mechanischen Arbeit auch die Regelung mit Hilfe von Maschinen zu bewältigen. Der Wirkungsgrad von Maschinen spielte dabei immer noch eine untergeordnete Rolle. Der Einsatz digitaler Rechner in den 1960er Jahren erlaubte es, nichtlineare Probleme zu behandeln und damit Optimierungsaufgaben zu lösen. Hierdurch lässt sich der Brennstoffeinsatz minimieren. Hinzu kam der Ölpreisschock in den 1970er Jahren, der einen starken Anreiz zur rationellen Energieanwendung schaffte.

Der Anstieg der Primärenergiepreise, die Möglichkeit zur Optimierung des Energieeinsatzes, das gestiegene Umweltbewusstsein, aber auch die abflauende Konjunktur haben dazu geführt, dass der lange Zeit als Naturgesetz angesehene Anstieg des Primärenergieverbrauchs von 5–7 %/a auf 0–3 %/a sank. Abb. 7.1 zeigt den Anstieg des Energieverbrauchs, in dem deutlich die Einbrüche der Kriegszeiten und Wirtschaftskrisen zu erkennen sind.

In der Prognose, die aus der langjährigen Entwicklung abgeleitet ist, wird vorausgesetzt, dass das Wirtschaftswachstum, insbesondere in den Schwellen- und Entwicklungsländern, weiter bestehen bleibt. Andere Prognosen, die auf die letzten Jahre zurückgreifen führen zu einem nahezu konstanten Energiebedarf. Eine Aufteilung

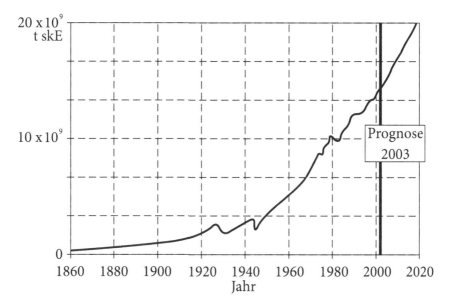

Abb. 7.1 Weltenergieverbrauch, Historie und Prognose (International Energy Agency IEA) [2]

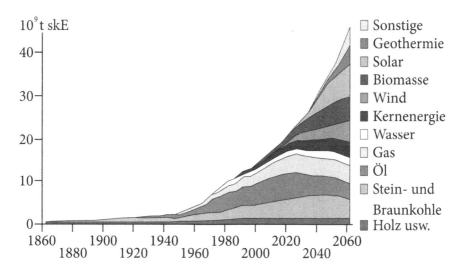

Abb. 7.2 Anteil der Energieträger am Weltenergieverbrauch, Historie und Prognose (International Energy Agency IEA)

des Energieverbrauchs auf die Energieträger ist in Abb. 7.2 zu sehen. Dort wird deutlich, dass der gesamte Anstieg des Energiebedarfs durch erneuerbare Energien gedeckt werden soll und darüber hinaus der Beitrag der fossilen Energieträger Kohle, Öl und Gas zurückgeht.

7.1.1 Energiebasis und Energiebereitstellung

Die auf der Erde insgesamt zur Verfügung stehende Energie nennt man Energiebasis. Sie setzt sich aus Energiequellen und Energievorräten zusammen. Energiequellen sind nach menschlich fassbaren Zeiträumen unerschöpflich und weitestgehend erneuerbar, jedoch technisch nicht steuerbar sowie überwiegend fluktuierend. Dazu gehören die Sonne, die Erde und der Mond. Die überaus vielfältigen Nutzungsmöglichkeiten dieser drei Energiequellen zeigt Abb. 7.3.

Fast der gesamte Energiebedarf der Erde wird bisher durch fossile Energievorräte – also nicht erneuerbare – gedeckt. Es ist nur eine Frage der Zeit, bis alle fossilen

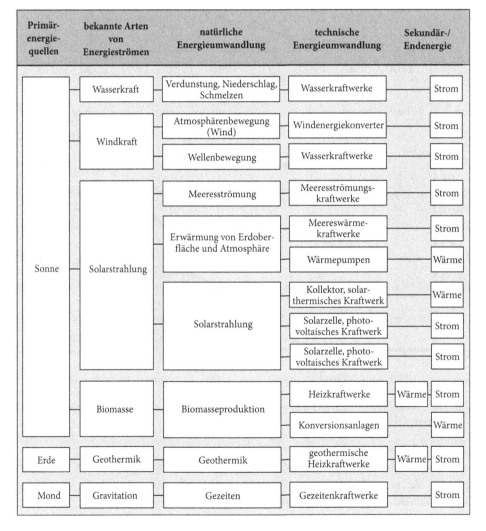

Abb. 7.3 Nutzungsmöglichkeiten der Energiequellen. (Eigene Darstellung)

Energievorräte aufgebraucht sind. Daher erscheint dieser Weg global betrachtet von vornherein als Sackgasse. Dass dieser Weg trotzdem eingeschlagen wurde, ist auf das begrenzte zeitliche Vorstellungsvermögen (< 100 Jahre) und den urtriebigen Egoismus des Menschen zurückzuführen.

Fossile Energievorräte treten fossil biogen oder fossil mineralisch auf. Zu den fossil biogenen Energievorräten gehören die Kohle, das Erdöl und das Erdgas, die aus Sonnenenergie über die Photosynthese und Biomasse vor ca. 300 Mio. Jahren entstanden sind. Zu den fossil mineralischen Energievorräten gehören die Uran- und Thoriumvorkommen, die zur Kernspaltung in Kernkraftwerke eingesetzt werden.

Fossile Energievorräte sind endlich. Sparmaßnahmen können den Zeitpunkt ihrer Erschöpfung lediglich hinauszögern. Allerdings ist es schwierig, die Größe der Energievorräte der Erde abzuschätzen. Zudem ist dabei noch zwischen wirtschaftlich sinnvoll (Energiereserven) und technisch möglich (Energieressourcen) abbaubaren Lagerstätten zu unterscheiden. Als Kenngröße für die Energiereserven hat man die Reichweite eingeführt. Sie gilt unter der Voraussetzung, dass die derzeit bekannten Lagerstätten mit der derzeitigen Förderleistung abgebaut werden.

Die Grenze zwischen den Reichweiten von Kohle und Öl verschiebt sich durch den Preisanstieg und den technischen Fortschritt. Außerdem werden immer wieder neue Vorkommen entdeckt. Nach dem Stand von 1998 betrugen die Reichweiten für Öl 43 Jahre, für Steinkohle 185 Jahre und für Gas 65 Jahre. Bei dieser Überlegung ist nicht berücksichtigt, dass nach Erschöpfung der Ölquellen die Steinkohleförderung entsprechend ansteigen wird und so die Reichweite dieses Energieträgers auf unter 100 Jahre zurückgehen könnte. Auch die seit einigen Jahren immer stärker angewandte Methode des Hydraulic Fracturing (Fracking) zum Fördern von Öl und Gas aus tieferliegenden Gesteinen wird die Reichweite zusätzlich beeinflussen. Das Verfahren ist aus Umweltaspekten stark umstritten.

Beispiel 7.1: Reichweite von Kohle und Öl (fossil biogene Energievorräte)

Welche Reichweiten ergeben sich für Kohle und Öl, wenn der Primärenergieverbrauch mit 3 %/a ansteigt? Welche Reichweite hat die Kohle ohne Verbrauchssteigerung, wenn nach dem Verbrauch des Öls dieser Energieträger durch Kohle ersetzt wird?

Nach dem Gesetz der Zinses-Zins-Rechnung steigt der Gesamtverbrauch V mit dem jährlichen Verbrauch V_0 wie folgt an

$$V = V_0 \cdot q \frac{q^n - 1}{q - 1} = V_0 \cdot n_0$$

Darin ist n_0 die Reichweite in Jahren bei konstantem Verbrauch

Öl: $n = \dfrac{\lg\left[n_0(q-1)/(q+1)\right]}{\lg q} = \dfrac{\lg[43(1{,}03-1)/(1{,}03+1)]}{\lg 1{,}03} = 27\,\text{a}$

Kohle: $n = 63\,\text{a}$

Das Verhältnis von Öl- zu Kohleverbrauch beträgt

$$a = V_{\ddot{O}}/V_{K} = 34/29{,}5 = 1{,}15$$

Nach 43 Jahren sind die Ölvorkommen aufgebraucht, die Kohlevorräte betragen noch $185\,a - 43\,a = 142\,a$. Nun steigt aber der Verbrauch auf das 2,15-fache an. Dadurch reduziert sich die Reichweite auf $142/2{,}15 = 66$ Jahre. Nach insgesamt $43 + 63 = 109$ Jahren ist somit die Kohle aufgebraucht. ◄

Die Realität ist nicht so dramatisch, wie die Zahlen den Anschein erwecken. Im Jahr 1978 wurde die Reichweite des Öls mit 30 Jahren angegeben. Man hat also 2,5-mal mehr Öl neu entdeckt als verbraucht. Ein Vergleich der damals geschätzten Reichweiten mit den heute üblicherweise genannten, sind in Tab. 7.1 angegeben. Man sieht, dass derartige Schätzungen sehr unsicher sind. Trotzdem werden sie angestellt, weil keine anderen Grundlagen für betriebs- und volkswirtschaftliches Handeln verfügbar sind. Schließlich haben die ungünstigen Prognosen entsprechend Tab. 7.1 das politische Handeln so beeinflusst, dass neuere Prognosen optimistischer sind.

Die Nutzung der Kernenergie weltweit ist von den Vorkommen an den fossil mineralischen Energievorräten, hauptsächlich in Form des Urans, abhängig. Die derzeit bekannten Vorräte entsprechen in ihrem Energieinhalt etwa denen der Kohlevorräte, wenn die Nutzung in Leichtwasserreaktoren erfolgen würde. Dies entspricht aus augenblicklicher Sicht einer großen Reichweite. Würde man jedoch einen Großteil der Energieumwandlung auf Kernenergie umstellen, ginge deren Reichweite erheblich zurück. Eine Entspannung dieser Situation ließe sich durch den Einsatz der Brütertechnik erzielen, die Uran um den Faktor 50 besser ausnutzt, aber einen Brennstoffkreislauf mit Plutonium und eine Wiederaufbereitung erfordert. Diese Betrachtungen galten vor dem Unfall in Fukushima im Jahre 2011. Auf die Problematik der Kernenergie wird in Abschn. 7.5 eingegangen. Aber selbst bei optimistischer Betrachtung ist davon auszugehen, dass – in historischen Zeiträumen gemessen – die fossilen Energievorräte erschöpft werden. Es wird demnach kein Weg daran vorbeiführen, langfristig von den fossilen Energievorräten auf unerschöpfliche Energiequellen umzusteigen.

An dieser Stelle seien noch die rezenten Energievorräte erwähnt. Diese werden durch biologische und geophysische Prozesse in menschlich fassbaren Zeiträumen gebildet. Dazu gehört beispielsweise die potentielle Energie eines Stausees in gleicher

Tab. 7.1 Abschätzen der Reichweiten von Energiereserven bei jährlich konstantem Verbrauch zu verschiedenen Zeitpunkten

Jahr der Schätzung	Ende der Vorräte		
	Steinkohle	Öl	Erdgas
1978		2008	
1998	2183	2041	2065
2011	2261	2052	2071

Weise wie die Biomasse. Biomasse speichert beispielsweise in Pflanzen über etwa ein Jahr die Energie, bevor sie in künstlichen Umwandlungsprozessen genutzt wird. Holz, z. B. Nadelbäume, können über 50 Jahre herangezüchtet und jährlich 2 % des Bestandes abgeholzt werden. Rezente Energievorräte verbinden so die Unerschöpflichkeit mit der Speicherbarkeit und sind daher insbesondere für die elektrische Energieversorgung interessant.

Die für uns neben der Erdwärme und Gezeitenenergie dominierende Energiequelle ist die Sonne. Die Sonnenenergie kann entweder direkt oder indirekt genutzt werden. Eine direkte Nutzung stellt beispielsweise die Fotovoltaik oder die Solarthermie dar. Indirekt ist die Sonnenenergienutzung bei den Energieformen Wasser- und Windkraft sowie Biomasse.

Auch der Energieumsatz auf der Erde wird von der Sonne diktiert. Wie aus Tab. 7.2 hervorgeht, erreicht etwa die Hälfte der Sonnenenergie die Erdoberfläche und steht sowohl zur direkten als auch indirekten Nutzung zur Verfügung. Lediglich 0,1 % gehen in die Biomasseproduktion. Nach der Energienutzung liegt die Energie als Niedertemperaturwärme (z. B. Reibungswärme) vor und wird wieder in den Weltraum abgestrahlt. Die Erde befindet sich so annähernd in einem energetischen Gleichgewichtszustand.

Der künstliche Energieumsatz weltweit beruht im Wesentlichen auf der Umwandlung an fossil gespeicherter Energie letztendlich in Wärme. Er führt zu einer Anhebung der Erdtemperatur und damit einer erhöhten Energieabgabe in den Weltraum und Störung des Gleichgewichtes. Dieser Anteil von 0,009 % am globalen Energieumsatz ist jedoch zu vernachlässigen.

Kritisch hingegen ist die Freisetzung von Kohlendioxid CO_2 und Methan CH_4, denn sie beeinträchtigen die Reflexions- und Abstrahlungsverhältnisse der Atmosphäre (Abschn. 7.9.3).

Tab. 7.2 Energieumsatz auf der Erde. (Quelle: BMWi)

Sonneneinstrahlung	>99,9 %
Erdwärme	0,02 %
Gezeiten	0,002 %
Reflexion an der Atmosphäre	31 %
Absorption in der Atmosphäre und Abstrahlung	17 %
Reflexion an der Erdoberfläche	4 %
Strahlung (Fotovoltaik, Solarthermie)	17,9 %
Konvektion (Windkraft)	9 %
Verdunstung (Wasserkraft, Stausee)	21 %
Fotosynthese (Biomasse)	0,1 %
Künstlicher Energieumsatz weltweit (> 500 EJ)	0,009 %

Im Vordergrund der Betrachtungen soll in diesem Buch die Stromerzeugung stehen. Sie kann auf sehr unterschiedliche Weise aus den Primärenergieträgern erfolgen, wie Abb. 7.4 zeigt [3, 4, 5]. Der Standardweg ist die Umwandlung chemisch oder kernphysikalisch gebundener Energie aus den fossilen Energievorräten in Wärme W_{therm}, die über einen Dampfprozess zu mechanischer Arbeit W_{mech} und schließlich mit Hilfe eines Generators zu elektrischer Energie führt. Von Sonderanwendungen abgesehen, ist dies die einzige Methode zur Umwandlung von Kohle, Erdöl und Uran. Erdgas kann eine Gasturbine ohne Dampferzeuger direkt antreiben. Erneuerbare Primärenergieträger sind hierbei deutlich vielfältiger. Während die Geothermie, Solarthermie und Biomasse ebenfalls über die Wärme und die Dampfturbine zu mechanischer Arbeit und elektrischem Strom umgewandelt werden, führt der Weg bei der Wasser- oder Windkraft über eine Wasser- oder Windturbine direkt zu mechanischer Arbeit. Die Fotovoltaik wandelt auf Basis des photoelektrischen Effektes Sonnenenergie direkt in elektrischen Strom um. Die Wirkungsgrade der Umwandlung von Wärme in mechanische Arbeit unterliegen strengen physikalischen Grenzen und nehmen mit steigender Temperatur der zur Verfügung stehenden Wärme zu. Technisch werden heutzutage Wirkungsgrade bei sogenannten Kombiprozessen (*G*as *u*nd *D*ampfprozess, GuD) von bis zu 60 % erzielt. Während beim Einsatz von fossilen Energievorräten die Materialien der Kraftwerke die höchstzulässige Frischdampftemperatur festlegen, ist im Bereich der erneuerbaren Energiequellen das technisch und wirtschaftlich maximal erzielbare Temperaturniveau die begrenzende Größe der Wirkungsgrade, die meist unter 20 % liegen. Rein mechanische Energieumwandlungen, wie beispielsweise die Wasserkraft, erreichen Wirkungsrade von über 90 %, die Windkraft aufgrund strömungsmechanischer

Primär-energie	Energiequellen			Rezente Vorräte	Fossile Vorräte	Umwandlung	Sekundärenergie	
	Erd-wärme	Sonne	Massen-anziehung				elektrisch	thermisch
Geothermie	■			■		W_{therm} W_{mech}	ja	ja
Solarthermie		■		■				
Biomasse		■		■				
Erdgas (biogen)					■			
Erdöl					■			
Kohle					■			
Uran (mineralisch)					■		ja	nein aus Sicherheitsgründen
Wasser		■	■	■		W_{mech}	ja	nein
Wind		■						
Fotovoltaik		■				W_{foto}	ja	nein

Abb. 7.4 Umwandlungsprozesse zur Erzeugung elektrischer Energie. (Eigene Darstellung)

Einschränkungen 40–50 %. Mit dem photoelektrischen Effekt können heute im großtechnischen Maßstab Wirkungsrade bis zu 20 % erzielt werden. Die in Abb. 7.4 dargestellten Umwandlungsprozesse sind in den folgenden Abschnitten eingehender beschrieben.

Hier sollen zunächst die Anteile der Primärenergie an der Stromerzeugung näher betrachtet werden.

Die Stromerzeugung in Deutschland im Jahr 2017 mit insgesamt über 650 TWh basiert zu ca. 50 % auf Braun- und Steinkohle sowie Erdgas (Abb. 7.5). 10 % wurden durch Kernenergie und über 30 % durch erneuerbare Energiequellen gedeckt. Zur Stromerzeugung in Deutschland greift man mit rückläufiger Tendenz auf heimische fossile Energievorräte zurück, wobei die Braunkohle hier den größten Anteil hat. Sie wird insbesondere im Raum Köln-Aachen und im Osten von Deutschland im Tagebau abgebaut und ist gegenüber der Import-Steinkohle kostengünstiger, obwohl die Hälfte der Primärenergiekosten auf die Renaturierung der ausgebeuteten Lagerstätten entfällt. Die heimische Steinkohle ist dreimal so teuer wie Importkohle und wurde früher durch den „Kohlepfennig" über den Strompreis subventioniert, bis das Verfassungsgericht 1996 diese steuerartige Abgabe untersagt hat. Seit dieser Zeit werden die Kosten für die „Kohleverstromung" vom Staat übernommen. Die Steinkohleförderung wurde zurückgeführt und 2018 abgeschlossen. Bis 2022 werden nach gegenwärtiger Beschlusslage der Bundesregierung schrittweise auch alle Kernkraftwerke hierzulande abgeschaltet sein. Erdöl, das in der 1970er und 1980er Jahren direkt zur Stromerzeugung eingesetzt wurde, ist heute nur noch als Energie zum Anfahren und bei Stützfeuer im Teillastbereich oder bei der Müllverbrennung von Bedeutung. Erdgas hingegen wird in GuD-Kraftwerken und Heizkraftwerken, die sich durch besonders hohen Wirkungsgrad auszeichnen, eingesetzt. Weiterhin wurde beschlossen bis 2036 aus der Kohle auszusteigen.

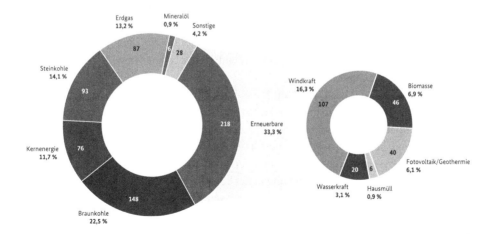

Abb. 7.5 Stromerzeugung in Deutschland nach Energieträgern (Arbeitsgemeinschaft Energiebilanzen)

Bei dem für das Klima wichtigen CO_2 werden alle freigesetzten klimaschädlichen Gase in CO_2 umgerechnet. Besondere Bedeutung kommt hier dem Methan zu. Bezogen auf das Gewicht ist es 20 mal schädlicher als CO_2. Es sei allerdings darauf hingewiesen werden, dass es in der Atmosphäre wesentlich schneller abgebaut wird. Da Gas bei der Verbrennung nur etwa halb so viel CO_2 erzeugt wie Kohle, erscheint es bei Vergleichsrechnungen günstig. Der Weg vom Bohrloch bis zum Gasspeicher in Deutschland sollte jedoch auch berücksichtigt werden. Die hier auftretenden Verluste können jedoch beträchtlich sei. Es gibt Berechnungen die von bis zu 50 % bei Gas aus Sibirien ausgehen Die bestehen zur Hälfte aus Leckagen. Bei Gas aus Norwegen rechnet man mit bis zu 5 % Leckage. Besonders problematisch ist die Situation bei Frackinggas. Hier werden die Chemikalien, die in den Boden gebracht werden, verurteilt sowie die etwa 10 % Leckagen. Die genannten Zahlenwerte sind umstritten. Es könnte jedoch sein, dass der Kohleausstieg in Zukunft in in einem anderen Licht gesehen wird.

Bei den erneuerbaren Energiequellen nimmt die Windkraft den größten Anteil von fast 50 % ein. Rechnet man die Fotovoltaik hinzu erhöht sich der Anteil auf fast 70 %. Der Anteil der Windkraft und Fotovoltaik an der Stromerzeugung insgesamt liegt bei ca. 16 % und 6 %. Wasserkraftwerke als höchst effiziente Stromerzeugungsanlagen haben in Deutschland eine geringere Bedeutung. Ihr Ausbau stagniert seit vielen Jahrzehnten. Zum einen stehen attraktive Standorte nicht zur Verfügung, zum anderen sprechen Umweltgesichtspunkte gegen einen weiteren Ausbau. Weltweit, wie beispielsweise in Skandinavien, Kanada oder Brasilien, spielt die Wasserkraft in der Stromerzeugung eine deutlich größere bis tragende Rolle.

Insbesondere die erneuerbaren Energiequellen Windkraft und Fotovoltaik sind wetter- und tageszeitabhängig fluktuierend. Das elektrische Netz speichert nahezu keine Energie. Der Ausgleich wird durch Pumpspeicherkraftwerke, teilweise mittels Hochspannungs-Gleichstrom-Übertragungen (HGÜ, Abschn. 3.2.4.3) durch die Nord- und Ostsee aus Norwegen und Schweden oder schnellstartende Gasturbinen bzw. Anfahren sogenannter Schattenkraftwerke sichergestellt. Für den kurzfristigen bis momentanen Ausgleich werden auch zunehmend Batteriespeicher oder Hochleistungskondensatoren (Supercaps) eingesetzt.

Die Stromerzeugung wird zu über 85 % von öffentlichen Stromversorgungsunternehmen (EVU) durchgeführt. Industriekraftwerke decken nur 12 % des Bedarfs. Dabei fällt der Strom in Gegendruckturbinen bei der Erzeugung von Prozessdampf an und wird weitgehend im Industriebetrieb selbst verbraucht. Die Deutsche Bahn (3 %), die ihr eigenes Stromversorgungsnetz betreibt, erzeugt ebenfalls einen Teil ihres Bedarfs selbst. Ein- und Ausfuhr von Strom halten sich bei einem geringen Importüberschuss die Waage. Mit zunehmendem Zubau von regenerativen Kraftwerken bildet sich ein Exportüberschuss heraus, weil die Erzeugung den Verbrauch teilweise übersteigt und Schattenkraftwerke mit Mindestleistung in Betrieb gehalten werden müssen.

Circa 12 % des erzeugten Stromes gehen je zur Hälfte durch den Eigenbedarf der Kraftwerke und die Energieübertragung verloren. Größte Nutzergruppe sind Industrie und Gewerbe (60 %). Die privaten Haushalte nutzen nur ca. 20 %.

Schließlich ist noch die Versorgungszuverlässigkeit anzusprechen. Sie beruht auf der Ausfallsicherheit des elektrischen Versorgungsnetzes (Netzsicherheit) und der Versorgungssicherheit. Der Begriff der Versorgungssicherheit wird oft fälschlicherweise anstatt der Versorgungszuverlässigkeit verwendet. Bei Versorgungssicherheit geht es darum, die Versorgung Deutschlands mit Primärenergie in Zukunft sicherzustellen. Die Sicherheit der Netze (Netzsicherheit; Abschn. 8.7.5) ist dabei nicht enthalten. Versorgungssicherheit ist hauptsächlich eine Aufgabe der Politik, aber auch der großen Energieunternehmen. Bei der Stromversorgung mit fossilen Energievorräten geht es um die Importabhängigkeit von Erdöl, Kohle, Uran und Erdgas. Erdöl spielt eine untergeordnete Rolle in der Stromerzeugung, Steinkohle kann von vielen Staaten bezogen werden und Braunkohle wird in Deutschland gefördert. Auch wenn der Bergbau in Deutschland zurückgefahren wurde, ist nicht mit einem Engpass zu rechnen, insbesondere weil im Zuge der CO_2–Diskussion der Einsatz von Kohlekraftwerken zurückgeführt werden soll.

Die Versorgung mit Uran stellt weltweit kein Problem dar, zumal Deutschland aus der Kernenergie aussteigen will. Ein Problem ist allerdings die Versorgung mit Erdgas. Dieses ersetzt in vielen Bereichen Kohle und Erdöl. Bei nur 13 % heimischer Gewinnung besteht hier eine starke Importabhängigkeit von Russland (32 %), Norwegen (29 %) und Niederlande (20 %). Die Lieferung erfolgt über Pipelines. Somit ist ein Wechsel der Lieferanten nur schwer möglich. Der Transport als Flüssiggas (Liquid Natural Gas, LNG) mit Tankschiffen gestattet mehr Flexibilität, ist aber auch mit mehr Verlusten verbunden und deshalb teurer. Politische Gefahren wie Boykott und Erpressung sind bei der Wahl der Energieträger zu berücksichtigen. Hier sei auf den Streit zwischen Deutschland und den USA Ende 2019 verwiesen, dessen Ursprung in der Ukrainekrise 2013 liegt. Deutschland bezog sein Gas zu einem Großteil aus Russland über eine Pipeline durch die Ukraine, die auch die Ukraine selbst mit Gas versorgte. Infolge eines Streits um die Bezahlung des Gases stellte Russland die Belieferung der Ukraine ein. Dadurch wurde auch die Versorgung Deutschlands unterbrochen. Aus Gründen der Versorgungssicherheit hat man sich entschlossen eine Pipeline durch die Ostsee zu bauen und so Russland und Deutschland direkt zu verbinden (Nord Stream 1). Beim Bau der zweiten Leitung Nord Stream 2 kam zu heftigen Streitereien. Die Anrainerstaaten der beiden Landverbindungen Ukraine und Polen fürchteten um die Durchleitungsgebühren und die eigene Versorgungssicherheit. Die USA befürchteten, dass sich Deutschland zu stark von Russland abhängig macht. Ihnen wäre lieber, wenn Deutschland teures Frackinggas aus USA bezieht. Schließlich gab es in Deutschland weite Kreise, die überhaupt kein Gas beziehen wollen.

Der Treibhauseffekt, der von Erdgas ausgeht, wird in Abschn. 7.9.3 behandelt.

7.1.2   Energiebedarf und Wirtschaftswachstum

Da die Herstellung von Gütern Energie erfordert und der Konsum an Gütern mit dem Lebensstandard sowie dem Brutto-National-Einkommen (BNE) gekoppelt ist, besteht ein starker Zusammenhang zwischen Wirtschaftswachstum und Energiebedarf. In einer wachstumsorientierten Gesellschaft bedeutet 5 % Wachstum auch 5 % mehr Energiebedarf. Beide bedingen sich wechselseitig. Wird der Energiebedarf reglementiert, indem man ihn beispielsweise verteuert, reduziert sich auch das Wirtschaftswachstum. Dabei treten jedoch kompensatorische Effekte auf, denn hohe Energiepreise stärken die Kreativität bei der Suche nach Energieeinsparpotenzialen.

Außerdem geben die oben erwähnten Optimierungsmöglichkeiten die Chance zur Wirkungsgradverbesserung. Es lässt sich deshalb ein Zusammenhang zwischen Bruttosozialprodukt P und Energiebedarf E herstellen.

$$\Delta E/E = \alpha \cdot \Delta P/P \quad 0 < \alpha < 1 \tag{7.1}$$

Die Proportionalitätskonstante α hängt dabei von verschiedenen Faktoren ab. So ist der Energiebedarf in industriell entwickelten Volkswirtschaften höher als in niedriger entwickelten. Der Zusammenhang zwischen Brutto-National-Einkommen und Energiebedarf ist von der Art der Volkswirtschaft abhängig. Ähnliches gilt für die zeitliche Entwicklung einer Volkswirtschaft. Der Übergang von der Agrar- zur Industriegesellschaft erhöhte den Energiebedarf, während der Übergang von der Industrie- zur Dienstleistungsgesellschaft zu einer Verstetigung führt. Dabei ist zu beachten, dass der Lebensstandard nicht nur von dem Konsum an Gütern, sondern auch von der Inanspruchnahme an Dienstleistungen abhängig ist. Wenn der Konsum an Waren konstant bleibt und die Steigerung des Brutto-National-Einkommens durch vermehrte Dienstleistungen bedingt ist, kann durch Optimierung in der Produktion bei steigender Produktion $\Delta P > 0$ ein Rückgang des Energieverbrauchs $\Delta E < 0$ über die Zeit möglich sein. Ob dieser Zustand $\alpha < 0$ eintritt, ist von der Entwicklung der Wertmaßstäbe in der Gesellschaft abhängig.

Diese Aussage lässt sich mit Hilfe der Abb. 7.6 verdeutlichen. Darin ist auch zu erkennen, dass der Anteil des Elektrizitätsverbrauchs am Gesamtenergieverbrauch ansteigt. Obwohl die Umwandlung von Primärenergie in elektrische Energie mit einem Wirkungsgrad von etwa 50 % behaftet ist, ermöglicht ihre gute Steuerbarkeit die Optimierung von Abläufen. Dies führt beim Ersatz der Primärenergie durch elektrische Energie in immer mehr Prozessen zu Einsparungen. Die Bedeutung der Energiepolitik für die Wirtschaft soll in Abschn. 7.9 noch vertieft werden.

▶   Der Proportionalitätsfaktor α zwischen Brutto-National-Einkommen und Energieverbrauch ist mittelfristig konstant, hängt von der Struktur der Volkswirtschaft sowie den Wertmaßstäben der Gesellschaft ab und wird langfristig kleiner.

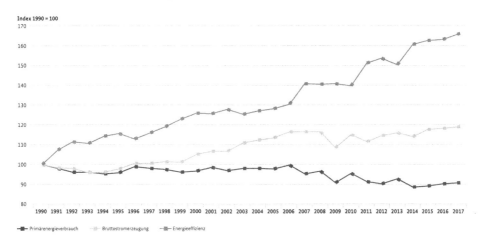

Abb. 7.6 Primärenergiebedarf und Stromerzeugung in Deutschland 2017 (Arbeitsgemeinschaft Energiebilanzen)

Tab. 7.3 Weltprimärenergiebedarf   nach   [2]   in   Mtoe   (*oil   e*quivalent = Öleinheit), 1 Mtoe = 11,63 TWh, 1 SKE = 0,7 oe

	2007	2017	Veränderung 2007–2017 (%)	Weltanteil in 2017 [%]
VR China	2099	3105	+47,9	24,2
USA	2338	2201	−5,8	17,2
Indien	574	934	+62,7	7,3
Deutschland	328	314	−4,2	2,4
Welt	11.658	≈12.779	+9,6	100,0

Die aus Abb. 7.1 zu entnehmende über Jahre konstante Steigerungsrate von 5–7 % hat stark abgenommen und ist sogar teilweise negativ geworden. Dies zeigt ein Blick in Tab. 7.3. Danach ist der Primärenergiebedarf der gesamten Erde über 9 Jahre im Mittel um ca. 1 %/a angestiegen und in Deutschland um 0,5 %/a gefallen. Überträgt man die Zahlen für den Weltenergieverbrauch in Abb. 7.1 (Punktmarkierung) so sieht man, wie sich innerhalb von 10 Jahren Prognose und Wirklichkeit auseinanderentwickeln können. Es ist zu hoffen, dass dieser Trend anhält. Allerdings ist der Pro-Kopf-Verbrauch zwischen Industrie- und Schwellen- bzw. Entwicklungsländern sehr unterschiedlich. Alleine USA und China verbrauchten 2009 jeweils ca. $2200 \cdot 10^6$ toe bei einem Verhältnis der Bevölkerung von $1332 \cdot 10^6$ / $304 \cdot 10^6 = 4,4$. Ab 2009 hat China die USA als Weltspitzenreiter im Energiebedarf abgelöst. Unterstellt man mittel- bis langfristig eine Angleichung der Lebensverhältnisse auf der Erde, ist mit einem enormen Anstieg des Energiebedarfs zu rechnen, auch wenn eine Reduktion des Lebensstandards in den

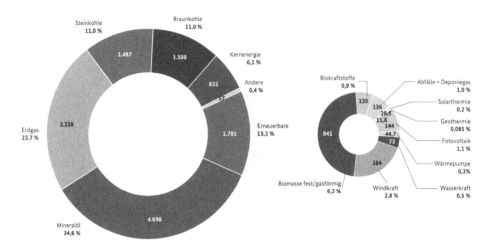

Abb. 7.7 Primärenergiebedarf in Deutschland 2017 (Arbeitsgemeinschaft Energiebilanzen)

Industriegesellschaften eintritt. Optimisten rechnen damit, dass der Anstieg des Energiebedarfs voll durch erneuerbare Energien gedeckt wird, dass sogar der Verbrauch an
fossilen Energieträgern rückläufig sein wird. Langfristig wird dies sicher auch der Fall
sein, weil die Rohstoffreserven der Erde begrenzt sind, aber in der öffentlichen Diskussion sind im Augenblick die Ressourcen in den Hintergrund getreten; die veröffent-
lichte Meinung verträgt nur ein Thema und das ist CO_2 (Abschn. 7.9.3).

Weltweit sind die wichtigsten Energieträger Erdöl (33,3 %), Stein und Braunkohle
(28,1 %), Erdgas (24,1 %), Kernenergie (4,5 %) Wasserkraft (6,9 %) und erneuerbare
Energie (3,2 %). Eine Übersicht des deutschen Energiebedarfes ist aus Abb. 7.7 zu entnehmen.

7.2   Elektrizitätswirtschaft

Die Einrichtungen und Anlagen zur elektrischen Stromerzeugung und Verteilung sind
sehr kapitalintensiv. Sie befinden sich in Besitz der Elektrizitätsversorgungsunternehmen
und privater Investorengruppen, die beispielsweise auch „Independent Power Producer"
(IPP) genannt werden.

7.2.1   Energieversorgungsunternehmen

Es gab in Deutschland im Jahr 1995 knapp 1000 Energieversorgungsunternehmen (EVU)
von denen sich viele zusammenschlossen. Im Jahre 2020 waren es noch etwa 750. Sie
sind historisch gewachsen und waren bis zum Zeitpunkt der Liberalisierung des Strom-

marktes jeweils für die Versorgung eines bestimmten Gebietes mit Strom zuständig. Die EVU besaßen Kraftwerke, ein Leitungsnetz und waren auch für die Belieferung und Abrechnung mit den Stromkunden zuständig. Da es sich bei dieser Struktur um ein reines Monopol handelt, musste eine staatliche Aufsichtsbehörde, in der Regel das Wirtschaftsministerium bzw. die Wirtschaftsministerien der Länder, überwachen, damit die Strompreise kostenorientiert gestaltet wurden. Deshalb mussten die EVU sich die Preise gegen Offenlegung ihrer Kosten genehmigen lassen. Ein solches Verfahren führt nicht unbedingt dazu, die Kosten durch sparsames Wirtschaften möglichst gering zu halten. Eine gewisse Konkurrenzsituation bestand durch den Vergleich mit anderen EVU.

Bis in die 1960er Jahre basierte die Stromerzeugung fast ausschließlich auf Kohle. Beim Ausfall eines Kraftwerks verursacht das Leistungsdefizit innerhalb von wenigen Sekunden ein Absinken der Generatordrehzahl und damit der Netzfrequenz. Ein plötzlicher Lastausfall führt andererseits zu einem Leistungsüberschuss und zu einem Anstieg der Netzfrequenz. Ein Netzzusammenbruch wird in diesen Fällen nur durch eine sofortige Leistungssteigerung oder -absenkung der verbleibenden Kraftwerke vermieden. Aufgrund der Bauart und Größe von bis zu mehreren 100 MW ist bei Kohlekraftwerken eine Leistungssteigerung oder -absenkung kurzfristig nur um 2–5 % möglich (Abschn. 7.7). Die Kraftwerke müssen dazu bereits im Normalbetrieb angedrosselt gefahren werden. Dies ist technisch aufwendig und teuer. Da aus Gründen der Netzsicherheit (n-1-Sicherheit nach Abschn. 8.1) der Leistungsmangel oder –überschuss ausgeglichen werden muss, bevor sich wegen zu niedriger oder zu hoher Drehzahl weitere Blöcke abschalten, hat man das Problem und die Kosten des kurzfristigen Leistungsausgleichs „auf mehrere Schultern" verteilt und sich zu einem Verbund zusammengeschlossen. Je größer ein Kraftwerk ist, desto wirtschaftlicher ist es zu bauen und zu betreiben (Abschn. 2.1.1).

Aus dem Gedanken der gegenseitigen Hilfestellung im Störungsfall entstand ein Netzverbund zunächst in Deutschland und später in ganz Westeuropa (Abschn. 7.2.2). Dabei bildete sich eine dreischichtige Versorgungsstruktur heraus. Die überregionalen Verbundunternehmen waren in der Deutschen-Verbund-Gesellschaft (DVG) zusammengeschlossen und deckten die gesamte Bundesrepublik mit 380-kV- und 220-kV-Leitungen ab. Sie waren auch gleichzeitig die Eigentümer der Großkraftwerke, die in das Verbundnetz einspeisten. In der mittleren Schicht betrieben die Regionalunternehmen die 110-kV- und 20-kV-Leitungen in einem Gebiet, das etwa einem Landkreis oder einem kleinen Bundesland entspricht. In der spannungsmäßig unteren Schicht versorgten die Kommunalunternehmen oder Stadtwerke mit 20-kV-, 10-kV- und 400-V-Leitungen die mittleren Betriebe und Haushaltskunden.

Die großen Unternehmen sind im Allgemeinen Aktiengesellschaften, deren Anteile hauptsächlich in Besitz der öffentlichen Hand sind. Kleinere Unternehmen sind vorzugsweise Eigenbetriebe der Gemeinden, werden aber zunehmend privatisiert. Dadurch fallen Privatisierungserlöse an, die den kommunalen Haushalt entlasten. Außerdem werden die im Bereich des EVU für Investitionen aufgenommenen Kredite nicht mehr der Gemeinde zugeordnet. Eine Kontrolle dieser privatisierten Unternehmen erfolgt durch Aufsichtsräte, die stark mit Politikern besetzt sind. Das beschriebene dreistufige Modell war aus historischen Gründen in der Bundesrepublik nicht durchgängig realisiert. So gab es Verbundunternehmen, die Netzteile bis zur letzten Steckdose versorgten.

Nach der Wiedervereinigung Deutschlands wurde das gesamte ostdeutsche Netz mit der Verbundgesellschaft Vereinigte Elektrizitätswerke AG (VEAG) nach dem Dreistufen-modell aufgebaut. Die Netze der Schweiz und Österreichs sind ähnlich aufgebaut wie das deutsche. In Frankreich, einem sehr zentralistisch aufgebauten Staat, gibt es lediglich ein staatliches Unternehmen, Électricité de France (EDF). Man kann sagen, dass dem-gegenüber die deutsche EVU-Struktur stärker marktwirtschaftlich orientiert ist. Wenn man die Strompreise vergleicht, ist ganz grob festzustellen: Die Effizienzsteigerung durch die Vereinheitlichung ist gleich groß wie der marktwirtschaftliche Kostendruck. Italien wird ähnlich wie Frankreich durch das staatliche Unternehmen Ente Nazionale per L'energia Elettrica (ENEL) versorgt.

Die Stromversorgung ist netzgebunden und hat deshalb einen Monopolcharakter. Ähnliches gilt für das Telefonnetz, das Straßennetz, das Schienennetz, das Wasser-netz und das Kanalnetz. Das Telefonnetz hat durch den Mobilfunk eine Parallelstruktur erhalten, für alle anderen Netze ist die Monopolstruktur systemimmanent. Monopole entziehen sich dem Markt. Damit die Preise nicht ins Unermessliche steigen, ist eine Kontrolle notwendig. Diese kann auf zwei Wegen hergestellt werden. Der Staat betreibt den Monopolbetrieb; dabei ist die Kontrolle über die Schleife Wähler – Regierung – Ministerium – Behörde – Verbraucher nur sehr schwach hergestellt. Oder der Monopol-betrieb wird privatwirtschaftlich betrieben und der Staat legt die Preise fest bzw. genehmigt sie. Die Diskussion darüber, ob ein Staatsbetrieb oder ein Privatunternehmen wirtschaftlicher arbeitet, ist alt und sehr ideologisch beladen. Letzten Endes endet sie in der Frage Kapitalismus oder Kommunismus. In der westlichen Welt sind Staatsbetriebe weitgehend nur in den Geschäftsfeldern anzutreffen, die Monopolcharakter haben.

Ist es von der Struktur eines monopolartigen Geschäftsfeldes her möglich Teile abzutrennen, die von mehreren Unternehmen parallel betrieben werden können, wird die Privatisierung angestrebt. Dies gilt beispielsweise für die Telekommunikation. Aus einem staatlichen Unternehmen, der Telekom wurde eine Aktiengesellschaft, die das Kabelnetz zu jedem Haus unterhält und selbst die Vermittlung von Gesprächen und den Internetdienst übernimmt. Gleichzeitig muss die Telekom aber auch diskriminierungs-frei anderen Vermittlungsdienstleistern ihr Kabelnetz zur Verfügung stellen. Dass dies geschieht, soll eine staatliche Regulierungsbehörde sicherstellen. Von Schwierigkeiten hierbei ist zu hören. Ähnlich gestaltet sich die Privatisierung der Bahn. Die Deutsche Bahn betreibt das Schienennetz (DB Netz) und den Großteil der Züge (DB Regio, DB Fernverkehr), muss aber auch anderen Bahngesellschaften die Nutzung des Streckennetzes gestatten. Auch hier gibt es Probleme. Deshalb wird diskutiert, das Streckennetz verstaatlicht zu betreiben und an die Deutsche Bahn sowie alle anderen Bahngesellschaften zu vermieten.

Bei der Stromversorgung geht man seit Anfang der neunziger Jahre ähnlich vor. Diese Entwicklung wird als Liberalisierung im Sinne von Deregulierung und Privatisierung der elektrischen Energieversorgung bezeichnet. Die Netze sollen als Monopolbetriebe (Netzbetreiber) bestehen bleiben. Die Stromerzeuger bzw. die Kraftwerksbetreiber können gegenseitig in Konkurrenz treten. Dadurch ergibt sich folgende Struktur. Es gibt eine Vielzahl von Kraftwerksbetreibern. Diese verkaufen ihren Strom an Stromhändler, die ihn wiederum den Stromkunden anbieten. Das Problem ist der Transport des Stromes. Dieser erfolgt über das Netz, an dem mehrere Netzbetreiber beteiligt sind und ein oder mehrere Verteilnetzbetreiber. Es gibt also vier Akteurgruppen: Stromerzeuger – Stromhändler – Netzbetreiber – Stromkunde.

Der Stromhändler muss in Zusammenarbeit mit dem Netzbetreiber sicherstellen, dass die Übertragungskapazität des Netzes für die zu handelnde Strommenge ausreicht. Weiterhin sehen die Verträge mit dem Kunden sehr einfach aus, insbesondere bei Haushaltskunden. Die Verträge mit den Stromerzeugern sind sehr komplex. Es werden Zeitscheiben (time slots) mittel- und langfristig gekauft. Schließlich gibt es einen Spotmarkt, bei dem im ¼-h-Raster gehandelt wird. Zur Unterstützung des Handels wurde die Energiebörse European Energy Exchange (EEX) in Leipzig gegründet. Weil Strom immer der fluktuierenden Nachfrage folgend momentan zu erzeugen ist und nicht in disponierbaren Paketen zur Verfügung steht, wie etwa Aktien oder Erdöl, gestaltet sich der Handel mit Strom viel komplexer als mit anderen börsengehandelten Produkten. Wegen der Komplexität bietet sich die Spekulation an, die nicht zuletzt auch zu negativen Strompreisen führen kann. Deshalb werden große Stromkontingente mehrfach gehandelt, gemäß dem alten Händlermotto „Ist der Handel noch so klein, bringt er doch mehr als Arbeit ein". Der Ablauf des Stromhandels wird in Abschn. 7.2.3 beschrieben. Mit der Deregulierung wurde viel Aufhebens getrieben. Aber letzten Endes bleiben im Strompreis für Haushaltskunden nur 2–5 ct für die Stromerzeugung, die am freien Markt gebildet werden. Der Rest ist mehr oder wenig reguliert. Trotzdem hat die erzeugte Unruhe bei den EVU zu mehr Kostenbewusstsein geführt.

7.2.2 Verbundnetz

Kraftwerke können im Allgemeinen nur einen geringen Prozentsatz ihrer Leistung im Sekundenbereich steigern. Um den Ausfall eines gesamten Kraftwerksblocks abzusichern, werden deshalb mehrere Kraftwerke im Verbund betrieben. Dies verteilt das Problem „auf mehrere Schultern". Das deutsche Verbundsystem ist in Abb. 7.8 dargestellt [6].

Besteht eine Versorgungsinsel, z. B. früher Westberlin oder Israel, die mit Nachbarn kein Verbundnetz bilden kann, so ist die maximale Blockleistung auf eine meist unwirtschaftliche Größe begrenzt, denn bei Ausfall eines Blockes müssen die restlichen Blöcke das Leistungsdefizit übernehmen. Der Verbundbetrieb bietet außerdem die Möglichkeit, durch Ausgleich von Lastspitzen die Gesamtlast in ihrer Spitze zu reduzieren und in ihren Zeitverläufen zu vergleichmäßigen. Je größer das zusammenhängende Netzgebiet ist, desto besser kann der Kraftwerkseinsatz optimiert werden.

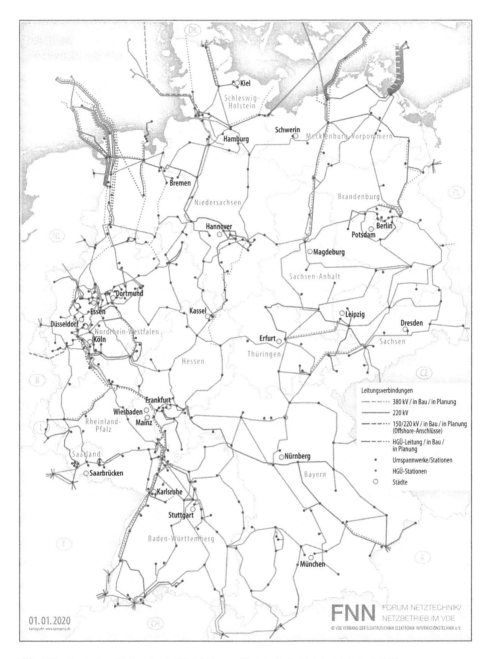

Abb. 7.8 Deutsches Verbundnetz (FNN Forum Netztechnik/Netzbetrieb im VDE)

Es sprechen demnach viele Gründe dafür, ein großes Verbundnetz zu schaffen. Beispielsweise arbeitet das deutsche Netz synchron mit fast allen europäischen Ländern zusammen. Der Dachverband „Union für die Koordinierung des Transports elektrischer Energie" (Union for the Coordination of Transmission of Electricity, UCTE) regelt den Austausch der Energie. Dabei spielt die Selbstverpflichtung der Mitglieder zur Bereitstellung einer gewissen Reserve und die Aufrechterhaltung von Mindeststandards in der Zuverlässigkeit eine wichtige Rolle. Die gesamte installierte Leistung der am Netz betriebenen Kraftwerke erreicht ca. 600 GW. In dem versorgten Gebiet leben 450 Mio. Menschen, die 2500 TWh/a Strom verbrauchen. Dies bedeutet eine mittlere Leistung von $(2500 \cdot 10^3 \text{ GWh/a})/(8760 \text{ h/a}) = 290 \text{ GW}$. Die Spitzenlast beträgt etwa das 1,3-fache. Hinzu kommen etwa 10 % Netzverluste bei Spitzenlast. In Deutschland betragen die Netzverluste im Mittel 5 %. Es ergibt sich eine Spitzenleistung von 420 GW. Die Differenz zu 630 GW entfällt auf den Eigenbedarf der Kraftwerke, Kraftwerke in Reserve und Kraftwerke, die aus verschiedenen Gründen nicht einsetzbar sind.

Großbritannien ist der UCTE nicht angeschlossen, weil ein synchroner Betrieb mit einer Drehstromverbindung über den Ärmelkanal nicht realisierbar ist. Eine Gleichstromverbindung (HGÜ), die in Abschn. 4.3 behandelt wird, erlaubt jedoch den Austausch einer Leistung von ca. 2000 MW zu Optimierungs- und Reservezwecken in beide Richtungen. Ebenso ist Skandinavien über einige HGÜ mit dem Kontinent verbunden, wobei das dänische Jütland mit dem UCTE-Netz gekoppelt ist. Auch die Mittelmeerinseln Sardinien und Korsika haben eine HGÜ-Verbindung mit Italien. Sizilien hingegen ist über eine 220-kV-Freileitung an den Verbund angeschlossen.

Durch eine Ausdehnung des kontinentaleuropäischen Drehstromnetzes über die baltischen Staaten bis Finnland könnte der sogenannte Baltische Ring gebildet werden. Eine Drehstromverbindung in Gibraltar nach Marokko ermöglicht einen Transfer mit den nordafrikanischen Staaten bis Libyen. Angestrebt ist eine Ausweitung über Ägypten, Israel und die Türkei, sodass ein Mittelmeerring entsteht. Die Verbindung nach Afrika ist von Bedeutung für das Projekt „DESERTEC", das seit Jahren diskutiert wird (Abschn. 7.6.5).

Alle europäischen Staaten, also die synchron arbeitenden UCTE-Mitglieder als auch die über HGÜ verbundenen, haben sich zum Verband europäischer Übertragungsnetzbetreiber „European Network of Transmission System Operators for Electricity" (ENTSO-E) zusammengeschlossen.

Die höchste Spannungsebene in Europa ist 380 kV. Sie wurde bereits 1957 eingeführt. Eine Notwendigkeit, zu noch höheren Spannungen überzugehen, zeichnet sich nicht ab. Die Blockgrößen der Kraftwerke und die Versorgungsdichte sind parallel gewachsen. Dies hatte ein dichtes Netz zur Folge. Somit stieg der überregionale Stromaustausch nicht weiter an. Eine neue Situation ist durch die Forcierung der regenerativen Energie entstanden, die nutzerfern entsteht und die Deregulierung, die es Investoren gestattet, weitgehend an beliebigen Standorten Kraftwerke zu errichten.

Länder, in denen noch höhere Spannungen (Ultra High Voltage, UHV), z. B. 750 kV, zum Energietransport herangezogen werden, zeichnen sich durch weniger dichte

Besiedlung und große Distanzen zwischen Erzeuger- und Lastzentren aus. Beispiele
für UHV-Spannungsebenen sind in Russland (750 kV) China, Indien, Brasilien und den
USA vorzufinden.

Großstörungen im Verbundnetz mit Versorgungsunterbrechungen in den vergangenen
Jahren sind auf eine Verkettung unglücklicher Umstände sowie einen zu schwachen
Netzausbau in bestimmten Bereichen zurückzuführen. So wurde 1975 eine Störung in
Deutschland mit dem Ausfall von 2500 MW Kraftwerksleistung bei einer Gesamtlast
von 120 GW ohne Versorgungsunterbrechung aufgefangen (Abb. 7.9a). Simulationsrechnungen haben ergeben, dass bei einem auf Deutschland begrenzten Netz, ein Netzzusammenbruch entstanden wäre. Eine weitere Großstörung ereignete sich im Jahre
2006. Aufgrund von Leitungsüberlastungen und deren Abschaltung durch die Netzschutzeinrichtungen in drei Regelzonen „Area 1 bis 3" aufgetrennt (Abb. 7.9b). In Area
1 und 3 herrschte ein Leistungsdefizit und in Area 2 ein Überschuss. Durch Abregelung

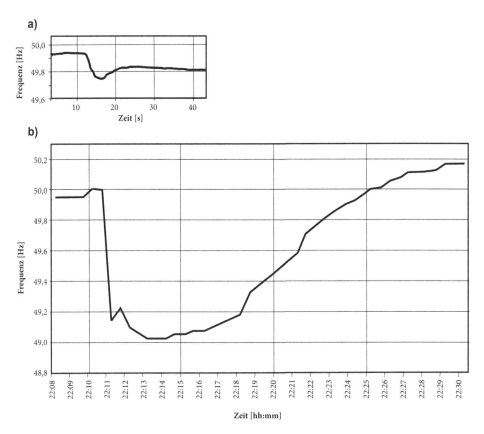

Abb. 7.9 Großstörungen um europäischen Verbundnetz **a** Frequenzverlauf 1975 **b** Frequenzverlauf in Area 1 während einer Großstörung und Netztrennung im europäischen Verbundnetz am
04.11.2006. (Eigene Darstellung)

der Einspeisung in Area 2 und Lastabwurf in Area 1 und 3 konnte das Leistungsgleich-
gewicht wieder hergestellt werden. Durch den Lastabwurf waren Teile westeuropäischer
Länder der Area 1 und 3 bis zu zwei Stunden ohne Strom. Der synchrone Verbundbetrieb
konnte ca. 1 Stunde nach der Netztrennung wiederhergestellt werden.

In Deutschland soll das Drehstromnetz planmäßig ab 2021 mit einer
380-kV-Hochspannungs-Gleichstrom-Übertragungsleitung (HGÜ) von Nord nach Süd
entlang des Rheins mit einer Nennübertragungsleistung von 2 GW und einer Länge von
340 km verstärkt (siehe Abb. 7.8). Die HGÜ-Leiterseile werden an bestehenden Dreh-
strommasten mitaufgehängt. Es musste kein neuer Leitungskorridor geplant werden.
Dies hatte eine deutliche Vereinfachung der genehmigungsrechtlichen Verfahren zur
Folge. Hauptziel ist es die abgeschaltete Einspeisung der Kernkraftwerke im Süden
zu ersetzen. Zwei weitere Nord-Süd-Verbindungen sollen folgen, um insbesondere
die Offshore-Windenergie in den Süden zu transportieren. Dabei ist wegen Bürger-
protesten eine Teilverkabelung der Übertragungsleitungen vorgesehen, die zu mehreren
Milliarden Mehrkosten führt (Abschn. 4.3). Die Begründungen für HGÜ-Verbindungen
liegen im wirtschaftlichen Bereich. Ab einer Übertragungsentfernung von 300 km ist
die HGÜ angesagt. Das gilt insbesondere, wenn wegen der Bürgerproteste von Freileitungen auf Kabel übergegangen wird. Nachteilig bei der HGÜ ist die Unflexibilität.
Bei Umplanungen lassen sich nur schwer Zwischeneinspeisungen vornehmen.

HGÜ-Verbindungen arbeiten derzeit noch im Punkt-zu-Punkt-Betrieb. Es entstehen
auch Mehr-Punkt-HGÜ-Netze insbesondere im Offshore Bereich in Nord- und Ostsee.
Dazu sind Kopfstationen mit Voltage Source Convertern (VSC) notwendig. Gleichstromschalter sind aufwändig (Abschn. 6.4). Das versucht man mit intelligenten Betriebs- und
Regelungskonzepten zu umgehen. In Sonderfällen lassen sich drei Punkte miteinander
verbinden. Dann müssen aber beim Abschalten eines Punktes die anderen beiden ebenfalls kurz stromlos gemacht werden. Zum Aufbau eines vermaschten HGÜ-Netzes wären
sehr aufwändige Kopfstationen mit Voltage Source Convertern notwendig.

Der Betrieb des Verbundnetzes in Deutschland obliegt vier Netzbetreiber-
Gesellschaften (Abb. 7.10), die durch Fusionen aus den ehemals acht Verbundgesell-
schaften (PreussenElektra, Bayernwerk, RWE, VEW, VEAG, Bewag, Badenwerk und
EVS) hervorgegangen sind. Dies war ein steiniger Weg. Zu den Besitzern dieser vier
Übertragungsnetzbetreiber (ÜNB) – die gleichzeitig Monopolbetriebe sind – gehören
(ausländische) Energieversorgungsunternehmen und Investmentfonds. Im Rahmen der
Deregulierung mussten die Gesellschaften neben den eigenen Kraftwerken auch Kraft-
werke der Mitbewerber ohne Diskriminierung in das Netz einspeisen lassen und die
Kosten für die Durchleitung des Stromes gerecht den Händlern zuordnen. Letzteres
wurde in der Politik und der Öffentlichkeit heftig in Zweifel gezogen. Immer neue
Gesetze führten dazu, dass es schließlich zu einer vollständigen Trennung der Netz- und
Kraftwerksgesellschaften kam, dem sogenannten Unbundling.

Die ÜNB sind für den Betrieb und Ausbau des Netzes zuständig und planen
gemeinsam mit den Investoren neuer Kraftwerke den Standort und den Einspeisepunkt. Hier ist die Unabhängigkeit von den ehemaligen Mutterkonzernen von großer

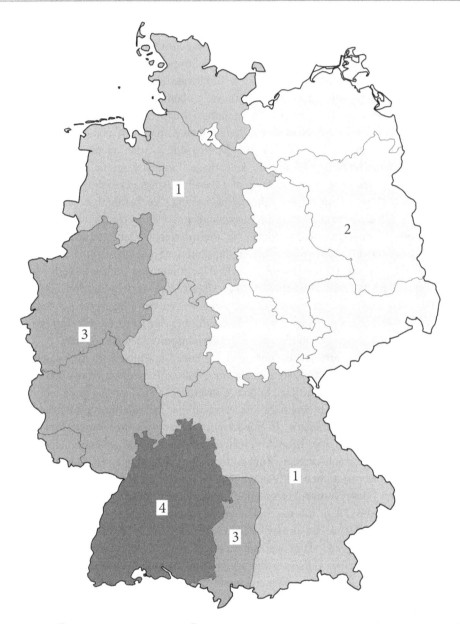

Abb. 7.10 Übertragungsnetzbetreiber (ÜNB) in Deutschland und deren Regelzonen. 1: TenneT TSO GmbH; 2: 50 Hz Transmission GmbH; 3: Amprion GmbH; 4: TransnetBW GmbH. (Eigene Darstellung)

Bedeutung. Der Ausbau des Netzes muss langfristig geplant werden. Die Errichtung der Leitungen dauert häufig länger als 10 Jahre und deren Betrieb bis zu 50 Jahre. Diese großen Zeitspannen stehen im Widerspruch zum Quartalsdenken der Investoren (Aktiengesellschaften und Investmentfonds).

Ein wesentlicher Punkt beim Netzausbau ist die zukünftige Energiepolitik der Regierungen, die in Legislaturperioden denkt. In die Bauentscheidung über eine Leitung geht ein:

- Welche Kapazität werden die Offshore-Windparks in 20 Jahren haben?
- Werden große Pumpspeicherkraftwerke in Skandinavien und/oder den Alpen gebaut?
- Werden große Strommengen aus Kernkraftwerken aus Frankreich zu übertragen sein?
- Wird man das Verbundnetz in Richtung Osten ausdehnen und verstärken, weil dort Kohle- und Gasstrom mit geringen Umweltauflagen z. B. CO_2-Zertifikate zu erzeugen ist?
- Wird man langfristig Spitzenlastkraftwerke als Schattenkraftwerke unterhalten oder ganz auf die Speicherung von Ökostrom setzen?

Hierbei ist zu beachten, dass die Netzbetreiber verpflichtet sind, die Netze so auszubauen, dass über die gegenseitige Hilfestellung im Störungsfall hinaus ein freier Stromhandel in Europa möglich ist. Eine Berücksichtigung all dieser Möglichkeiten würde zu einer „Kupferplatte" in Deutschland führen, wenn die ÜNB ihre Kosten auf die Netznutzungsentgelte umlegen dürften. Um dies zu vermeiden, muss die Bundesnetzagentur über den Bau neuer Leitungen mitentscheiden. Da diese auch festlegen, in welchem Maße die Investitionskosten auf die Netznutzungsentgelte umgelegt werden dürfen, legt sie indirekt auch die Gewinne der ÜNB fest.

Das Spannungsfeld zwischen Regulierungsbehörde und Netzbetreiber wird heftig diskutiert [6, 7]. Auf alle Fälle ist bei dieser Diskussion viel technischer Sachverstand, wirtschaftliches Denken und Kenntnisse in den rechtlichen Rahmenbedingungen notwendig [8, 9]. Insbesondere ist Konsensfähigkeit gefragt. Dabei wird es schwierig sein, die in Legislaturperioden denkende Politik aus diesem öffentlichkeitswirksamen Problemfeld herauszuhalten. Die beschriebene Konstellation widerspricht den Intensionen eines marktwirtschaftlich geführten Unternehmens. Deshalb verkauften die Muttergesellschaften ihre Netzgesellschaften.

Auch in dem komplexen und ausgedehnten Netz Europas muss zu jedem Zeitpunkt so viel Strom erzeugt werden, wie verbraucht wird. Früher wurde dies dadurch erreicht, dass jedes EVU eine ausgeglichene Leistungsbilanz sicherstellte, ggf. in Absprache mit seinen Nachbarn. Wie dies möglich ist, wird in Abschn. 7.7 gezeigt. In Deutschland hatte RWE, als damals größtes EVU, mit vielen eigenen Kraftwerken die Aufrechterhaltung der Leitungsbilanz gegenüber UCTE im Lastverteiler in Brauweiler sichergestellt. Für ganz Europa erfolgte die Lastverteilung von Laufenburg (Schweiz) aus. Nachdem nun die großen ÜNB über keine eigenen Kraftwerke mehr verfügen, muss dies durch Verträge mit den Kraftwerksgesellschaften erfolgen. Hierzu hat man im deutschen Netz vier

Regelzonen (RZ) geschaffen (Abb. 7.10), entsprechend den vier ÜNB. In Österreich gibt es zwei und in der Schweiz eine Regelzone. Das gesamte UCTE-Netz wurde in 30 RZ unterteilt.

7.2.3   Strompreisgestaltung

Der freie Markt sieht folgendes Standardverfahren vor: Ein Privathaushalt oder Industriekunde lässt sich von verschiedenen Stromhändlern Lieferverträge anbieten und entscheidet sich für den Anbieter mit den günstigsten Vertragsbedingungen. Der Stromhändler kauft nun bei verschiedenen Kraftwerksbetreibern Stromkontingente. Dabei gibt er ein Strom-Zeit-Profil $P(t)$ vor. Dies kann nun direkt geschehen oder über die Strombörse European Energy Exchange (EEX) in Leipzig. Dabei ist der Strompreis stark von der Jahres- und Tageszeit abhängig, er kann beispielsweise zwischen 0,02 und 0,4 €/kWh schwanken, kann in Engpasszeiten aber auch sehr viel höher liegen. Bei einem Überangebot an Strom kann es sogar zu negativen Strompreisen kommen, d. h. die Nutzung von Strom wird vergütet.

Der Händler muss in Kontakt mit dem Netzbetreiber sicherstellen, dass der Strom auch ohne Leitungsüberlastung zum Kunden transportiert werden kann. Dies sollte in der Regel der Fall sein, denn als die Kraftwerke gebaut wurden, hat man darauf geachtet, dass das Netz die entsprechenden Leistungen aufnehmen kann. Durch den freien Stromhandel bleiben die Einspeise- und Lastpunkte erhalten. Demzufolge ändert sich auch nichts am Stromfluss im Netz. Lediglich die Finanzströme gehen andere Wege. Dies gilt jedoch nur, solange der historisch gewachsene Kraftwerkspark bestehen bleibt.

Durch die Weiterentwicklung und Errichtung neuer, insbesondere örtlich und zeitlich dargebotsabhängiger Kraftwerke treten jedoch Probleme hinsichtlich von Leitungsüberlastungen auf. Der Netzbetreiber ist dann angehalten, sein Netz entsprechend zu ertüchtigen. Es ist auch die Aufgabe des Stromhändlers, in jedem Augenblick das Gleichgewicht zwischen Bezug und Abgabe sicherzustellen, indem ein sogenannter Bilanzkreis erstellt wird. Hierbei handelt es sich um eine rein kaufmännische Bilanz im Gegensatz zu der in Abschn. 7.2.2 beschriebenen Regelzone. Ein Fahrplan für Bezug und Abgabe muss im Voraus erstellt und dem ÜNB übergeben werden. Weichen die Kunden oder Lieferanten von dem prognostizierten Wert ab, muss der Händler kurzfristig z. B. am sogenannten Spotmarkt Energiemengen an- oder verkaufen. Unterlässt er dies, greift der Regelzonenbetreiber auf Reservekraftwerke zurück und stellt dem Händler die teure Regelenergie mit z. B. 0,1 €/kWh in Rechnung.

Probleme können entstehen, wenn sich am Markt Strompreise herausbilden, die über den Preisen der Regelenergie liegen. Dann werden viele Stromhändler dazu neigen, „versehentlich" die zu versorgende Last zu niedrig zu schätzen. Als Folge kann dann die Regelenergie erschöpft sein und für Netzsicherheitsmaßnahmen fehlen. Für jeden Stromkunden gibt es ein EVU, bei dem er physikalisch angeschlossen ist. Sein Vertragspartner

ist aber der Stromhändler. Der stellt die Rechnung und bezahlt an den Kraftwerksbetreiber den Strom und an den Netzbetreiber die Netzgebühren.

Haushaltarife sind sehr einfach aufgebaut. Sie bestehen aus einem Grund- oder
Leistungspreis z. B. 90 €/a (für die Bereitstellung von elektrischer Leistung und Messeinrichtungen) und einem Arbeitspreis von z. B. 0,30 €/kWh. Teilweise wird noch
zwischen einem Tag- und Nachttarif unterschieden (Abschn. 7.8). Die Aufteilung in
Leistungs- und Arbeitspreis geht von dem Gedanken aus, dass das EVU die Netzinfra-
struktur bereitstellt und der Kraftwerksbetreiber den Kraftwerkspark. Der Leistungspreis
soll also ein Entgelt für die getätigten Investitionen zur Leistungsbereitstellung sein.
Der Arbeitspreis deckt dann die Brennstoffkosten ab, die heute je nach Energiemix bei
0,03 €/kWh liegen.

Als vor vielen Jahren die Haushaltarife strukturiert wurden, wollte man aus
sozialen Gründen den Grundpreis nicht zu hoch ansetzen. Entgegen vielen Presse-
veröffentlichungen zahlen also die Kleinverbraucher bezogen auf die von ihnen verursachten Kosten zu wenig für den Strom. Mit den oben angegebenen Zahlenwerten
und einem Jahresverbrauch von 3600 kWh beläuft sich die Jahresrechnung eines
4-Personen-Haushalts auf 90 € + 0,30 €/kWh · 3600 kWh = 1170 €.

Dieser Betrag setzt sich wie in Abb. 7.11 dargestellt zusammen (zu EEG und KWK
siehe Abschn. 7.8).

Die Konzessionsabgabe muss das EVU dafür entrichten, dass es Kabel im
öffentlichen Straßenraum verlegen darf. Es handelt sich dabei nicht um die Kosten für
die Kabelverlegung, die selbstverständlich vom EVU zu tragen sind, sondern lediglich
um die Erlaubnis Kabel verlegen zu dürfen.

Wie schon erwähnt, schließt der Kunde mit dem Stromhändler einen Abnahmevertrag.
Die für das Versorgungsgebiet zuständigen EVU treten auch selbst als Stromhändler auf.
Von ihnen beziehen die meisten Haushaltkunden ihren Strom. In der Regel bieten die
EVU einen relativ teuren Standardtarif und mehrere Spezialtarife z. B. einen Umwelt-
tarif an. Der Wechsel zu einem anderen Stromanbieter ist relativ einfach und birgt kein
großes Risiko. Bei einem Ausfall des Stromhändlers (z. B. Insolvenz) erfolgt die unterbrechungsfreie Weiterversorgung durch das örtliche EVU zum Standardtarif. Letzterer
ist im Allgemeinen sehr teuer. Verloren sind dabei in der Regel Voraus- und Abschlags-
zahlungen. Die Stromhändler bieten meist unterschiedliche Vertragstypen an, z. B. Ökostrom, den er dann aus entsprechenden Kraftwerken bezieht. Dabei muss sichergestellt
sein, dass er nicht mehr Ökostrom verkauft als er bezieht. Im Normalfall wird in das
Netz mehr Ökostrom eingespeist als von den Haushaltskunden vertraglich bezogen
wird. Wenn ein Verbraucher sich entschließt, Ökostrom zu kaufen bedeutet das nicht,
dass mehr Ökostrom erzeugt wird. Der Stromanteil, der dann an die normalen Haushalte
geliefert wird ist nur entsprechend niedriger.

Stromlieferverträge für Industrie und Gewerbe sind komplexer. So muss der
Abnehmer eine maximale Leistung im Voraus bestellen. Überschreitet er diese, sind
enorme Gebühren fällig. Es kann sein, dass bei einmaliger Überschreitung der Bestell-
leistung so viel gezahlt werden muss, wie bei einem ganzjährigen Bezug zu entrichten

gewesen wäre. Die Leistung wird dabei nicht mit einem Leistungsmesser bestimmt, sondern mit einem Zähler, der die elektrische Arbeit innerhalb einer Viertelstunde aufsummiert (¼-h-Messung).

Weiterhin werden bestimmte Tagesprofile vereinbart. Darüber hinaus gibt es Vereinbarungen, dass z. B. der Versorger bis zu dreimal im Jahr bestimmte leistungsstarke Verbraucher abschalten darf. Dies erfordert eine Online-Verbindung zwischen Kunde und Händler. Zur Optimierung des Leistungsbezuges an die viele Seiten umfassenden Verträge gibt es spezielle Lastmanagement-Software. Ein solches Lastmanagement ist auch für Haushaltskunden geplant (Abschn. 7.8) und könnte durch den Einsatz von Smart Metern umgesetzt werden.

Von den oben in Abb. 7.11 gezeigten Kostenanteilen des Strompreises entstehen nur die Erzeugerpreise – also 1/3 – am freien Markt. Sie werden im Wesentlichen an der Strombörse European Energy Exchange (EEX) in Leipzig gebildet. Dabei stellen sich die Grenzkosten ein. Der Leistungsbedarf steht fest und muss gedeckt werden. Ein Stromerzeuger bietet seinen Strom nur an, wenn er ihn kostendeckend erzeugen kann. So bildet sich nach dem sogenannten „Merit-Order-Prinzip" ein Preis heraus, der durch das jeweils hinsichtlich der Grenzkosten teuerste eingesetzte Kraftwerk bestimmt wird, das noch benötigt wird, die Stromnachfrage zu decken. Der Besitzer dieses Kraftwerks macht damit einen mehr oder weniger hohen Gewinn, der bei Besitzern von abgeschriebenen Altanlagen enorm ist. Früher, als noch Kraftwerke und Netz einem EVU gehörten, wurden Strompreise kostenorientiert von der Aufsichtsbehörde genehmigt. In die Kostenrechnung ging die Abschreibungsdauer ein, die wesentlich kürzer als die Lebensdauer der Kraftwerke ist. Nach Einführung der Deregulierung

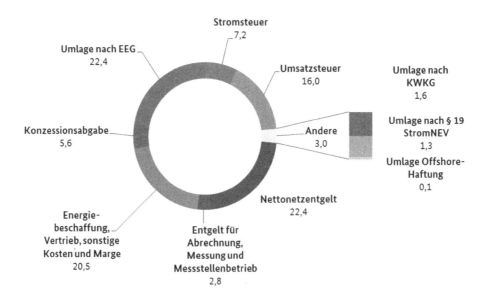

Abb. 7.11 Strompreisgestaltung in Deutschland. (Stand 2016, eigene Darstellung)

erzielen die Besitzer der Altanlagen den gleichen Preis wie Besitzer von Neuanlagen. Dies wird oft als ungerecht empfunden, ist aber keine Ungerechtigkeit des Marktes, sondern dem Übergang von einem Marktsystem in ein anderes geschuldet.

7.2.4   Kraftwerkseinsatz

Der Zeitverlauf der Leistungsbereitstellung über den Tag wird als Tagesganglinie bezeichnet. Das Integral über diese Kurve liefert die genutzte Energie E. Wird sie durch 24 h geteilt, so ergibt sich die mittlere Bezugsleistung P_{m}. Teilt man sie durch die Spitzenleistung P_{max}, ergibt sich der Benutzungsgrad m, der allerdings nicht für einen Tag, sondern für ein Jahr bestimmt wird

$$P_{\mathrm{m}} = \frac{1}{8760\,\mathrm{h}} \cdot \int_{0}^{8760\,\mathrm{h}} P(t)\,\mathrm{d}t \qquad m = P_{\mathrm{m}}/P_{\mathrm{max}} \qquad (7.2)$$

Bei einem privaten Haushalt liegt der Benutzungsgrad unter $m = 0{,}2$, für eine Stadt ergibt sich ca. $m = 0{,}5$ und für Deutschland ca. $m = 0{,}65$. Beispiele für Tagesganglinien an einem Sommer- und Wintertag sind in Abb. 7.12 angegeben.

Da elektrische Energie in großem Umfang nicht speicherbar ist, müssen die Kraftwerke in ihrer Einspeisung der Tagesganglinie nachgefahren werden. Hierbei ergibt sich eine

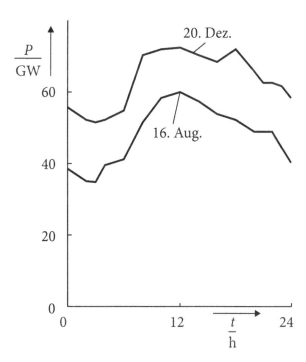

Abb. 7.12 Tagesganglinien Deutschland 1995 (Statistisches Bundesamt)

Schichtung, die der Regelfähigkeit der Kraftwerke Rechnung trägt. Laufwasser-Kraftwerke nutzen das momentane Wasserangebot. Heizkraftwerke orientieren sich in der Stromerzeugung am Wärmebedarf. Braunkohle- und Kernkraftwerke benötigen relativ billige Brennstoffe und werden nach Möglichkeit durchgehend voll eingesetzt (Grundlastkraftwerke). Die durch das Erneuerbare Energien Gesetz (EEG) begünstigten regenerativen Energien wie Wind und Photovoltaik sind von den Netzbetreibern vorrangig abzunehmen und werden entsprechend dem Dargebot der Primärenergie eingesetzt.

Der Gruppe der Grundlastkraftwerke sind die Mittellastkraftwerke überlagert, die im Tagesrhythmus der Last nachgefahren werden. Hierzu zählen Kohlekraftwerke, aber auch gasbetriebene GuD-Blöcke (Abschn. 7.4). Wind- und Solarkraftwerke sind keine Grundlastkraftwerke, weil sie nicht durchgängig liefern können. Da ihre Einspeisung jedoch durch die dargebotene Primärenergie festliegt, werden sie bei der Einsatzplanung wie Grundlastkraftwerke behandelt. Da in Deutschland zu wenige Grundlastkraftwerke zur Verfügung stehen, fällt der Betrieb von Kohlekraftwerken teilweise auch in diesen Bereich. Für den kurzfristigen, stundenweisen Einsatz sind Gasturbinen und Speicherkraftwerke geeignet. Bei den Speicherkraftwerken (Abschn. 7.3) unterscheidet man zwischen Jahresspeicher- und Pumpspeicherkraftwerken. Bei letzteren wird ein Wasserreservoir z. B. nachts mit Strom aus Braunkohle oder Kernkraft durch Pumpen gefüllt und damit in den Spitzenlastzeiten Strom erzeugt (Spitzenlastkraftwerk). In zunehmendem Maße werden sie auch zum Ausgleich und zur „Veredelung" der fluktuierenden Wind- und Sonnenenergie eingesetzt. Im Handel zwischen den Energieversorgern entstehen Preisspannen zwischen 0,03 €/kWh und 0,3 €/kWh, die ausreichen, um die Investitionskosten der Pumpspeicherkraftwerke zu amortisieren. Der Wirkungsgrad einer solchen Anlage liegt bei ca. 75 %.

Stehen bei einem Unternehmen mehrere Kraftwerke zum Einsatz bereit, so ist das Kraftwerk mit den niedrigsten Brennstoffkosten als erstes einzusetzen. Die bei der Errichtung der Kraftwerke angefallenen Investitionen haben auf eine derartige Einsatzoptimierung keinen Einfluss.

Grundlage für den Einsatzplan bilden die Brennstoffkostenkurven $K(P)$. Neben ihnen zeigt Abb. 7.13 noch die daraus abgeleiteten spezifischen Brennstoffkosten $k(P)$ und die Zuwachskosten $k'(P)$ (Grenzkosten) zweier Kraftwerke 1 und 2 [10].

$$k(P) = \frac{K(P)}{P} \qquad k'(P) = \frac{dK(P)}{dP} \tag{7.3}$$

Sind in einem bestimmten Einsatzpunkt der Kraftwerke die Zuwachskosten des Kraftwerks 1 größer als die Zuwachskosten des Kraftwerks 2, so ist durch Erhöhung der Kraftwerksleistung 2 bei gleichzeitiger Absenkung der Leistung 1 eine Kostenreduktion zu erreichen. Daraus ergibt sich ein optimaler Betriebszustand, wenn alle Kraftwerke im Punkt gleicher Zuwachskosten gefahren werden. Demnach lauten die Optimalitätsbedingungen im Fall von zwei Kraftwerken mit der Nebenbedingung zur Lastdeckung P_L

$$k'_1(P_1) = k'_2(P_2) \qquad P_1 + P_2 = P_L \tag{7.4}$$

Abb. 7.13 Brennstoffkosten der Kraftwerke 1 und 2. K_1, K_2: Brennstoffkosten; k_2: spezifische Brennstoffkosten mit Bestpunkt A; k_2': Zuwachskosten. (Eigene Darstellung)

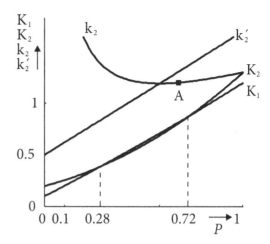

Das Beispiel 7.2 zeigt die Grenzen des Zuwachskostenverfahrens. Die exakte Lösung ist aber auch nicht befriedigend, denn sie führt zu einem ständigen An- und Abfahren der Kraftwerke bei Leistungsänderungen. Die dabei entstehenden Verluste sind jedoch beträchtlich und müssen in die Optimierung mit einbezogen werden. Ein Wechsel im Maschineneinsatz lohnt sich nur, wenn der neue Zustand auf absehbare Zeit erhalten bleibt. Es genügt demnach nicht, in jedem Augenblick die optimalen Betriebspunkte anzufahren, sondern es muss über einen bestimmten Zeitraum gesehen die wirtschaftlichste Fahrweise erreicht werden. Die Bearbeitung dieser Kriterien führt zu integralen Nebenbedingungen, die in die Optimierung mit einbezogen werden müssen.

Beispiel 7.2: Einsatzplan für zwei Kraftwerke

Es soll der Einsatzplan für zwei Kraftwerke ermittelt werden. Dabei sind die Kostenkurven vorgegeben

$$K_1(P_1) = 0{,}1 + P_1 + 0{,}1\,P_1^2 \qquad 0 \le P_1 \le 1$$
$$K_2(P_2) = 0{,}2 + 0{,}5\,P_2 + 0{,}6\,P_2^2 \qquad 0 \le P_2 \le 1$$

Für die Zuwachskosten ergibt sich mit Gl. 7.3

$$k_1'(P) = 1 + 0{,}2\,P_1$$
$$k_2'(P) = 0{,}5 + 1{,}2\,P_2 = 0{,}5 + 1{,}2\,(P_\mathrm{L} - P_1)$$

Für gleiche Zuwachskosten folgt daraus

$$P_1 = 0{,}856\,P_\mathrm{L} - 0{,}356$$

Diese Funktion gilt nur in den realen Bereichen (Abb. 7.14)

$$P_1 > 0 \rightarrow P_\mathrm{L} > 0{,}42$$
$$P_1 < 1 \rightarrow P_\mathrm{L} < 1{,}58$$

Geht man von diesem Einsatz aus, so wird bei niedriger Leistung das Kraftwerk 2 allein eingesetzt und bei $P = 0{,}42$ das andere Kraftwerk hinzugenommen.
Ab $P = 1{,}58$ fährt Kraftwerk 1 Vollast und das Kraftwerk 2 deckt den Rest. Das
beschriebene Optimierungsverfahren gilt nur für konvexe Funktionen ohne Sprünge.
Bei der Betrachtung entfallen die Leerlaufkosten $K_{10} = 0{,}1$ und $K_{20} = 0{,}2$ vollständig. Eine andere Strategie besteht darin, zunächst das Kraftwerk 1 mit den
niedrigen Leerlaufkosten einzusetzen, bis bei $P_L = 0{,}28$ das Kraftwerk 2 günstiger
wird (Abb. 7.14). Bei $P_L = 0{,}72$ ist dann wieder auf das Kraftwerk 1 zurück zu
wechseln. Überschreitet die Netzlast die Höchstlast einer Maschine ($P_1 > 1$), fallen
die Leerlaufkosten beider Kraftwerke an.

Somit wird die oben beschriebene Optimierungsmethode, die die Leerlaufkosten
nicht berücksichtigt, wieder gültig. ◀

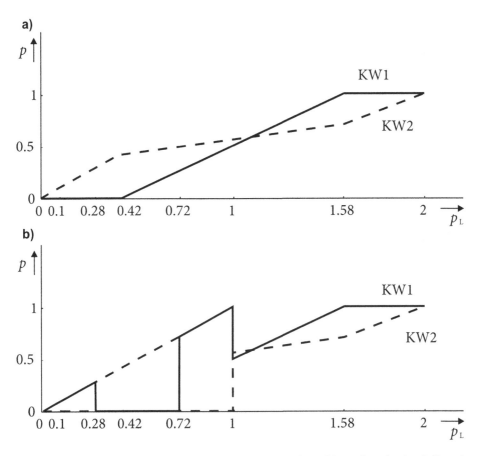

Abb. 7.14 Kraftwerkseinsatz. **a** nur nach dem Kostenzuwachsverfahren; **b** optimal, mit Berücksichtigung der Leerlaufkosten. (Eigene Darstellung)

7.3   Wasserkraftwerke

Wasserkraftwerke nutzen die potentielle Energie des natürlichen Wasserkreislaufs der Natur, der von der Sonne „angetrieben" wird. Die Wasserkraftnutzung basiert auf einer erneuerbaren Energiequelle und ist daher unerschöpflich. Sie erzeugt etwa 70 % des regenerativen Stromes weltweit [11].

7.3.1   Potentielle Energie des Wassers

Die potentielle Energie eines Stausees (Oberbecken) setzt sich aus der Lageenergie und der Druckenergie zusammen. Die Lageenergie wird durch den geodätischen Höhenunterschied zwischen den Wasserspiegeln des Ober- und Unterbeckens bestimmt. Die Druckenergie ergibt sich aus der Stauhöhe des Oberbeckens. In Abb. 7.15 ist ein Tal (1), das durch einen Bergkamm (2) begrenzt ist, im Querschnitt gezeichnet. So entsteht eine Fläche, die sich bei Regen zum Haupttal (3) hin entwässert. Für ein Wasserkraftwerk wird an einer möglichst engen Stelle eine Staumauer (4) errichtet, die einerseits viele abfließende Bäche auffangen soll und andererseits möglichst hoch gelegen ist. Um das Einzugsgebiet (5) des Stausees zu vergrößern, fängt man Bäche (6) auf, die an der

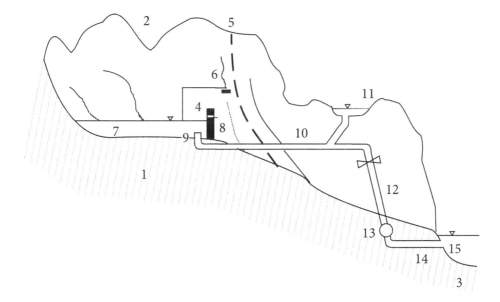

Abb. 7.15 Wasserkraftwerk. 1: Talsohle; 2: Bergkamm; 3: Haupttal; 4: Staumauer mit Krone; 5: Grenze des Einzugsgebiets; 6: Bach mit Einleitung; 7: Oberbecken; 8: Überlauf; 9: Einlaufbecken; 10: Triebwasserleitung; 11: Wasserschloss mit Schwallbecken; 12: Druckrohre; 13: Turbine; 14: Auslauf bzw. Saugrohr; 15: Unterbecken. (Eigene Darstellung)

Staumauer vorbeifließen, und leitet sie in das Oberbecken (7). Beispielsweise fängt in Österreich eine Staumauer oberhalb von Heiligenblut das vom Großglockner kommende Wasser auf. Von dort wird es durch das Bergmassiv zum Stausee von Kaprun geleitet. Unterhalb der Staumaueroberkante gibt es für Notfälle einen Überlauf (8) in der Staumauer. Das eigentliche Einlaufbauwerk (9) befindet sich kurz hinter der Mauer an der tiefsten Stelle des Stausees. Von dieser führt eine Triebwasserleitung (10) am Berghang in Richtung Haupttal bis zu einem Wasserschloss (11) mit Schwallbecken, dessen Wasserspiegel etwa auf der Höhe des Stausee-Spiegels liegt. Druckrohre (12) leiten das Wasser zu dem Krafthaus in die Turbine (13). Anschließend fließt das Wasser durch Ausleitungs- bzw. Saugrohre (14) in das Unterbecken (15) oder direkt in das alte Bachbett.

Bei Pumpspeicherkraftwerken führt der Wasserstrom in Starklastzeiten vom Ober- zum Unterbecken und in Schwachlastzeiten vom Unter- zum Oberbecken. Der in der Triebwasserleitung (10) entstehende Druckabfall führt bei Lastschwankungen zu beachtlichen Änderungen des Wasserspiegels in dem Schwallbecken (11).

Nach einer plötzlichen Lastabschaltung der Turbine und dem damit verbundenen Schnellschuss schließt sich ein Ventil am Eingang der Druckrohre und leitet den Triebwasserstrom in das Schwallbecken um, bis die kinetische Energie des Wassers $E = (1/2)mv^2$ vernichtet ist.

Beispiel 7.3: Speicherkraftwerk Kaprun

Der Energieinhalt der Kapruner Oberstufe soll berechnet werden. Hier sind folgende Daten gegeben:

- Stauziel $h_1 = 2036$ m
- Absenkziel $h_2 = 1960$ m
- Auslauf $h_3 = 1672$ m
- Speichervolumen $V = 85 \cdot 10^6$ m^3
- Einzugsgebiet $A = 94$ km^2
- Niederschlagsmenge $B = 2$ m/a

Der jährliche Niederschlag, der maximal in das Becken geleitet werden kann, ergibt sich zu

$$V_0 = A \cdot B = 94 \cdot 10^6 \text{ m}^2 \cdot 2 \text{ m/a} = 188 \cdot 10^6 \text{ m}^3/\text{a} \tag{7.5}$$

Dies entspricht dem 2-fachen des Speichervolumens. Vereinfachend sei angenommen, dass der Stausee Quadergestalt hat. Dann kann mit einer mittleren Fallhöhe h gerechnet werden

$$h = \frac{h_1 + h_2}{2} - h_3 = \frac{2036 \text{ m} + 1960 \text{ m}}{2} - 1672 = 326 \text{ m} \tag{7.6}$$

$$E = \gamma \cdot V \cdot h = 9,81 \frac{\text{N}}{\text{dm}^3} \cdot 85 \cdot 10^6 \text{ m}^3 \cdot 326 \text{ m} = 270 \cdot 10^6 \text{ Ws} = 76 \cdot 10^6 \text{ kWh} \tag{7.7}$$

Aus dem Beispiel ergibt sich die mittlere Leistung für den Jahresspeicher

$$P_{\text{inst}} = E/8760\,\text{h} = 8{,}6\,\text{MW}$$

Der beschriebene Betrieb ist nicht sinnvoll. Üblicherweise wird der Stausee mit der Schneeschmelze im Sommer gefüllt und im Winter zur Erzeugung von Spitzenleistung entleert, sodass er im Frühjahr seinen niedrigsten Stand hat. Dabei setzt sich über ein Jahr etwa das 2-fache Speichervolumen um. Bei einem Volllastbetrieb über 25 % des Jahres ergibt sich dann eine Bauleistung der Turbine

$$P_{\text{inst}} = 2 \cdot \frac{1}{0{,}25} \cdot 8{,}6\,\text{MW} = 69\,\text{MW} \blacktriangleleft$$

7.3.2 Wasserkraftmaschinen

Die Wasserkraft wurde bereits vor mehr als 2000 Jahren durch Wassermühlen vom Menschen genutzt. Als Löffelräder gestaltet, lieferten sie eine Leistung von 1 kW (Mensch: 100 W). Die heute bekannten Mühlräder stammen aus dem Mittelalter und sind als ober- oder unterschlächtige Wasserräder ausgeführt (Abb. 7.16). Das oberschlächtige Wasserrad nutzt die potentielle Energie direkt aus, es muss der Fallhöhe angepasst sein und entwickelt ein von der kinetischen Energie des Wasserdargebotes $\dot{Q}$ unabhängiges Drehmoment. Dies ist beispielsweise für den direkten Antrieb von Arbeitsmaschinen wichtig. Der Wirkungsgrad ergibt sich aus dem Verhältnis der nutzbaren Fallhöhe h_2 (Nettofallhöhe) und der verfügbaren Fallhöhe h_1 (Bruttofallhöhe) (Abb. 7.16) und ist von der Strömungsgeschwindigkeit v des Wassers unabhängig. Es wird eine möglichst geringe Strömungsgeschwindigkeit v bei der Wasserzuführung angestrebt, um Verluste ($\sim v^2$) zu vermeiden.

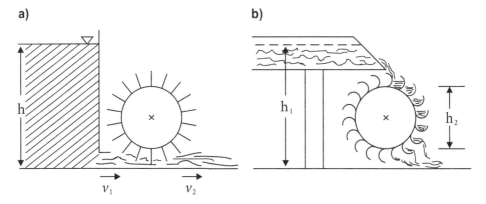

Abb. 7.16 Wasserräder. **a** unterschlächtiges Wasserrad (Stoßrad) $\eta = (v_1^2 - v_2^2)/v_1^2$; **b** oberschlächtiges Wasserrad $\eta = h_2/h_1$. (Eigene Darstellung)

Moderne Wasserkraftanlagen, die nach dem Prinzip des oberschlächtigen Wasserrades arbeiten, besitzen einen hydraulisch geschlossenen Wasserdurchsatz. Die potentielle Energie wird in einem Druckrohr in überwiegend statische Druckenergie umgewandelt und mit einer Überdruckturbine in mechanische Rotationsenergie umgewandelt wird. Es werden damit Wirkungsgrade von bis zu 90 % erreicht. Beim unterschlächtigen Wasserrad erfolgt zunächst eine Umsetzung der potentiellen in kinetische Energie. Bei modernen Wasserkraftanlagen dieses Prinzips erfolgt diese Umwandlung mittels Düsen. Die nachgeschalteten Wasserturbinen bzw. Wasserräder werden Gleichdruckturbinen genannt, da im Gegensatz zu den Überdruckturbinen am Ein- und Ausgang der Turbine der gleiche statische Druck herrscht. Hierbei ist die Ausströmgeschwindigkeit v_1 der Düsen von der Stauhöhe h abhängig. Sie ergibt sich aus der potentiellen Energie.

$$P = \mathrm{d}E/\mathrm{d}t = (1/2)\,\dot{m}\,v_1^2 = g \cdot \rho \cdot \dot{V} \cdot h = g \cdot \dot{m} \cdot h \qquad \text{mit} \quad v_1 = \sqrt{2gh} \quad (7.8)$$

Die Schaufel des Wasserrades bremst das Wasser auf die Geschwindigkeit v_2 ab. Somit ergibt sich der Wirkungsgrad zu

$$\eta = \frac{v_1^2 - v_2^2}{v_1^2} \qquad (7.9)$$

Bei den historischen Wasserrädern gelingt eine Ausnutzung auf $v_2 = v_1/2$. Dies führt zu einem Wirkungsgrad von $\eta = 75\,\%$. Moderne Anlagen dieses Prinzips erreichen nahezu eine vollständige Abbremsung des Wassers und damit erhöhte Wirkungsgrade von bis zu 90 %.

Es werden im Wesentlichen folgende Turbinenarten unterschieden. Diese teilen sich in Überdruck- und Gleichdruckturbinen auf. Zur Gruppe der Überdruckturbinen (Reaktionsturbinen) gehören:

- **Francis-Turbinen** (Abb. 7.17b) von dem Amerikaner James Francis aus dem Jahr 1849 werden im mittleren Fallhöhenbereich (10–200 m) eingesetzt. Die Laufradschaufeln sind nicht verstellbar und daher für schwankende Durchflüsse weniger geeignet, jedoch auch für den Pumpbetrieb einsetzbar.
- **Propeller-Turbinen** sind den Schiffsantriebsschrauben sehr ähnlich und besitzen starre Laufradschaufeln. Sie haben daher wegen ihres schlechten Teillastwirkungsgrades heute an Bedeutung verloren.
- **Kaplan-Turbinen** hat der Österreicher Viktor Kaplan 1912 erfunden. Sie gleichen der Propellerturbine, haben jedoch verstellbare Laufradschaufeln, sodass sie im Teillastbereich dem Wasserstrom angepasst werden können (Abb. 7.17b) und einen höheren Wirkungsgrad erzielen. Ihr Anwendungsbereich liegt bei niedrigen Fallhöhen, wie sie z. B. bei den Laufwasserkraftwerken vorkommen. Häufig werden sie in einer Baueinheit mit dem Generator als Rohrturbine direkt in dem Wasserstrom angeordnet.

Abb. 7.17 Laufräder von Wasserturbinen. **a** Francis-Turbine; 84 m Fallhöhe; 72 MW; 200 min^{-1}; **b** Kaplan-Turbine; 31 m Fallhöhe; 31 MW; 167 min^{-1}; **c** Pelton-Turbine; 518 m Fallhöhe; 120 MW; 300 min^{-1} (Sulzer Hydro GmbH)

Zu der Gruppe der Gleichdruckturbinen (Aktions- oder Impulsturbine) gehören:

- **Pelton-Turbinen** (Abb. 7.17c) wurden 1877 von dem Amerikaner Lester Pelton erfunden und eignen sich für sehr große Fallhöhen von 50 bis 2000 m. Sie sind für stark schwankende Durchflüsse gut geeignet.
- **Durchströmturbinen** stellen eine preiswerte Bauform für kleinere Speicher- und Laufwasserkraftwerke bis maximal 1 MW Leistung dar. Sie sind bereits für Fallhöhen ab 2 m einsetzbar und können sich gut an schwankende Durchflüsse anpassen.

Eine Turbine hat für eine bestimmte Durchflussmenge, Fallhöhe und Drehzahl einen optimalen Wirkungsgrad. Dieser Arbeitspunkt wird meist im Labor bestimmt. Wird sie bei einer Fallhöhe von 1 m betrieben und maßstäblich so angepasst, dass sie eine Durch-flussmenge von 1 m^3/s Wasser „schluckt", dreht sie sich bei optimalem Wirkungsgrad mit der sogenannten spezifischen Drehzahl n_q. Die spezifische Drehzahl n_q legt ledig-lich die Bauart und die Konstruktionsmerkmale der Turbine fest und charakterisiert unterschiedliche Turbinenarten. Sie ist nicht mit der optimalen Drehzahl der Turbine mit realer Fallhöhe und Durchfluss im praktischen Betrieb gleichzusetzen. Turbinen mit niedriger spezifischer Drehzahl (3…9 U/min), wie beispielsweise die Pelton-Turbine, sind für große Fallhöhen, geringen Durchfluss und daher für hohe reale Drehzahlen (400 … 1000 U/min) geeignet und umgekehrt. Die spezifische Drehzahl n_q sind vom Arbeitspunkt (z. B. Stellung der Laufradschaufeln oder Düsenöffnung) abhängig und werden für eine eindeutige Vergleichbarkeit auf einen bestimmten Arbeitspunkt, bei-spielsweise den des optimalen Wirkungsgrades, bezogen.

Aus der Festlegung der spezifischen Drehzahl n_q ergibt sich, dass der Wirkungsgrad von dem Verhältnis von Durchfluss zur Fallhöhe multipliziert mit der Drehzahl abhängt. Schwankende Durchflüsse oder Fallhöhen können durch eine veränderliche Drehzahl ausgeglichen werden, sodass fortwährend ein optimaler Wirkungsgrad eingehalten wird.

Bei Wasserkraftwerken mit stark schwankenden Fallhöhen werden heute gelegentlich die Generatoren über einen Gleichstromzwischenkreis an das Netz angeschlossen, um die Drehzahl der Turbine der jeweiligen Fallhöhe bzw. Wassergeschwindigkeit optimal anpassen zu können.

Tab. 7.4 gibt spezifische Drehzahlen unterschiedlicher Turbinenarten an sowie deren typische Einsatzbereiche.

Die Übertragung der kinetischen Energie vom Wasser auf das Turbinenrad soll anhand von Abb. 7.18a gezeigt werden. Das Wasser wird durch den feststehenden Leit-apparat in eine bestimmte Richtung gelenkt und erhält so die Geschwindigkeit c_1 mit den beiden Komponenten c_{1t} und c_{1m}. Beim Eintritt in das Laufrad hat das Wasser dann die Geschwindigkeit v_1 mit den Komponenten

$$v_{1t} = c_{1t} - u \qquad v_{1m} = c_{1m} \qquad (7.10)$$

Dabei ist die Tangentialgeschwindigkeit v_{1t} durch die Umlaufgeschwindigkeit u vermindert.

Tab. 7.4 Einsatzbereiche von Wasserturbinen abgeleitet von der Spezifischen Drehzahl n_q

n_q/U/min	3 … 10	18 … 100	100 … 300
Turbinenart	Pelton	Francis	Kaplan
Durchfluss	Klein	Mittel	Groß
Fallhöhe	Groß	Mittel	Klein
Durchfluss$_{real}$ in m³/s	0,2 … 10	5 … 500	10 … 1000
Fallhöhe$_{real}$ in m	30 … 2000	60 … 600	2 … 60
Drehzahl$_{real}$ in U/min	400 … 1000	100 … 500	50 … 150

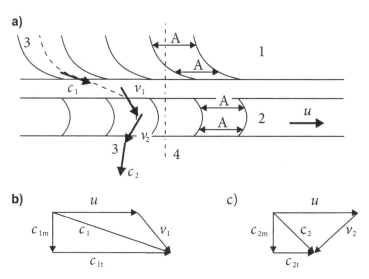

Abb. 7.18 Strömungsverhältnisse in einer Turbine. **a** Querschnitt; **b** Geschwindigkeitsdiagramm für den Eintritt; **c** Geschwindigkeitsdiagramm für den Austritt; 1: Leitrad; 2: Laufrad; 3: Wasserstrom; 4: Drehachse; A: Turbinenquerschnitt; u: Umlaufgeschwindigkeit; c: Absolutgeschwindigkeit; v: Relativgeschwindigkeit zum Laufrad; v_t, c_t: Tangentialgeschwindigkeit; c_m: Meridiangeschwindigkeit. (Eigene Darstellung)

Die Schaufeln des Laufrades lenken den Wasserstrom um

$$v_{2t} = -v_{1t}$$

$$c_{2t} = v_{2t} - u \qquad c_{2m} = v_{2m} = v_{1m} \qquad (7.11)$$

Alle Meridiangeschwindigkeiten c_m und v_m sind gleich, denn der Wasserdurchsatz muss gewährleistet sein. Um die ungenutzte Energie des auslaufenden Wassers gering zu halten, wird $c_{2t} = 0$ angestrebt. Aufgrund der konstanten Durchströmungsgeschwindigkeit im Laufrad ergibt sich

$$c_{2t} = -v_{1t} - u = c_{1t} - 2u$$

$$c_1 \approx c_{1t} = 2u = \sqrt{2gh} \qquad\qquad (7.12)$$

Damit liegt die Umlaufgeschwindigkeit der Turbine fest. Da die Leistung den Wasserdurchsatz und damit den Querschnitt bestimmt, liegt auch die Drehzahl fest.

▶   Je niedriger die Fallhöhe und je größer die Leistung ist, desto langsamer dreht sich die Turbine.

Sind beispielsweise bei einer gegebenen Fallhöhe und kleiner Leistung Pelton-Turbinen sinnvoll, kommen bei gleicher Fallhöhe und größerer Leistung Francis-Turbinen zum Einsatz.

Werden die Turbinen optimal betrieben, ist die Tangentialkomponente c_{2t} null. Die unvermeidliche Meridiankomponente c_{2m} führt zu Verlusten. Wird sie klein gewählt, muss eine sehr große und damit teure Turbine gebaut werden.

Seit Ende des letzten Jahrtausends wird eine neue Art von Wasserkraftmaschinen populärer. Es handelt sich dabei um die Wasserkraftschnecke, die energetische Umkehr der seit langem bekannten Archimedischen Schraube. Es können Wasserdargebote mit geringen Wassermengen und Höhenunterschieden genutzt werden. Die Wasserkraftschnecke ist insbesondere deshalb interessant, weil im Zuge der Energiewende auch kleine Wasserkraftpotenziale zusätzlich erschlossen werden sollten. Neue Wasserkraftanlagen werden jedoch häufig nicht genehmigt, weil herkömmliche Turbinen für Fische zur Todesfalle werden können. Die Wasserkraftschnecke kann von Fischen sehr gut stromabwärts passiert werden und besitzt eine sehr gute Treibgutverträglichkeit.

7.4   Fossile Kraftwerke

In fossilen Dampfkraftwerken werden Kohle, Gas oder Öl verbrannt und über einen Wasser-Dampf-Kreislauf in mechanische und dann elektrische Energie umgewandelt. Bei Gasturbinen-Kraftwerken verbrennt man Gas oder Öl in unter Druck stehender Luft, die sich anschließend in einer Turbine entspannt. Der Gasturbinenprozess ist mit dem Dampfprozess in GuD-Kraftwerken zur Steigerung des Wirkungsgrades kombiniert. Die meisten fossilen Kraftwerke arbeiten heute mit einem Dampfkreislauf. Dessen thermodynamische Grundlagen sind knapp in [12, 13] erläutert.

7.4.1   Verbrennungsprozess

Die Umwandlung chemisch gebundener Energie in Wärme erfolgt durch Verbrennung. Bei diesem Prozess werden die chemischen Komponenten des Brennstoffs – Kohlenstoff C und Wasserstoff H – unter Freisetzung der Bindungsenthalpie mit Sauerstoff O verbunden. Wasserstoff kommt ausschließlich in chemischen Verbindungen vor, z. B. molekular als H_2, oder als Methan CH_4. Auch der Sauerstoff tritt nur molekular als O_2 auf. Diese Moleküle müssen unter Zuführung von Energie aufgebrochen werden. Danach entstehen unter Freisetzung von Wärme neue Verbindungen. Bei dem Gesamtprozess bildet sich ein Energieüberschuss, den man als Brennwert H_s (früher: kalorischer Brennwert oder oberer Heizwert H_0) den Brennstoffen zuordnet.

$$2\,H_2 + O_2 \rightarrow 2\,H_2O + 2\,H_{S1}$$
$$CH_4 + 3\,O_2 \rightarrow CO_2 + 2\,H_2O + H_{S2}$$

$$C + O_2 \rightarrow CO_2 + H_{S3} \tag{7.13}$$

Anstelle des Brennwertes pro Molekül anzugeben, ist es üblich, den Brennwert H_s auf 1 Mol oder 1 kg zu beziehen [10, 12]

$$
\begin{aligned}
&\text{C:} && H_S = 394\,\text{MJ/kmol} = 33\,\text{MJ/kg}\\
&\text{CO:} && H_S = 283\,\text{MJ/kmol} = 10\,\text{MJ/kg}\\
&\text{H}_2\text{:} && H_S = 286\,\text{MJ/kmol} = 142\,\text{MJ/kg}\\
&\text{CH}_4\text{:} && H_S = 457\,\text{MJ/kmol} = 28\,\text{MJ/kg}^\wedge \text{Erdgas}\\
&\text{Methanol:}\ H_S = && ./. \quad\quad\ = 22\,\text{MJ/kg}\\
&\text{Propan:}\ H_S = && ./. \quad\quad\ = 51\,\text{MJ/kg}\\
&\text{Heizöl S:}\ H_S = && ./. \quad\quad\ = 43\,\text{MJ/kg}
\end{aligned}
\tag{7.14}
$$

Dieser Brennwert ist im Kraftwerk nicht nutzbar, da die im Abgas enthaltenen gasförmigen Wassermoleküle H_2O ihre Verdampfungswärme $R = 44\,\text{MJ/kmol}$ mit abführen. Es verbleibt der Heizwert H_i (früher: unterer Heizwert H_u)

$$H_i = H_S - R = 242\,\text{MJ/kmol} \ \text{(bei } H_2\text{)} \tag{7.15}$$

Bei Brennwertkesseln im Bereich der häuslichen Gasheizung, die auf dem Niedertemperaturprinzip arbeiten und den Rauchgasdampf kondensieren, wird die Verdampfungswärme R, aus dem Rauchgasdampf kondensiert und so für die Heizwärme zurückgewonnen.

Die in der Stromerzeugung verwendete Steinkohle besteht weitgehend aus Kohlenstoff, wohingegen Braunkohle wegen der Zusatzstoffe nur etwa die Hälfte oder weniger des Heizwertes von Steinkohle besitzt. Aufgrund des relativ geringen massebezogenen Heizwertes baut man Braunkohlekraftwerke nicht verbrauchernah, sondern in die Nähe der Braunkohlelager ab. Steinkohlekraftwerke stehen hingegen verbrauchernah. Denn der Transport von Strom in Leitungen ist teurer als der Transport von Kohle per Bahn. Verstärkt gilt das für Gas. Übrigens ist Braunkohle, die in Form von Briketts für die häusliche Heizung verwendet wird, nicht braun sondern schwarz. Sie stößt bei der Verbrennung etwa 10–20 % mehr Kohlenstoff aus.Holzpellets haben einen etwas geringeren Heizwert ebenso Brennholz. Ihr Brennwert gegenüber dem von Kohle liegt etwa bei 1/3.

Die Verbrennung in Großkesseln ist fast vollständig, sodass der Feuerungswirkungsgrad über 99 % liegt. Hingegen liegen Kesselwirkungsgrade, die die Umsetzung von Rauchgasenergie in Dampfenergie beschreiben, bei etwa 90 %.

Bei den im Kessel vorhandenen hohen Temperaturen bilden sich auch Stickoxyde NO_x, die wegen ihrer Umweltbelastung in Katalysatoren bei Temperaturen von einigen 100 °Celsius abgebaut werden müssen (Entstickung). Weiterhin enthalten die Brennstoffe – vor allem Kohle – Schwefel, der unter anderem zu Schwefeldioxid SO_2. verbrennt. Dieses wird mit Kalk $CaCO_3$ chemisch gebunden, um eine Abgabe an die Umwelt zu verhindern. Üblicherweise erfolgt die Entschwefelung als Rauchgaswäsche, bei der das Abgas durch einen Kalk-Wasser-Nebel zieht. Der anfallende Gips kann im Baubereich weiterverwendet werden. Es gibt aber auch die Möglichkeit den Kalk direkt der Kohle beizumischen. Dann fällt allerdings der Gips in der Asche an und ist wegen seiner schwarzen Farbe nur schwer zu verkaufen.

Die Entschwefelung und Entstickung erfordert Investitionen und reduziert den Gesamtwirkungsgrad der Anlage um wenige Prozent. Im Wesentlichen kommen aus dem Kraftwerk nur noch Wasserdampf und CO_2 in die Luft. Seit 2010 gibt es Techniken um letzteres auch aus den Kraftwerksabgasen zu entfernen. Hierzu setzt man die „Carbon Capture and Storage"-Technik (CCS-Technik) ein. Dabei wird aus dem Rauchgas das CO_2 ausgewaschen und in Pipelines zu leeren Salzstöcken oder Gasspeichern gebracht. Drei unterschiedliche CCS-Techniken sind in jeweiligen Pilotanlagen (z. B. Kraftwerk Schwarze Pumpe) realisiert. Die hohen Kosten, sowie die Diskussion und Risikofolgenabschätzung der CO_2-Lager hat bisher eine Verbreitung dieser Technik verhindert. Eine Möglichkeit des CO_2-Einsatzes beispielsweise für die Herstellung neuartiger Materialien würde die CCS-Technik voranbringen. Andererseits verschlechtert die CCS-Technik den Kraftwerks-Wirkungsgrad um bis zu 10 %-Punkte. Aus 50 % Kraftwerkswirkungsgrad werden dann 40 %; damit wären die wirtschaftlichen Fortschritte der letzten Jahrzehnte wieder aufgezehrt. Die bei der Verbrennung von Kohlenstoff anfallende Menge CO_2 ergibt sich aus dem Atomgewicht der Komponenten. $12 + 2 \cdot 16 = 44$. Eine Tonne Kohle führt dann zu $44\,t/12 = 3{,}7\,t\ CO_2$. Bei einem Zertifikathandel (Abschn. 7.9) würden – mit Preisen von 80 €/t für Importkohle und 10 €/t CO_2 für CO_2-Zertifikate – Brennstoffkosten von 80 €/t + 37 €/t = 117 €/t entstehen. Damit entsteht ein wesentlicher Druck, auf andere Primärenergieträger umzusteigen oder den Strom aus Ländern zu beziehen, bei denen keine Kosten für Zertifikate anfallen.

Die Verstromung von Braunkohle steht unter heftiger Kritik. Zum Einen wegen des erhöhten CO_2-Ausstoßes, zum Andern wegen des Landschaftsverbrauch. Beim Letzteren ist aber zu beachten, dass die abgebauten Flächen aufwändig rekultiviert werden. Dieses erfordert etwa die Hälfte der Einnahmen aus dem Strom. Für die geplante vorzeitige Beendigung des Braunkohleabbaus werden 40 Mrd EUR zur Kompensation der verlorenen Arbeitsplätze angesetzt. Interessant wäre eine TA-Analyse (Abschn. 7.9) die ermittelt, wie viel Windanlagen man mit dem oben genannten Geld errichten könnte. Die damit gewonnene Verringerung des CO_2-Ausstoßes wären dann mit dem vermehrten CO_2-Ausstoß durch den vorübergehenden Weiterbetrieb der Braunkohlekraftwerke zu vergleichen.

7.4.2 Kesselanlage

Der Dampfkraftwerksprozess ist in Abb. 7.19 dargestellt. Die Kohle wird zu Staub gemahlen, mit Frischluft gemischt und über Düsen in den Kesselraum geblasen. Kessel eines Großkraftwerks mit einer elektrischen Leistung von z. B. 700 MW haben acht Brenner mit einer Öl- oder Gas-Vorheizung für das Anfahren des Kraftwerks. Von

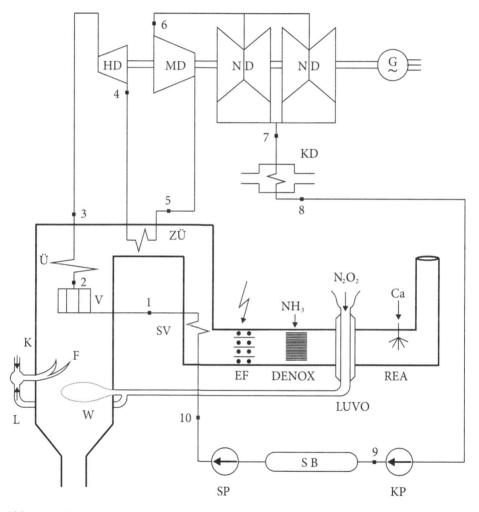

Abb. 7.19 Wärmeschaltplan des Dampfkreislaufes. K: Kohlestaubzufuhr; N_2 O_2 Frischluft-zufuhr; W: Wirbelschichtbett; L: Luft; F: Feuerung; V: Verdampfer; Ü: Überhitzer; ZÜ: Zwischen-überhitzer; HD: Hochdruckturbine; MD: Mitteldruckturbine; ND: 4-flutige Niederdruckturbine; G: Generator; KD: Kondensator; KP: Kondensatpumpe; SB: Speisewasserbehälter; SP: Speisewasser-pumpe; SV: Speisewasservorwärmung; EF: Elektrofilter; DENOX: Entstickungsanlage; LUVO: Luftvorwärmer; REA: Rauchgasentschwefelung. (Eigene Darstellung)

unten eingeblasene Luft erzeugt ein Luftbett, das ein Verbrennungsgemisch trägt und für die notwendige Verwirbelung sorgt. Solche Wirbelschichtfeuerungen gestatten relativ niedrige Verbrennungstemperaturen von 850 bis 1200 °C, die ausreichen, um die technisch maximal beherrschbaren Dampftemperaturen zu erzielen und die NO_x-Bildung gering zu halten.

Die Abgase ziehen im Kessel nach oben und verdampfen dabei das in Rohren geführte Wasser, um es anschließend noch zu überhitzen und dabei auf ein Temperaturniveau von z. B. 550 °C zu bringen. Bei höheren Temperaturen wird die Stabilität der Stahlrohre reduziert. Auf dem Weg zum Kamin werden außerdem die Frischluft im Luftvorwärmer (LUVO) und das Speisewasser vorgewärmt. Diese Vorwärmung erfolgt im Gegenstromprinzip, wie es bei Wärmetauschern üblich ist. Da die Dampftemperatur erheblich unter der Brennraumtemperatur liegt, ist die vollständige Einhaltung des Gegenstromprinzips im Kessel nicht notwendig.

Man ordnet bewusst den Verdampfer kurz oberhalb des Brennraums an, um bei dem hier notwendigen hochwertigen Rohrsystem Volumen zu sparen. Die Überhitzer mit ihrem großen Volumen sind dann für niedrige Abgastemperaturen auszulegen. In Elektrofiltern wird das Rauchgas von Rußpartikel und Schwebeteilchen gereinigt, in Katalysatoren unter Ammoniak(NH_3)-Zusatz entstickt, über den Luftvorwärmer geführt und anschließend entschwefelt. Die Rauchgaswäsche zur Entschwefelung kühlt das Abgas so stark ab, dass es keine Thermik zum Aufstieg in den Kamin erzeugt. Deshalb ist ein Nachheizen mit schwefelarmen Energieträgern oder in einem Wärmetauscher erforderlich. Man kann das Rauchgas aber auch in den Kühlturm leiten und dort mit der Thermik des Wasserdunstes nach oben ziehen lassen.

Wegen der mechanischen Stabilität der Dampfleitungen ist die maximale Temperatur auf $T_1 = 550\,°C = 823\,K$ begrenzt. Bei einer Kühlwassertemperatur von $T_2 = 30\,°C = 303\,K$ ergibt sich somit ein theoretisch erreichbarer thermodynamischer Wirkungsgrad (Carnot-Wirkungsgrad) von

$$\eta_{th} = \frac{T_1 - T_2}{T_1} = \frac{823K - 303K}{823K} = 0,63 \,\widehat{=}\, 63\,\% \tag{7.16}$$

Mit dem Wirkungsgrad für Verbrennungen η_V, Kessel η_K, Turbine η_T und Generator η_G ergibt sich der Gesamtwirkungsgrad η von beispielsweise

$$\eta = \eta_V \cdot \eta_K \cdot \eta_{th} \cdot \eta_T \cdot \eta_G = 0,99 \cdot 0,90 \cdot 0,63 \cdot 0,90 \cdot 0,97 = 0,49 \tag{7.17}$$

Hierbei ist der Eigenverbrauch, der für das Kraftwerk 5–7 % der Abgabeleistung beträgt, noch nicht berücksichtigt.

7.4.3 Dampfprozess

Der Wasserdampfprozess geht auf den Clausius-Rankine-Prozess zurück. Er lässt sich in verschiedenen Diagrammen veranschaulichen (Abb. 7.20). Das Druck-Volumen-Diagramm

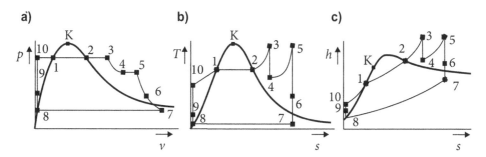

Abb. 7.20 Dampfkreislauf, Zustandsdiagramm. **a** Druck-Volumen-Diagramm *(p-v);* **b** Temperatur-Entropie-Diagramm *(T-s);* **c** Enthalpie-Entropie-Diagramm *(h-s).* (Eigene Darstellung)

$p - v$ ist für jemanden – der nicht mit der Thermodynamik vertraut ist – am einfachsten zu verstehen. In dem Temperatur-Entropie-Diagramm $T - s$ und dem Enthalpie-Entropie-Diagramm $h - s$ können Informationen besser veranschaulicht werden. So entspricht die Enthalpiedifferenz Δh in Abb. 7.20c zwischen den Betriebspunkten 10 und 5 bzw. 7 und 8 der isobar zugeführten Q_{zu} bzw. abgeführten Q_{ab} Wärmemenge des Dampfkreislaufs. Daraus ist beispielsweise direkt der thermodynamische Wirkungsgrad mit $\eta_{th} = 1 - Q_{ab}/Q_{zu}$ zu berechnen.

Die Erläuterung zu den Diagrammen in Abb. 7.20 soll in Punkt 1 beginnen, dabei genannte Zahlen sind typische Werte. Das Wasser ist auf die Temperatur $T_1 = 365\,°C$ erhitzt und bei einem Druck von $p_1 = 200$ bar noch im flüssigen Zustand. Im anschließenden Verdampfer bleiben Druck und Temperatur erhalten, lediglich das Volumen vergrößert sich ($T_2 = T_1$; $p_2 = p_1$). Das Wasser durchläuft von 1 nach 2 das sogenannte Nassdampfgebiet. Der Überhitzer erhöht anschließend die Temperatur des rein gasförmigen Wassers, man spricht dann von Sattdampf ($T_3 = 550\,°C$; $p_3 = p_1$). Die Wärmezufuhr von 10 nach 3 läuft isobar ab. In der Hochdruckturbine wird der Dampf auf $T_4 = 300\,°C$; $p_4 = 40$ bar entspannt und erneut in den Kessel zum Zwischenüberhitzer geführt, dessen Ausgang ($T_5 = 550\,°C$; $p_5 = p_4$) in die Mitteldruckturbine speist. Deren Ausgang $T_6 = 300\,°C$; $p_6 = 10$ bar ist mit zwei parallelgeführten Niederdruckturbinen gekoppelt.

Da in diesem Dampfzustand das Volumen schon sehr groß ist, sind die beiden Niederdruckturbinen doppelflutig ausgeführt. Nach den Niederdruckteilen ($T_7 = 30\,°C$; $p_7 = 0,03$ bar) kühlt der Kondensator den Dampf bei einem Druck, der weit unter dem Atmosphärendruck liegt, ab. Bei diesem Vorgang kondensiert er isobar zu Wasser ($T_8 = T_7$; $p_8 = p_7$).

Eine Kondensatpumpe hebt den Druck auf den des Speisewasserbehälters $p_9 = 7$ bar an. Von dort komprimiert die Speisewasserpumpe auf den Kesseldruck $p_{10} = p_1$. Die Druckerhöhung erfolgt bei flüssigem Zustand, sodass im Vergleich zur Kompression von Gasen kaum Energie notwendig ist. Deshalb sind auch die Temperaturen vor und nach den Pumpen fast gleich. Schließlich wird in dem Speisewasservorwärmer in mehreren Vorwärmestufen die Temperatur auf das Niveau $T_1 = 365\,°C$ angehoben.

Die oben beschriebene Zwischenüberhitzung hat drei Aufgaben. Mit relativ niedrigem Aufwand an Primärenergie im Kessel kann die mechanisch abgegebene Leistung beträchtlich erhöht werden. Es erfolgt eine Annäherung an den idealen Carnot-Prozess und der Entspannungsprozess verschiebt sich aus dem Nassdampfgebiet. Dies wirkt sich dies günstig auf den Betrieb der Turbinen aus.

Um den Wirkungsgrad des Prozesses weiter zu verbessern, sind in den Mittel- und Niederdruckturbinen Entnahmestellen vorgesehen, die Dampf in die Vorwärmstufe zurückführen.

In diesem beschriebenen Dampfprozess wird die abzugebende Restwärme Q_{ab} über einen Kondensator abgeführt. Darum spricht man von einem Kondensationskraftwerk. Die anfallende Abwärme Q_{ab} ist bei der natürlichen Kühlung in einem Fluss oder bei künstlicher Kühlung in Form von Verdampfungswärme an die Luft abzugeben. Da beim Kühlturmbetrieb die Kühlwassertemperatur höher als bei der Flusswasserkühlung ist, sinkt der Wirkungsgrad. Ein Kompromiss ist die kombinierte Kühlung, wobei der Kühlturm das Wasser vorkühlt, bevor es in den Fluss geleitet wird.

Die Kühltürme können in feuchten Gebieten zu verstärkter Nebelbildung führen. Eine Alternative ist die Trockenkühlung. Dabei wird das Kühlwasser im Kühlturm durch Rohre geführt die von Luft umströmt sind. Naturgemäß verringert dies den Wirkungsgrad des Kraftwerks. Die Flusswasserkühlung erhöht die Temperatur des Wassers und reduziert damit den Sauerstoffgehalt. Zum Schutz der Fische werden Grenzwerte für die Wassertemperatur und die Temperaturdifferenz zwischen Ein – und Auslauf vorgegeben. Dies kann im Sommer zu Leistungsreduktion oder gar der Abschaltung von Kraftwerken führen.

7.4.4 Dampfturbinen

Die Umsetzung von Dampf in mechanische Energie erfolgte um das Jahr 1700 zur Wasserförderung in Kohlegruben. Eine Drehbewegung wurde noch nicht genutzt, sondern nur eine Auf- und Abbewegung. Als drehende Maschine schlug James Watt 1780 eine Dampfturbine vor, die sich wegen Dichtungsproblemen jedoch zunächst nicht durchsetzte, die Dampfmaschine erwies sich als robuster. Erst 1882 konnte Edison in New York ein Kraftwerk mit sechs Dampfturbinen von je 90 kW zur Versorgung eines 110-V-Gleichstromnetzes errichten.

Dampfturbinen funktionieren ähnlich wie Wasserturbinen (Abschn. 7.3.2), sind aber im Gegensatz zu ihnen mehrstufig aufgebaut, um dem sich vergrößernden Volumen des Dampfes Rechnung zu tragen [12]. Feststehende Leitschaufeln entspannen den Dampf teilweise, wobei die in ihm enthaltene potentielle Energie als kinetische Energie freigesetzt wird. Danach strömt der Dampf mit einer vorgegebenen Geschwindigkeit in einem bestimmten Winkel auf die Laufschaufeln, die mit der Welle verbunden sind und die Strömungsrichtungen des Dampfes ändern. Die hierbei auftretende Kraft bildet ein Drehmoment und entsprechend der Drehzahl eine Leistung. Durch die Änderung der

Strömungsrichtung bei konstanter Relativgeschwindigkeit zum Turbinenrad nimmt die Absolutgeschwindigkeit des Dampfes ab. Die folgende Leitschaufel lenkt den Dampfstrom um, entspannt ihn weiter und führt ihn dem nächsten Laufschaufelsatz zu. Bei den heute üblichen Reaktions- oder Überdruckturbinen wird der Dampf auch in den Laufschaufeln entspannt.

Abb. 7.21 zeigt mehrere Dampfturbinen in einem Turbinensatz, bei dem deutlich die Hoch-, Mittel- und Niederdruckturbinen sowie der Generator zu erkennen sind.

7.4.5   Kraft-Wärme-Kopplung

Das h-s-Diagramm in Abb. 7.20c zeigt die an der Turbine mechanisch abgegebene Energie $(h_3 - h_4) + (h_5 - h_7)$ und die Abwärme $h_7 - h_8$. Bei dieser Abwärme handelt es sich um die Verdampfungswärme des Wassers, die bei 30–50 °C an das Kühlwasser abgegeben werden muss. Diese Wärme hat nur noch geringen Nutzen. Verzichtet man im Niederdruckteil auf eine vollständige Entspannung und speist mit dem Dampf von z. B. 2 bar und 130 °C über einen Wärmetauscher ein Fernwärmenetz (Gegendruckanlagen), so kann die Kondensationswärme für Heizzwecke genutzt werden. Das Wärmenetz steht in der Regel unter Druck, sodass Wasser und nicht Dampf zu transportieren ist. Die bei solchen Kraft-Wärme-Kopplungen (KWK) anfallende thermische Wärmeenergie ist etwa doppelt so groß wie die elektrisch erzeugte Energie, wobei sich letztere naturgemäß gegenüber einem Kondensationskraftwerk bei gleichem Primärenergieeinsatz verringert [14]. Insgesamt sind für die Strom- und Wärmeerzeugung Nutzungsgrade von fast 90 % zu erreichen. Prozesswärme, die zum Ablauf von chemischen Reaktionen notwendig ist, muss häufig bei relativ hohen Temperaturen angeboten werden. Dadurch sinkt die Stromausbeute im Kraft-Wärme-Kopplungs-Prozess. Optimierte, wärmesparende, meist chemische Prozesse erfordern eine solche Hochtemperaturenergie, sodass in der chemischen Industrie trotz eines wachsenden Umweltbewusstseins die wärmeorientierte Stromerzeugung nicht nennenswert gesteigert wurde.

Bei der Beheizung von Wohngebieten treten die hohen Investitionskosten für das Wärmenetz in den Vordergrund. Wirtschaftlich sinnvoller ist deshalb vornehmlich die Versorgung von Neubausiedlungen mit dichter Bebauung und Anschlusszwang. Bei der Kostenverrechnung tritt eine Konkurrenzsituation zwischen Strom- und Wärmeerzeugung auf. Das den Strom beziehende EVU wird nur gewillt sein, den Arbeitspreis zu zahlen, den es auch an andere Anbieter hätte zahlen müssen. Bei Stadtwerken mit sog. Querverbund, wenn also Wärme und Strom vom gleichen Anbieter geliefert werden, sind Mischkalkulationen durchführbar, die aber häufig darauf hinauslaufen, dass der Stromkunde den Wärmekunden subventioniert. Unabhängig von der wirtschaftlichen Seite ist zu beachten, dass durch den Einsatz der Kraft-Wärme-Kopplung Primärenergie eingespart wird. Um den unwirtschaftlichen Betrieb von KWK zu fördern, gibt es eine entsprechende Abgabe (Abschn. 7.2.3). Darüber hinaus wäre es möglich, die hochwertigen Energieträger Öl und Gas in den Heizkesseln der Haushalte durch die minderwertige

a)

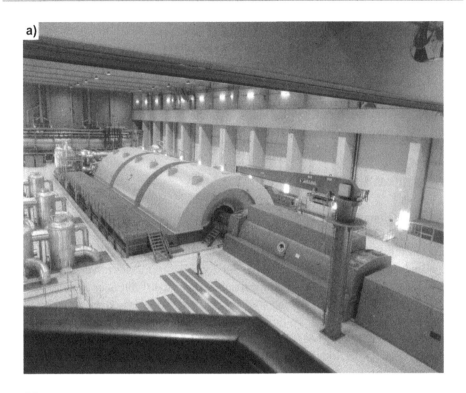

b)

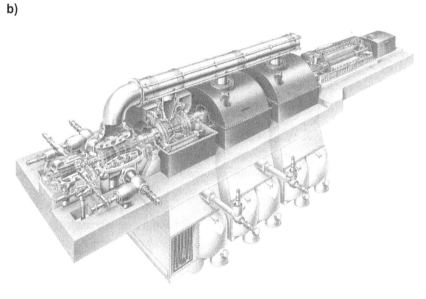

Abb. 7.21 Dampfturbinensatz. **a** Kernkraftwerk 1300 MW: Hochdruckteil, drei Niederdruckteile, Generator, Erregermaschine; **b** konventionelles Kraftwerk 800 MW: Hochdruckteil, Mitteldruckteil, drei Niederdruckteile mit Kondensatoren, Generator, Erregermaschine (Siemens AG)

Primärenergie Kohle zu ersetzen. Dies wird in letzter Zeit wegen des CO_2-Ausstoßes, nicht mehr angestrebt. Weitgehend wird in KWK Gas eingesetzt.

Es sei darauf hingewiesen, dass bei der Kraft-Wärme-Kopplung mittels Gegendruckanlagen Wärme und Strom gleichzeitig anfallen, also im Sommer wenig und im Winter, wenn der Stromverbrauch hoch ist, viel. Dadurch kann Strom aus solchen Kraftwerken als Spitzen- oder zumindest als Mittellaststrom eingesetzt werden. Dies ist ein Vorteil gegenüber Wind- und Solarkraftwerken. Bei Entnahme-Kondensationsanlagen wird bereits der Turbine Dampf bei höheren Drücken entnommen. Es ist auch möglich keinen Dampf zu entnehmen und vollständig auf Stromerzeugung zu schalten. Die Höhe der Wärmeabgabe und die der Stromerzeugung sind somit gegenläufig. Eine Parallelschaltung aus Gegendruckanlagen und Entnahme-Kondensationsanlagen schaffte größtmöglich Optionen bei der Bereitstellung von Wärme und Strom. Dabei steht der Wärmebedarf im Vordergrund. Es ist aber auch möglich mit Wärmespeichern einen sehr flexiblen Kraft-Wärme-Prozess zu festalten, der aber hohe Investitionskosten verursacht.

Die in dem Beispiel gewählten Zahlenwerte führen dazu, dass die KWK nicht wirtschaftlich ist. Bei anderen Anlagen können ähnliche Berechnungen zu anderen Ergebnissen führen. Das Bild verschiebt sich zugunsten der KWK, wenn für den Strom höhere Preise erzielt werden. In jedem Fall wird durch KWK-Anlagen eine Einsparung an Primärenergie erzielt. Aus ökologischen Gründen wird daher die KWK durch ein Gesetz mit 0,02 €/kWh gefördert. Man will insbesondere die Errichtung von Anlagen in Wohnblocks aber auch in Einfamilienhäusern sowie Industriebetrieben anregen, indem das zuständige EVU zur Abnahme des erzeugten Stromes bei einem festen Preis gezwungen wird. Die Differenz zwischen Abnahmepreis und Marktpreis wird wie beim EEG auf alle Stromkunden umgelegt. Die Trägheit des Wärmenetzes gestattet es, kurzfristig, ggf. über Stunden die Erzeugung des Stromes zugunsten bzw. zulasten der Wärmeerzeugung zu erhöhen bzw. zu erniedrigen. Dies ist in der Regel jedoch nicht mit den heutigen Blockheizkraftwerken (BHKW) möglich. Solche Anlagen sind teurer [14].

Beispiel 7.4: Kohlekraftwerk

In einem Kohlekraftwerk mit den Investitionskosten $k_I = 1400$ €/kW, einem Benutzungsgrad $m = 0,8$ und einem Wirkungsgrad von $\eta = 40$ % soll Strom mit heimischer Kohle ($k_K = 200$ €/t) oder Importkohle ($k_K = 80$ €/t) erzeugt werden. Welche Erzeugungskosten ergeben sich bei einer Amortisationsrate von $\alpha = 0,15$? Welche Kosten entstehen für die Wärmeerzeugung aus einem Kohlekessel ($k_I = 300$ €/kW$_{th}$), der in 40 % der Zeit ($m_t = 0,4$) mit einem Wirkungsgrad von $\eta_{th} = 90$ % arbeitet?

Der getrennten Erzeugung von Wärme und Strom sollen die Kosten und der Primärenergieverbrauch bei Errichtung eines Heizkraftwerks gegenübergestellt werden. Die Teilwirkungsgrade $\eta_{el} = 30$ % und $\eta_{th} = 50$ % führen zu einem Gesamtwirkungsgrad von $\eta = 80$ %. Die Investitionskosten betragen $k_I = 2000$ €/kW$_{el}$.

Zunächst wird das Kohlekraftwerk betrachtet. (Die Kosten für Importkohle stehen in Klammern.) Für die Stromerzeugung erhält man unter Berücksichtigung des

Heizwertes $H_K = 8140$ kWh/t (k_L von den Investitionskosten abhängender Anteil, k_A brennstoffabhängige Arbeitskosten)

$$k_L = \frac{k_I \cdot \alpha}{m \cdot T} = \frac{1400 \,\text{€/kW} \cdot 0,15}{0,8 \cdot 8760 \,\text{h}} = 0,03 \,\text{€/kWh}$$

$$k_A = \frac{k_K}{\eta \cdot K} = \frac{200 \,\text{€/t}}{0,4 \cdot 8140 \text{kW/t}} = 0,061 \,\text{€/kWh} \,(0,025 \,\text{€/kWh})$$

$$k_1 = k_L + k_A = 0,091 \,\text{€/kWh} \,(0,055 \,\text{€/kWh})$$

Für den Kohlekessel ergibt sich bei reiner Wärmeerzeugung ($m_t = 0,4$)

$$k_L = \frac{300 \,\text{€/kW} \cdot 0,15}{0,4 \cdot 8760 \,\text{h}} = 0,013 \,\text{€/kWh}$$

$$k_A = \frac{200 \,\text{€/t}}{0,9 \cdot 8140 \text{kW/t}} = 0,027 \,\text{€/kWh} \,(0,011 \,\text{€/kWh})$$

$$k_2 = k_L + k_A = 0,04 \,\text{€/kWh} \,(0,024 \,\text{€/kWh})$$

In dem Heizkraftwerk wird primär thermische Energie erzeugt. Die Investitionskosten $k_I = 2000 \,\text{€/kW}_{el}$ sind zunächst in die Investitionskosten für die Wärmeerzeugung umzurechnen

$$k_I^* = k_I \cdot \eta_I/\eta_{th} = 2000 \,\text{€/kW} \cdot 0,3/0,5 = 1200 \,\text{€/kW}_{th}$$

$$k_L = \frac{k_I^* \cdot \alpha}{m_t \cdot T} = \frac{1200 \,\text{€/kW} \cdot 0,15}{0,4 \cdot 8760 \,\text{h}} = 0,051 \,\text{€/kWh}$$

$$k_L = \frac{200 \,\text{€/t}}{0,5 \cdot 8140 \,\text{kW/t}} = 0,049 \,\text{€/kWh} \,(0,02 \,\text{€/kWh})$$

$$k_3^* = k_L + k_A = 0,1 \,\text{€/kWh} \,(0,071 \,\text{€/kWh})$$

In der Beurteilung dieses hohen Wärmepreises k_3^* ist zu berücksichtigen, dass als Nebenprodukt Strom anfällt, der zum Preis k_1 absetzbar ist. Pro kW-thermisch erzeugt das Heizkraftwerk $0,3/0,5 = 0,60$ kW-elektrisch. Der resultierende Wärmepreis k_3 ergibt sich dann zu

$$k_3 = k_3^* - 0,3/0,5 \cdot k_1$$
$$= 0,1 \,\text{€/kWh} - 0,3/0,5 \cdot 0,091 \,\text{€/kWh} = 0,045 \,\text{€/kWh} \,(0,038 \,\text{€/kWh})$$

Diese Kosten sind mit denen des Heizkessels k_2 zu vergleichen. Dabei zeigt sich, dass der Betrieb von getrennter Strom- und Wärmeerzeugung günstiger ist als eine KWK. Je billiger die Kohle ist, desto ungünstiger wird die KWK, weil dann die höheren Investitionskosten der KWK stärker zum Tragen kommen. Bei Verwendung von Gas als Brennstoff wird die KWK günstiger.

Es soll nun der Brennstoffeinsatz für beide Varianten gegenübergestellt werden. Zur Erzeugung von 1 kW thermischer Leistung in Heizkraftwerken sind $1/0,5 = 2$ kWh Brennstoff notwendig. Um in der Kesselanlage die gleiche Wärme bereitzustellen, benötigt man $1/0,9 = 1,1$ kWh Brennstoff. Da aber das Heizkraftwerk noch $0,3/0,5 = 0,6$ kWh Strom erzeugt, müssen $0,6/0,4 = 1,5$ kWh Brennstoff in Kondensationskraftwerken aufgebracht werden. Bei der getrennten Erzeugung von Strom und Wärme sind $1,1 + 1,5 = 2,6$ kWh Primärenergie erforderlich. Im Heizkraftwerk werden aber nur 2,0 kWh verfeuert. Dies entspricht einer Einsparung von $(2,6 - 2,0)/2,6 = 0,23 \cong 23\,\%$ Primärenergie. Es sei darauf hingewiesen, dass heimische Kohle nicht mehr eingesetzt wird. ◄

7.4.6 Gasturbinen-Kraftwerk

Der Gasturbinenprozess ist in Abb. 7.22a dargestellt. Im Punkt (1) steht Luft unter einem bestimmten Druck und einer erhöhten Temperatur. Öl und Gas werden eingespritzt, selbständig entzündet und verbrannt. Dadurch erhöhen sich Volumen und Temperatur, der Druck bleibt erhalten (2). In der Turbine T erfolgt dann die Entspannung auf niedrigen Druck und niedrige Temperatur (3). Die überschüssige Wärme muss abgeführt werden. (4). Anschließend komprimiert der Verdichter V die Luft auf den Eingangszustand (1). Die Abkühlung von (3) auf (4) entfällt im realen Prozess, da die Verbrennungsabgase direkt über einen Kamin ausgestoßen werden. In Punkt (4) wird dann sauerstoffhaltige

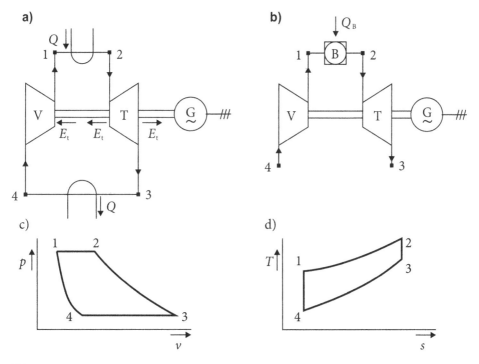

Abb. 7.22 Gasturbinenprozess. **a** geschlossener Kreislauf; **b** offener Prozess; **c** p-v-Ebene; **d** T-s-Ebene; V: Verdichter; T: Turbine; G: Generator, B: Brennkammer; Q_B: Brennstoff; 3: Verbrennungsabgas; 4: Zuluft. (Eigene Darstellung)

Frischluft angesaugt. Es handelt sich demnach bei der Gasturbine um einen offenen Prozess (Abb. 7.22b).

Zur Verbesserung des Wirkungsgrades erfolgt die Entspannung zweistufig. Dabei darf in der ersten Stufe nicht der gesamte Sauerstoff verbraucht werden, sondern erst in einer zweiten Brennkammer zwischen den beiden Turbinen. Durch die Wärmebelastbarkeit der Turbine ist die Temperatur T_2 begrenzt und durch die Umgebungsbedingungen die Temperatur T_4 festgelegt. Die Turbinenaustrittstemperatur T_3 liegt jedoch erheblich über der Ausgangstemperatur T_1 des Verdichters V. Dies eröffnet die Möglichkeit der Wärmerückgewinnung d. h. die Erwärmung des komprimierten Gases nach dem Verdichter mittels der Verbrennungsabgase. Der Vergleichsprozess einer einfachen offenen Gasturbinenanlage ist der Joule-Prozess. Der thermodynamische Wirkungsgrad ergibt sich zu

$$\eta_{\text{th}} = \frac{T_1 - T_4}{T_1} \tag{7.18}$$

Der Vergleichsprozess für geschlossene Gasturbinenanlagen wird als Ericsson-Prozess bezeichnet. Er führt die Wärmezufuhr bzw. Wärmeabfuhr isotherm durch und erreicht dadurch Carnot-Wirkungsgrad.

$$\eta_c = \frac{T_2 - T_4}{T_2} \tag{7.19}$$

Dieser Prozess ist jedoch in der Praxis nur näherungsweise zu verwirklichen. Durch Fortschritte in der Metallurgie ist es gelungen, Turbinenschaufeln zu bauen, die mit Eingangstemperaturen von bis zu 1500 °C arbeiten. Bei $T_2 = 1100\,°\text{C} = 1373\,\text{K}$ und $T_3 = 500\,°\text{C} = 773\,\text{K}$ ergibt sich dann ein theoretisch erreichbarer Wirkungsgrad von

$$\eta_{\text{Carnot}} = \frac{1373\,\text{K} - 773\,\text{K}}{1373\,\text{K}} = 0{,}44 \tag{7.20}$$

Bei Berücksichtigung der praktischen Randbedingungen ist mit modernen Gasturbinen ein Wirkungsgrad von bis zu 35 % zu erreichen. Dieser ist relativ niedrig. Während beim Wasserdampfprozess nur wenig Leistung benötigt wird, um den Kesseldruck zu erreichen, verbraucht der Verdichter zur Kompression der Luft etwa 2/3 der Turbinenleistung. Bei einer 300-MW-Turbine stehen dann noch 100 MW für die Stromerzeugung zur Verfügung. Zudem ist die Wärmeabgabe durch die hohe Temperatur der Abgase T_3 relativ verlustreich. Deshalb werden Gasturbinen-Kraftwerke nur bei Spitzenlast (Spitzenlastkraftwerk) und Leistungsminderungen der regenerativen Einspeiseanlagen durch Windflauten oder starke Bewölkung eingesetzt, wenn die spezifischen hohen Brennstoffkosten gegenüber den niedrigen Investitionskosten und der notwendigen Schnellstartfähigkeit in den Hintergrund treten.

Wollte man die Abgastemperatur T_3 herabsetzen, so müsste das Verhältnis Verdichter- zu Turbinenleistung unwirtschaftlich groß werden. Stattdessen speist man das Abgas in einen Abhitzekessel, der Dampf erzeugt und somit den Gas- und Dampfprozess (GuD-Prozess) sequentiell koppelt. Um in der Brennkammer der Gasturbine eine gute

Verbrennung zu erreichen, ist Überschuss-Sauerstoff erforderlich. Der im Abgas enthaltene heiße Sauerstoff wird im Dampfkessel zur Verbrennung von Gas verwendet. Dadurch entsteht eine technisch komplexe Anlage. Ein solches GuD-Kraftwerk erreicht durch die Nacheinanderschaltung von Gas- und Dampfturbine Wirkungsgrade von über 60 % für die reine Stromerzeugung. Bei Nutzung der Abwärme beispielsweise als Heizwärme (KWK) lässt sich der Nutzungsgrad auf 90 % steigern. Thermodynamisch kann man den GuD-Prozess mit einem reinen Wasserdampfprozess vergleichen, der eine bisher technisch nicht erreichbare höhere Dampftemperatur von über 1000 °C (T_1 in Gl. 7.16) hat.

Die Investitionskosten von GuD–Kraftwerken liegen bei 500 €/kWh im Gegensatz zu Steinkohleblöcken (1400 €/kWh) und Braunkohleblöcken (1600 €/kWh).

Wenn Gas zur Stromerzeugung genutzt wird, geschieht dies heute nur noch in GuD–Kraftwerken, so sollte es aus ökologischer Sicht zumindest sein. Durch die politisch gegebenen Rahmenbedingungen ist es in Deutschland für die Kraftwerksbetreiber jedoch günstiger den Strom in Kohlekraftwerken zu erzeugen und die besten GuD–Kraftwerke der Welt, die in Deutschland stehen, stillzulegen z. B. das Kraftwerk Irsching. Allerdings gibt die Bundesnetzagentur bestimmte Schattenkraftwerke vor, die zur Aufrechterhaltung der Netzsicherheit notwendig sind, sodass der vorige Satz zu relativieren ist.

7.5   Kernkraftwerke

Die Nutzung von Kernkraft zur Stromerzeugung erfolgte nach dem 2. Weltkrieg in Schiffen, vor allem in Flugzeugträgern und U-Booten. Die Vorteile – relativ niedriges Gewicht, kein Versorgungsproblem mit Treibstoff und Luft sowie kein Schadstoffausstoß – überwogen gegenüber den hohen Investitionskosten. Die damals entwickelten Leichtwasserreaktoren haben weite Verbreitung gefunden und werden heute noch in ähnlichen Bauformen bei den großen 1400-MW-Kraftwerken zur Stromerzeugung eingesetzt [15, 16].

Ob man diesen Typ Kraftwerk „Kernkraftwerk" oder „Atomkraftwerk" nennt, hat viel mit Ideologie zu tun. Als die Entwicklung der zugehörigen Technik Ende der vierziger Jahre des vorigen Jahrhunderts begonnen wurde, sprach man von Atomspaltung. Otto Hahn hat durch Spaltung von Atomen neue chemische Elemente erzeugt, etwas das früher für unmöglich gehalten wurde („atomos" aus dem Altgriechischen heißt „unteilbar"). Man sprach von Atombomben und Atomkraftwerken. Im Laufe der Jahre hat sich dieser Teil der Physik stark ausgeweitet und wurde in die Bereiche Atomphysik und Kernphysik unterteilt. Atomkräfte sind durch die Wechselwirkung zwischen dem Atomkern und der Elektronenhülle bedingt. Die Kernkräfte halten die Bestandteile des Atomkerns zusammen. Die bei der Spaltung der Kerne frei werdende Energie wird in den Kernwaffen (Neudeutsch: Nuklearwaffen) und Kernkraftwerken genutzt.

Die Bedeutung der Kernenergie hat durch den deutschen Ausstieg an Bedeutung verloren. Deshalb wurde dieses Kapitel gekürzt aber nicht gestrichen. Weltweit wird dies Technik weiter betrieben und und wegen der Treibhausproblematik verstärkt diskutiert. Jedoch in Deutschland stehen der Abriss der Kraftwerke und die Endlagerung an. Diese

Arbeiten werden wohl von ausländischen Firmen durchgeführt werden müssen, denn in Deutschland gibt es keine Ausbildung auf diesem Gebiet mehr.

7.5.1 Kernphysikalische Grundlagen

Wird ein Uran-Atom mit einem Neutron beschossen, so kann es sich spalten. Als Spalt-produkt entstehen i. Allg. zwei neue Atome und einige freie Neutronen mit relativ hoher Geschwindigkeit, die weitere Uran-Atome spalten. So entsteht eine Kettenreaktion. Die Bewegung der Spaltprodukte stellt eine Wärmeenergie dar, die zur Dampferzeugung genutzt werden kann. Als Spaltprodukte fallen viele chemische Elemente an. Darunter sind auch instabile Atome, die nach der Abschaltung des Reaktors weiter zerfallen und so die Nachzerfallswärme liefern. Die beiden wichtigsten Uran-Isotope mit der Ordnungsnummer 238 und 235 reagieren unterschiedlich auf den Neutronenbeschuss. Während sich das U-235 bei langsamen Neutronen relativ häufig spaltet, reagiert das U-238 nur bei schnellen Neutronen, und dies nur selten. Um einen gut spaltbaren Stoff zu erhalten, wird das Natururan, das etwa 0,7 % U-235 enthält, auf 3 % angereichert. Die bei der Kettenreaktion entstehenden schnellen Neutronen muss man durch einen Moderator, z. B. Graphit oder schweres Wasser (Deuteriumoxid), abbremsen. Weiterhin sind zur Steuerung der Kettenreaktion Absorber notwendig, die überschüssige Neutronen auffangen. Hierzu eignen sich Silber, Indium, Cadmium und Bor. Wasser hat sowohl eine moderierende als auch eine absorbierende Wirkung. Schließlich sorgt ein Kühlmedium, beispielsweise Wasser, CO_2- bzw. He-Gas oder Natrium, für die Abführung der Wärme [17, 18, 19].

7.5.2 Leichtwasserreaktoren

Bei den Leichtwasserreaktoren sind zwei Baulinien zu unterscheiden. Die Druck-wasserreaktoren wurden bei Westinghouse (USA) entwickelt und in Deutschland von Siemens übernommen. Die ersten Siedewasserreaktoren baute General Electric (USA), sie wurden von AEG nachgebaut. Die Vereinigung der Kraftwerksaktivitäten der beiden deutschen Firmen in der KWU (heute Framatome GmbH) führte dazu, dass dort beide Reaktortypen angeboten werden. Da sich der Druckwasserreaktor weitgehend durch-gesetzt hat, soll er hier eingehender behandelt werden.

Das als Brennstoff dienende angereicherte Uran wird als Urandioxid UO_2 zu Tabletten von 13 mm Durchmesser und 10 mm Höhe gepresst. In einem Brennstab aus Zirkaloy sind 200 solcher Tabletten untergebracht. Die Brennstäbe werden quadratisch 18×18 in einem Brennelement zusammengefasst. 193 solcher Brennelemente bilden mit insgesamt 103 t Uran die Brennstoff-Füllung des Reaktors. (Die Zahlenwerte gelten für das Kraftwerk Isar 2) In einigen Brennelementen werden ein paar Brennstäbe weg-gelassen. An ihrer Stelle befinden sich Steuerstäbe, die beim abgeschalteten Reaktor ganz eingefahren sind und im Betrieb der Regelung dienen.

Die Wärmeabfuhr aus dem Druckbehälter erfolgt durch vier Wasserkreisläufe über Wärmetauscher, die den Dampf für die Turbinen erzeugen und deshalb auch Dampferzeuger genannt werden. Da der Primärkreislauf unter einem Druck von 185 bar steht, bleibt das 326 °C heiße Wasser flüssig. Dies führte zu der Bezeichnung Druckwasserreaktor. Der Sekundärkreislauf ist so ausgelegt wie bei einem konventionellen Kraftwerk. An die Stelle des Kessels treten jedoch die Dampferzeuger. Der Kontrollbereich mit dem Kernreaktor ist somit vom Maschinenhaus stofflich getrennt. Wegen der niedrigen Frischdampftemperatur von 280 °C ist eine dreistufige Auslegung der Turbinen nicht sinnvoll. An den Hochdruckteil schließen sich über den Zwischenüberhitzer gleich drei parallele Niederdruckteile an. Der Zwischenüberhitzer, der beim konventionellen Kraftwerk im Kessel sitzt, ist hier ein Wärmetauscher, gespeist mit Frischdampf aus der Dampferzeugung. Aufgrund der geringeren Temperatur erhält man einen gegenüber Kohlekraftwerken etwas geringeren Wirkungsgrad von $\eta = 35\,\%$.

Die im Uran gespeicherte Kernenergie reicht für einen Dauerbetrieb von drei Jahren, wobei jedes Jahr ein Brennstoffwechsel vorgenommen wird, bei dem 1/3 der Stäbe auszutauschen sind. Die übrigen Brennstäbe wechseln ihren Platz in das Innere des Reaktors, denn dort besteht ein höherer Neutronenfluss.

Beim Siedewasserreaktor verzichtet man auf den Wärmetauscher und eine stoffliche Trennung von Kontrollbereich und Maschinenraum. Der Dampferzeuger sitzt direkt über den Brennelementen im Druckbehälter. So sind ein kleineres Bauvolumen und ein etwas besserer Wirkungsgrad zu erreichen. Ersteres macht diese Bauform besser geeignet für den Einsatz in Flugzeugträgern und U-Booten. Der Dampf, der den Kernreaktor verlässt, ist nur schwach radioaktiv, sodass die Turbine wenig kontaminiert wird. Bei Revisionsarbeiten ist deshalb das Öffnen der Turbine ohne besondere Schutzmaßnahmen gegen Strahlung möglich. Trotzdem kann bei einem Rohrriss Radioaktivität in den Maschinenraum gelangen, der dem Kontrollbereich zuzuordnen ist.

Die Kernkraftwerksblöcke von Tschernobyl – so auch der verunglückte Reaktor – sind ebenfalls Leichtwasserreaktoren. Ihre Betriebsweise ist jedoch von der Hauptaufgabe, Plutonium für Kernwaffen zu bilden, bestimmt. Es sei darauf hingewiesen, dass der fragliche Reaktor rein zur Stromerzeugung genutzt wurde. Sie sind graphitmoderiert und wassergekühlt. Wenn das Wasser, das in begrenztem Umfang Neutronen absorbiert, verdampft, steigt die Kettenreaktion und damit auch die Wärmeentwicklung auf mehr als die doppelte Nennleistung an. Dies gilt unabhängig vom Ausgangsbetriebszustand, der vor Beginn der Katastrophe nahe beim Leerlauf lag.

7.5.3 Reaktorsicherheit

Die wesentlichen Komponenten eines Druckwasserreaktors sind in Abb. 7.23 dargestellt. Der Druckbehälter (1) enthält die Brennelemente und Steuerstäbe, die vom Behälterdeckel aus gesteuert werden. Die Kühlmittelpumpe (4) treibt im Primärkreislauf das Kühlwasser durch den Reaktor und die vier parallelen Wärmetauscher (2).

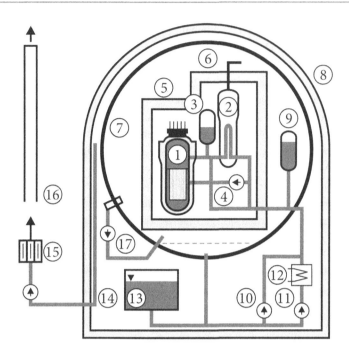

Abb. 7.23 Druckwasserreaktor. 1: Reaktordruckbehälter; 2: Dampferzeuger; 3: Druckhalter; 4: Hauptkühlmittelpumpen; 5: Betonabschirmung; 6: Überströmöffnungen; 7: Sicherheitsbehälter; 8: Stahlbetonhülle; 9: Druckspeicher; 10: Hochdruckeinspeisepumpen; 11: Niederdruckeinspeisepumpen; 12: Kühler; 13: Borwasserflutbehälter; 14: Ringraumabsaugung; 15: Aktivkohlefilter; 16: Abluftkamin; 17: Örtliche Absaugung, Zurückpumpen in den Sicherheitsbehälter (IZE)

Von diesen aus verlässt der Dampf in den Frischdampfleitungen das Reaktorgebäude, das durch seine runde Kuppel auffällt. Die Druckhalter (3) stellen sicher, dass bei Temperaturwechsel der Druck im Primärkreislauf erhalten bleibt. Ein Großteil der im Reaktor entstehenden Strahlung wird durch die Rohre der Brennstäbe und den Druckbehälter aufgefangen, den Rest muss die Betonabschirmung (5) absorbieren. Außerhalb dieses Bereichs ist der Aufenthalt des Personals auch während des Betriebs möglich. Der Sicherheitsbehälter (7), eine Stahlkonstruktion, hält alle radioaktiven Partikel zurück. Die Stahlbetonhülle (8) dient dem Schutz gegen äußere Beschädigungen, z. B. Flugzeugabsturz. Zwischen den hermetisch abgeschlossenen Mänteln (7) und (8) besteht ein Unterdruck durch die Absaugung (14). Die hierbei anfallende Luft strömt über Aktivkohlefilter (15) in die Außenwelt (16). Luft, die aus den Durchführungen tritt, wird in das Innere des Sicherheitsbehälters zurückgepumpt (17).

Der Auslegungsstörfall oder auch größter anzunehmender Unfall (GAU) ist eine Leckage bzw. der Totalabriss einer Primärkreisleitung, die den Druckbehälter verlässt. Dabei tritt Kühlwasser aus, das in den Sicherheitsbehälter strömt und verdampft. Durch den Kühlmittelverlust steigt der Reaktordruck kurz an, fällt aber rasch wieder auf den Betriebsdruck zurück, der von dem Druckspeicher (9) gehalten wird. Gegen den

Betriebsdruck muss dann die Pumpe (10) aus dem Borwasserbehälter (13) Wasser nach-liefern. Das darin enthaltene Bor absorbiert Neutronen und reduziert damit die Kern-spaltungen. Der Wasserdampf kondensiert an der Hülle des Sicherheitsbehälters und sammelt sich im Sumpf. Wenn der Flutbehälter leer ist, wird Wasser aus dem Sumpf in den Reaktor gepumpt. Dieser Zustand ist nach ca. 30 min erreicht. Obwohl die Reaktor-sicherheitsabschaltung sofort die Steuerstäbe einfährt, muss über eine Notkühlung (12) die Nachzerfallswärme nach außen abgeführt werden, bis nach einem Jahr die Reaktor-hülle die gesamte anfallende Nachzerfallswärme durch Konvektion und Strahlung abgeben kann. Das Einfahren der Steuerstäbe reduziert die thermische Leistung auf etwa 5 % der Nennleistung. Bei dem Kraftwerk Isar 2 mit einer thermischen Leistung von 3765 MW sind dies etwa 200 MW, die durch die Nachzerfallswärme entstehen und nach einem Tag auf 40 MW und nach einem Monat auf 4 MW absinken. Nach etwa einem Jahr liegt die Nachzerfallswärme unter 1 MW, eine künstliche Kühlung ist dann nicht mehr notwendig. Wird die Kühlung vorher unterbrochen, schmilzt der Reaktorkern. Im Hinblick auf dieses Kernschmelzen sei darauf hingewiesen, dass die Konzentration der verflüssigten Masse zu mehr Kernreaktionen sowie geringerer Oberfläche und damit schlechterer Kühlung führt. Für die gesamte Zeit der Notkühlung muss die Stromver-sorgung durch Redundanz der Betriebsmittel zuverlässig aufrechterhalten werden. Es sei darauf hinzuweisen, dass nicht nur der Reaktordruckbehälter zu kühlen ist, sondern auch das Abklingbecken in dem die abgebrannten Brennelemente aufbewahrt werden.

▶ Bei einem Auslegungsstörfall bzw. GAU ist nicht mit einer Beeinträchtigung der Umgebung zu rechnen. Darüber hinausgehende Ereignisse sind u. U. nicht mehr beherrschbar. Hierzu zählt das Kernschmelzen, das beispiels-weise durch den Ausfall der Kühlung entsteht und auch Super-GAU genannt wird. In diesem Fall führt die Nachzerfallswärme zu Schäden des Reaktor-kerns.

Innerhalb des Sicherheitsbehälters steigt der Dampfdruck an und erreicht nach etwa einem Tag den Auslegungswert des Behälters. Versagt dieser, tritt radioaktiver Dampf in die Umwelt. Dabei wird jedoch der größte Teil der radioaktiven Substanzen im Reaktor bleiben. Die dort entstehenden hohen Temperaturen verursachen ein Schmelzen des Unterbaus und können dazu führen, dass der Kern in das Grundwasser eintritt. Der beschriebene Vorgang des Kernschmelzens zeigt wie ein Reaktor konstruiert sein müsste um auch bei einer solchen Störung die Freisetzung von Radioaktivität zu ver-hindern. Die Gestaltung der Bodenplatte könnte zu einer Verteilung der Schmelze und damit einer Vergrößerung der Kühloberfläche führen. Dabei treten Sekundärreaktionen auf. Dies sind Kernspaltungen, die vom Zerfall eines anderen Atoms ausgelöst werden und ihrerseits wieder instabile Atome liefern. Weiterhin müsste die Oberfläche des Reaktorgebäudes so beschaffen sein, dass sie mehr Wärme abstrahlt als die bisherige Konstruktion. Die Entwicklung eines derartigen inhärent sicheren Reaktortyps wurde als EU–Projekt gefördert.

Um Kosten zu sparen hat man bei den vielen diskutierten Varianten Abstriche gemacht, indem z. B. von außen mit Wasser gekühlt werden muss. Die Entwicklung haben 1989 die Firmen Siemens NP (Deutschland) und Framatome ANP (Frankreich) begonnen, als man noch davon ausging, dass in Deutschland mehr neue Reaktoren zu bauen sind. Später wurden die Aktivitäten beider Firmen in Areva NP (Deutschland, mit französischem Mutterkonzern Areva) zusammengefasst. 2005 begann der Bau eines solchen Reaktors European Pressure Reaktor (EPR) mit der Nettoleistung 1600 MW$_{el}$ in Olkiluoto (Finnland). Die Inbetriebnahme war für 2019 geplant. Im Dezember 2019 wurde das Laden des Brennstoffs auf den Sommer 2020, die Netzsynchronisation auf November 2020 und der kommerzielle Betrieb auf März 2021 verlegt. Die Baukosten werden mit 4000 €/kW veranschlagt. Frankreich baut seit 2007 an einer Anlage in Framanville, in China ist der erste EPR-Reaktor „Taishan" seit 2018 in Betrieb. Italien war nach Tschernobyl mit einer Volksabstimmung aus der Kernenergie ausgestiegen und hat etwa 10 % seines Strombedarfs aus Frankreich gedeckt. Nachdem eine zweite Volksabstimmung den Wiedereinstieg ablehnte, hat das nationale EVU Enel im Jahr 2007 einen Liefervertrag über 25 % ihres Strombedarfs mit der französischen EDF abgeschlossen. In diesem Zusammenhang beteiligt sich Italien an dem Bau mehrerer Kernkraftwerke in Frankreich. Weltweit werden inhärent sichere Reaktoren erforscht und gebaut. In USA laufen sie unter dem Begriff Evolutionary Power Reactor (EPR).

Der gefürchtete Super-GAU ist bei kommerziell genutzten Anlagen in der Vergangenheit dreimal aufgetreten. Eine teilweise Kernschmelze gab es noch in einigen anderen Anlagen. Bei einem Unfall mit teilweisem Kernschmelzen 1979 in Harrisburg (USA) blieb der Druckbehälter intakt. Den eingetretenen Vorgang des Kernschmelzens konnte man durch Kühlung unterbrechen. Allerdings wurde bei steigendem Druck vom Personal radioaktiver Dampf und Luft in die Umwelt angelassen um ein Bersten durch Wasserstoffexplosionen zu vermeiden. In Deutschland hat man nach Tschernobyl beschlossen, dieses Ablassen durch ein, nach dem damaligen Umweltminister benanntes „Wallman-Ventil", zu automatisieren.

Die folgenschwerste Katastrophe ereignete sich 1986 in Tschernobyl (jetzige Ukraine). Der betroffene Reaktortyp war ein Leichtwasserreaktor mit Graphitmoderator, dessen thermische Leistung bei Kühlmittelverlust auf das doppelte der Nennleistung anstieg. Große Mengen radioaktiver Stoffe wurden herausgeschleudert und vom Wind insbesondere nach Skandinavien getragen. Es gab neben vielen Strahlentoten auch eine hohe Anzahl von Krebserkrankten und Erbgutgeschädigten, die statistisch schwierig zu erfassen sind. Man hat aber unmittelbar nach dem Unglück errechnet, dass in Skandinavien 10.000 und in Deutschland 600 Menschen als Folge erkranken. Diese Zahlen gehen aber im statistischen Rauschen der natürlich und zivilisatorisch bedingten Opfer unter, sodass sie nicht nachweisbar sind. Wie lange die Folgen zu spüren sind, kann man sich an der Tatsache verdeutlichen, dass auch im Jahr 2019 in Bayern geschossene Wildschweine vor dem Verkauf auf Radioaktivität getestet werden müssen.

Schließlich waren 2011 in Fukushima (Japan) mehrere Reaktoren betroffen. Infolge eines Erdbebens, das stärker war als man es der Auslegung zugrunde gelegt hatte, haben sich alle Reaktoren vorschriftsmäßig abgeschaltet. Die Notkühlung lief an. Über größere Schäden an den Anlagen infolge des Bebens ist wenig bekannt. Der durch das

Seebeben entstandene Tsunami lag ebenfalls weit über der Auslegungsgrenze und traf die Hallen mit den Notstromversorgungseinrichtungen, die direkt am Meer liegen, derart stark, dass die Notkühlung komplett ausfiel. Da die normale Versorgung der Kraftwerksblöcke über das Verbundnetz durch die Folgen des Erdbebens unterbrochen war, fiel die normale Kühlung ebenfalls aus. Ein Kernschmelzen war als Folge unvermeidlich. Die entstehenden hohen Temperaturen führten zu Schäden in den Reaktoren und in Folge zum Austritt von radioaktiven Stoffen. Deshalb wurde die Bevölkerung im Umkreis von 30 km evakuiert. Die Lage verschärfte sich nach Wasserstoffexplosionen, die die Reaktorgebäude zerstörten. Der Wasserstoff hatte sich wegen der hohen Temperaturen durch thermische Wasserspaltung gebildet. Dies Phänomen wird übrigens zur Wasserstoffgewinnung genutzt (Abschn. 7.6.8). In Deutschland hat man in den 1990er Jahren auf Anregung des damaligen Umweltministers Töpfer in den Kernkraftwerken Katalysatoren angebracht, die den entstehenden Wasserstoff und Sauerstoff rekombinieren sollen. Diese Einrichtung hat den Namen „Töpferkerze" erhalten.

Es gibt Hinweise, dass in einem der Reaktoren von Fukushima in einem Abklingbecken ein sehr kritischer Vorgang abgelaufen ist. Dieser Reaktor war vor dem Beben abgeschaltet und die Brennelemente lagerten im Abklingbecken. Dies bedeutete, dass dort sehr viel Wärmeentwicklung stattfand. Wegen der sehr „zurückhaltenden Informationspolitik" der Betreiberfirma TEPCO ist man auf Vermutungen darüber angewiesen, was ablief. Es könnte infolge des Erdbebens Wasser aus dem Abklingbecken geschwappt sein oder/und Risse im Becken zum Austritt von Wasser geführt haben. Wegen der fehlenden Neutronenabsorbtion des Wassers kann es zu einer Kettenreaktion gekommen sein, die so schnell ablief, dass die flüssigen Brennstoffe explosionsartig hoch in die Luft schossen und weite Bereiche in der Umgebung kontaminierten. Von der Regierung wurde lediglich über eine Wasserstoffexplosion berichtet. Experten schließen allerdings aus Filmaufnahmen auf den beschriebenen Vorgang.

Die Auswirkungen der freigesetzten Radioaktivität auf Menschen und Umwelt waren wesentlich geringer als es die Risikostudien der 1970er und 1980er Jahre erwarten ließen. Menschen die an Strahlenkrankheit erkrankten gab es keine, Anwohner wurden so weit bekannt, nicht über das zulässige Maß Strahlung ausgesetzt. Über die Belastung des Personals das nach dem Unglück zur Schadensbegrenzung eingesetzt wurde, gibt es unterschiedliche Angaben. Die zulässige Jahresdosis lag früher bei 50 mSv (Sv = Sievert; Abschn. 7.5.8). Sie wurde im Laufe der Jahre auf 20 mSv herabgesetzt. Für Kurzzeitbelastungen gelten allerdings geringere Werte. Zum Vergleich beträgt die Jahresdosis der natürlichen Strahlung in Deutschland ca. 1 mSv und die Belastung bei Röntgenuntersuchungen 1–40 mSv. Eine Computertomographie belastet mit 20 mSv. Die Dosis für Personal in Notsituationen wurde in Japan von 100 auf 250 mSv heraufgesetzt. Umweltschäden, wie Fischfang und die Bewohn- und Bewirtschaftbarkeit der Umgebung, sind zurzeit nicht absehbar. Wenn diese Grenzen eingehalten wurden, ist mit keiner signifikanten Anzahl von Krebserkrankungen zu rechnen, d. h. es wird Krebserkrankungen geben, die aber im Rauschen der natürlich verursachten Fälle untergehen.

Allerdings steht die Regierung unter erheblichem Glaubwürdigkeitsdruck und es gibt Wissenschaftler, die erhebliche Strahlenschäden vermuten.

Es stellt sich die Frage nach der Ursache und der Verantwortung. Während bei den beiden erstgenannten Unfällen menschliches Versagen vorlag, war hier der direkte Auslöser der Tsunami, wobei der eigentliche Grund in den Voraussetzungen für die Auslegung des Kraftwerks zu suchen ist. Es wurde bei der Planung der Kraftwerke ein Tsunami unterstellt, der wesentlich geringer war, als der, der sich ereignete. Eine Überprüfung diese Annahme hätte sicherlich nach dem verheerenden Tsunami in Indonesien und Thailand mit mehr als 230.000 Toten im Jahr 2004 erfolgen müssen. Es wird berichtet, dass Äußerungen in diese Richtung stark unterdrückt wurden. Mit Beweisen sieht es aber dürftig aus.

In Deutschland hat die Reaktorkatastrophe von Fukushima zu einem Umdenken der Bundesregierung geführt. Zur Erinnerung: Es gab 2002 einen Ausstiegsbeschluss der Rot–Grünen Bundesregierung, der unter erheblichem Druck der Politik mit den Betreibern getroffen wurde. Schwarz-Gelb hat den Ausstieg zwar akzeptiert aber den Zeitrahmen für zu kurz erachtet und vor den hohen Folgekosten gewarnt. Folglich wurde der Ausstiegsbeschluss nach deren Regierungsübernahme 2010 gekippt. Das Unglück in Japan veranlasste 2011 die Schwarz–Gelbe Bundesregierung noch zügiger aus der Kernenergie auszusteigen als es vorher die Rot–Grüne Regierung beschlossen hatte. Nun wurden die Folgekosten parteiübergreifend auf weniger als 1 Cent/kWh geschätzt. Zweifel waren hier angebracht und tatsächlich waren alle ein Jahr später vom Preisanstieg überrascht. Stimmen gegen den Ausstieg gab und gibt es kaum, obwohl eine Diskussion darüber ob eine ähnliche Katastrophe auch hierzulande möglich wäre in kleinerem Kreise geführt wird.

Die Risiken der Kernkraft sind seit Jahren bekannt und wurden in Deutschland intensiv diskutiert. Die Fukushima-Katastrophe hat an den Risiken nichts geändert und aus technischer Sicht keine neuen Erkenntnisse geliefert, denn selbstverständlich ist mit einem solchen Tsunami hier nicht zu rechnen, aber der Schock darüber, dass in einem hochindustrialisierten, demokratischen Land eine technische Einrichtung mit so hohem Gefahrenpotenzial vollkommen versagen kann, hat auch in weiten Kreisen der Kernkraftbefürworter zu einem Umdenken geführt. Es sei noch darauf hingewiesen, dass die Berechnung von Risiken z. B. Opferzahlen im Allgemeinen sehr ungenau sind [20]. Die Ergebnisse von Studien können durchaus um den Faktor 10 voneinander abweichen, selbst wenn die Autoren sich um Objektivität bemühen in weiten Kreisen zu einem Umdenken geführt.

7.5.4 Hochtemperaturreaktor

Die Erhöhung der Reaktortemperatur ist nur möglich, wenn der Reaktor weitgehend aus nichtmetallischen Werkstoffen aufgebaut ist. Beim Hochtemperaturreaktor befindet sich der Brennstoff in Graphitkugeln, die auch als Moderatoren dienen. Zur Kühlung wird

Gas verwendet. So hat dieser Reaktortyp auch die Namen Kugelhaufen-Reaktor und gas-gekühlter Reaktor erhalten. Das Gas gibt seine Energie über Wärmetauscher an Wasser ab. Die hohen Temperaturen kann man nutzen, um Kohle zu vergasen oder Wasserstoff zu erzeugen (Abschn. 7.6.8). Ein solcher Reaktor wurde in Hamm-Uentrop in NRW mit einer Leistung von $P_{el} = 300$ MW gebaut, ist aber nie in Betrieb gegangen. Er ist wegen seiner relativ großen Oberfläche inhärent sicher, ein Kernschmelzen kann somit nicht auftreten. Wegen der Gaskühlung sind Bauleistungen wie bei den Leichtwasserreaktoren nicht möglich.

7.5.5 Schwerwasserreaktor

Wasser hat die Eigenschaft, Neutronen zu absorbieren. Deshalb ist bei den Leicht-wasserreaktoren eine Anreicherung des Urans notwendig. Wird schweres Wasser D_2O (Abschn. 7.5.7) als Moderator eingesetzt, so ist die Anreicherung nicht notwendig. Man muss dann allerdings mit Gas, z. B. CO_2 oder Helium, kühlen. Ein Reaktor dieses Typs wurde in Niederaichbach in Bayern kurzzeitig betrieben, aufgrund von Mängeln jedoch abgeschaltet und mittlerweile stillgelegt.

7.5.6 Schneller Brutreaktor

Der Nachteil der Leichtwasserreaktoren ist die geringe Brennstoffausnutzung. Es wird fast nur das Uran-Isotop 235 ausgenutzt. Trotzdem fallen durch die Reaktion der schnellen Neutronen mit U-238 auch Plutonium-Atome an, die teilweise im Reaktor wieder gespalten und teilweise in der Wiederaufbereitung aus den Spalt-produkten herausgesondert werden, um als Plutoniumoxyd den neuen Brennstoff-tabletten beigemischt zu werden. Die daraus gefertigten Mischoxid-Brennelemente (MOX-Brennelemente) sind wegen der Radioaktivität und der Giftigkeit des Plutoniums schwer zu handhaben, tragen aber zur Plutoniumvernichtung und zum Sparen von Uran bei. Der mehr oder weniger beiläufig im Leichtwasserreaktor entstehende Prozess steht beim Schnellen Brutreaktor im Mittelpunkt. Bei einem Typ der Leistungsklasse $P_{el} = 1400$ MW enthält der Kern etwa 100 t U-238 und 4 t Pu-239. Bei geeigneter Dimensionierung und Einstellung findet ein Brutprozess statt, bei dem mehr Plutonium erzeugt als verbraucht wird.

$$2\text{Pu-239} + 3\text{U-238} = 3\text{Pu-239} + \text{Energie} + \text{Spaltprodukte} \qquad (7.21)$$

Auf diese Art ist das gesamte Uran 238 nutzbar. Beim Brutreaktor ist die große Energiedichte im Kern problematisch. Sie erfordert eine Kühlung mit flüssigem Natrium und ein sehr aufwändiges Nachkühlsystem. Der Kreislauf kann jedoch bei Umweltdruck erfolgen, da die Verdampfungstemperatur von Natrium über der Betriebstemperatur liegt. Wegen seiner stark exothermen Reaktion mit Wasser ist ein

Wärmetausch vom Primärkreis auf Wasser zu risikoreich. Deshalb muss ein Natrium-zwischenkreis das kontaminierte Natrium vom Wasser trennen und sicherstellen, dass bei einem Wärmetauscherdefekt die Natrium-Wasser-Reaktion nicht mit radioaktivem Natrium erfolgt.

Der sinnvolle Einsatz von Brutreaktoren setzt einen Plutoniumkreislauf mit Wieder-aufbereitungsanlagen voraus. Wenn in Zukunft der Energiebedarf verstärkt durch Kernkraft gedeckt werden sollte, ist an eine Weiter- bzw. Neuentwicklung dieses Kraft-werktyps zu denken. Der in Deutschland gebaute Versuchsreaktor ($P_{el} = 300$ MW) bei Kalkar in NRW wurde nie in Betrieb genommen. Der in Frankreich betriebene Brut-reaktor Phénix wurde 2010 abgeschaltet. In Russland ist 2016 der bisher leistungsstärkste Brutreaktor BN-800 in Beloyarsk mit einer Leistung von 800 MW in Betrieb gegangen. Dieser schnelle Brutreaktor nutzt das Plutonium aus alten Atomwaffenbeständen.

Der Name dieses Reaktortyps ist entstanden, weil die Reaktionen durch schnelle Neutronen hervorgerufen werden und Plutonium als neuer Brennstoff aus U-238 gebrütet wird. Zur Erinnerung: Bei dem Leichtwasserreaktor werden die schnellen Neutronen durch einen Moderator abgebremst, damit sie mit U-235 reagieren.

7.5.7   Fusionsreaktor

Bei der Fusion von Wasserstoff zu Helium wird pro Reaktion eine viel größere Energie frei als bei der Spaltung von Urankernen. Um eine solche Fusion zu realisieren, ist jedoch eine sehr große Teilchengeschwindigkeit notwendig. Die erforderliche „Zünd-temperatur" kann auf $50 \cdot 10^6$ °C gesenkt werden, wenn Tritium T (1 Proton und 2 Neutronen) und Deuterium D (1 Proton und 1 Neutron) als Brennstoff zur Verfügung stehen. Neben der hohen Zündtemperatur und Energiedichte stellt die hohe Strahlungs-leistung, die dem Prozess Energie entzieht, ein Problem dar. Um sie zu reduzieren, muss das Verhältnis von Oberfläche zu Volumen klein sein. Dies führt zu großen Bau-leistungen, sodass bereits Versuchsreaktoren sehr aufwändig sein werden. Beim der-zeitigen Stand der Forschung ist es möglich, kurzzeitig die Zündtemperatur zu erreichen. Dabei muss jedoch mehr Energie zugeführt werden als die Reaktionen freisetzen. Auf absehbare Zeit ist mit dem Einsatz von Fusionsreaktoren nicht zu rechnen. Vor 40 Jahren rechnete man mit einer Entwicklungszeit von 30 Jahren und heute (2020) mit 50 Jahren.

7.5.8   Radioaktivität

Die Radioaktivität von Stoffen ist eine Abgabe von Strahlung unterschiedlicher Art:

- **α-Strahlung** (Alpha-Strahlung): Heliumkerne
- **β-Strahlung** (Beta-Strahlung): Elektronen
- **γ-Strahlung** (Gamma-Strahlung): extrem hochfrequente elektromagnetische Wellen

- **x-Strahlung** (Röntgen-Strahlung): hochfrequente elektromagnetische Wellen
- **n-Strahlung** (Neutronen-Strahlung): Neutronen

Strahlung wird durch den Zerfall von Atomen verursacht. Man misst deshalb die Radioaktivität in Zerfall je Sekunde:

$$1 \text{ Bq (Becquerel)} \cong 1 \text{ Zerfall je s}$$

Dieses Maß für die Radioaktivität eines Stoffes sagt nichts darüber aus, welcher Natur die Strahlung ist, es werden nur die α-, β- oder n-Teilchen gezählt. Bei γ- und x-Strahlung kann man die in einem Körper gebildeten Ionen zählen bzw. die zur Ionisierung aufgewendete Energie als Maß einführen:

$$1 \text{ Gy(Gray)} = 1 \text{ J/kg}$$

Um die Wirkung der Strahlung auf biologische Organismen zu bewerten, hat man einen Qualitätsfaktor für die einzelnen Strahlungsarten eingeführt, der zur Äquivalentdosis führt, die früher in rem gemessen wurde. Diese Einheit ist heute noch gebräuchlich, obwohl das Sievert Sv als gesetzliche Einheit gilt:

$$1 \text{ rem} = 0{,}01 \text{ Sv}$$

Die Äquivalentdosis, mit der ein Mensch belastet wird, ist nicht einfach zu bestimmen. Der Mensch kann zum einen in einem bestimmten Gebiet einer Strahlung ausgesetzt sein oder zum anderen über die Nahrung oder die Luft radioaktive Stoffe zu sich nehmen. Dabei nimmt die schädigende Wirkung entsprechend ihrer Halbwertszeit ab. Darüber hinaus ist die biologische Halbwertszeit, mit der ein Stoff vom Organismus wieder ausgeschieden wird, maßgebend. Die in Deutschland maximal erlaubte effektive Jahresdosis für beruflich strahlenexponierte Personen beträgt 20 mSv. Im gesamten Berufsleben dürfen nicht mehr als 400 mSv zusammenkommen.

Die wesentlichen Schädigungen, die durch Radioaktivität bei Lebewesen hervorgerufen werden, sind:

- **Strahlenkrankheit.** Bei einer sehr hohen Dosis (über 7000 mSv) bricht das Immunsystem des Menschen zusammen. Dadurch erhöht sich erheblich die Gefahr, dass er bei einer einfachen Infektion stirbt. Hiervon waren Feuerwehrleute in Tschernobyl betroffen.
- **Krebs.** Die Wahrscheinlichkeit, durch Bestrahlung an Krebs zu erkranken, nimmt mit der Dosis zu. Hierbei ist eine gleichmäßig über ein Jahr verteilte Dosis weniger schädlich als die gleiche Dosis in kurzer Zeit. Sollte ein Mensch die Strahlenkrankheit z. B. durch Rückenmarktransplantation überleben, besteht ein Risiko von 10 % an Krebs zu erkranken. Der Zusammenhang zwischen Dosis und Wahrscheinlichkeit einer Krebserkrankung wird allgemein als linear angenommen. Die ist aber umstritten, insbesondere bei kleinen Dosen wegen der Selbstheilungskräfte.

- **Erbgut.** Die Schädigung von Erbgut kann zu erheblichen Missbildungen in der Nachkommenschaft führen.

7.5.9 Kernkraftdiskussion

Kaum eine Technik ist so umstritten wie die Kernkraft. Es können hier nur einige Punkte aus der sehr emotional geführten Diskussion herausgegriffen werden. Fest steht: Deutschland steigt aus der Kernenergie aus [21]!

Das Gefahrenpotenzial eines Kernkraftwerks ist beträchtlich. Bei einem schweren Störfall ist nicht nur mit vielen Menschenopfern zu rechnen, sondern auch mit der Unbewohnbarkeit von Gebieten über viele Generationen hinweg. Deshalb muss eine Technik mit einem solch großen Gefahrenpotenzial G sehr zuverlässig arbeiten, sodass die Eintrittswahrscheinlichkeit h einer Katastrophe sehr gering ist. Ein gewisses Risiko R wie bei jeder Technik wird jedoch immer bleiben

$$R = h \cdot G \tag{7.22}$$

Zur Beurteilung der Risiken einer Technik sind aufwändige Studien notwendig (Abschn. 7.9), die nur in seltenen Fällen zu einem Ergebnis führten, das alle akzeptierten.

Als Nachteile der Kernkraftwerke sind zu sehen:

- Gefahr des Kernschmelzens mit radioaktiver Verseuchung und Menschenopfern
- Die Endlagerung der abgebrannten Brennelemente und abgerissenen Kraftwerke wird heute als größtes Problem angesehen. Darauf wird am Ende des Abschnittes eingegangen.
- Störfälle von kleinem Ausmaß, z. B. bei der Wiederaufbereitung, mit einer geringen Abgabe von radioaktiven Materialien. Dabei ist zu bedenken, dass sich auch seltene, geringe Freisetzungen über Generationen hinweg zu einem globalen Umweltproblem kumulieren.
- Weiterverbreitung von Kernwaffen, wobei nicht so sehr der Brennstoff, der in der Regel nicht waffenfähig ist, ein Problem darstellt, sondern die Ausbildung von vielen kerntechnischen Fachkräften, die jederzeit auch zur Herstellung militärischer Produkte eingesetzt werden können. Ein typisches Beispiel ist die Urananreicherung, die zur Herstellung von Kernbrennstoffen für Reaktoren und Bomben genutzt werden kann.

Als Vorteile sind zu sehen:

- Energie ist kostengünstig zu erzeugen. Dies gilt natürlich nur, wenn sich die Behinderungen bei den Genehmigungsverfahren und im Betrieb in Grenzen halten.
- Der Ausstoß von Treibhausgasen wie CO_2 wird reduziert.
- Fossile Primärenergiereserven werden geschont.

Eine Prognose über die Zukunft der Kernenergie ist aus folgenden Gründen schwierig:

- Länder mit besonderer Sensibilität für Umweltprobleme werden aus der Kernenergie aussteigen.
- Länder, die wirtschaftlich aufstreben, werden zumindest teilweise Kernkraftwerke mit aus ihrer Sicht hinreichenden Sicherheitsstandards bauen, selbst nutzen und exportieren.
- Länder mit geringer Wirtschaftskraft, die nur über geringe Primärenergiequellen verfügen, werden Kernkraftwerke kaufen, wenn diese z. B. von Schwellenländern zu einem Preis am Weltmarkt angeboten werden, der nicht nennenswert über dem von fossilen Kraftwerken liegt.
- Weltweit wird im Mittel das Sicherheitsdenken so lange sinken, bis sich neue schwere Kernkraftunfälle ereignen, wobei zu hoffen bleibt, dass derartig schwerwiegende wie in Tschernobyl oder Fukushima nicht wieder ereignen, weil man die dort verwendete Technik in Zukunft nicht mehr einsetzt. Zum Ausstiegsbeschluss der deutschen Bundesregierung sei noch auf Abschn. 7.5.3 verwiesen [16].

Ein weltweites Problem ist die Endlagerung der radioaktiven Abfälle [20]. Historisch ist sie in Zusammenhang mit der Wiederaufbereitung zu sehen. Zu Beginn der Kernenergietechnik in Deutschland wurde die Endlagerung der abgebrannten Brennelemente favorisiert. Mit der Begeisterung für die Kernkraftwerke als Lösung der Energieprobleme der Menschheit erkannte man die Begrenztheit der Uranvorräte. So war es konsequent die Brüter-Technik zu entwickeln. Schnelle Brüter und Wiederaufbereitung bedingen einander. Dies hatte zur Folge, dass die Betreiber der Kernkraftwerke verpflichtet wurden ihre abgebrannten Brennelemente aufarbeiten zu lassen. Da die Wiederaufbereitung in engem Zusammenhang mit der Endlagerung der radioaktiven Abfälle steht, bietet sich ein gemeinsamer Ort an. Als geeignet für die Endlagerung wurden Salzstöcke angesehen. Dies war weitgehend unbestritten. Da man außerdem nach einem dünn besiedelten Gebiet suchte, schälte sich Gorleben (Niedersachsen) an der Grenze der BRD zur damaligen DDR heraus. Auf Druck der Öffentlichkeit wurde die Wiederaufbereitung in Gorleben eingestellt und in Wackersdorf (Bayern) mit dem Bau einer neuen Anlage begonnen. Auf massivem Druck der Bevölkerung wurde auch diese Anlage eingestellt. In der Zwischenzeit hatte man auch die Weiterentwicklung der Brütertechnik aufgegeben.

Da es aber eine Verpflichtung zur Wiederaufbereitung gab, mussten Verträge mit den Wiederaufbereitungsanlagen La Hague (Frankreich) und Sellafield (Großbritannien) geschlossen werden. Dies bedingte den Transport der abgebrannten Brennelemente von dem Reaktorstandort zu den Aufbereitungsanlagen und der Abfälle von dort zu dem Zwischenlager, das nach wie vor in Gorleben besteht. Der Transport erfordert Castor-Behälter, die sehr viel Nachzerfallswärme abführen und radioaktive Strahlung abhalten müssen. In den Wiederaufbereitungsanlagen werden die in den abgebrannten Brennelementen vorhanden spaltbare Stoffe insbesondere Plutonium von den nicht mehr nutzbaren radioaktiven Stoffen getrennt und mit neuem angereicherten Uran zu

Mischoxyd–Brennelementen verarbeitet, die in den Leichtwasserreaktoren zu nutzten sind. Mittlerweile ist die Wiederaufbereitung untersagt, die abgebrannten Brennelemente sind direkt zu lagern. Die Kapazität des deutschen Zwischenlagers ist weitgehend erschöpft außerdem sind die Castor-Transporte stark umstritten, sodass die abgebrannten Brennelemente nun auf dem Gelände der Kernkraftwerke gelagert werden. Dies ist höchst unwirtschaftlich und vom Gesichtspunkt der Sicherheit fragwürdig.

Das Endlager Gorleben wurde mit Milliardenaufwand erforscht und ist immer stärker in die Kritik geraten, insbesondere da es in der Zwischenzeit Probleme in dem Endlager Asse für schwach- und mittelradioaktive Abfälle gegeben hat. Dort ist Wasser eingetreten, weshalb man daran denkt die eingebrachten Abfälle wieder zurückzuholen. Bei genaueren Untersuchungen im Jahr 2012 hat man festgestellt, dass bei einem hohen Anteil der Müllfässer deren Inhalt falsch deklariert wurde, weshalb man darüber nachdenkt, besser nicht nachzusehen was sich wirklich im Endlager befindet [22].

Die Bundesregierung hat 2011 beschlossen, neben Gorleben nach alternativen Endlagerstätten für die stark radioaktiven Stoffe zu suchen, wobei neben Salzstöcke auch Tonschichten und Granitgestein als Lösungen ins Auge gefasst werden. Wann und wo ein Endlager in Deutschland gefunden wird, steht in den Sternen. Dabei gibt es zwei stark verbreitete Auffassungen: „Keine denkbare Lösung ist sicher!" und „Bei mir nicht!". Zur Endlagerung der Abfälle gibt es bei den Betreibern Rücklagen von 30 Mrd. €. Es bleibt zu hoffen, dass dieses Geld nicht alles für die Suche nach einem Endlager aufgebraucht wird. Es ist durchaus auch denkbar, dass im Ausland die Kerntechnik weiterentwickelt wird und die deutschen Abfälle dann als „wertvolle Rohstoffe" zu exportieren sind.

Ursprünglich war gedacht, dass die Endlager in der Regie der Betreiber errichtet werden. Die Entscheidung darüber, ob ein geplantes Endlager hinreichend sicher ist, sollte und muss aber in den Händen des Staates bleiben. Um diese Diskrepanz aufzuheben, wurden die Rücklagen und die Entscheidung für deren Verwendung einer staatlichen Gesellschaft übertragen.

Die Gefahren der Kernenergie wurden mit dem Einsatz der ersten Atombombe 1945 deutlich. Der Nutzen der friedlichen Anwendung hingegen, weitgehend unter Ausblendung der damit verbundenen Gefahren, sehr hoch eingeschätzt. Die sich heute abzeichnende alternative Stromerzeugung mit regenerativen Methoden sah damals kaum jemand bzw. wurde als extrem teuer eingeschätzt. Die Entwicklung der Sicht auf dieses Thema im Laufe der nächsten Jahrzehnte und Jahrhunderte, ist schwer abzusehen. Eine objektive Darstellung der Zusammenhänge wurde hier versucht. Aus dem Blickwinkel eines Kernkraftgegners ist der Autor sicher ein Befürworter, aus der Sicht eines Kernkraftfans – auch solche gibt es, man hört sie nur nicht so laut – ist er ein Gegner. Das ist gut so! Der Abschnitt soll kommentarlos mit einigen Aussagen abgeschlossen werden.

„Wer Angst vor den Risiken der Kernkraft hat, sollte auch Angst vor dem Atomkrieg haben, der um das letzte Öl geführt wird."

„Ich weiß nicht worüber unsere Urenkel einmal mehr böse sein werden, über die Abfälle, die wir ihnen in die Erde gebuddelt haben oder die letzte Kohle, die wir ihnen verbrannt haben."

„Was wäre, wenn die alten Ägypter bereits die Kernkraft gehabt hätten und ihre Pharaonen mit strahlenden Grabbeigaben beerdigt hätten? Würden wir dann noch in das vielleicht unbewohnte Luxor fahren?" Die Anhänger von Fridays for Future werden heute vielleicht sagen: „Was habt Ihr für Probleme. Die Welt geht durch Überhitzung zugrunde!"

7.6   Regenerative Energieumwandlung

Unter regenerativer Energie versteht man Energiequellen, die nach menschlichem Maßstab unerschöpflich sind und eine Alternative zu den konventionellen Energie-vorräten wie Kohle, Öl, Gas und Kernkraft bilden können. Gemeint sind in jedem Fall ökologisch nachhaltige und insbesondere weitgehend CO_2-neutrale Energieträger [23, 24, 25, 26, 27]. Hierzu zählen Wasserkraft, Gezeiten, Meereswellen, Meereswärme, Windkraft, Solarenergie, Geothermie, Biomasse und die immer noch in der Diskussion stehenden Perpetua mobilia.

7.6.1   Wasserkraftwerke

Die Wasserkraftwerke – bereits in Abschn. 7.3 behandelt – werden oftmals nicht zu den regenerativen Energien gezählt, weil sie Flächen in der Natur beanspruchen, Täler ent-wässern und den Grundwasserspiegel erhöhen oder absenken.

Wenn eine Staumauer gebaut wird, bildet sich hinter ihr ein See, die darunter-liegende Landschaft wird überflutet. Dies gilt vor allem für große Laufwasserkraft-werke, die Biotope, wie beispielsweise die Donauauen, zerstören könnten. Der Bau neuer Speicherkraftwerke in den Alpen ist praktisch nicht mehr durchsetzbar. Wollte man jedoch einen bestehenden Speicher leerlaufen lassen, wäre die Empörung sicher ähnlich groß. So sind wie Menschen halt! Die Entwässerung von Tälern ist durch den ökologisch verträglich gestalteten Abfluss zu vermeiden indem man nur einen Teil des Wassers entnimmt. Man muss aber auch sehen, dass durch die Stau-seen reizvolle Landschaftsbilder entstehen. Die Anhebung des Grundwasserspiegels führt insbesondere in wüstenähnlichen Landschaften zu einer Lösung von Salzen im Boden, die durch Kapillarwirkung an die Oberfläche gelangen und Kulturland-schaften schädigen. Ein Beispiel hierfür ist das Niltal nach dem Bau des Assuan-Staudammes, der heute aus ökologischen Gründen stark in der Diskussion steht. Dabei muss man jedoch beachten, dass vor der Errichtung des Dammes oft 20 Mio. Menschen Hunger litten und jetzt 80 Mio. Menschen in Ägypten leben und ernährt werden. Dass man nun die Vorteile als selbstverständlich nimmt und nur über die Probleme des Dammes spricht, ist eine einseitige Auswirkung der Technikfolgenab-schätzung (Abschn. 7.9).

Weiter zu beachten ist, dass im Jahr 2016 die Wasserkraft mit fast 70 % zur weltweit CO_2-freien erzeugten Strommenge aus regenerativen Energiequellen beitrug. Die Wasserkraft ist daher ein wesentlicher Pfeiler der regenerativen Stromerzeugung in vielen Ländern der Erde.

7.6.2 Gezeitenkraftwerke

Im 11. Jh. gab es bereits Flutmühlen, welche die Gezeitenströmungen ausnutzten (Abb. 7.24a). In einer Bucht mit Insel baute man zwei Staumauern. Bei Flut wurde die eine Seite geöffnet, sodass das Oberbecken voll lief, und bei Ebbe die andere Seite, sodass sich das Unterbecken entwässerte. Die Flutmühle selbst konnte im Dauerbetrieb arbeiten. Moderne Gezeitenkraftwerke liegen ebenfalls in Buchten (Abb. 7.24b), wie das nordfranzösische Gezeitenkraftwerk bei St. Malo in der Rance-Bucht. Es produziert im 24-h–Betrieb Strom in Flut- und Ebbephasen mit kurzen Unterbrechungen von bis zu 2 h bei Tidenwechsel. Die Produktionsunterbrechungen müssen durch andere Kraftwerke im Verbund ausgeglichen werden. Abb. 7.24c zeigt das Betriebsdiagramm für ein einfach wirkendes Kraftwerk während einer Tide von t_1 bis t_4.

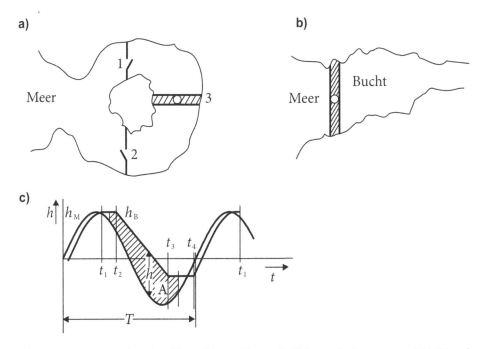

Abb. 7.24 Gezeitenkraftwerk. **a** Flutmühle; 1: Fluttor; 2: Ebbetor; 3: Staumauer mit Turbine; **b** Bucht mit Abschlussdamm; **c** Wasserganglinien; h_M: Niveau Meer; h_B: Niveau Bucht; h: Fallhöhe; A: Turbinenenergie; t_1: Schleuse schließt; t_2: Turbinenbetrieb beginnt; t_3: Turbinenbetrieb endet; t_4: Schleuse öffnet. (Eigene Darstellung)

Auch während der Produktionsphasen ist wegen der stark veränderlichen Fallhöhe
h die Stromerzeugung nicht konstant (Abb. 7.24c). Das lange Zeit größte Gezeitenkraftwerk bei St. Malo besitzt eine maximale Leistung von 240 MW bei einem Tiden-
hub von 13,5 m und einer Tidendauer von 12 h 25 min. Gezeitenkraftwerke finden sich
in den Ländern Korea, Frankreich, Kanada, Russland und China, wobei das Sihwa-ho
Kraftwerk in Korea mit 254 MW das derzeit größte ist. Die installierte Leistung der
Gezeitenkraftwerke insgesamt beträgt über 500 MW. Mehrere Gezeitenkraftwerke sind
in Planung.

7.6.3   Wellenkraftwerke

Meereswellen besitzen einen Anteil an potentieller und kinetischer Energie. Die
Prinzipien der Energieumwandlung unterteilen sich nach der Ausnutzung des jeweiligen
Energieanteils. Eine typische Nordseewelle mit einer mittleren Wellenhöhe von 1,5 m
besitzt eine Leistung von fast 15 kW pro m. Bei Sturm ist ein vielfaches dieser Leistung
zu erwarten. Anlagen zur Wellenenergienutzung müssen über einen breiten Leistungsbereich mit hoher gleichbleibender Effizienz arbeiten können und vor Sturmschäden
sicher sein. Zudem müssen sie der Aggressivität des Meerwassers durch die Verwendung
korrosionsfester Materialien standhalten. Dabei hat sich das Energiewandlungsprinzip
der schwingenden Wassersäule als günstig herausgestellt. Bisher sind davon nur Pilot-
projekte realisiert.

7.6.4   Windkraftwerke

Auf die im Wind enthaltene Energie wurde bereits in Abschn. 1.1 eingegangen [28,
29]. Leider kann man die Windgeschwindigkeit nicht voll ausnutzen. Dies würde ein
Abbremsen des Luftstromes auf null erfordern und das Windrad „verstopfen". Es bleibt
eine Restgeschwindigkeit v_2 hinter dem Windrad bestehen [30]. Die Leistung einer
laminaren Luftströmung ergibt sich zu

$$P_0 = \dot{E}_0 = \frac{1}{2} \dot{m} v^2 = \frac{1}{2} \rho A v^3 \qquad (7.23)$$

Die spezifische Masse der Luft $\rho = 1,2$ kg/m^3 hängt nur in geringem Maße von der
Temperatur ab. Die Rotorfläche A und die Nabenhöhe des Windrades bestimmt im
Wesentlichen die Investitionskosten. Die Windgeschwindigkeit v ist von der topo-
grafischen Lage und den Windverhältnissen abhängig.

Da der Wind den Windrotor auf gleicher Höhe durchströmt und der Luftdruck weit
vor und hinter dem Rotor auch der gleiche sein muss, wird die ausnutzbare Windenergie
aus dem Mittelwert der Geschwindigkeiten vor und hinter dem Windrad bestimmt.

$$P = \frac{1}{2}\dot{m}\left(v^2 - v_2^2\right) = \frac{1}{2}\,\rho\,A\,\frac{v - v_2}{2}\left(v^2 - v_2^2\right) = P_0 \cdot \frac{1}{2}\left(1 + \frac{v_2}{v}\right) \cdot \left[1 + \left(\frac{v_2}{v}\right)^2\right] = P_0 \cdot C_p$$

$$(7.24)$$

Der Leistungsbeiwert C_p nimmt für $v_2/v = 1/3$ ein Maximum an

$$C_p = 0{,}59 \qquad\qquad\qquad (7.25)$$

Dieser theoretische Wirkungsgrad ist nicht zu erreichen. Er wurde von dem Strömungs-
forscher Albert Betz in den 1920er Jahren erstmals postuliert. Heutige Anlagen arbeiten
mit einem Wirkungsgrad von $\eta = 40-50\,\%$ im Bestpunkt.

Der Verlauf der Leistungsabgabe in Abhängigkeit von der Windgeschwindigkeit ist in
Abb. 7.25a dargestellt. Man erkennt die v^3-Funktion der Gl. 7.23. Bis zu einer Windgeschwindigkeit von 2,5 – 4 m/s steht das Windrad still, um Rückspeisung zu vermeiden.
Ab ca. 12 m/s wird die Leistung durch die mechanische Konstruktion und die Auslegung
des Generators begrenzt. Bei Sturm muss der Windkonverter abgeschaltet werden. Ein
wirtschaftliches Optimum des Verhältnisses Spitzenleistung zu Windraddurchmesser ist

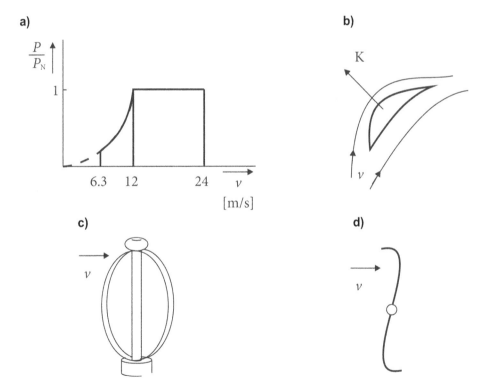

Abb. 7.25 Windräder. **a** Leistungsdiagramm; **b** Wirkung des Auftriebs; **c** Darrieus-Rotor; **d**
Savonius-Rotor. (Eigene Darstellung)

etwa dann erreicht, wenn über das Jahresmittel ein Auslastungsgrad $m = 25\,\%$ entsteht. Zu erwähnen ist noch, dass bei Offshore-Kraftwerken wegen des gleichmäßigeren Winddargebotes mit Auslastungsgraden von $m = 50\,\%$ zu rechnen ist. Da in großen Höhen die Windgeschwindigkeit höher und gleichmäßiger als in Bodennähe ist und wegen der Wachstumsgesetze für maschinenbauliche Anlagen tendiert die wirtschaftliche Baugröße zu großen Leistungen. Heute sind 3 MW eine übliche Leistung, die größten Anlagen leisten über 7 MW (z. B. Enercon E-126).

Das in den 1980er Jahren errichtete Windkraftwerk GROWIAN wurde bereits für 3 MW ausgelegt und hatte damit eine sinnvolle Größe für die intensive Windkraftnutzung.

Beispiel 7.5: Strompreis durch Windkraft

In Deutschland gibt es ein sinnvoll nutzbares Windpotenzial von $E_W = 220\,\text{TWh/a}$ [5] mit einer mittleren Windgeschwindigkeit von mehr als 4 m/s. Beim Einsatz von 3-MW-Anlagen ($m = P_m/P_i = 25\,\%$) könnte man alle 500 m ein Windkraftwerk errichten. Es soll bestimmt werden, welcher Strompreis sich bei Investitionskosten von $k_I = 1500\,\text{€/kW}$ und einer Amortisationsrate von $\alpha = 15\,\%$ ergibt und wie groß der Flächenverbrauch ist.

Zunächst wird die mittlere Erzeugerleistung P_m und die installierte Leistung P_i berechnet

$$P_m = E_w/T = \frac{220\,\text{TWh/a}}{8760\,\text{h/a}} = 25\,000\,\text{MW}$$

$$P_i = P_m/m = 25\,000\,\text{MW}/0{,}25 = 100\,000\,\text{MW}$$

Ein derartiger Windpark würde etwa 1/3 des Strombedarfs in Deutschland decken. Das Problem der zeitlichen Verschiebung von Erzeugung und Verbrauch wird in Abschn. 7.3.1 behandelt.

Die die Stromgestehungskosten k_E und die Investitionskosten K_I ergeben sich zu

$$k_E = \frac{k_I \cdot \alpha}{m \cdot T} = \frac{1500\,\text{€/kW} \cdot 0{,}15\text{a}^{-1}}{0{,}25 \cdot 8760\,\text{h/a}} = 0{,}1\,\text{€/kWh}$$

$$K_I = k_I \cdot P_i = 1500\,\text{€/kW} \cdot 100\,000 \cdot 10^3\text{kW} = 150 \cdot 10^9\,\text{€}$$

Dies entspricht ca. 4 % des deutschen Bruttoinlandsproduktes für ein Jahr (BIP 2017 in D: 3,6 Billionen €). Die benötigte Fläche ergibt sich bei vier Anlagen je km^2 und einer Leistung von 3 MW je Windkonverter zu

$$A = 100\,000\,\text{MW}\ \text{km}^2/(3\,\text{MW} \cdot 4) = 8400\,\text{km}^2$$

Somit wären 2,5 % der Fläche Deutschlands zu bebauen, die allerdings noch landwirtschaftlich nutzbar blieben. Ein Blick auf Windkarten zeigt, dass in etwa 20 % Deutschlands die oben gewählte mittlere Windgeschwindigkeit von 4 m/s herrscht.

Danach müsste diese Fläche bebaut werden. Der Widerspruch zwischen 2,5 % und 20 % zeigt die Ungenauigkeit der durchgeführten Betrachtungen, die nur eine Vorstellung der Größenordnung geben können. ◄

Es gibt verschiedene Bauformen für Windkonverter, die gebräuchlichste ist die horizontale Rotorbauweise (Abb. 7.26a, d) [29]. Bei einer Nabenhöhe von 100 m und einem Rotordurchmesser von 100 m sind mit zwei oder drei Rotorblättern bei einer Drehzahl von 10–20 min^{-1} etwa 3 MW Maximalleistung zu erzeugen. Die Windkraft erzeugt nach dem Auftriebsprinzip (Abb. 7.25b) an den Rotorblättern eine Kraft F, die von deren Profil, dem Anstellwinkel und der sogenannten Schnelllaufzahl λ abhängig ist. Die Schnelllaufzahl ist der Quotient aus Rotorumlaufgeschwindigkeit (Drehzahl) und Windgeschwindigkeit. Jeder Windrotor besitzt eine bestimmtes λ für seinen Bestpunkt. Mithilfe des Anstellwinkels (Pitch-Winkel) der Rotorblätter wird die Anlage Angefahren und in ihrer Leistung begrenzt. Der Rotorkopf ist auch stets der Windrichtung nachzuführen.

Bezüglich der Konstruktion ist der in Abb. 7.25c dargestellte vertikale Darrieus-Rotor einfacher. Bei ihm kann der Generator am Boden angeordnet werden. Zudem ist seine Stellung nicht von der Windrichtung abhängig. Dafür entwickelt er im Stillstand kaum Drehmoment und hat einen schlechteren Wirkungsgrad als die horizontale Rotorbauweise.

Der H-Konverter ist ein Darrieus-Rotor mit geradlinigen Rotorblättern nach dem Auftriebsprinzip. Das Widerstandsprinzip wird von den historischen Windmühlen in den Niederlanden und im Westen der USA ebenso genutzt wie von dem Savonius-Rotor (Abb. 7.25d). Dem schlechten Wirkungsgrad dieser Mühlen steht ein beachtliches Drehmoment – auch bei geringer Windgeschwindigkeit – gegenüber, sodass z. B. bei der Förderung von Wasser für Weidegebiete fast immer eine Minimalversorgung gewährleistet ist. Als Generator wird bei kleinen Einheiten eine preiswerte Asynchronmaschine eingesetzt, die jedoch die Ankopplung an ein leistungsstarkes Netz erfordert. Dieses stellt die notwendige Blindleistung zur Verfügung und verhindert ein Kippen.

Die starre Drehzahl der Maschinen und schwankende Windgeschwindigkeiten führen zu einer veränderlichen Schnelllaufzahl und dadurch zu einem schlechten Wirkungsgrad im Teillastbereich. Bei Asynchronmaschinen mit Schleifringläufer (Abschn. 2.8) kann die Schlupffrequenz in geringem Maß gesteuert werden, sodass eine Nachführung der Drehzahl entsprechend der Windgeschwindigkeit im Bereich von ± 10 % möglich ist. Üblich ist heute der Synchrongenerator mit Umrichter (Abschn. 3.2.2.3). Bei ihm ist die Drehzahl in weiten Bereichen der Windgeschwindigkeit anzupassen. Die Leistungsschwankungen, die entstehen, wenn ein Rotorblatt durch den Windschatten des Mastschaftes läuft, fängt der Gleichstromzwischenkreis auf. Windböen, die oft einen ganzen Windpark gleichmäßig treffen, sind vom Netz auszugleichen. Da bei elektrischen Maschinen das Gewicht bezogen auf die Leistung mit sinkender Bemessungsdrehzahl zunimmt, werden häufig Windkonverter über Getriebe an die Generatoren gekoppelt. Bei dem Windkonverter nach Abb. 7.26d ist der direkt gekoppelte, langsam drehende vielpolige Synchrongenerator zwischen Rotor und Mastkopf zu sehen. Er hat typischerweise

Abb. 7.26 Windkonverter. **a** Windpark mit 2 MW-Anlagen Enercon E82; 108 m Nabenhöhe; **b** Vormontage eines Rotorblatts; **c** Darrieus-Rotor; **d** Kopf eines 3-MW-Windkonverters (a), b), d): Enercon GmbH; c): W. Wacker)

einen großen Umfang, an dem die vielen Pole untergebracht sind. In diesem Fall kann auf ein Getriebe verzichtet werden.

Windkraftwerke werden naturgemäß häufig in dünn besiedelten Gebieten errichtet, in denen das Versorgungsnetz nicht stark ausgebaut ist. Deshalb muss der Netzeinspeisung besondere Aufmerksamkeit geschenkt werden.

Die Kurzschlussleistung des Netzes an der Einspeisung muss ein Mehrfaches der Summenleistung aller angeschlossenen Windkonverter betragen (Abschn. 8.4.5).

Die Einspeisung des Windkraftstromes ist für das Netz kein Problem, solange die in der Umgebung benötigte Energie zu jeder Tageszeit größer ist. Anderenfalls entsteht eine Rückspeisung in andere Gebiete. Dies erfordert die Anpassung und gegebenenfalls ein Ausbau des Netzes. Die damit verbundenen Kosten werden als Teil der Netznutzungsentgelte neben den Einspeisevergütungen der Windkraftwerks-Besitzer auf die Verbraucher umgelegt. Eine Förderung der Windkraft erfolgt nur, wenn in dem betroffenen Gebiet ein genügendes Windaufkommen herrscht. In diesen Fällen ist aber bei schlechteren Windverhältnissen, z. B. im Innenland die Förderung höher.

▶   Die Maxime zur Anfachung der Energiewende lautete: „Je unwirtschaftlicher der Strom erzeugt wird, umso stärker wird er gefördert!" Dies gilt insbesondere für den Vergleich der Förderung von Strom aus Windkraft oder Photovoltaik. Es gilt nicht der wirtschaftliche Gedanke: „Wie erzeuge ich mit einem zur Verfügung stehenden Kapital ein Maximum an regenerativem Strom?" Sondern: „Wie viel Subventionen muss ich aufwenden damit sich eine politisch gewollte Technik durchsetzt?"

Deshalb wird die Einspeisevergütung gerade so groß gewählt, dass es sich für einen Investor lohnt, die gewünschte Technik einzusetzen. Die Gesamt-Investitionskosten incl. Fundament, Netzanbindung, Erschließung etc. belaufen sich in 2015 auf ca. 1500 €/kW. Die Einspeisevergütung liegt derzeit bei unter 0,1 €/kWh zukünftig abfallend. Mit wachsendem technischen Fortschritt und damit verbundenen sinkenden Preisen werden auch die Subventionen gekürzt. Windkraftwerke sind nur in dünn besiedelten Gebieten sinnvoll, („nicht in der Nähe von meinem Haus!") deshalb baut man große Windparks (ca. 500 MW) in Nord- und Ostsee und plant weitere. Der Vorteil ist, dass hier der Wind bei geringer Nabenhöhe wesentlich gleichmäßiger weht als im Inland. Diese Offshore-Kraftwerke sind aber wegen der Gründung und der Netzanbindung unwirtschaftlicher als Kraftwerke an Land. Deshalb werden sie mit einer höheren Einspeisevergütung von unter 0,2 €/kW gefördert.

Der Netzanschluss geschieht wie folgt. Von den einzelnen Windkonvertern gehen Drehstromseekabel zu einer zentralen Plattform. Dies ist der Übergabepunkt zum öffentlichen Netz (Netzanschlusspunkt). Von dort wird der Netzbetreiber die Verbindung zum Land in der Regel mit einem HGÜ–Kabel herstellen, da Drehstromseekabel bei größeren Entfernungen (> 70 km) kaum realisierbar sind (Abschn. 4.4 und 7.2.2).

Das ungleiche Winddargebot muss von den anderen Kraftwerken im Netz ausgeglichen werden. Dies geschah in der Vergangenheit, ohne dass es merklich in Erscheinung trat. Dabei wurden Kraftwerksreserven, die für Großstörungen ständig bereitstehen, genutzt. Die daraus resultierende Verringerung der Netzsicherheit war kein Thema. In Zukunft sind jedoch erhebliche Investitionen notwendig, um z. B. bei Spitzenlast eine Windflaute über Deutschland aufzufangen. Hierzu dienen Schattenkraftwerke, die bereitstehen oder mit verminderter Leistung betrieben werden. Dabei entstehen erhebliche Verlustkosten. In der Diskussion sind hauptsächlich Pumpspeicherwerke mit Verlusten von etwa 30–40 % (Abschn. 7.3.1), aber auch Wasserstoff- und Methangasspeicher mit Verlusten von 40–60 % (Abschn. 7.6.8). Ebenso sind Batterien im Gespräch. Als Verluste bei der Pumpspeicherung zählen hier die Leitungsverluste vom Ort der Stromerzeugung zum Pumpspeicherwerk und zurück, die Pumpverluste und die Stromerzeugungsverluste. Bei der bisher kaum angewandten Wasserstoffspeicherung ist die angewendete Technologie sehr entscheidend für die errechneten Verluste. Die Speicherkraftwerke bereitzustellen, ist die Aufgabe der Netzbetreiber, die die Investitions- und Betriebskosten auf die Netznutzungsentgelte umlegen. Dabei bauen sie selbstverständlich keine eigenen Kraftwerke, sondern schließen nur Verträge ab.

Die Speicherung wird mit wachsendem Anteil der regenerativen Energie an der Elektrizitätsversorgung zu einem großen Problem. Unterstellt man eine vollständige Versorgung mit fluktuierender Erzeugung, die eine Woche lang ausfallen kann, so ergeben sich Speicherkapazitäten von $E = 500 \cdot 10^9$ kWh/a $= 10 \cdot 10^9$ kWh/Woche.

Das Speichervolumen des als Pumpspeicherkraftwerk betriebenen Oberbeckens von Kaprun (Abschn. 7.3.1) beträgt $76 \cdot 10^6$ kWh. Somit wären $10 \cdot 10^9/76 \cdot 10^6 = 130$ solcher Pumpspeicherkraftwerke in Deutschland zu bauen. Eine Speicherung in Gas würde 10^9 kg CH_4 bedeuten. Hierzu wären etwa 4000 Gasometer oder 2 Kavernen, wie sie heute zur Speicherung von Erdgas verwendet werden, erforderlich. Es steht zu vermuten, dass die angestrebte Versorgung mit regenerativer Energie längerfristig eine Speicherung in Form von Gas erfordert. Auch wenn diese Technik vom Gesichtspunkt des Wirkungsgrades die schlechteste ist.

Stand 2018 wird der Strom in Deutschland zu 33 % regenerativ erzeugt. Mit den Anteilen 13 % Wind Onshore, 3 % Wind Offshore, 7 Biomasse, 3 % Wasser und 6 Sonne.

Im Zubau wird dabei der Wind stark zurückgefahren. Dies hat mehrere Gründe. Die Vergütung des in das Netz eingespeisten Stromes wird vom Staat festgelegt. Mit der Reduktion der Preise für Windkraftanlagen ergaben sich Gewinnspannen von bis zu 40 %. Dies veranlasste das Wirtschaftsministerium die Vergütung schrittweise zu verringern.

7.6.5   Solarenergie

Die Nutzung der von der Sonne auf die Erde einfallenden Licht- und Wärmestrahlung kann auf sehr unterschiedliche Art und Weise erfolgen. Sie reicht im Niedertemperaturbereich von der passiven Nutzung durch geeignet konstruierte Wohngebäude über Sonnenkollektoren zur Brauchwassererwärmung bis zur Hochtemperaturnutzung in Solarkraftwerken. Bei Letzteren unterscheidet man das Solarfarm- und Turmprinzip. In den Solarfarmen ist im Brennpunkt eines Hohlspiegels nach Abb. 7.27a ein Rohr angeordnet, das von einem ölhaltigen Wärmeträger durchflossen wird. Damit lassen sich Temperaturen von bis zu 300 °C erreichen, die unterhalb der Verdampfungs- und Zersetzungstemperatur des Wärmeträgers liegen und somit einen drucklosen Betrieb ermöglichen. Wärmetauscher liefern Dampf, der in Kraftwerken der klassischen Bauweise zu nutzen ist. Beim Turmprinzip nach Abb. 7.27b wird das Sonnenlicht in Spiegeln reflektiert und zu einem Turm hin konzentriert. Dort kann direkt ein Dampferzeuger sitzen oder ein mit einem geeigneten Wärmeträger gefüllter Behälter, der drucklos die Energie in einen Wärmetauscher zur Dampferzeugung am Boden abgibt. Dieser Dampf von bis zu 500 °C wird wie beim Solarfarmprinzip in konventionellen Kraftwerken umgesetzt. Die Spiegel (Heliostaten) können zur Verbesserung des Wirkungsgrades leicht gekrümmt sein und der Bewegung der Sonne nachgeführt

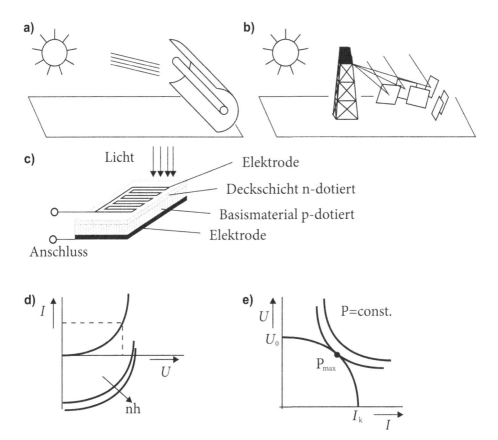

Abb. 7.27 Solarkraftwerke. **a** Farmprinzip; **b** Turmprinzip; **c** Solarzelle; **d** Dioden-Kennlinie; **e** Strom-Spannungs-Kennlinie. (Eigene Darstellung)

werden (Heliostat-System). Für Farm- und Turmkraftwerke ergeben sich etwa die gleichen Errichtungskosten, der gleiche Wirkungsgrad von ca. 20 % von Einstrahlungsleistung zu Stromerzeugung und der gleiche Flächenbedarf. Der relative niedrige Wirkungsgrad ist auf die hintereinander Schaltung mehrerer Verfahrensschritte und entsprechend Gl. 7.16 auf den thermodynamischen Wirkungsgrad der Wärme-Kraft-Umwandlung zurückzuführen.

Da bei der Nutzung von Solarenergie keine Rohstoffe verbraucht werden, ist der Wirkungsgrad einer Anlage nicht so entscheidend wie die Investitionskosten und der Flächenbedarf. Beide werden aber indirekt durch den Wirkungsgrad bestimmt, sodass dessen Steigerung Voraussetzung für den Bau wirtschaftlicher Anlagen ist.

Die Nutzung der Sonnenenergie über den Dampfkreislauf ist oft wirtschaftlicher als die im Folgenden zu behandelnde Direktumwandlung mit Photovoltaik. Dabei wird in Solarzellen (Abb. 7.27c) die Energie des Sonnenlichts in Form der Lichtquanten $h \cdot f$ genutzt, um an einem p-n-Übergang Elektronen in das Leitungsband anzuheben [31]. Abb. 7.27d zeigt die bekannte Dioden-Kennlinie im ersten Quadranten als Last. Die Kennlinie wird durch Lichteinstrahlung in den vierten Quadranten verschoben und damit zum Stromerzeuger. Für Solarzellen ist es üblich ihre U-I-Kennlinie zeichnungstechnisch vom vierten Quadranten (Abb. 7.27d) in den ersten Quadranten (Abb. 7.27e) zu übertragen. Sie schneidet die Achsen bei der Leerlaufspannung U_0, die weitgehend vom Halbleitermaterial der Solarzelle abhängig ist, und dem Kurzschlussstrom I_k, der mit dem Grad der Lichteinstrahlung wächst. Die optimale Anpassung des Betriebs an den Zellentyp und das einfallende Licht erfolgt durch die leistungselektronische Ankopplung. Dabei wird der optimale Betriebspunkt eingestellt, in dem sich die U-I-Kennlinie mit der Kurve konstanter Leistung $U = P/I$ gerade berührt. Dieser Betriebspunkt wird auch als Maximum Power Point bezeichnet. Durch geeignete Dotierung des Halbleitermaterials kann man die Zelle der Lichtfrequenz anpassen. Damit wird eine Mindestenergie E_Q für das Anheben der Ladungsträger festgelegt. Ist die Energie des Lichts niedriger, so liefert die Zelle keinen Strom. Ist bei hochfrequentem Licht die Energie größer als E_Q, so wird gerade die Energie E_Q als Strom freigestellt. Der größte Teil des einfallenden Lichts setzt sich in Wärme um, die durch eine gute Kühlung, also Belüftung der Zelle, abgeführt werden muss, denn mit wachsender Temperatur fällt deren Wirkungsgrad der Zellen [32].

Die Zellen können aus mono- oder polykristallinem Silizium und aus amorphem Silizium aufgebaut sein. Dem hohen Wirkungsgrad von über 20 % der mono-kristallinen Zellen steht ein großer Aufwand bei der Herstellung entgegen, sodass vorwiegend ein Einsatz im Weltraum sinnvoll ist, da dort die Transportenergie gegen-über den Herstellungskosten überwiegt. Ein guter Wirkungsgrad von etwa 15 % ist mit polykristallinen Zellen zu erreichen. Sie bilden die Grundbausteine der heute üblichen Solarmodule. Amorphes Silizium mit einem Wirkungsgrad von 5 %, der noch steigerungsfähig ist, wird heute bei Kleinanwendungen, z. B. Taschenrechnern, genutzt. Mit einer Steigerung des Wirkungsgrades und Verbreiterung des Anwendungsbereiches insbesondere beim Einsatz organischer Materialien, z. B. an Häuserfassaden mit organischer Photovoltaik-Folie, kann in Zukunft gerechnet werden.

Die Kristallzellen sind bereits weitgehend optimiert. Fortschritte in der Fertigungs-technik und Rationalisierung können künftig erheblich zur Verbilligung der Solarzellen führen. Solarzellen von 10×10 cm^2 werden in Parallel- und Reihenschaltung zu Solar-modulen, z. B. 50×50 cm^2 zusammengefasst, die dann auf Gestellrahmen montiert werden. Gleichstromsteller sorgen für die Anpassung der Lichteinstrahlung an die Spannung der Batterie, die als Puffer dient. Der Gleichstrom kann zur Erzeugung von Wasserstoff direkt in eine Elektrolyseanlage geführt werden oder über Wechselrichter in das Verbundnetz fließen.

Oberhalb der Atmosphäre beträgt die Einstrahlungsenergie etwa $P_0 = 1{,}3$ kW/m^2. Dafür ist ein Wirkungsgrad η_{AM0} (Air Mass Zero) definiert. Am Äquator ergibt sich auf der Erdoberfläche $P_1 = 1$ kW/m^2 und η_{AM1}. In unserer Breite gilt etwa $P_{1,3} = 0{,}9$ kW/m^2 und $\eta_{\text{AM1,3}}$. Dabei ist 1,3 ein Maß für den Einstrahlungswinkel α (1/cos $\alpha = 1$/cos $40° = 1{,}3$) bzw. die Länge des Sonnenlichtweges durch die Atmosphäre. Man kann davon ausgehen, dass im Jahresmittel in unseren Breiten etwa ein Benutzungsfaktor von $m_s = 10\ \%$ der Spitzenleistung erzielbar ist (Nächte eingeschlossen) [33, 34].

Beispiel 7.6: Strompreis durch Solarkraft

In Deutschland soll $\alpha_s = 1\ \%$ der elektrischen Energie durch Solarkraftwerke gedeckt werden. Bei Investitionskosten von $k_I = 800$ €/kW und einer Annuitätsrate von $\alpha_I = 0{,}15$ ist der Strompreis zu berechnen ($m_{1,3} = 0{,}1$; $P_{1,3} = 0{,}9$ kW/m^2; $\eta_{1,3} = 0{,}12$). Ferner ist der Flächenbedarf abzuschätzen, wenn das 1,5-fache (α_A) der aktiven Fläche über-baut werden muss. Welche Bauleistung P_{IS} ist in der Sahara erforderlich ($m_1 = 0{,}15$; $P_1 = 1$ kW/m^2; $\eta_1 = 0{,}15$), wobei die Übertragungsverluste von dort nach Deutsch-land beim Einsatz der Wasserstofftechnik 50 % betragen?

Der elektrische Energiebedarf in Deutschland beträgt $E_D = 650 \cdot 10^9$ kW/a. Die zu installierende Leistung P_I und die Stromkosten k_E ergeben sich damit zu

$$P_I = \alpha_s \cdot (E_D/T) \cdot 1/m_{1,3} = 0{,}01\left(650 \cdot 10^9\ \text{kW/a/8 760 h}\right) \cdot 1/0{,}1$$
$$= 7{,}4 \cdot 10^6\ \text{kW} = 7420\ \text{MW}$$
$$K_I = P_I \cdot k_I = 7{,}4 \cdot 10^6\ \text{kW} \cdot 800\,\text{€/kW} = 6 \cdot 10^9\ \text{€}$$
$$k_E = K_I \cdot \alpha_I/(\alpha_s \cdot E_D) = 6 \cdot 10^9 \cdot 0{,}15/\left(0{,}01 \cdot 650 \cdot 10^9\right) = 0{,}14\ \text{€/kWh}$$

Zur Bestimmung des Flächenbedarfs wird angenommen, dass die 1,5-fache aktive Fläche als Land benötigt wird.

$$A = \frac{\alpha_A \cdot P_I}{\eta_{1,3} \cdot P_{1,3}} = \frac{1{,}5 \cdot 7{,}4 \cdot 10^6\ \text{kW}}{0{,}12 \cdot 0{,}9\ \text{kW/m}^2} = 103 \cdot 10^6\ \text{m}^2 = 103\ \text{km}^2$$

In der Sahara ist mit besseren Ausnutzungsverhältnissen zu rechnen

$$P_{IS} = P_I \cdot \frac{\eta_{1,3}}{\eta_1} \cdot \frac{m_{1,3}}{m_1} \cdot \frac{P_{1,3}}{P_1} \cdot \frac{1}{\eta_2} = P_I \cdot \frac{0{,}12}{0{,}15} \cdot \frac{0{,}1}{0{,}15} \cdot \frac{0{,}9}{1} \cdot \frac{1}{0{,}5} = 0{,}96\ P_I\ \blacktriangleleft$$

Wie das Beispiel zeigt, gleichen bei einer Stromerzeugung in der Sahara die Übertragungsverluste den Vorteil der Lichtverhältnisse voll aus. Man muss bei der Bewertung
allerdings in Rechnung stellen, dass durch den Umweg über Wasserstoff dessen
Speicherwirkung ausgenutzt werden kann, der Solarstrom also als Spitzenenergie zur
Verfügung steht, während er sonst gerade zu den Spitzenzeiten im Winter nicht anfällt.

Die Investitionskosten sind stark von der Anlagegröße abhängig. Dementsprechend
wird die Vergütung des eingespeisten Stromes nach dem Erneuerbare Energien Gesetz
(EEG) mit wachsender Leistung kleiner. Man will die unwirtschaftlicheren kleineren
Anlagen mehr fördern als Großanlagen. Die geltenden Einspeisevergütungen für Photovoltaik wurden nach EEG mit der Zeit stark zurückgefahren. Während 2006 noch 0,50 €/
kWh, 2011 0,25 €/kWh zu erzielen waren, sind es 2019 nur noch ca. 0,11 €/kWh.

Da die Sahara – wie in Beispiel 7.6 gezeigt – bessere Ausnutzungsverhältnisse bietet,
sieht das DESERTEC-Konzept vor, an den energiereichsten Standorten der Welt Ökostrom zu erzeugen und diesen durch Hochspannungs-Gleichstrom-Übertragung (HGÜ)
zu den Verbrauchszentren zu leiten. Alle Arten der erneuerbaren Energien sollen einbezogen werden, jedoch spielen sonnenreiche Wüsten eine besondere Rolle. Das Projekt
kommt jedoch seit Jahren nicht so recht voran. Es wäre sicher sinnvoll den regenerativ
erzeugten Strom in den Anliegerstaaten,die meist ihren Strom aus Öl und Gas gewinnen,
zu verbrauchen, anstatt ihn nach Europa zu transportieren um von den dortigen Subventionen zu profitieren. Weiterhin erschwert die dortige politische Lage Investitions-
entscheidungen. Wenn das Projekt an Gestalt gewinnt, ist an eine Kombination aus
Wasserstoff und HGÜ zu denken um die Speicherfähigkeit des Wasserstoffs zu nutzen.
Außerdem ist an die Produktion von synthetischem Kraftstoff vor Ort zu denken.

7.6.6 Biomasse

Durch Zuführung von Licht wird aus CO_2 und Wasser in Pflanzen Biomasse (Kohlen-
wasserstoffe) und Sauerstoff erzeugt. Die Reaktion der Photosynthese ist endotherm
[35].

$$CO_2 + H_2O \rightarrow CH_2O + O_2 \tag{7.26}$$

Dieser Umwandlungsprozess erfolgt bei optimalen Lichtverhältnissen mit dem relativ
hohen Wirkungsgrad von 30 %. In konzentrierter Form liegt Biomasse als Holz vor
(3 kg Holz $\cong$ 1 l Öl). Die auf der Erde in Biomasse gespeicherte Energie beträgt etwa
$30 \cdot 10^6$ PJ und damit das 85-fache des Weltenergieverbrauchs nach Tab. 7.3. Etwa 10 %
dieser Biomasse wird jährlich erneuert. Dies geschieht durch die Landwirtschaft, aber im
Wesentlichen als natürlicher Kreislauf in den tropischen Regenwäldern. Dort verfaulen
Pflanzen, geben ihre Mineralien an den Boden und das CO_2 an die Blätter der Pflanzen
ab. Dieser „kurzgeschlossene" Kreislauf ist sehr empfindlich.

Während die Nutzung der Abfälle durch Müllverbrennung und Gasentnahme aus
Mülldeponien ökologisch weitgehend unbedenklich ist, wirft eine Züchtung von

Bioenergie in großem Umfang Probleme auf. Insbesondere sollte erst angepflanzt und dann abgeholzt werden und nicht umgekehrt. Wie bei jedem Anbau von Pflanzen werden auch hier die Mineralien dem Boden entzogen, die entweder aus der Asche oder aus anderen Lagerstätten dem Boden wieder zugeführt werden müssen (Düngung). Weitere Probleme der Nutzung von Biomasse sind der hohe Wassergehalt und der Schadstoffanteil, vor allem bei der Müllverwertung. Zudem ist beim industriellen Anbau von Biomasse ein massiver Einsatz von Schädlingsbekämpfungsmitteln erforderlich, der weitere unvorhersehbare Folgen für die Umwelt mit sich bringt.

Vorteile der Verstromung von Biomasse liegen in der Beseitigung von organischen Abfällen. Auch ist es möglich die Gülle, mit der häufig Äcker überdüngt werden, zu nutzen. Die Kosten hierfür müssen den Bauern, den Stromkunden oder den Steuerzahlern auferlegt werden. Nachteile entstehen, wenn durch den Anbau von Pflanzen Rodungen entstehen oder Ackerland zur Erzeugung von Nahrungsmitteln umgewidmet wird.

7.6.7 Geothermische Kraftwerke

Die durchschnittliche Temperaturzunahme im Erdinneren beträgt 30 K/km. Anomalien in der Erdkruste führen an einigen Stellen bereits zu Temperaturen von einigen Hundert Grad in 1000–2000 m Tiefe [36]. Bohrt man Löcher ins Erdreich und sprengt feine Risse in die unteren Bodenplatten, so kann man kaltes Wasser in ein Bohrloch pressen und heißes Wasser aus einer zweiten Bohrung abziehen. Besonders günstig sind die Verhältnisse in Landstrichen mit Geysiren und vulkanischer Tätigkeit, z. B. Island oder Neuseeland. Aber auch in der Nähe von Florenz bei Larderello wurde ein geothermisches Kraftwerk mit 300 MW$_{el}$ gebaut. Bei dieser Technik sind die relativ niedrige Temperatur, die hohen Kompressionsleistungen, die Umsetzung der Wärme in unter Druck stehenden Dampf und die gegenüber Stahl aggressiven Mineralien im ausgebrachten Wasser problematisch.

Außerdem können die Bohrlöcher wasserundurchlässige Schichten durchdringen, sodass Wasser in gipshaltige Schichten eindringt. Durch Aufquellen wird dann das Erdreich an der Erdoberfläche verworfen, was zu Bauschäden führt. Wegen der im Vergleich zu fossilbefeuerten Dampfkraftwerken niedrigen Frischdampftemperatur werden spezielle wirkungsgradoptimierte Wärme-Kraft-Prozesse wie z. B. Kalina-Kreisprozess oder Organic Rankine Cycle (ORC) eingesetzt. Dabei werden vom Wasser abweichende Arbeitsmedien verwendet. Zudem bietet sich die Kraft-Wärme-Kopplung an. Realisierbar ist sie oft nicht, weil die Standorte weit ab von Siedlungen mit Wärmebedarf liegen [37]. Eine Ausnahme ist Island, dort wird die Geothermie stark zur Raumheizung eingesetzt. Es reichen Bohrungen in geringe Tiefen um Wasser mit einer Temperatur von z. B. 200 °C zu fördern.

Die Wärme, die der Erdkruste entnommen wird, strömt nur sehr langsam aus dem Erdinnern nach. Deshalb ist die Nutzungsdauer der Geothermieanlagen im Allgemeinen zeitlich begrenzt. So rechnet man bei den Anlagen im bayerischen Molassebecken am Alpennordrand mit Nutzungsdauern von 80 Jahren. Mehrere Anlagen in einiger Nähe zueinander verringern die Nutzungsdauer der einzelnen Anlage ebenfalls. Danach ist das Erdreich so weit abgekühlt, dass die Anlage nicht mehr sinnvoll betrieben werden kann. Modellrechnungen haben ergeben, dass dann eine Zeit von 2000 Jahren abzuwarten ist, bis die Temperatur im Erdreich wieder weit genug angestiegen ist.

Abschließend sei noch ein Wort zu den Wärmepumpen gesagt. Sie „pumpen" bzw. „veredeln" die Wärme außerhalb des Hauses mit einem Elektromotor als Kompressor auf eine Temperatur, die oberhalb der Raumtemperatur liegt. Die Leistungshöhe des Motors ist von dem Temperaturunterschied zwischen innen und außen abhängig. Ein höherer Temperaturunterschied, wie etwa im Winter, benötigt eine höhere Motorleistung. Zur Bewertung dieses Prozesses wird eine Leistungsziffer ε eingeführt. Diese entspricht dem Verhältnis von abgegebener Wärme zur benötigten Motorleistung und berechnet sich aus dem Kehrwert des thermodynamischen Wirkungsgrades (Gl. 7.16) und ist daher immer größer als 1. Im Übrigen ist der Prozess eines Kühlaggregates mit dem einer Wärmepumpe identisch. Die Leistungsziffer entspricht jedoch in diesem Fall dem Verhältnis aus aufgenommener Wärme und benötigter Motorleistung.

▶ Man spricht bei der Wärmepumpe von der Leistungsziffer ε. Gebräuchlich ist auch die Abkürzung LZ oder COP (Coefficient of Performance). Um sie möglichst groß zu machen, sollte die Temperatur der Heizkörper möglichst klein sein. Dies erfordert große Heizkörper wie z. B. eine Fußbodenheizung. Als Wärmereservoir außerhalb wird entweder Luft verwendet oder die Wärme des Erdreiches. Man spricht demzufolge von Luft-Wärmepumpen oder Erd-Wärmepumpen. Letztere wird jedoch häufig als Erdwärme–Pumpe bezeichnet. Man heizt jedoch nicht mit Erdwärme, sondern mit Strom. Im Prinzip arbeitet die Wärmepumpe wie ein Kühlschrank, bei dem der „Kühler" hinter dem Gerät die Heizkörper im Raum sind und der „Froster" im Kühlfach in der Erde liegt. Niemand käme auf die Idee zu sagen: „Mein Kühlschrank arbeitet mit Raumkälte".

Bei Luft als Wärmequelle ist ein Wärmetauscher im Freien notwendig, sodass die Eingangstemperatur weit unter 0 °C liegen kann. Bei der Erde ist mit etwas über 0 °C zu rechnen. Dabei sind die Kühlschlangen im Garten verlegt. Alternativen sind Bohrlöcher in z. B. 100 m Tiefe. Dabei besteht die gleiche Gefahr der Durchstoßung wasserundurchlässiger Schichten wie bei den oben erwähnten Erdwärme-Kraftwerken.

Vergleicht man die elektrisch betriebene Wärmepumpe mit einer Gasheizung und unterstellt, dass der Strom in einem Gaskraftwerk erzeugt wird, so ergeben sich etwa folgende Verhältnisse [38, 39]. Die Leistungsziffer der Wärmepumpe beträgt optimistisch gerechnet $\varepsilon = 4$, der Wirkungsgrad der Kraftwerke einschließlich Übertragungsverluste $\eta = 0{,}4$. Daraus folgt eine Effektivität von $\varepsilon_{\mathrm{eff}} = 4 \cdot 0{,}4 = 1{,}6$. Legt man einen Gaspreis von 0,05 €/kWh und einen Strompreis von 0,2 €/kWh zugrunde, bleibt

kein Ertrag zur Amortisierung der Anlage. Ein Sinn ergibt sich nur, wenn die Wärmepumpe mit billigerem Nachtstrom betrieben wird. Dann sind aber Wärmespeicher vorzusehen. Die Situation ist eine andere, wenn anstelle des Elektromotors ein Gasmotor
eingesetzt wird, dessen Abwärme zusätzlich zur Heizung beiträgt.

7.6.8 Wasserstofftechnologie

Wasserstoff ist keine Primärenergie, sondern ein Energiespeicher [40, 41]. Er wird in der
Regel aus Erdgas oder durch Elektrolyse aus Wasser und Strom bei einem Wirkungsgrad
von 80 % gewonnen. Auf das Gewicht bezogen enthält er die 2,75-fache Energie gegenüber Benzin. Dem gegenüber steht die thermische Wasserstoffspaltung, die allerdings
Temperaturen von über 800 °C erfordert (Abschn. 7.5.4).

Der anfallende Wasserstoff muss verflüssigt werden, um ihn sinnvoll transportieren zu
können. Damit ergibt sich für die Erzeugung des Produktes „flüssiger Wasserstoff" ein
Gesamtwirkungsgrad von 50–60 %. Soll aus dem Wasserstoff wieder elektrische Energie
erzeugt werden, so ist ein weiterer Umwandlungswirkungsgrad von 60–80 % in Kauf
zu nehmen. Von der am Erzeugungsort ursprünglich vorhandenen elektrischen Energie
sind dann noch 40 % übriggeblieben. Dafür hat man ein transportier- und speicherbares
Medium gewonnen. Die Verlustenergie fällt als Wärme an, die teilweise zu nutzen ist
und dann den Gesamtwirkungsgrad verbessert.

Der Umwandlungsprozess von Wasserstoff in Strom kann in Gasturbinenkraft-
werken (GuD) (Wirkungsgrad 60 %) oder Brennstoffzellen erfolgen. Bei alkalischen
Wasserstoff-Brennstoffzellen (Wirkungsgrad 40 %) befindet sich zwischen zwei
porösen Elektroden ein Elektrolyt. Katalysatoren an der Elektrode trennen die O_2- und
H_2-Moleküle. Mit dem dissoziierten Wasser OH^- läuft dann folgender Prozess ab

$$2\,H + 2\,OH^- \rightarrow 2\,H_2O + 2e^-$$

$$O + H_2O + 2e^- \rightarrow 2\,OH^- \tag{7.27}$$

Die in dem Vorgang anfallende Abwärme kann bei Hochtemperatur-Brennstoffzellen zu
Heizzwecken genutzt werden. Die Niedertemperaturzelle, für die Wärmeverluste in Kauf
zu nehmen sind, eignet sich besonders zur Stromerzeugung in mobilen Anlagen, z. B.
Kraftfahrzeugen oder U-Booten. Für Letztere ist die abgasfreie Reaktion sehr wichtig.
Typische Baugrößen von Brennstoffzellen liegen bei 10 kW. Große Einheiten werden
durch Reihen- und Parallelschaltung gebildet.

Neben den weitgehend ausgereiften Brennstoffzellen für Wasserstoff gibt es auch
solche, die mit Erdgas betrieben werden können. Dabei wird mit einem vorgeschalteten
Reformer aus dem Erdgas der Wasserstoff gewonnen. Diese Technik ist bei einigen EVU
im Probebetrieb zur Strom- und Heizwärme-Erzeugung. Ob sich die Technik der Brennstoffzellen in Zukunft durchsetzen wird, ist unklar, große Innovationsschübe sind jedoch
nicht mehr zu erwarten.

Bei der Elektromobilität (Abschn. 2.10.3) erfordert der Einsatz von Brennstoffzellen den Aufbau eines entsprechenden Tankstellennetzes, das gegebenenfalls in Konkurrenz zu einem Ladestromnetz für Elektroautos steht. Neue Verfahren den Wasserstoff in flüssiger Form bei Umgebungsdruck verfügbar zu machen und dadurch das bestehende Tankstellennetz nutzen zu können, werden derzeit in Pilotanlagen getestet. Der Einsatz von Wasserstoff in Ottomotoren wurde in den 1970er Jahren stark vorangetrieben. Dabei sind für beide Brennstoffe (Wasserstoff und Benzin) die gleichen Motoren zu verwenden. Man benötigt lediglich einen zweiten Tank. Wenn zur Erzeugung von Wasserstoff und Strom Erdgas dient und man mit gasbetriebenen Autos vergleicht, sind die Vielzahl der Mobilitätslösungen in Bezug auf den Primärenergieverbrauch etwa gleichwertig.

Die Technik des solaren Wasserstoffs (Solargas) basiert auf der Stromerzeugung in Solarzellen. Windgas wird durch die Stromerzeugung von Windkraftanlagen produziert. Beides kann entweder Wasserstoff oder bei nachgeschalteter Methanisierung auch Methan sein. Techniken, die aus elektrischer Energie einen gasförmigen Energieträger erzeugen, nennt man auch kurz Power-to-Gas (P2G). Der erzeugte Energieträger kann an anderen Orten und zu anderen Zeiten als die Stromerzeugung über bestehende Gasnetze sowie in Verkehrsmitteln eingesetzt wird. Da hier relativ aufwendige Techniken im Einsatz sind, ist mit einem wirtschaftlichen Einsatz kurzfristig kaum zu rechnen. Die ehrgeizigen Ziele der EU-Kommission zur CO_2-Reduktion werden jedoch die Power-to-Gas Techniken als der derzeit einzig vielversprechende Lösungsansatz weiter voranbringen. Beispielsweise sind bereits Offshore Windparks im dreistelligen MW-Bereich in der Vor-Planung, die ohne Netzanschluss ausschließlich zur Wasserstoffproduktion eingesetzt werden sollen. Diese Projekt werden nicht nur von der chemischen Industrie sondern bereits auch von der Elektroindustrie und den Netzbetreibern vorangetrieben. Die Rolle, die der Wasserstoff als Energieträger in der Zukunft spielt ist noch nicht klar. Bei der Elektromobilität und der Stromreserve [42, 43, 44] steht er in Konkurrenz zur Batterie.

7.6.9 Perpetuum Mobile

Die Idee, aus dem Nichts Energie zu schaffen, ist so alt wie die Sehnsucht des Menschen nach Maschinen, die ihn von Arbeit entlasten. Die typischen Vertreter des Perpetuum Mobile stammen aus dem späten Mittelalter. Einige von ihnen sind im Deutschen Museum in München ausgestellt. Sie bestehen fast alle aus Hebelmechanismen, die die Wirkung der Erdanziehungskraft verstärken. Auch heute noch werden derartige mechanische Maschinen als Neuheiten vorgestellt.

Aber auch rein elektrische Konverter, die meist Spannungen erhöhen, findet man immer wieder. Solche Maschinen tragen wohlklingende Namen wie Schwerkraftmaschinen oder Tachyonengenerator. Tachyonen sind Teilchen aus Modellvorstellungen der Theoretischen Physik, die sich mit Überlichtgeschwindigkeit bewegen und eine imaginäre Masse besitzen, um der Relativitätstheorie zu genügen.

Ein Tachyonengenerator muss „einfach nur" den Betrag der Masse bilden, um eine unerschöpfliche Energiequelle zu erschließen.

Auch nutzt man mehr oder weniger mysteriöse Strahlungen aus dem Weltraum. Zahlreiche Geräte sind auf den einschlägigen Videoportalen zu finden, mit denen man sogenannte „freie Energie" angeblich einfangen kann. Angeblich vorhandene Maschinen werden von den Erfindern im Geheimen verborgen gehalten, um sie vor der „Energiemafia" zu schützen. Über das Perpetuum Mobile müsste in diesem Buch nicht gesprochen werden, wenn es nicht immer wieder Menschen gäbe, die viel Geld für den Bau derartiger Maschinen ausgeben, und solche, die viel Geld mit dem Verkauf eines Perpetuum Mobile verdienen. Die Literatur zu diesem Bereich ist beträchtlich [45].

7.7   Netzregelung

Wird bei einem Generator mit konstanter Antriebsleistung p_A sprungartig die Last p_{el} (jeweils auf Bemessungsleistung bezogen) erhöht, so entsteht ein Leistungsdefizit, das aus der kinetischen Energie des Wellenstranges (Momentanreserve) gedeckt wird. Diese ist jedoch endlich und die Drehzahl n sinkt nach folgender um die Synchronfrequenz n_0 linearisierten Beziehung ab [46, 47].

$$\tau_A/n_0 \, d(n - n_0)/dt = -(p_{el} - p_A)$$

$$n = n_0 - \frac{n_0}{\tau_A}(p_{el} - p_A) \cdot t \tag{7.28}$$

Darin repräsentiert die Anlaufzeitkonstante τ_A entsprechend Abschn. 2.6.2 die auf das Bemessungsmoment bezogene Trägheit des Wellenstranges und diejenige Zeit, die vergeht, bis nach einem Lastsprung von p_{el} in der Höhe der Nennleistung $p_{el} - p_A - 1$ die Drehzahl von $n = n_0$ auf $n = 0$ abgesunken ist. Sie liegt für große thermische Kraftwerksblöcke beispielsweise bei $\tau_A = 10$ s. Ein Lastsprung von 10 % führt dann nach 1 s zu einem Drehzahl- und damit auch einem Frequenzabfall von 1 %. Um diesen Frequenzabfall auszugleichen, muss die Turbine im Zeitbereich von wenigen Sekunden mehr Leistung abgeben. In Anbetracht der Größenordnung und der Trägheit von der Wärmebereitstellung im Allgemeinen ist diese Aufgabe für thermische Kraftwerke eine große Herausforderung. Dieser wird durch Aufspaltung des Problems in einen kurzfristigen (Primärregelung) und längerfristigen Zeitbereich (Sekundärregelung) begegnet.

Die kurzfristige Bereitstellung der Primärregelleistung wird durch eine sprungförmige Änderung der Eingangsventile von Dampf- oder auch Wasserturbinen und durch eine temporäre Abschaltung oder Drosselung der Speisewasservorwärmung mit Turbinendampf umgesetzt. Das Drehmoment folgt mit Verzögerungszeiten von unter einer Sekunde. Um jederzeit das Drehmoment erhöhen zu können, setzt diese Vorgehensweise eine angedrosselte Fahrweise voraus und wird im Falle von thermischen Kraftwerken als Festdruckbetrieb bezeichnet. Dies führt im Normalbetrieb zu andauernden

Drosselverlusten und macht die Primärregelleistung teuer. Seit einiger Zeit ist in Europa auch ein Markt zur Bereitstellung von Primärregelleistung entstanden, auf dem auch Batteriespeicheranlagen über Umrichter mit beteiligt sind. Die Primärregelung ist ein Drehzahlregelkreis mit rein proportionalem Kennlinienverhalten. Ein Proportionalregler (P-Regler) ist schnell, jedoch nicht in der Lage die Abweichung von Soll- zu Istwert (Regelabweichung) stationär zu Null zu regeln. Dafür ist in einem zweiten Schritt die Sekundärregelung mit integralem Anteil (I-Regler) zuständig, die spätestens nach 15 min die Primärregelung vollständig abgelöst hat. Die entsprechenden Kraftwerke regeln ihre Leistungsabgabe über die Feuerung und damit über den Kesseldruck sowie die Kessel- temperatur (Gleitdruckbetrieb). Die Turbinenventile sind dabei immer ganz geöffnet, um einen Betrieb mit möglichst wenig Verlusten zu erreichen. Bei einer plötzlichen Leistungsanforderung reagiert ein solches Kraftwerk erst innerhalb von Minuten, stellt jedoch wieder stationäre Regelgenauigkeit her.

Das Kennlinienverhalten des Primärreglers ist linear und im Drehzahl(Frequenz)- Leistungsdiagramm fallend. Die Steigung der Geradenkennlinie wird als Statik s (droop) bezeichnet. Durch sie sinkt die Drehzahl beispielsweise um $s = 5\ \%$ ab, wenn – rein theoretisch betrachtet – die Leistung vom Leerlauf ($P = 0$) auf Volllast ($P = 1$) ansteigt. Für die Drehzahl gilt dann

$$n = n_{\mathrm{w}} - s \cdot P \tag{7.29}$$

Da bei parallel betriebenen Kraftwerksblöcken (Abb. 7.28) die Drehzahlen über die Netzfrequenz gekoppelt sind, gilt für zwei Einheiten die Beziehung

$$n = n_1 = n_{\mathrm{W}1} - s_1 \cdot P_1 = n_2 = n_{\mathrm{W}2} - s_2 \cdot P_2$$

$$P = P_1 + P_2 \tag{7.30}$$

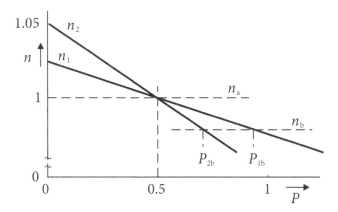

Abb. 7.28 Verhalten der Generatordrehzahl beim Parallelbetrieb von Kraftwerken. (Eigene Dar- stellung)

Beispiel 7.7: Statik zweier Kraftwerksblöcke

Zwei Kraftwerksblöcke mit den Statiken $s_1 = 0{,}05$ und $s_2 = 0{,}1$ sollen so eingestellt werden, dass beide zu gleichen Teilen die Netzlast $P_a = 1$ decken. Welche Leerlaufdrehzahl ist einzustellen? Welche Leistungsaufteilung und welche Drehzahl stellen sich ein, wenn die Last auf $P_b = 1{,}5$ ansteigt?

$$P_{1a} = P_{2a} = \frac{1}{2}P_a = 0{,}5$$
$$n_{W1} = n_a + s_1 \cdot P_{1a} = 1 + 0{,}05 \cdot 0{,}5 = 1{,}025$$
$$n_{W2} = n_a + s_2 \cdot P_{2a} = 1 + 0{,}1 \cdot 0{,}5 = 1{,}05$$
$$n_b = n_{W1} - s_1 \cdot P_{1b} = n_{W2} \cdot s_2 \cdot P_{2b} = n_{W2} - s_2 \cdot (P_b - P_{1b})$$
$$P_{1b} = \frac{s_2}{s_1 + s_2}P_b - \frac{n_{W2} - n_{W1}}{s_1 + s_2} = 0{,}833$$
$$P_{2b} = P_b - P_{1b} = 0{,}667$$
$$n_b = n_{W1} - s_1 \cdot P_{1b} = 0{,}983$$

Für eine Laständerung ΔP ergibt sich

$$\Delta n = s_1 \cdot \Delta P_1 = \frac{s_1 s_2}{s_1 + s_2} \cdot \Delta P = s \cdot \Delta P = 0{,}017\Delta P = 0{,}015 \cdot 0{,}5 = 0{,}0085$$

Die Drehzahl sinkt demnach durch den Lastanstieg um 0,85 % ab. Die letzte Gleichung gibt die Drehzahlabhängigkeit einer Ersatzmaschine wieder, die eine resultierende Statik entsprechend der „Parallelschaltung" beider Einzelwerte hat.

$$\frac{1}{s} = \frac{1}{s_1} + \frac{1}{s_2} \blacktriangleleft$$

Beispiel 7.8: Frequenzkonstante des Westeuropäischen Verbundnetzes

Das Verhältnis Laständerung zu Frequenzänderung wird Leistungszahl oder Frequenzkonstante K genannt. Wie groß ist sie im Westeuropäischen Verbundnetz, wenn die Statik aller Drehzahlregler 5 % beträgt und 200 GW rotierende Leistung eingesetzt ist? Rotierende Leistung ist dabei die Summe der Bemessungsleistungen aller in Betrieb befindlichen Kraftwerke.

$$K = \frac{1}{s} = \frac{\Delta P}{\Delta f} = \frac{200\,\text{GW}}{0{,}05 \cdot 50\,\text{Hz}} = 80\,\frac{\text{GW}}{\text{Hz}}$$

Der Ausfall eines Kernkraftwerks von 1,4 GW Leistung führt dann zu einem Frequenzeinbruch von

$$\Delta f = \frac{\Delta P}{K} = \frac{1{,}4\,\text{GW}}{80\,\text{GW/Hz}} = 0{,}018\,\text{Hz} \blacktriangleleft$$

Dieser Wert wird im ENTSO-E Verbundnetz nicht erreicht. Weil sich viele Kraftwerke nicht an der Primärregelung beteiligen, ist mit $K = 20$ GW/Hz zu rechnen. Diese Leistungszahl muss bei einem Lastsprung bis 3 GW eingehalten werden. Um das sicherzustellen, ist eine entsprechende Momentanreserve und Primärregelleistung bereitzustellen. Dadurch werden erhebliche Verluste verursacht. Die Statik-Regler stellen sicher, dass sich bei einem Leistungsdefizit alle Kraftwerke des Netzes an der Lastdeckung und Frequenzhaltung entsprechend ihrer Statik und Nennleistung beteiligen. Es sei hier besonders erwähnt, dass sich diese Leistungsaufteilung ohne jegliche Kommunikation zwischen den Kraftwerken einstellt und nur auf den lokalen Statik-Reglern sowie der lokal gemessenen Netzfrequenz basiert.

Eine weitere Aufgabe der Sekundärregelung ist es, die gewünschte Netzfrequenz wiederherzustellen. Hierzu ist eine Koordination zwischen allen Kraftwerken im Netz notwendig, die in Form der Übergabeleistungs- oder Leistungs-Frequenz-Regelung erfolgen kann. Abb. 7.29a zeigt das Blockschaltbild für ein Netz mit drei Kraftwerken. Die Reglerstruktur ist jedoch nur für ein Kraftwerk angegeben.

Bei der Leistungsregelung wird die Frequenzkonstante K_1 auf null gestellt. Im stationären Betrieb ist die Übergabeleistung $P_ü$ gleich ihrem Sollwert $P_{üW}$ und damit der Eingang des Sekundärreglers PI null. Die Drehzahlführungsgröße n_W der Turbinenregelung bleibt folglich konstant. Nach Zuschaltung einer Last ΔP_1 sinkt die Drehzahl aller Maschinen zunächst ab, steigt aber durch die Aktion aller Drehzahlregler wieder an, bis sich ein Gleichgewicht entsprechend der resultierenden Statik s auf einer niedrigen Drehzahl n_1 (= Frequenz) eingestellt.

$$\frac{1}{s} = \frac{1}{s_1} + \frac{1}{s_2} + \frac{1}{s_3}$$

$$\Delta n_1 = s \cdot \Delta P_1 \tag{7.31}$$

Der Sekundärregler PI reagiert nun mit einer Zeitkonstante, die bei 20 s und mehr liegt, auf die Regelabweichung $P_{üW} - P_ü$ und erhöht den Drehzahlsollwert des Generators 1, bis dieser die zugeschaltete Last ΔP_1 ausgeglichen hat und sich der vorgegebene Übergabewert $P_{üW}$ sowie die Sollfrequenz wieder eingestellt haben. Der Drehzahlsollwert des Generators 2 bleibt dabei erhalten. So stellt sich die ursprüngliche Drehzahl n_0 wieder ein. Dieser Vorgang ist in Abb. 7.29b und c dargestellt.

Bei Zuschaltung einer Last ΔP_2 reagieren die Drehzahlregler zunächst wie im vorherigen Fall, d. h. der Generator 1 unterstützt den Generator 2, der durch seinen Sekundärregler die Leistung ΔP_2 zusätzlich liefert. Steigert der Generator 2 seine Leistung nicht, sinkt die Frequenz erneut ab, wenn der Sekundärregler des Generators 1 die Übergabeleistung $P_{üW}$ einregelt. Die hierzu gehörende Drehzahl ist in Abb. 7.29c mit n_2' gekennzeichnet.

Schließlich soll noch einmal auf die Großstörung aus dem Jahr 1975 eingegangen werden. Die Frequenz in Abb. 7.9 zeigt anfänglich den gleichen Verlauf wie die Drehzahl in Abb. 7.29. Die Rückkehr zur ursprünglichen Drehzahl bleibt jedoch aus. Es zeigt sich das Verhalten entsprechend der mit n_2' gekennzeichneten Drehzahl. Dies bedeutet, dass der von der Störung betroffene Netzteil nicht in der Lage war, die volle Defizitleistung aufzubringen. Erst Minuten nach der Störung ist es durch Erhöhung der Kesselfeuerung und Anfahren von Pumpspeicherkraftwerken gelungen, die Sollleistung wiederherzustellen. Dieser Vorgang ist in Abb. 7.9 nicht mehr dargestellt.

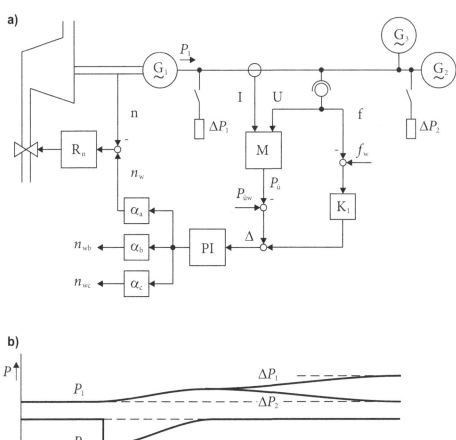

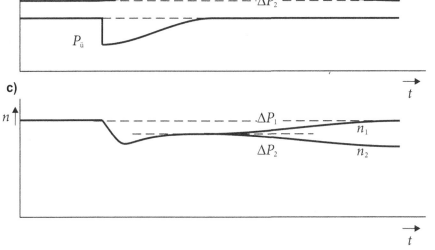

Abb. 7.29 Netzregelung. **a** Blockschaltbild; **b** Leistungsverlauf; **c** Drehzahlverlauf; R_n: Drehzahlregler (Primärregler); PI: Sekundärregler. (Eigene Darstellung)

Statt eines Generators kann man auch ein EVU mit mehreren Kraftwerken annehmen. Diese werden dann über die Konstante α an der Übergabeleistung beteiligt. So kann man Braunkohlekraftwerke mit $\alpha = 0$ auf konstante Leistung fahren und den Wasserkraftwerken die Leistungsregelung überlassen.

Das beschriebene Verfahren eignet sich gut, wenn das leistungsregelnde EVU mit einem großen Verbundpartner, der die Frequenzregelung übernimmt, gekoppelt ist. Typisch hierfür sind Industriekraftwerke, aber auch der jütländische Teil Dänemarks, der mit dem Übertragungsnetzbetreiber TenneT TSO gekoppelt ist.

Der Verbundbetrieb zwischen gleichberechtigten Partnern erfordert einen Beitrag aller zur Frequenzhaltung. Deshalb wird die Leistungszahl K_1 als Kehrwert der Statik s des Netzes im Bereich des EVU_1 eingestellt. Die Statik ergibt sich aus den Statiken aller Kraftwerke im betrachteten EVU nach (7.31).

Solange eine Abweichung von dem Führungswert der Frequenz vorhanden ist, wird der Eingang des Sekundärreglers Δ nicht null sein.

$$\Delta = P_{\ddot{u}W} - P_{\ddot{u}} + K_1(f_W - f) \tag{7.32}$$

Erst wenn in den Reglern aller EVU die Abweichungen $\Delta = 0$ sind, entsprechen sowohl die Übergabeleistungen als auch die Frequenz den Führungsgrößen. Voraussetzung für eine einwandfreie Funktion des Gesamtsystems ist die korrekte Einstellung der Regler aller EVU. So muss die Summe aller eingestellten Übergabeleistungen $P_{\ddot{u}W}$ null sein, die Frequenzkonstanten K_1 müssen mit den Leistungszahlen übereinstimmen und natürlich auch alle Partner die gleiche Sollfrequenz vorgeben [46, 47].

Während früher im westeuropäischen Verbundnetz die größten EVU – in Deutschland RWE – für die Einhaltung der Frequenz zuständig waren, sind es heute in Deutschland die vier Übertragungsnetzbetreiber (Abschn. 7.2.2). Sie sind für die in Abb. 7.10 dargestellten Regelzonen zuständig. Da diese keine eigenen Kraftwerke mehr betreiben, müssen sie entsprechende Verträge mit Kraftwerksbetreibern abschließen. Alleine dadurch, dass sie am Spotmarkt in Leipzig im Viertelstundenraster Reserveleistungen handeln, sollen in Deutschland mehr als 100 Mio. EUR eingespart werden. Dies ist ein realer wirtschaftlicher und ökologischer Gewinn, weil Verluste vermieden werden.

7.8 Rationelle Energieanwendung

Der Energieverbrauch verursacht Kosten. Deshalb liegt es im Interesse der Privathaushalte und der Industrie, rationell mit Energie umzugehen. Dieses marktwirtschaftliche Verhalten setzt aber voraus, dass die Energieanwender die technisch-wirtschaftlichen Zusammenhänge im Stromverbrauch ihrer Geräte kennen [48]. Wenn beispielsweise Staubsauger nur nach ihrer Leistungsaufnahme als Qualitätsmerkmal gekauft werden, so ist es für den Hersteller gleichgültig, ob er die Saugleistung oder die Verluste erhöht, um ein „besseres" Produkt anzubieten. Insbesondere im Bereich der Konsumgüter ist durch

Verbraucheraufklärung und eine verbesserte Kennzeichnungspflicht viel Sparpotenzial zu mobilisieren, das in der Industrie bereits weitgehend ausgeschöpft wurde.

Trotzdem ist die Entwicklung in Richtung energiesparender Anlagen heute stärker als früher. Dabei spielt neben den rein wirtschaftlichen Überlegungen sicher auch das Verantwortungsbewusstsein der Verbraucher gegenüber Umwelt und nachfolgenden Generationen eine Rolle. Derartige ökologische Gesichtspunkte führen naturgemäß in einen harten Wettbewerb, jedoch nur in begrenztem Umfang zur Bereitschaft, umweltfreundliche, aber weniger wirtschaftliche Investitionen zu treffen. Von staatlicher Seite kann dem Wunsch nach rationeller Energieanwendung durch Subventionen und Steuern Rechnung getragen werden. Eine „Ökosteuer" auf den Energieverbrauch führt langfristig zu Energieeinsparungen bei gleicher Produktion. Man muss jedoch dafür Sorge tragen, dass die Industrie in gleichem Maß durch Senkung anderer Steuern entlastet wird, sonst ergeben sich Wettbewerbsnachteile gegenüber dem Ausland.

Eine sprungartige Erhöhung der Energiekosten führt erst mit Verzögerungen von 5 bis 10 Jahren zu Sparmaßnahmen. Um die negativen Auswirkungen der Übergangsvorgänge abzuschwächen, sollten alle Eingriffe in das Wirtschaftssystem rampenförmig erfolgen. Hätte man bei der Ölkrise in den 1970er Jahren eine Steigerungsrate für die Benzinpreise festgelegt, wäre man heute möglicherweise bei einem Benzinpreis von etwa 3 €/l und einem Standardverbrauch der Personenkraftwagen von unter 3 l/100 km. Selbstverständlich können derartige Maßnahmen nicht isoliert in einem Staat durchgeführt werden.

Voraussetzungen für den rationellen Umgang mit Energie sind:

- Ethische Grundeinstellung,
- Wissen um die Energiesparpotenziale im eigenen Bereich und
- hohe Energiepreise.

Die EVU sollen wie die Industrieunternehmen betriebswirtschaftlich arbeiten. Deren Unternehmensziel ist normalerweise die Gewinnmaximierung. Daraus lassen sich vier Teilziele ableiten: Billig einkaufen, billig produzieren, teuer verkaufen und viel umsetzen. Dem hohen Preis setzen in der Privatwirtschaft der Wettbewerb und bei den EVU die staatliche Preisaufsicht Grenzen. Die Erhöhung des Umsatzes bedeutet für ein Unternehmen, den Marktanteil zu erhöhen und für die Summe der Unternehmen, Verbrauchsanreize zu schaffen. Letzteres widerspricht im EVU-Bereich dem Wunsch nach Umweltschonung. Da der Strommarkt sehr starr an das Verbraucherverhalten gebunden ist, kommt eine Steigerung des Energieumsatzes für ein EVU nur infrage, wenn es seinen Kunden Wege aufzeigt, wie sie andere Energieträger wirtschaftlich durch Strom ersetzen können. Derartige Maßnahmen führen in der Regel auch zu einer Reduktion des Primärenergiebedarfs und sind deshalb vom Gesichtspunkt des Umweltschutzes positiv zu bewerten. Ein originäres Interesse des EVU, den Stromverbrauch zu reduzieren, besteht nicht. Trotzdem bieten die meisten EVU kostenlose Kundenberatung aus Verantwortungsbewusstsein oder zur Imagepflege an.

Unter dem Begriff Lastmanagement [49] versteht man das Bestreben, die Last d. h. den Verbrauch eines Abnehmers so zu glätten, dass Lastspitzen vermieden oder abgesenkt werden. Damit erreicht man in der Verrechnung gegenüber den EVU Vorteile, denn der Leistungspreis wird günstiger. Eine Einsparung an Primärenergie wird dadurch nicht erreicht, wohl aber eine Reduzierung der notwendigen Reserven im Kraftwerkspark und Energieversorgungsnetz. Deshalb führt Lastmanagement volkswirtschaftlich zur Einsparung von Investitionen und damit gebundenem Kapital.

Die Methoden des Lastmanagements sind:

- **Streckung der Produktion** nach Möglichkeit über 24 h. Dies hat selbstverständlich Konsequenzen für die Belegschaft.
- **Versetzter Betrieb von Verbrauchern** mit stark unterschiedlicher Lastaufnahme. Nimmt ein Industriebetrieb durch gleichzeitigen Einsatz von Verbrauchern 10 min lang 6 MW mehr Leistung auf, so kann dies zu einer Erhöhung der ¼-h-Lastspitze von $(0 + 6\,\text{MW} + 6\,\text{MW})/3 = 4\,\text{MW}$ führen. Mit betrieblichen Maßnahmen lässt sich möglicherweise erreichen, dass die Spitzen nie gleichzeitig auftreten.
- **Abschaltung von Verbrauchern,** die integrale Wirkung haben. Hierzu zählen Heizungen, Lüfter und Pumpen, die ohne Auswirkungen auf den Prozess beispielsweise 30 min abgeschaltet werden können um Lastspitzen zu vermeiden.

Beispiel 7.9: Reduzierung der Stromkosten bei rationeller Energieanwendung

Für den Bezug elektrischer Leistung hat ein Betrieb den Leistungspreis $k_\text{p} = 200\,\text{€/kW}$ und den Arbeitspreis $k_\text{A} = 0{,}13\,\text{€/kWh}$ zu bezahlen. Die Energie von $E = 40 \cdot 10^6\,\text{kWh}$ wird im Wesentlichen in der Produktionszeit von 8 h/Tag in 200 Tagen verbraucht. Die maximale Lastspitze beträgt $P_\text{m} = 35\,\text{MW}$. Welche Strombezugskosten fallen an? Wie reduzieren sie sich bei einer Vergleichmäßigung der Last über die Arbeitszeit? Mit welchen Kosten ist bei gleichmäßiger Last über das Jahr zu rechnen?

Ohne Maßnahmen:

$$K_\text{E} = k_\text{p} \cdot P_\text{m} + k_\text{A} \cdot E = 200\,\text{€/kW} \cdot 35 \cdot 10^3\,\text{kW} + 0{,}13\,\text{€/kWh} \cdot 40 \cdot 10^6\,\text{kWh} = 12{,}2 \cdot 10^6\,\text{€}$$

Gleichmäßige Last während der Arbeitszeit

$$P_\text{m} = \frac{E}{T} = \frac{40 \cdot 10^6\,\text{kWh}}{8 \cdot 200\,\text{h}} = 25 \cdot 10^3\,\text{kW}$$

$$K_\text{E} = 200\,\text{€/kW} \cdot 25 \cdot 10^3\,\text{kW} + 0{,}13\,\text{€/kWh} \cdot 40 \cdot 10^6\,\text{kWh} = 10{,}2 \cdot 10^6\,\text{€}$$

Gleichmäßige Last über das Jahr

$$P_\text{m} = \frac{40 \cdot 10^6\,\text{kWh}}{8\,760\,\text{h}} = 4{,}6 \cdot 10^3\,\text{kW}$$

$$K_\text{E} = 200\,\text{€/kW} \cdot 4{,}6 \cdot 10^3\,\text{kW} + 0{,}13\,\text{€/kWh} \cdot 40 \cdot 10^6\,\text{kWh} = 6{,}1 \cdot 10^6\,\text{€} \blacktriangleleft$$

Gelegentlich wird das Verfahren des Least-Cost-Planning (LCP) [50, 51] in Zusammenhang mit dem Begriff Negawatt [52] diskutiert. In der Literatur zu diesem Thema werden häufig alle Stromsparmaßnahmen behandelt. Dabei kommt der Gesichtspunkt zum Tragen, dass für eine Volkswirtschaft langfristig gesehen Energieeinsparungen auch dann noch „wirtschaftlich" sind, wenn sie sich betriebswirtschaftlich nicht rechnen. Es wird aber auch die These vertreten, dass es für ein EVU betriebswirtschaftlich sinnvoll sein kann, seinen Kunden Geld für Stromsparmaßnahmen zu geben, um den Zubau eigener Kraftwerke zu vermeiden oder hinauszuschieben.

Solche Rechnungen zeigen jedoch nur sehr kurzfristig Vorteile (Bilanzkosmetik). Man legt Stromgestehungskosten zugrunde, die aus alten – zum größten Teil abgeschriebenen – Anlagen ermittelt werden. Da zu diesem Preis Strom mit Neuanlagen nie zu erzeugen ist, wird es immer günstiger sein, bei festen Preisen den Neubau und damit den Stromzuwachs zu vermeiden. Ein EVU, das konsequent nach dieser Maxime handelt, bietet seinen Kunden Geld an, damit diese Strom einsparen oder sich von anderen EVU beliefern lassen. Letzteres wird natürlich nie so formuliert. Nach betriebswirtschaftlichen Aspekten sind beide Lösungen für das Unternehmen gleichwertig. In letzter Konsequenz lebt das EVU aber von den in der Vergangenheit getätigten Investitionen und besteht nur so lange, bis alle Kraftwerke außer Dienst gestellt sind und das Unternehmen verschwunden ist.

> ▶ Für ein EVU ist Stromeinsparung der Kunden kein betriebswirtschaftliches Unternehmensziel, wohl aber eine Dienstleistung, die im Interesse der Abnehmer und der Umwelt anzubieten ist.

Um den Verbrauch gleichmäßiger zu gestalten bzw. zur Anpassung des Verbrauchs an die angebotene regenerative Energie sollen intelligente Netze dienen, die auch unter dem Begriff „Smart Grid" bekannt sind [53]. Darunter versteht man die informationstechnische Vernetzung aller am Stromnetz angeschlossenen Erzeuger und Verbraucher. Während Wind- und Solarkraftwerke immer dann Strom liefern, wenn ein Dargebot besteht, sind Blockheiz- und Biogaskraftwerke in bestimmtem Umfang steuerbar und werden zu „virtuellen Kraftwerken" zusammengeschlossen. Das oben beschriebene Lastmanagement ist Bestandteil des intelligenten Netzes, ebenso wie die einzelnen Geräte in den Haushalten. Die Hausfrau bzw. der Hausmann hat die Möglichkeit, nach Beschicken der Spül- oder Waschmaschine vorzugeben, bis wann der Vorgang abgeschlossen sein soll. Das lastführende EVU entscheidet dann nach ökonomischen Gesichtspunkten, in welcher Zeit das Gerät arbeitet. Dabei spart es kW aber keine kWh.

Für den Haushalt wird das Smart Home angeboten. Darunter ist die informationstechnische Vernetzung aller im Haus vorhandenen Elektrogeräte zu verstehen. Dies ist im Wesentlichen eine Sache der Informationstechnik, z. B. Steuerung der Rollläden oder Kontrolle der Waren im Kühlschrank. Zur Einsparung von Energie bieten sich Herd, Waschmaschine und Spülmaschine, gegebenenfalls auch noch die Heizung an. Voraussetzung ist ein intelligenter Stromzähler und eine elektronische Steuerungsmöglichkeit in den Haushaltsgeräten. Wirtschaftlich sinnvoll für den Hausbesitzer ist diese Einrichtung nur, wenn das EVU entsprechend günstige gestaffelte Preise anbietet. Zudem muss der Nutzer bereit sein, nach dem Beschicken der Geräte vorzugeben, wann der Vorgang abgeschlossen sein soll um z. B. 10 ct zu sparen.

Der Abschnitt „Rationelle Energieanwendung" ist, gemessen an der gesellschaftlichen Bedeutung des Themas kurz. Das hängt damit zusammen, dass Maßnahmen zur Energieeinsparung mit konkreten Geräten oder Anlagen zu realisieren sind. Es gibt keine umfassende Strategie der Energieeinsparung, sondern nur viele Einzelmaßnahmen, die an den entsprechenden Stellen des Buches zu finden sind. Ähnlich ist das mit der Thematik des nächsten Abschnitts.

7.9 Technikfolgenabschätzung

Technische Anlagen werden erstellt und technische Geräte produziert, weil man sich davon eine Steigerung seiner Lebensqualität verspricht. Unmittelbar trifft dies für den Endverbraucher von Konsumgütern zu, mittelbar für den, der diese Güter herstellt und sich hierzu Fertigungseinrichtungen beschafft. Dabei ist die Zielrichtung klar. Man will den gewünschten Zweck mit möglichst geringem finanziellen Aufwand für sich erreichen. Für die Beeinträchtigung der Lebensqualität anderer und nachfolgender Generationen oder der Umwelt ist in dieser Betrachtungsweise kein Raum. Folglich haben bei der Entwicklung einer Technik deren Vorteile Priorität. Nebenwirkungen für den Nutzenden, Dritte oder die Umwelt werden im Prinzip natürlich auch berücksichtigt, stehen aber nicht im Vordergrund. Diese Betrachtungsweise erzeugt eine Technik-Euphorie. Negative Auswirkungen einer Technik auf die Gesellschaft führen aber zu Regelungen, z. B. Gesetzen, die den freien Einsatz dieser Technik begrenzen, indem sie ihn untersagen oder mit Sanktionen wie Steuern und Abgaben belegen.

▶ Produzenten und Nutzer einer Technik denken pragmatisch und sehen vornehmlich die positiven Seiten ihres Produktes. Ihre Neigung, die Nachteile für die Gesellschaft zu erforschen bzw. offenzulegen, ist gering.

Selbstverständlich hat jeder Mensch ein ethisches Verantwortungsbewusstsein, das in vielen Fällen jedoch nicht ausreicht, um ein im Sinne der Allgemeinheit optimales Handeln zu bewirken. Hier muss der Staat in seine Fürsorgepflicht gegenüber den Bürgern mit Gesetzen und Verordnungen regelnd eingreifen. So dürfen kein Staubsauger, kein Auto und kein Kernkraftwerk ohne Zulassung betrieben werden. Um angemessen handeln zu können, müssen die Politiker bzw. Behörden jedoch die negativen Auswirkungen, die durch das Vorhandensein bzw. den Betrieb eines Produkts entstehen, kennen. Hierzu ist eine Technikfolgenabschätzung (TA) notwendig [54].

So ist zu verstehen, dass die Technikfolgenabschätzung sehr stark den Charakter einer Technik-Kritik bzw. Technik-Feindlichkeit hat.

In den USA wurde der Begriff Technology Assessment (TA) 1966 in einem Untersuchungsausschuss verwendet [55]. Bei der Eindeutschung hat man versucht, das Kürzel TA beizubehalten. Zunächst ist der Begriff wertfrei. Dass man bei Technikfolgen meist nur an die negativen Folgen denkt, ist zum Teil auf die weitverbreitete negative Grundeinstellung der Deutschen gegenüber der Technik zurückzuführen, aber auch der Tatsache geschuldet, dass die Hersteller nur die positiven Seiten herausstellen.

Ziel der Technikfolgenabschätzung ist es, den Lesenden die Chancen und Risiken, die in einer konkreten Technik liegen, zu verdeutlichen. Das daraus abgeleitete Wissen spiegeln sie an ihrer ethischen Grundeinstellung und kommen dann zu einer befürwortenden oder ablehnenden Haltung. Die Realität ist allerdings viel komplexer. Jeder Mensch lebt in einem Umfeld, das seine Grundeinstellung wesentlich prägt. Aus diesem Umfeld kommt nun auf ihn die Information über eine neue Technik zu, die meist bereits mit einer Bewertung versehen ist. So steht zumindest in der Tendenz das Urteil über eine Technik fest, bevor eine konkrete Technikfolgenabschätzung vorliegt. Wenn Letztere dann nur noch in den Teilen zur Kenntnis genommen wird, die eine Bestätigung der eigenen Ansicht liefern, ist sie wertlos. Die Bereitschaft, eine vorgefasste Meinung aufgrund von neuen Informationen zu revidieren, ist i. Allg. sehr schwach ausgeprägt.

Die Beurteilung einer bestimmten Technik als „gut" oder „schlecht" bestimmt zwar meistens das konkrete Handeln eines Menschen, sollte aber nicht die Basis von Entscheidungen sein. Eine TA-Studie, die beispielsweise die Grundlage für ein Gesetz bilden soll, muss die gewünschte Situation objektiv untersuchen. Voraussetzung ist deshalb, dass man sich einen stabilen gesellschaftlichen Zustand vorstellt, in dem die neue Technik einen bestimmten Platz einnimmt und diesen Zustand einem anderen gegenüberstellt, der von der vorhandenen oder einer dritten Technik geprägt ist. Um das zu bewertende Szenario zu erreichen, sind i. Allg. Gesetze notwendig. Aufgabe der Technikfolgenabschätzung ist es also, die Auswirkung konkreter Maßnahmen, bei denen die spezielle Technik eine Rolle spielt, zu bewerten. Folglich müsste man eher von Entscheidungsfolgen- oder Gesetzesfolgenabschätzung sprechen.

▶   Eine Technikfolgenabschätzung läuft in fünf Stufen ab:

1. Formulierung eines Zieles
2. Formulierung eines Weges
3. Quantifizierung der Folgen
4. Bewertung, d. h. Spiegelung der Folgen an der eigenen ethischen Grundeinstellung
5. Entscheidung

Als Beispiel soll der Einsatz der Windkraft in Deutschland herangezogen werden. Die dabei verwendeten Zahlen stammen aus groben Abschätzungen. Sie dienen lediglich zur Verdeutlichung des Entscheidungsprozesses und nicht als Beweis der Wirtschaftlichkeit bzw. Unwirtschaftlichkeit der Windkraft.

Das in Beispiel 7.5 untersuchte Szenario hatte zum Ziel in 10 Jahren 30 % der Elektroenergie in Deutschland aus Windkraft zu decken und dementsprechend die Kohle zu reduzieren.

Der Weg zu diesem Ziel soll marktwirtschaftlich sein. Durch Subventionen werden Anreize geschaffen, damit Privatpersonen und Unternehmen es für wirtschaftlich erachten, Windkraftwerke zu bauen. Die Finanzierung erfolgt über Steuern oder Abgaben. Hierbei ist zu berücksichtigen, dass Maßnahmen wie das Erneuerbare Energien Gesetz (EEG), bei dem Energieversorgungsunternehmen gezwungen werden, regenerativen Strom zu überhöhten Preisen abzunehmen, letztendlich auch eine Art Steuer sind, die der Stromkunde zahlen muss. Die Frage, mit welchen Steuern der Staat die Subventionen deckt, hat keinen Einfluss auf die Technikfolgenabschätzung. Dies ist eine Frage der Umverteilung zwischen Gesellschaftsschichten.

Die Quantifizierung der Folgen kann auf zwei verschiedenen Wegen erfolgen. Man berechnet die Kosten der Variante „Wind" und die Kosten der Variante „Kohle", um anschließend beide zu vergleichen. Diese Methode ist günstig, wenn viele Varianten miteinander konkurrieren. Bei zwei Varianten kann man alle Einflussgrößen einzeln bilanzieren. Es stellt sich dann die Frage: Wie viel kostet die Windkraft mehr als Kohle?

Beispiel 7.10: Mehrkosten durch Windkrafteinspeisung

Nach Beispiel 7.5 kostet bei derzeitigen Preisen von 1000 €/kW die Windenergie 0,07 €/kWh. Bei der dort errechneten installierten Leistung von $P_I = 100\,000$ MW und einer Anlagenleistung von 3 MW wären 33.000 Kraftwerke zu bauen. Durch Rationalisierung lassen sich die Kosten mit einer Degressionskonstanten von $T_n = 10\,000$ Anlagen $\widehat{=} 30 \cdot 10^6$ kW auf die Hälfte reduzieren. Die Kosten für die Einführungsphase K_{Ef} ergeben sich dann zu

$$K_{Ef} = \Delta K \int_0^\infty e^{-n/T_n} dn$$

$$= \Delta K \cdot T_n = (1000 - 0{,}5 \cdot 1000)\, \text{€/kW} \cdot 30 \cdot 10^6\, \text{kW} = 15 \cdot 10^9\, \text{€}$$

Nach der Einführungsphase liegt der Strompreis aus Windkraft bei $k_W = 0{,}035$ €/kW . Für den Kohlestrom, der durch den Windstrom ersetzt werden soll, unterstellen wir $k_K = 0{,}03$ €/kW. Bei diesem Wert handelt es sich nicht um den Marktpreis eines konkreten Kraftwerks, sondern um einen fiktiven Preis für eine schwankende Stromabgabe. Bei einer Strommenge in Deutschland von $E_D = 600 \cdot 10^9$ kWh/a sollen $E_W = 200 \cdot 10^9$ kWh/a durch Windkraft erzeugt werden. Daraus folgen Zusatzkosten von

$$\Delta K_1 = (0{,}035 - 0{,}03)\, \text{€/kWh} \cdot 200 \cdot 10^9\, \text{kWh/a} = 2{,}5 \cdot 10^9\, \text{€/a}$$

Hinzu kommen noch die Einführungskosten, die mit einem Annuitätsrate von 10 % umgelegt werden.

$$\Delta K_2 = \left(0{,}1 \cdot 15 \cdot 10^9 + 2{,}5 \cdot 10^9\right) \text{€/a} = 4{,}0 \cdot 10^9 \text{€/a}$$

Diese Berechnung wurde vor 20 Jahren schon einmal durchgeführt. Es ergaben sich $6{,}7 \cdot 10^9$ €/a. Dies gibt eine Vorstellung von der Genauigkeit derartigen Rechnungen, wenn auch durchaus mit mehr Aufwand bessere Ergebnisse zu erzielen sind. ◄

Obwohl die Berechnung in Beispiel 7.10 von unsicheren Voraussetzungen ausgeht (Halbierung der Produktionskosten bei 10.000 Anlagen), ist sie doch noch genau im Vergleich zur Bewertung der Umweltkosten. Hier ist der Verlust an Ressourcen (Kohle) und die Folgen des Klimawandels zu bewerten. Ob dies mit 0,01 €/kWh oder mit 0,1 €/kWh in die Rechnung eingeht, ist weitgehend Ermessenssache. Auch die optische „Umweltverschmutzung" durch die Windräder, die eine Entwertung der Landschaft bedeuten, werden in Rechnung zu stellen sein. Schließlich ist davon auszugehen, dass der Steinkohleabbau mehr Menschenleben fordert als der Bau von Windrädern und noch in Jahrhunderten die Kohleschächte einstürzen sowie noch in Jahrtausenden die radioaktiven Abfälle der Kernkraftwerke strahlen. Auch hierfür sind Kosten anzusetzen. Weiterhin sind die Kosten für das Wirtschaftssystem zu sehen. Wenn es gelingt, in Deutschland eine neue Technologie zu einem Standard zu bringen, der Exportchancen eröffnet, ist dies positiv. Nachteile entstehen, wenn durch erhöhte Steuerbelastung Arbeitsplätze ins Ausland verlegt werden, wobei dieser Punkt nicht nur zur Technikfolgenabschätzung gehört, sondern auch zur Steuer- und Sozialpolitik. Diese muss festlegen, ob die für die Einführung der Windkraft notwendigen Kosten durch Absenkung des Lebensstandards der Bevölkerung oder Umschichtung des Investitionskapitals erfolgen soll. Wie sich hier die Argumentation der Öffentlichkeit im Laufe der Zeit ändern kann, soll am Beispiel der Bedrohung der Vögel durch Windräder gezeigt werden. Anfänglich haben die EVU diese Gefahr hervorgehoben um den Bau von Windrädern zu verhindern und die Umweltschützer sie geleugnet. Heute wollen die EVU Windräder bauen und ein Teil der Umweltschützer sie verhindern. Dadurch kehren sich Argumente um.

Dem Leser wird klar, dass eine TA-Studie, in der der Vorteil der Windkraft errechnet wird, zwangsläufig mit einer Vielzahl von fragwürdigen Eingangsdaten arbeiten muss. Deshalb sind Studien üblicherweise nicht so weitgehend wie oben beschrieben. Vielmehr werden nur die grundlegenden Strukturen erarbeitet. Damit ist aber auch offensichtlich, dass die wesentlichen „Kostenfaktoren" indirekt im subjektiven Bereich der Mitglieder von Entscheidungsgremien festgelegt werden.

Wie sich der Blickwinkel im Laufe der Zeit wandelt ist auch daraus zu sehen, dass das Beispiel 7.10 bereits im Jahre 1997 vorgerechnet wurde und wir mit den damals geschätzten Zahlen auf $13 \cdot 10^9$ € kamen, also doppelt so hohe Kosten wie im Jahr 2012. Heute (2020) gehen Befürworter davon aus, dass Windkraft auch ohne Berücksichtigung der Umweltkosten wettbewerbsfähig ist.

Veröffentlichungen zu dem Thema Technikfolgenabschätzung lassen sich im Wesentlichen in Beschreibungen der Werkzeuge und Fallbeschreibungen unterscheiden. Die Werkzeuge zur Behandlung von TA-Aufgabenstellungen stammen hauptsächlich aus dem Bereich der Betriebswirtschaftslehre aber insbesondere aus dem Bereich der Technik, der dem zu untersuchenden Objekt zuzuordnen ist. Als Werkzeuge seien genannt: Delphi-Methode, Entscheidungsbäume, Nutzwertanalyse, Lineare Optimierung, Dynamische Optimierung, Entscheidungstheorie, Verflechtungsmatrix und Simulation. Die Breite dieser Gebiete zeigt, dass es nicht „das Verfahren" zur TA gibt. Man muss stets das dem Problem angepasste Werkzeug auswählen.

Welchen Wert hat die Technikfolgenabschätzung? Sie nutzt nur etwas, wenn man aus den gewonnenen Erkenntnissen auch die richtigen Schlüsse zieht und nicht in seiner Echokammer verharrt. Deshalb noch einige Bemerkungen zu Fridays for Future, einer Organisation, die kurz vor Redaktionsschluss 2019, ausgehend von Skandinavien viele Emotionen in Deutschland freisetzte und weltweit Beachtung fand. Einer der Gründe waren die heißen Sommer mit vielen Waldbränden. Die lange vorher von Wissenschaftlern vorhergesagten Temperaturerhöhungen der Umwelt wurden sichtbar (Abschn. 7.9.4). Die Bevölkerung war nun auch bereit, Belastungen auf sich zu nehmen um das angestrebte Ziel, die Erderwärmung auf 1,5–2 Grad zu begrenzen, einzuhalten. Die Politik nahm diese Stimmung vollmundig auf und beschloss, Benzinpreiserhöhungen von 1–2 ct/l und einiges mehr, sonst nichts. Diese Zurückhaltung war der Angst vor dem Wähler geschuldet. Deshalb entstand auch eine heftige Debatte darüber, welche gesellschaftlichen Schichten wie stark zu belasten seien. Aus der Klimapolitik wurde mehr oder weniger Sozialpolitik.

Grundsätzlich will man den Verursachern von CO_2 die Kosten zuordnen. Dies geschieht marktwirtschaftlich z. B. durch Zertifikatehandel (Abschn. 7.9.5). Zu beachten ist jedoch, dass der Energiemarkt elastisch ist. D. h. eine Preiserhöhung reduziert die Nachfrage kaum, beeinflusst aber die verfügbaren Einkommen und die Arbeitsplätze. Wichtig wäre die Bereitstellung von mehr regenerativen Kraftwerken. Denn deren Strom muss nach dem EEG vorrangig eingespeist werden und verdrängt so fossil erzeugten Strom. Dies erfordert natürlich auch Leitungen, die den Strom zu den Verbrauchern bringen und Speicher die die schwankende Stromerzeugung ausgleicht, sowie Konverter die den Strom in passende Energieformen z. B. synthetischen Treibstoff wandeln. All diese Maßnahmen werden an verschiedenen Stellen beschrieben und sind mit Investitionen und Verlusten verbunden. So werden die Kosten der Energie auf ihrem Weg von Sonne und Wind zum Verbraucher etwa verdoppelt. Da die Menschen nicht bereit sind dies zu akzeptieren, ist mit einem Temperaturanstieg von weltweit 4–5 Grad zu rechnen. Dies bedeutet nicht den vielfach beschworenen Weltuntergang. Es ist aber mit einer grausamen Reduzierung der Weltbevölkerung zu rechnen. Zu Beginn der industriellen Revolution wurde vor den Eingriffen in die Natur gewarnt, aber damit beruhigt, dass in den Milliarden von Jahren, die die Welt besteht, die Natur es immer verstand, die Eindringlinge zu eliminieren. Wer sind diesmal die Eindringlinge? Dem Älteren der Autoren seinen diese mahnenden philosophischen Bemerkungen erlaubt.

Wichtig für eine sinnvolle TA sind die Basisdaten. Hierzu bietet [56] eine hervorragende Übersicht.

Abschließend seien noch einige Bemerkungen über die elektrische Energieversorgung in Zusammenhang mit der TA gemacht.

7.9.1 Einführung neuer Techniken

Ist eine neue Technik so weit erforscht, dass man an ihren Einsatz denken kann, versucht man abzuschätzen, ob sie sich so kostengünstig realisieren lässt, dass sie bestehende Techniken verdrängt. Die ersten eingesetzten Geräte werden sicherlich teurer und damit unwirtschaftlicher sein als die konventionellen. Mit wachsender Stückzahl sinken die Produktionskosten. Dies sei am Beispiel der Kohlekraftwerke mit der Kostenfunktion k_1 in Abb. 7.30 veranschaulicht. Nun soll als neue Technik die Einführung der Windkraft mit der Kostenfunktion k_2 untersucht werden. Die erste Anlage war sehr teuer. Mit zunehmender Stückzahl sinken die Fertigungskosten. Dies hat zwei Gründe. Die Technik wird ausgereifter und die Fertigungsmethoden werden mit steigender Stückzahl kostengünstiger. Man wird die neue Technik nur einführen, wenn deren Kostenfunktion k_2 die Kostenfunktion k_1 der alten Technik schneidet. Es ist nun Aufgabe der Ingenieure und Wirtschaftswissenschaftler, diese Funktionen möglichst genau zu bestimmen, bzw. zu prognostizieren. Kreuzen sich beide Kurven nicht, wie die Kostenfunktion k_3 zeigt, wird die neue Technik nicht weiterverfolgt. Die Fläche zwischen beiden Kurven k_1 und k_2 beschreibt die Einführungskosten. Sie müssen durch eine gleichgroße Fläche nach dem Schnittpunkt kompensiert werden. Erst dann ist der „break even point" erreicht, d. h. erst danach ist mit dem Produkt Gewinn zu machen. Liegt dieser Punkt zu weit in der Zukunft z. B. nach 10 Jahren, wird dem Management eine positive Entscheidung schwerfallen. Die Abbildung mit den Kurven ist anschaulich aber nur qualitativ. Ihr fehlt als dritte Dimension die Stückzahl. Wenn andere Hersteller die Entwicklung aber durchführen, sind sie in 10 Jahren überlegen und der eigene Betrieb ist unter Umständen pleite, weil er die Entwicklung verschlafen hat. Um das zum Schaden der Volkswirtschaft zu verhindern, werden Entwicklungen gelegentlich vom Staat subventioniert. Das am häufigsten diskutierte Beispiel ist die Kernkraft. Hier war man davon überzeugt, dass trotz enormer Einführungskosten der „break even point" erreicht wird. Wahrscheinlich würde die Kostenkurve heute anders aussehen als zum Zeitpunkt der Entscheidung über die Einführung.

Die Bereitschaft eine neue Technik zu realisieren, ist umso größer je früher der „break even point" erreicht wird und je weiter die Asymptote der Kostenfunktion unter der der alten Technik liegt. So wusste man bereits bei der Entwicklung der ersten Versuchsreaktoren, dass kommerzielle Kernreaktoren eine Leistung von mindestens 600 MW haben müssen und das zu einer Zeit, als die größten Kohleblöcke Leistungen von unter 300 MW hatten. So gab es z. B. auch bei dem ersten deutschen 600-MW-Block in Würgassen die meisten Probleme mit den konventionellen Komponenten. Die erwarteten Einführungskosten waren enorm und wurden von der herstellenden Industrie, den EVU und dem Staat getragen. Natürlich stellten sich noch höhere Einführungskosten als prognostiziert ein. Das Ganze wurde mit den erwarteten niedrigen Erzeugungskosten in der Zukunft gerechtfertigt und von einem breiten Konsens in der Gesellschaft getragen. Vor 70 Jahren konnte man sich nicht vorstellen, dass Deutschland im Jahre 2010 beschließen würde aus der Kernkraft auszusteigen, genauso wie man sich heute vorstellen kann, dass man irgendwann wieder einsteigt.

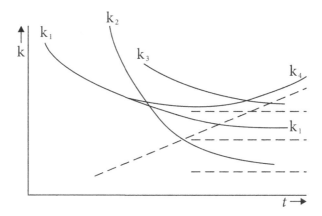

Abb. 7.30 Entwicklung der Kosten für verschiedene Kraftwerkstypen. k_1: Konventionelles Kohlekraftwerk; k_2: Neuentwicklung z. B. Windkraftwerk; k_3: Neuentwicklung unrentabler Kraftwerkstypen; k_4: Konventionelles Kohlekraftwerk unter Berücksichtigung des Preisanstiegs für die Brennstoffkosten. (Eigene Darstellung)

Wichtig ist es auch, die Preisentwicklung bei den einzelnen Techniken zu berücksichtigen. Hierzu gehört der Anstieg der Rohstoffpreise ebenso wie CO_2-Zertifikate oder andere Steuern und Abgaben. Als Beispiel für eine derartige Kostenkurve ist k_4 in Abb. 7.30 eingezeichnet. Weiterhin ist es entscheidend, welche Kosten alle berücksichtigt werden. Der potenzielle Errichter und Betreiber eines Kraftwerks interessiert sich nicht für Folgekosten, die die Gesellschaft zu tragen hat. Dies müssen aber die Regierungen tun, deshalb führen sie Energiesteuern und CO_2-Abgaben ein und erlassen Gesetze zur Förderung der Solar- und Windkraft. Ob mehr getan werden muss, ist und bleibt eine öffentliche Diskussion.

7.9.2 Arbeitsplätze

Die Einführung einer neuen Technik führt zur Schaffung neuer Arbeitsplätze und zwangsläufig zur Vernichtung bestehender. Wenn eine Technik mehr Arbeitsplätze schafft als sie vernichtet, ist sie teurer, denn Kosten bedeuten direkt oder indirekt Arbeitsplätze. In der Bilanz muss man berücksichtigen, dass z. B. durch die Windkraft in Deutschland neue Arbeitsplätze entstehen und in den Förderländern der Kohle bestehende entfallen.

Typisches Beispiel ist die Einführung der Elektroautos. Die Fertigung der Verbrennungsmotoren und Getriebe entfällt. Die neu hinzukommende Fertigung von Elektromotoren und Batterien erfordert etwas anders Qualifizierte und weniger Arbeitskräfte. Wenn letzteres stimmt, müssen zwangsläufig die Autos billiger werden. Schlecht wäre, wenn aus ideologischen Gründen die neuen Autos im Ausland gefertigt werden.

Kritischer für den Arbeitsmarkt scheinen die selbstfahrenden Autos zu sein. Wenn sie zur Verfügung stehen, gibt es keinen rationalen Grund mehr ein eigenes Auto zu haben.

▶   **Wichtig** Das Argument: „Eine neue Technik schafft Arbeitsplätze!" bedeutet immer: „Die neue Technik ist teurer als die alte und wird nur eingesetzt, wenn Subventionen oder Gesetze dies erzwingen!"

In der Industrie werden Neuerungen freiwillig nur eingeführt, wenn sie Kosten reduzieren und damit Personal freisetzen. Dies begründet zum Teil die Technikfeindlichkeit.

7.9.3 CO_2-Problematik

Wie Tab. 7.2 zeigt ist der künstliche Energieumsatz, verglichen mit der Energie, die von der Sonne auf die Erde abgestrahlt wird, gering. Eine Veränderung der Reflexions- und Absorptionsverhältnisse hat auf die Erde eine wesentlich größere Auswirkung. Wenn durch CO_2 in den oberen Luftschichten ein Teil der an der Erdoberfläche reflektierten Strahlen zurückgeworfen wird, bleibt mehr Energie auf der Erde. Dadurch erhöht sich die Temperatur und führt zu Klimaveränderungen. Dieses Phänomen wird Treibhauseffekt genannt. Dabei gibt es viele verstärkende Effekte, die in der Nachrichtentechnik als Mitkopplung bekannt sind. Hierzu zählen:

• Das Abschmelzen der Polkappen und Gletscher legt mehr dunkle Flächen frei, die weniger Licht in den Weltraum reflektieren und
• das Auftauen der Permafrostböden mit Freisetzung von CH_4, das mehr als CO_2 den Treibhauseffekt verstärkt.

Die Auswirkungen sind unter anderem der Anstieg des Meeresspiegels und eine Verschiebung der Niederschlagsgebiete.

Techniken in ihre Auswirkung auf die Umwelt zu untersuchen ist ein weites Feld. Man kann die Frage stellen: „Erzeuge ich mehr CO_2 wenn ich ein Kohle- oder ein Gaskraftwerk baue und in Betrieb nehme?" Oder ich stelle die Frage: „Erzeuge ich mehr Treibhauseffekt, wenn ich ein Kohle- oder ein Gaskraftwerk baue?" Ist das nicht dasselbe?

In Abschn. 7.4.1 wurde der Energieinhalt der Primärenergieträger genannt. Daraus ist stöchiometrisch der CO_2-Ausstoß je erzeugbarer Wärmeeinheit zu berechnen.

$$C : 33 \text{ MJ/kg} (12 + 2 \cdot 16)/12 = 3{,}66 \text{ kg } CO_2/\text{kg C}$$
$$A_{CO_2} = 3{,}66/33 = 0{,}11 \text{ kg } CO_2/\text{MJ}$$
$$CH_4 : 22 \text{ MJ/kg} \quad (12 + 4)/12 = 1{,}33 \text{kg } CO_2/\text{kg } CH_4$$
$$A_{CH_4} = 1{,}33/22 = 0{,}06 \text{ kg } CO_2/\text{MJ}$$

Damit ist gezeigt, dass das Verbrennen von Kohle bei gleicher Wärmeerzeugung etwa doppelt so viel CO_2 erzeugt wie das Verbrennen von Erdgas. Dies ist die Antwort auf die erste Frage. Die Gewinnung und der Transport von Kohle erfordern Energie, die sehr abhängig von dem Ort und der Technik des Abbaus ist. Unterstellt man 20 % Verluste so erhält man einen CO_2 Ausstoß von

$$C : A = 0{,}11 \text{ kg } CO_2/MJ \ /0{,}8 = 0{,}14 \text{ kg } CO_2/MJ$$

Mit dieser Rechnung wird gegen die Verwendung von Kohlekraftwerken zur Stromerzeugung gekämpft.

Bei Gas ist die Rechnung komplexer und das Ergebnis hängt stark von den Annahmen ab. Es gibt Aussagen, dass nur die Hälfte des Gases, das das Bohrloch in Sibirien verlässt und über eine 5500 km lange Pipeline nach Deutschland transportiert wird, am Hausanschluss ankommt. Davon entfallen mehr als die Hälfte auf Leckage. Bei Gas aus der Nordsee liegen die Verhältnisse wesentlich günstiger. Unterstellt man 10 % Verluste und 5 % Leckage und berücksichtigt, dass Methan einen etwa 20-mal so hohen Treibhauseffekt bewirkt wie Kohle so ergibt sich.

$$
\begin{aligned}
CH_4 : A_{CO_2} &= 0{,}06/(0{,}9 \cdot 0{,}95) &= 0{,}07 \text{ kg } CO_2/M \\
A_{CH_4} &= 0{,}06 \cdot 0{,}05 \cdot 20 &= 0{,}06 \text{ kg } CH_4/MJ \\
A &= A_{CO_2} + A_{CH_4} &= 0{,}13 \text{ kg}/MJ
\end{aligned}
$$

Es ist noch darauf hinzuweisen, dass sich CH_4 in der Atmosphäre mit einer Halbwertzeit von ca. 15 Jahren in CO_2 umwandelt. Die Halbwertzeit von CO_2 liegt bei über 100 Jahren.

Auf die Schädlichkeit von Methan für die Atmosphäre durch die Reduktion der Permafrost-Gebiete wird häufig hingewiesen. Die Freisetzung von Methan bei der Gasförderung wird kaum thematisiert.

▶ Bei der Technikfolgenabschätzung kommt es wesentlich auf die Fragestellung und die verwendeten Eingangsdaten an. Beide dürfen nicht ergebnisorientiert festgelegt werden.

7.9.4 Kyoto–Protokoll

Die negativen Folgen der Treibhausgase sind weltweit weitgehend anerkannt. Man hat sich geeinigt, den Anstieg der weltweit mittleren Temperatur langfristig auf unter 2 °C begrenzen zu wollen. Während diese pauschale Festlegung relativ leicht zu treffen war, fiel es schwerer konkrete Vereinbarungen über die Reduzierung des CO_2–Ausstoßes zu erzielen. So hat man auf einer Konferenz 1997 in Kyoto (Japan) beschlossen, bis in die Jahre 2008–2012 den Ausstoß der relevanten Treibhausgase, darunter CO_2 und CH_4 um 5,5 % unter das Niveau von 1990 zu senken. Mehrere Staaten, darunter USA, China und Russland beteiligen sich faktisch nicht daran. Deutschland versprach eine Absenkung von 21 %, die es auch erreichte. Dabei kam allerdings der Zusammenbruch der DDR–Wirtschaft zur Hilfe. Russland hat aufgrund der wirtschaftlichen Situation in dieser Zeit eine Absenkung um 34 % erreicht. Hingegen haben einige westliche Staaten einen starken Zuwachs zu verzeichnen: USA 16 %; Kanada 26 %, Australien 30 %.

In späteren Weltklima-Konferenzen hat man eine Reduktion um 40 % bis 2030 beschlossen. Ob dies eingehalten wird ist fraglich. Geredet wird von CO_2, aber es geht um die Reduktion aller Treibhausgase. Deshalb rechnet man den Methan–Ausstoß mit dem Faktor 25 um und schlägt dieses Äquivalent dem CO_2–Ausstoß zu. Entsprechend wird mit anderen Treibhausgasen verfahren. Zur Durchsetzung der Einsparmaßnahmen hat man den Emissionshandel beschlossen. Man konnte sich aber weltweit nicht auf eine konkrete Festlegung einigen. So wurden die Schwellen- und Entwicklungsländer ausgeschlossen.

Weltweit gibt es nun eine Reihe von unterschiedlichen Regeln zum Handel mit Verschmutzungszertifikaten, d. h. Rechten zur Emission von Treibhausgasen, z. B. in der EU. Wie viel Verschmutzungsrecht ein Land erhält hängt von dem Ausstoß 1990 ab und der Klimaverbesserung z. B. durch Wälder. Dies heißt im Klartext: „Ein Land das bisher stark die Umwelt belastet hat und viele Bäume hat, darf in Zukunft die Umwelt stärker verschmutzen." So hat Russland an der Mengenfestlegung erst teilgenommen, als es eine genügend große Menge an Verschmutzungsrechten zugesprochen bekam, damit es in Zukunft problemlos produzieren und noch dazu Rechte verkaufen kann. Diese Vereinbarung wurde innerhalb der EU als großer Verhandlungserfolg gefeiert. Langfristig kann es dazu führen, dass Deutschland von Russland das Gas und die Verschmutzungsrechte kauft oder gleich den Strom, der ohne Zertifikate erzeugt wird importiert.

7.9.5 Emissionsrechtehandel

Ein wichtiges Werkzeug zur Reduktion der Treibhausgase mit marktwirtschaftlichen Methoden ist der Handel mit einem Kontingent an Emissionsrechten. Dies wurde vereinbart und in der EU seit 2005 durchgeführt. Dabei hat man „Verschmutzern" bestimmte zulässige Mengen in Form von Zertifikaten zugeteilt und weitere Mengen an Emissionsrechten versteigert. Diese werden an einigen Börsen in Europa unter anderem an der deutschen Strombörse European Energy Exchange (EEG) in Leipzig gehandelt. Folge soll nun sein, dass beispielsweise ein Kraftwerksbetreiber eine alte Anlage stilllegt und seine Verschmutzungsrechte verkauft. Um den Ausstoß an Treibhausgasen zu verringern, werden die zugeteilten Mengen jährlich um 2,2 % verringert. Die versteigerten Mengen sind jährlich neu zu ersteigern. Dies hat Anfangs zu einem Preis von ca. 10 €/t_{CO_2} geführt, der stark schwankt. 2018 lag er bei 5 €/t_{CO_2} Da die Verbrennung von 1 t Kohle zu 4 t CO_2 führt, erhöht sich der Kohlepreis von 60 €/t auf 80 €/t. Strom aus Kohle ist damit immer noch günstiger als der aus Gas. Es wurde erwartet, dass durch die Jährliche Reduktion der Zertifikate der CO_2–Ausstoß stärker verringert würde. Ein Problem liegt darin, der Gründe liegt darin, Privathaushalte und kleinere Industriebetriebe von dem Handel mit Zertifikaten befreit sind.

Dieses Problem will man 2021 beheben. Weiterhin hat man 2019 beschlossen, in Deutschland die Stromerzeugung aus Kohle, insbesondere der Braunkohle bis 2030 zu beenden. Problematisch sind hier die Zertifikate, die die EVU besitzen. Diese können sie EU-weit verkaufen, sodass der deutsche Alleingang unterlaufen wird. Hier sind noch harte Verhandlungen zu erwarten.

7.9.6 Ethikkommission

Ob ein Hersteller eine bestimmte Technik einsetzen will, hängt im Wesentlichen von den wirtschaftlichen Erfolgsaussichten des Unternehmens ab. Kosten die bei anderen entstehen interessieren nur am Rande. Sie müssen aber den Staat interessieren. Hierzu versucht er, die durch die Einführung einer bestimmten Technik zu erwartenden negativen Folgen abzuschätzen.

Bei der Technikfolgenabschätzung sollen die technisch wissenschaftlichen Zusammenhänge und damit die zu erwartenden Folgen z. B. die Kosten und Schäden offengelegt werden. Sie ist deshalb im Wesentlichen eine Aufgabe der Ingenieure. Die Entscheidungen darüber, ob eine bestimmte Technik eingesetzt wird treffen aber Andere, z. B. das Parlament. Bei einer Ethikkommission werden die wissenschaftlichen Zusammenhänge als bekannt vorausgesetzt und es steht die moralische Verantwortbarkeit im Vordergrund. Ethikkommissionen wurden 1975 in einer Deklaration des Weltärzteverbandes zur „Beurteilung von Forschungsvorhaben, die an Lebewesen durchgeführt werden", gefordert. Im Jahr 2008 erfolgte die Gründung eines deutschen „Nationalen Ethikrates" zur Unterstützung des Bundestages und der Bundesregierung. Da hier im Wesentlichen medizinische und biologische Fragen behandelt werden ist es verständlich, dass keine Ingenieure in dem Gremium vertreten sind.

Nach der Kernkraft-Katastrophe von Fukushima hat die Bundesregierung eine „Ethikkommission für eine sichere Energieversorgung" ins Leben gerufen um einen schnellen Ausstieg aus der Kernenergie, kostengünstig zu realisieren. Ob hier stärker ethische oder ökonomische Fragen im Vordergrund standen, sei dahingestellt. Eine ethische Frage wäre sicherlich gewesen: „Soll Deutschland die Kernenergie beibehalten oder nicht?" Die hier zu erörternden Fragen waren: „Ist bei einem Ausstieg der notwendige Netzausbau in überschaubarer Zeit zu bewerkstelligen? In welcher Zeit sind regenerative Kraftwerke baubar? Welche Speichermöglichkeiten sind zu schaffen? Diese Frage war 2018 immer noch offen. Mit welchen Kosten ist zu rechnen?".

Dass in einer solchen Kommission fast keine Ingenieure und keine Vertreter der EVU waren, verwundert. Die im Ingenieurberuf notwendigen Fähigkeiten wie abstraktes, nüchternes und analytisches Denken werden im Allgemeinen nicht mit ethischem Verantwortungsbewusstsein in Zusammenhang gebracht. Das traut man eher Theologen, Philosophen, Gewerkschaftlern aber insbesondere Politikern zu. Letzten Endes hat die Ethikkommission der Regierung eine relative Zeit der Ruhe gegeben, um den Ausstieg aus ihrem Beschluss zur Laufzeitverlängerung vorzubereiten.

Literatur

1. Bohn, T., Bitterlich, W.: Grundlagen der Energie- und Kraftwerkstechnik. Technischer Verlag Resch, Grafelfing (1982)
2. https://energiestatistik.enerdata.net/gesamtenergie/welt-verbrauch-statistik.html. Zugegriffen: 29. März 2020
3. Konstantin, P.: Praxisbuch Energiewirtschaft, Bd. 2. Springer, Berlin (2009)
4. Kugeler, K., Philipen, P.W.: Energietechnik. Springer, Berlin (2016)
5. Zemke, W., Scherer, A.: Elektroenergietechnik. VDE, Berlin (2017)
6. Steger, U., et al.: Die Regulierung elektrischer Netze: Offene Fragen und Lösungsansätze, Bd. 32. Springer, Heidelberg (2008)
7. Nill-Theobald, C., Theobald, C. (Hrsg.): Energierecht. dtv, München (2018)
8. Crastan, V.: Weltweite Energiewirtschaft und Klimaschutz. Springer, Berlin (2016)
9. Heun-Rehn, S.L., Dratwa, F.A.: In varietate concordia – Strategie und Ziele der „neuen" EU-Energie und Klimapolitik. Energiewirtschaft in Europa, S. 101–128. Springer, Berlin (2010)
10. Edelmann, H., Theilsiefje, K.: Optimaler Verbundbetrieb in der elektrischen Energieversorgung. Springer, Berlin (1974)
11. Giesecke, J., Heimerl, S., Mosonyi, E.: Wasserkraftanlagen: Planung Bau und Betrieb. Springer, Berlin (2014)
12. Strauß, K.: Kraftwerkstechnik. Springer, Berlin (2016)
13. Sigloch, H.: Strömungsmaschinen: Grundlagen und Anwendungen. Hanser, München (2018)
14. Thomas, B.: Mini-Blockheizkraftwerke: Grundlagen, Gerätetechnik, Betriebsdaten. Vogel, Würzburg (2011)
15. Michaelis, H., Salander, C.: Handbuch Kernenergie. VWEW, Frankfurt a. M. (1995)
16. Bundesminister für Forschung. Technologie (BMFT): Zur friedlichen Nutzung der Kernenergie. Eine Dokumentation der Bundesregierung, Bonn (1978)
17. Ziegler, A., Allelein, H.-J.: Reaktortechnik: Physikalische Grundlagen. Springer – Vieweg, Berlin (2003)
18. Koelzer, W.: Lexikon zur Kernenergie. KIT Scientific Publishing, Heidelberg (2013)
19. Neles, J., Pistner, C. (Hrsg.): Kernenergie: Eine Technik für die Zukunft?. Springer, Berlin (2012)
20. Börcsök, J.: Funktionssicherheit. VDE, Berlin (2015)
21. Umbach, E.: Den Ausstieg sicher gestalten. Springer, Heidelberg (2012)
22. Köhnke, D., et al.: Zwischenlager hoch radioaktiver Abfälle. Springer, Wiesbaden (2017)
23. Nitsch, J., Luther, J.: Energieversorgung der Zukunft. Springer, Berlin (1990)
24. Wissenschaftlicher Beirat der Bundesregierung: Energiewende zur Nachhaltigkeit. Springer, Berlin (2003)
25. Kampf, H., Schmidt, P.: Erneuerbare Energie. VDE, Stuttgart (2011)
26. Quaschning, V.: Regenerative Energiesysteme. VDE, München (2011)
27. Unger, J., Hurtado, A.: Alternative Energietechnik. Springer – Vieweg, Wiesbaden (2014)
28. Hau, E.: Windkraftanlagen. Springer, Heidelberg (2008)
29. Gasch, R., Twele, J.: Windkraftanlagen. VDE, Wiesbaden (2011)
30. Jarass, L., Obermaier, G.M., Voigt, W.: Windenergie, 2. Aufl. Springer, Berlin (2009)
31. Wagemann, H.-G., Eschrich, H.: Photovoltaik. Springer, Berlin (1994)
32. Konrad, F.: Planung von Photovotaik-Anlagen. Vieweg, Wiesbaden (2007)
33. Mertens, K.: Photovoltaik. Hanser, München (2011)
34. Sander, Th: Netzangekoppelte Photovoltaikanlagen. VDE, Wiesbaden (2011)
35. Kaltschmitt, M., Hartmann, H.: Energie aus Biomasse. Springer – Vieweg, Münster (2016)

36. Stober, I., Bucher, K.: Geothermie. Springer – Vieweg, Berlin (2014)
37. Lose, P.: Erdwärmenutzung. VDE, Berlin (2013)
38. Seifer, H.-J.: Effizienter Betrieb von Wärmepumpen. VDE, Berlin (2018)
39. Bauer, M., et al.: Oberflächennahe Geothermie. Springer – Vieweg, Berlin (2018)
40. Winter, C.-J., Nitsch, J.: Wasserstoff als Energieträger. Springer, Wien (1988)
41. Topler, J., Lehman, J.: Wasserstoff und Brennstoffzelle. Springer – Vieweg, Berlin (2017)
42. Popp, M.: Speicherbedarf bei einer Stromversorgung mit erneuerbaren Energien. Springer, Berlin (2010)
43. Sterner, E., Stadler, I.: Energiespeicher – Bedarf, Technologie, Integration. Springer – Vieweg, Berlin (2017)
44. Zapf, M.: Stromspeicher und Power to Gas im deutschen Energiesystem. Springer Vieweg, Wiesbaden (2017)
45. Nieper, H.A.: Konversion von Schwerkraft-Feld-Energie. Revolution in Technik, Medizin, Gesellschaft, 3. Aufl. Illmer, Hannover (1982)
46. Nelles, D.: Netzdynamik. VDE, Heidelberg (2009)
47. Leonard, W.: Regelung in der elektrischen Energieversorgung. Teubner, Stuttgart (1980)
48. Förster, U.: Umweltschutztechnik. Springer, Heidelberg (2011)
49. Schieferdecker, B.: Energiemanagment-Tools. Springer, Berlin (2005)
50. Schöttle, H.: Analyse des Least-Cost-Planning. LIT, Münster (1998)
51. Hennicke, P.: Den Wettbewerb im Energiesektor planen, Least-cost-planning. Springer, Heidelberg (1991)
52. Leonhardt, W., Klopffleisch, R.: Negawatt. Müller, Karlsruhe (1994)
53. Buchholz, B., Styczynski, Z.: Smart Grids – Fundamentals and Technologies in Electricity Networks. Springer, Berlin (2014)
54. Bullinger, H.J.: Technikfolgenabschätzung. Teubner, Stuttgart (1994)
55. Grunwald, A.: Technikfolgenabschätzung – Eine Einführung. Campus, Berlin (2010)
56. Brauner, G.: Systemeffizienz bei regenerativer Stromerzeugung. Springer, Wiesbaden (2019)

Energieversorgungsnetze

8

Ein elektrisches Energieversorgungsnetz überträgt die elektrische Energie von den Kraftwerken zu den Verbrauchern. Es besteht aus Leitungen bzw. Kabeln zum Transport, Transformatoren zur Kopplung der Netze unterschiedlicher Spannungsebenen sowie Schaltanlagen zur Verknüpfung der Leitungen und Transformatoren. Nach der Aufgabenstellung unterscheidet man zwischen Übertragungs- und Verteilernetzen.

Die Übertragungsnetze leiten den Strom von den Erzeuger- zu den Verbraucherzentren. Sie haben in Deutschland die Nennspannung 110 kV, 220 kV und 380 kV. Die Verteilernetze übernehmen die Versorgung bis zum Hausanschlusskasten. Ihre üblichen Spannungen im deutschsprachigen Raum sind 0,4 kV, 10 kV, 20 kV und 110 kV. Daneben bestehen noch 30-kV- und 60-kV-Netze sowie in Industriebetrieben 0,6-kV-, 3-kV-, 6-kV- und 10-kV-Netze.

Fast alle Netze Westeuropas sind miteinander gekoppelt, sodass man auch von einem großen Netz mit vielen Teilnetzen oder einem Verbund von vielen Netzen sprechen kann (Abschn. 7.2.2). Die Übertragungsnetzbetreiber sind im Verband Europäischer Übertragungsnetzbetreiber (ENTSO-E) zusammengeschlossen. Die Grenzen zwischen den Netzen bzw. Teilnetzen sind i. Allg. entsprechend den Organisationseinheiten, z. B. den EVU, definiert. Für technische Betrachtungen ist es sinnvoll, galvanisch zusammenhängende Einheiten einer Spannungsebene als Netz zu bezeichnen. Die Netzgrenze bilden dann Transformatoren. Die Frequenz der Netze liegt üblicherweise bei 50 Hz. Die Netze einiger Länder – darunter die USA – werden hingegen mit 60 Hz betrieben.

Grundsätzlich sind die Netze als Drehstromdreileiter-Systeme ausgeführt, wobei sie nach der verketteten Spannung, d. h. der Spannung zwischen den drei Außenleitern L1, L2, L3 bzw. R, S, T benannt werden (Nennspannung). Das Niederspannungsnetz benötigt noch den Neutralleiter als vierten Leiter, um die in Deutschland übliche Wechselspannung der Steckdosen von $400\,\text{V}/\sqrt{3} = 230\,\text{V}$ bereitzustellen. Diese

© Springer Fachmedien Wiesbaden GmbH, ein Teil von Springer Nature 2020
R. Marenbach et al., *Elektrische Energietechnik*,
https://doi.org/10.1007/978-3-658-29492-2_8

Spannung wird fast weltweit verwendet. Allerdings sind in den USA und einigen anderen Ländern 110 V festgelegt.

Neben dem öffentlichen Versorgungsnetz betreiben die Deutsche, Österreichische und Schweizer Bahn historisch bedingt ein eigenes 110-kV-Wechselstromnetz mit einer Frequenz von 16,7 Hz, das die 15-kV-Fahrleitung speist. Die Nennfrequenz wurde am 16.10.1995 um 12:00 Uhr aus technischen Gründen von 16 2/3 Hz auf 16,7 Hz umgestellt.

Bordnetze von Flugzeugen besitzen eine Frequenz von 400 Hz, weil durch die höhere Frequenz die Induktivitäten und somit das Gewicht der elektrischen Maschinen geringer zu halten sind.

8.1   Netzformen

In Abb. 8.1 sind typische Netzformen dargestellt. Das Strahlennetz a hat die einfachste Struktur. Von einem Einspeisezentrum, z. B. einer Transformatorstation, werden Leitungen zu Unterstationen geführt, von denen aus die Weiterverteilung erfolgt. Neben dem geringen Leitungsaufwand ist die Fehlerlokalisierung einfach und damit der Betrieb problemlos. Nachteilig wirkt sich aus, dass Ausfälle von Leitungen stets zu Versorgungs-

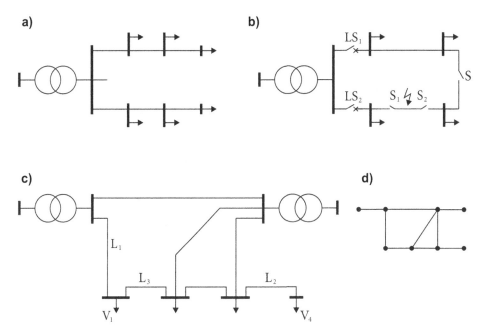

Abb. 8.1 Netzstrukturen. **a** Strahlennetz; **b** Ringnetz; **c** Maschennetz; **d** Graph des Maschennetzes. (Eigene Darstellung)

unterbrechungen führen. Dies wird bei dem Ringnetz b vermieden. Hier sind auch nach der Abtrennung einer Leitung alle Verbraucher weiter zu versorgen. Da nun von beiden Seiten Kurzschlussströme auf die Fehlerstelle zufließen können, ist ein aufwändiger Leitungsschutz notwendig. Eine interessante Alternative bietet der offene Ring. Dabei ist der Schalter S in Abb. 8.1b normalerweise offen. Bei einem Fehler auf dem unteren Leitungszug klärt der Leistungsschalter LS_2 den Kurzschluss, anschließend werden die Schalter S_1 und S_2 von Hand geöffnet und durch Schließen der Schalter S und S_2 die Verbraucher wieder versorgt. Diese Technik führt zwar zu kurzen Versorgungsunterbrechungen, ist aber wegen ihrer Einfachheit in Mittelspannungsnetzen stark verbreitet. Abb. 8.1c zeigt schließlich ein Maschennetz. Diese Netzform, die im Verbundnetz ab 110 kV üblich ist, erfordert aber einen aufwändigen Schutz, dessen Kosten bei diesen Spannungsebenen jedoch zu vertreten sind.

▶ In einem gut vermaschten Netz kann jedes der n Betriebsmittel ausfallen, ohne dass eine Versorgungsunterbrechung entsteht. Das Netz ist demnach auch mit $(n-1)$-Betriebsmitteln noch voll funktionstüchtig, es erfüllt die sogenannte $(n-1)$-Zuverlässigkeit. Bei Verbundnetzen wird die $(n-1)$-Zuverlässigkeit angesetzt. Zu den Betriebsmitteln zählen Leitungen, Transformatoren und Kraftwerksblöcke, nicht jedoch Sammelschienen und Kraftwerke bestehend aus mehreren Blöcken. Derartige Ausfälle sind sehr selten und haben in der Vergangenheit zu gelegentlich zu Versorgungsunterbrechungen gesorgt.

Die Überprüfung des Netzes c zeigt, dass der Verbraucher V_4 beim Ausfall der Leitung L_2 nicht mehr versorgt ist. Demnach ist hier das $(n-1)$-Prinzip nicht erfüllt. Das restliche Netz genügt allerdings den Zuverlässigkeitsanforderungen. So ist beim Ausfall der Leitungen L_2 auch die Versorgung des Verbrauchers V_1 sichergestellt. Es könnte jedoch sein, dass dann die Leitung L_3 überlastet wird. Zur Erreichung der $(n-1)$-Zuverlässigkeit gehört deshalb nicht nur die entsprechende Netzstruktur, sondern auch die ausreichende Dimensionierung der Betriebsmittel [1, 2].

Das Ringsystem b ist bei geschlossenem Schalter S das einfachste $(n-1)$-zuverlässige Maschennetz. Man muss bei der Auslegung allerdings beachten, dass durch Öffnen des Schalters LS_2 über den Schalter LS_1 etwa der doppelte Strom fließt.

Die Struktur eines Netzes wird als Topologie bezeichnet. Sie gibt die Verknüpfung von Knoten durch Zweige an. Dabei werden die Sammelschienen durch Knoten, Leitungen und Transformatoren durch Zweige repräsentiert. Abb. 8.1d zeigt den Graphen des Maschennetzes. Er stellt lediglich den Schaltzustand des Netzes dar und sagt nichts über Widerstände oder Ströme von Leitungen aus.

8.2   Sternpunktbehandlung

In Abschn. 2.1.2 wurde bereits gezeigt, dass bei Erdkurzschlüssen der Fehlerstrom sehr stark von der Schaltgruppe des Transformators und der Impedanz zwischen Transformatorsternpunkt und Erde abhängig ist. Im Falle eines ungeerdeten Transformatorsternpunktes wird der Erdkurzschlussstrom nahezu null. Wir sprechen von einem Erdschluss. Ist der Sternpunkt N eines Dyn-Transformators unmittelbar geerdet, so fließen bei einpoligen Fehlern im Netz Ströme, die dem dreipoligen Kurzschlussstrom vergleichbar sind. Auf die Methoden zur Bestimmung der unsymmetrischen Kurzschlussströme wird in Abschn. 8.3.3 eingegangen. Im Folgenden soll ein Beispiel zeigen, welche Leiter-Erd-Spannungen in einem Netz auftreten, wenn die Sternpunkte unterschiedlich behandelt werden. Dabei wird zwischen niederohmiger Sternpunkterdung, isolierten Netzen und gelöschten Netzen unterschieden [3, 4].

8.2.1   Netze mit niederohmiger Sternpunkterdung

Die Strom- und Spannungsverhältnisse bei niederohmiger Sternpunkterdung werden anhand von Beispiel 8.1 für ein Netz mit unmittelbarer Erdung verdeutlicht.

Beispiel 8.1: Kurzschlussstrom eines Transformators

In dem Netz nach Abb. 8.2a soll ein Transformator mit den Daten $S_r = 40\,\mathrm{MVA}$, $U_r = 110/20\,\mathrm{kV}$, $U_k = 10\,\%$, $U_h/U_k = 0{,}8$ ein Freileitungsnetz mit einer gesamten Leitungslänge von 300 km versorgen. Die Leitungskapazitäten betragen $C_b' = 10\,\mathrm{nF/km}$, $C_E' = 5\,\mathrm{nF/km}$. Mit dem 4-Leiter-Modell entsprechend Abschn. 4.1.6 ist der Kurzschlussstrom unter Vernachlässigung der ohmschen Widerstände bei einem Fehler im Leiter R an den Klemmen des Transformators zu berechnen.

Zunächst wird die Vierleiter-Ersatzschaltung des Transformators bestimmt.

$$X_b = u_k \cdot \frac{U_r^2}{S_r} = 10\,\% \cdot 20^2\,\mathrm{kV^2}/40\,\mathrm{MVA} = 1\,\Omega$$

$$X_h = 0{,}8 \cdot 1\,\Omega = 0{,}8\,\Omega$$

$$X_E = 1/3\,(X_h - X_b) = 1/3(0{,}8\,\Omega - 1\,\Omega) = -0{,}067\,\Omega$$

Die negative Reaktanz X_E ist dabei eine Ersatzgröße ohne physikalische Bedeutung. Alle Kapazitäten der Leitungen liegen parallel.

$$X_{Cb} = \frac{1}{\omega C_b \cdot 1} = \frac{1 \cdot 10^9\,\mathrm{km}}{2\pi\,50\,\mathrm{Hz} \cdot 10\,\mathrm{F} \cdot 300\,\mathrm{km}} = 10^3\,\Omega$$

$$X_{CE} = 2 \cdot 10^3 \, \Omega$$

Die Induktivitäten der Leitung spielen in dem betrachteten Beispiel keine Rolle, sodass sich als Ersatzschaltung für das Netz Abb. 8.2b ergibt.

Zur Berechnung von Kurzschlussströmen wird nach Abschn. 8.3.2.1 als treibende Spannung U_{QR} die Nennspannung $U_n/\sqrt{3}$ des Netzes mit 10 % Aufschlag gewählt. Sie führt zu dem Kurzschlussstrom

$$I_R = \frac{1{,}1 \cdot U_n/\sqrt{3}}{X_b + X_E} = \frac{1{,}1 \cdot 20\,kV/\sqrt{3}}{1\,\Omega - 0{,}0067\,\Omega} = 13{,}6\,kA$$

Für den dreipoligen Kurzschlussstrom ergeben sich nur 12,7 kA.

Das Zeigerbild für den einpoligen Kurzschluss ist in Abb. 8.2c dargestellt. Danach ergibt sich für die Klemmenspannungen des Transformators

$$U_R = 0$$

$$\underline{U}_{SE} = \underline{U}_{SN} + \underline{U}_{NE} = \underline{U}_{QS} - j\,X_E\,\underline{I}_R$$

$$\underline{U}_{SE} = 1{,}1 \cdot 20\,kV/\sqrt{3} \cdot e^{j120°} - j(-0{,}067\,\Omega)(j\,13{,}6\,kA) = (-5{,}5 + j\,11)\,kV$$

$$U_{SE} = U_{RE} = 12{,}3\,kV$$

Die Ströme durch die Kapazitäten wurden vernachlässigt, da deren Reaktanzen um den Faktor 10^3 über der Transformatorreaktanz liegen. ◄

Bei dem Beispiel hat sich wegen der negativen Reaktanz X_E in den fehlerfreien Leitern eine Spannung gegenüber Erde ergeben, die etwas unter der Spannung für ungestörten Betrieb liegt. Wenn zwischen Fehlerstelle und Transformator noch eine Leitung liegt, wird die Summe der Reaktanzen X_E positiv und damit die Spannung der fehlerfreien Leiter größer als die Spannung $U_n/\sqrt{3}$. Bei nicht geerdetem Sternpunkt nimmt sie den Maximalwert U_n an (Abschn. 8.2.2). Übersteigt die Leiter-Erdspannung einen bestimmten Wert, so ist keine wirksame Sternpunkterdung mehr gewährleistet. Dabei gilt folgende Definition:

Es wird die maximale Leiter-Erdspannung U_{max} für einen Erdkurzschluss am ungünstigsten Fehlerort gesucht und auf den Nennwert der Leiter-Erdspannung $U_n/\sqrt{3}$ bezogen. Wenn der so bestimmte Erdfehlerfaktor δ den Grenzwert $\delta_g = 1{,}4$ unterschreitet, so ist das Netz wirksam geerdet.

$$\delta = \frac{U_{max}}{U_n/\sqrt{3}} \leq \delta_g = 1{,}4 < \delta_{max} = \sqrt{3} \tag{8.1}$$

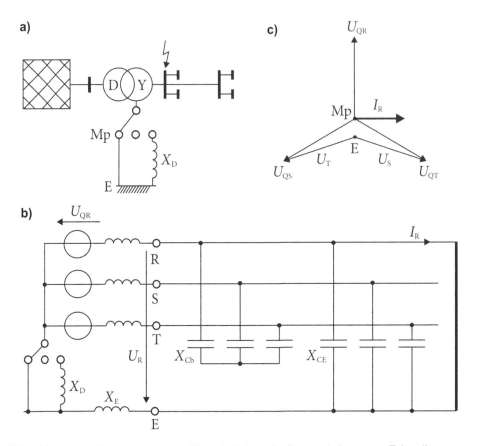

Abb. 8.2 Sternpunktbehandlung. **a** Netzschaltplan; **b** Ersatzschaltung; **c** Zeigerdiagramm. (Eigene Darstellung)

Bei Einhaltung dieser Bedingung kann die Leiter-Erd-Isolation von Anlagen knapper bemessen werden als im Fall des nicht wirksam geerdeten Sternpunktes.

Dies gilt für Hochspannungsnetze und ist insbesondere in den höchsten Spannungsebenen 220 kV und 380 kV von erheblicher wirtschaftlicher Bedeutung. Nachteilig wirkt sich bei der niederohmigen Sternpunkterdung der große Erdkurzschlussstrom aus. Er fließt in den metallischen Teilen der Anlagen, in den Erdungsanlagen und im Erdreich. Dadurch entstehen Schritt- und Berührungsspannungen (Abschn. 4.4.5) sowie Beeinflussungsspannungen (Abschn. 4.4.2). Um den Erdkurzschlussstrom herabzusetzen, aber trotzdem die Erdungsbedingungen einzuhalten, werden nicht alle Transformatorsternpunkte geerdet oder in seltenen Fällen Sternpunktreaktanzen oder Sternpunktwiderstände eingesetzt. Dabei sind die Drosselspulen X_D kostengünstiger, während Widerstände besser die Ausgleichsvorgänge nach einem Fehlereintritt dämpfen.

Die Sternpunkte von Niederspannungsnetzen werden aus Sicherheitsgründen in aller Regel ebenfalls geerdet (Abschn. 8.6.4).

Neben dem Erdfehlerfaktor δ verwendet man als ältere Definition noch die Erdungszahl $m = \delta/\sqrt{3}$.

8.2.2 Netze mit isolierten Sternpunkten

Wenn kein Transformatorsternpunkt des Netzes geerdet ist, besteht eine Leiter-Erdverbindung (Abb. 8.2b) nur über die Erdkapazitäten C_E. Daneben wirken noch Spannungswandler, die zur Messung der Leiter-Erdspannung eingesetzt werden, und Überspannungsableiter. Eine geringfügige Unsymmetrie der Leiteranordnungen führt zu einer Potentialverschiebung des Transformatorsternpunktes N gegenüber Erde E. Bei einem einpoligen Erdfehler steigen die beiden anderen Leiterspannungen gegen Erde auf die verkettete Spannung an. Nach Gl. 8.1 wird dann der Erdfehlerfaktor $\delta = \sqrt{3}$. Der Fehlerstrom bestimmt sich allein durch die Erdkapazität. Dies zeigt die folgende Betrachtung.

Beispiel 8.2: Erdschlussstrom bei isoliertem Sternpunkt

Für das Beispiel 8.1 soll der Fall untersucht werden, dass der Transformatorsternpunkt isoliert ist. Dabei sind die Transformatorreaktanzen gegenüber den Kapazitäten zu vernachlässigen.

Zunächst ist die Schaltung nach Abb. 8.2b in Abb. 8.3 zu überführen, indem die Leiter S und T zu einem Ersatzleiter zusammengefasst werden. Als treibende Spannung wirkt dann

$$\left(\underline{U}_{QS} + \underline{U}_{QT}\right)/2 = -\underline{U}_{QR}/2$$

Im Gegensatz zu Beispiel 8.1 wird die Spannung hier nicht um 10 % erhöht, da kein Kurzschluss vorliegt. Damit ergibt sich der Fehlerstrom

$$I_R = \frac{U_{QR} + U_{QR}/2}{X_{CE}/2} = 3\,\frac{U_{QR}}{X_{CE}} = 3\,\frac{20\,\text{kV}/\sqrt{3}}{2 \cdot 10^3\,\Omega} = 17{,}3\,\text{A} \tag{8.2}$$

Da in isoliert betriebenen Netzen bei einpoligen Fehlern der Strom wesentlich kleiner als ein Kurzschlussstrom ist, spricht man nicht vom Erdkurzschluss, sondern vom Erdschluss. Der oben berechnete Strom ist demnach ein Erdschlussstrom im Gegensatz zum Erdkurzschlussstrom im wirksam geerdeten Netz nach Beispiel 8.1. ◀

▶ Bei Netzen mit isoliert betriebenen Sternpunkten nehmen im Erdschlussfall die Leiter gegen Erde die verkettete Spannung an. Die auftretenden Erdschlussströme liegen weit unter dem Betriebsstrom und sind deshalb nur schwer von Schutzeinrichtungen zu erfassen.

Abb. 8.3 Ersatzschaltung
für ein Netz mit isoliertem
Sternpunkt. (Eigene
Darstellung)

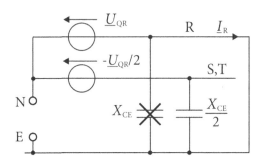

Bei einem Erdschluss ist der Betrieb weiterhin möglich, bis er zu einem gewünschten
Zeitpunkt durch probeweises Abschalten geortet und eliminiert wird. Schutzeinrichtungen zur Erkennung des Fehlerortes sind problembehaftet (Abschn. 8.8.6).

Mehr als 80 % der Fehler im Freileitungsnetz sind einpolig. Am häufigsten treten
Lichtbogenfehler auf, die möglicherweise durch die Thermik der Luft von selbst löschen.
Man spricht dann von Erdschlusswischern, die den Betrieb nicht wesentlich stören.
Voraussetzung für die Löschfähigkeit sind ein kleiner Erdschlussstrom – und damit ein
räumlich begrenztes Netz – sowie eine nicht zu hohe Betriebsspannung, denn der Erd-
schlussstrom wächst etwa linear mit der Netznennspannung.

8.2.3 Netze mit Erdschlusslöschung

Wird in Abb. 8.1 der Sternpunkt über eine Drosselspule geerdet, so heben sich im Erdschlussfall die kapazitiven und induktiven Ströme teilweise auf. In der Regel wird die
Sternpunktdrossel X_D so ausgelegt, dass sich beide Ströme weitgehend aufheben (Beispiel 8.3).

Beispiel 8.3: Dimensionierung einer Sternpunktdrossel

Die Sternpunktdrossel X_D in Abb. 8.2 ist so zu dimensionieren, dass sich der Erdschlussstrom I_R zu null ergibt. Hierzu wird in die Ersatzschaltung nach Abb. 8.3
eine Drosselspule X_D zwischen Sternpunkt N und Erde E geschaltet und die kurzgeschlossene Kapazität C_E des fehlerbehafteten Leiters weggelassen. So entsteht
Abb. 8.4. Für dieses gilt

$$\underline{I}_R = -\underline{I}_D - \underline{I}_C = \frac{-\underline{U}_D}{jX_D} - \frac{\underline{U}_C}{-jX_{CE}/2} = -j\frac{U_{QR}}{X_D} + j\frac{U_{QR} + U_{QR}/2}{X_{CE}/2} = -j\,U_{QR}\left[\frac{1}{X_D} - \frac{3}{X_{CE}}\right] \quad (8.3)$$

Daraus folgt die Resonanzbedingung

$$I_R = 0 \rightarrow 3\,X_D = X_{CE} \qquad X_D = \frac{1}{3}\cdot X_{CE} = \frac{1}{3}\cdot 2\cdot 10^3\,\Omega = 666\,\Omega \blacktriangleleft$$

Abb. 8.4 Ersatzschaltung
für ein Netz mit
Erdschlusskompensation.
(Eigene Darstellung)

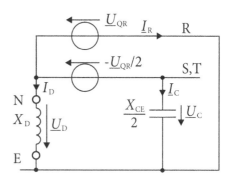

Selbstverständlich gibt es in jedem Netz Verlustwiderstände. So führt insbesondere der ohmsche Anteil der Kompensationsdrossel X_D dazu, dass der Strom auch bei exakter Abstimmung nicht null wird. Man spricht von Erdschlussreststrom. Unsymmetrien im Netz können bei Abstimmung auf die Netzfrequenz zu erheblichen Sternpunktspannungen führen. Ursache hierfür sind ungleiche Erdkapazitäten oder Beeinflussung durch Nachbarsysteme. Es ist deshalb üblich, das Netz überkompensiert zu betreiben, sodass sich eine Resonanzfrequenz von z. B. 49 Hz einstellt.

Der Strom durch die Drosselspule ist dann größer als der Strom durch die Erdkapazitäten. Wird nun eine Leitung abgeschaltet, nimmt der kapazitive Strom ab und es besteht keine Gefahr in den Resonanzpunkt zu kommen.

Im 110-kV-Netz ist die Erdschlusskompensation üblich. Sie wirkt jedoch nur, wenn es gelingt, den Erdschlussreststrom unter ca. 130 A zu halten. Deshalb muss man die Fehlabstimmung des Resonanzkreises begrenzen und das galvanisch zusammenhängende Netz nicht zu weit ausdehnen. Da der Reststrom im gelöschten Fall erheblich kleiner als der Erdschlussstrom im Netz mit isoliertem Sternpunkt wird, sind die thermischen Schäden an der Fehlerstelle geringer. Dies ist insbesondere für Kabelnetze von Bedeutung, bei denen ein einpoliger Lichtbogenfehler sehr rasch in einen mehrpoligen übergehen kann.

▶   Die Vorteile des gelöschten Netzes sind der kleine einpolige Fehlerstrom, die
       Selbstlöschung und die Möglichkeit, das Netz trotz eines Fehlers für einige
       Zeit weiter zu betreiben. Nachteilig ist der Anstieg der Leiter-Erdspannung
       in den gesunden Leitern auf das $\sqrt{3}$-fache und die erschwerte Fehlersuche. In 220-kV- und 380-kV-Netzen sind Löschströme unter 130 A kaum
       zu erreichen. Außerdem ist die Verlagerung der Außenleiterspannung
       problematisch. Deshalb wird hier die starre Erdung eingesetzt.

Wie beim Netz mit isoliertem Sternpunkt ist das Vorhandensein eines Fehlers über die Sternpunktverlagerung leicht zu erfassen (Abschn. 2.4.1), die Fehlerortung gestaltet sich aber aufwändig (Abschn. 8.8.6).

8.3   Netzberechnung

Um Netze sinnvoll planen zu können, ist es notwendig, die Belastung der einzelnen Betriebsmittel im ungestörten und gestörten Betrieb zu kennen. Man benötigt deshalb Verfahren zur Berechnung der Strom- und Spannungsverteilung. Im Normalbetrieb steht die Aufteilung der Leistungsflüsse auf die einzelnen Betriebsmittel im Vordergrund. Deshalb spricht man von Lastflussrechnungen oder besser von Leistungsflussrechnungen. Im gestörten Betrieb sind Kurzschlussströme von Bedeutung. Zu ihrer Ermittlung führt man Kurzschlussstromrechnungen durch. Dabei wird zwischen symmetrischen und unsymmetrischen Fehlern unterschieden. Durch die Verbreitung der Leistungselektronik und die von ihr erzeugten Oberschwingungen hat der „Oberschwingungs-:lastfluss" ebenfalls an Bedeutung gewonnen. Die angesprochenen Aufgaben lassen sich durch quasistationäre Berechnungen, also durch Lösen gewöhnlicher Gleichungssysteme, bearbeiten. Um Ausgleichsvorgänge nach Schalthandlungen zu simulieren, wird es erforderlich, das Netz durch Differenzialgleichungen zu modellieren, die dann in der Regel mit numerischen Verfahren gelöst werden [5].

8.3.1   Lastfluss

Zur Berechnung der Strom- und Spannungsaufteilung in einem Energieversorgungsnetz ist für jede Leitung eine Gleichung aufzustellen, die den Zusammenhang zwischen Spannungsabfall und Strom beschreibt. An den Knotenpunkten müssen die Bedingungen „gleiche Spannung" und „Summe der Ströme gleich null" eingehalten werden, sodass alle Gleichungen miteinander gekoppelt sind. Die Lösung der Lastflussaufgabe läuft i. Allg. auf die Lösung eines Gleichungssystems mithilfe der komplexen Rechnung hinaus. In einfachen Fällen, bei nicht vermaschten Netzen, lässt sich das Problem von Hand bearbeiten. Man spricht dann von Spannungsfall-Berechnungen.

8.3.1.1 Spannungsfall

An einem einfachen Beispiel soll gezeigt werden, welche Spannungsfälle in einem Versorgungsnetz auftreten.

Beispiel 8.4: Übersetzungsverhältnis eines Transformators

Entsprechend Abb. 8.5a speist ein leistungsstarkes Netz über einen Transformator und eine 20-kV-Leitung einen Verbraucher. Der Transformator ist in seinem Übersetzungsverhältnis so einzustellen, dass sich am Verbraucher Nennspannung einstellt. Es sind folgende Daten gegeben:

$$S_r = 20\,\text{MVA} \qquad \ddot{u} = 110\,\text{kV}/20\,\text{kV} \qquad u_k = 10\,\% \qquad U_1 = U_n = 110\,\text{kV}$$

$$l = 30\,\text{km} \qquad R'_L = 0{,}4\,\Omega/\text{km} \qquad X'_L = 0{,}33\,\Omega/\text{km}$$

$$P = 10\,\text{MW} \qquad Q = 6\,\text{MVAr}$$

Zunächst wird die Netzimpedanz – bezogen auf die 20-kV-Seite – bestimmt (Abb. 8.5b).

$$X_{\text{TR}} = u_{\text{k}}\, U_{\text{R}}^2/S_{\text{r}} = 0,1 \cdot \frac{20^2\,\text{kV}^2}{20\,\text{MVA}} = 2\,\Omega$$

$$X_{\text{L}} = X_{\text{L}}' \cdot l = 0,33\,\Omega/\text{km} \cdot 30\,\text{km} = 10\,\Omega \qquad R_{\text{L}} = R_{\text{L}}' \cdot l = 0,4\,\Omega/\text{km} \cdot 30\,\text{km} = 12\,\Omega$$

$$X = X_{\text{TR}} + X_{\text{L}} = 2\,\Omega + 10\,\Omega = 12\,\Omega \qquad R = R_{\text{L}} = 12\,\Omega$$

Für die Speisespannung ergibt sich dann

$$\underline{U}_1 = \underline{U} + \underline{Z} \cdot \sqrt{3}\,\underline{I} = \underline{U} + \underline{Z} \cdot \sqrt{3}\,\underline{S}^* / \left(\underline{U}^* \cdot \sqrt{3}\right)$$

Zur einfachen Berechnung wird die Verbraucherspannung in die reelle Achse gelegt ($\underline{U}_1 = U = U_{\text{n}}$)

$$\begin{aligned}
\underline{U}_1 &= U_{\text{n}} + (R + \text{j}\,X)(P - \text{j}\,Q)/U_{\text{n}} \\
&= U_{\text{n}} + (R \cdot P + X \cdot Q)/U_{\text{n}} + \text{j}\,(X \cdot P - R \cdot Q)/U_{\text{n}} \\
&= 20\,\text{kV} + (12\,\Omega \cdot 10\,\text{MW} + 12\,\Omega \cdot 6\,\text{MVAr})/20\,\text{kV} + \text{j}\,(12 \cdot 10\,\text{MW} - 12 \cdot 6\,\text{MVAr})/20\,\text{kV} \\
&= 20\,\text{kV} + 9,6\,\text{kV} + \text{j}\,2,4\,\text{kV} = (29,6 + \text{j}\,2,4)\,\text{kV} \\
U_1 &= 29,7\,\text{kV}
\end{aligned}$$

$$(8.4)$$

Daraus ergibt sich die notwendige Stufenstellung des Transformators zu

$$t = 20\,\text{kV}/29,7\,\text{kV} = 0,67$$

Es sei darauf hingewiesen, dass bei Transformatoren die Oberspannungsseite den Stufensteller erhält, um kleinere Ströme schalten zu müssen. Die 110-kV-Wicklung wird demnach auf $110\,\text{kV} \cdot 0,67 = 74\,\text{kV}$ eingestellt.

Die Spannung an den Transformatorklemmen ergibt sich zu

$$\begin{aligned}
\underline{U}_2 &= \underline{U}_1 - X_{\text{TR}}\,Q/U_{\text{n}} - \text{j}\,X_{\text{TR}}\,P/U_{\text{n}} \\
\underline{U}_2 &= 29,6\,\text{kV} + \text{j}\,2,4\,\text{kV} - 2\,\Omega \cdot 6\,\text{MVAr}/20\,\text{kV} - \text{j}\,2\,\Omega \cdot 10\,\text{MW}/20\,\text{kV} = 29\,\text{kV} + \text{j}\,1,4\,\text{kV} \\
U_2 &= 29,03\,\text{kV}
\end{aligned}$$

Die angenommene Last kann von einer 20-kV-Leitung nach thermischen Gesichtspunkten übertragen werden. Die Netzspannung von 29 kV am Transformator liegt 45 % über dem Nennwert und ist deshalb nicht mehr zulässig. Die Zahlen wurden so gewählt, dass das Zeigerdiagramm Bild 8.5c übersichtlich wird. Eine 10 km lange Leitung würde zu einer Spannung von 23 kV führen, die noch vertretbar wäre. ◀

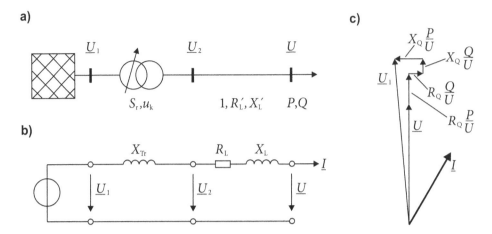

Abb. 8.5 Leistungsfluss. **a** Netzbild; **b** Ersatzschaltplan; **c** Zeigerdiagramm. (Eigene Darstellung)

Das Beispiel zeigt:

▶ Wenn die Leitungslänge in einem 20-kV-Netz 10 km übersteigt, ist die Leitung aus Gründen der Spannungshaltung nicht mehr voll belastbar.

Es fällt in Gl. 8.4 auf, dass der Spannungsunterschied $\underline{U}_1 - \underline{U}$ in Betrag und Winkel annähernd durch folgende Beziehung bestimmt werden kann

$$U_1 - U = \Delta U \approx R \cdot P/U + X \cdot Q/U \tag{8.5}$$

$$\angle(\underline{U}_1/\underline{U}) = \arctan \frac{X \cdot P/U - R \cdot Q/U}{U} \approx X \cdot P/U^2 - R \cdot Q/U^2 \tag{8.6}$$

Für die Stromversorgung sind insbesondere die Spannungen in den einzelnen Knoten von Bedeutung. Diese werden durch die Spannungsfälle nach Gl. 8.5 berechnet.

▶ Der Spannungsfall wird bestimmt durch das Produkt aus Wirkleistungstransport und Leitungswiderstand sowie das Produkt aus Blindleistungstransport und Reaktanz. In Hochspannungsnetzen überwiegt der Term $X \cdot Q/U$ und in Niederspannungsnetzen $R \cdot P/U$. Der Winkel zwischen den Spannungen ist nur für Stabilitätsbetrachtungen in Hochspannungsnetzen von Bedeutung; hier überwiegt der Term $X \cdot P/U^2$.

Um die Spannungsfälle zu reduzieren, ist es notwendig, die von den Verbrauchern und Leitungen erzeugte Blindleistung möglichst nahe am Ort ihres Entstehens zu kompensieren [6].

Anmerkung: Es tauchen die beiden Begriffe Spannungsabfall und Spannungsfall auf. Um sie wird ein fast ideologischer Kampf geführt, dabei gilt erster als verpönt. Da es aber zwei unterschiedliche Spannungsdifferenzen gibt, verwenden die Autoren beide wie folgt:

- **Spannungsabfall** ist die Differenz zwischen der Spannung am Anfang und Ende der Leitung $\Delta \underline{U} = \underline{U}_1 - \underline{U}_2$.
- **Spannungsfall** ist die Differenz zwischen dem Betrag der Spannung am Anfang und dem Betrag am Ende der Leitung $\Delta U = \underline{U}_1 - \underline{U}_2$. Dieser Wert ist für den Anlagenplaner der wichtigere.

8.3.1.2 Berechnung der Stromverteilung

In Abb. 8.6a ist ein vermaschtes Netz, bestehend aus vier Knoten, dargestellt. Sind die Spannungen bekannt, so können die Ströme, die in das Netz hineinfließen, berechnet werden. Für den Knoten 1 ergibt sich

$$\sqrt{3}\underline{I}_1 = \underline{Y}_{10}\underline{U}_1 + \underline{Y}_{12}\left(\underline{U}_1 - \underline{U}_2\right) + \underline{Y}_{13}\left(\underline{U}_1 - \underline{U}_3\right) + \underline{Y}_{14}\left(\underline{U}_1 - \underline{U}_4\right)$$
$$\sqrt{3}\underline{I}_1 = \left(\underline{Y}_{10} + \underline{Y}_{12} + \underline{Y}_{13} + \underline{Y}_{14}\right)\underline{U}_1 - \underline{Y}_{12}\underline{U}_2 - \underline{Y}_{13}\underline{U}_3 - \underline{Y}_{14}\underline{U}_4 \tag{8.7}$$

Der Aufbau dieser Gleichung ist einfach zu durchschauen: Vor der Spannung $\underline{U}_1$ steht die Summe aller Admittanzen $\underline{Y}_{ik}$, die von dem Knoten 1 weggehen, vor der Spannung $\underline{U}_3$ steht der negative Wert der Admittanz zwischen den Knoten 1 und 3 usw. Für den Knoten i ergibt sich dann bei einem Netz mit n Knoten

$$\sqrt{3}\underline{I}_i = \underline{a}_{i1}\underline{U}_1 + \cdots \underline{a}_{ik}\underline{U}_k + \cdots \underline{a}_{ii}\underline{U}_i + \cdots \underline{a}_{in}\underline{U}_n \tag{8.8}$$

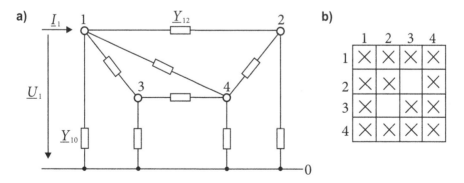

Abb. 8.6 Netz mit vier Knoten. **a** Netzstruktur; **b** Besetztheit der Admittanzmatrix $\underline{A}$. (Eigene Darstellung)

Damit lässt sich das Netz durch ein Gleichungssystem beschreiben

$$
\begin{pmatrix} \sqrt{3}\underline{I}_1 \\ \vdots \\ \sqrt{3}\underline{I}_n \end{pmatrix} = \begin{pmatrix} \underline{a}_{11} & \cdots & \underline{a}_{1n} \\ \vdots & \ddots & \vdots \\ \underline{a}_{n1} & \cdots & \underline{a}_{nn} \end{pmatrix} \begin{pmatrix} \underline{U}_1 \\ \vdots \\ \underline{U}_n \end{pmatrix}
\tag{8.9}
$$

$$
\underline{I} = \underline{A} \cdot \underline{U}
$$

$$
\text{mit } \underline{a}_{ii} = \sum_{k=0}^{n} \underline{Y}_{ik} \qquad \underline{a}_{ik} = -\underline{Y}_{ik} \qquad i \neq k
$$

Für ein reales größeres Netz sind viele der Elemente $\underline{a}_{ik}$ null (Abb. 8.6b), denn von jedem Knoten führen im Durchschnitt nur drei Leitungen weg.

Neben der schwachen Besetztheit ist die Matrix $\underline{A}$ auch symmetrisch ($\underline{Y}_{ik} = \underline{Y}_{ki}$). Beide Eigenschaften kann man bei der Lösung des Gleichungssystems (Gl. 8.9) zur Vereinfachung der Matrixinversion bzw. -teilinversion nutzen.

Sind alle Einspeiseströme $\boldsymbol{I}$ gegeben, so lassen sich durch Inversion der Matrix $\boldsymbol{A}$ die Spannungen $\boldsymbol{U}$ bestimmen. Für den Sonderfall, dass alle Elemente $\underline{Y}_{i0}$ null sind, wird $\underline{A}$ jedoch singulär. Es können dann nur die Spannungen zwischen den Knoten, z. B. $\underline{U}_{12}$, aber nicht Knotenspannungen selbst, z. B. $\underline{U}_3$, bestimmt werden.

Im einfachsten Fall ist die Spannung in einem Einspeiseknoten, z. B. Knoten 1, vorgegeben und die Verbraucherimpedanzen sind als spannungsunabhängig anzusetzen

$$
\underline{Y}_{i0} = \underline{S}_i / U_n^2
\tag{8.10}
$$

Durch die Einbeziehung der Last in die Admittanzmatrix werden die Einspeiseströme $\underline{I}_i$ für $i \geq 2$ in Gl. 8.9 zu null.

Für eine vorgegebene Spannung $\underline{U}_1$ und bekannte Ströme $\underline{I}_i$ ($i \geq 2$) sind durch Teilinversion der Matrix $\underline{A}$ die unbekannten Größen $\underline{I}_1$ und $\underline{U}_i$ ($i \geq 2$) zu bestimmen.

$$
\begin{pmatrix} \sqrt{3}\underline{I}_1 \\ \underline{U}_2 \\ \vdots \\ \underline{U}_n \end{pmatrix} = \underline{H} \cdot \begin{pmatrix} \underline{U}_1 \\ \sqrt{3}\underline{I}_2 \\ \vdots \\ \sqrt{3}\underline{I}_n \end{pmatrix} = \underline{H} \cdot \begin{pmatrix} \underline{U}_1 \\ 0 \\ \vdots \\ 0 \end{pmatrix}
\tag{8.11}
$$

Dieses Verfahren wird linearer Lastfluss genannt. Wenn jedoch mit den berechneten Spannungen $\underline{U}_i$ und der Lastadmittanz $\underline{Y}_{i0}$ nach Gl. 8.10 die Leistungen $\underline{S}_i$ der Lasten berechnet werden, stimmen sie mit den Vorgabewerten nicht überein. Es sei denn, die berechnete Spannung ist zufällig gleich der Nennspannung U_n. Die sich ergebenden Abweichungen sind bei der Auslegung von Netzen i. Allg. tolerierbar. Die Planerin schätzt beispielsweise für den Leistungsbedarf eines Wohngebietes in 10 Jahren $P = 10\,\text{MW}$. Mit gleicher Prognosegenauigkeit hätte sie auch 11,85 MW schätzen können. Dies ist ein mögliches Ergebnis der oben beschriebenen Lastflussberechnung. Trotzdem stört es den Anwender eines Programms, wenn das Ergebnis nicht exakt den von ihm vorgegebenen Fall widerspiegelt. Darüber hinaus gibt es auch Fälle, in denen die Genauigkeit des skizzierten Lösungsverfahrens nicht ausreicht.

8.3.1.3 Stromiteration

Es muss ein Verfahren gefunden werden, das die Stromverteilung für die vorgegebene Leistung exakt berechnet. Dieses soll anhand eines einfachen Beispiels diskutiert werden [7].

Beispiel 8.5: Berechnung der Spannung bei vorgegebener Leistung

Für das Netz nach Beispiel 8.4 soll unter Vernachlässigung der Reaktanzen und der Blindlast die Spannung U berechnet werden. Dabei sei die Speisespannung gleich der Nennspannung U_n. Mit diesen vereinfachten Annahmen ist eine Berechnung mit reellen Zahlen möglich.

Aus Beispiel 8.4 ist zu entnehmen:

$$U_1 = U_n = 20\,\text{kV} \qquad R = 12\,\Omega; \qquad P = 10\,\text{MW}$$

$$U = U_n - R \cdot I \cdot \sqrt{3} = U_n - R \cdot P/U \tag{8.12}$$

Die Lösung dieser quadratischen Gleichung liefert

$$U = U_n/2 \pm \sqrt{U_n^2/4 - R \cdot P} \tag{8.13}$$

$$\underline{U} = 20\,\text{kV}/2 \pm \sqrt{100\,\text{kV}^2 - 12\,\Omega \cdot 10\,\text{MW}} = (10 \pm j\,4{,}5)\,\text{kV}$$

Das komplexe Ergebnis bedeutet, dass die Leistung 10 MW entsprechend der Aufgabenstellung nicht übertragen werden kann. Für die Last $P = 5\,\text{MW}$ ergibt sich

$$U = 10\,\text{kV} \pm \sqrt{100\,\text{kV}^2 - 12\,\Omega \cdot 5\,\text{MW}} = 16{,}32\,\text{kV und } 3{,}68\,\text{kV}$$

Wird die Übertragungsleistung P weiter gesteigert, so fällt bei dem Maximalwert $P_{max} = 100\text{kV}^2/12\,\Omega = 8{,}3\,\text{MW}$ die Spannung auf $U = U_n/2 = 10\,\text{kV}$ ab. Es liegt eine Anpassung vor. Ein stärkerer Leistungsanstieg würde demnach zu einem Zusammenbruch der Stromversorgung führen. Im Hochspannungsnetz tritt dieser Effekt aufgrund der überwiegenden Leitungsreaktanz $X \gg R$ i. Allg. bei der Steigerung des Blindleistungstransports auf. ◄

Knoten mit konstanter, spannungsunabhängiger Leistung liegen beispielsweise an den Einspeisestellen von Städten vor, die aus dem 110-kV-Verbundnetz Strom beziehen und ihr 20-kV-Netz über automatische Verstellung der Transformatorstufen regeln. Anhand der Abb. 8.7a soll der Regelvorgang erläutert werden. Durch den Lastzuwachs $\Delta \underline{Z}_V$ sinkt die Spannung U_V. Daraufhin verändert der Spannungsregler R_U die Stufenstellung t, um die Spannung U_V auf ihren Sollwert U_W zurückzuführen. Der dadurch steigende Netzstrom I auf der Oberspannungsseite führt wegen des Spannungsabfalls zu einer Absenkung der Spannung U. Wenn die Last weiter ansteigt, entsteht Instabilität.

▶ Eine Spannungsinstabilität oder ein Spannungskollaps treten in einem Netz auf, wenn die Netzlast unabhängig von der Versorgungsspannung konstant bleibt und einen gewissen Grenzwert übersteigt. Konstanter Leistungsbezug stellt sich ein, wenn die Last über einen Transformator gespeist wird, dessen Sekundärseite spannungsgeregelt ist.

Die für den rein ohmschen Fall beschriebenen Verhältnisse lassen sich auf ohmsch-induktive Systeme übertragen. Der kritische Punkt liegt dann jedoch nicht bei der halben Netzspannung, sondern in der Regel etwas höher (Abb. 8.7b).

Die Verallgemeinerung des Lastflussproblems auf ein Netz mit $(n-1)$ Lastknoten und einer Einspeisung führt zu $(n-1)$ quadratischen Gleichungen. Sie sind nur iterativ zu lösen.

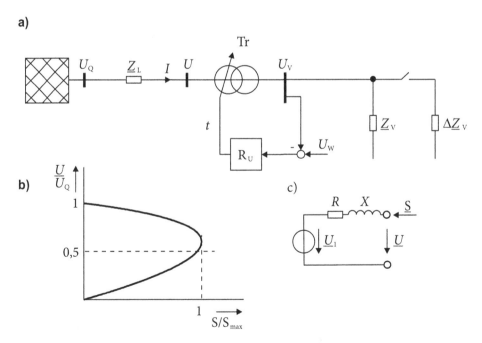

Abb. 8.7 Leistungsfluss bei konstanter Last. **a** Netzschaltbild; **b** Lösungsvielfalt; **c** Ersatznetz. (Eigene Darstellung)

Hierzu werden in Gl. 8.11 die Lasten nicht mit in die Admittanzmatrix $\underline{A}$ und demzufolge auch nicht in die Matrix $\underline{H}$ einbezogen, sondern über die Ströme $\underline{I}$ berücksichtigt.

$$
\begin{pmatrix} \sqrt{3}\,\underline{I}_1 \\ \underline{U}_2 \\ \vdots \\ \underline{U}_n \end{pmatrix} = \underline{H} \cdot \begin{pmatrix} \underline{U}_1 \\ \sqrt{3}\,\underline{I}_2 \\ \vdots \\ \sqrt{3}\,\underline{I}_n \end{pmatrix} \qquad \sqrt{3}\,\underline{I}_i = \underline{S}_i^{*}/\underline{U}_i^{*} \tag{8.14}
$$

Mit einem Startwert für die Spannungen, z. B. $\underline{U}_i = \underline{U}_n$ werden die Ströme $\underline{I}_i$ und damit die Spannungen $\underline{U}_i (i \geq 2)$ berechnet, die sich dann wieder zur Berechnung der Ströme einsetzen lassen. Der Iterationsprozess verläuft i. Allg. konvergent, wenn der Betriebspunkt nicht in der Nähe der Spannungsinstabilität liegt. In solchen Fällen muss mit Konvergenzfaktoren der Iterationsprozess verlangsamt werden.

Das beschriebene Verfahren liefert aus der Lösungsvielfalt des nichtlinearen Gleichungssystems diejenige Lösung, die sich bei dem Netz nach Abb. 8.7 stabil einstellt, denn die einzelnen Iterationsschritte können als Verstellung der Stufen des Transformators interpretiert werden, sodass der dynamische Prozess der Iteration analog zu dem dynamischen Prozess der Spannungsregelung abläuft. Die zweite Lösung der quadratischen Gleichung in Gl. 8.13 liegt niedriger (unter 0,5) und ist instabil. Deshalb wird sie von dem Iterationsverfahren nicht gefunden.

Beispiel 8.6: Iterative Berechnung der Spannung

Für das Beispiel 8.5 soll die Spannung U iterativ bestimmt werden. Die Netzgleichungen der beiden Knoten lauten nach Gl. 8.9

$$
\sqrt{3}\,I_1 = 1/R(U_1 - U) \qquad \sqrt{3}\,I = 1/R(U - U_1)
$$

Davon ist die zweite Gleichung nach U umzustellen, sodass die Formel Gl. 8.11 bzw. 8.14 entsteht

$$
U = U_1 + R\sqrt{3}\,I \qquad \sqrt{3}\,I = P/U
$$

Für die Iteration sind nur diese beiden Gleichungen notwendig. Beim Einsetzen der Zahlenwerte ist darauf zu achten, dass in den Gl. 8.14 entsprechend Abb. 8.6 die Leistung positiv ist, wenn sie in das Netz hineinfließt. Im vorliegenden Fall gilt demnach $P = -5\,\text{MW}$. Als Startwert wird $U = U_\text{n} = 20\,\text{kV}$ gesetzt.

Durchlauf	Startwert U (kV)	Ergebnis
1	20,00	$\sqrt{3}I = P/U = -5\,\mathrm{MW}/20\,\mathrm{kV} = -0,25\,\mathrm{kA}$ $U = U_1 + R\sqrt{3}\,I = 20\,\mathrm{kV} + 12\,\Omega \cdot (-0,25\,\mathrm{kA}) = 17,00\,\mathrm{kV}$
2	17,00	$\sqrt{3}\,I = P/U = -5\,\mathrm{MW}/17,00\,\mathrm{kV} = -0,29\,\mathrm{kA}$ $U = U_1 + R\sqrt{3}\,I = 20\,\mathrm{kV} + 12\,\Omega \cdot (-0,29\,\mathrm{kA}) = 16,47\,\mathrm{kV}$
3	16,47	$\cdots$
4	16,36	$\cdots$
5	16,33	

◀

Um ein genügend genaues Ergebnis zu erhalten, können bei großen Netzen einige Hundert Iterationsschritte notwendig werden. Das beschriebene Verfahren lässt sich zur Lösung beliebiger nichtlinearer Gleichungen verwenden, ist aber nicht immer von Erfolg gekrönt. Der Ingenieur kann aber versuchen, die nichtlineare Gleichung Gl. 8.14 so umzustellen, dass z. B. $\underline{U}_i$ berechnet wird. Dieses Vorgehen löst bei der Mathematikerin Grauen aus, der Ingenieur freut sich aber über die gefundene Lösung.

8.3.1.4 Newton-Raphson

Das Newton-Verfahren zeichnet sich gegenüber dem eben beschriebenen durch eine quadratische Konvergenz aus und führt deshalb nach wenigen Schritten zu einem genauen Ergebnis, wenn der Startwert nicht zu weit vom Endwert entfernt liegt.

In Abb. 8.8 soll der Schnittpunkt der Funktion $Y(X)$ mit dem Sollwert Y_S gefunden werden. Ausgehend von dem Startwert X_1 und der Steigung im Startpunkt $Y_1' = \mathrm{d}Y/\mathrm{d}X$ (für X_1) lässt sich ein verbesserter Wert bestimmen

$$X_2 = X_1 - \Delta X_1 = X_1 - Y_1'^{-1}(Y_1 - Y_S) \tag{8.15}$$

Das Verfahren wird fortgesetzt, bis der Iterationswert Y_i nahe genug an den Sollwert Y_S herangekommen ist. X_i ist dann die Lösung.

Gl. 8.15 lässt sich auf ein Gleichungssystem erweitern. Die Steigung Y' wird dann zur Jacobimatrix $\boldsymbol{J}$.

Abb. 8.8 Newton-Verfahren.
(Eigene Darstellung)

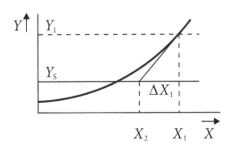

Zur Lösung des nichtlinearen Gleichungssystems (Gl. 8.14) ist eine komplexe Funktion zu differenzieren. Wegen des konjugiert komplexen Ausdrucks zur Bestimmung der Scheinleistung verstößt man dabei jedoch gegen die Cauchy-Riemannsche Bedingung zur Differenzierbarkeit komplexer Funktionen. Es ist deshalb notwendig, die n komplexen Gleichungen in $2 \cdot n$ reelle Gleichungen zu zerlegen.

$$\underline{S} = P + jQ \qquad \underline{Y} = G + jB \qquad \underline{U} = e + jf \tag{8.16}$$

Damit ergibt sich für ein 2-Knotennetz (Abb. 8.7c)

$$\underline{S}_2 = \underline{U}_2 \underline{I}_2^* \sqrt{3} = \underline{U}_2 \underline{Y}_{21}^* \left(\underline{U}_2^* - \underline{U}_1^* \right) \tag{8.17}$$

Mit den Vereinfachungen $\underline{S}_2 = \underline{S}$, $\quad \underline{Y}_{21} = \underline{Y}$, $\quad \underline{U}_2 = \underline{U}$, $\quad \underline{U}_1 = U_1$ ergibt sich dann

$$P + jQ = (e + jf)(G - jB)(e - jf - U_1)$$

$$P = Ge^2 - GU_1e - BU_1f + Gf^2 \tag{8.18}$$

$$Q = -Bf^2 - GU_1f - Be^2 + BU_1e \tag{8.19}$$

Diese Ausdrücke sind zu differenzieren

$$\partial P / \partial e = 2Ge - GU_1 \tag{8.20}$$

$$\partial P / \partial f = -BU_1 + 2Gf \tag{8.21}$$

$$\partial Q / \partial e = -2Be + BU_1 \tag{8.22}$$

$$\partial Q / \partial f = -2Bf - GU_1 \tag{8.23}$$

Für den Zusammenhang zwischen Spannungs- und Leistungsänderung ergibt sich damit

$$\begin{pmatrix} \Delta P \\ \Delta Q \end{pmatrix} = \begin{pmatrix} \partial P/\partial e & \partial P/\partial f \\ \partial Q/\partial e & \partial Q/\partial f \end{pmatrix} \begin{pmatrix} \Delta e \\ \Delta f \end{pmatrix}$$

$$\begin{pmatrix} \Delta P \\ \Delta Q \end{pmatrix} = \mathbf{J} \begin{pmatrix} \Delta e \\ \Delta f \end{pmatrix} \qquad \begin{pmatrix} \Delta e \\ \Delta f \end{pmatrix} = \mathbf{J}^{-1} \begin{pmatrix} \Delta P \\ \Delta Q \end{pmatrix} \tag{8.24}$$

Mit einem Startwert e, f lässt sich nun aus den Gl. 8.18 und 8.19 eine Leistung P, Q berechnen. Mit ihr ergibt sich analog zu Gl. 8.15 ein verbesserter Wert der Spannungen.

$$\begin{pmatrix} e \\ f \end{pmatrix} := \begin{pmatrix} e \\ f \end{pmatrix} - \mathbf{J}^{-1} \begin{pmatrix} P - P_S \\ Q - Q_S \end{pmatrix} \tag{8.25}$$

Das Zeichen := bedeutet, dass links die neuen Werte für e und f stehen. Bei einem Netz mit n Knoten und der festen Knotenspannung U_1 erweitert sich Gl. 8.25 zu

$$
\begin{pmatrix} e_2 \\ f_2 \\ \vdots \\ e_n \\ f_n \end{pmatrix} := \begin{pmatrix} e_2 \\ f_2 \\ \vdots \\ e_n \\ f_n \end{pmatrix} - \boldsymbol{J}^{-1} \begin{pmatrix} P_2 - P_{2s} \\ Q_2 - Q_{2s} \\ \vdots \\ P_n - P_{ns} \\ Q_n - Q_{ns} \end{pmatrix} \tag{8.26}
$$

$$
\begin{pmatrix} P_2 \\ Q_2 \\ \vdots \\ P_n \\ Q_n \end{pmatrix} := \begin{pmatrix} f_2(e_2 f_2 \cdots e_n f_n) \\ g_2(e_2 f_2 \cdots e_n f_n) \\ \vdots \\ f_n(\cdots) \\ g_n(\cdots) \end{pmatrix} \tag{8.27}
$$

Die Iteration beginnt mit der Festlegung der Spannungsstartwerte, z. B. $e_i = U_n$, $f_i = 0$. Diese werden in Gl. 8.27. eingesetzt und führen in Gl. 8.26 zu verbesserten Werten e_i und f_i, die wiederum zur Berechnung der Leistungen aus Gl. 8.27. dienen.

Um ein Lastflussprogramm nach diesem Verfahren zu erstellen, müssen die Funktionen $f_2, g_2 \cdots f_n, g_n$ in Gl. 8.27. sowie die Elemente der Jacobimatrix $\boldsymbol{J}$ in allgemeiner Form programmiert werden. Auch die Inversion der Jacobimatrix erfordert einigen Aufwand. Trotzdem hat sich das Newton-Raphson-Verfahren heute allgemein durchgesetzt. Den Ablauf des Iterationsprozesses zeigt Beispiel 8.7.

Beispiel 8.7: Berechnung der Spannung mit dem Newton-Verfahren

Für das Beispiel 8.6 soll die Lösung nach dem Newton-Verfahren gefunden werden. Es handelt sich um ein reelles Problem, da die Blindwiderstände und die Blindleistung vernachlässigt sind. Zunächst wird die Leistungsgleichung (Gl. 8.18) aufgestellt und differenziert (Gl. 8.20).

Die Jacobimatrix degeneriert in dem einfachen Beispiel zu einem Skalar.

$$
P = \sqrt{3} U I = U \cdot G(U - U_1) = GU^2 - GU_1 U
$$

$$
\partial P / \partial U = 2GU - GU_1 = J
$$

Gl. 8.27. vereinfacht sich zu

$$
U := U - J^{-1}(P - P_S)
$$

Mit dem Startwert $U = U_n = U_1 = 20\,\text{kV}$ sowie $G = 1/12\,\Omega$ und $P_S = -5\,\text{MW}$ folgt

$$
P = (1/12\,\Omega) \cdot (20\,\text{kV})^2 - (1/12\,\Omega) \cdot 20\,\text{kV} \cdot 20\,\text{kV} = 0\,\text{MW}
$$

$$J = 2GU - GU_1 = 2 \cdot (1/12\,\Omega) \cdot 20\,\text{kV} - (1/12\,\Omega) \cdot 20\,\text{kV} = 1{,}667\,\text{kA} \qquad J^{-1} = 1/(1{,}667\,\text{kA})$$

$$U := U - (P - P_S)J^{-1} = 20\,\text{kV} - (0\,\text{MW} + 5\,\text{MW})/1{,}667\,\text{kA} = 17\,\text{kV}$$

$$P = (1/12\,\Omega) \cdot (17\,\text{kV})^2 - (1/12\,\Omega) \cdot 20\,\text{kV} \cdot 17\,\text{kV} = -4{,}25\,\text{MW}$$

$$J = 2 \cdot (1/12\,\Omega) \cdot 17\,\text{kV} - (1/12\,\Omega) \cdot 20\,\text{kV} = 1{,}167\,\text{kA} \qquad J^{-1} = 1/(1{,}167\,\text{kA})$$

$$U := 17\,\text{kV} - (-4{,}25\,\text{MW} + 5\,\text{MW})/1{,}167\,\text{kA} = 16{,}36\,\text{kV}$$

$$P = -4{,}9635\,\text{MW} \qquad \div \qquad -4{,}99993\,\text{MW}$$

Man sieht die quadratische Konvergenz der Leistung auf den Vorgabewert $P = -5\,\text{MW}$. ◄

▶   Das Newton-Raphson-Verfahren bietet den großen Vorteil der raschen Konvergenz, die i. Allg. nach fünf Schritten ein Ergebnis im Rahmen der Darstellungsgenauigkeit der Zahlenwerte liefert. Nachteilig sind der große Programm- und Rechenaufwand pro Iterationsschritt, sowie die Gefahr der Instabilität, wenn die Startwerte weit von den Endwerten entfernt liegen.

Da jeder Lastknoten des Netzes durch eine quadratische Gleichung beschrieben wird, gibt es bei großen Netzen eine erhebliche Lösungsvielfalt. Der theoretische Wert von $2(n-1)$-Lösungen existiert jedoch nur in extrem schwach belasteten Netzen. Bei üblicher Netzlast fallen einige Lösungen aus den reellen Zahlenbereichen heraus. Grundsätzlich liefert das Newton-Verfahren jedoch bei geeigneter Wahl des Startwertes alle realen Lösungen.

In dem Beispiel 8.7 wurde der sog. Flat-Start angesetzt, bei dem alle Lastspannungen gleich der Einspeisespannung sind. Wählt man als Startwert die Spannung 3,8 kV, so konvergiert die Iteration auf die zweite nicht stabile Lösung 3,68 kV hin, die von der Stromiteration nicht gefunden wurde. Deshalb benutzen einige Lastflussprogramme die Stromiteration, um in die Nähe der stabilen Lösung zu gelangen, die dann in weiteren Iterationsschritten von dem Newton-Raphson-Verfahren exakt bestimmt wird.

8.3.1.5 Lastfluss bei Generatoreinspeisung

In den vorangegangenen Abschnitten wurden Netze mit einer Einspeisung und mehreren Lasten betrachtet. Generatoren halten i. Allg. über ihre Spannungsregelung die Spannung und aufgrund der Drehzahlregelung die Wirkleistungsabgabe konstant. Die letzte Aussage bedarf einer Erklärung. Die Drehzahlregler enthalten keinen I-Anteil, sondern sind mit einer Statik versehen. (Abschn. 7.7). Da die Drehzahl der Maschine über die Netzfrequenz festliegt, beeinflusst der Drehzahlsollwert die Wirkleistungsabgabe.

Abb. 8.9 Netz mit Generator
und Lastknoten. (Eigene
Darstellung)

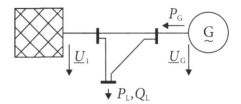

Man unterscheidet für die Lastflussrechnung deshalb entsprechend Abb. 8.9 drei
Knotentypen.

- **Slack-Knoten (S).** Der Festspannungsknoten hält während der Iteration die Spannung
  nach Betrag und Winkel konstant. Für die Rechnung wird er i. Allg. als Knoten 1
  mit dem Spannungswinkel null angesetzt. Wenn die Leistungen der anderen Knoten
  nicht sorgfältig gewählt sind, übernimmt er die Restleistung, z. B. die Netzverluste.
  Es ist deshalb sinnvoll, den Slack-Knoten in das Zentrum des Netzes zu legen. Entsprechend seiner Funktion wird er auch Restleistungsknoten genannt.
- **Last-Knoten (L).** Die P-Q-Knoten halten die Scheinleistung unabhängig von der
  Spannung konstant. Eine Spannungsabhängigkeit ist durch teilweise Verlagerung der
  Last in die Admittanzmatrix (Y_{i0}) zu berücksichtigen.
- **Generator-Knoten (G).** Die P-U-Knoten (engl.: P-V-Knoten) halten die Wirkleistung
  und den Betrag der Spannung konstant.

Für die Generatorknoten ist anstelle der Gl. 8.24 eine neue Jacobimatrix einzuführen

$$\begin{pmatrix} \Delta P \\ \Delta U \end{pmatrix} = \begin{pmatrix} \partial P/\partial e & \partial P/\partial f \\ \partial U/\partial e & \partial U/\partial f \end{pmatrix} \begin{pmatrix} \Delta e \\ \Delta f \end{pmatrix} \tag{8.28}$$

Bei der Lösung dieses Gleichungssystems ist $\Delta U = 0$ zu setzen.

Da insbesondere im Hochspannungsnetz die Wirkleistung von dem Winkel zwischen
den Knotenspannungen bestimmt wird und die Blindleistung von den Spannungs-
beträgen abhängt, bietet es sich an, die Knotenspannungen nicht in ihre Komponenten
e und f zu zerlegen, sondern in Betrag U und Winkel ϑ. Für ein Netz mit Lasten L und
Generatoren G ergibt sich dann die Gleichung

$$\begin{pmatrix} \Delta P_{\mathrm{L}} \\ \Delta Q_{\mathrm{L}} \\ \Delta P_{\mathrm{G}} \end{pmatrix} = \boldsymbol{J} \begin{pmatrix} \Delta U_{\mathrm{L}}/U_n \\ \Delta \vartheta_{\mathrm{L}} \\ \Delta \vartheta_{\mathrm{G}} \end{pmatrix} \tag{8.29}$$

Während für die Lastknoten L zwei Komponenten notwendig sind, genügt bei
Generatorknoten G eine Komponente. Aus rechentechnischen Gründen werden die
Spannungsänderungen ΔU_{L} auf die Nennspannung des Knotens U_n bezogen.

8.3.1.6 Einhaltung von Grenzbedingungen

Die Netzplanerin gibt dem Lastflussprogramm die Netzadmittanzen, die Wirk-und Blindleistungen der Verbraucher sowie die Spannungsbeträge und -Wirkleistungen der Generatoren vor. Daraus errechnet das Programm in der Regel einen Leistungsfluss, der einige Auslegungsgrenzwerte verletzt, z. B. eine zu hohe Generatorblindleistung oder zu niedrige Lastspannungen. Es ist deshalb in einigen Rechnerprogrammen möglich, während der Iteration die Bedeutung der Generator- und Lastknoten bei Erreichen eines Grenzwertes zu wechseln, beispielsweise aus einem P-U-Knoten einen P-Q-Knoten zu machen oder die Stufenstellung eines Transformators, die in der Admittanzmatrix enthalten ist, zu verändern. Optimierungsprogramme minimieren Zielfunktionen, z. B. die Verluste im Netz durch Variation der Transformatorstufenstellungen und Blindleistungseinspeisungen. Dies erfordert Iterationen die mit linearer Konvergenz ablaufen und damit viele Rechenschritte.

Noch ein Wort zu dem Slack–Generator. Er muss vom Planer geschickt gewählt werden, sodass er im Zentrum des Netzes liegt. Dann wird beim Ergebnis der Lastflussrechnung der Winkel des Slack-Knotens in der Mitte zwischen den anderen Spannungen liegen und die Restleistung, die von diesem Knoten geliefert wird gering sein. Hat der Planer bei der Vorgabe der Leistungen in den anderen Knoten weniger Sorgfalt walten lassen, gibt er Probleme mit der Akzeptanz des Ergebnisses. Dies wird selten sein, denn unsere Planenden sind ja gut. In den seltenen Fällen, in denen einer Planerin diese Übersicht fehlt, besteht die Möglichkeit, allen Generatoren einen Restleistungsanteil zuzuordnen, der während des Iterationsprozesses dafür sorgt, dass die Restleistung aufgeteilt wird. Dabei ist darauf zu achten, dass die Summe der Restleistungsanteile 100 % ist. Diese Möglichkeit war früher nicht in allen Programmen vorgesehen und wurde auch nur selten vermisst. Heute bilden die P-V-Knoten oft keine realen Generatoren ab, sondern selbstgeführte Stromrichter, die regenerative Stromerzeuger an das Netz koppeln. In einem Netz das hauptsächlich Einspeisungen enthält muss dann die Frequenzhaltung mit einem Zeitsignal der Technischen Bundesanstalt in Braunschweig sichergestellt werden. Man spricht dann von „winkelgeregeltem" Betrieb.

8.3.2 Kurzschlussstromberechnung

Die Größe eines Kurzschlussstroms ist von den Netzparametern, z. B. den Leitungsimpedanzen, dem Schaltzustand des Netzes und dem aktuellen Betriebszustand, d. h. dem Leistungsfluss, vor Fehlereintritt abhängig. Da sich durch den Kurzschluss die Spannungen in weiten Bereichen des Netzes stark ändern, verhalten sich die einzelnen Betriebsmittel, insbesondere die Lasten, nichtlinear. Es ist deshalb nur schwer möglich, die Stromverteilung in einem Netz bei Kurzschluss genau zu bestimmen. Mit einer zulässigen Fehlertoleranz von etwa 10 % ergeben sich aber relativ einfache Modelle, deren Behandlung mit dem vom Lastfluss bekannten Verfahren möglich ist [8, 9, 11].

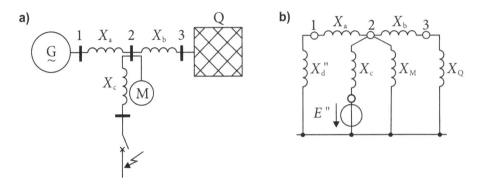

Abb. 8.10 Netz zur Kurzschlussstromberechnung. **a** Schaltbild des Netzes; **b** Ersatzschaltbild. (Eigene Darstellung)

8.3.2.1 Kurzschluss nach DIN VDE 0102

Nach DIN VDE 0102 (DIN EN 60909) können zur Berechnung des Kurzschlussstromes einige Vereinfachungen durchgeführt werden [10].

- Grundlage der Berechnungen ist der quasistationäre, subtransiente Kurzschlussstrom, der in Wirklichkeit nur wenige Millisekunden nach dem Fehlereintritt ansteht, aber als stationär unterstellt wird.
- Alle Lasten und Kapazitäten werden vernachlässigt. Lediglich Drehstrommotoren in der Nähe des Kurzschlussortes sind wie Generatoren zu behandeln.
- Von den Transformatoren wird angenommen, dass sie das Übersetzungsverhältnis der Netznennspannungen haben. Nur bei großen Abweichungen sind Korrekturmaßnahmen vorgesehen.
- Die Generatoren werden durch ihre Subtransientreaktanz und eine innere Spannung, die um den Faktor $c = 1{,}1$ über der Netznennspannung liegt, nachgebildet.

Mit diesen Vereinfachungen lässt sich das Netz nach Abb. 8.10a durch die Ersatzschaltung b behandeln. Zur Vereinfachung werden dabei häufig nur die Reaktanzen berücksichtigt.

Die Spannungsquellen des Netzes liegen hinter den Reaktanzen X_d'', X_M und X_Q. Da bei der Kurzschlussrechnung aber alle speisenden Spannungen definitionsgemäß den gleichen Betrag haben, können sie auch zu einer Spannungsquelle im Kurzschlusszweig zusammengefasst werden. Dies ist in Abb. 8.10b geschehen.

Beispiel 8.8: Kurzschlussstromberechnung

Für das Netz nach Abb. 8.10 sollen der Kurzschlussstrom und die Teilkurzschlussströme bestimmt werden. Hierzu sind folgende Daten gegeben

$$U_n = 110\,\text{kV}; \quad S_G = 100\,\text{MVA}; \quad X_d'' = 20\%; \quad S_M = 20\,\text{MVA};$$

$$I_{Anl}/I_r = 5; \quad X_Q = 10\,\Omega; \quad X_a = 50\,\Omega; \quad X_b = 15\,\Omega; \quad X_c = 20\,\Omega$$

Für Generator und Motor sind die Reaktanzen zu berechnen.

$$X_d'' = x_d'' \cdot U_n^2/S_G = 0{,}2 \cdot 110^2\,\text{kV}^2/100\,\text{MVA} = 24\,\Omega$$
$$X_M = I_r/I_{Anl} \cdot U_n^2/S_M = 1/5 \cdot 100^2\,\text{kV}^2/20\,\text{MVA} = 121\,\Omega$$

Die wirksame Motorreaktanz X_M ist die Summe aus Ständer- und Läuferstreureaktanz, die auch den Anlaufstrom bedingt. Von der Fehlerstelle aus gesehen ergibt sich die Fehlerreaktanz

$$X_1 = X_d'' + X_a = 24\,\Omega + 50\,\Omega = 74\,\Omega$$
$$X_3 = X_Q + X_b = 10\,\Omega + 15\,\Omega = 25\,\Omega$$
$$1/X_2 = 1/X_1 + 1/X_3 + 1/X_M = (1/74 + 1/25 + 1/121)\,\Omega^{-1} \quad X_2 = 16\,\Omega$$
$$X_k = X_c + X_2 = 20\,\Omega + 16\,\Omega = 36\,\Omega$$
$$I_k'' = \frac{E''/\sqrt{3}}{X_k} = \frac{c \cdot U_n/\sqrt{3}}{X_k} = \frac{1{,}1 \cdot 110\,\text{kV}/\sqrt{3}}{36\,\Omega} = 1{,}9\,\text{kA}$$

Die Teilkurzschlussströme ergeben sich zu

$$I_{k1}'' = X_2/X_1 I_k'' = 16\,\Omega/74\,\Omega \cdot 1{,}9\,\text{kA} = 0{,}41\,\text{kA}$$
$$I_{k3}'' = X_2/X_3 I_k'' = 16\,\Omega/25\,\Omega \cdot 1{,}9\,\text{kA} = 1{,}22\,\text{kA}$$
$$I_{kM}'' = X_2/X_M I_k'' = 16\,\Omega/121\,\Omega \cdot 1{,}9\,\text{kA} = 0{,}25\,\text{kA}$$

Die Motoren, die zu einer Ersatzmaschine zusammengefasst und in der Schaltanlage angeschlossen sind, liefern einen Beitrag von 13 % zum Kurzschlussstrom. Dies ist nicht mehr zu vernachlässigen. Motoren deren Anteil am Fehlerstrom unter 5 % liegt müssen nicht berücksichtigt werden. Es sei darauf hingewiesen, dass das beschriebene Verfahren nicht zu Netzplanung ausreicht. Für genauere Berechnungen sei auf VDE 0102 verwiesen [10]. ◀

8.3.2.2 Abgeleitete Kurzschlussströme

Der subtransiente Kurzschlussstrom, auch Stoßkurzschlusswechselstrom I_k'' genannt, ist ein Effektivwert. Er wird entsprechend Abschn. 8.3.2.1 berechnet. Aus ihm sind weitere Kurzschlussstromgrößen abzuleiten. Bei Fehlereintritt entsteht in ungünstigen Schaltaugenblicken ein Gleichstromglied, sodass der Verlauf des Kurzschlussstroms verlagert ist (Abb. 8.11 und Abschn. 2.7.4).

$$i_k = \sqrt{2} \cdot I_k'' \cdot e^{-t/\tau_g} - \sqrt{2} \cdot I_k'' \cdot \cos \omega t \tag{8.30}$$

Zum Zeitpunkt $t = 10\,\text{ms}$ stellt sich bei 50 Hz der maximale Strom I_p ein

$$I_p = \left(e^{-10\,\text{ms}/\tau_g} + 1\right)\sqrt{2} \cdot I_k'' = \kappa \cdot \sqrt{2} \cdot I_k'' \tag{8.31}$$

Dabei ist κ als Stoßfaktor definiert.

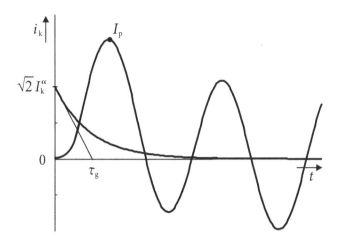

Abb. 8.11 Kurzschlussstromverlauf. (Eigene Darstellung)

Der Kurzschlussstrom des Netzes nach Abb. 8.10 enthält mehrere Gleichstromglieder, die zu einem Gleichstromglied zusammengefasst werden, dessen Zeitkonstante aus dem Verhältnis R/X der Kurzschlussimpedanz $\underline{Z}_k$ bestimmt wird. In Beispiel 8.8 wurden die ohmschen Widerstände vernachlässigt. Bei deren Berücksichtigung könnte sich beispielsweise ein Wert von $Z_k = (3,6 + j\,36)\,\Omega$ ergeben. Daraus folgt

$$\tau_g = L/R = \frac{X}{\omega R} = \frac{36\,\Omega}{314 \cdot 3,6\,\Omega}\,\mathrm{s} = 0,032\,\mathrm{s}$$
$$\kappa = \left(e^{-10/32} + 1\right) = 1,73$$
$$I_p = 1,73 \cdot \sqrt{2} \cdot 1,9\,\mathrm{kA} = 4,6\,\mathrm{kA}$$

Dieser Zahlenwert ist beispielsweise für die dynamische Beanspruchung von Schaltanlagen maßgebend (Abschn. 5.1.4). Es sei darauf hingewiesen, dass die beschriebene Methode zur Berechnung des Faktors κ nur eine von drei möglichen ist.

Der Kurzschlussstrom von Generatoren und Motoren klingt mit der Zeit auf den Dauerkurzschlussstrom ab, sodass beim Abschalten des Fehlers mit dem Öffnen der Schaltkontakte ein etwas kleinerer Strom fließt. Dies wird durch einen Faktor μ berücksichtigt. Bei den Asynchronmotoren kommt noch ein weiterer Faktor q hinzu, der dem Abklingen des Stromes auf null Rechnung trägt. Die Faktoren hängen vom Mindestschaltverzug, d. h. der kürzest möglichen Ausschaltzeit und dem Vorbelastungszustand ab. Auf die Bestimmung der Faktoren μ und q soll hier nicht eingegangen werden (dazu siehe [2, 8, 10, 12]).

Für $\mu_G = 0,9$; $\mu_M = 0,7$; $q_M = 0,6$ ergibt sich der Ausschaltstrom I_a im Fall des Beispiels 8.8 wie folgt

$$I_{aG} = \mu_G \cdot I''_{k1} = 0,9 \cdot 0,41\,\mathrm{kA} = 0,37\,\mathrm{kA}$$
$$I_{aM} = \mu_M \cdot q_M \cdot I''_{kM} = 0,6 \cdot 0,7 \cdot 0,25\,\mathrm{kA} = 0,11\,\mathrm{kA}$$
$$I_{aQ} = I_{k3} = 1,22\,\mathrm{kA}$$
$$I_a = I_{aG} + I_{aM} + I_{aQ} = 1,7\,\mathrm{kA}$$

Gegenüber dem Strom I_k'' ist der Ausschaltstrom I_a um 10 % zurückgegangen. Bei generatorfernen Fehlern wird der Ausschaltstrom gleich dem subtransienten Kurzschluss-Wechselstrom I_k''.

Der minimale Kurzschlussstrom ist für die Ausschaltsicherheit von Schutzeinrichtungen maßgebend. Um ihn zu berechnen, gibt es Faktoren λ. Bei den generatorfernen Fehlern wird auch hier vereinfachend der subtransiente Kurzschluss-Wechselstrom I_k'' angesetzt, der aber nicht mit dem Faktor $c = 1{,}1$ sondern $c = 1{,}0$ berechnet wurde. Für den minimalen Kurzschlussstrom im Niederspannungsnetz gilt $c = 0{,}95$.

8.3.2.3 Berechnung des Kurzschlussstroms

Um die Stromverteilung für einen Kurzschluss am Netzknoten k zu berechnen, muss man das für den Lastfluss verwendete Netz nach Abb. 8.6 modifizieren. Bei ihm entfallen die Lasten Y_{i0}. Stattdessen wird an den Generatorknoten die Subtransientreaktanz X_d'' als Last hinzugefügt und mit in die Admittanzmatrix A einbezogen. An der Fehlerstelle liegt die transiente Spannung E'' an. Durch Variablentausch in Gl. 8.9 ergibt sich

$$
\begin{pmatrix} \underline{U}_1^0 \\ \vdots \\ \sqrt{3}\underline{I}_k \\ \vdots \\ \underline{U}_n^0 \end{pmatrix} = \underline{H}_k \begin{pmatrix} \sqrt{3}\underline{I}_1 \\ \vdots \\ E'' \\ \vdots \\ \sqrt{3}\underline{I}_n \end{pmatrix} = \underline{H}_k \begin{pmatrix} 0 \\ \vdots \\ E'' \\ \vdots \\ 0 \end{pmatrix} \tag{8.32}
$$

Dabei ist zu beachten, dass – wie im vorhergehenden Abschnitt beschrieben – die inneren Generatorspannungen null sind und an der Fehlerstelle die Speisespannung E'' anliegt. Die wahren Knotenspannungen $\underline{U}_i$ des Netzes ergeben sich aus den in Gl. 8.32 ermittelten Spannungen $\underline{U}_i^0$ zu

$$
\underline{U}_i = E'' - \underline{U}_i^0 \tag{8.33}
$$

Für den Kurzschlussknoten k stellt sich dann $\underline{U}_k = 0$ ein.

Stehen die Spannungen $\underline{U}_i$ fest, lassen sich leicht aus dem Spannungsabfall über die Zweige die Zweigströme berechnen.

$$
\underline{I}_{ij} = \underline{Y}_{ij}\left(\underline{U}_i - \underline{U}_j\right)/\sqrt{3} \tag{8.34}
$$

Häufig interessiert nicht die Stromverteilung im ganzen Netz, sondern nur der Kurzschlussstrom am Fehlerpunkt. Dafür wird aber der Reihe nach an jedem Knoten ein Fehler unterstellt. Man spricht dann vom Kurzschluss an allen Knotenpunkten. Hierzu ist Gl. 8.9 vollständig umzustellen.

$$\begin{pmatrix} \underline{U}_1^0 \\ \vdots \\ \underline{U}_n^0 \end{pmatrix} = \underline{F} \begin{pmatrix} \sqrt{3}\underline{I}_1 \\ \vdots \\ \sqrt{3}\underline{I}_n \end{pmatrix} \qquad (8.35)$$

Nun wird für einen Kurzschluss am Knoten 1 ein Strom $\underline{I}_1$ angesetzt, alle anderen Ströme $\underline{I}_i$ ($i \geq 2$) sind null. Es gilt dann

$$\sqrt{3}\underline{I}_1 = \underline{U}_1^0/f_{11} = E''/f_{11} \qquad (8.36)$$

Dabei ist f_{11} das Element 11 der Matrix $\underline{F}$. Mit diesem Strom sind – falls gewünscht – alle Spannungen $\underline{U}_1^0$ zu bestimmen. Anschließend wird die gleiche Berechnung für alle anderen Knoten durchgeführt.

Der dreipolige Kurzschluss ist die Verbindung der drei Leiter R, S, T an einer Fehlerstelle. Tritt zusätzlich eine Verbindung zur Erde auf, so fließt darüber – wegen der Symmetrie des Netzes – kein Strom. Der symmetrische Fall, für dessen Berechnung nur das Mitsystem notwendig ist, tritt in Freileitungsnetzen relativ selten auf, wird aber für die Dimensionierung der Anlagen herangezogen, weil er in der Regel zu den größeren Strömen führt. Häufiger sind allerdings unsymmetrische Fehlerfälle.

8.3.3 Unsymmetrische Fehler

Für die Dimensionierung eines Netzes sind die in Abb. 8.12a dargestellten Kurzschlüsse von Bedeutung. Bei den Fehlern mit Erdberührung ist die Sternpunktbehandlung (Abschn. 8.2) für die Größe des Fehlerstromes entscheidend. Zur Berechnung von unsymmetrischen Fehlerströmen sind neben dem Mitsystem auch das Gegen- und ggf. das Nullsystem heranzuziehen (Abschn. 1.4.3). Die Vorgehensweise soll anhand von Abb. 8.12 erläutert werden. Dabei wird ein Netz (Abb. 8.12b) mit zwei Transformatoren betrachtet. Seine Komponentenersatzschaltungen p n h zeigt Abb. 8.12c.

Einpoliger Erdkurzschluss ($\underline{I}_{kE}$) (siehe auch Abschn. 8.2.1)

In Netzen mit niederohmig geerdeten Transformatorsternpunkten entsteht bei einem Kurzschluss zwischen einem der Leiter R, S, T und Erde E ein Strom, der in der Größenordnung des dreipoligen Kurzschlussstromes liegt. Da die Nullimpedanzen i. Allg. größer als die Mitimpedanzen sind, ist der einpolige Kurzschlussstrom etwas kleiner als der dreipolige. Für Abb. 8.12 ergibt sich unter Vernachlässigung der Kapazitäten (Abb. 1.10b)

$$\underline{Z}_p = \underline{Z}_Q + \underline{Z}_{Tr1} + \underline{Z}_L = \underline{Z}_n \qquad \underline{Z}_h = \underline{Z}_{hTr1} + \underline{Z}_{hL}$$

$$\underline{I}_{k3} = \frac{c \cdot U_Q/\sqrt{3}}{\underline{Z}_p} \qquad (8.37)$$

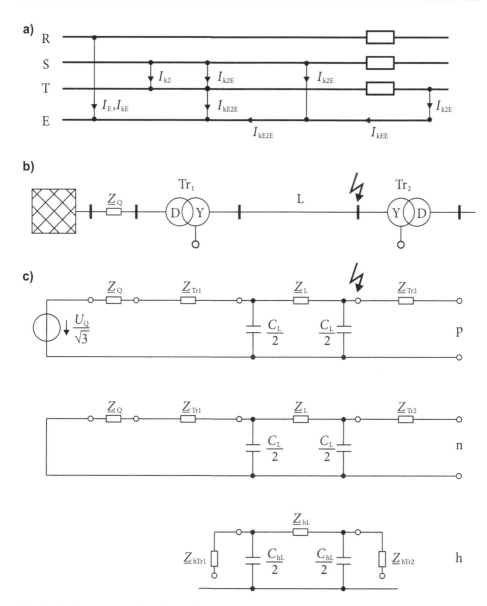

Abb. 8.12 Unsymmetrische Kurzschlüsse. **a** Fehlertypen; **b** Beispielnetz; **c** Komponentenersatz-schaltung. (Eigene Darstellung)

$$\underline{I}_{kE} = \frac{3 \cdot c \cdot U_Q/\sqrt{3}}{\underline{Z}_p + \underline{Z}_n + \underline{Z}_h} \tag{8.38}$$

Dabei ist der Sternpunkt des Transformators 1 als geerdet und der des Transformators 2 als ungeerdet angenommen. Wird die Netzimpedanz $\underline{Z}_Q$ sehr groß, kann der einpolige Kurzschlussstrom auf den 1,5-fachen Wert des dreipoligen ansteigen. Auch die Erdung des Transformators 2 führt zu einer Erhöhung des einpoligen Kurzschlusses.

Der Erdkurzschlussstrom fließt zu großen Teilen von dem Fehlerort, z. B. einem Freileitungsmast, über die Erde zur Schaltanlage. Der Rest wird über ohmsche Stromverteilung und induktive Kopplungen auf das Erdseil oder andere Kompensationsleiter verlagert. In den Erdungsanlagen verursachen die Ströme Schritt- und Berührungsspannungen (Abschn. 4.4.5).

Einpoliger Erdschluss (I_E)

In Netzen mit hochohmig geerdeten Sternpunkten führen einpolige Erdfehler zu einem sehr geringen Strom, der in der Regel weit unter dem Bemessungsstrom liegt. Bei offenem Sternpunkt wird der Erdschlussstrom nur durch die Erdkapazitäten ($C_{EL} = C_{hL}$) nach Abschn. 8.2.2 bestimmt. Die Netzimpedanzen sind bei der Berechnung zu vernachlässigen da $Z \ll 1/\omega C$.

$$I_E = -3\ \omega C_{hL} \cdot U_Q/\sqrt{3} \tag{8.39}$$

Im Fall der Erdschlusslöschung erhält der Sternpunkt des Transformators 1 eine Drosselspule X_D. Sie kompensiert ganz oder teilweise den Strom über die Erdkapazität. Im Resonanzfall gilt (Abschn. 8.2.3)

$$X_D = 1/(\omega\ C_{hL}) \tag{8.40}$$

Zweipoliger Kurzschluss (I_{K2})

Ein Kurzschluss zwischen zwei der drei Leiter RST führt zu einem Strom, der unabhängig von der Sternpunktbehandlung ist. Für das Netz in Abb. 8.12 ergibt sich

$$I_{k2} = \frac{c \cdot U_Q}{\underline{Z}_p + \underline{Z}_n} \tag{8.41}$$

Demnach ist der zweipolige Kurzschlussstrom in aller Regel um den Faktor $\sqrt{3}/2 = 0{,}866$ kleiner als der dreipolige.

Zweipoliger Kurzschluss mit Erdberührung (I_{K2E}, I_{KE2E})

Wenn ein Kurzschluss zwischen zwei der drei Leiter RST und zusätzlich gemeinsam mit Erde besteht, ergeben sich etwas komplexere Verhältnisse. Längere Rechnungen liefern [8]

$$\underline{I}_S = -j\ \frac{c \cdot U_Q(\underline{Z}_h - a\underline{Z}_g)}{\underline{Z}_m\underline{Z}_g + \underline{Z}_m\underline{Z}_h + \underline{Z}_g\underline{Z}_h} \rightarrow I_{k2E} \tag{8.42}$$

$$\underline{I}_T = j \frac{c \cdot U_Q (\underline{Z}_h - \underline{a}^2 \underline{Z}_g)}{\underline{Z}_m \underline{Z}_g + \underline{Z}_m \underline{Z}_h + \underline{Z}_g \underline{Z}_h} \rightarrow I_{k2E} \tag{8.43}$$

Daraus sind der Strom über Erde und der Strom zwischen den fehlerbetroffenen Leitern I_{kE2E} zu bestimmen

$$\underline{I}_{kE2E} = \underline{I}_s + \underline{I}_T \tag{8.44}$$

$$\underline{I}_{kE2E} = -\frac{\sqrt{3} \cdot c \cdot U_Q}{\underline{Z}_m + 2\underline{Z}_h} \tag{8.45}$$

Es hängt somit von dem Verhältnis $\underline{Z}_h / \underline{Z}_m$ ab, ob der einpolige (E) oder zweipolige (2E) Kurzschluss mit Erdberührung zu dem größeren Fehlerstrom führt. Da i. Allg. die Nullimpedanz größer als die Mitimpedanz ist, wird der einpolige Kurzschlussstrom der kleinere sein.

Doppelerdschluss (I_{K2E}, I_{kEE})
Wenn an zwei verschiedenen Stellen in zwei unterschiedlichen Leitern eine Verbindung zur Erde auftritt, liegen i. Allg. zwei Fehlerursachen vor. Derartige unabhängige Ereignisse werden bei der Netzplanung nicht berücksichtigt, da sie sehr unwahrscheinlich sind. Bei Erdschlüssen hebt sich aber die Spannung der gesunden Leiter gegenüber Erde um den Faktor $\sqrt{3}$ an, sodass eine größere Wahrscheinlichkeit für einen zweiten Fehler an einer anderen Stelle, die beispielsweise eine Isolationsschwäche aufweist, besteht. In diesem Fall fließt zwischen den beiden Fehlerstellen der Doppelerdschlussstrom $I_{kEE} = I_{k2E}$ über die Erdungsanlage. Liegen die Fehlerstellen nahe beieinander, so lassen sich die Ströme nach Gl. 8.42 berechnen.

Beispiel 8.9: Berechnung des ein- und dreipoligen Kurzschlussstromes

Für die 110-kV-Freileitung L in Abb. 8.12 sollen der dreipolige und die unsymmetrischen Kurzschlussströme berechnet werden. Dabei sei zunächst nur der Transformator 1 starr geerdet. Anschließend ist der einpolige Kurzschlussstrom auch für den Fall beidseitiger Erdung zu bestimmen.
Netzdaten:

$$U_n = 110 \, kV; \qquad X_Q = 5 \, \Omega; \qquad S_{Tr1} = S_{Tr2} = 100 \, MVA;$$
$$u_k = 15 \, \%; \qquad u_h = 12 \, \%;$$
$$X_L' = 0{,}4 \, \Omega/km; \qquad C_b' = 9{,}5 \, nF/km; \qquad X_{hL}' = 1{,}5 \, \Omega/km;$$
$$C_h' = 5 \, nF/km; \qquad l = 30 \, km$$

Daraus folgen die Reaktanzen

$X_{Tr} = 0{,}15 \cdot 110^2 \, \text{kV}^2/100 \, \text{MVA} = 18 \, \Omega;$ $\qquad\qquad$ $X_{hTr} = 0{,}12 \cdot 110^2 \, \text{kV}^2/100 \, \text{MVA} = 15 \, \Omega;$

$X_L = 0{,}4 \, \Omega/\text{km} \cdot 30 \, \text{km} = 12 \, \Omega;$ $\qquad\qquad$ $X_{hL} = 1{,}5 \, \Omega/\text{km} \cdot 30 \, \text{km} = 45 \, \Omega;$

$C_L = 9{,}5 \, \text{nF}/\text{km} \cdot 30 \, \text{km} = 285 \, \text{nF};$ $\qquad\qquad$ $C_{hL} = 5 \, \text{nF}/\text{km} \cdot 30 \, \text{km} = 150 \, \text{nF};$

$X_m = X_Q + X_{Tr} + X_L = 5 \, \Omega + 18 \, \Omega + 12 \, \Omega = 35 \, \Omega = X_g$

$X_h = X_{hTr} + X_{hL} = 15 \, \Omega + 45 \, \Omega + 60 \, \Omega$

Mithilfe der Gl. 8.37 bis 8.45 sind die Ströme zu berechnen

$$I_{k3} = \frac{1{,}1 \cdot 110 \, \text{kV}/\sqrt{3}}{35 \, \Omega} = 2 \, \text{kA}$$

$$I_{kE} = \frac{3 \cdot 1{,}1 \cdot 110 \, \text{kV}/\sqrt{3}}{2.35 \, \Omega + 60 \, \Omega} = 1{,}6 \, \text{kA}$$

$$I_E = 3 \cdot 314 \cdot 150 \cdot 10^{-9} \cdot 110 \, \text{kA}/\sqrt{3} = 9 \cdot 10^{-3} \, \text{kA} = 9 \, \text{A}$$

$$I_{k2} = \frac{1{,}1 \cdot 110 \, \text{kV}/\sqrt{3}}{2 \cdot 35 \, \Omega} = 1{,}7 \, \text{kA}$$

$$\underline{I}_S = -\text{j} \, \frac{1{,}1 \cdot 110 \, \text{kV} \left(\text{j} \, 60 - e^{\text{j}120°} \cdot \text{j} \, 35 \right)}{-35 \cdot 35 \, \Omega - 2 \cdot 35 \cdot 60 \, \Omega} = 1{,}9 \, \text{kA} e^{-\text{j}21°}$$

$$\underline{I}_S = 1{,}9 \, \text{kA} \, e^{\text{j}21°}$$

$$\underline{I}_{k2E} = \underline{I}_S = I_T = 1{,}9 \, \text{kA}$$

$$I_{kE2E} = \sqrt{3} \cdot \frac{1{,}1 \cdot 110 \, \text{kV}}{35 \, \Omega + 2 \cdot 60 \, \Omega} = 1{,}35 \, \text{kA}$$

Man sieht, dass der dreipolige Kurzschlussstrom der größte Kurzschlussstrom ist. Die anderen erreichen jedoch auch erhebliche Werte.

Für den Fall, dass beide Transformatoren geerdet sind, erhält man

$$X_h = (X_{hL} + X_{hTrl})X_{hTr2} = (45 \, \Omega + 15 \, \Omega) \, 15 \, \Omega = 12 \, \Omega$$

$$I_{kE} = \frac{\sqrt{3} \cdot 1{,}1 \cdot 110 \, \text{kV}}{2 \cdot 35 \, \Omega + 12 \, \Omega} = 2{,}6 \, \text{kA}$$

Nun übersteigt der einpolige Kurzschlussstrom den dreipoligen Kurzschlussstrom. ◀

8.3.4 Zuverlässigkeitsberechnung

Das Energieversorgungsnetz wird i. Allg. nach dem $(n-1)$-Prinzip geplant (Abschn. 8.1). Danach darf jedes Betriebsmittel eines Netzes ausfallen, ohne dass eine Versorgungsunterbrechung stattfindet. Die Einhaltung dieser Regeln führt in den meisten Netzen zu einer zufriedenstellenden Versorgungszuverlässigkeit. In besonders gelagerten Fällen, z. B. bei der Versorgung von kritischen Verbrauchern wie den Notkühlpumpen von Kernkraftwerken, sind eingehendere Zuverlässigkeitsuntersuchungen notwendig. Die Problematik der Zuverlässigkeitsuntersuchung soll am Beispiel der Doppelleitung in Abb. 8.13a erläutert werden. Die Stromeinspeisung Q und die beiden Sammelschienen seien sicher; die Übertragungskapazität einer Leitung reiche aus, um den Verbraucher V zu versorgen. In dem Zustandsdiagramm (Abb. 8.13b) sind die vier möglichen Betriebszustände dargestellt. Pfeile zeigen die Übergänge an. Der Block „L1;L2" steht für: „Leitung L1 ein, Leitung L2 ein", der Block „0;L2" steht für: „Leitung L1 aus, Leitung L2 ein".

Die mittlere Häufigkeit, mit der die in Betrieb befindliche Leitung L1 ausfällt, wird Ausfallrate λ_1 genannt.

Daraus lässt sich auch die mittlere fehlerfreie Betriebsdauer T_B oder Mean Time To Failure (MTTF) bestimmen. (Die Zahlenwerte dienen als Beispiel.)

$$T_B = \text{MTTF} = 1/\lambda_1 = 0{,}5\,\text{a} \qquad (8.46)$$

Wenn die Leitung 1 ausgefallen ist, wird sie repariert und wieder eingeschaltet.

Die mittlere Ausfalldauer T_A oder Mean Time To Repair (MTTR) führt zu einer Instandhaltungsrate von z. B. $\mu_1 = 200\,\text{a}^{-1}$

$$T_A = \text{MTTR} = 1/\mu_1 = 0{,}005\,\text{a} \qquad (8.47)$$

Die mittlere Zeit von einem Fehler zum nächsten wird Mean Time Between Failure (MTBF) genannt. Bei technischen Geräten sollte die Ausfallzeit viel kleiner als die Betriebszeit sein. Somit ergibt sich

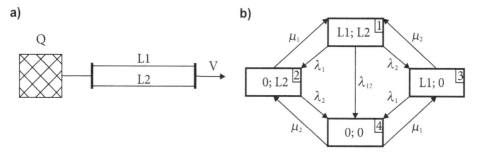

Abb. 8.13 Versorgungszuverlässigkeit. **a** Netz mit Doppelleitung; **b** Zustandsdiagramm. (Eigene Darstellung)

$$\text{MTBF} = \text{MTTF} + \text{MTTR} \approx \text{MTTF} = T_B \tag{8.48}$$

Der reziproke Wert hierzu ist die Häufigkeit des Ausfalls

$$H = 1/\text{MTBF} \approx \lambda \tag{8.49}$$

Als dimensionslose Größen treten die Wahrscheinlichkeiten dafür auf, dass die Leitung in Betrieb P_B bzw. P_A ausgefallen ist

$$P_B = \text{MTTF}/\text{MTBF} = T_B/(T_B + T_A) \approx 1 \tag{8.50}$$

$$P_A = \text{MTTR}/\text{MTBF} = T_A/(T_B + T_A) \ll 1 \tag{8.51}$$

In dem Modell werden nur zwei Zustände für ein Betriebsmittel unterstellt: Betrieb und Ausfall. Der häufig vorkommende Fall des „Stand-by" ist nicht berücksichtigt.

Wird die Leitung nicht repariert, so sinkt die Wahrscheinlichkeit dafür, dass die Leitung in Betrieb ist, von 1 auf 0 ab. Lässt sich dieser Vorgang durch eine lineare Differenzialgleichung beschreiben, so liegt ein Markoff-Prozess vor [13]

$$\mathrm{d}P_B/\mathrm{d}t = -\lambda\,P_B \Rightarrow P_B = P_{B0}e^{-\lambda t} \tag{8.52}$$

Unter Berücksichtigung der Reparatur ergibt sich

$$\mathrm{d}P_B/\mathrm{d}t = -\lambda P_B + \mu P_A = -\lambda P_B + \mu(1 - P_B) \tag{8.53}$$

Für den stationären Wert folgt daraus

$$P_{B\infty} = \frac{\mu}{\mu + \lambda} = \frac{200}{200 + 2} = 0{,}99$$

$$P_{A\infty} = 1 - P_{B\infty} = \frac{\lambda}{\mu + \lambda} \approx \frac{\lambda}{\mu} = 0{,}01 \tag{8.54}$$

Die Summe von $P_{B\infty}$ und $P_{A\infty}$ muss natürlich 1,0 ergeben. Ausgehend von der eingeschalteten Leitung verläuft der Übergang nach der Gleichung

$$P_B = (P_{B0} - P_{B\infty})e^{-(\lambda+\mu)t} + P_{B\infty} \tag{8.55}$$

Für die vier Zustände in Abb. 8.13b lässt sich mit den gleichen Gedanken das folgende Gleichungssystem aufstellen

$$\begin{bmatrix} \mathrm{d}P_1/\mathrm{d}t \\ \mathrm{d}P_2/\mathrm{d}t \\ \mathrm{d}P_3/\mathrm{d}t \\ \mathrm{d}P_4/\mathrm{d}t \end{bmatrix} = \begin{bmatrix} -(\lambda_1 + \lambda_2 + \lambda_{12}) & \mu_1 & \mu_2 & 0 \\ \lambda_1 & -(\lambda_2 + \mu_1) & 0 & \mu_2 \\ \lambda_2 & 0 & -(\lambda_1 + \mu_2) & \mu_1 \\ \lambda_{12} & \lambda_2 & \lambda_1 & -(\mu_1 + \mu_2) \end{bmatrix} \begin{bmatrix} P_1 \\ P_2 \\ P_3 \\ P_4 \end{bmatrix} \tag{8.56}$$

Diese Gleichungen sind linear abhängig, denn die Summe aller $\mathrm{d}P_i/\mathrm{d}t$ ist null, sodass es sich bei Gl. (8.56) um ein System dritter Ordnung handelt. Zur Lösung ist dann als vierte

Gleichung noch zu berücksichtigen, dass die Summe aller Zustandswahrscheinlichkeiten eins ist.

$$P_1 + P_2 + P_3 + P_4 = 1 \qquad (8.57)$$

Die einzelnen Zustandswahrscheinlichkeiten im ausgeglichenen Betrieb lassen sich als Gl. 8.56 mit 8.57 für den Fall $\mathrm{d}P_i/\mathrm{d}t = 0$ ermitteln.

Von besonderer Bedeutung in dem Zustandsdiagramm ist der Übergang mit λ_{12}. Er repräsentiert den gleichzeitigen Ausfall beider Leitungen durch ein gemeinsames Ereignis. Solche Common-Mode-Fehler sind bei Freileitungen selten, aber nicht vernachlässigbar. Sie treten auf, wenn beispielsweise ein umfallender Baum beide Stromkreise einer Leitung beschädigt. Ohne Common-Mode-Fehler lassen sich für das Zustandsdiagramm sehr leicht die Wahrscheinlichkeiten näherungsweise angeben

$$P_1 \gg P_2 \qquad P_3 \gg P_4 \qquad (8.58)$$

Die Zustandswahrscheinlichkeit P_2 wird demnach im Wesentlichen durch die Übergänge zwischen den Zuständen 1 und 2 bestimmt. Ähnliches gilt für den Zustand 3.

$$P_2 \approx \frac{\lambda_1}{\mu_1} = 0{,}01 \qquad P_3 \approx \frac{\lambda_2}{\mu_2} = 0{,}01 \qquad (8.59)$$

Daraus folgt für den Zustand 1

$$P_1 \approx 1 - (P_2 + P_3) = 0{,}98 \qquad (8.60)$$

Aus den Wahrscheinlichkeiten für die Zustände 2 und 3 ist die Wahrscheinlichkeit für den Zustand 4 zu bestimmen

$$P_4 = \frac{\lambda_2}{\mu_2} \cdot P_2 + \frac{\lambda_1}{\mu_1} \cdot P_3 = 0{,}01 \cdot 0{,}01 + 0{,}01 \cdot 0{,}01 = 0{,}0002 \qquad (8.61)$$

Dies ist die Wahrscheinlichkeit für die Unterbrechung der Stromversorgung, wenn für jede Leitung voneinander unabhängig Reparaturen durchgeführt werden. Treten nun zusätzlich Common-Mode-Fehler auf, so sind als Ausfallrate λ_{12} und als Reparaturzeit $\mu_1 + \mu_2 = 2\mu_1$ wirksam. Mit $\lambda_{12} = 0{,}1 \cdot \lambda_1 = 0{,}2\,\mathrm{a}^{-1}$ verursacht dieser Fehlertyp eine Ausfallwahrscheinlichkeit

$$P_{4\mathrm{C}} = \frac{P_2\lambda_2 + P_1\lambda_{12} + P_3\lambda_1}{\mu_1 + \mu_2} \approx \frac{\lambda_{12}}{\mu_1 + \mu_2} = \frac{0{,}2}{200 + 200} = 0{,}0005 \qquad (8.62)$$

Man sieht, dass Common-Mode-Fehler die Zuverlässigkeit der Übertragung stärker beeinflussen als unabhängige Fehler.

Beispiel 8.10: Ausfallwahrscheinlichkeit einer Doppelleitung

Für eine 100 km lange 110-kV-Doppelleitung kann man annehmen: $\lambda = 0{,}3\,\text{a}^{-1}$; $\mu = 1000\,\text{a}^{-1}$; $\lambda_{12} = 0{,}03\,\text{a}^{-1}$. Wie groß ist die Wahrscheinlichkeit für eine Versorgungsunterbrechung?

Aus Gl. 8.54 ist die Wahrscheinlichkeit für den Ausfall einer Leitung zu bestimmen.

$$P_2 = P_3 = \frac{\lambda}{\mu} = \frac{0{,}3\,\text{a}}{1000\,\text{a}} = 3\cdot 10^{-4}$$

Ebenso groß ist die Wahrscheinlichkeit, dass die Zustände 2 und 3 in 4 übergehen.

Nach Gl. (8.61) ergibt sich dann

$$P_4 = 2\cdot P_2^2 = 2\cdot 3^2\cdot 10^{-8} = 18\cdot 10^{-8}$$

Für den Common-Mode-Fehler liefert Gl. 8.62

$$P_{4\text{C}} = \frac{\lambda_{12}}{2\mu} = \frac{0{,}03\,\text{a}}{2\cdot 1000\,\text{a}} = 0{,}15\cdot 10^{-4} = 1500\cdot 10^{-8}$$

Diese realitätsnahen Zahlen zeigen, dass die Ausfallwahrscheinlichkeit P_A fast nur durch den Common-Mode-Fehler bestimmt ist und zwei unabhängige Fehler so gut wie nie gleichzeitig auftreten.

$$P_A = P_4 + P_{4\text{C}} = 1518\cdot 10^{-8}$$

Die Nichtversorgungszeit während eines Jahres ($= 525\,000$ min) beträgt demnach

$$\text{NV} = 1518\cdot 10^{-8}\cdot 525\,000\,\text{min/a} = 8\,\text{min/a} \blacktriangleleft$$

8.4 Netzrückwirkungen

Energieversorgungsnetze stellen den Verbrauchern eine Netzspannung zur Verfügung, die bestimmte Qualitätsmerkmale erfüllen muss. Die Verbraucher entnehmen aus dem Netz einen Strom, belasten damit die Betriebsmittel des Netzes und beeinflussen andere Verbraucher. Im Vordergrund steht dabei die Beeinträchtigung der Spannungen. Als Folge der Netzrückwirkung ergeben sich Spannungsfälle, Spannungsverzerrungen, Spannungsunsymmetrien und Spannungsschwankungen [14, 15, 16, 17, 18].

8.4.1 Qualitätsmerkmale der Spannung

Die ideale Netzspannung ist sinusförmig, ihre drei Leiterspannungen sind um 120° gegeneinander phasenverschoben und haben Nennspannung sowie Nennfrequenz. Daraus leiten sich die Forderungen ab.

Sinusform. Die Sinusform der Spannung wird durch den Spannungsabfall der Oberschwingungsströme an den Netzimpedanzen beeinträchtigt. Deshalb müssen die Verbraucher bestimmte Grenzwerte bei der Einspeisung von Oberschwingungsströmen einhalten. In Niederspannungsnetzen gelten nach [14] für die Spannungen U_ν folgende Grenzwerte (ν: Ordnungszahl)

$$U_5 = 6\% \quad U_7 = 5\% \quad U_{11} = 3,5\% \quad U_{13} = 3\%$$
$$U_3 = 5\% \quad U_9 = 1,5\%$$
$$U_2 = 2\% \quad U_4 = 1\% \quad U_6 = 0,5\%$$

Die ungeradzahligen, durch drei teilbaren Harmonischen haben geringe Amplituden, da sie sich bei symmetrischer Last kompensieren. Alle geradzahligen Oberschwingungen entstehen i. Allg. nicht im stationären Betrieb und werden deshalb ebenfalls kleiner angesetzt.

Spannungskonstanz. Für die Netzspannung sind bestimmte Normwerte vorgegeben, die in gewissen Grenzen eingehalten werden müssen. Nach DIN EN 50160 gilt für das Niederspannungsnetz 230 V/400 V $\pm$ 10 %.

Das EVU muss im Rahmen der Netzplanung sicherstellen, dass durch genügend große Leitungsquerschnitte und regelungstechnische Maßnahmen im Lauf eines Tages die Spannungsfälle klein bleiben bzw. ausgeregelt werden.

Spannungsstarrheit. Durch Zuschalten eines Verbrauchers entsteht ein Spannungseinbruch (Abschn. 8.3.1.1), der den Verbraucher selbst, aber auch die Lasten in dessen Umgebung beeinflusst. Häufige Lastwechsel führen dann zu unangenehmen Lichtstärkeschwankungen in den angeschlossenen Lampen. Dieses Phänomen wird „Flicker" genannt.

Netzfrequenz. Durch den europäischen Netzverbund wird die Frequenz in sehr engen Grenzen konstant gehalten. Frequenzschwankungen von mehr als 0,1 Hz sind äußerst selten und treten nur auf, wenn aufgrund von großen Störungen Teilnetze entstehen oder sich kleinere Netze, z. B. ein Industrienetz, vom Verbund trennen.

Spannungsunsymmetrie. Wenn die o. a. Spannungsgrenzwerte eingehalten werden, spielen nur solche Unsymmetrien eine Rolle, die zur Erzeugung eines Gegensystems U_g führen.

Zuverlässigkeit. Die Verfügbarkeit der elektrischen Energie ist durch Einhaltung des $(n-1)$-Prinzips bei der Netzplanung zumindest in Deutschland so groß, dass man sich im privaten Bereich vollständig darauf verlässt. Netzersatzanlagen werden installiert, wenn ein Ausfall extrem große Schäden verursacht, z. B. Krankenhaus, Eigenbedarf von Kernkraftwerken, Netze der chemischen Industrie oder Rechenzentren. Daneben sind in Versammlungsstätten batteriegespeiste Panikbeleuchtungen vom Netz getrennt zu installieren.

Eine weitere Erhöhung der Zuverlässigkeit gegenüber dem jetzigen Zustand wäre mit erheblichen Investitionen verbunden, während der Einspareffekt durch eine Absenkung der Zuverlässigkeit oft überschätzt wird. Insbesondere, wenn man berücksichtigt, dass dann die Klasse der Verbraucher, die mit Netzersatzanlagen abzusichern wären, stark zunimmt. Diese Aussage gilt nur für das Netz. Bei Kraftwerken mit wetterabhängiger Erzeugung müssen erhebliche Investitionen zur Aufrechterhaltung der Versorgungszuverlässigkeit getroffen werden.

Als Maß für die Zuverlässigkeit einer Stromversorgung gilt die „nicht zeitgerecht" gelieferte Energie. Dies ist die Energie, die durch einen Ausfall überhaupt nicht bezogen wird, z. B. Licht, und die Energie, die später als gewünscht bezogen wird, z. B. Kochen. Um Wirtschaftlichkeitsrechnungen in Bezug auf die Netzzuverlässigkeit durchführen zu können, müsste man die nicht zeitgerecht gelieferte Energie bewerten, z. B. mit 1 …10 €/kWh. Ein derartiger Betrag ist jedoch von sehr vielen Faktoren abhängig.

8.4.2 Netzlast

Die Netzlast führt zu Spannungsfällen, die bereits in Abschn. 8.3.1 behandelt wurden. Dort hat sich gezeigt, dass insbesondere die Blindleistung über die Netzreaktanz bei Hochspannungsnetzen zu Spannungsfällen führt. Mit Kondensatoren ist es möglich, die Blindlast verbrauchernah oder zentral zu kompensieren. Da EVU bei den Industriekunden auch für die bezogene Blindleistung ein Entgelt fordern, gibt es in den meisten Betrieben Blindleistungskompensationsanlagen mit Kondensatoren, die von Schützen zur Regelung des Leistungsfaktors geschaltet werden. Beim Einschalten von Kondensatoren entsteht ein Ausgleichsvorgang, dessen Frequenz von der Kapazität C und der Netzinduktivität L_Q bestimmt ist.

Beispiel 8.11: Spannungsfall bei Blindleistungskompensation

Ein Verbraucher mit dem Leistungsfaktor $\cos \varphi = 0{,}8$ verursacht in einem Netz $(R_Q/X_Q = 0{,}1)$ einen Spannungsfall ΔU von 2 %. Welcher Spannungsfall entsteht, wenn die Blindleistung kompensiert wird? Welcher Ausgleichsstrom $\hat{i}$ entsteht bei Zuschaltung des Kondensators im Spannungsmaximum?

Die Berechnungen sollen in p.u.-Größen erfolgen.

$$P = 0{,}8 \qquad Q = 0{,}6 \qquad U = 1$$

Gl. 8.6 liefert:

$$\Delta U = R_Q P/U + X_Q Q/U = R_Q P + X_Q Q$$

$$X_C = U^2/Q = 1/0{,}6 = 1{,}67$$

$$\Delta U = (0{,}1\,P + Q)\,X_Q \qquad X_Q = \frac{0{,}02}{0{,}1 \cdot 0{,}8 + 0{,}6} = 0{,}029$$

Wenn Q kompensiert wird:

$$Q = 0: \quad \Delta U = 0{,}1 \cdot 0{,}029 \cdot 0{,}8 = 0{,}0023 \,\widehat{=}\, 0{,}23\ \%$$

$$\omega = \frac{1}{\sqrt{LC}} = \frac{\omega_Q}{\sqrt{X_Q/X_C}} = \frac{\omega_Q}{\sqrt{0{,}029/1{,}67}} = 7{,}6\,\omega_Q$$

$$f = 7{,}6 f_Q = 7{,}6 \cdot 50 = 380\,\text{Hz}$$

$$\hat{i} = \hat{u}/Z_S = \hat{u}/\sqrt{L/C} = \hat{u}/\sqrt{X_Q \cdot X_C} = \hat{u}/\sqrt{0{,}029 \cdot 1{,}67} = 4{,}5\,\hat{u} = 4{,}5\,\sqrt{2}$$

Bezogen auf den stationären Kondensatorstrom $\hat{i}_c = 0{,}6 \cdot \sqrt{2}$ ist dies der 7,5-fache Wert. ◄

Die Frequenz von 380 Hz ist sehr gering. Übliche Werte liegen bei 1 kHz und darüber. Auch die Stromspitze kann den oben errechneten Wert erheblich übersteigen und so die Kondensatoren und Schütze gefährden. Zur Strombegrenzung werden deshalb häufig vor die Kompensationskondensatoren Drosselspulen geschaltet. Durch eine geeignete Dimensionierung ist es möglich, Kompensationskondensatoren in Filterkreise zu integrieren, die einzelne Netzharmonische absaugen (Abb. 2.20) [19].

8.4.3 Oberschwingungen

Eine Last mit nichtlinearer Kennlinie $i(u)$ zieht bei sinusförmiger Spannung einen verzerrten Strom aus dem Netz, dessen Verlauf periodisch zur Grundfrequenz ω_1 ist, d. h. der Stromverlauf wiederholt sich im 50-Hz-Netz alle 20 ms. Jede mit der Zeit periodische Funktion lässt sich in eine Fourierreihe zerlegen

$$i = \sum_{\nu=1}^{n} \hat{i}_{c\nu} \cos \nu\,\omega_1 t + \hat{i}_{s\nu} \sin \nu\,\omega_1 t$$

$$\hat{i}_\nu = \sqrt{\hat{i}_{c\nu}^2 + \hat{i}_{s\nu}^2} \tag{8.63}$$

Die Komponenten $\nu = 1, \dots, n$ werden Harmonische und die Komponenten $\nu = 2, \dots, n$ Oberschwingungen genannt. Die wichtigste nichtlineare Last ist der mit festem Zündwinkel angesteuerte Stromrichter [15].

Wird bei einer Doppelweggleichung der Gleichstrom so geglättet, dass er konstant ist, ergeben sich im Wechselstromnetz rechteckförmige Ströme. Sie lassen sich durch Gl. 8.63 beschreiben. Bei einer solchen Zweipuls-Brücke gilt

$$i_\nu/i_1 = 1/\nu \qquad \nu = 1, 3, 5, 7, \dots \tag{8.64}$$

Werden in einem Drehstromnetz die Zweipuls-Brücken symmetrisch zwischen den Leitern angeordnet, heben sich die durch drei teilbaren Harmonischen auf, sodass eine Sechspuls-Brücke mit den Harmonischen $\nu = 1, 5, 7, 11, 13, \dots$ entsteht

(Abschn. 3.2.1.1). Durch Erhöhung der Pulszahlen p ist eine weitere Reduktion möglich. Allgemein gilt für die Stromoberschwingungen

$$v = k\,p \pm 1 \qquad k = 1, 2, 3, \ldots \tag{8.65}$$

Alle höheren Harmonischen sind nur in geringem Umfang vorhanden. Sie entstehen beispielsweise aus dem unsymmetrischen Aufbau der Stromrichtertransformatoren oder Unsymmetrien in der Steuerelektronik. Umrichter, die von einem in ein anderes Drehstromnetz unterschiedlicher Frequenz speisen, erzeugen zusätzlich Zwischenharmonische, d. h. Oberschwingungen, mit nicht ganzzahligen Ordnungszahlen z. B. $v = 5{,}37$. Dies ist u. a. bei drehzahlgeregelten Drehstrommaschinen der Fall. Subharmonische, d. h. Harmonische, die unter der Netzfrequenz liegen (z. B. $v = 0, 57$), treten vorrangig bei periodisch wechselnden Lasten auf. Windkraftwerke erzeugen Schwankungen, die von der Rotordrehzahl abhängen und durch den „Momentenstoß" hervorgerufen werden. Dieser entsteht, wenn das Rotorblatt den Windschatten des Turms passiert (Abschn. 8.4.5).

8.4.4 Unsymmetrische Lasten

Einphasige Lasten kommen fast nur in Niederspannungsnetzen vor, in denen der Neutralleiter betriebsmäßig zur Bereitstellung der Spannung 230 V verwendet wird. Bei der Aufteilung der Stromkreise auf die drei Außenleiter ist in einem Haushalt darauf zu achten, dass die Lasten möglichst symmetrisch verteilt werden. Dazu gehört es auch, in einer Wohnsiedlung nicht alle Küchen, die oftmals die größten Lasten in einer Wohnung darstellen, an den Leiter L1 anzuschließen. Durch die Summe der vielen Haushalte gleicht sich so die unsymmetrische Last aus. Darüber hinaus sorgt der Dy-Speisetransformator dafür, dass auf der Oberspannungsseite das Homopolarsystem (Nullsystem) entfällt. Große unsymmetrische Verbraucher sind elektrische Bahnen, die vom Drehstromnetz gespeist werden. Dabei liegt die Last stets zwischen zwei Außenleitern, sodass ein starkes Gegensystemgenerator entsteht. Zwar ist man bestrebt, die einzelnen Streckenabschnitte des Bahnnetzes an unterschiedliche Leiter anzuschließen, trotzdem wird in vielen Fällen eine zusätzliche Symmetrierung notwendig. Mit der Schaltung in Abb. 8.14 lässt sich die unsymmetrische Last R in eine symmetrische gleicher Leistung R_S überführen.

$$P = U^2/R = 3 \cdot \left(U/\sqrt{3}\right)^2 \qquad R = R_S \tag{8.66}$$

Die hierzu erforderlichen Blindleistungselemente haben eine erhebliche Bauleistung

$$X_L = X_C = \sqrt{3}\,R$$

$$Q = Q_L + Q_C = 2 \cdot U^2/\left(\sqrt{3}\,R\right) = 1{,}15\,P \tag{8.67}$$

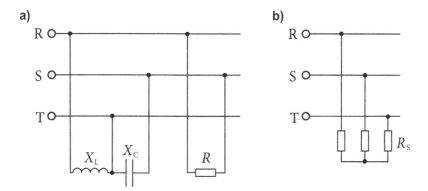

Abb. 8.14 Symmetrierung von zweiphasigen Lasten (Steinmetzschaltung). **a** Unsymmetrische Last R mit Symmetrieelement X_L, X_C; **b** Äquivalente Last R_2. (Eigene Darstellung)

Häufig sind unsymmetrische Lasten zeitlich stark schwankend, z. B. bei Bahnen oder Lichtbogenöfen, sodass die beiden Blindleistungselemente steuerbar gestaltet werden müssen.

8.4.5 Spannungsschwankungen

Verbraucher mit schwankender Last verursachen über die Spannungsabfälle im Netz Spannungsschwankungen und wirken so auf andere Verbraucher zurück. Insbesondere das Flackern von Lampen wird als störend empfunden. Dabei ist ein Grenzwert, ab dem die Flicker als störend empfunden werden, von der Wiederholfrequenz der Spannungsschwankungen abhängig. In DIN VDE 0838 wird eine von der CENELEC (Europäische Elektrotechnische Kommission) festgelegte Kurve angegeben, die beim Anschluss von unruhigen Verbrauchern eingehalten werden muss (Abb. 8.15). Sie ist der Empfindlichkeit des Auges bei einer Glühlampe angepasst und beginnt für seltene Änderungen mit 3 %, um bei 10 Hz ihr Minimum von 0,25 % zu erreichen.

Mit den zulässigen Spannungsschwankungen und der Netzreaktanz X_Q können die zulässigen Stromschwankungen und für spezielle Geräte die erlaubte Anschlussleistung bestimmt werden. Für Windkraftwerke beträgt beispielsweise die maximale Anschlussleistung [16]

$$S_W = \frac{S_k''}{50\,k} = \frac{1,1 \cdot U_n^2}{X_Q} \cdot \frac{1}{50\,k} \tag{8.68}$$

$k = 1$: Synchrongenerator über Wechselrichter

$k = I_A/I_r$: Asynchrongeneratoren ($k \approx 5$).

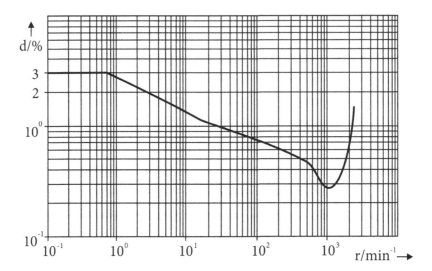

Abb. 8.15 Verträglichkeitsregel für regelmäßige rechteckige Spannungsschwankungen. *d:* Spannungsänderungen; *r:* Wiederholrate. (Eigene Darstellung)

Neben den im Vergleich zu 50 Hz langsamen Flickererscheinungen [17] sind noch die Kommutierungseinbrüche bei angesteuerten Stromrichtern von Bedeutung. Wenn in einer Stromrichterschaltung ein Thyristor gezündet wird, besteht während der Kommutierungsphase, die kürzer als 1 ms dauert, ein Kurzschluss zwischen zwei Leitern, der zu einem Spannungseinbruch führt. Durch eine genügend hohe Kurzschlussspannung des Stromrichtertransformators oder eine Kommutierungsdrossel muss sichergestellt werden, dass die Spannungseinbrüche der Netzspannung weniger als 20 % betragen. Andernfalls können Probleme in angeschlossenen Fernsehgeräten oder Computern auftreten.

Bei der Konstruktion von elektirschen Geräten sollte man immer darauf achten, Netzrückwirkungen zu verringern. Netzseitig ist die Verringerung der Reaktanzen eine wirkungsvolle, aber teure Maßnahme. Mit steuerbaren Blindleistungskompensatoren lässt sich in bestimmten Fällen eine Reduktion der Spannungsschwankungen erzielen. Von besonderer Bedeutung sind hier thyristorgesteuerte Drosselspulen (Thyristor Controlled Reactors, TCR) und thyristorgeschaltete Kondensatoren (Thyristor Switched Capacitors, TSC), die in Abb. 8.16a dargestellt sind. Sie werden statische Kompensatoren genannt, im Gegensatz zu den rotierenden Synchronmaschinen im Phasenschieberbetrieb, d. h. Maschinen ohne Wirkleistungsabgabe, oder auch dynamische Kompensatoren, im Gegensatz zu den fest angeschlossenen Kondensatoren bzw. Drosselspulen.

Durch Ansteuerung der antiparallel geschalteten Thyristoren liegt beim TCR die Drosselspule innerhalb einer Halbperiode mehr oder weniger lange am Netz. Es fließt dann ein Blindstrom, der nicht mehr sinusförmig ist, aber in seinem Effektivwert eingestellt werden kann (Abb. 8.16b und 3.25a). Um auch den kapazitiven Bereich abzu-

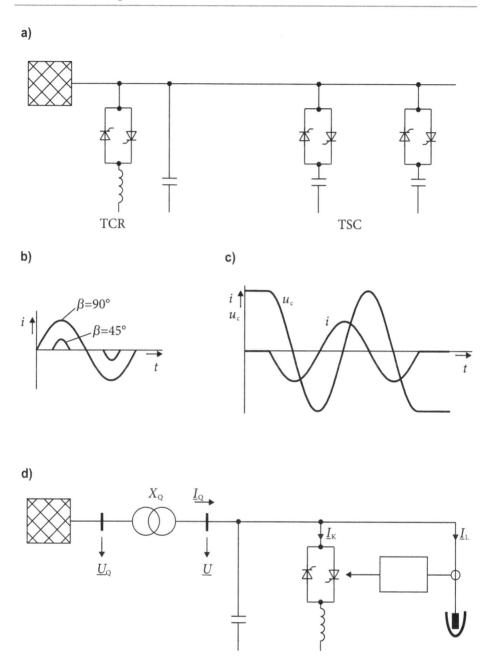

Abb. 8.16 Statische Kompensatoren. **a** Kompensatorschaltungen; **b** Stromverlauf für TCR; **c** Stromverlauf für TSC; **d** Steuerungskonzept. (Eigene Darstellung)

decken, schaltet man parallel zu der gesteuerten Drossel einen Kondensator. Da die Ansteuerung der Thyristoren nur einmal je Halbperiode erfolgen kann, ergibt sich eine maximale Verzögerungszeit von 10 ms. Im Mittel rechnet man mit 5 ms.

Bei einer Steuerung von Kondensatoren über antiparallel geschaltete Thyristoren darf die Zündung nur im Spannungsmaximum erfolgen. Dabei muss der Kondensator aufgeladen sein, sonst entstehen Ausgleichsvorgänge (8.16c). Die Kondensatoren können demnach in Stufen alle 20 ms geschaltet werden. Wenn die Hälfte der Kondensatoren positiv und die andere Hälfte negativ aufgeladen ist, ist eine Ansteuerung alle 10 ms möglich. Es ergibt sich dann wie beim TCR eine mittlere Verzögerungszeit von ebenfalls 5 ms.

In der Regel werden die Spannungsschwankungen von einem leistungsstarken Verbraucher hervorgerufen, dessen Blindstrom sich messen lässt. Geeignete Messverfahren bilden mit einer Zeitverzögerung von ca. 5 ms aus der Zeitfunktion $i(t)$ den Effektivwert $I_L(t)$.

Die Verzögerungen durch die Messung des Laststromes $\underline{I}_L$ und die Ansteuerung führen mit der Totzeit $T_t = 10$ ms zu dem Kompensatorstrom $\underline{I}_K$ (Abb. 8.16d). Beide Ströme zusammen bilden den Blindanteil des Netzstromes $\underline{I}_Q$, der zu null werden soll. Schwankt die Last mit der Kreisfrequenz Ω_L, so ergibt sich

$$\underline{I}_K = -\underline{I}_L e^{-j\,\Omega_L T_t} \qquad \underline{I}_Q = \underline{I}_K + \underline{I}_L \tag{8.69}$$

$$\frac{\underline{I}_L}{\underline{I}_Q} = \underline{R} = \frac{1}{1 - e^{-j\,\Omega_L T_t}}$$

$$R = \frac{1}{\sqrt{(1 - \cos \Omega_L\, T_t)^2 + \sin^2 \Omega_L\, T_t}} = \frac{1}{2 \sin \pi f_L\, T_t} \tag{8.70}$$

Dieser Ausdruck wird für kleine Frequenzen f_L zu unendlich, d. h. es wird ideal kompensiert. Bei $f_L = 16\,2/3$ Hz findet keine Kompensation mehr statt ($R = 1$). Höhere Frequenzen führen zu einer Verschlechterung.

▶ Mit statischen Kompensatoren lassen sich nur Lastschwankungen mit einer Frequenz unter 16 2/3 Hz reduzieren.

Die beschriebene direkte Steuerung des Kompensators durch den Laststrom führt in einem idealen Netz zu einer konstanten Spannung U. Schwankungen der Spannung U_Q, die von anderen Verbrauchern hervorgerufen werden, schlagen sich voll in der Verbraucherspannung U nieder. Um sie trotz schwankender Netzspannung konstant zu halten, wäre eine Spannungsregelung notwendig. Wie bei jeder Regelung treten dann jedoch Stabilitätsprobleme auf, die die zulässige Kreisverstärkung begrenzen und deshalb zu einer weniger wirkungsvollen Bedämpfung der Lastströme führen.

▶   Die Steuerung des Kompensatorstromes durch den verursachenden Last-
    strom I_L ist wirkungsvoller als die Regelung der konstant zu haltenden
    Verbraucherspannung U. Bei langsamen Lastschwankungen kann die
    Spannungsregelung wegen ihres PI-Verhaltens jedoch genauer sein.

Mit selbstgeführten Stromrichtern ist es möglich, die Augenblickswerte zu regeln.
Hierzu ist eine Taktfrequenz von mindestens 1–2 kHz notwendig, um den sinusförmigen
Verlauf einer Blindstromführungsgröße in akzeptabler Form nachzuführen. Es sei noch
darauf hingewiesen, dass die Thyristoren in der Schaltung nach Abb. 8.16 zunehmend
durch Leistungstransistoren verdrängt werden.

8.5   Dynamisches Verhalten von Netzen

Durch das Schwanken der Lasten laufen in Energieversorgungsnetzen ständig Ausgleichsvorgänge ab. Ein solcher Vorgang soll am Beispiel von Abb. 8.17 erläutert
werden. Ein gasbefeuerter Kessel K erzeugt Dampf, der in einer Turbine T in
mechanische und anschließend im Generator G in elektrische Energie umgesetzt wird.
Die Generatorspannung 20 kV wird zur Übertragung in einen Blocktransformator auf
110 kV hochgespannt. Das 110-kV-Netz ist mit dem 380-kV-Netz gekoppelt, sodass
beide zur Leistungsübertragung beitragen. Dabei bestimmen die Transformator- und
Leitungsimpedanzen die Stromaufteilung, die durch Verstellen des Übersetzungsverhält-
nisses in Längs- und Schrägrichtung zu beeinflussen ist. In dem 10-kV-Versorgungsnetz,

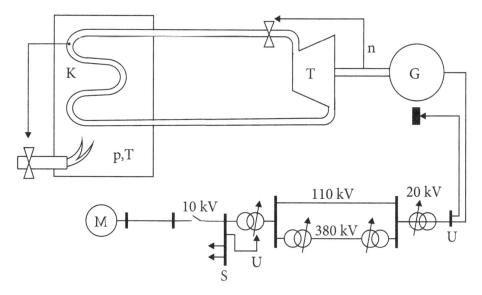

Abb. 8.17   Zum dynamischen Verhalten eines Netzes. (Eigene Darstellung)

dessen Spannung mit einem Spannungsregler über den Transformatorstufensteller konstant gehalten wird, sei ein großer Motor installiert.

Beim Einschalten des Motors läuft eine Wanderwelle mit der Lichtgeschwindigkeit $c/\sqrt{\varepsilon_r}$ über das Kabel auf die Klemmen des Motors zu, wird dort reflektiert und führt zu einer Spannungsverdopplung, da der Motor im ersten Augenblick eine Induktivität darstellt (Abschn. 4.2.1). An der Sammelschiene S bilden die Kapazitäten der zahlreichen abgehenden Kabel für hochfrequente Vorgänge einen Kurzschluss. Der Vorgang ist in Abb. 4.11 dargestellt und läuft mit einer Frequenz von 100 kHz bis 10 MHz ab. Wegen des Skin-Effekts ist der Kabelwiderstand in diesem Frequenzbereich hoch und dämpft die Schwingungen rasch ab. Nun entsteht ein Ausgleichsvorgang zwischen der Motorinduktivität und den Kabelkapazitäten, der im Frequenzbereich 1–100 kHz liegt. Da bei beiden Vorgängen ein Austausch zwischen der in den Induktivitäten gespeicherten magnetischen Energie und der in den Kapazitäten gespeicherten elektrischen Energie stattfindet, spricht man von elektromagnetischen Ausgleichsvorgängen oder transienten Vorgängen. Sie liegen in der Regel oberhalb der Netzfrequenz 50 Hz. Die folgenden Vorgänge laufen langsam gegenüber 50 Hz ab. Für sie werden deshalb Effektivwertbetrachtungen durchgeführt. Während des Anlaufs nimmt der Motor einen erhöhten Strom auf, der im Wesentlichen ein Blindstrom ist und zu Spannungsfällen im Netz führt. Auch die Klemmenspannung des Generators sinkt ab. Dies ist im öffentlichen Netz zwar kaum merkbar, wohl aber bei kleinen Generatoren in Industrienetzen, deren Spannungsregler die Klemmspannungen im Bereich von 0,1–1 s ausregeln. Der spannungsgeregelte Transformator zwischen 110 kV und 10 kV reagiert aufgrund des trägen mechanischen Stufenstellers im Bereich von mehreren Sekunden.

Beim Anlauf wächst die Leistungsaufnahme des Motors. Die notwendige Energie wird aus den rotierenden Massen des Generatorwellenstrangs gedeckt. Die Vorgänge zwischen den kinetisch gespeicherten Energien über das elektrische Netz werden elektromechanische Ausgleichsvorgänge genannt. Sie laufen im Bereich von 1–10 s oder langsamer ab. Das Abfallen der Generatordrehzahl n führt über den Drehzahlregler zu einem Öffnen der Turbinenventile und Nachstellen des Drehmoments im Bereich von 1 s. Durch den erhöhten Dampfstrom sinken im Kessel K Druck p und Temperatur ϑ ab. Dies hat eine Erhöhung der Brennstoffzufuhr zur Folge. Hierfür werden Minuten bis Stunden benötigt. Eine Zusammenfassung der beschriebenen Phänomene im Zeitbereich ist aus Abb. 8.18 zu entnehmen.

8.5.1 Elektromagnetische Ausgleichsvorgänge

Zur Berechnung von Schaltvorgängen werden die Betriebsmittel des Netzes durch lineare LRC-Modelle nachgebildet und entsprechend der Netzstruktur miteinander verknüpft. So entsteht ein Differenzialgleichungssystem hoher Ordnung, das i. Allg. im Zeitbereich durch numerische Integration gelöst wird. Nichtlineare Elemente wie Eisen-

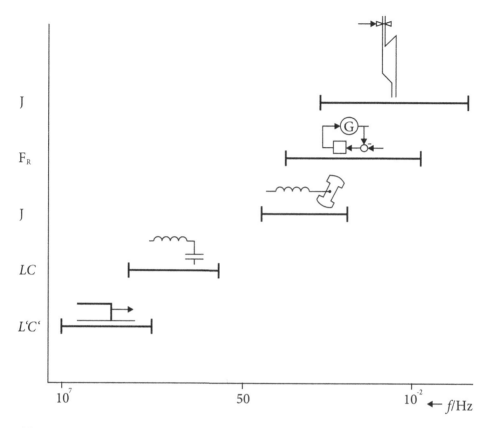

Abb. 8.18 Frequenzen von Ausgleichsvorgängen $L'C'$ verteilte Induktivitäten und Kapazitäten (Wanderwellen); LC: konzentrierte Induktivitäten und Kapazitäten (Schaltvorgänge); J: elektromechanische Ausgleichsvorgänge; F_R: Spannungsregelung; ϑ : thermische Vorgänge. (Eigene Darstellung)

drosseln mit Sättigung oder Überspannungsableiter können leicht in die Berechnungen einbezogen werden. Auch die Nachbildung von Laufzeitgliedern zur Behandlung von Wanderwellenvorgängen auf Leitungen ist einfach. Probleme bereitet die Berücksichtigung von frequenzabhängigen Effekten, z. B. der Stromverdrängung.

Zur Anwendung eines allgemeinen Integrationsverfahrens ist es notwendig, die Beschreibungsgleichungen auf die Zustandsraum-Darstellung zu bringen [5].

$$\dot{x} = Ax + Bu = \mathbf{f}(x, u)$$
$$y = Cx + Du \tag{8.71}$$

Dies gestaltet sich wegen der Baumsuche in vermaschten Netzen aufwändig. Bei der Auswahl des Integrationsverfahrens ist zu beachten, dass die Eigenwerte des Systems sehr unterschiedlich sind. Für explizite Integrationsverfahren wie den bekannten Runge-Kutta-Algorithmen bedeutet dies sehr kleine Schrittweiten und damit viele Integrationsschritte, um den gewünschten Zeitbereich zu erfassen.

Implizite Verfahren sind dagegen stets stabil und können auch mit großen Schrittweiten angewendet werden, wenn die hochfrequenten Vorgänge durch lineare Differenzialgleichungen zu beschreiben sind. Häufig verwendet man die Trapezregel, eine Mischung zwischen impliziten und expliziten Verfahren. Sie liegt bei großen Schrittweiten an der Stabilitätsgrenze. Dies kann in speziellen Fällen zu Problemen führen.

▶ Der Integrationsprozess dynamischer Systeme setzt sich aus der Dynamik des zu simulierenden Systems und der Dynamik des Integrationsverfahrens zusammen. Es ist nicht immer einfach, aus dem Ergebnis einer Rechnung zu erkennen, welche der beiden Komponenten das Verhalten bestimmt.

▶ Explizite Integrationsverfahren neigen zur Instabilität. Stabile Systeme können in der Simulation durch den Algorithmus instabil werden. Implizite Verfahren sind stabil, sie können auch für instabile Systeme stabile Ergebnisse liefern.

Zur Lösung der Differenzialgleichungen, die ein Netz beschreiben, hat Dommel [5] ein Verfahren entwickelt, bei dem die Trapezregel [20] mit den Differenzialgleichungen des Netzes verknüpft wird. Dieses Verfahren ist immer vorteilhaft anzuwenden, wenn die hochfrequenten Vorgänge durch lineare Differenzialgleichungen beschrieben werden und die dazugehörigen Ausgleichsvorgänge nicht von entscheidender Bedeutung für das Ergebnis sind, wohl aber das dynamische Verhalten der Lösungsalgorithmen beeinflussen. Da fast alle dynamischen Netzberechnungsprogramme auf diesem „Differenzen-Leitwertverfahren" beruhen, soll es hier etwas ausführlicher behandelt werden.

Die Differenzialgleichung in Gl. 8.71 ist numerisch mit der Schrittweite Δt zu integrieren, indem man aus der Lösung x_{k-1} zur Zeit des Schrittes $k-1$ die Lösung x_k zur Zeit des Schrittes k bestimmt.

$$x_k = x_{k-1} + \Delta x_k \qquad (8.72)$$

Die Berechnung der Änderung Δx_k hängt von dem Integrationsalgorithmus ab. Am einfachsten ist das explizite Euler-Verfahren anzuwenden, bei dem $\dot{x}$ durch $\Delta x/\Delta t$ ersetzt wird. Damit ergibt sich aus Gl. 8.71 unmittelbar.

Expliziter Euler

$$\Delta x_k = (A\, x_{k-1} + B\, u_{k-1})\Delta t = \mathbf{f}(x, u)\Delta t = \Delta x_{k\mathrm{e}} \qquad (8.73)$$

Abb. 8.19a zeigt den Integrationsprozess, der an die Funktion $x(t)$ im Zeitschritt $k-1$ eine Tangente legt, die die Änderung Δx_k liefert. Bei einer konvexen Funktion schießt das Ergebnis immer über die wirkliche Lösung hinaus, sodass leicht Instabilität entstehen kann, wie Abb. 8.19a für ein LR-Glied zeigt.

▶ Das explizite Euler-Verfahren ist sehr leicht zu programmieren und auch ohne Probleme bei nichtlinearen Differenzialgleichungen einzusetzen. Es neigt stark zu Instabilität und ist ungenau. In der Regel liefert eine stabile Lösung auch das richtige Ergebnis.

Wird zur Bestimmung der Änderung Δx_k nicht die Funktion an der Stelle $k - 1$, sondern an der Stelle k verwendet, spricht man von einem impliziten Verfahren.

Impliziter Euler

$$\Delta x_k = \big[A\ (x_{k-1} + \Delta x_k) + B\ u_k \big] \Delta t = \Delta x_{ki} \tag{8.74}$$

$$\Delta x_k = (I - A\ \Delta t)^{-1} \big[A\ x_{k-1} + B\ u_k \big] \Delta t \tag{8.75}$$

Abb. 8.19b zeigt einen Zeitschritt, bei dem die Tangente an die Funktion zum Zeitschritt k bestimmt wird. Für die Einschaltung eines L-R-Kreises ergibt sich ($\tau = L/R$).

$$u = R\ i + L\ \dot{i}$$

$$\dot{i} = -(1/\tau) \cdot i + (1/L) \cdot u \tag{8.76}$$

$$\Delta i_k = (1 + 1/\tau\ \Delta t)^{-1} (-1/\tau\ i_{k-1} + 1/L\ u_k) \Delta t$$

Für große Schrittweiten $\Delta t \rightarrow \infty$ wird daraus ($i_{k-1} = i_0 = 0$)

$$\Delta i_k - -i_{k-1} + 1/R \cdot u_k \rightarrow i_k = u/R$$

Dies ist die stationäre Lösung in einem Integrationsschritt bzw. die Lösung des linearen Gleichungssystems $\dot{x} = 0$. Wird eine nichtlineare Differenzialgleichung mit diesem Verfahren behandelt, so geht bei großen Schrittweiten die Integration in eine iterative Lösung nach Newton über, die das nichtlineare Gleichungssystem mit $\dot{x} = 0$ löst.

▶ Das implizite Euler-Verfahren ist aufgrund der notwendigen Matrizeninversion rechentechnisch aufwändig. Bei nichtlinearen Differenzialgleichungen ist die Jacobimatrix der Funktion f(x,u) zu bestimmen. Der Algorithmus neigt zur Stabilität, sodass auch instabile Systeme zu stabilen Lösungsergebnissen führen können. Die Genauigkeit des Verfahrens entspricht dem expliziten Euler-Verfahren.

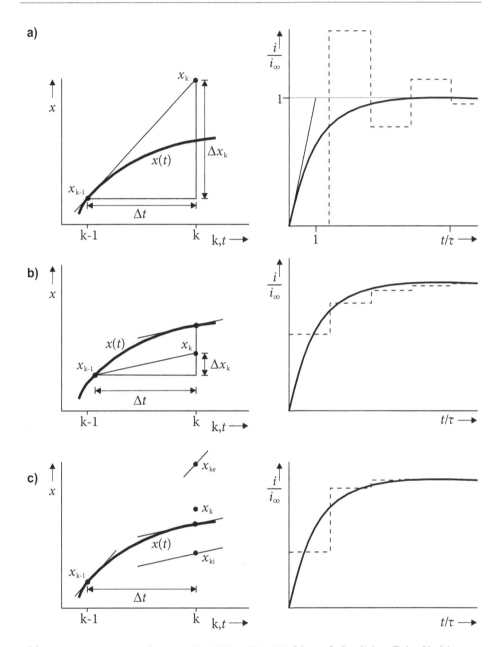

Abb. 8.19 Integrationsverfahren. **a** Explizites Euler Verfahren; **b** Implizites Euler Verfahren; **c** Trapezregel. (Eigene Darstellung)

Wie ein Vergleich der Abb. 8.19a mit Abb. 8.19b zeigt, liegen die Lösungen der beiden vorgestellten Integrationsverfahren beiderseits der exakten Lösung. Es ist deshalb naheliegend, die Änderung Δx_k durch eine Mittelung der Änderungen Δx_{ki} und Δx_{ke} zu bestimmen. Man erhält dann ein Verfahren, das von der numerischen Integration her bekannt ist Abb. 8.19c).

Trapezregel

$$\Delta x_k = 0,5(\Delta x_{ke} + \Delta x_{ki})$$

Mit den Gl. 8.73 und 8.75 ergibt sich

$$\Delta x_k = 0,5(A\ x_{k-1} + B\ u_{k-1} + A\ x_{k-1} + A\ \Delta x_k + B\ u_k)\Delta t$$

$$\Delta x_k = (I - 0{,}5A\ \Delta t)^{-1}\left[A\ x_{k-1} + 0{,}5\ B(u_{k-1} + u_k)\right]\Delta t \qquad (8.77)$$

Gl. 8.77 ist wie Gl. 8.75 aufgebaut. Bei der Steuergröße u wird jedoch der Mittelwert zwischen zwei Integrationsschritten eingesetzt. Dies ist nicht notwendig, wenn sich die Steuergröße langsam gegenüber den Zustandsgrößen ändert, führt aber bei Sprüngen zu Problemen. Bei der zu invertierenden Matrix tritt der Faktor 0,5 auf. Wird er für einen Integrationsschritt durch 1 ersetzt, so geht die Trapezregel kurzfristig in den impliziten Euler über. So kann man numerisch bedingte Schwingungen in Lösungsvorgängen bedämpfen.

▶ Die Trapezformel ist genau so aufwändig wie der implizite Euler, aber wesentlich genauer. Hochfrequente Vorgänge werden unterdrückt. Das Verfahren ist stabil. Bei Sprüngen in der Steuergröße entstehen jedoch schwach gedämpfte Schwingungen, wenn wie üblich die Steuergröße 0,5 $(u_{k-1} + u_k)$ durch u_{k-1} ersetzt wird.

Ein Energieversorgungsnetz lässt sich stets durch die Verknüpfung der LR- und CR-Reihen oder -Parallelkreise beschreiben. Um die folgende Betrachtung einfach zu gestalten, soll ein reines LR-Netzwerk betrachtet werden.

Jeder Zweig, der entsprechend Abb. 8.20a aufgebaut ist, wird durch eine Differenzialgleichung nach Gl. 8.76 beschrieben. Der Koeffizientenvergleich mit Gl. 8.71 liefert dann

$$A = -1/\tau = -R/L \qquad B = 1/L \qquad (8.78)$$

Aus Gl. 8.77 folgt damit

$$\Delta i_k = (1 + 0{,}5 \cdot R/L \cdot \Delta t)^{-1}\left[-R/Li_{k-1} + 0{,}5/L(u_{k-1} + u_k)\right]\Delta t$$

$$Y = \frac{0{,}5 \cdot R/L \cdot \Delta t}{1 + 0{,}5 \cdot R/L \cdot \Delta t} \qquad (8.79)$$

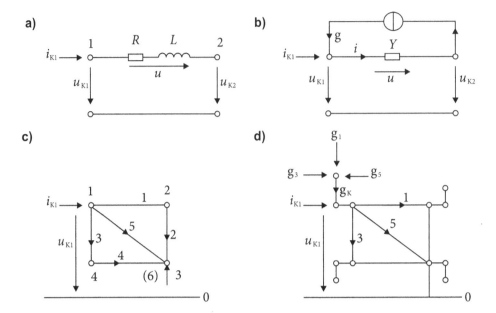

Abb. 8.20 Ableitung des Differenzen-Leitwertverfahrens. **a** Netzzweig zwischen Knoten 1 und 2 mit LR-Element; **b** Ersatzschaltung für den Netzzweig mit Y-Element; **c** Vierknoten-Netz mit LR-Zweigen; **d** Ersatzschaltung für ein Vierknoten-Netz mit Y-Zweig. (Eigene Darstellung)

$$\Delta i_k = Y\left[-2\,R i_{k-1} + (u_{k-1} + u_k)\right] \tag{8.80}$$

Zur Berechnung des Stromes i_k wird Gl. 8.72 herangezogen und ein fiktiver Strom g_k eingeführt.

$$i_k = i_{k-1} - 2\,Y\,i_{k-1} + Y\,u_{k-1} + Y\,u_k$$

$$i_k = -g_k + Y\,u_k \tag{8.81}$$

$$g_k = -i_{k-1} + 2\,Y\,i_{k-1} - Y\,u_{k-1} \tag{8.82}$$

$$i_{k-1} = -g_{k-1} + Y\,u_{k-1} \tag{8.83}$$

Dabei ist Gl. 8.83 direkt aus Gl. 8.81 durch Verzögerung um einen Schritt hervorgegangen. Setzt man Gl. 8.83 in Gl. 8.82 ein, so ergibt sich

$$g_k = (1 - 2\,Y\,R)g_{k-1} - (1 - 2\,Y\,R)Y\,u_{k-1} - Y\,u_{k-1}$$

$$g_k = Cg_{k-1} - Du_{k-1} \tag{8.84}$$

$$C = 1 - 2\,Y\,R \qquad D = 2\,Y(1 - Y\,R) \tag{8.85}$$

Von Bedeutung für die Integration sind die Gl. 8.81 und 8.84 mit den Konstanten Y, C, D (Gl. 8.79 und 8.85). Gl. 8.84 nennt man Integrationsschritt, weil aus den Größen zum Zeitschritt $k-1$ der fiktive Strom zum Zeitschritt k berechnet wird. Gl. 8.81 ist statisch und berechnet aus dem Ersatzstrom g den Zweigstrom i. Dieser „Verträglichkeitsschritt" lässt sich durch eine Ersatzschaltung nach Abb. 8.20b modellieren.

Soll ein Netz entsprechend Abb. 8.20c mit RL-Zweigen berechnet werden, so sind zunächst die Knoten sowie die Zweige zu nummerieren und die Zweige zusätzlich mit einer Orientierung zu versehen, z. B. von der niedrigeren zur höheren Knotennummer. Die Orientierung entspricht dann der positiven Stromrichtung. Nun lassen sich die Knotenströme i_K aus den Zweigströmen i und die Zweigspannungen u aus den Knotenspannungen u_K bestimmen.

$$i_{K1} = i_1 + i_3 + i_5$$
$$u_1 = u_{K1} - u_{K2} \quad u_3 = u_{K1} - u_{K4} \quad u_5 = u_{K1} - u_{K3}$$

Dies führt zu der Verallgemeinerung

$$i_K = \begin{pmatrix} +1 & 0 & +1 & 0 & +1 \\ -1 & +1 & 0 & 0 & 0 \\ 0 & -1 & 0 & -1 & -1 \\ 0 & 0 & -1 & +1 & 0 \end{pmatrix} i = Ki \tag{8.86}$$

$$u = \begin{pmatrix} +1 & -1 & 0 & 0 \\ 0 & +1 & -1 & 0 \\ +1 & 0 & 0 & -1 \\ 0 & 0 & -1 & +1 \\ +1 & 0 & -1 & 0 \end{pmatrix} u = K^T u_K \tag{8.87}$$

Dabei stellt die Knoteninzidenzmatrix K den Zusammenhang zwischen Knoten- und Zweiggrößen her.

Addiert man zu den echten Knotenströmen i_K in Abb. 8.20c noch die Ersatzströme g aus Abb. 8.20b, so wird der Netzzweig zwischen den Knoten durch die Leitwerte Y beschrieben. Man kann deshalb Gl. 8.9 zur Berechnung heranziehen.

$$i_K = A\, u_K \tag{8.88}$$

Dabei ist A eine „Admittanzmatrix", die die fiktiven Admittanzen Y nach Gl. 8.79 enthält.

Sind für einige Knoten a die Spannung und für den Rest b die Ströme vorgegeben, so kann man durch Teilinversion der Matrix A in Gl. 8.88 die restlichen Größen berechnen.

$$\begin{pmatrix} i_{Ka} \\ u_{Kb} \end{pmatrix} = H \begin{pmatrix} u_{Ka} \\ i_{Kb} \end{pmatrix} \tag{8.89}$$

Der Ablauf der Integration lässt sich anhand des Blockschaltplanes in Abb. 8.21 leicht nachvollziehen. Dabei bedeutet K als Index, dass es sich um eine Knotengröße handelt, k und $k-1$ geben den Zeitschritt an.

Vorgegeben sind die Zeitfunktionen für die Knotenspannung u_{Kak} und Knotenströme i_{Kbk} im Zeitschritt k. Zu den vorgegebenen Strömen werden die in die Knoten
fließenden fiktiven Ströme g_{Kbk} addiert (Abb. 8.20d). Die Summe fließt in das Netzwerk, in dem die Leitwerte Y nach Gl. 8.79 enthalten sind. Es wird durch die statische
Gl. 8.89 beschrieben. Daraus ergeben sich die Spannungen u_{Kbk}, die zusammen mit den
vorgegebenen Spannungen u_{Kak} alle Knotenspannungen u_{Kk} liefern. Diese Zusammenfügung von zwei a und b ist durch ein Quadrat symbolisiert.

Für jeden Zeitschritt der Knotenspannung u_{Kk} lässt sich ein Vektor der Zweig-
spannung u_k berechnen (Gl. 8.86). Durch Verzögerung um einen Zeitschritt entsteht u_{k-1}
. Diese Größe wird dem Integrationsteil Gl. 8.84 vorgegeben. Er enthält die Diagonal-
matrizen C und D, deren Elemente nach Gl. 8.85 zu bestimmen sind. Aus den fiktiven
Zweigströmen g_k werden über die Knoteninzidenzmatrix K mit Gl. 8.86 die fiktiven
Knotenströme g_{Kak} und g_{Kbk} berechnet.

Das Verfahren wurde für ein Netz ohne Lastimpedanzen erläutert. Existiert eine
LR-Last, z. B. zwischen den Knoten 3 und 0, so hat dies einen Einfluss auf die Matrix
A, in der noch zu dem Element a_{33} der Leitwert zwischen 3 und 0 hinzuaddiert wird
(Abschn. 8.3.1.2). Im Übrigen ist die Gleichung für diesen Zweig genauso zu bearbeiten
wie die übrigen Zweiggleichungen.

Parallele LR-Kreise und RC-Elemente führen zu anderen Zweiggrößen Y, C, D. Das
Verfahren ändert sich jedoch nicht. Voraussetzung für die Anwendung der Methode
ist, dass jeder Zweig nur maximal einen Energiespeicher L oder C enthält. Ggf. sind
zwischen LC-Elementen zusätzliche Knoten einzufügen. Für nichtlineare Elemente
müssen Beschreibungsgleichungen aufgestellt werden, die eine Beziehung zwischen den
Knotengrößen und herstellen. Dies gilt auch für dynamische Systeme wie Generatoren
oder geregelte Betriebsmittel. Der Weg der Ankopplung des Elements Y ist in Abb. 8.21
gestrichelt eingezeichnet. Hat es keinen integrierenden Charakter, so entsteht eine
algebraische Schleife über H, die iterativ zu lösen ist.

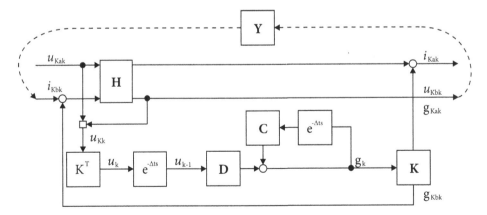

Abb. 8.21 Differenzen-Leitwertverfahren. u_K, i_K: Knotengrößen; u,i: Zweiggrößen; k, $k-1$
: Integrationsschritt; *YDC:* Systemmatrizen; *H:* Hybridmatrix aus der Lastflussrechnung; *K:*
Knoteninzidenzmatrix; *g:* fiktiver Strom. (Eigene Darstellung)

▶ Das „Differenzen-Leitwertverfahren" (DLV) koppelt die Dynamik des Systems mit der des Integrationsalgorithmus und spaltet die zu lösenden Gleichungen in einen statischen und dynamischen Teil. Dadurch entsteht je Energiespeicher L oder C ein Integrator, unabhängig davon, ob die Speicher abhängig voneinander sind oder nicht. Das DLV lässt sich vorteilhaft bei linearen Netzwerken einsetzen. Der Anwender muss dann bei der Modellierung kein Augenmerk auf die Schrittweite legen. Ist sie zu groß, werden hochfrequente Vorgänge eingeschliffen, beeinflussen die Stabilität des Ergebnisses jedoch nicht. Nichtlineare und dynamische Systeme können iterativ an den Algorithmus angekoppelt werden.

Fast alle Rechnerprogramme, in denen dynamische Vorgänge in Energieversorgungsnetzen berechnet werden, verwenden dieses Verfahren. Deshalb wird es hier so ausführlich beschrieben. Um ein Programm selbst zu schreiben, reichen die Angaben trotzdem nicht aus, es sei hier auf [20] verwiesen.

Für den Ingenieur ist das Verfahren unübersichtlich, weil das dynamische System mit der Dynamik des Algorithmus zusammengefasst ist. Es ist nur vorteilhaft zu nutzen, weil die Netzanteile, die hochfrequent sind, durch lineare Gleichungen beschrieben werden. Dies zu verstehen ist wichtig, wenn man das Verfahren auf andere Probleme übertragen will.

8.5.2 Elektromechanische Ausgleichsvorgänge

In den Läufern der rotierenden Maschinen ist kinetische Energie gespeichert. Entsteht durch eine Störung ein Ungleichgewicht, so findet über das Netz ein Ausgleich zwischen den mechanischen Energiespeichern statt. Zur Berechnung der Ausgleichsvorgänge sind die Beschreibungsgleichungen der Maschinen aus Abschn. 2.7.2 mit den Beschreibungsgleichungen des Netzes aus Abschn. 8.5.1 zu koppeln und numerisch zu integrieren. Häufig ist es sinnvoll, die aufwändigen Modelle von Maschine und Netz zu vereinfachen. Manchmal genügt es auch, nur die Stabilität des Netz-Maschine-Systems zu überprüfen. Dabei unterscheidet man zwischen der statischen und transienten dynamischen Stabilität. Die statische Stabilität ist die Stabilität eines Betriebspunktes, der sich im ausgeglichenen Zustand befindet. Bei der transienten Stabilität wird überprüft, ob das System nach einer Störung wieder in einen statisch stabilen Zustand hineinläuft [5].

8.5.2.1 Dynamische Berechnungen

Für die Synchronmaschine gelten die Parkschen Gleichungen (Gl. 2.37–2.53). Dabei wird die Klemmenspannung u_d, u_q als Eingangsgröße vorgegeben Abb. 8.22). Das Netz, das in den Gl. 2.52 und 2.53 als starre Spannung angenommen ist, lässt sich dann allgemein durch die Matrizengleichung (Gl. 8.89) beschrieben. Dabei sind u_{Ka}

die Vektoren der Spannungen an den Generatorklemmen in RST. Die Transformationsgleichungen (Gl. 1.88) dienen der Kopplung der Komponentensysteme. Leider sind an
den Verbindungsstellen sowohl für das Netz als auch für den Generator die Spannungen
als Eingangsgrößen vorzugeben. Beide Elemente berechnen die Ströme. Man benötigt
demnach ein Koppelelement oder muss eine Iteration in jedem Integrationsschritt durchführen. Das Koppelelement kann z. B. ein Widerstand sein

$$u_d = R\, i_d \qquad u_q = R\, i_q \qquad\qquad (8.90)$$

Der Zusammenhang ist in Abb. 8.22 dargestellt. Dabei steht **H** für die dynamische
Berechnung des Netzes entsprechend Abschn. 8.5.1. Die Ankopplung der Verbraucher **V**
kann entweder – wie in Abb. 8.21 gezeigt – an Knoten vom Typ a mit Stromausgang
oder an Knoten vom Typ b mit Spannungsausgang entsprechend Abb. 8.22 erfolgen. In
vielen Fällen wird zur Vermeidung von algebraischen Schleifen auch hier ein Ankopplungselement notwendig. Die Ankopplung durch einen Widerstand führt zu einem
Modellfehler, der bei Generatoren vertretbar ist, wenn man die Last als Eigenbedarf des
Kraftwerks, der immer vorhanden ist, interpretiert. Bei nichtlinearen oder dynamischen
Verbrauchern **V** wird häufig das Ankopplungselement als Verzögerungsglied oder Tot-
zeitglied mit einem Rechenschritt angesetzt. Noch ein Hinweis für die Anwender derartiger Programme: Der fiktive Widerstand führt zu einem Modellfehler dessen Größe
man aber gut abschätzen kann. Ein Widerstand, ein Verzögerungsglied·oder eine Totzeit
erfordern kleine Schrittweiten.

8.5.2.2 Vereinfachtes Maschinenmodell

Die Eigenfrequenz elektromechanischer Ausgleichsvorgänge liegt im Bereich von 1 Hz.
Nach Abb. 2.43 lässt sich dafür die Innenreaktanz des Generators durch die Transient-
reaktanz X'_d nachbilden. Es ist dann das Zeigerdiagramm (Abb. 8.23a) des vereinfachten
Netzes in Abb. 8.23b für einen vorgegebenen Lastfall genauso zu ermitteln wie das
Zeigerdiagramm Abb. 2.40. Zusätzlich wird eine Netzreaktanz X_Q eingeführt, sodass

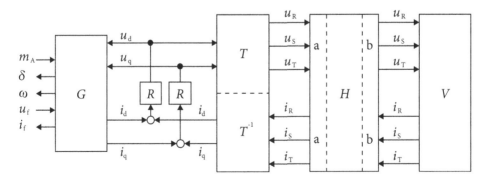

Abb. 8.22 Struktur zur Integration der Netzgleichungen mit Generatoren. *G:* Generator-
gleichung; *T:* Transformation RST-hdq; *H:* Netzgleichung. a: Stromausgang; b: Spannungsausgang; *V:* Verbraucher. (Eigene Darstellung)

nicht wie in Abschn. 2.7.3 die Klemmenspannung U, sondern die Netzspannung U_Q als starr vorgegeben ist. Zur Bestimmung der Leistungsabgabe geht Gl. 2.60 dann über in

$$p = \frac{U_p \cdot U_Q}{X_d + X_Q} \sin \delta = P_m \sin \delta \qquad (8.91)$$

(Große Buchstaben bezeichnen konstante und kleine Buchstaben zeitvariante Größen).

Gl. 8.91 gilt für den stationären Betrieb oder sehr langsam veränderliche Vorgänge. Bei Ausgleichsvorgängen im Frequenzbereich von 1 Hz geht sie über in

$$p' = \frac{E' \cdot U_Q}{X_d' + X_Q} \sin \delta' = P_m' \sin \delta' \qquad (8.92)$$

Mit Gl. 8.92 ist das elektrische Drehmoment m_{el}, das beim Rechnen in bezogenen Größen gleich der Leistungsabgabe p' ist ($\omega \approx 1$; $s \approx 0$), zu berechnen und in Gl. 2.50 einzusetzen. Unter Berücksichtigung der Gl. 2.51 ergibt sich

$$\dot{s} = \ddot{\vartheta}/\omega_b = \ddot{\delta}'/\omega_b = \dot{\omega} = 1/\tau_A \left(p_A - p' \right) \qquad (8.93)$$

Dabei wird $s = d\delta'/dt$ als Drehzahlabweichung eingeführt. Sie ist bei Asynchronmaschinen als Schlupf bekannt, allerdings mit negativem Vorzeichen. Wenn der hier verwendete Schlupf s über der Bemessungsdrehzahl liegt, ist er positiv.

Wie später gezeigt wird, liefert diese Gleichung eine ungedämpfte Dauerschwingung als Folge von Störungen. Die Wirkung der Dämpferstäbe, die in den Gl. 2.40 und 2.41 modelliert werden, lässt sich durch einen drehzahlabhängigen Dämpfungsterm mit der Konstante C_D erfassen

$$p_A = \tau_A/\omega_b \cdot \ddot{\delta}' + C_D \, \omega_b \cdot \ddot{\delta}' + p' \qquad (8.94)$$

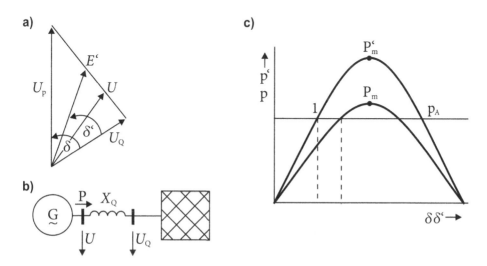

Abb. 8.23 Generator nach dem E'-Modell. **a** Zeigerdiagramm; **b** Netzschaltplan; **c** Leistungsabgabe. (Eigene Darstellung)

Das vereinfachte Modell geht davon aus, dass die Spannung E' in Gl. 8.92 fest mit der rotierenden Masse des Polrades gekoppelt ist, sodass der transiente Polradwinkel δ' auch für die Bewegungsgleichungen gilt.

Die nichtlineare Bewegungsgleichung liefert für einen Betriebspunkt δ'_0 die linearisierte Gleichung

$$\Delta P_A = \omega_b / \tau_A \Delta \ddot{\delta}' + c_D \, \omega_b \, \Delta \dot{\delta}' + P'_m \cos \delta'_0 \, \Delta \delta' \tag{8.95}$$

Da die Konstante c_D sehr klein ist, beschreibt Gl. 8.95 eine schwach gedämpfte Schwingung

$$\Delta \delta = e^{-t/\tau_D} (A \sin \omega_e t + B \cos \omega_e t)$$

$$\omega_e = \sqrt{\frac{P'_m \cos \delta'_0}{\tau_A / \omega_b}} \qquad \tau_D = 2\tau_A / c_D \tag{8.96}$$

Beispiel 8.12: Leistung und Eigenfrequenz einer Synchronmaschine

Für die in Abb. 2.44 angegebenen Zahlenbeispiele sind die maximalen Leistungen P_m und P'_m sowie die Eigenfrequenzen zu bestimmen.

$$X_d = 2{,}5 \qquad X'_d = 0{,}4 \qquad U = 1 \qquad P = 0{,}8 \qquad Q = 0{,}6$$
$$X_Q = 0{,}2 \qquad \tau_A = 10\,s \qquad c_D = 2$$

Ein Zeigerdiagramm liefert

$$U_p = 3{,}2 \qquad E' = 1{,}17 \qquad U_Q = 0{,}85$$

Daraus folgt für die Gl. 8.91 und 8.92

$$P_m = \frac{3{,}2 \cdot 0{,}85}{2{,}5 + 0{,}2} = 1{,}00 \qquad P'_m = \frac{1{,}17 \cdot 0{,}85}{0{,}4 + 0{,}2} = 1{,}65$$

Die Abhängigkeit der Leistung vom Polradwinkel ist in Abb. 8.23c dargestellt. Für den Bemessungspunkt $P = P_A = 0{,}8$ ergibt sich

$$\delta = 53° \qquad \delta' = 29°$$

Gl. 8.96 liefert dann

$$\omega_e = \sqrt{\frac{1{,}65 \cdot \cos 29°}{10/314}} \, s^{-1} = 6{,}73\,s \qquad f_e = 1{,}07\,\text{Hz}$$

$$\tau_D = 2 \cdot 10/2\,s = 10\,s \blacktriangleleft$$

8.5.2.3 Stabilität

Eine langsame Steigerung der Turbinenleistung führt zu einer Erhöhung der Abgabeleistung des Generators und damit wegen Gl. 8.91 zu einer Vergrößerung des Polradwinkels δ. Bei $\delta = 90°$ erreicht die Turbinenleistung P_A die Maximalleistung P_m. Die Eigenfrequenz wird dabei null. Durch eine kleine Störung kann dann der Polradwinkel auf über 90° anwachsen. Dies führt zu einer Abnahme der Leistungsabgabe und damit einem Beschleunigungsmoment, das den Polradwinkel weiter erhöht. So entsteht eine monotone Instabilität.

▶ Beim Erreichen der statischen Stabilitätsgrenze von $\delta = 90°$ (Winkel zwischen Polradspannung U_p und starrer Netzspannung U_Q) kippt der Generator bzw. fällt gegenüber dem Netz außer Tritt und läuft asynchron weiter. Dieser asynchrone Betrieb führt in der Regel zu Schäden und wird deshalb durch Schutzeinrichtungen beendet.

Bei der beschriebenen „statischen Stabilität" bzw. Stabilität des stationären Betriebs handelt es sich im Sinne der Regelungstechnik um die „Stabilität im Kleinen". Sie ist vereinfacht mit dem Winkelkriterium ($\delta < 90°$) zu überprüfen. Für genauere Untersuchungen müssen jedoch die Eigenwerte bestimmt werden, wobei die Regler mit zu berücksichtigen sind. Diese erweitern i. Allg. den Stabilitätsbereich auf Polradwinkel von mehr als 90°, können jedoch auch entdämpfend wirken, sodass oszillatorische Instabilität auftritt. Abb. 8.24 zeigt die Stabilitätsgrenzen der Synchronmaschine mit Turboläufer ($X_d = X_q$) für unterschiedliche Annahmen. Die Stabilitätsgrenze der ungeregelten Maschine am starren Netz ist eine Gerade a für den Polradwinkel $\delta = 90°$. Bei einer Netzreaktanz X_Q zwischen Generatorklemmen und starrer Netzspannung ergibt sich ein Kreis b. Für Vorgänge im Bereich von bis zu einer Sekunde gilt die transiente Stabilitätsgrenze mit $E' =$ konst. (Kurve c).

Zwischen den Grenzen b und c ist die Stabilitätsgrenze d des geregelten Systems zu erwarten (Kurve d), die nur durch Eigenwertanalysen zu bestimmen ist.

Bei vorübergehenden, heftigen Störungen (z. B. bei einem Kurzschluss, der wieder abgeschaltet wird), ist die transiente Gl. 8.94 für die Berechnung des dynamischen Verhaltens maßgebend. Während eines Kurzschlusses in der Netzeinspeisung sinkt die Spannung U_Q auf null. Nach Gl. 8.92 kann der Generator dadurch keine Leistung mehr abgeben, sodass sich Gl. 8.94 mit $p' = 0$ leicht integrieren lässt. Unter Vernachlässigung der Dämpfung $c_D = 0$ ergibt sich mit den Daten aus Beispiel 8.12 und einer Kurzschlussdauer von $t_k = 0,1\,\text{s}$

$$\Delta\omega = s = \dot{\delta}'/\omega_b = \frac{P_A}{\tau_A} t_k = \frac{0,8}{10} \cdot 0,1 = 0,008 \tag{8.97}$$

$$\delta' = \frac{P_A \omega_b}{2\tau_A} t_k^2 + \delta_0' = \frac{0,8 \cdot 314}{2 \cdot 10} \cdot 0,1^2 \cdot \frac{180°}{\pi} + 29° = 36° \tag{8.98}$$

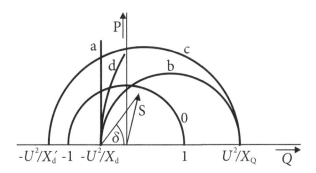

Abb. 8.24 Stabilitätsgrenze des Turbogenerators ($X_d = X_q$). 0: Ständerstromgrenze; a: Stabilität des Generators am starren Netz (U_p=konst.; X_Q=0); b: Stabilitätsgrenze des Generators (U_p=konst.; $X_Q \neq 0$); c: transiente Stabilitätsgrenze des Generators (E'=konst.; $X_Q \neq 0$); d: Stabilitätsgrenze des geregelten Generators . (Eigene Darstellung)

Die Drehzahlabweichung $\dot{\delta}'$ steigt demnach linear und der Polradwinkel δ' quadratisch mit der Zeit. Beim Nachvollziehen der Zahlenwerte ist die Umrechnung vom Bogenmaß in Grad zu beachten.

Abb. 8.25a zeigt den Ausgleichsvorgang nach einem Kurzschluss von t_k=0,26 s Dauer. Bis zum Zeitpunkt 1 liegt stationärer Betrieb vor. Durch den Kurzschluss sinkt die Abgabeleistung p auf null. Die Drehzahlabweichung $\dot{\delta}'$ steigt wie vorher beschrieben linear und der Polradwinkel δ' quadratisch an. Nach Abschalten des Kurzschlusses in Punkt 2 ist der Polradwinkel angewachsen. Dies bedeutet entsprechend Abb. 8.25b eine erhöhte Wirkleistungsabgabe $(p' > p_A)$, sodass der Generator abgebremst wird und die Drehzahlabweichung $\dot{\delta}'$ abnimmt. Solange sie positiv ist, wächst der Winkel δ' weiter an. Beim Überschreiten des Winkels $\delta' = 90°$ (Punkt 3) sinkt die Leistung bis zum Erreichen des maximalen Winkels im Punkt 4. Nun wird die Abweichung der Drehzahl gegenüber der Synchrondrehzahl $\dot{\delta}' = 0$ negativ, der Polradwinkel geht zurück. Bei Erreichen von 90° stellt sich wieder die maximale Leistung ein (Punkt 5). Der Ausgleichsvorgang setzt sich weiter fort, bis durch die Dämpfung der stationäre Zustand erreicht ist.

Dauert der Kurzschluss länger, so verschiebt sich in Abb. 8.25b der Punkt 4 immer mehr in Richtung Punkt c. Wird er überschritten, so sinkt die Leistungsabgabe unter die Leistungsaufnahme, obwohl die Drehzahlabweichung $\dot{\delta}'$ noch positiv ist. Dies bedeutet Instabilität. Die Kurzschlusszeit, die gerade zum Erreichen des maximalen Winkels δ'_c führt, heißt kritische Kurzschlusszeit t_c (c steht für critical). Sie kann in einfachen Fällen mithilfe des Diagramms Abb. 8.25b bestimmt werden. Hierzu ist aus Gl. 8.94 unter Vernachlässigung der Dämpfung die Zeit durch Integration zu eliminieren. Vorher werden beide Seiten der Gleichung mit $\dot{\delta}$ multipliziert.

$$\int_a^b \frac{\tau_A}{\omega_b} \ddot{\delta}' \dot{\delta}' \, dt = \int_a^b (p_A - p') \ddot{\delta}' \, dt \qquad (8.99)$$

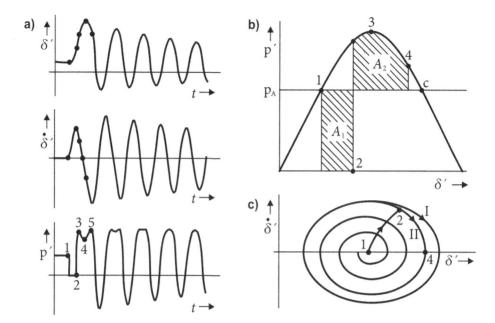

Abb. 8.25 Ausgleichsvorgänge. **a** Zeitfunktion für $t_k = 0{,}26$ s; **b** Flächenkriterium; **c** Zustandsebene (I ohne Dämpfung, II mit Dämpfung). (Eigene Darstellung)

$$\frac{\tau_A}{\omega_b} \int\limits_a^b \dot{\delta}' \cdot \frac{\mathrm{d}\,\dot{\delta}'}{\mathrm{d}t}\mathrm{d}t = \frac{\tau_A}{\omega_b} \int\limits_a^b \dot{\delta}'\,\mathrm{d}\,\dot{\delta}' = \int\limits_a^b \left(p_A - p'\right) \cdot \mathrm{d}\,\dot{\delta}'$$

$$\frac{\tau_A}{2\omega_b}\left(\dot{\delta}_b'^{\,2} - \dot{\delta}_a'^{\,2}\right) = \int\limits_a^b \left(p_A - p'\right) \cdot \mathrm{d}\,\dot{\delta}'$$

Wählt man nun als Anfangswert den Punkt 1 und als Endwert der Integration den Punkt 4, so wird die linke Seite zu null ($\dot{\delta}_1' = \dot{\delta}_4' = 0$). Das rechte Integral besteht aus zwei Teilen, die gleich groß sein müssen.

▶   Daraus folgt das Flächenkriterium

$$A_1 = \int\limits_a^b \left(p_A - p'\right) \cdot \mathrm{d}\delta' = A_2 = - \int\limits_2^4 \left(p_A - p'\right) \cdot \mathrm{d}\delta' \qquad (8.100)$$

Beispiel 8.13: Kritische Kurzschlusszeit eines Generators

Für den in Beispiel 8.12 berechneten Fall soll die kritische Kurzschlusszeit berechnet werden:

$$\delta_1' = 29° = 0{,}51 \qquad P_m' = 1{,}65 \qquad P_A = 0{,}8 \qquad \tau_A = 10\,\mathrm{s}$$

Gl. 8.100 liefert

$$A_1 = \int\limits_1^2 P_A d\delta' = P_A\left(\delta'_2 - \delta'_1\right)$$

$$A_2 = -\int\limits_2^4 \left(P_A - P'_m \sin'\right) d\delta' = -P_A\left(\delta'_4 - \delta'_2\right) - P'_m\left(\cos \delta'_4 - \cos \delta'_2\right)$$

mit $\delta'_4 = \delta'_c$ und $\delta'_c = \pi - \delta'_1$ folgt daraus mit Abb. 8.25b

$$-P_A\, \delta'_1 = -P_A\, \delta'_c - P'_m \cos \delta'_c + P'_m \cos \delta'_2$$

$$\cos \delta'_2 = \frac{P_A}{P'_m}\left(\pi - 2\,\delta'_1\right) - \cos \delta'_1 = \frac{0{,}8}{1{,}65}(\pi - 2 \cdot 0{,}51) - \cos 29° = 0{,}15$$

$$\delta'_2 = 81° = 1{,}41$$

Gl. 8.98 liefert dann

$$t_c^2 = \frac{2\,\tau_A}{P_A\,\omega_b}\left(\delta'_2 - \delta'_1\right) = \frac{2 \cdot 10\,\mathrm{s}^2}{0{,}8 \cdot 314}(1{,}41 - 0{,}51)$$

$$t_c \qquad\qquad = 0{,}27\mathrm{s}$$

Dieser Wert liegt etwas über den 0,26 s, die bei der Simulation von Abb. 8.25 zugrunde gelegt wurden. ◄

▶ Die Eigenschaft eines Netzes, nach einem Fehler wieder einen statisch stabilen Punkt zu erreichen, nennt man transiente oder dynamische Stabilität. Dabei wird der Fehler durch den Ort, die Dauer und die Art (zweipolig, Lichtbogen usw.) beschrieben. Bei der transienten Stabilität handelt es sich um eine „Stabilität im Großen". „Globale Stabilität", d. h. ein stabiles Verhalten bei beliebiger Fehlerdauer und beliebigen Fehlerorten, gibt es im Energieversorgungsnetz nicht. Durch den Einsatz von Reglern lässt sich wegen der geringen Stellleistung die transiente Stabilität nicht wesentlich verbessern. Lediglich das Dämpfungsverhalten ist nennenswert zu beeinflussen.

In der Regelungstechnik ist es üblich, dynamische Systeme im Zustandsraum zu behandeln. Für Gl. 8.94 ergibt sich dann

$$\dot{\delta}' = (\omega - 1)\omega_b = s\,\omega_b \tag{8.101}$$

$$\dot{s} = \frac{\ddot{\delta}'}{\omega_b} = \frac{1}{\tau_A}\left[P_A - P'_m \sin \delta'\right] \tag{8.102}$$

Mit δ' und s als Zustandsvariablen. Die Elimination der Zeit ermöglicht eine geschlossene Lösung der Differenzialgleichung

$$\frac{\dot{s}}{\dot{\delta}'} = \frac{\mathrm{d}s/\mathrm{d}t}{\mathrm{d}\delta'/\mathrm{d}t} = \frac{\mathrm{d}s}{\mathrm{d}\delta'} = \frac{1}{s\,\omega_b} \cdot \frac{1}{\tau_A}\left[P_A - P'_m \sin \delta'\right]$$

$$\int s\, ds = \frac{1}{\tau_A\, \omega_B} \int \left[P_A - P'_m \sin \delta' \right] d\delta'$$

$$\frac{1}{2} s^2 = \frac{1}{\tau_A \omega_b} \left[P_A \delta - P'_m \cos \delta' \right] + C$$

Die Integrationskonstante C des unbestimmten Integrals wird so gewählt, dass bei $\delta' = \delta'_0$ der Schlupf s null ist

$$s = \pm\sqrt{\frac{2}{\tau_A \omega_b} \left[P_A(\delta - \delta_0) + P'_m \left(\cos \delta' - \cos \delta'_0 \right) \right]} = \dot{\delta}' \qquad (8.103)$$

Diese Funktion ist in Abb. 8.26 dargestellt. Im Fall a ergibt sich eine Dauerschwingung. Bei positivem Schlupf steigt der Polradwinkel an, bei negativem Schlupf geht er zurück. Die Kurve b zeigt einen instabilen Zustand; mit der Zeit wachsen Schlupf und Polradwinkel an. Von besonderer Bedeutung ist der Grenzfall c. Wenn nach einer Störung der Betriebspunkt innerhalb dieser Kurve liegt, wird das System durch die natürliche Dämpfung stabilisiert. Der von der Kurve c begrenzte Bereich heißt deshalb Einzugsbereich. Er ist auch in Abb. 8.25c dargestellt. Daneben sind in Ergänzung zu den Zeitfunktionen in Abb. 8.25a noch die Trajektorien für den gedämpften Ausgleichsvorgang dargestellt. Ausgehend vom stationären Punkt 1 wachsen Polradwinkel δ' und Schlupf s an, bis im Punkt 2 der Kurzschluss abgeschaltet wird. Das System geht in einen neuen Zustand über, für den eine neue Trajektorie gilt, die in den Endpunkt 1 einläuft.

8.6   Netzplanung

Die Netzplanung ist eine Optimierungsaufgabe, bei der eine Planerin mit ihrem großen Erfahrungsschatz eine Netzstruktur entwirft, die allen technischen Erfordernissen entspricht und die notwendigen Investitionen gering hält. Dabei werden sich häufig mehrere

Abb. 8.26 Zustandsebene. 1: stationärer Betriebszustand; k: Kurzschlusstrajektorie; a: stabil; b: instabil; c: Stabilitätsgrenze. (Eigene Darstellung)

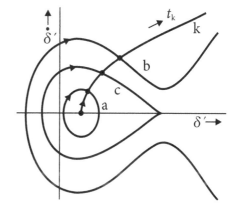

sinnvolle Varianten ergeben, die in technischer und wirtschaftlicher Hinsicht vertretbar sind. Ermessensentscheidungen führen dann zur Auswahl einer Variante, die durch
Modifikation weiter optimiert wird.

Eine vollständige Neuplanung gibt es kaum. Im Allgemeinen wird ein bestehendes
Netz zu erweitern sein oder ein neu hinzukommender Netzbereich ist zu planen. In allen
Fällen muss man die Ein- oder Anbindung an ein vorhandenes Netz berücksichtigen.
Typische Aufgabenstellungen sind:

- Eine Stadt wird vom Verbundnetz versorgt. Durch den Anstieg der Last im Laufe
  der Jahre reicht die gegenwärtige Einspeisung nicht aus und muss deshalb erweitert
  werden. Dies kann durch eine Verstärkung oder durch Errichtung einer zweiten Einspeisung an anderer Stelle erfolgen.
- Ein Wohn- oder ein Industriegebiet wird vollständig neu erschlossen. Das zugehörige
  Netz ist zu planen und an das übergeordnete Netz anzuschließen.
- Durch die Einspeiseleistung von regenerativen Energiequellen kann sich der
  klassische Lastfluss zeitweise umkehren, die Leistung wird nun bidirektional transportiert.

8.6.1 Grundsätzliche Vorgehensweise

In einem ersten Schritt ist die Spannungsebene zu bestimmen. Sie ist in vielen Fällen
durch das vorhandene Netz festgelegt. Ein Stadtnetz hat beispielsweise 20 kV und das
Netz des regionalen Versorgers 110 kV. Erweiterungen mit anderen Spannungsebenen
kommen nicht infrage. Bei einem Wohngebiet werden die Mittelspannungen (meistens
20 kV) und die Versorgungsspannung 400 V ebenfalls vorgegeben sein. In Industrienetzen
sind Spannungsebenen häufig an die Prozessbedingungen anzupassen. Bei großen Motor-
lasten von z. B. 5 MW wird man ein 10-kV-Netz vorziehen. Liegen die großen Motoren
in ihrer Leistung unter 1 MW, so sind 6 kV oder 3 kV angebracht, ggf. auch 500 V. Eine
400-V-Versorgung wird auf jeden Fall benötigt. Mit der Spannungsebene und der Struktur
des Versorgungsgebietes ist meist auch die Sternpunktbehandlung der Transformatoren
festgelegt, z. B. wirksam geerdet oder gelöscht (Abschn. 8.2). Wenn die örtlichen Gegebenheiten dies zulassen, ist hier eine Kostenoptimierung möglich. Viele Umspannstationen
reduzieren den Kabelbedarf und die Verluste, verursachen aber hohe Investitionen durch
kleine Einheitsleistung der Transformatoren und eine größere Zahl von Schaltanlagen.

Mit der Entscheidung über den Ort der Umspannstation ist die Netzstruktur festzulegen. Die Vor- und Nachteile von Maschen- und Strahlennetzen sind gegeneinander
abzuwägen (Abschn. 8.1). Hier stehen Kosten und Zuverlässigkeit oft im Widerspruch
zueinander.

Sehr stark von den örtlichen Gegebenheiten sind die Leitungsführung und die
Platzierung der Verteilerschränke bestimmt. In Überland-Freileitungsnetzen ist es
schwierig, Trassen zu finden. Dabei spielen Fragen der Durchsetzbarkeit häufig eine

wichtigere Rolle als Wirtschaftlichkeit und Technik. Bei Stadtnetzen werden die Kabel in der Regel auf beiden Seiten der Straße unter dem Bürgersteig geführt und die Häuser über T-Muffen angeschlossen.

Wenn die Topologie und die geografische Lage der Leitung festliegen, sind die Querschnitte der Leitungen zu dimensionieren und die Betriebsmittel in der Schaltanlage auszuwählen. Hierzu bilden Leistungsflussrechnungen die Grundlage. Ausgehend vom Normallastfall werden Ausfallvarianten untersucht, um die Zuverlässigkeit zu gewährleisten. Beim Ausfall eines Betriebsmittels, z. B. eines Kabels, müssen die anderen Betriebsmittel in der Lage sein, die volle Versorgung ohne Überlastung aufrechtzuerhalten ($n - 1$-Prinzip).

Kurzschlussuntersuchungen liefern die Belastung der Betriebsmittel im Fehlerfall. Aus ihnen ist zu ermitteln, ob z. B. ein Kabel nicht zu stark erwärmt wird. Es muss auch sichergestellt werden, dass der Kurzschlussstrom ausreicht, die Schutzorgane, z. B. Sicherungen, zum Ansprechen zu bringen.

In Hochspannungsnetzen spielt darüber hinaus die Isolationskoordination eine entscheidende Rolle (Abschn. 6.6). Hier werden zulässige Spannungspegel für die Betriebsmittel bestimmt und es erfolgt die Auswahl der Überspannungsableiter [21].

8.6.2 Netzausbau

Im vorangegangenen Abschnitt wurde skizziert, wie ein Netz für eine vorgegebene Verbraucherstruktur bei bekannter Last geplant wird. Normalerweise ist jedoch davon auszugehen, dass sich der Energieverbrauch mit der Zeit weiterentwickelt. Das Netz ist demnach ein dynamisches Gebilde. Grundlage für eine Planung ist deshalb die Prognose der Netzlast. Dabei wird generell eine konstante Steigungsrate zugrunde gelegt; in den 1950er bis 1970er Jahren waren es 5–7 %/a, heute geht man von 0–3 %/a aus.

Es wäre unsinnig, ein Netz so zu bauen, dass seine Übertragungskapazität den zum Zeitpunkt der Planung vorhandenen Lasten entspricht. Man muss einen Planungshorizont definieren, z. B. $x + 30$ a, d. h. man geht von der vorgegebenen Last zu einem nahen Zeitpunkt x, beispielsweise der Inbetriebnahme einer Fabrik, aus und dimensioniert das Netz so, dass es auch 30 Jahre später die erforderliche Leistung noch verteilen kann. Bei der Festlegung des Planungshorizontes ist die Lebensdauer der Betriebsmittel von 30 bis 50 Jahren zu berücksichtigen.

Beispiel 8.14: Lastprognose für Netzausbau

Für die Planungszeitpunkte $n = 10, 20, 30, 40$ und 50 Jahre soll die Netzlast bestimmt werden. Dabei ist von dem Lastanstieg $p = 3$ %/a und 7 %/a auszugehen. Für die Last im Jahr n gilt die Zinses-Zins-Formel

$$K/K_0 = (1 + p)^n = (1 + 0{,}003)^{10} = 1{,}34 \tag{8.104}$$

Analog ergeben sich die anderen Lasten (Tab. 8.1). ◄

Sowohl Planungshorizont als auch Leistungsanstieg liegen im Ermessensspielraum der Planerin. Eine Person, die für 20 Jahre mit 1 %/a Steigerung rechnet, wird ein anderes Netz planen als eine Person, die 3 %/a zugrunde legt und in die nächsten 30 Jahre blickt. So trivial dieser Zusammenhang auch ist, in Zeiten der Deregulierung spielt er eine wichtige Rolle. Kann man doch durch eine geschickte Wahl der Randbedingungen den Finanzbedarf für die nächsten Jahre in gewünschten Sinne gestalten.

▶ Der Planungshorizont muss in der Größenordnung der Lebensdauer der Betriebsmittel, also bei 30–50 Jahren liegen. Wird eine große Steigerungs-rate der Last zugrunde gelegt, so kann er kürzer sein, denn der ohnehin not-wendige Zubau „heilt" Planungsfehler. Dies bedeutet aber auch, dass bei niedriger Steigerungsrate sorgfältiger geplant werden muss.

Der Planungshorizont von Industrienetzen liegt mit 3–5 Jahren weit unter dem der öffentlichen Netze. Leider wird im EVU-Bereich wegen des wachsenden Kostendrucks die Planung immer"kurzatmiger". Dies bringt Vorteile für die jährliche Geschäftsbilanz, ist aber langfristig unwirtschaftlich. Es ist üblich, Planungsstufen für die 1-, 1,5-, 2- und 3-fache Last zu definieren und dafür den erforderlichen Netzausbau zu optimieren. Daraus ergibt sich dann, bei welcher Last ein Zubau erfolgen muss. Es wird beispiels-weise festgestellt, dass für einen Lastanstieg von 3 %/a ein Kabel mit dem Quer-schnitt 95 mm^2 bis zur 1,5-fachen Last ausreicht, während mit einem Kabelquerschnitt von 185 mm^2 bis zur 2,2-fachen Last gearbeitet werden kann. Dies läuft auf die Ent-scheidung hinaus, die Straße nach 14 Jahren oder erst nach 27 Jahren wieder aufgraben zu müssen.

▶ Das Ergebnis einer Planung ist nicht nur das Netz in dem zu bauenden Zustand, sondern das Netz mit seinen Ausbaustufen. Selbstverständlich wird man vor großen Investitionen eine neue Planung durchführen, die wiederum einen Planungshorizont von z. B. 30 Jahren hat.

Tab. 8.1 Last in Abhängigkeit von der Zeit und der Steigerungsrate

n	10	20	30	40	50
$p = 3\%$	1,34	1,81	2,43	3,26	4,38
$p = 7\%$	1,97	3,87	7,61	14,97	29,46

8.6.3 Investitionskostenrechnung

Im vorangegangenen Abschnitt wurde gezeigt, dass die Investitionskosten über einen bestimmten Zeitraum anfallen. Kapital, das sofort aufgenommen wird, ist dem Kapital gegenüberzustellen, das man erst in 14 Jahren benötigt. Um beides vergleichen zu können, müssen die Zinsen berücksichtigt werden. Hierbei spielt der Zinssatz für das Kapital p_K und die reale Preisentwicklung p_p für die zu installierenden Geräte eine Rolle. Die Preissteigerungsrate p_p kann sehr unterschiedlich für Betriebsmittel und Energie sein. Schließlich ist noch mit dem Geldwertschwund oder der Inflationsrate p_I zu rechnen. Mit den festgelegten Zinssätzen können nun alle Kosten auf einen bestimmten Zeitpunkt auf- oder abgezinst werden. Es bietet sich an, den Zeitpunkt der Erstinvestition als Jahr 0 zu wählen. Die Investitionen eines Betriebsmittels, das derzeit die Kosten K verursacht, erfordert im Jahr n den Betrag K_n. Um ihn aufzubringen, müsste man heute den Betrag K_0 festlegen

$$K_0 = (1 + p_K)^{-n} \cdot K_n = (1 + p_K)^{-n} \cdot (1 + p_p)^n \cdot (1 + p_I)^n \cdot K \qquad (8.105)$$

Bei dieser Rechnung wird die Alterung des Betriebsmittels nicht berücksichtigt. Wenn ein Kabel n Jahre in der Erde liegt, hat es jedoch an Wert verloren [22]. Diese Barwertmethode soll an Hand des Beispiels 8.15 erläutert werden.

Beispiel 8.15: Investitionskosten eines Kabels

In den obigen Betrachtungen wurde ein 95 mm²-Kabel gewählt, das bei $p = 3\%$ für $n = 14$ Jahre ausreicht, um den Energiebedarf zu decken, und dann durch ein zweites gleichartiges Kabel ergänzt wird. Zu welchem Zeitpunkt reicht dieses Kabel nicht mehr aus und ist durch ein drittes zu ergänzen? Als Alternative zu dem $1{,}0 \cdot 10^6$ € teuren Kabel bietet sich der Einsatz eines $1{,}3 \cdot 10^6$ € teuren Kabels an, das die Übertragungskapazität von zwei 95 mm² dicken Kabeln hat. Wie groß ist der Barwert bzw. Kapitalbedarf bei den Zinssätzen $p_K = 7\%$; $p_p = -3\%$; $p_1 = 2\%$? Welches Ergebnis wird bei $p_p = 0$ erzielt?

Nach 14 Jahren ist die Leistung $P = 1$ auf $P = 1{,}5$ angestiegen und hat die Übertragungsgrenze des Kabels erreicht. Der doppelte Wert $P = 3$ für zwei Kabel stellt sich nach n_3 Jahren ein (Gl. 8.104)

$$n_3 = \lg 3 / \lg 1{,}03 = 37$$

Die nächste Erweiterung ist demzufolge nach 37 Jahren notwendig.

Die Investitionskosten für das Kabel in 14 Jahren ergeben sich nach Gl. 8.105 zu

$$K_n = (1 - 0{,}03)^{14}(1 + 0{,}02)^{14} \cdot 10^6\,€ = 0{,}86 \cdot 10^6\,€$$

Zurückgerechnet auf das Jahr 0 ergibt sich als Investition für beide Kabel:

$$K_0 = (1 + 0{,}07)^{-14} \cdot 0{,}86 \cdot 10^6\,€ + 10^6\,€ = 1{,}33 \cdot 10^6\,€$$

Die sofortige Verlegung des zweiten Kabels führt zu Kosten von $1,3 \cdot 10^6$ €. Damit sind beide Lösungen etwa gleich teuer.

Bei den Betrachtungen wurde nicht berücksichtigt, dass sich die Netzverluste in den Varianten unterscheiden. Wenn das Kabel mit größerem Querschnitt sofort verlegt wird, sind die Verluste 14 Jahre lang nur halb so groß gegenüber der Lösung mit der stufenweisen Installation, aber das Kabel ist in der Zwischenzeit auch gealtert. Wir sehen: Investitionskostenrechnungen sind aufwändig und von vielen Unsicherheiten geprägt. ◄

Neben der beschriebenen Barwertmethode ist noch die Annuitätsmethode üblich. Bei ihr werden die Investitionen auf die einzelnen Jahre des Betriebs umgelegt. Für eine gleichmäßige Annuität wird das gleiche Verfahren angewandt wie bei der Tilgung eines Hypothekenkredits.

8.6.4   Niederspannungsnetze

Das Niederspannungsnetz erstreckt sich vom Ortsnetztransformator bis zur Steckdose. Vor dem Versuch, selbst an eine Hausinstallation Hand anzulegen, sollte man bedenken, dass dies Fachkräften vorbehalten und dabei das umfangreiche Regelwerk der VDE0100 zu beachten ist [23].

8.6.4.1 Netzformen

Das Niederspannungsnetz ist ein Drehstromnetz mit Mittelpunktleiter (Mp) bzw. Neutralleiter (N), sodass neben den 400 V zwischen den Außenleitern L1, L2, L3 noch 230 V zwischen den Außenleitern und dem Neutralleiter zur Verfügung stehen.

Bei der Gestaltung des Netzes und der Installation in Gebäuden steht der Schutz des Menschen sehr stark im Vordergrund. Man unterscheidet vier Netztypen entsprechend Abb. 8.27. Von fast allen Energieversorgungsunternehmen ist in den Anschlussbedingungen das übliche TN-S-Netz (Abb. 8.27a) mit einem getrennten Schutzleiter vorgesehen. Dabei wird der blaue Neutralleiter zum Anschluss von 230 V-Betriebsmitteln getrennt vom Schutzleiter PE verlegt. Der grün-gelb gekennzeichnete Schutzleiter ist bei allen Geräten auf die Erdungsklemme zu führen. Die Trennung von PE- und N-Leiter führt dazu, dass alle metallischen Körper der Geräte eines Netzes zusammengeschlossen sind und auf einem Potenzial mit Erde liegen. Im fehlerfreien Betrieb ist der PE-Leiter im Gegensatz zum N-Leiter stromlos. Das beschriebene 5-Leiter-Netz ist aufwändig und wird nur innerhalb von Gebäuden realisiert. Die Zuführungskabel haben vier Leiter. Der vom Transformatorsternpunkt kommende PEN-Leiter wird am Hausanschlusskasten oder Verrechnungszähler in die beiden Leiter PE und N aufgespalten. Ein Kurzschluss zwischen einem der drei Außenleiter L und dem Körper eines Gerätes führt zu einem Stromfluss über den PE-Leiter, der die Sicherung zum Ansprechen bringt.

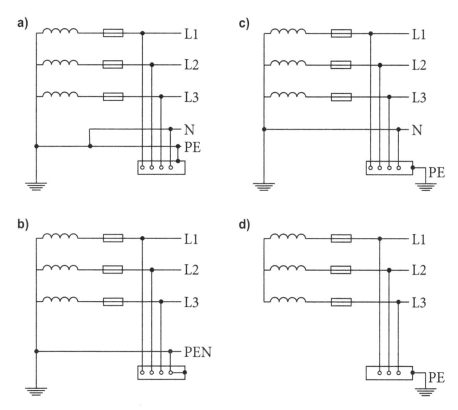

Abb. 8.27 Formen der Niederspannungsnetze. **a** TN-S-Netz; **b** TN-C-Netz; **c** TT-Netz; **d** IT-Netz. (Eigene Darstellung)

Früher waren die TN-C-Netze üblich (Abb. 8.27b). Da es bei dieser als Nullung bezeichneten Schutzart nur vier Leiter gab, konnte im Fall der Unterbrechung des PEN-Leiters eine Körper-Erde-Spannung an allen angeschlossenen Geräten auftreten. Dies ist beim TN-S-Netz nicht möglich. Unsymmetrische Lasten können aber zu einer Anhebung der N-Leiterspannungen gegenüber Erde führen, die sich auch auf den PE-Leiter übertragen. Dies ist im TT-Netz (Abb. 8.27c) nicht möglich.

Hier sind alle Geräte zu einem gemeinsam vom Transformatorsternpunkt getrennten geerdeten Schutzleiter zusammengefasst. Da der Kurzschlussstrom i. Allg. nicht ausreicht, um die Sicherung zum Ansprechen zu bringen, sind FI-Schutzschalter (Abschn. 8.6.4.3) einzusetzen. TT-Netze werden an Baustellen, bei ortsveränderlichen Bauten und in Betrieben mit Tierhaltung eingesetzt. Denn für Nutztiere gelten als zulässige Gefährdungsspannung nicht 50 V, sondern 25 V. Dieser Wert kann bei Null-leiterströmen unter ungünstigen Umständen erreicht werden. Das IT-Netz (Abb. 8.27d) wird gelegentlich in Industriebetrieben eingesetzt, um bei Leiter-Erde-Fehlern Kurz-schlussströme zu verhindern und den Betrieb weiter aufrechterhalten zu können. Da dann jedoch das Potenzial der fehlerfreien Leiter um den Faktor $\sqrt{3}$ ansteigt, treten häufig Folgefehler auf, die zu zweipoligen Kurzschlüssen führen.

Die für die Bezeichnung der Netze verwendeten Kurzzeichen sind aus mindestens zwei Buchstaben zusammengesetzt und sind aus dem Französischen abgeleitet.

Der erste Buchstabe gibt die Erdungsverhältnisse der Spannungsquelle an und hat folgende Bedeutung:

T = terre (Erde), direkte Erdung vom Transformatorsternpunkt oder Außenleiter; I = isolé (isoliert), Sternpunkt und Außenleiter sind gegen Erde isoliert oder über eine Impedanz mit Erde verbunden.

Der zweite Buchstabe gibt die Erdungsverhältnisse der Körper der Betriebsmittel an:

T = terre (Erde), Körper der Betriebsmittel sind direkt geerdet; N = neutre (neutral), Körper der Betriebsmittel sind direkt mit dem Betriebserder (Sternpunkt) verbunden.

Die weiteren Buchstaben bedeuten:

S = séparé (getrennt), Neutralleiter N und Schutzleiter PE sind als Spannungsquelle getrennt verlegt; C = combiné (kombiniert), Neutralleiter N und Schutzleiter PE sind in einem Leiter PEN kombiniert.

8.6.4.2 Dimensionierung der Leitung

Sicherungen haben die Aufgabe, den Kurzschlussstrom innerhalb von 200 ms abzuschalten. Hierzu muss mindestens der 7-fache Bemessungsstrom fließen. Diese Forderung begrenzt die zulässige Länge von Leitungen.

Beispiel 8.16: Bemessung einer Sicherung

Eine Sicherung mit dem Bemessungswert $I_r = 10\,\text{A}$ ist zur Absicherung einer Leitung mit dem Querschnitt $A = 1{,}5\,\text{mm}^2$ Cu zulässig. Wie lange darf die Leitung maximal werden und mit welchem Spannungsfall ist zu rechnen, wenn der Bemessungsstrom fließt? Dabei wird angenommen, dass der Innenwiderstand des Netzes vor der Sicherung vernachlässigbar ist.

$$R = U/I = 230\,\text{V}/(7 \cdot 10)\,\text{A} = 3{,}29\,\Omega$$

$$l = \frac{1}{2} \cdot R \cdot \kappa \cdot A = \frac{1}{2} \cdot 3{,}29\,\Omega \cdot 56 \frac{\text{m}}{\Omega \cdot \text{mm}^2} \cdot 1{,}5\,\text{mm}^2 = 138\,\text{m}$$

Der Faktor 1/2 berücksichtigt Hin- und Rückleitungen, sodass die Länge l die einfache Entfernung des Verbrauchers von der Sicherung ist. Für den Spannungsfall ergibt sich

$$\Delta U = R \cdot I = 3{,}29\,\Omega \cdot 10\,\text{A} = 32{,}9\,\text{V} \,\widehat{=}\, 14\,\%$$

Dies ist erheblich mehr als der zugelassene Wert von 3 %, für den sich eine maximale Länge von nur 30 m ergibt. Um Haushaltsgeräte mit einer höheren Leistungsaufnahme – wie Spül- und Waschmaschine – auch über Leitungen mit 1,5 mm² anschließen zu können, hat man bei Verwendung von Leitungsschutzschaltern, die präziser als Schmelzsicherungen schalten, eine Absicherung mit 16 A zugelassen. Dadurch reduziert sich die zulässige Länge auf 18 m, die in Einfamilienhäusern oft erreicht wird. Es ist deshalb empfehlenswert, den Anschluss von Küchensteckdosen mit Leitungen von 2,5 mm² Querschnitt durchzuführen. ◄

8.6.4.3 Schutzmaßnahmen

Der Schutz von Personen und Nutztieren gegen gefährliche Körperströme kann durch verschiedene Maßnahmen sichergestellt werden. Dabei unterscheidet man zwischen Schutz gegen direktes und Schutz bei indirektem Berühren.

- **Kleinspannung.** Bei Spannungen von 50 V (~) und 120 V (=) genügt eine einfache Isolation der spannungsführenden Teile gegen direktes Berühren. Besondere Aufmerksamkeit ist den Spannungsquellen, z. B. den Transformatoren, zu schenken. Eine Übertragung der höheren Speisespannung in das Kleinspannungsnetz ist unter allen Umständen zu vermeiden. Liegen die Spannungen unter 25 V (~) und 60 V (=), ist ein Schutz gegen direktes Berühren nicht notwendig. Leiter müssen also nicht isoliert werden. Ein Beispiel für die Anwendung solcher Netze sind die Gleisanlagen von Spielzeugeisenbahnen.
- **Funktionskleinspannung.** Sie unterscheiden sich von den Kleinspannungen u. a. durch herabgesetzte Sicherheitsanforderungen an die Spannungsquelle.
- **Begrenzung der Entladungsenergie.** Liegt die Entladungsenergie, z. B. eines Kondensators, unter 350 mJ, so muss nicht mit der Gefährdung von Personen gerechnet werden. Diese Grenze ist nicht zu verwechseln mit der zulässigen Entladeenergie in explosionsgefährdeten Räumen.
- **Berührungsschutz.** Die aktiven, d. h. die betriebsmäßig spannungsführenden, Teile müssen gegen direktes Berühren geschützt werden. Dies kann erfolgen durch: Isolierungen, Abdeckung, Umhüllung, Errichtung von Hindernissen, Einhaltung von Abständen (bei Freileitungen).
- **Fehlerstromschutzschalter FI.** Die z. B. über Stromwandler gemessenen Ströme im Hin- und Rückleiter müssen in ihrer Summe null ergeben. Ist dies nicht der Fall, fließt ein Strom über Erde. Damit besteht ein Isolationsdefekt. Fehlerstromschutzschaltungen sprechen bei Strömen über z. B. 30 mA an; sie sind zum Schutz der Installationen in Badezimmern vorgeschrieben. Es wird aber auch empfohlen, die gesamte Hausinstallation über FI-Schutzschalter zu schützen. Dabei ist es jedoch ratsam, nicht zu viele Stromkreise über einen Schutzschalter zu versorgen, da die Ableitwiderstände der vielen parallelen Leitungen Leckströme verursachen, die zum unerwünschten Ansprechen des Schutzes führen können. Sind zu viele Betriebsmittel

(Lampen und Steckdosen) über eine Sicherung abgesichert wird eine Fehlersuche, die möglicherweise im Dunkeln stattfinden muss, erschwert.

- **Fehlerspannungsschutzschalter FU.** Übersteigt die Spannung des Körpers eines Elektrogerätes gegenüber einem entfernten neutralen Erder einen Grenzwert, schaltet der FU-Schutzschalter das Gerät ab.
- **Abschalten.** Im Fall eines Isolationsdefekts muss eine Abschaltung erfolgen. Dies kann in den Netzformen nach Abb. 8.27 durch Sicherungen oder den Einsatz von FI- oder FU-Schutzschaltern erfolgen.
- **Schutzisolierung.** Wenn Geräte einen reinen Kunststoffkörper besitzen oder metallische Teile an der Oberfläche durch genügend dicke Isolationen von den aktiven Teilen getrennt sind, kann man auf Schutzmaßnahmen verzichten. Beispiel hierfür sind viele Küchengeräte und Elektrowerkzeuge. Sie werden durch zwei ineinander liegende Quadrate gekennzeichnet und besitzen auch keinen Schutzkontaktstecker.
- **Schutztrennung.** Spezielle Stromkreise, die über einen Transformator vom übrigen Netz getrennt sind und nur einen Verbraucher versorgen, bedürfen neben der normalen Isolation keines besonderen Schutzes, da bei indirekter Berührung eines aktiven Teils kein Strom durch den Menschen fließen kann. Beispiele sind die Rasier-steckdosen, die allerdings den Anschluss eines Föhns nicht gestatten.

8.6.4.4 Potenzialausgleich

Um zu verhindern, dass metallische Teile in einer Anlage oder einem Gebäude unterschiedliche Spannungen annehmen, muss ein Potenzialausgleich durchgeführt werden. Hierzu ist eine Potenzialausgleichsschiene vorzusehen. Mit ihr sind zu verbinden: Fundamenterder, alle in das Haus eingeführten Metallrohre für Gas und Wasser, der PEN-Leiter des Hausanschlusses, alle Rohre, die den Heizkessel verlassen, alle Rohre im Bad sowie die Dusch- und Badewanne. Bei Kunststoffwannen muss auch der Ablaufstutzen angeschlossen werden. Blitzschutzanlagen können getrennt geerdet werden. Es empfiehlt sich jedoch, sie an die Fundamenterder, die in jedem Haus vorhanden sein müssen, anzuschließen. Fernsehantennen und Parabolantennen kann man wahlweise mit dem Blitzschutz oder den Potenzialausgleichsschienen verbinden.

8.6.4.5 Installationen in Bädern

Von Baderäumen und auch Nasszellen geht für den Menschen eine erhöhte Gefährdung aus. Deshalb gelten für diese Räume besondere Installationsrichtlinien. Dabei ist zwischen einzelnen Schutzbereichen zu unterscheiden. Im Abstand von 3 m von Dusche und Badewanne dürfen keine Kabel zur Versorgung anderer Räume verlaufen. Steckdosen sind mit FI-Schutzschaltern oder Trenntransformatoren zu schützen. Im Abstand von 0,6 m sind nur Mantelleitungen, also keine Stegleitungen, erlaubt. Zudem dürfen keine Steckdosen angebracht werden.

▶ Um Elektrounfälle zu vermeiden, sehen die Technischen Anschlussbedingungen (TAB) der Energieversorgungsunternehmen vor, dass die
   Elektroinstallationen nur von Personen mit der entsprechenden Ausbildung
   durchgeführt und von einem vom EVU zugelassen Elektroinstallateur
   abgenommen werden dürfen.

8.7   Netzbetrieb

Nach dem Energiewirtschaftsgesetz (EnWG, § 1) ist „die Energieversorgung so sicher,
preisgünstig, verbraucherfreundlich, effizient und umweltverträglich wie möglich zu
gestalten". Diese Aussage ist widersprüchlich, wenn nicht eine Gewichtung der verschiedenen Einflussfaktoren vorgenommen wird. Während die Kosten im Wesentlichen
in der Planungsphase festgelegt werden, ist es die Aufgabe des Betriebs, das vorhandene
Netz in einem zuverlässigen Zustand zu halten und zu betreiben sowie dabei die Kraftwerke wirtschaftlich einzusetzen. Der wirtschaftliche Kraftwerkseinsatz wurde in
Abschn. 7.2.4 behandelt und die Problematik der Zuverlässigkeit in Abschn. 8.3.4 dargestellt. Der Verbundbetrieb Westeuropas hat neben der Aufgabe des Lastausgleichs
eine Reservefunktion, indem sich alle Kraftwerke an der Frequenzregelung beteiligen
(Abschn. 7.7). Weitere wichtige Aufgaben des Netzbetriebs sind Wartung und Reparatur
der Komponenten [24].
   Um ausgedehnte Netze eines Energieversorgungsunternehmens überwachen zu
können, ist es notwendig, viele Informationen von den Betriebsmitteln in eine Zentrale
zu übertragen und dort so aufzubereiten, dass Störungen schnell erfasst werden und
Abhilfemaßnahmen rasch einzuleiten sind [25, 26].

8.7.1   Netzleittechnik

Neben den Energieversorgungsnetzen, die i. Allg. vermascht sind, wird zumindest
für die höheren Spannungsebenen ein meist strahlenförmiges Informationsnetz aufgebaut. In den Schaltanlagen liegen binäre Informationen wie Schalterstellungen und
analoge Informationen wie Messwerte vor. Die binären Informationen lassen sich zu
Wörtern zusammenfassen. Diese Vorverarbeitung erfolgt entweder in den Schaltkästen
der Abgangsfelder oder in einem Wartengebäude. Von dort kann die Anlage überwacht
und gesteuert werden. Allerdings sind die Warten von Schaltanlagen meist nicht mehr
besetzt. Während früher ein Schaltpult vorgesehen wurde, steht heute häufig nur noch ein
Rechner mit seiner Tastatur zur Verfügung, der lediglich in Sonderfällen – z. B. während
der Inbetriebnahme oder bei Störungen in der übergeordneten Leitwarte – verwendet
wird. Zur weiteren Übertragung setzt man die Wörter zu Telegrammen zusammen, die

dann über Fernwirkanlagen in die zentrale Leitstelle (Netzleitstelle) übermittelt werden und dort an einem Leitstand dem Bedienungspersonal zur Verfügung stehen. In großen Netzen ist noch eine Zwischenstufe vorzusehen, die die Information von mehreren Schaltanlagen bündelt und verdichtet [24].

Die Netzleitstelle der 1980er Jahre hatte ein Blindschaltbild (Mosaikschaltbild), auf dem das gesamte Netz dargestellt war. Verknüpfungen zwischen den Leitungen und den Sammelschienen wurden durch verschiedenfarbige Lichter angezeigt. So hatte der Warteningenieur mit seinem geschulten Auge ständig einen Überblick. Details wie Messwerte von Leistungsflüssen oder Spannungen konnte er sich auf Bildschirmen ansehen. Im Zeitalter der Informationsflut hat auch in den Netzleitstellen die Informationsdichte drastisch zugenommen. Ein statisches Blindschaltbild zeigt nur wenig Information und ist dabei sehr wartungsintensiv. Bei vielen Netzleitstellen verzichtet man deswegen ganz auf das Blindschaltbild und stellt dem Wartenpersonal die notwendige Information nur über Bildschirme zur Verfügung (Studiowarte). Zur Auswahl der Bildschirminhalte und zur Steuerung des Netzes reicht eine übliche Rechnertastatur nicht aus. Deshalb bildet ein Messpult mit funktionsorientierter Tastatur das Zentrum der Warte. Durch die neue Technik ist es möglich, anstelle der Blindschaltbilder vom Rechner gesteuerte Bilder von rückwärts an eine transparente Leinwand zu projizieren (Abb. 8.28 und 8.29).

Bei der Datenübertragung von den Schaltanlagen zur Netzleitwarte muss eine Informationsverdichtung stattfinden.

Abb. 8.28 Netzleitwarte der TransnetBW mit LED-Rückwärtsprojektion (TransnetBW GmbH)

Abb. 8.29 Querverbundwarte der Erlanger Stadtwerke mit LED-Rückwärtsprojektion (Erlanger Stadtwerke AG)

Die zu Wörtern zusammengefassten Informationen (Schalterstellung, Messwerte usw.) bilden Meldetelegramme, die über eine Leitung zur Zentrale übertragen werden. Im Allgemeinen werden nur die Änderungen übertragen. So findet eine Konzentration der Information statt. Der gesamte Netzzustand wird nur bei einer „Generalabfrage" übertragen, wenn z. B. wegen einer Rechnerstörung in der Zentrale Informationen verloren gegangen sind.

Im normalen Netzbetrieb übertragene Änderungen sind z. B. „Schalter 5 ist gefallen" (= hat ausgeschaltet). Bei der Übertragung wird nach Priorität unterschieden. Lufttemperaturen haben eine geringe, Messwerte eine größere und Schutzanregungen eine große Priorität. Der Ausdruck „Schalterfall" kommt aus den 1920er Jahren. Die damals verwendeten Ölkesselschalter wurden betriebsbereit gemacht, indem dazu manuell ein Gewicht auf eine bestimmte Höhe gebracht werden musste. Wurde der Schalter ausgelöst, fiel das Gewicht hinunter, der Schalter „war gefallen".

Die unterbrechungsfreie Umschaltung einer Leitung von einer Sammelschiene auf eine andere erfordert eine Vielzahl von Schalthandlungen. Dies kann man sich anhand der Abb. 5.1 verdeutlichen. Wenn der Leitungsabgang 1 von Sammelschiene A auf B wechseln soll, muss folgende Schaltfolge ablaufen:

Querkupplung Q_1	Trennschalter TS nach A:	Ein
Querkupplung Q_1	Trennschalter TS nach B:	Ein

Querkupplung Q_1	Leistungsschalter L:	Ein
Leitungsabgang 1	Trennschalter TS nach B:	Ein
Leitungsabgang 1	Trennschalter TS nach A:	Aus
Querkupplung Q_1	Leistungsschalter L:	Aus
Querkupplung Q_1	Trennschalter TS nach B:	Aus
Querkupplung Q_1	Trennschalter TS nach A:	Aus

Neben den Schaltbefehlen sind noch Verriegelungsbedingungen zu beachten. So muss über die Stellung der Hilfskontakte geprüft werden, ob die beiden Trennschalter an der Querkupplung auch wirklich eingeschaltet sind, bevor der Schaltbefehl zum Leistungsschalter freigegeben wird.

In der Netzleitstelle genügt es zu wissen: „Leitung 1 wurde von Sammelschiene A auf B gewechselt."

Eine derartige Informationsverdichtung kann in der Schaltanlage oder erst im Rechner der Leitwarte stattfinden.

Neben der Leitungskonzentration und Informationsverdichtung erfolgt noch eine Informationsreduktion. Nur wichtige Ereignisse werden angezeigt, andere muss sich der Schaltingenieur durch Anfrage beschaffen.

Voraussetzung für einen zuverlässigen Netzbetrieb sind die zuverlässige Übermittlung und die Vorverarbeitung der Daten. Deshalb stehen meist zwei Übertragungskanäle und parallele Rechner zur Verfügung. Als Übertragungskanäle werden genutzt: Standleitung der Telekom, EVU-eigene Informationsleitungen, TFH-Kanäle, Lichtwellenleiter in den Erd-, aber auch in den Leiterseilen, GSM-Kanäle sowie Richtfunkstrecken [26].

Bei der Trägerfrequenzübertragung auf Hochspannungsleitungen (TFH) werden die Informationen auf einen hochfrequenten Träger moduliert und über kapazitive Spannungswandler (Abschn. 2.4.1) in die Leitungen gespeist.

Die Informationsübermittlung zum Zweck der Messung und Steuerung muss in beiden Richtungen erfolgen. Sie ist aufwändig und wird lückenlos nur in den Spannungsebenen ab 110 kV durchgeführt. Im Mittel- und Niederspannungsbereich gibt es die Rundsteuertechnik [27]. Dabei werden Bitfolgen, die eine Adresse und eine Information enthalten, auf das Netz gegeben. Die Information besteht häufig aus nur einem Befehl, z. B. Straßenbeleuchtung einschalten oder Zähler von Hoch- auf Niedertarif umschalten. Die im Tonfrequenzbereich 106 Hz bis 1 350 Hz liegende Rundsteuerung ist nicht zur Übertragung vieler Informationen geeignet, da die Laufzeit eines Telegramms ca. 30 s beträgt. Will man beispielsweise Zählerstände automatisch abrufen, so sind hochfrequente Signale notwendig, die wegen der zahlreichen Störsignale im Netz in Spread-Spectrum-Technik codiert werden.

8.7.2 Smart Grid

Der Informationsaustausch zwischen EVU und Stromkunden beschränkt sich im klassischen Netz auf das jährliche Ablesen des Zählers. Zur optimalen Gestaltung des Netzbetriebes wäre es sinnvoll, wenn das EVU in der Lage wäre, den Stromverbrauch zu steuern und so dem Stromangebot anzupassen.

Das kann natürlich nicht ohne Absprache mit dem Kunden geschehen. So hat man schon in den 1930er Jahren einen Nachttarif eingeführt, bei dem in bestimmten Nachtzeiten der Arbeitspreis verringert wurde. Dies erforderte Mehrtarifzähler. Der Kunde konnte dann eine Speicherheizung installieren und Geld sparen, wenn diese nachts aufgeladen wurde. Dies erforderte einen Wärmespeicher im Haus z. B. in Form einer Fußbodenheizung. Das EVU konnte so die Lastkurve gleichmäßiger gestalten. Energie wurde damit nicht gespart, eher das Gegenteil. Die Frage, ob mit Strom oder Gas geheizt wird, stellte sich beim Bau des Hauses. Eine spätere Änderung der Heizungsart war kaum möglich. Aus dem Gesichtspunkt des Primärenergieverbrauchs ist, wegen des schlechten Wirkungsgrades der Gaskraftwerke die Gasheizung vorzuziehen. Deshalb wurde ab den 1980er Jahren die Elektrospeicherheizung verpönt. Sie könnte aber wieder eine Renaissance erleben, wenn der Anteil der regenerativen Energie an der Stromerzeugung steigt und eine Speicherung notwendig wird. Sinnvoll ist das Ganze aber nur zu gestalten, wenn das EVU einen Zugriff auf die Steuerung der Heizung hat und die Heizgewohnheiten des Kunden kennt.

Dies erfordert eine Kopplung die sinnvollerweise per Internet erfolgt. Außerdem wird ein steuerbarer Zähler – der sogenannte „Smart Meter" (Intelligenter Zähler) – notwendig. Das beschriebene Verfahren ist wohl das wirkungsvollste, erfordert aber Speicherheizungen, die weitgehend abgeschafft wurden. Ein anderes sinnvolles Verfahren zur Anpassung des Stromverbrauchs an das Stromangebot ist die Online-Steuerung leistungsstarker Verbraucher wie Warmwasserspeicher, Waschmaschinen Spülmaschinen und Wärmepumpen. Hier muss aber der Stromkunde aktiv mitarbeiten, indem er beim Einschalten der Geräte angibt, wann der Vorgang abgeschlossen sein soll, sicherlich kein großer Aufwand, aber die Einsparungen liegen heutzutage auch nur bei einigen Cent.

Die beschriebenen Methoden zur Steuerung des Strombezuges dienen der zeitlichen Anpassung nicht der Stromeinsparung und sind in der Industrie weit verbreitet. In aller Munde ist die Anwendung der Informationstechnik im Haushalt. Dazu gehören: Die Überwachung der Lebensmittel im Kühlschrank, die Steuerung der Rollladen per Handy usw. Aber dies hat nur wenig mit Energietechnik zu tun und soll hier nicht behandelt werden.

Von Smart Grid wird auch im Bereich der EVU gesprochen. Die Kraftwerke waren schon immer untereinander und insbesondere mit dem übergeordneten „Lastverteiler" verbunden, der den Kraftwerkseinsatzplan vorgibt. Durch die Einführung vieler kleiner, dezentral verteilter Einspeiseeinheiten wurde das Netz komplexer. Man fasst eine gewisse Anzahl von ihnen zu einem „virtuellen" Kraftwerk zusammen. Das Informationsnetz, das deren Datenaustausch innerhalb dieser gewährleistet wird ebenfalls als Smart Grid bezeichnet [29].

8.7.3   State Estimation

Mit den Fernwirkanlagen werden von den Stationen die Schalterstellungen und Messwerte zu dem Zentralrechner übertragen. Dieser zeigt in einem Übersichtsbild den Schaltzustand und die Messwerte an und gibt so die Möglichkeit zur Netzüberwachung. Jedoch nicht alle Stromkreise enthalten Messwertgeber; es kommt auch vor, dass AD-Wandler oder Übertragungsstrecken ausgefallen sind. Darüber hinaus besitzen die Sensoren Messfehler, die bei Störungen auch erheblich über den Toleranzen liegen können. Man unterscheidet demnach fehlende und fehlerhafte Informationen. Mit der Ausgleichsrechnung nach Gauß ist es jedoch häufig möglich, aus den vorhandenen Informationen einen vollständigen Datensatz des Netzzustandes zu berechnen. Dabei werden die fehlenden Informationen ergänzt, grob falsche Informationen eliminiert und die im Rahmen der Messgenauigkeit ungenauen Messdaten so ausgeglichen, dass ein konsistenter Datensatz entsteht. Dieser erfüllt in den Knotenpunkten die Summenstromregel nach Kirchhoff und auf den Leitungen das Ohmsche Gesetz für Spannung und Strom.

Die Berechnung des Netzzustandes basiert auf der Fehlerausgleichsrechnung nach Gauß und liefert eine Abschätzung des Netzzustands – die sogenannte State Estimation oder Netzzustandsschätzung.

Üblicherweise werden in den Schaltanlagen die Leistungsflüsse in den Abgängen gemessen. Dies sind die Flüsse in die Leitungen, die zu Verbrauchern oder Nachbarnetzen führen (P_i, Q_i), und die Flüsse, die zu Nachbarknoten gehen (P_{ik}, Q_{ik}). Außerdem werden die Beträge der Sammelschienenspannungen (U_i) gemessen (Abb. 8.30a).

Der Vektor der messbaren Größen nimmt demnach die folgende Gestalt an

$$\boldsymbol{Y}^{\mathrm{T}} = (Y_1, \cdots, Y_m) = (P_1, Q_1, \cdots, P_{12}, Q_{12}, \cdots, U_1, \cdots) \qquad (8.106)$$

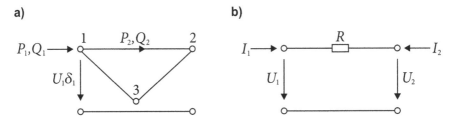

Abb. 8.30 State Estimation. **a** Messbare Größe; **b** Einfaches Netz. (Eigene Darstellung)

Sind die Spannungen an den Knoten nach Betrag U_i und Winkel δ_i bekannt, so lassen sich die Komponenten Y_i des Messvektors Y errechnen. Dabei ist zu beachten, dass einer der Winkel δ_i ohne Einschränkung der Allgemeinheit zu null gewählt werden kann (z. B. $\delta_1 = 0$). Der den Betriebszustand beschreibende Zustandsvektor X des n-Knotennetzes besteht demnach aus $(2n-1)$-Komponenten.

$$X = (X_1, \cdots, X_{2n-1}) = (U_1, \delta_1, U_2, \delta_2, \cdots, U_n, \delta_n) \qquad (8.107)$$

$$Y_i = \mathbf{f}_i(X) \qquad (8.108)$$

Der Zustandsvektor X legt sämtliche messbaren Größen, die der Messvektor Y mit m Komponenten enthält, fest. Um aus dem Messvektor Y den Zustandsvektor X berechnen zu können, muss die Bedingung $m = 2n-1$ einbehalten werden. Liegen mehr Messwerte vor $(m > 2n-1)$, bestehen Redundanzen. Man kann dann mithilfe der Ausgleichsrechnung die Zustandsgrößen $\hat{X}_i$ so bestimmen, dass die aus ihnen berechneten Messgrößen $\hat{Y}_i$ möglichst nahe an den gemessenen Größen $\bar{Y}_i$ liegen. $\hat{X}_i$ und $\hat{Y}_i$ werden Schätzwerte genannt.

Die Abweichung der Messwerte $\bar{Y}_i$ von den Schätzwerten $\hat{Y}$ lassen sich mit der Klassengenauigkeit bzw. Standardabweichung σ_i des Messwertes bewerten und zu einer Zielfunktion zusammenfassen

$$J = \left(\bar{Y}_1 - \hat{Y}_1\right)^2 / \sigma_1^2 + \left(\bar{Y}_2 - \hat{Y}_2\right)^2 / \sigma_2^2 + \cdots$$

$$\hat{Y}_1 = f_1\left(\hat{X}_1, \hat{X}_2, \cdots\right) \qquad \bar{Y}_1 = f_1\left(\bar{X}_1, \bar{X}_2, \cdots\right) \qquad (8.109)$$

Wird nun die Funktion $J\left(\hat{X}_1, \hat{X}_2, \cdots\right)$ nach den $(2n-1)$ Zustandsgrößen $\hat{X}_i$ abgeleitet, entstehen $(2n-1)$ Gleichungen zur Bestimmung des Zustandsvektors $\hat{X}_i$. Da der Zusammenhang zwischen den Leistungen und Spannungen entsprechend Gl. 8.108 nichtlinear ist, muss die Lösung iterativ erfolgen.

Beispiel 8.17: State Estimation

Für das Netz in Abb. 8.30b soll eine Ausgleichsrechnung durchgefüt werden. Zur Vereinfachung werden reelle Größen angenommen

$$\bar{U}_1 = 10\,V \qquad \bar{U}_2 = 9\,V \qquad \bar{I}_1 = 1{,}2\,A \qquad \bar{I}_2 = -0{,}9\,A \qquad R = 1/G = 1\,\Omega$$
$$\sigma_U = 1\,V \qquad \sigma_I = 0{,}1\,A$$

Da nur Ströme und Spannungen gemessen werden, liegt ein lineares Problem vor, das geschlossen zu lösen ist.

Die Gleichung der Messgrößen (Gl. 8.108) lautet für die Schätzwerte

$$\hat{Y} = \begin{pmatrix} \hat{I}_1 \\ \hat{I}_2 \\ \hat{U}_1 \\ \hat{U}_2 \end{pmatrix} = \begin{pmatrix} +G & -G \\ -G & +G \\ 1 & 0 \\ 0 & 1 \end{pmatrix} \begin{pmatrix} \hat{U}_1 \\ \hat{U}_2 \end{pmatrix} = \mathbf{H} \cdot \hat{X}$$

Daraus folgt die Kostenfunktion

$$J = (\bar{I}_1 - \hat{I}_1)^2/\sigma_I^2 + (\bar{I}_2 - \hat{I}_2)^2/\sigma_I^2 + (\bar{U}_1 - \hat{U}_1)^2/\sigma_U^2 + (\bar{U}_2 - \hat{U}_2)^2/\sigma_U^2$$
$$= [\bar{I}_1 - (G\hat{U}_1 - G\hat{U}_2)]^2/\sigma_I^2 + [\bar{I}_2 - (G\hat{U}_1 - G\hat{U}_2)]^2/\sigma_I^2 + (\bar{U}_1 - \hat{U}_1)^2/\sigma_U^2 + (\bar{U}_2 - \hat{U}_2)^2/\sigma_U^2$$

Die Differenziation liefert

$$\partial J/\partial \hat{U}_1 = -2G\left[\bar{I}_1 - G\hat{U}_1 + G\hat{U}_2\right]^2/\sigma_I^2 + 2G\left[\bar{I}_2 + G\hat{U}_1 - G\hat{U}_2\right]^2/\sigma_I^2 - 2\,(\bar{U}_1 - \hat{U}_1)/\sigma_U^2 = 0\,!$$

$$\partial J/\partial \hat{U}_2 = 2G\left[\bar{I}_1 - G\hat{U}_1 + G\hat{U}_2\right]^2/\sigma_I^2 - 2G\left[\bar{I}_2 + G\hat{U}_1 - G\hat{U}_2\right]^2/\sigma_I^2 - (\bar{U}_2 - \hat{U}_2)/\sigma_U^2 = 0\,!$$

Die Lösung dieser beiden Gleichungen liefert

$$\hat{U}_1 = 10{,}025\,\text{V} \qquad \hat{U}_2 = 8{,}975\,\text{V}$$

$$\hat{I}_1 = 1{,}05\,\text{A} \qquad \hat{I}_2 = -1{,}05\,\text{A} \quad \blacktriangleleft$$

Der Algorithmus hat aus den Messwerten der Ströme den Mittelwert gebildet und die Beziehung $I_1 = -I_2$ sichergestellt. Die Spannungen wurden so abgeändert, dass $G(U_1 - U_2)$ ebenfalls den Strom I_1 ergibt. Auf diese Art ist ein konsistenter Datensatz entstanden.

8.7.4 Ersatznetze

Das in einem EVU überwachte Netz ist durch Kuppelleitungen mit Nachbarnetzen verbunden (Abb. 8.31a). Da das EVU1 i. Allg. wenige Informationen über den Partner EVU2 hat, wird man das nicht überwachte Netz durch eine Ersatzschaltung nachbilden. Dabei bleiben die Kuppelleitungen 1–3 und 2–4 erhalten. Die Randknoten des Nachbarnetzes (3, 4) werden durch ein Element Z_{34} miteinander verbunden. In jedem Knoten speist ein Generator mit konstanter Spannung über eine Impedanz eine konstante Leistung ein. Die Koppelimpedanz Z_{34} zwischen den Randknoten ist aus den Netzimpedanzen für einen typischen Schaltzustand durch Zusammenfassen der Reihen- und

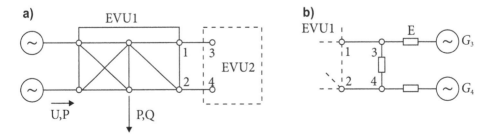

Abb. 8.31 Ersatznetzbildung. **a** Kopplung zweier Netze; **b** Ersatznetz. (Eigene Darstellung)

Parallelelemente zu bestimmen, sodass sich nach einer Schalthandlung im EVU1 die Lastflüsse in beiden Netzen nach Abb. 8.31a und b gleich ändern. Da der Wirkleistungsfluss in einem Netz mit $R/X \ll 1$ im Wesentlichen durch die Winkel der Spannungen bestimmt ist, beeinträchtigen die Generatoren im Ersatznetz G_3 und G_4 die Wirkleistungsaufteilung im EVU1 kaum. Die Summe des Wirkleistungsflusses in das Nachbarnetz ($P_{13} + P_{24}$) bleibt erhalten.

Wird der Betrag der Spannungen im eigenen Netz, z. B. durch die Auftrennung der Leitungen 1–2, stark verändert, stellt sich ein neuer Blindleistungstransport von den Generatoren G_3 und G_4 in das überwachte Netz ein. Für die Blindleistungsaufteilung sind demnach die Ersatzgeneratoren von großer Bedeutung. Ihre Impedanz ist so zu bestimmen, dass bei einer Spannungsänderung im überwachten Netz der Blindleistungsstrom über die Kuppelleitungen für beide Abbildungen a und b gleich groß ist. Eine Erweiterung von den zwei auf mehr Kuppelleitungen in Abb. 8.31 ist leicht möglich. Modellfehler entstehen, wenn in Nachbarnetzen in der Nähe der Kuppelstelle Leitungen oder Kraftwerke geschaltet werden. Derartige wichtige Informationen über Schalthandlungen sollten deshalb zwischen den Energieversorgungsunternehmen ausgetauscht und im Ersatznetz berücksichtigt werden.

8.7.5 Netzsicherheitsrechnung

Es sollen zunächst drei Begriffe diskutiert werden, die unterschiedlich verwendet werden.

Versorgungssicherheit: Hier denkt man an die Versorgung eines Staates mit Primärenergie, z. B. den Bau von Gasspeichern, um politischen Krisen vorzubeugen. Diese werden hier nicht behandelt.

Netzsicherheit und **Netzzuverlässigkeit:** Beide Begriffe werde häufig synonym verwendet. In der Wahrscheinlichkeitsrechnung bedeutet „sicher", dass ein Ereignis zu 100 % eintritt. Bei einem Würfel tritt immer eine Augenzahl von 1 bis 6 ein. Immer? Diese Aussage ist an die Voraussetzung gebunden, dass keiner ein siebtes Auge aufgemalt hat. Wenn ein Netz so dimensioniert ist, dass jedes beliebige Betriebsmittel – aber nur eines – ausfallen kann ($n-1$), so ist das sicher. Lasse ich diese Voraussetzung fallen, kann ich berechnen wie wahrscheinlich es ist, dass das Netz nicht ausfällt. Dies ist Gegenstand der Netzzuverlässigkeitsrechnung. Dabei gelten noch weitere Voraussetzungen, z. B. dass die Lasten innerhalb bestimmter Leistungsgrenzen liegen. Normalerweise wird die nun beschriebene Netzsicherheitsrechnung durchgeführt.

Die Schalterstellungen liefern mit den bekannten Leitungsimpedanzen das mathematische Modell des überwachten Netzes, wobei die Nachbarnetze durch Ersatzschaltungen zu berücksichtigen sind. Aus den Messwerten lassen sich mittels State Estimation die Zustandsgrößen, d. h. die Spannungen nach Betrag und Winkel, bestimmen. Damit liegen auch die restlichen Netzgrößen wie Leistungsflüsse fest. Will man nun eine Leitung ausschalten, so läuft eine Lastflussrechnung ab, bei der aus dem Netzmodell die entsprechende Leitung entfernt wird. Die Leistungsaufnahme der Lasten P, Q, die Spannungen U und die Wirkleistungen P der Generatoren bleiben dabei konstant. Als Ergebnis liefert die Rechnung Spannungen und Leistungsflüsse des Netzes, die sich nach Durchführung der Schalthandlung einstellen würden. Der Schaltingenieur kann nun überprüfen, ob Überlastungen oder zu starke Spannungs-abweichungen auftreten können. Ggf. unterlässt er die beabsichtigten Schalthandlungen. Bei der automatischen Netzsicherheitsrechnung werden zyklisch Betriebsmittelausfälle nach dem gleichen Verfahren simuliert und bei Verletzung von Grenzwerten Meldungen abgesetzt, z. B. „Wenn die Leitung von a nach b ausfällt, wird die Leitung von c nach d überlastet und vom Schutz abgeschaltet und die Spannung im Knoten 5 fällt unter den zulässigen Grenzwert." Da die Schutzauslösung als Folgefehler weitere Schutzaus-lösungen verursachen kann, ist mit einem Netzzusammenbruch zu rechnen, wenn die Leitung von a nach b ausfällt. Das $(n-1)$-Prinzip ist nicht mehr gewährleistet. Durch Entlastungsmaßnahmen muss das Netz von dem verletzbaren Zustand in einen zuver-lässigeren überführt werden.

Wie wichtig derartige Berechnungen sind soll an einem Beispiel gezeigt werden. In Norddeutschland wurde ein großes Kreuzfahrtschiff gebaut, das in einem Kanal zur Küste gebracht werden sollte. Da eine Hochspannungsleitung diesen Kanal kreuzte, musste sie aus Sicherheitsgründen abgeschaltet werden. Einen Tag vor der Fahrt berechnete man mit der oben beschriebenen Netzsicherheitsrechnung, ob bei Abschaltung der Leitung Netzprobleme auftreten könnten. Nicht bedacht wurde, dass am nächsten Tag ein durch eine Windflaute ein vollkommen anderer Lastfluss entstand. Ergebnis war ein flächendeckender Stromausfall in Norddeutschland. Was war falsch gelaufen? Die Programme zur Netzsicherheitsrechnung waren vorhanden, wurden aber vor der Schalthandlung nicht angestoßen.

8.8 Netzschutz

Der Netzschutz soll unzulässige Betriebszustände erkennen und anzeigen bzw. die fehlerbetroffenen Betriebsmittel abschalten. Nach der Art der Störung unterscheidet man Kurzschlussschutz, Überlastschutz, Erdschlussschutz, Über- und Unterspannungsschutz sowie Über- und Unterfrequenzschutz.

Entsprechend den Schutzverfahren ist zu unterscheiden zwischen Überstromschutz, Unterimpedanz- bzw. Distanzschutz, Differenzialschutz bzw. Vergleichsschutz sowie Spannungs- und Frequenzschutz.

Darüber hinaus gibt es eine große Zahl von weiteren Schutzfunktionen. Um hier einen Überblick und Vergleichbarkeit zu haben, wurden zu sämtlichen Schutzfunktionen ANSI-Nummern definiert [28]. So wird der Distanzschutz gemäß diesem Standard mit der Nummer 21 bezeichnet. In manchen Schutzgeräten wird gänzlich auf den Namen Distanzschutz verzichtet und nur die Nummer 21 verwendet.

Das einfachste Schutzkonzept für den Kurzschluss und die Überlast wurde bereits in Abschn. 5.1.3 behandelt, die Sicherung und der Leitungsschutzschalter. Diese werden als Primärschutz bezeichnet, da die Messeinrichtungen zur Erfassung des Überstromes und des Auslösemechanismus eine Baueinheit bilden [30].

8.8.1 Aufbau der Schutzeinrichtung

In Netzen mit großen Strömen und Spannungen werden Schutz- und Schaltfunktionen getrennt. Bei diesem Sekundärschutz formen Wandler die Primärgrößen auf genormte Sekundärgrößen, z. B. 1 A oder 100 V um (Abschn. 2.4), die im Schutzgerät meist über galvanische Trennglieder wie Übertrager oder Optokoppler geführt werden.

Schutzgeräte der neuesten Generation besitzen digitale Eingänge, mit denen sie Spannungen und Ströme erfassen können. Merging Units stellen einen sogenannten Sampled-Value-Stream bereit, der nicht mehr digitalisiert werden muss. Der Verarbeitungsteil des Schutzgerätes bildet Zwischengrößen, wie den Effektwert des Stromes, und vergleicht diese mit Grenzwerten. Bei deren Überschreiten generiert der Schutz häufig zeitverzögert Meldungen oder Auslösesignale. Am Schutz eingestellte Grenzwerte, z. B. für Strom und Auslösezeit, hängen von dem zu schützenden Netz ab. Bei ihrer Wahl sind Ungenauigkeiten der Schutzeinrichtung und ungenaue Informationen über den Aufbau und die Betriebsweise des Netzes zu berücksichtigen. Diese Unschärfen können dazu führen, dass die Ansprechwerte in Zweifelsfällen zu hoch oder zu niedrig eingestellt werden. Ist beispielsweise die Stromschwelle niedrig eingestellt, besteht die Gefahr der „Überfunktion", liegt sie hoch, muss mit „Unterfunktion" gerechnet werden. Überfunktionen sind unerwünscht, da unnötig viele Betriebsmittel abgeschaltet werden. Dies kann Versorgungsunterbrechungen zur Folge haben. Unterfunktionen kann man nur tolerieren, wenn ein Reserveschutz vorhanden ist. Dies führt zu einer verzögerten Fehlerabschaltung. Da man nicht beides gleichzeitig haben kann, tendiert man bei der Planung von Schutzsystemen zur Unterfunktion, weil man Überfunktionen nicht tolerieren kann.

▶ Der primäre Schutz (Hauptschutz) ist so eingestellt, dass er zur Unterfunktion neigt. Der Reserveschutz muss so eingestellt sein, dass jeder Fehler – wenn auch zeitverzögert – geklärt wird. Dieses Prinzip stellt die Selektivität sicher.

Unter „Selektivität" versteht man die Eigenschaft eines Schutzes, nach Möglichkeit nur die vom Fehler betroffenen Betriebsmittel abzuschalten.

Nach der Bauart unterscheidet man zwischen elektromechanischen, elektronischen und digitalen Relais (Abb. 8.32). In den elektromechanischen Relais wirkt eine vom Strom erzeugte Kraft gegen einen Federmechanismus, der beim Überschreiten eines Grenzwertes kippt. Daraus ist der Begriff Kippen bzw. Kippgrenze entstanden, der auch bei modernen Schutzeinrichtungen für das Ansprechen verwendet wird.

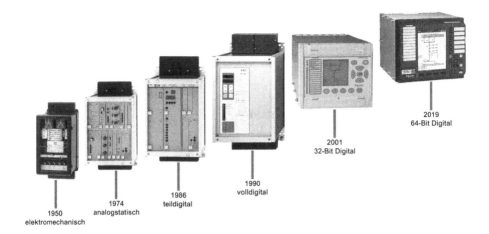

Abb. 8.32 Die Generationen der Schutztechnik – vom elektromechanischen Schutz zum multi-funktionalen IED mit Cyber Security (Schneider Electric GmbH)

Die Fertigung derartiger Relais begann 1910 und wurde etwa 1980 eingestellt. Auch heute sind in manchen EVU noch elektromechanische Relais, mit stark abnehmender Tendenz, im Einsatz. Von 1960 bis 1990 behaupteten die elektronischen Schutz-einrichtungen den Markt. Sie vergleichen vornehmlich Nulldurchgänge oder laden Kondensatoren auf. Sie weisen aber durch die hohe Zahl von elektronischen Einzel-bauteilen auch eine hohe Ausfallrate auf. Außerdem zeigte sich, dass diese Geräte Schwierigkeiten haben ihre eingestellten Sollwerte zu halten, da die elektronischen Bauteile mit der Zeit wegdriften. Sie wurden deshalb sehr bald durch digitale Relais ersetzt, deren Markteinführung 1970 begann. Bei ihnen werden die gemessenen Strom- und Spannungssignale von analog nach digital gewandelt. Durch digitale Algorithmen bestimmt man typische Größen, z. B. den Effektivwert des Stromes oder eine Impedanz, die mit einem eingestellten Grenzwert verglichen werden. Da es sich bei einem Schutzgerät heutzutage im Wesentlichen um sehr leistungsfähige Hardware mit komplexer Software handelt, wird ein solches Gerät auch als Intelligent Electronic Device (IED) bezeichnet.

8.8.2 Überstromschutz

Überstromschutzeinrichtungen verwenden allein den Strom in Verbindung mit einer Zeitverzögerung als Auslösekriterium. Abhängig vom Einsatzgebiet gibt es UMZ-Schutz (Unabhängiger Maximalstrom-Zeitschutz), AMZ-Schutz und IT-Schutz (Inverse-Time Schutz), deren Kennlinien in Abb. 8.33a dargestellt sind.

Der UMZ-Schutz wird üblicherweise für Leitungen verwendet. Dabei stellt man den Grenzstrom $I_\gg$ auf den kleinsten erwarteten Kurzschlussstrom und $I_>$ auf den maximal zulässigen Strom des zu schützenden Betriebsmittels ein. So sind Kurzschluss- und

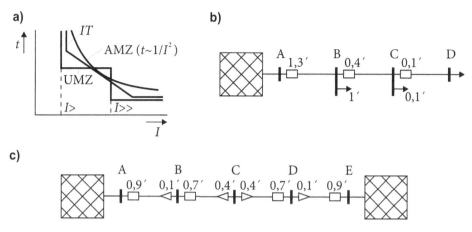

Abb. 8.33 Überstromschutz. **a** Kennlinien; **b** Staffelung; **c** doppelt gespeistes Netz; *kleines Rechteck* UMZ-Relais; *kleine Dreiecke* Richtungsrelais. (Eigene Darstellung)

Überlastschutz gewährleistet. Die Zeit $t_\gg$ muss auf die Einstellung der anderen im Netz installierten Relais abgestimmt sein. Abb. 8.33b zeigt einen Staffelplan (Zeit-Impedanz-Diagramm), bei dem die Schnellzeit von 0,1 s als Eigenzeit des Relais anzusetzen ist. Die nächste Schutzstufe wirkt mit 0,4 s, also um 0,3 s verzögert, sodass bei einem Fehler zwischen C und D zunächst der Schutz in C anspricht. Bei einem Versagen tritt der Schutz in B nach 0,4 s in Aktion. Wenn von der Sammelschiene noch weitere Abgänge mit höheren Zeiten gespeist werden, erfordert dies bei der Einstellung des Schutzes in A sehr große Schutzzeiten, z. B. 1,3 s. Dies hat zur Folge, dass ein Fehler zwischen A und B erst nach 1,3 s abgeschaltet wird [31].

Der AMZ-Schutz ist ein typischer Überlastschutz; er bildet mit seinen Kennlinien die Erwärmung der Betriebsmittel nach, die durch die internen Verluste erzeugt wird.

$$Q = c \int R\, i^2 \, \mathrm{d}t = c\, R\, I^2 < Q_{\mathrm{zul}} \tag{8.110}$$

Typische Einsatzgebiete sind Motoren und Generatoren. Der IT-Schutz ist im angelsächsischen Raum weit verbreitet und deckt dort die Anwendung von UMZ- und AMZ-Schutz ab.

Das einseitig gespeiste Netz in Abb. 8.33b ist mit einer Zeitstaffelung wirkungsvoll zu schützen. Bei zweiseitiger Speisung entstehen Probleme mit der Zeiteinstellung. Hier kann man notwendige Zeitverzögerungen durch den Einsatz von Richtungsrelais reduzieren. Ein Beispiel dafür ist in Abb. 8.33c gegeben. Bei einem Fehler zwischen C und D trennt das Richtungsrelais nach 0,4 s und das UMZ-Relais nach 0,7 s. Ein Fehler zwischen D und E wird nach 0,1 s vom linken Netz und nach 0,9 s vom rechten Netz getrennt. Richtungsrelais verknüpfen Strom und Spannung miteinander und ermitteln z. B. aus der Phasenverschiebung die Leistungsrichtung. Um eine Überfunktion, d. h. das Ansprechen des Schutzes bei Normalbetrieb, zu vermeiden, wird das Auslösesignal des Richtungsrelais erst nach Überschreiten eines Stromschwellwertes freigegeben.

8.8.3 Distanzschutz

Der Kurzschlussstrom ist von der Fehlerentfernung zur Einspeisung α, der Vorimpedanz Z_Q und der Netzspannung U_Q abhängig. Für das Netz in Abb. 8.34a ergibt sich

$$\underline{I} = \frac{\underline{U}_Q}{\underline{Z}_Q + \alpha \underline{Z}_L} \qquad (8.111)$$

Während die Spannung des Netzes U_Q nur in geringen Grenzen schwankt, kann die Netzimpedanz Z_Q abhängig von dem Schaltzustand des übergeordneten Netzes stark variieren. Deshalb ist der Strom als Staffelkriterium sehr ungenau, man ist auf eine Zeitstaffelung angewiesen (Abschn. 8.8.2). Wird nun aus Strom und Spannung am Einbauort

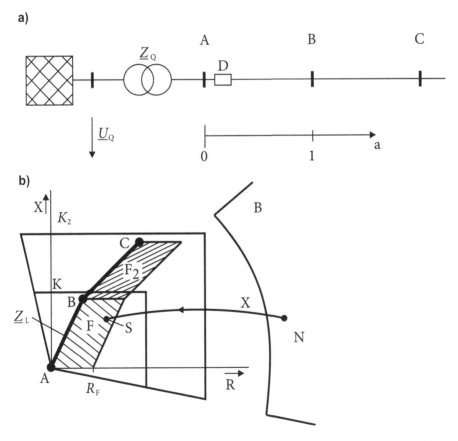

Abb. 8.34 Distanzschutz. **a** Netz; **b** Auslöseverhalten; Z_L: Leitungsgerade; F: Fehlerfläche; K: Kippgrenze; x: Übergang vom Normalbereich N zum Kurzschluss S; B: Bereich des Normalbetriebs. (Eigene Darstellung)

des Schutzes die Impedanz $\underline{Z}$ bestimmt, so ist der Fehlerort α exakt zu ermitteln, wenn die Leitungsimpedanz $\underline{Z}_L$ bekannt ist.

$$\underline{U}/\underline{I} = \underline{Z} = \underline{Z}_L\alpha \qquad (8.112)$$

In der komplexen Ebene muss deshalb bei einem Kurzschluss im Zuge der Leitung die gemessene Impedanz auf der Linie $\underline{Z}_L$ liegen. Ein Lichtbogenfehler verursacht einen Spannungsabfall, in Phase mit dem Strom. Für die Grundschwingung ist damit ein Lichtbogen als ohmscher Widerstand R_F nachzubilden. Dies bedeutet aber, dass sich die gemessene Impedanz $\underline{Z}_L$ um R_F verschieben kann. Aus der für einen Fehler gültigen Geraden $\underline{Z}_L$ wird damit eine Fehlerfläche F (Abb. 8.34b). Die Aufgabe der Schutzeinrichtung ist es, bei einer Impedanz, die innerhalb der Fläche F liegt, die Leitung abzuschalten. Um Ungenauigkeiten im Netz und der Schutzeinrichtung zu berücksichtigen, wird die Auslösekennlinie K so eingestellt, dass die Kippfläche etwas größer als die Fehlerfläche F ist. Der normale Betriebspunkt liegt außerhalb der Kennlinie K, z. B. im Punkt N. Bewegt sich der Messort bei einem Fehler von N auf dem Weg x in Richtung S, so kippt das Relais beim Überschreiten der Kennlinie K und löst aus.

Bei einem Fehler zwischen B und C entsteht die Fehlerfläche F_2. Zum Schutz dieser Leitung dient die Kippgrenze K_2, die zeitverzögert wirkt und so dem Schutz der Sammelschiene B Zeit lässt, den Fehler in Schnellzeit zu klären. Die zweite Stufe ist demnach eine Reservestufe, die beim Versagen des vorgelagerten Schutzes anspricht.

Zur Einstellung des Schutzes in einem Netz werden Staffelpläne ermittelt, die eine Zuordnung zwischen Auslösezeit und Kippimpedanzen so herstellen, dass zunächst jedes Betriebsmittel selektiv abgeschaltet wird und erst bei Versagen die zweite Stufe und schließlich die dritte Stufe wirkt. Dies ist in Abb. 8.35 dargestellt. Dort schützt das Relais D1 die zugeordnete Leitung AB in Schnellzeit, z. B. 0,1 s, allerdings nicht die letzten 10 %, denn man will vermeiden, dass infolge von Ungenauigkeiten ein Fehler in BC durch D1 abgeschaltet wird. Man spricht von einer Unterstaffelung mit $\varepsilon = 0,1$. Zeitverzögert mit z. B. 0,4 s sind der restliche Teil AB und 85 % der Leitung BC geschützt.

Da die Auslösekennlinie K in Abb. 8.34b eine Vorzugsrichtung zu positiven R-X-Messwerten hat, entsteht eine Richtungsempfindlichkeit. Man kann deshalb mit Distanzschutzeinrichtungen auch beidseitig gespeiste Netze und damit auch Maschennetze schützen.

Die Kippgrenze ist so zu gestalten, dass sie alle bei Fehlern auftretenden Impedanzen umschließt. Dabei darf sie aber nicht in den Bereich des Normalbetriebs hineinragen. Man kann aber auch den umgekehrten Weg beschreiten und das Nichtvorhandensein von Normalbetrieb als Fehler interpretieren. Ein Beispiel für die Grenze des Normalbetriebs zeigt Kennlinie B in Abb. 8.34b. Verlässt die gemessene Impedanz diesen Bereich, gibt die Schutzeinrichtung ein Signal, das als Anregung bezeichnet wird und nach Ablauf einer gewissen „Endzeit" ebenfalls zur Auslösung führt.

Abb. 8.35 Staffelplan.
(Eigene Darstellung)

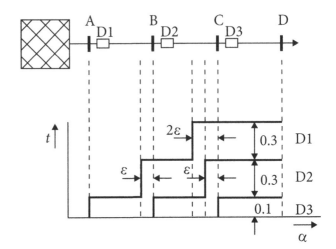

8.8.3.1 Distanzbestimmung

Das Grundprinzip des mechanischen Distanzschutzes ist in Abb. 8.36a dargestellt. Zwei Elektromagnete wirken auf einen Waagebalken. Der eine ist vom Messstrom durchflossen, dem anderen wird ein spannungsproportionaler Strom zugeführt. Für die Kippgrenzen des Balkens gilt

$$K_I I_K = K_U U_K \qquad U_K / I_K = K_I / K_U = Z_K \qquad (8.113)$$

Der Faktor K_U und damit die Kippimpedanz Z_K lässt sich durch den Widerstand R_U einstellen. Das Kippen des Relais signalisiert eine zu kleine Impedanz und damit einen Fehler auf der zu schützenden Leitung. Beim elektronischen Schutz wird der Strom in ein um den Winkel ϑ voreilendes Spannungssignal $\underline{U}_I$ umgeformt (Abb. 8.36b). Die Differenz von Spannung $\underline{U}$ und Stromsignal $\underline{U}_I$ liefert eine Spannung $\underline{U}_D = \underline{U} - \underline{U}_I$. Die Phasenverschiebung δ zwischen den Spannungen $\underline{U}_D$ und $\underline{U}_I$ ist mit einem Grenzwert δ_g zu vergleichen. Bei dessen Überschreitung wird ein Signal gebildet, das anzeigt, dass die gemessene Impedanz unter der Grenzlinie K liegt. Damit ist das Impedanzkriterium auf eine Winkelmessung zurückgeführt. Eine Auslösefläche lässt sich durch die logische Verknüpfung von Winkelkriterien herstellen. Diese etwas umständliche Methode ist den elektronischen Verfahren geschuldet, mit denen leicht die Zeitunterschiede zwischen Nulldurchgängen und damit Phasenverschiebungen zu messen sind. Diese Methode der Messung der Phasenverschiebung findet auch heute noch bei den digitalen MHO-Relais Anwendung. Da diese Messung sehr schnell vonstattengeht, haben diese Relais Reaktionszeiten von 5 ms.

Beim digitalen Schutz werden Ströme und Spannung über AD-Wandler einem Prozessor zugeführt, der die Impedanz nach speziellen Algorithmen ermittelt und mit einem vorgegebenen Grenzwert vergleicht [32].

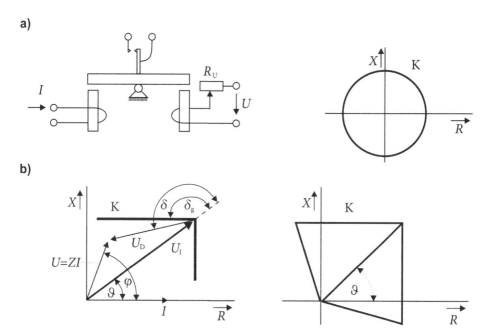

Abb. 8.36 Impedanzrelais. **a** Elektro-mechanischer Schutz; **b** Elektronischer Schutz. (Eigene Darstellung)

Algorithmen zur Distanzbestimmung sind sehr unterschiedlich aufgebaut. Sie erfordern teilweise einen erheblichen Rechenaufwand, um Messsignale, die durch Oberschwingungen oder Wandlersättigung verfälscht sind, zu filtern. Grundlage fast aller Verfahren ist ein R-L-Modell der Leitung, das unterschiedlichen mathematischen Behandlungen unterworfen wird.

- **Sinus-Algorithmus.** Für einen sinusförmigen Strom gilt

$$i = \hat{i} \sin \omega t \tag{8.114}$$

$$u = \hat{u}\sin (\omega t + \varphi) = \hat{u}\cos \varphi \sin \omega t + \hat{u}\sin \varphi\cos \omega t \tag{8.115}$$

$$R = \hat{u}/\hat{i} \cdot \cos \varphi \qquad X = \hat{u}/\hat{i} \cdot \sin \varphi \tag{8.116}$$

Für drei um Δt versetzte Abtastzeiten $t_1, t_2 = t_1 + \Delta t, t_3 = t_1 + 2 \Delta t$ werden die Ströme i_1, i_2, i_3 und die Spannungen u_1, u_2 und u_3 gemessen. Daraus lassen sich die drei Unbekannten $t_1, \hat{u}/\hat{i}, \varphi$ bestimmen, von denen die beiden letzten über Gl. 8.116 zu R und X führen. Die Gl. 8.114 und 8.115 liefern für die drei Abtastzeitpunkte sechs Gleichungen. Diese Überbestimmtheit ist zur geschlossenen Lösung notwendig, da es sich um ein nichtlineares Gleichungssystem handelt.

- **Filter-Algorithmus.** Man kann die Fourier-Koeffizienten für die Grundschwingungen von Strom und Spannung bestimmen und daraus die Impedanzen R, X ermitteln. Dieses Verfahren filtert alle Oberschwingungen heraus. Um den Effektivwert der Grundschwingung im 50-Hz-System mittels Fourier-Analyse berechnen zu können, ist eine ganze Periodenlänge – also 20 ms – notwendig. Deshalb reagiert ein Distanz-schutz mit Filter-Algorithmen zur Distanzbestimmung frühestens 20 ms nach Fehler-eintritt.
- **Differenzierender Algorithmus.** Die Leitung lässt sich durch eine Differenzial-gleichung 1. Ordnung beschreiben

$$u = Ri + L\mathrm{d}i/\mathrm{d}t \tag{8.117}$$

Für zwei Abtastzeitpunkte ergeben sich zwei Gleichungen zur Bestimmung der Leitungsparameter R und L. Die dabei notwendige numerische Differenziation des Stromes ist problematisch. Man wählt deshalb drei Abtastzeitpunkte und bildet Mittelwerte

$$u_{12} = (u_1 + u_2)/2 \qquad u_{23} = (u_2 + u_3)/2$$

$$i_{12} = (i_2 - i_1)/\Delta t \qquad u_{23} = (i_3 - i_2)/\Delta t \tag{8.118}$$

$$u_{12} = Ri_1 + Li_{12} \qquad u_{23} = Ri_{23} + Li_{23} \tag{8.119}$$

Anstelle der zwei notwendigen Gl. 8.119 kann man auch mehrere ansetzen und über die Ausgleichsrechnung (Abschn. 8.7.3) Messfehler korrigieren.
- **Integrierender Algorithmus.** Die Integration der Gl. 8.117 liefert

$$\int_a^b u \, \mathrm{d}t = R \int_a^b i \, \mathrm{d}t + L(i_\mathrm{b} = i_\mathrm{a}) \tag{8.120}$$

Die Integrale werden aus z. B. 6 Abtastwerten bestimmt. Mit 12 Abtastungen ist dann Gl. 8.120 zweimal aufzustellen und R und L zu bestimmen. Bei einer Abtastfrequenz von 1 kHz werden zur Impedanzbestimmung damit 12 ms benötigt.

Die Vorteile der digitalen Netzschutzeinrichtungen sind beachtlich. Es ist möglich, komplex aufgebaute Kippgrenzen vorzugeben, nichtideale Eingangssignale zu filtern und den Fehlerort zu bestimmen. Darüber hinaus kann die Kopplung an übergeordnete Rechner leicht erfolgen.

Der Distanzschutz ist ein intelligentes Messgerät, das für einen Leitungsabgang Ströme, Spannungen und Impedanzen misst, speichert und zum Zentralrechner überträgt. Bei eindeutigen Fehlerverhältnissen schaltet er rasch ab, bei Versagen dient er anderen Schutzeinrichtungen als Reserveschutz.

8.8.4 Differenzialschutz

Aus der leiterselektiven Differenz zwischen den Strömen am Anfang und Ende (Differenzialstrom) eines Betriebsmittels kann man auf einen inneren Fehler schließen. Dieses Prinzip macht man sich beim Schutz von Leitungen, Transformatoren, Sammelschienen und Generatoren zunutze. Der Vorteil des Differenzialschutzes liegt darin, dass der Schutzbereich eindeutig nach beiden Seiten durch die eingebauten Messwandler abgegrenzt ist (Abb. 8.37).

Die Messwerte eines Wandlerpaares W der verschiedenen Leiter L1, L2 und L3 werden einem Differenzialelement D zugeführt. Ist die Stromdifferenz größer als ein eingestellter Schwellwert, so ändert sich der Ausgang des Differenzialelementes von 0 nach 1. Die drei Ausgänge der Differenzialelemente werden einem ODER-Gatter zugeführt, welches dann das AUS-Kommando an den Leistungsschalter generiert. Selbstverständlich müssen beim Stromvergleich das Übersetzungsverhältnis und die Schaltgruppe des Transformators berücksichtigt werden.

Leider ist es nicht möglich den Einstellwert des Differenzialstromes auf null zu setzen um besonders empfindlich zu sein, da es auch bei fehlerfreien Betriebsmitteln verschiedene Faktoren gibt, die einen natürlichen Differenzialstrom ergeben. Einige Faktoren sind zudem lastabhängig, sodass bei größerem Laststrom auch ein größerer Ansprechwert für den Differenzialstrom eingestellt werden muss. Das wird über den Stabilisierungsstrom erreicht, man spricht in diesem Zusammenhang von der „Diff-Stab-Kennlinie".

Wenn man von einem Betriebsmittel mit zwei Enden (A und B) ausgeht, so lässt sich der Differenzialstrom I_{diff} und der Stabilisierungsstrom I_{stab} berechnen:

$$I_{\text{diff}} = \left| \underline{I}_{\text{a}} - \underline{I}_{\text{b}} \right| \tag{8.121}$$

$$I_{\text{stab}} = \left| \underline{I}_{\text{a}} \right| + \left| \underline{I}_{\text{b}} \right| \tag{8.122.}$$

Abb. 8.37 Funktionsprinzip eines Differenzialschutzes. (Eigene Darstellung)

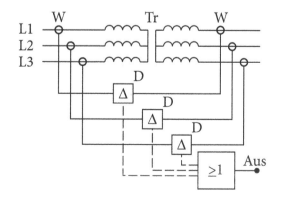

8.8.4.1 Leitungsdifferenzialschutz

Während der Distanzschutz zur Vermeidung von Überfunktion eine Leitung nur über die z. B. ersten 85 % ihrer Länge schützten kann, schützt der Differenzialschutz die gesamte Leitung. Eine Reserveschutzfunktion für andere Betriebsmittel bietet er dagegen nicht. In Höchstspannungsnetzen wird er heute gerne als Hauptschutz eingesetzt, mit einem Distanzschutz als Reserveschutz.

Von Nachteil war früher auch die notwendige Informationsübertragung von einem Ende der Leitung zum anderen. Um die Informationen zu reduzieren, übertrug man nicht den Zeitverlauf der Ströme, sondern z. B. nur die Stromrichtungen (sog. Phasenvergleichsschutz). Beispielsweise wird während der positiven Halbschwingung ein Hochfrequenzsignal gesendet. Überdeckt es sich mit dem Signal der Gegenstation, fließt der Strom von beiden Seiten in die Leitung. Dies bedeutet einen Leitungsfehler.

Mit den Möglichkeiten der Informationsübertragung wächst die Bedeutung des Leitungsdifferenzialschutzes. Die Informationsübertragung zwischen Schaltstationen ist heute üblich und so übertragen moderne Differenzialschutzeinrichtungen die digitalisierten Werte der Leiterströme z. B. per Lichtwellenleiter zur Gegenseite.

8.8.4.2 Transformatordifferenzialschutz

Die klassische Aufgabe des Differenzialschutzes besteht im Schutz von Betriebsmitteln, deren beide Enden räumlich noch nahe zusammenliegen, wie Transformatoren und elektrische Maschinen. Beim Transformatordifferenzialschutz ergibt sich das Aussehen der Diff-Stab-Kennlinie (Abb. 8.38) aus mehreren technischen Gegebenheiten.

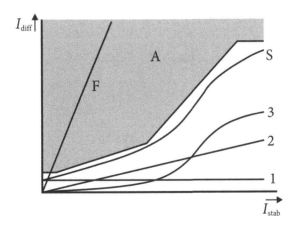

Abb. 8.38 Auslösekennlinie eines Transformatordifferenzialschutzes. 1: Magnetisierungsstrom; 2: Differenzstrom durch Stufensteller; 3: Differenzstrom durch Wandlersättigung; S: Summe der Fehlströme; A: eingestellter Auslösebereich; F: Fehlerkennlinie. (Eigene Darstellung)

- Der Magnetisierungsstrom I_h wird durch die Wandler auf der Oberspannungsseite des Transformators zwar mitgemessen, nicht jedoch auf der Unterspannungsseite (Abb. 8.38, Kennlinie 1).
- Im Differenzialschutzrelais gibt es keine Möglichkeit die aktuelle Stellung des Stufenstellers des Transformators zu berücksichtigen. Befindet sich der Stufensteller nicht in der Mittelstellung, so ergibt sich ein Differenzialstrom, der linear mit dem Laststrom ansteigt (Abb. 8.38, Kennlinie 2).
- Geht ein Stromwandler in Sättigung, so überträgt er nicht mehr den gesamten Strom, es kommt ebenfalls zu einer Stromdifferenz (Abb. 8.38, Kennlinie 3).

Alle drei Effekte sind bei der Auslegung der Auslösekennlinie zu summieren (Abb. 8.38, S). Aus Sicherheitsgründen stellt man dann die Kennlinie noch etwas höher ein (Abb. 8.38, Kennlinie A). Man ist dann immer noch weit genug von der Fehlerkennlinie eines inneren Trafofehlers entfernt (Abb. 8.38, Kennlinie F). Diese ergibt sich bei einem widerstandslosen inneren Fehler, wenn man in den Strom $\underline{I}_\mathrm{b}$ aus den Gl. 8.121und 8.122. zu null setzt. Es ergibt sich dann $I_\mathrm{diff}=I_\mathrm{stab}$.

Der größte Differenzstrom ergibt sich durch den Einschaltrush des Transformators. Da er eine starke 2. Harmonische (100 Hz im 50-Hz-Netz) enthält, lässt sich durch eine geeignete Filterschaltung der „Inrush" erkennen und die Schutzauslösung zeitweise blockieren.

8.8.4.3 Sammelschienenschutz

Auch Sammelschienen in Schaltanlagen, bei denen im fehlerfreien Fall die Summe aller Abgangsströme null sein muss, lassen sich nach dem Differenzialprinzip schützen. Je nachdem, wie die Sammelschiene aufgebaut ist (Einfach- oder Doppelsammelschiene, etc.), werden mehrere – teilweise ineinander verschachtelte – Schutzzonen realisiert.

Die größte Herausforderung beim Konzipieren eines Sammelschienenschutzsystems ist die Erstellung des Trennerabbildes. Ein Abgangsfeld kann von verschiedenen Sammelschienen gespeist werden. Der Schutz wird nur dann ordnungsgemäß funktionieren, wenn er zu jeder Zeit weiß, welche Abgänge gerade zu seiner Schutzzone gehören. Dazu muss er über die aktuellen Trennerstellungen in der gesamten Anlage Bescheid wissen.

Man unterscheidet den zentralen und den dezentralen Sammelschienenschutz. Beim zentralen Sammelschienenschutz werden die Strommesswerte aller Abgangsfelder einer zentralen Einheit zugeführt, die dann die Summen- und Differenzbildung der verschiedenen Stromtripel durchführt. Beim dezentralen Sammelschienenschutz werden in jedem Schaltfeld die Abzweigströme und Trennerstellungen mittels einer eigenen Feldeinheit erfasst und dann über Lichtwellenleiter (LWL) einer Zentraleinheit zugeführt. Welche der beiden Varianten besser ist, kann nicht pauschal gesagt werden. Hier spielen viele Faktoren zusammen, wie z. B. Ausdehnung der Schaltanlage, Freiluft- oder gasisolierte Schaltanlage oder Anzahl der Abgangsfelder.

Eine einfache Methode einen Sammelschienenschutz aufzubauen, ist die „rückwärtige Verriegelung". Diese kann nur angewendet werden, wenn die Lastflussrichtung eindeutig ist. Im Falle eines Fehlers auf der Sammelschiene misst der Schutz im Einspeisefeld den Kurzschlussstrom und löst bestimmungsgemäß aus. Ist der Fehler jedoch im Netz auf einem Abgangsfeld, so messen die Schutzgeräte im Einspeisefeld und im Abgangsfeld den Kurzschlussstrom. Nun sendet das Schutzgerät im Abgangsfeld ein Signal an das Schutzgerät im Einspeisefeld, um dessen Auslösung damit zu blockieren.

8.8.4.4 Generatordifferenzialschutz

Die Konzeption des Differenzialschutzes hängt sowohl von der Maschinenleistung als auch von der Anschlussvariante des Kraftwerkseigenbedarfs ab. Große Blockeinheiten sind in der Regel mit mehr als einem Differenzialschutzrelais ausgestattet, wobei der Blocktransformator in das Schutzsystem einbezogen wird.

Der Differenzialschutz hat vornehmlich die Aufgabe Kurzschlüsse innerhalb der Maschine zu erkennen. Dazu kann man einen normalen Transformatordifferenzial-schutz nehmen, bei dem man dann die Schaltgruppe Yy0 einstellen muss. Wird mit dem Differenzialschutz auch noch der Blocktransformator geschützt, ist die entsprechende Schaltgruppe des Transformators im Schutz einzustellen. Große Synchron- und Asynchronmaschinen werden ebenfalls mit einem Differenzialschutz ausgerüstet. Neben diesem Schutzprinzip gibt es noch eine ganze Reihe weiterer Schutzeinrichtungen an großen Generatoren, z. B. den Erdschlussschutz. Man kann daraus die Wichtigkeit des Betriebsmittels erkennen.

8.8.5 Frequenzschutz

Den Frequenzschutz kann man in Über- und Unterfrequenzschutz unterteilen, die beide jedoch unterschiedliche Zwecke verfolgen.

8.8.5.1 Überfrequenzschutz

Überfrequenz tritt dann ein, wenn die Leistungssumme aller Verbraucher im Netz kleiner als die Summe aller Erzeuger ist. Dies geschieht z. B. beim plötzlichen Ausfall großer Verbraucher. Da durch die Überfrequenz rotierende Maschinen beschädigt werden können, werden sie bei zu hohen Frequenzen durch den Überfrequenzschutz abgeschaltet.

Mit der Zunahme von regenerativen Erzeugungsanlagen wird auch deren einspeisende Leistung immer größer, sodass in Deutschland in der Summe bereits einige GW an Leistung installiert (2017: 60 GW) sind, die nicht immer alle in Betrieb sind. Kommt es bei massiver Sonneneinstrahlung und gleichzeitig niedrigen Lasten zu einem Einspeise-leistungsüberschuss im Netz, so steigt die Frequenz an.

Früher forderten die Vorschriften für den Anschluss von PV-Anlagen an das Nieder-spannungsnetz, dass sich diese Anlagen bei einer Netzfrequenz von 50,2 Hz oder höher, selbsttätig vom Netz trennen müssen. Hierdurch kann es innerhalb eines kurzen Zeit-raumes zu einem gewaltigen Lastsprung kommen, der zur Gefahr für die Netzstabilität werden könnte. Man spricht dabei vom 50,2-Hz-Problem. Die Lösung liegt in Wechsel-richtern, die oberhalb von 50,2 Hz nicht sofort abschalten, sondern die Einspeiseleistung nach einer bestimmten Kennlinie reduzieren. Ab der Frequenzobergrenze von 51,5 Hz schalten sich aber alle Anlagen ab. Alternativ können auch unterschiedliche Einstellwerte für die verschiedenen Anlagen gewählt werden (z. B. $f \geq$ 50,1 Hz; 50,2 Hz; 50,3 Hz) damit nicht alle Anlagen gleichzeitig ausgeschaltet werden.

8.8.5.2 Unterfrequenzschutz

Ist die Gesamtlast des Netzes höher als die Erzeugerleistung, so sinkt die Frequenz. Eine immer weiter abfallende Frequenz führt deshalb schließlich zu einem großflächigen Blackout. Deshalb werden in den Netz- und Systemregeln der deutschen Übertragungs-netzbetreiber (auch Gridcode oder Transmission Code genannt) [33] in einem 5-Stufen-Plan geregelt, bei welchen Frequenzen welche Lastabwurfmaßnahmen zu treffen sind. Von großer Bedeutung ist hier der Schutz der Turbinen, bei denen viele Eigenfrequenzen unter 47 Hz „gezogen" werden.

Eine europäische Verordnung (2017/2196 Network Code on Emergency and Rest-oration [34]) fordert deshalb Maßnahmen, um dies zu vermeiden. Hierzu gehört auch der automatische Unterfrequenzlastabwurf, der im Bereich zwischen $f = 49$ Hz bis $f = 48$ Hz eine mehrstufige Ausschaltung von etwa 45 % der Last durch den Unterfrequenzschutz vorsieht. Die Anforderungen und die technischen Details werden in Deutschland in VDE-AR-4142 „Automatische Letztmaßnahmen zur Vermeidung von Systemzusammen-brüchen" geregelt [35].

8.8.6 Erdschlussschutz

Erdschlüsse sind Leiter-Erde-Verbindungen in Netzen mit isolierten oder über Kompensationsspulen geerdeten Transformatorsternpunkten (Abschn. 8.2). Die beim Erdschluss auftretende Verlagerung des Sternpunktes lässt sich leicht über die e-n-Wicklung (offene Dreieckswicklung) des Spannungswandlers erkennen (Abschn. 2.4.1). Eine Fehlerlokalisierung ist jedoch problematisch, da die Erdschlussströme wesentlich kleiner als die Betriebsströme sind. Sie werden aus der Summe der drei Leiterströme bestimmt

$$\underline{I}_E = \underline{I}_R + \underline{I}_S + \underline{I}_T$$

In Verbindung mit der Spannung lässt sich an einem Messpunkt die Richtung bestimmen, in der der Fehler liegt. Hierzu gibt es verschiedene Prinzipien.

- **Wattmetrisches Erdschlussrichtungsrelais.** Von der Fehlerstelle fließt im Netz mit isoliertem Sternpunkt ein Strom zu den Erdkapazitäten der Leitungen. Demzufolge fließt bei einer fehlerbetroffenen Leitung ein kapazitiver Strom in Richtung Schaltanlage. In gelöscht betriebenen Netzen wird die Verlustleistung der Drosselspule über die Fehlerstelle transportiert. Man kann dann die Richtung dieses „Wattreststromes" zur Richtungsdetektion heranziehen. Um aus der Richtung auf die fehlerbetroffene Leitung zu schließen, ist es notwendig, die Fehlerrichtungen im gesamten Netz zu einem zentralen Rechner zu übertragen.
- **Erdschlusswischerrelais.** Der Eintritt des Erdschlusses führt zu einer Entladung der Kapazitäten des fehlerbetroffenen Leiters und anschließend zu einer Aufladung der Kapazitäten der gesunden Leiter. Aus diesem hochfrequenten Umladevorgang (Erdschlusswischer) und gleichzeitiger Messung der Verlagerungsspannung ist auf die Fehlerrichtung zu schließen.
- **Pulsortung.** Parallel zur Kompensationsspule X_D (Abb. 8.4) wird eine Kapazität mit sehr niedriger Taktrate (z. B. 1 Hz) zu- und abgeschaltet. Dadurch kommt es zu einer getakteten Verstimmung, die im vom Erdschluss betroffenen Abgang messbar ist.
- **Oberschwingungsverfahren.** Durch nichtlineare Lasten im Netz entstehen Oberschwingungsströme (meist die 5. Harmonische) in den einzelnen Phasen. Da in der Last keine Verbindung zur Erde existiert, ist zu jedem Zeitpunkt die Summe der Lastströme gleich null. Im Falle eines Erdschlusses kann dieser Oberschwingungsstrom im fehlerbehafteten Abgang gemessen werden. Für den Strom der 5. Harmonische stellt die Kompensationsspule eine 5-mal höhere Impedanz als für die Grundschwingung dar. Der Sternpunkt des Netzes kann deshalb aus der „250-Hz-Sicht" als isoliert betrachtet werden.

8.8.7 Überlastschutz

Durch einen Stromfluss in einem Betriebsmittel entstehen ohmsche Verluste, die letztlich in Wärme umgewandelt werden. Wird diese Wärme zu groß, kann das Betriebsmittel beschädigt werden. Deshalb gibt es für jedes Betriebsmittel (Transformator, Generator, Motor, Freileitung oder Oberleitung bei der Bahn) eine maximal zulässige Temperatur θ_{max}, mit der es dauerhaft betrieben werden kann. Zum Schutz des Betriebsmittels gegen zu hohe Ströme setzt man einen thermischen Überlastschutz ein.

Leider kann die Temperatur meist nicht direkt am Betriebsmittel gemessen werden, weil es beispielsweise zu aufwändig ist, einen Temperatursensor im Läufer eines Motors

Abb. 8.39 Thermisches Einkörpermodell. (Eigene Darstellung)

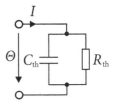

zu installieren. Man geht deshalb den Umweg über ein mathematisches Modell, das thermische Einkörpermodell nach Abb. 8.39.

Um die Temperatur im Inneren der Maschine zu berechnen, ist nun analog einem RC-Glied die folgende Differenzialgleichung zu lösen

$$\frac{d\theta}{dt} + \frac{1}{\tau_{th}}\theta = \frac{1}{\tau_{th}}\left(\frac{I}{I_{max}}\right)^2 \tag{8.123}$$

In der Gl. 8.123 stellt I_{max} den maximal dauernd zulässigen Strom für das Betriebsmittel und I den Effektivwert des aktuellen Stromflusses dar. Die Erwärmungszeitkonstante τ_{th} ist das Produkt aus Wärmeverlust R_{th} und Wärmekapazität C_{th}. τ_{th} und wird üblicherweise vom Hersteller des Betriebsmittels angegeben. Um die Berechnungen des Temperaturverlaufs zu vereinfachen, kann man die Maschine als kalt ansehen, d. h. sie war bereits so lange ausgeschaltet, dass sie auch in ihrem Inneren die Umgebungstemperatur θ_{amb} angenommen hat. Die Berechnung der Temperatur θ liefert

$$\dot{\theta} = I \cdot R_{th} \cdot \left(1 - e^{-t/\tau_{th}}\right) + I_{vor} \cdot R_{th} \cdot e^{-t/\tau_{th}} + \theta_{amb} \tag{8.124}$$

Für die Auslösezeit t_{AUS} des Schutzes ergibt sich

$$t_{AUS} = \tau_{th} \cdot \ln \frac{\left(\frac{I}{I_{max}}\right)^2 - \left(\frac{I_{vor}}{I_{max}}\right)^2}{\left(\frac{I}{I_{max}}\right)^2 - 1} \tag{8.125}$$

Nimmt man an, dass die Maschine vorher nicht eingeschaltet war, kann man den Vorbelastungsstrom I_{vor} zu null setzen. Damit vereinfacht sich die Gl. 8.125 zu

$$t_{AUS} = \tau_{th} \cdot \ln \frac{\left(\frac{I}{I_{max}}\right)^2}{\left(\frac{I}{I_{max}}\right)^2 - 1} \tag{8.126}$$

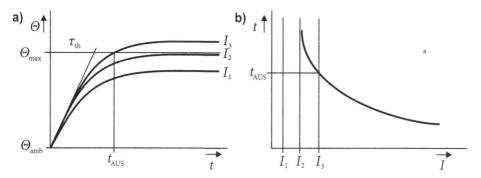

Abb. 8.40 Verhalten des thermischen Überlastschutzes **a** Zeit-Temperatur-Diagramm; **b** Auslösekennlinie (Strom-Zeit-Diagramm). (Eigene Darstellung)

Temperaturverläufe aufgrund unterschiedlicher Ströme sind in Abb. 8.40a dargestellt. Es erfolgt immer eine Erwärmung von der Starttemperatur θ_{amb} aus. Da der Strom I_1 kleiner als der Ansprechwert I/I_{max} der Schutzfunktion ist, wird damit niemals die maximal zulässige Temperatur θ_{max} erreicht oder überschritten werden. Somit kann auch keine Schutzauslösung erfolgen, was in Abb. 8.40b zu erkennen ist.

Fließt ein Strom der Größe $I_2 = I_{max}$ durch die Maschine, erwärmt sich diese nach unendlich langer Zeit auf die Temperatur θ_{max} und es erfolgt eine Auslösung des Schutzgerätes. Ist der Strom I_3 größer als I_{max}, so übersteigt die Temperatur θ nach der Zeit t_{AUS} die maximal zulässige Temperatur θ_{max} und es erfolgt eine Schutzauslösung.

Moderne Schutzeinrichtungen besitzen nicht nur ein thermisches Modell für die Erwärmung der Maschine, sondern auch für die Abkühlung. Dieses Modell kann komplexer als das Erwärmungsmodell sein, da es einen Unterschied macht, ob der Motor abkühlt, indem er komplett stillsteht oder sich mit Leerlaufdrehzahl weiterdreht.

8.8.8 Prüfen von sekundärtechnischen Komponenten

Wie aus den vorhergehenden Abschnitten zu erkennen ist, gibt es eine Vielzahl von Schutzfunktionen mit einer großen Zahl von Einstellparametern. Es ist deshalb notwendig, das Schutzsystem auf ordnungsgemäße Funktion zu testen. Hierbei sind verschiedene Arten des Prüfens voneinander zu unterscheiden.

8.8.8.1 Arten des Prüfens

Bei den allerersten Schutzgeräten handelte es sich um einfache elektromechanische Geräte, die nur ein oder zwei Einstellparameter hatten. So konnte man z. B. einen Überstromzeitschutz realisieren, indem man 3 Einzelgeräte – jeweils ein Gerät pro Phase – kombinierte und dann jeweils einen Ansprechwert für den Strom und für die Auslösezeit einstellte. Aus dieser Zeit kommt der klassische Ansatz des Parameterprüfens (Parameter-basiertes Prüfen), der in Beispiel 8.18 exemplarisch gezeigt wird.

Zunächst schaut man sich den Sollwert des Parameters an, z. B. den Überstromansprechwert $I_> = 2{,}0\,A$ an. Außerdem muss man die Messtoleranz des Schutzgerätes wissen. Man unterscheidet hier die relative Toleranz Tol_{rel} in % und die absolute Toleranz Tol_{abs} z. B. in mA. Der größere von beiden Werten ist nun für die Prüfung von Relevanz $Tol = \max(I_> \cdot Tol_{rel}, Tol_{abs})$. Für obengenannten Überstromansprechwert $I_>$ gibt deshalb ein zulässiges Toleranzband, in dem sich das Gerät verhalten kann wie es will. Dieses Toleranzband muss beim Prüfen berücksichtigt werden, da das Gerät sowohl mit $I_> - Tol$ als auch mit $I_> + Tol$ Prüfstrom ansprechen darf. Man muss deshalb die Prüfung beim Testen des Überstromansprechwertes unterhalb des Toleranzbandes beginnen und in kurzen Zeitschritten (z. B. 100 ms) den Strom schrittweise erhöhen. Die Dauer des jeweiligen Ausgabewertes muss so groß sein, dass das Schutzgerät darauf reagieren kann.

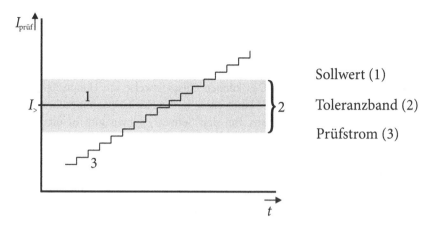

Abb. 8.41 Effektivwert des Stromes beim Prüfen eines Überstromzeitschutzes. (Eigene Darstellung)

Die Erhöhung des Stroms wird so gewählt, dass man innerhalb des Toleranzbandes eine genügend hohe Auflösung hat, z. B. *Tol*/4. Mit der gleichen Methodik kann auch das Rückfallverhalten eines Ansprechwertes geprüft werden. Das Rückfallverhalten kommt dann zum Tragen, wenn ein Netzfehler durch ein anderes Schutzgerät geklärt wurde und somit die Fehlerbedingung für das eigene Schutzgerät nicht mehr existiert. Das eigene Schutzgerät soll deshalb möglichst schnell und sicher wieder in seinen Ruhe-zustand zurück fallen, ohne selbst ein Auslösesignal weiter zu geben.

Prüfen eines Relaiseinstellwertes

Es soll der Überstromansprechwert $I_>$ eines Schutzgerätes getestet werden. Der Ein-stellwert ist $I_> = 2{,}0$ A. Die Genauigkeit des Gerätes ist $Tol_{rel} = 5\%$ (relative Toleranz) und $Tol_{abs} = 50$ mA (absolute Toleranz).

Für den Überstromansprechwert $I_>$ gibt deshalb ein zulässiges Toleranzband von $Tol = \max(\pm 0{,}05 \cdot 2\,\text{A};\ \pm 50\,\text{mA}) = \pm 100\,\text{mA}$. Dieses Toleranzband muss beim Prüfen berücksichtigt werden, da das Gerät sowohl mit 1,9 A als auch mit 2,1 A Prüf-strom noch ordnungsgemäß reagieren darf. Man muss die Prüfsequenz beim Testen des Überstromansprechwertes unterhalb des Toleranzbandes beginnen und in kurzen Zeitschritten (z. B. 100 ms) den Strom schrittweise erhöhen. Die Stromerhöhung ist von der Breite des Toleranzbandes abhängig und könnte in unserem Beispiel gewählt werden zu $100\,\text{mA}/4 = 25\,\text{mA}$.

Den Effektivwert des Stromes während der Prüfung zeigt Abb. 8.41. Zeigt das Schutzgerät bei der Stimulation mit einem bestimmten Prüfstrom innerhalb der Grenzen 1,9 A bis 2,1 A eine Reaktion, so kann die Prüfung beendet werden und der zuletzt ausgegebene Strom als Istwert des Einstellparameters notiert werden. Zeigt das Schutzgerät auch oberhalb von 2,1 A keine Reaktion, so ist die Prüfung als nicht bestanden zu bewerten. ◄

Neben der Prüfung von einzelnen Parametern ist es auch notwendig, das gesamte Schutzsystem zu prüfen. Was als Schutzsystem bezeichnet wird, kann zu ausschweifenden Diskussionen führen, weshalb hier nicht tiefer darauf eingegangen wird. Hier wollen wir uns mit der Feststellung begnügen, dass es um das Zusammenspiel mehrerer Schutzgeräte geht. Das können beispielsweise ein Hauptschutz und ein Reserveschutz sein, ein gedoppelter Hauptschutz in der Höchstspannungsebene oder ein Mehrenden-Leitungsdifferentialschutz. Bei den Schutzsystemen gibt es einen überaus großen Variantenreichtum. Deshalb kann die Zusammenstellung von geeigneten Prüfbedingungen und Testfällen für das Gesamtsystem sehr schnell unübersichtlich werden.

Das sogenannte System-basierte Prüfen bietet die Möglichkeit komplette Schutzsysteme auf eimal zu testen. In einem geeigneten Softwarewerkzeug wird das Stromnetz mit seinen wichtigen Parametern im Modell nachgebildet und anschließend verschiedene Fehlerorte und Fehlerarten definiert. Die Prüfeinrichtung ist dann in der Lage aus den gesamten Daten transiente Verläufe für Ströme und Spannungen für die verschiedenen Einbauorte der Schutzgeräte zu liefern und diese an die entsprechenden Prüfgeräte zu übermitteln und die Prüfung zeitsynchronisiert durchzuführen. So können auch in einfacher Weise Schutzsysteme geprüft werden, deren Einzelkomponenten mehrere hundert Kilometer entfernt eingebaut sind. Abb. 8.42 zeigt einen Ausschnitt aus einem solchen Prüfwerkzeug. In diesem Beispiel wird ein Leitungsdifferentialschutz geprüft, in dessen Schutzbereich ein Transformator liegt. Zudem befinden sich auf der Unterspannungsseite des Transformators zwei einpolige Fehlerstellen (eine im Schutzbereich, eine außerhalb des Schutzbereichs). Das Prüfsystem berechnet automatisch die transienten Verläufe der Ströme am Anfang (Seite A) und Ende (Seite B) der Leitung. Mit Hilfe einer Zeit-

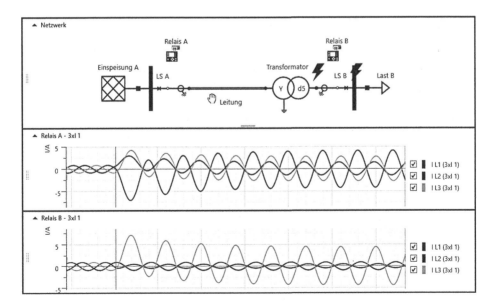

Abb. 8.42 Werkzeug RelaisSimTest zum System-basierten Prüfen von Schutzsystemen. (Eigene Darstellung)

synchronisation z. B. mittels GPS lassen sich die Prüfgeräte an beiden Leitungsenden von nur einem Bedienrechner steuern.

Im Abschn. 5.2.5 wurde bereits über Entwicklungen in der Stationsleittechnik in Bezug auf die Kommunikationsnorm IEC 61850 geschrieben. Wenn zukünftig in voll-digitalen Schaltanlagen keine analogen Werte mehr übertragen werden, wird das auch einen Einfluss auf die Prüfsystematik haben. Prüfgeräte, die auf Verstärkerbasis funktionieren, werden an Bedeutung verlieren. Prüfsysteme, die zum Testen der digitalen Mess- und Steuergrößen geeignet sind werden gleichsam immer wichtiger werden.

Die zunehmende Digitalisierung und Vernetzung führen aber zu einem weiteren Problem: Es muss wirksam verhindert werden, dass unbefugte Personen nicht über Netz-werke auf die Schaltanlage zugreifen können um dann deren Verhalten zu verändern. Man muss deshalb Veränderungen und Eindringlinge in das Stationsnetz frühzeitig erkennen (Intrusion Detection). Deshalb wird in der Zukunft das Thema Cybersecurity auch im Bereich der Schutz- und Stationsleittechnik eine zentrale Rolle spielen.

8.8.8.2 Notwendigkeit des Prüfens

Installiert man ein Schutzsystem, so ist es notwendig durch umfangreiche Prüfmethoden das ordnungsgemäße Funktionieren des Systems sicher zu stellen. Nur so kann garantiert werden, dass das Schutzsystem genau so arbeitet, wie es in der Planungsphase aus-gearbeitet und dann auch später in Betrieb gesetzt wurde. Auch in der danach folgenden Phase des langjährigen Betriebs ist es notwendig mittels Instandhaltungsmaßnahmen in bestimmten Zeitabständen zu schauen, ob das System noch funktionsfähig ist.

Die Krux am ganzen Thema „Prüfen" ist, dass man niemals verifizieren kann, dass ein System und insbesondere ein Schutzsystem fehlerfrei ist. Dazu wäre eine unendliche Zahl von Testfällen und somit unendlich viel Zeit vonnöten. Es kann lediglich falsifiziert werden, dass in bestimmten Situationen kein Fehlverhalten des Schutzsystems vorliegt. Wird ein Fehlverhalten beim Prüfen oder im Betrieb erkannt, muss es behoben werden.

Die Eigenheit der ersten Generation von Schutzgeräten war, dass diese aus elektro-mechanischen Komponenten aufgebaut waren (Abschn. 8.8.1). Es handelte sich hierbei um viele bewegliche Teile, sodass ein solches Schutzgerät von Personen repariert wurde, die oft eine Ausbildung als Uhrmacher vorweisen konnten. Es ist klar, dass eine solche Apparatur von Zeit zu Zeit geprüft werden musste, um die Beweglichkeit aller Teile zu gewährleisten und die Zeitwerke zu justieren. Hier war eine jährliche Überprüfung not-wendig.

Elektromechanische Schutzgeräte hatten aber den Nachteil, dass Auslösekennlininen meist aus verschiedenen Kreiskennlinien bestanden. Man war deshalb sehr froh, dass es mit der Einführung von analog-statischen Schutz möglich war auch polygonale Kenn-linien darzustellen. Die analog-statischen Schutzgeräte enthielten jedoch viele einzelne elektronische Bauteile, deren elektrische Eigenschaften sich mit der Zeit veränderten. Dadurch veränderte sich auch das gesamte Verhalten des Schutzgerätes einschließlich der Ansprechwerte und Auslösekennlinien. Aus diesem Grund war eine umfassende Prüfung auch hier notwendig. Es stellt sich im Laufe der Zeit heraus, dass diese

Generation von Schutzgeräten aufgrund der großen Zahl von Einzelbauteilen besonders
störanfällig war. Das ist in der Schutztechnik aber eine nicht tolerierbare Eigenschaft,
weshalb diese Geräte von Energieversorgungsunternehmen fast nicht mehr eingesetzt
werden.

Mit der Einführung der digitalen Schutztechnik kam die Aussage der Hersteller von
Schutztechnik auf, dass man diese Systeme nun nicht mehr prüfen müsse. Diese Aussage
soll man näher untersuchen. Es stimmt auf jeden Fall, dass sich die im Gerät befindliche
Software (Schutzalgorithmus) nicht selbst verändert und damit eingestellte Ansprechwerte und Kennlinien immer stabil bleiben. Aber auch digitale Schutzeinrichtungen
bestehen aus nicht-digitalen Komponenten, die ausfallen können. Insofern ist eine
Prüfung hier trotzdem notwendig.

Fragt man dann beim Hersteller nach, wie die Aussage „digitaler Schutz muss nicht
mehr geprüft werden" zu verstehen sei, so kann man hören „wir sind uns sicher, dass wir
fast alle Fehler im digitalen Teil des Gerätes bemerken". Von hundertprozentiger Fehlererkennung kann man also nicht mehr ausgehen, wenn man das folgendermaßen interpretiert:

- „dass wir fast alle Fehler": bedeutet eben nicht 100 %, sondern angenommen 90 %
  aller möglichen Fehler
- „im digitalen Teil": da es noch nicht-digitale Teile gibt (Anteil z. B. 20 % am Schutzgerät) machen die digitalen Teile 80 % aus.

Multipliziert man nun diese Wahrscheinlichkeiten für eine sichere Fehlererkennung miteinander, so erhält man für das komplette Schutzgerät nur noch $0{,}9 \cdot 0{,}8 = 72\,\%$ Wahrscheinlichkeit. Diese Unsicherheit sollte man nicht tatenlos hinnehmen. Eine auf den
jeweiligen Anwendungsfall abgestimmte Schutzprüfung ist deshalb heute immer noch
notwendig.

Das Prüfen wird sich in der Zukunft jedoch stark verändern. Wie bereits erläutert,
war es in der Vergangenheit unablässig, die Schutzsysteme während der Betriebszeit häufig zu prüfen. Diese Notwendigkeit wird jedoch stark abnehmen. Auch ist man
bestrebt, nicht nach festen Zeitintervallen (Time Based Maintenance/Zeit-basierte
Wartung) zu prüfen, sondern wenn es das Betriebsmittel erfordert (Condition Based
Maintenance/Zustands-basierte Wartung) oder wenn ein bestimmtes Ereignis, z. B.
eine korrekte oder nicht korrekte Schutzauslösung stattgefunden hat (Event Based
Maintenance/Ereignis-orientierte Wartung).

Einen Überblick der verschiedenen Möglichkeiten bei der Instandhaltung bietet
DIN VDE 0109 [36]. Die Instandhaltung wird hier in die Bereiche Inspektion, Wartung,
Verbesserung und Instandsetzung unterteilt. Für jeden dieser Bereiche sollte sich das
EVU eine Methodik erarbeiten, wie eine optimale Prüfmethode aussehen kann. Eine
gute Systematik ist in der Lage folgende Fragen zu beantworten:

- Was soll geprüft werden?
- Wie und wie oft soll geprüft werden?
- Womit soll geprüft werden?

Diese Fragen sind oftmals nicht auf die Schnelle zu beantworten. Die Antwort kann von vielen Faktoren abhängig sein, wie z. B. gesamte Anzahl der Schutzgeräte, Anzahl der verschiedenen Schutzgerätetypen, Anzahl der Mitarbeiter, Ausbildungsstand der Mitarbeiter oder unternehmenseigene Bewertung der Wichtigkeit des Prüfens.

Durch das weitere Voranschreiten der Digitalisierung wird es möglich sein – mithilfe geeigneter Softwarewerkzeuge und funktionsfähiger Schutzgerätemodelle die als sogenannter „digitaler Zwilling" (Digital Twin) zur Verfügung stehen – bereits in der Planungsphase eines Schutzsystems die Funktionsfähigkeit zu testen, ohne dass die Anlage dazu schon in Realität existieren muss. Dadurch werden sich die Kosten für Erstellung, Inbetriebnahme und Betrieb stark reduzieren, weil Fehler bereits effektiv in der Planungsphase erkannt und beseitigt werden können.

Literatur

1. Herold, G.: Grundlagen der elektrischen Energieversorgung. Springer, Berlin (2013)
2. Heuck, K., Dettmann, K.D.: Elektrische Energieversorgung, 8. Aufl. Vieweg Braunschweig, Braunschweig (2013)
3. Schlabbach, J., Cichowski, R.R.: Sternpunktbehandlung. VDE, Berlin (2002)
4. Oeding, D., Oswald, B.R.: Elektrische Kraftwerke und Netze. Springer, Berlin (2016)
5. Nelles, D.: Netzdynamik. VDE, Berlin (2009)
6. Just, W., Hoffmann, W.: Blindleistungskompensation in der Praxis. VDE, Berlin (2003)
7. Edelmann, H.: Berechnung elektrischer Verbundnetze. Springer, Berlin (1963)
8. Balzer, G., Nelles, D., Tuttas, C.: Kurzschlussstromberechnung, 2. Aufl. VDE, Berlin (2009)
9. Oswald, B.R.: Berechnung von Drehstromnetzen. Vieweg + Teubner, Wiesbaden (2009)
10. DIN EN 60909-0, VDE 0102.: Kurzschlussströme in Drehstromnetzen. VDE-Verlag, Berlin (2016)
11. Cichowski, R.R., Schlabbach, J.: Kurzschlussstromberechnung. VDE, Berlin (2014)
12. Funk, G.: Symmetrische Komponenten. Elitera, Berlin (1976)
13. Kochs, H.D.: Zuverlässigkeit elektrotechnischer Anlagen. Springer, Berlin (1984)
14. VDEW: Grundsätze für die Beurteilung von Netzrückwirkungen. VWEW, Frankfurt (1992)
15. Blume, D., Schlabbach, J., Stephanblome, T.: Spannungsqualität in elektrischen Netzen. VDE, Berlin (1999)
16. Mombauer, W.: Netzrückwirkungen von Niederspannungsanlagen. VDE, Berlin (2006)
17. Mombauer, W.: Flicker in Stromversorgungsnetzen. VDE-Schriftreihe, Bd. 110. VDE, Berlin (2005)
18. Mombauer, W., Schlabbach, J.: Power Quality. VDE, Berlin (2008)
19. Schröder, D.: Leistungselektronische Schaltungen. Springer-Lehrbuch. Springer, Berlin (2019)
20. Eckhardt, H.: Numerische Verfahren in der Energietechnik. Teubner, Stuttgart (1978)
21. Hütte: Elektrische Energietechnik, Bd. 3, Netze. Springer, Berlin (1988)

22. Flosdorff, R., Hilgart, G.: Elektrische Energieverteilung, 9. Aufl. Teubner-Verlag, Braunschweig (2005)
23. Kiefer, G., Schmolk, H.: VDE 0100 und die Praxis. VDE, Berlin (2011)
24. Schwab, A.J.: Elektroenergiesysteme. Springer, Karlsruhe (2009)
25. Tietze, E.G., Cichowski, R.R.: Netzleittechnik Teil 1 und 2. VDE-Verlag, Berlin (2006)
26. Fender, M.: Fernwirken. Teubner Studien-Skripte. Teubner Verlag, Stuttgart (1981)
27. Paessle, E.R.: Rundsteuertechnik. Verlags- und Wirtschaftsgesellschaft der Elektrizitätswerke, Frankfurt (1994)
28. IEEE Standard Electrical Power System Device Function Numbers, Acronyms, and Contact Designations, C37.2-2008 (2008)
29. Buchholz, B., Styczynnki, Z.: Smart Grids – Fundamentals and Technologies in Electricity Networks. Springer, Berlin (2014)
30. Schossig, W., Schossig, T., Cichowski, R.R.: Netzschutztechnik. VDE-Verlag, Berlin (2017)
31. Brechtkern, D.: Schutz und Selektivität in Mittelspannungsnetzen. VDE-Verlag, Berlin (2016)
32. Ziegler, G.: Digitaler Distanzschutz. Siemens, Munich (2004)
33. DVG Deutsche Verbundgesellschaft e.V. (Hrsg.): GRIDCODE 2000 – Netz- und Systemregeln der deutschen Übertragungsnetzbetreiber, 2. Aufl. DVG, Heidelberg (2000)
34. Verordnung, EU. 2017/2196 der Kommission vom 24. November 2017 zur Festlegung eines Netzkodex über den Notzustand und den Netzwiederaufbau des Übertragungsnetzes. https://www.entsoe.eu/network_codes/er/. Zugegriffen: 03. März 2020
35. E VDE-AR-N 4142 Anwendungsregel:2018-09: Automatische Letztmaßnahmen zur Vermeidung von Systemzusammenbrüchen, VDE-Verlag, Berlin (2018)
36. DIN VDE 0109 VDE 0109:2020-01: Elektrische Energieversorgungsnetze, Allgemeine Aspekte und Verfahren der Instandhaltung von Anlagen und Betriebsmitteln, VDE-Verlag, Berlin (2020)

Symbole

Schreibweisen

u	Kleine Buchstaben beschreiben Zeitfunktionen.
$\hat{u}$	Ein Dach über einem Kleinbuchstaben gibt die Amplitude einer sinusförmigen Schwingung oder einen Spitzenwert an.
$\hat{X}$	Ein Dach über einem Großbuchstaben beschreibt einen Schätzwert bei der Ausgleichsrechnung.
$\dot{u}$	Ein Punkt über einem kleinen Buchstaben gibt die zeitliche Ableitung einer Zeitfunktion an.
$\bar{u}$	Ein Strich über einem Kleinbuchstaben beschreibt den arithmetischen Mittelwert einer Zeitfunktion.
$\bar{Y}$	Ein Strich über einem Großbuchstaben kennzeichnet Messgrößen.
U	Große Buchstaben beschreiben konstante Werte, von Ausnahmen abgesehen auch p. u.-Werte.
$\vec{U}$	Ein Pfeil kennzeichnet einen Vektor.
$\underline{U}$	Ein unterlegter Strich kennzeichnet eine komplexe Größe.
U^*	Ein Stern beschreibt eine konjugiert komplexe Größe.
$\mathbf{U}$	Fette Großbuchstaben kennzeichnen Matrizen.
X'	Ein Strich beschreibt einen auf die Längeneinheit von 1 km bezogenen Wert oder einen auf eine andere Spannungsebene umgerechneten Wert.
A^{-1}	Die -1 bedeutet die Inverse einer Matrix.
A^{T}	Das T bedeutet die Transponierte einer Matrix.
$\parallel$	Parallelschaltung von zwei Widerständen.

Indizes

a	Anker, Ausschaltwert
amb	ambient, Umgebungstemperatur
AUS	Ausschaltwert

© Springer Fachmedien Wiesbaden GmbH, ein Teil von Springer Nature 2020
R. Marenbach et al., *Elektrische Energietechnik*,
https://doi.org/10.1007/978-3-658-29492-2

b	Bezugsgröße, Betriebsgröße
Cu	Kupfer
C	Kondensator
D	Dämpferwicklung in der Längsachse, Dreieckschaltung (auch Δ)
d	Längsachse, Gleichstromseite
diff	Differenz
e	Erregung, Einschaltwert
el	elektrisch
Fe	Eisen
f	Feld (Erregung)
G	Generator, zusätzliche Dämpferwicklung in der Längsachse
g	Grenzwert
h	Größe des Hauptzweiges, z. B. beim Transformator, höherfrequente Größe, homopolare Komponente (Nullsystem)
i	ideelle Größe, innere Größe
K	Kommutierung, Kompensation
k	Kurzschlussgröße
L	Leitung, Last
m	meridian
max	Maximalwert
N	Neutralleiter (Mp)
n	Nennwert, negativ drehende Komponente (Gegensystem)
O	Ofen
p	positiv drehende Komponente (Mitsystem)
Q	Dämpferwicklung in der Querachse, Netz (Quelle)
q	Querachse
R	Außenleiter L1 im Drehstromsystem (Abschn. 1.2.1)
r	Bemessungswert
S	Außenleiter L2 im Drehstromsystem, Symmetriegröße
stab	stabilisierende Größe
T	Außenleiter L3 im Drehstromsystem, Thyristorgröße
Tr	Transformator
t	tangential
th	thermisch
v	Halbleiterventil, verzögert
w	Führungsgröße
Y	Sternschaltung
α	α – Komponente im Drehstromsystem
β	β – Komponente im Drehstromsystem
Δ	Dreieckschaltung (auch D)
ν	Ordnung einer Harmonischen

σ	Streugröße, z. B. beim Transformator
Θ	Temperatur
1pol	einpoliger Fehler
2pol	zweipoliger Fehler
3pol	dreipoliger Fehler

Formelzeichen

A	Querschnitt
A	Admittanzmatrix (Abschn. 8.3.1.2)
a	Leiterabstand (Abschn. 4.1)
$\underline{a}$	komplexer Drehzeiger $e^{j\,120°}$ (Abschn. 1.2.1)
C	Kapazität
C_b	Betriebskapazität (Abschn. 4.1.6)
C_{iE}	Leiter-Erd-Kapazität (Abschn. 4.1.5)
C_{ik}	Koppelkapazität (Abschn. 4.1.4)
c	Geschwindigkeit (Abschn. 7.3.2), insbesondere Lichtgeschwindigkeit (Abschn. 8.5)
E	elektrische Feldstärke, Energie, innere Spannung (Abschn. 2.6.2)
f	Frequenz
f_e	Eigenfrequenz (Abschn. 8.5.2.2)
g	Erdbeschleunigung (Abschn. 7.3.2)
H	Häufigkeit (Abschn. 8.3.4), Trägheitszeitkonstante (Abschn. 2.7.2)
h	Höhe eines Leiters über Erde
I	Strom
I_a	Ausschaltstrom
I_{an}	Anlaufstrom
I_{diff}	Differenzialstrom (Abschn. 8.8.4)
I_k	Dauerkurzschlussstrom (Abschn. 2.7.4)
I_k'	transienter Kurzschlussstrom (Abschn. 2.7.4)
I_k''	subtransienter Kurzschlussstrom (Abschn. 2.7.4)
I_{stab}	Stabilisierungsstrom (Abschn. 8.8.4)
J	Trägheitsmoment (Abschn. 2.6.2), Zielfunktion (Abschn. 8.7.3)
J	Jacobimatrix (Abschn. 8.3.1.4)
j	$j = \sqrt{-1}$
K	Kosten, Leistungszahl (Abschn. 7.7)
k	Kosten, auf eine Leistung oder Energie bezogen
L	Induktivität
l	Leitungslänge
m	Belastungsgrad (Abschn. 1.1), Benutzungsgrad (Abschn. 7.2.4)

m_A	Antriebsmoment (Abschn. 2.6.2)
m_el	elektrisches Moment (Abschn. 2.6.2)
n	Drehzahl
P	Wirkleistung, Wahrscheinlichkeit (Abschn. 8.3.4)
P_nat	natürliche Leistung (Abschn. 4.2.2)
p	Polpaarzahl
Q	Blindleistung, elektrische Ladung
R	ohmscher Widerstand
r	Leiterradius (Abschn. 4.1), Reduktionsfaktor (Abschn. 4.4.4), Reflexionsfaktor (Abschn. 4.2)
S	Scheinleistung
S_a	Abschaltleistung (Abschn. 5.1.3)
S_k	Kurzschlussleistung (Abschn. 5.1.2)
s	Schlupf (Abschn. 2.8), Laplace-Operator (Abschn. 2.8.4), Schaltsignal (Abschn. 3.3.1.2), Statik (Abschn. 7.7)
T	Zeitumrechnungsfaktor (8 760 h/a), Netzperiode (T = 20 ms), Ein- und Ausschaltdauer (Abschn. 3.2.4.1)
$\boldsymbol{T}$	Transformationsmatrix (Abschn. 1.4)
t	Zeit
U	Spannung, Wicklung einer Drehstrommmaschine
U_p	Polradspannung
u	Umlaufgeschwindigkeit (Abschn. 7.3.2)
$\ddot{u}$	Übersetzungsverhältnis eines Transformators
V	Wicklung einer Drehstrommmaschine, Volumen (Abschn. 7.3.1)
v	Geschwindigkeit (Abschn. 7.3.2), spezifisches Volumen
W	Wicklung einer Drehstrommmaschine
w	Windungszahl
X	Reaktanz
X_d	Synchronreaktanz (Abschn. 2.7.3)
X_d'	Transientreaktanz eines Generators (Abschn. 2.7.4)
X_d''	Subtransientreaktanz eines Generators (Abschn. 2.7.4)
Δx	Differenz der Größe x
Z	Impedanz
Z_F	Feldwellenwiderstand (Abschn. 4.2.1)
Z_b	Betriebsimpedanz (Abschn. 4.1.6)
Z_h	Homopolarimpedanz (Nullimpedanz) (Abschn. 4.1.6)
Z_i	Selbstimpedanz des Leiters i mit Erdrückleitung (Abschn. 4.1.3), auch Z_ii genannt
Z_ik	Koppelimpedanz der Leiter i und k mit gemeinsamer Erdrückleitung (Abschn. 4.1.3)
Z_p	Impedanz bei positiv drehendem System (Mitimpedanz) (Abschn. 4.1.6)
Z_n	Impedanz bei negativ drehendem System (Gegenimpedanz) (Abschn. 4.1.6)

Z_w Wellenwiderstand (Abschn. 4.2.1)

z Zündimpuls

α Amortisationsrate   (Abschn. 7.1.1),   Winkel $\alpha = 120°$ (Abschn. 1.2.1),
         Dämpfungskonstante (Abschn. 4.2.2)

β Phasenkonstante (Abschn. 4.2.2)

β_1 Feldwinkel in Statorkoordinaten (Abschn. 2.8.4)

β_2 Feldwinkel in Rotorkoordinaten (Abschn. 2.8.4)

γ spezifisches Gewicht, Übertragungsmaß (Abschn. 4.2.2)

δ Erdfehlerfaktor (Abschn. 8.2.1), Eindringtiefe (Abschn. 4.1.2), Polradwinkel
         (Abschn. 1.4.5)

ε Dielektrizitätskonstante

ε_0 Dielektrizitätskonstante von Luft

κ elektrische Leitfähigkeit (Abschn. 4.1.1)

η Wirkungsgrad (Abschn. 1.1)

ϑ Drehwinkel des Rotors (Abschn. 1.4.5)

Λ magnetischer Leitwert

λ Ausfallrate (Abschn. 8.3.4)

μ Permeabilität (Abschn. 4.1.4), Reparaturrate (Abschn. 8.3.4)

μ_0 Permeabilität der Luft

ρ spezifischer Bodenwiderstand (Abschn. 4.1.2), spezifische Masse

σ Standardabweichung (Abschn. 8.7.3)

τ Zeitkonstante

τ_A Anlaufzeit (Abschn. 2.6.2, Abschn. 2.7.2)

τ_D Dämpfungszeitkonstante (Abschn. 8.5.2.2)

τ_J Bemessungsanlaufzeit (Abschn. 2.7.2)

τ_g Gleichstromzeitkonstante (Abschn. 2.7.4)

τ_{th} thermische Zeitkonstante (Abschn. 8.8.7)

Φ magnetischer Fluss

φ Phasenwinkel, Potenzial (Abschn. 4.1.4)

Ψ Flussverkettung (Abschn. 2.6.2)

Ω Kreisfrequenz, die i. Allg. von der Netzfrequenz abweicht

ω Kreisfrequenz

Stichwortverzeichnis

© Springer Fachmedien Wiesbaden GmbH, ein Teil von Springer Nature 2020
R. Marenbach et al., *Elektrische Energietechnik,*
https://doi.org/10.1007/978-3-658-29492-2